“十二五”国家重点图书出版规划项目

国外含油气盆地丛书

北美洲含油气盆地

朱伟林　侯贵廷　房殿勇 等　著

科学出版社

北　京

内 容 简 介

本书以“油气富集程度”、“油气分布特征”和“控制油气分布的主要区域地质背景和石油地质背景”为主线，全面介绍北美洲区域地质背景、含油气盆地类型及其基本地质特征，重点描述具有典型意义的八个含油气盆地，包括二叠盆地、伊利诺伊盆地、中陆盆地群、阿巴拉契亚盆地、艾伯塔盆地、落基山盆地群、墨西哥湾盆地和圣安德烈斯走滑盆地群。

本书可供石油勘探开发研究人员以及石油和地质院校相关专业的师生参考。

图书在版编目(CIP)数据

北美洲含油气盆地/朱伟林等著. — 北京：科学出版社，2016.6
(国外含油气盆地丛书)
“十二五”国家重点图书出版规划项目
ISBN 978-7-03-048484-0

Ⅰ.①北… Ⅱ.①朱… Ⅲ.①含油气盆地-研究-北美洲 Ⅳ.①P618.130.2

中国版本图书馆 CIP 数据核字(2016)第 121789 号

责任编辑：罗 吉 曾佳佳/ 责任校对：赵桂芬
责任印制：肖 兴 / 封面设计：许 瑞

科 学 出 版 社 出版
北京东黄城根北街16号
邮政编码：100717
http://www.sciencep.com
北京利丰雅高长城印刷有限公司 印刷
科学出版社发行 各地新华书店经销
*
2016 年 6 月第 一 版 开本：787×1092 1/16
2016 年 6 月第一次印刷 印张：21 1/2
字数：510 000

定价：258.00 元

(如有印装质量问题，我社负责调换)

《北美洲含油气盆地》

主要作者： 侯贵廷　房殿勇

参编人员： 杨甲明　杜　栩　李　乐　张庆莲
舒武林　孟庆峰　张　鹏　鞠　玮
王延欣　肖芳锋　张立伟　贺　电
刘守偈　李　杰　闵　阁

丛 书 序

我国海洋石油工业起步较晚。20 世纪 80 年代对外开放以来，中国海洋石油总公司和各地分公司在与国际石油公司合作勘探开发海洋油气过程中全方位引进和吸收了许多先进技术，并在自营勘探开发海洋油气田中发展和再创新这些技术。目前，中国海洋石油总公司在渤海、珠江口、北部湾、莺歌海和东海等盆地合作和自营开发 107 个油田，22 个气田。2010 年，生产油气当量已超过 5000 万 t，建成一个“海上大庆”，成绩来之不易。

进入 21 世纪，中国海洋石油总公司将“建设国际一流能源公司”作为企业发展目标，在党中央、国务院提出利用国际、国内两种资源，开辟国际、国内两个市场的决策下，中国海洋石油总公司开始涉足跨国油气勘探、开发业务。迄今已在海外多个石油区块进行投资，合作勘探开发油气田。

我国各大石油集团公司在国际油气勘探开发方面时间短，经验少。我国多数石油地质科技工作者对国外含油气盆地缺乏感性认识和实践经验。因此，在工作中系统调查研究海外油气地质资料，很有必要。自 2011 年起，由中国海洋石油总公司朱伟林主编的《国外含油气盆地丛书》（共 11 册）由科学出版社出版。该丛书包括《全球构造演化与含油气盆地（代总论）》和《欧洲含油气盆地》、《中东含油气盆地》、《北美洲含油气盆地》、《南美洲含油气盆地》、《俄罗斯含油气盆地》、《中亚-里海含油气盆地》、《环北极地区含油气盆地》、《非洲含油气盆地》、《南亚-东南亚含油气盆地》、《澳大利亚含油气盆地》，对区域构造、沉积背景、油气地质特征、油气资源、成藏模式及有利目标区和已开发典型含油气盆地、重要油气田等进行详细阐述。该丛书图文并茂，资料数据丰富，为从事海外油气业务的领导、技术专家、工作人员和关心石油工业的学者、高等学校师生提供极其有益的参考。在此，我谨对该丛书作者所做的贡献表示祝贺！

中国科学院院士

李德生

2011 年 11 月于北京

丛书前言

改革开放以来，我国各大石油集团公司相继走上国际化的发展道路，除了吸引国际石油公司来华进行油气勘探开发投资外，纷纷走出国门，越来越多地参与世界范围内含油气盆地的油气勘探开发。

然而，世界含油气盆地数量众多，类型复杂，石油地质条件迥异，油气资源分布极度不均。油气勘探走出国门，迈向世界，除了面临政治、宗教、文化、环境差异等一系列困难外，还存在对世界不同类型含油气盆地地质条件和油气成藏特征缺乏系统、全面的认识和掌握等问题。此外，海外区块的勘探时间常常受到合同期的制约。因此，如何迅速、全面地了解世界范围内主要含油气盆地的地质特征和油气分布规律，提高海外勘探研究和决策的水平，降低海外勘探的风险，至关重要。出版《国外含油气盆地丛书》，以飨读者，正当其时。

本丛书在中国海洋石油总公司走向海外的勘探历程中，对世界400多个主要含油气盆地进行系统的资料搜集、分析和总结，在此基础上，系统阐述世界主要含油气盆地的区域构造背景、主要盆地类型及其石油地质条件，剖析典型盆地的含油气系统及油气成藏模式，未过多涉及石油地质理论的探讨，而是注重丛书的资料性和实用性，旨在为我国石油工业界同仁以及从事世界含油气盆地研究的学者提供一套系统的、适用的工具书和参考资料。

《国外含油气盆地丛书》共11册，包括《全球构造演化与含油气盆地（代总论）》、《欧洲含油气盆地》、《中东含油气盆地》、《北美洲含油气盆地》、《南美洲含油气盆地》、《俄罗斯含油气盆地》、《中亚-里海含油气盆地》、《环北极地区含油气盆地》、《非洲含油气盆地》、《南亚-东南亚含油气盆地》、《澳大利亚含油气盆地》。

本丛书主编为朱伟林，副主编为崔旱云、杨甲明、杜栩，委员为马立武、马前贵、王志欣、王春修、白国平、江文荣、李江海、李进波、李劲松、吴培康、陈书平、邵滋军、季洪泉、房殿勇、胡平、胡根成、钟锴、侯贵廷、宫少波、聂志勐，中国海洋石油总公司勘探研究人员以及国内相关科研院校的数十位专家和学者参加编写。在此，向参与本丛书编写和管理工作的团队全体成员表示诚挚的谢意！

本丛书各册会陆续出版，因作者水平有限，不足之处在所难免，恳请广大读者批评、指正，以便不断完善。

主　编

2011年11月

前　言

《北美洲含油气盆地》是中国海洋石油总公司组织编写的《国外含油气盆地丛书》中的一部。

北美的油气勘探最早从美国开始。美国是世界近现代石油工业的摇篮。1859年世界第一口工业油井在美国宾夕法尼亚州钻采成功，标志着石油工业的开端，至今已超过150年了。150多年来，一些重要的盆地理论和油气勘探经验，如前陆盆地及其找油的思想、推覆构造找油思想、深水油气勘探经验、非常规油气（油砂、深盆气、煤层气和页岩油气等）的勘探经验和技术，都来自北美。有许多宝贵的基础盆地地质和油气勘探成果值得我们借鉴和学习。

本书是在中海油重大基础研究项目“北美洲主要沉积盆地油气地质特征与勘探潜力分析”的研究成果基础上系统总结完成的。第一章介绍了北美常规和非常规油气资源概况；第二章介绍了北美构造区划和大陆构造与沉积的演化；第三章介绍了北美的盆地分类和盆地演化规律；第四章至第十一章介绍了在北美具有典型意义的八个重点含油气盆地。

贯穿全书的主线是各种类型盆地有多少油气；这些盆地的石油地质特征如何；为何有这样的石油地质特征。从大地构造、区域地质、盆地构造、地层层序、岩相古地理和生储盖组合以及含油气系统来阐述重点盆地的油气分布规律和地质特征。

本书的一大特色是将重点盆地（包括原型盆地和现盆地轮廓）放到北美大地构造演化和古地理演化的大背景下，考虑大地构造和古地理及古气候对盆地演化和石油地质特征的控制和影响。

本书从北美洲含油气盆地分类入手，总结了各类盆地的构造、沉积演化和基本石油地质特征，分析了重点盆地的石油地质特征和勘探潜力，并解剖了重点盆地的典型油气藏。

在全面研究北美重点盆地地质特征的基础上，本书抓住北美盆地的“经典性”和近些年油气勘探“热点”，有重点地总结和归纳北美含油气盆地演化和石油地质特征。

本书精华之处可归纳为以下三个方面。

（1）通过对北美构造和沉积演化的系统研究，可以将北美划分为六大构造单元，并把北美各地质历史阶段的构造演化归纳为两次拼合、一次离散。北美大陆的构造演化是古生代会聚和中新生代裂解的过程，以逆时针旋转为主线，并伴有南半球低纬度向北漂移。

北美大陆可以划分为六个构造单元：加拿大地盾、中元古代增生型造山带、格林威尔造山带、阿巴拉契亚造山带、科迪勒拉造山带和加勒比海板块。北美大陆的地质演化过程规律性很强，主要特点是以加拿大地盾为中心，从太古宙、元古宙、古生代、中生代至新生代，经过元古宙增生型造山带、格林威尔造山带、阿巴拉契亚造山带和科迪勒拉造山带等多期造山运动，大陆逐渐向外围增生，不断扩大大陆的范围。另一个特点是北美大陆从寒武纪至新生代一直在做逆时针旋转，并伴有向北漂移的运动，以逆时针旋转为主。

（2）对北美洲含油气盆地进行盆地的构造成因分类，归纳各类型盆地的构造、沉积演化和基本石油地质条件，分析重点盆地的石油地质特征和解剖典型油气藏，并分别对重点盆地进行油气勘探潜力分析。

根据盆地构造成因分类，北美含油气盆地可以划分为七类盆地：克拉通盆地、被动陆缘盆地、前陆盆地、裂谷盆地、走滑盆地、弧前盆地和弧后盆地。

根据北美大陆含油气盆地区域地质、石油地质特征和勘探潜力综合分析，大型稳定的盆地是形成油气富集区的重要条件。这些盆地往往发育在大型稳定的构造单元上，具有大型、稳定的沉积条件和圈闭条件。

北美重点盆地的研究表明被动陆缘盆地、克拉通盆地和前陆盆地曾在地质历史时期处于古赤道附近或低纬度带，并且距物源较远，长期处于稳定成盆环境，具备发育大型油气田的条件，有较大的勘探潜力。

（3）目前北美油气勘探热点集中于墨西哥湾深水和非常规油气，是北美重要的油气产量增长极，也是北美含油气盆地的一大特色。

本书引用了IHS公司商业资料库的油气田储量数据和部分图件，对可以查到确切出处的图件，书中注明了原著者。对IHS公司未标注出处的图件，本书认为则是IHS的成果，书中引用时只注明：IHS，2008。根据IHS公司数据编制的数据表，则标注为原始资料源自IHS（2008）。对引证的C&C咨询公司的插图，本书做了与IHS类似的处理。在成书过程中，我们参阅大量文献，在正文中以著者-出版年形式注明出处，在参考文献中尽量与其对应，注明著者、出版年、文献名、出版机构等著录项目，但很难全面列举。在此，我们向所有文献作者表示感谢。

感谢季洪泉、邵滋军、江文荣、宫少波、胡根成、聂志勐、李进波等专家提出宝贵修改意见。另外，还感谢海中公司的梁晓晶总经理给予的大力支持，感谢余淑敏高级工程师带领绘图组的李小超、田丽朋、王建丽、赵文韬给予的大力帮助。大业嘉城科技有限公司在盆地资料库的制作和北美含油气盆地工业制图方面给予了大力协助，在此一并致谢。

受时间及作者水平所限，书中难免有疏漏和错误之处，恳请读者批评指正。

作　者

2015年12月

目　录

第一章 概　况

◇ 美国是世界近现代石油工业的摇篮。1859 年美国的德雷克在宾夕法尼亚州钻探了世界第一口工业油井，揭开了近现代石油工业的历史。美国的油气勘探历史已经超过150 年了。

◇ 北美重点含油气盆地的勘探程度相对都较高，在世界上属于成熟探区。在第二次世界大战之前，北美的油气产量一直是世界第一，积累了大量宝贵的勘探开发经验。近二十年来，北美在深水和非常规油气勘探开发方面又领先于世界，为世界各国在未来非常规油气勘探开发方面提供了新理论、新方法和新的开采技术。

◇ 北美在整个地质演化历史时期处于相对简单的大地构造环境中，发育的含油气盆地类型比较典型，有代表性，且研究和油气勘探开发较早，盆地理论和石油地质学的一些重要概念和理论都诞生于此，例如：前陆盆地理论、造山后伸展盆地理论、走滑拉分盆地理论、非常规油气勘探开发理论与实践，为世界能源发展做出重要贡献。可以说，北美含油气盆地及油气勘探开发既有理论实践的“经典”，也有勘探开发的“热点”。

第一节　自然地理特征

一、地理范围

北美洲位于西半球的北部，东临大西洋，西濒太平洋，北靠北冰洋，南以巴拿马运河为界与南美洲相分（图 1-1）。

北美洲的面积为 $2422.8\times10^4\mathrm{km}^2$，约占世界陆地总面积的 16.2％，是世界第四大洲，共有 23 个独立国家和 15 个地区，总人口 4.62 亿人。北美洲包括国家：美国、加拿大、墨西哥、古巴、巴哈马、伯利兹、巴巴多斯、哥斯达黎加、萨尔瓦多、格林纳达、危地马拉、洪都拉斯、海地、牙买加、圣卢西亚、尼加拉瓜、巴拿马、多米尼加、多米尼克、圣文森特和格林纳丁斯、特立尼达和多巴哥、安提瓜和巴布达等国家和地区。

二、主要地貌单元

北美洲海拔 200m 以下的平原约占 20％，海拔 200～500m 的平原和丘陵约占 22％，海拔 500m 以上的高原和山地约占 58％，全洲平均海拔为 700m。北美大陆地貌的基本特征是南北走向的山脉分布于大陆东西两侧与海岸平行，而大平原和高原分布于大陆的中部。

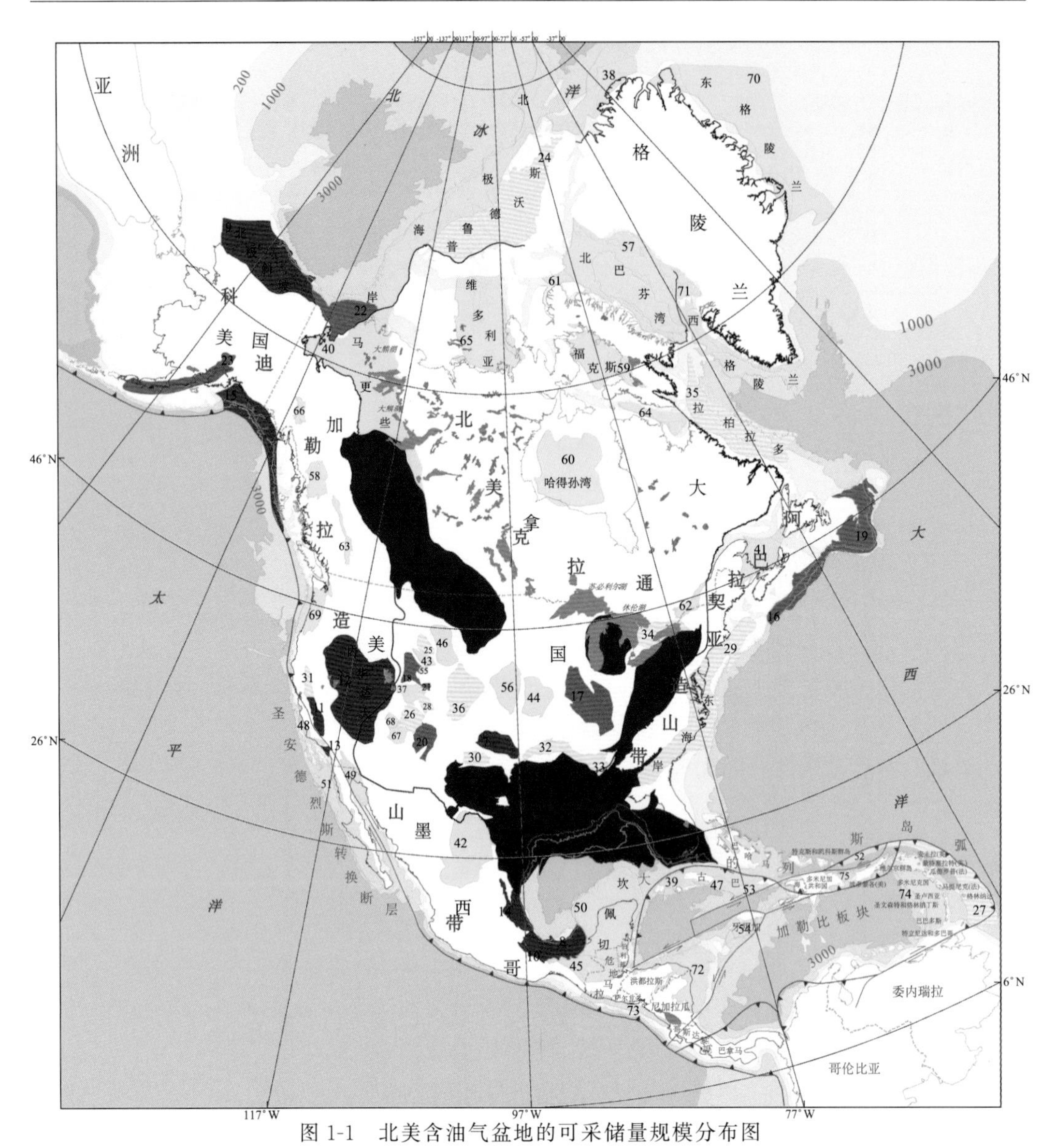

图 1-1　北美含油气盆地的可采储量规模分布图

深红色：$50\times10^8\sim100\times10^8m^3$；红色：$10\times10^8\sim50\times10^8m^3$；粉色：$5\times10^8\sim10\times10^8m^3$；

黄色：$1\times10^8\sim5\times10^8m^3$；浅粉色：小于 $1\times10^8m^3$

1. 艾伯塔 Alberta；2. 墨西哥湾 Gulf of Mexico；3. 二叠 Permian；4. 阿巴拉契亚 Appalachia；5. 威利斯顿 Williston；6. 密歇根 Michigan；7. 阿纳达科 Anadarko；8. 墨西哥南部 Sur；9. 北极斜坡 Arctic Slope；10. 维拉克鲁斯 Veracruz；11. 圣华金 San Joaquin；12. 内华达大盆地 Nevada（Great Basin）；13. 洛杉矶 Los Angeles；14. 坦皮科 Tampico；15. 阿拉斯加湾 Gulf of Alaska；16. 斯科舍陆架 Scotia Shelf；17. 伊利诺伊 Illinois；18. 绿河 Green River；19. 大浅滩 Grand Banks；20. 圣胡安 San Juan；21. 沙洗 Sand Wash；22. 马更些三角洲 Mackenzie Delta；23. 库克湾 Cook Inlet；24. 斯沃德鲁普 Sverdrup；25. 大角 Big Horn；26. 帕拉多 Pradox；27. 巴巴多斯-多巴哥 Barbados-Tobago；28. 皮申斯 Piceance；29. 东海岸 East Coastal；30. 帕洛杜罗 Palo Duro；31. 萨克拉门托 Sacramento；32. 阿科马 Arkoma；33. 黑勇士 Black Warrior；34. 安大略 Ontario；35. 拉柏拉多 Labrador；36. 丹佛 Denver；37. 尤因塔 Uinta；38. 北极海岸 Arctic Coastal；39. 古巴北部 Cuba North；40. 马更些 Mackenzie；41. 马里泰姆 Maritimes（圣劳伦斯的南部）；42. 墨西哥东北部 Noreste；43. 风河 Wind River；44. 林城 Forest

City；45. 恰帕斯 Chiapas；46. 粉河 Powder River；47. 古巴中部 Cuba Central；48. 海岸盆地 Coastal Basins；49. 沙顿 Salton；50. 坎佩切 Campeche；51. 下加利福尼亚 Baja California；52. 波多黎各 Puerto Rico；53. 古巴南部 Cuba South；54. 牙买加 Jamaica；55. 大迪维特 Great Divide；56. 萨利娜 Salina；57. 北巴芬湾 North Baffin；58. 鲍泽湖 Bowser；59. 福克斯 Foxe；60. 哈得孙湾 Hudson Bay；61. 兰开斯特 Lancaster；62. 魁北克 Quebec；63. 克内尔 Quesnel；64. 昂加瓦湾 Ungava Bay；65. 维多利亚 Victoria；66. 怀特霍斯 White Horse；67. 黑梅萨 Black Mesa；68. 凯帕罗威 Kaiparowits；69. 西华盛顿-俄勒冈 West Washington-Oregon；70. 东格陵兰 East Greenland；71. 西格陵兰 West Greenland；72. 加勒比海岸平原 Caribbean Coastalplain；73. 太平洋海岸平原 Pacific Coastal Plain；74. 格林纳达 Grenada；75. 北部盆地 North

北美地貌单元主要分三个区：东部山地和高原区、中部平原区和西部山地和高原区。

东部山地和高原区：圣劳伦斯河以北为拉布拉多高原，以南为阿巴拉契亚山脉，地势南高北低，海拔一般为 300～500m。阿巴拉契亚山脉的东侧沿大西洋西岸分布一条狭窄的海岸平原，西侧地势逐渐下降与中部平原相接。

中部平原区：位于拉布拉多高原、阿巴拉契亚山脉与落基山脉之间，北起哈得孙湾，南至墨西哥湾，南北纵贯北美大陆中部。平原区北半部有众多湖泊，南半部是密西西比河平原，西部为美国大平原。

西部山地和高原区：位于科迪勒拉山系的北段，从阿拉斯加一直伸展到墨西哥南部，主要包括三条平行山地带：东带为落基山脉，西带为美国的海岸山岭，中带包括北部的阿拉斯加山脉、加拿大的海岸山脉和美国的内华达山脉等。阿拉斯加的麦金利山海拔 6194m，为北美洲最高峰。内华达大盆地底部海拔为 800～1300m，盆地南部的死谷低于海平面 86m，为西半球陆地的最低点。

三、气候

北美洲地跨热带、温带、寒带三个气候带，气候复杂多样。由于北美洲东西均濒临大洋，东西部相对比较湿润。北部的北极圈内为冰雪世界。南部加勒比海受赤道暖流影响比较湿热，并常有热带风暴。北美大陆中部广大地区位于北温带。由于所有的山脉均是南北或近南北走向，故从太平洋来的湿润空气仅达西部沿海地区，而从北冰洋来的冷空气却可以经过中部平原长驱南下，影响到中南部；从热带大西洋吹来的湿润空气也可以经过中部平原深入到北部，故北美洲的气候很不稳定，冬季忽冷忽热，甚至在墨西哥湾沿岸的亚热带地区，冬季也会发生严寒和下雪的现象。北美洲东部地区降水较多，美国东部、加拿大、格陵兰岛东南部和阿拉斯加的太平洋沿岸地区年降水量约为 300～500mm；加拿大和阿拉斯加太平洋沿岸的降水量可高达 2000mm 以上，为北美洲降水最多的地区。落基山脉东麓和大平原的年降水量为 100～250mm。加勒比海地区属热带雨林气候，终年高温多雨。降水量最少的地区是美国内华达大盆地西南部、科罗拉多河下游、北极群岛和格陵兰岛北部，年平均降水量均小于 100mm。

四、水系、湖泊和河流

北美大陆河流的外流域约占全洲面积的 88%，其中大西洋流域面积约占全洲的

48%，太平洋流域约占20%。除圣劳伦斯河外，所有大河都发源于落基山脉。内流区域（包括无流区）约占全洲面积的12%，主要分布在美国西部的内华达大盆地及格陵兰岛。

北美大陆湖泊众多，淡水湖总面积约$40\times10^4km^2$，居全球各洲首位。湖泊主要分布在大陆的北半部。中部主要分布五大湖，即苏必利尔湖、休伦湖、密歇根湖、伊利湖和安大略湖，总面积为245 273km^2，是世界上最大的淡水湖群，其中苏必利尔湖为世界第一大淡水湖。

北美河流众多，其中密西西比河是北美最大的河流，是世界第四大河。北美洲的河流上多瀑布，落差最大的瀑布是约塞米蒂瀑布，落差达700m；最宽的瀑布是尼亚加拉瀑布，落差51m，宽1240m。

第二节　北美油气资源概况

北美共有96个盆地（面积$>0.1\times10^4km^2$），其中含油气盆地75个，含油气盆地面积合计为$1332\times10^4km^2$，主要含油气盆地有37个，主要分布在七个产油国。

一、北美常规油气资源概况

从北美含油气盆地的油当量储量规模分布分析（图1-1），可采储量超过$50\times10^8m^3$的盆地有艾伯塔盆地、墨西哥湾盆地、二叠盆地、阿巴拉契亚盆地、威利斯顿盆地和密歇根盆地。

北美大陆的主要含油气盆地常规油气的勘探开发程度相对较高，是世界的老成熟探区。根据盆地面积规模和油气可采储量（图1-1），北美主要含油气盆地的油气可采储量（油当量）可分为五个级别，即$50\times10^8\sim100\times10^8m^3$、$10\times10^8\sim50\times10^8m^3$、$5\times10^8\sim10\times10^8m^3$、$1\times10^8\sim5\times10^8m^3$和小于$1\times10^8m^3$。可采储量$50\times10^8\sim100\times10^8m^3$的盆地（深红色盆地）有艾伯塔盆地、墨西哥湾盆地、二叠盆地、阿巴拉契亚盆地、威利斯顿盆地和密歇根盆地共六个盆地；可采储量$10\times10^8\sim50\times10^8m^3$的盆地（红色盆地）有阿纳达科盆地、墨西哥南部盆地、北极斜坡盆地、维拉克鲁斯盆地、圣华金盆地和内华达大盆地九个盆地；可采储量$5\times10^8\sim10\times10^8m^3$的盆地（粉色盆地）有沙洗盆地、库克湾盆地、伊利诺伊盆地、大浅滩盆地和圣胡安盆地八个盆地；可采储量$1\times10^8\sim5\times10^8m^3$的盆地（黄色盆地）有斯沃德鲁普盆地、大角盆地、巴巴多斯-多巴哥盆地、帕洛杜罗盆地、萨克拉门托盆地、阿科马盆地和黑勇士盆地等44个盆地；可采储量小于$1\times10^8m^3$的盆地（浅粉色盆地）有古巴北部盆地、古巴中部盆地、北极海岸盆地、哈得孙湾盆地、林城盆地、萨利娜盆地、风河盆地、福克斯盆地和海岸盆地八个盆地。

北美油气可采储量排前十位的含油气盆地依次为：艾伯塔盆地（Alberta Basin）、墨西哥湾盆地（Gulf of Mexico Basin）、二叠盆地（Permian Basin）、阿巴拉契亚盆地（Appalachia Basin）、威利斯顿盆地（Williston Basin）、密歇根盆地（Michigan Basin）、阿纳达科盆地（Anadarko Basin）、墨西哥南部盆地（Sur Basin）、北极斜坡盆地（Arctic

Slope Basin）和维拉克鲁斯盆地（Veracruz Basin）（表 1-1）。

根据美国 USGS 数据统计（表 1-1），北美主要含油气盆地的石油可采储量为 3257 亿桶（37 个盆地数据）；天然气可采储量为 $22.5\times10^{12}\,m^3$（37 个盆地数据）。本书选择二叠盆地、伊利诺伊盆地、中陆隆起盆地群、阿巴拉契亚盆地、艾伯塔盆地、落基山盆地群、走滑盆地群和墨西哥湾盆地作为重点含油气盆地开展盆地地质和石油地质特征的研究。这八个盆地的油气可采储量占整个北美油气可采储量的 62%以上，并具有一定的代表性。

表 1-1　北美主要含油气盆地常规油气可采储量排序表（据 USGS，2003）

序号	盆地名称	盆地类型	盆地面积	石油可采储量		天然气可采储量		油+气（当量油）	
			/km²	/MMbo	$/10^8\,m_o^3$	$/10^8\,m_g^3$	$/10^8\,m_{eo}^3$	$/10^8\,m_{eo}^3$	/%
1	艾伯塔 Alberta	前陆盆地	973 193	50 000	79.49	12 169	11.37	90.86	12.5
2	墨西哥湾 Gulf of Mexico	被动陆缘	1 601 141	19 857	31.57	58 951	55.09	86.66	11.9
3	二叠 Permian	克拉通盆地	244 167	33 671	53.53	24 206	22.62	76.15	10.5
4	阿巴拉契亚 Appalachia	前陆盆地	444 328	41 700	66.30	8892	8.31	74.61	10.3
5	密歇根 Michigan	克拉通盆地	347 243	23 709	37.69	13 731	12.83	50.52	6.9
6	阿纳达科 Anadarko	克拉通盆地	236 615	6669	10.60	33 979	31.76	42.36	5.8
7	威利斯顿 Williston	被动陆缘	291 658	25 725	40.90	243	0.23	41.13	5.7
8	墨西哥南部 Sur	被动陆缘	72 409	23 900	38.00	0	0	38.00	5.2
9	北极斜坡 Arctic Slope	克拉通盆地	67 326	12 773	20.31	11 037	10.31	30.62	4.2
10	维拉克鲁斯 Veracruz	被动陆缘	44 348	19 000	30.21	0	0	30.21	4.2
11	圣华金 San Joaquin	走滑盆地	29 831	12 393	19.70	5717	5.34	25.04	3.4
12	内华达大盆地 Nevada	裂谷盆地	480 493	11 000	17.49	0	0	17.49	2.4
13	洛杉矶 Los Angeles	走滑盆地	4436	9482	15.09	269	0.25	15.34	2.1
14	坦皮科 Tampico	被动陆缘	57 765	6000	9.54	1980	1.85	11.39	1.6
15	阿拉斯加湾 Gulf of Alaska	弧前盆地	189 257	4400	7.00	3679	3.44	10.44	1.4
16	斯科舍陆架 Scotia Shelf	裂谷盆地	132 740	4500	7.15	1585	1.48	8.63	1.2
17	伊利诺伊 Illinois	克拉通盆地	172 241	4431	7.04	1289	1.20	8.24	1.1
18	绿河 Green River	前陆盆地	37 916	2295	3.65	3595	3.36	7.01	1.0
19	大浅滩 Grand Banks	被动陆缘盆地	172 514	3106	4.94	1698	1.59	6.53	0.9
20	圣胡安 San Juan	前陆盆地	51 973	118	0.19	6651	6.22	6.41	0.9
21	沙洗 Sand Wash	前陆盆地	4369	0	0	6792	6.35	6.35	0.9
22	马更些三角洲 Mackenzie Delta	被动陆缘	102 789	1491	2.37	3631	3.40	5.77	0.8
23	库克湾 Cook Inlet	弧前盆地	128 403	2143	3.41	1721	1.61	5.02	0.7
24	斯沃德鲁普 Sverdrup	被动陆缘	295 672	0	0	4924	4.60	4.6	0.6
25	大角 Big Horn	前陆盆地	21 049	2260	3.59	0	0	3.59	0.5
26	帕拉多 Pradox	前陆盆地	48 104	1000	1.59	1698	1.59	3.18	0.4

续表

序号	盆地名称	盆地类型	盆地面积	石油可采储量		天然气可采储量		油＋气（当量油）	
			$/km^2$	/MMbo	$/10^8 m_o^3$	$/10^8 m_g^3$	$/10^8 m_{eo}^3$	$/10^8 m_{eo}^3$	/%
27	巴巴多斯-多巴哥 Barbados-Tobago	弧前盆地	183 541	908	1.44	1544	1.44	2.88	0.4
28	皮申斯 Piceance	前陆盆地	20 566	0	0	2830	2.64	2.64	0.4
29	东海岸 East Coastal	被动陆缘	420 507	1610	2.56	0	0	2.56	0.3
30	帕洛杜罗 Palo Duro	克拉通盆地	26 522	132	0.21	2357	2.20	2.41	0.3
31	萨克拉门托 Sacramento	弧前盆地	20 476	15	0.02	2547	2.38	2.4	0.3
32	阿科马 Arkoma	克拉通盆地	44 701	387	0.62	1879	1.76	2.38	0.3
33	尤因塔 Uinta	前陆盆地	31 124	450	0.72	197	0.18	0.9	0.1
34	丹佛 Denver	前陆盆地	125 904	275	0.44	679	0.63	1.07	0.1
35	安大略 Ontario	克拉通盆地	99 603	272	0.43	805	0.75	1.18	0.2
36	黑勇士 Black Warrior	前陆盆地	51 655	0	0	1997	1.87	1.87	0.3
37	拉柏拉多 Labrador	被动陆缘盆地	327 364	0	0	1252	1.17	1.17	0.2
	北美盆地合计			325 672	517.79	224 524	209.82	727.61	100

据2011年BP统计资料，北美的常规石油剩余探明储量743亿桶，20年来，前十年占全球比例递减30%，从9.6 %下降到6.2%，平均每年递减3%；近十年减速放缓，从占全球的6.2%下降到5.4%，平均每年递减0.37%；北美的常规天然气剩余探明储量$10.52\times10^{12}m^3$，占全球的比例20年来逐年递减，前十年从占全球的7.6% 降到4.9%。近十年由于北美非常规气和墨西哥深水的勘探开发比较活跃，保持了天然气剩余探明储量的稳定增长，维持在占全球5%左右的水平。2010年北美天然气探明储量占全球的5.3%。

二、北美非常规油气资源概况

随着世界化石能源紧缺、价格攀升及勘探开发技术的发展，非常规油气勘探开发得到迅猛发展，目前产量占据全球油气产量比重较大。特别是非常规天然气已成为天然气资源中的重要组成部分。非常规天然气成藏要素与常规天然气有所区别，一般不是以浮力驱动聚集的气藏，在区域上通常呈连续弥散分布，与构造和地层圈闭无关。非常规天然气通常有以下特点：天然气不自由扩散，通常吸附于有机质中；以自生自储为主，储层渗透性低，比常规天然气小很多，一般低于0.1mD，且多为非均质。

非常规天然气藏规模通常很大，但丰度很低，且一般情况下天然气质量很差；非常规气藏的深度可深可浅，气藏压力变化大，单层或多层的情况都存在。

北美非常规天然气主要为致密砂岩气、煤层气和页岩气三种，天然气水合物尚未进行商业性开发。非常规天然气储量比常规天然气更大，但开发难度也较大，勘探开发技术及成本更高。

非常规天然气中，现今致密砂岩气的产量最高，其次是页岩气和煤层气（图 1-2），其中页岩气的潜力极大，增长很快。2002～2004 年期间美国本土常规天然气产量自 $5434\times10^8\,m^3$ 降至 $5292\times10^8\,m^3$，其中陆上常规天然气从 $2123\times10^8\,m^3$ 降至 $1670\times10^8\,m^3$，海上天然气产量自 $1330\times10^8\,m^3$ 降至 $1075\times10^8\,m^3$，相关天然气从 $509\times10^8\,m^3$ 降至 $425\times10^8\,m^3$，与此同时，非常规天然气产量由 $1472\times10^8\,m^3$ 升至 $2123\times10^8\,m^3$，占美国本土天然气产量的 40%，与 2000 年相比增长 44%。预计至 2018 年，页岩气的产量将占非常规气的 1/3 以上（图 1-2）（US DOE，2008）。

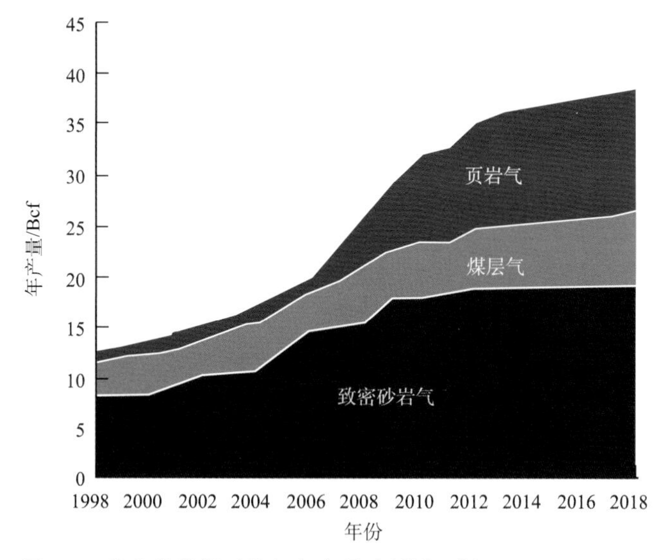

图 1-2 北美非常规天然气年产量及预测（据 US DOE，2008）
纵坐标单位：Bcf（$10\times10^8\,ft^3$）

这三种非常规天然气的产量都增长较快，但页岩气产量增长居首位。1996～2006 年十年中，致密砂岩气产量从 $1019\times10^8\,m^3$ 增长到 $1613\times10^8\,m^3$，煤层气从 $311\times10^8\,m^3$ 增长至 $509\times10^8\,m^3$，页岩气产量由 $85\times10^8\,m^3$ 增长为 $311\times10^8\,m^3$，增长幅度为 270%（EIA，2008）。

在常规天然气产量持续下降，海上天然气产量波动起伏的同时，非常规天然气的产量持续大幅提升，在 2010 年前后达到一个峰值后将平稳发展（图 1-3）。值得一提的是，在 2008 年，非常规天然气产量占到美国天然气总产量的 45%。2010 年以来，美国非常规气的产量已经超过了常规天然气的产量。

根据美国石油委员会（NPC）2007 年对世界非常规天然气资源分布的评估（表 1-2），认为北美非常规天然气的资源量最大，为 $233\times10^{12}\,m^3$；其次是独联体地区，资源量为 $155\times10^{12}\,m^3$；接下来是除南亚的其他亚洲国家，资源量为 $144\times10^{12}\,m^3$；其他分布地区位于南美、西欧、中北非、太平洋地区及南亚。北美三种非常规天然气中，页岩气资源量最大，而现今产量最大的致密砂岩气资源量却最小；从全球范围内看，页岩气资源量也远超煤层气和致密砂岩气。

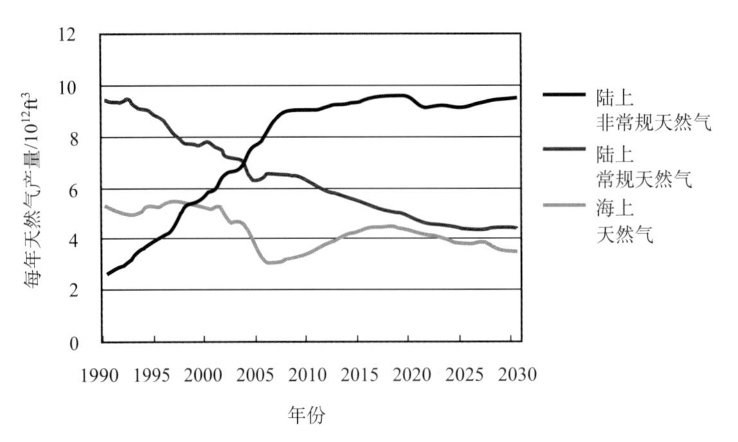

图 1-3 美国天然气年产量预测图（据 EIA，2008）

表 1-2 世界非常规天然气资源量分布（NPC，2007） （单位：$10^{12}m^3$）

地区	煤层气	页岩气	致密砂岩气	共计
北美	85	109	39	233
南美	1.1	60	37	98
西欧	4.4	14	10	28.4
中欧及东欧	3.3	1.1	2	6.4
独联体	112	18	25	155
中东及北非	0	72	23	95
其他非洲国家	1.1	7.7	22	31
中国	34	100	10	144
太平洋（经济合作组织国家）	13	65	20	98
其他太平洋地区亚洲国家	0	9	15.5	24.5
南亚	1.1	0	5.5	6.6
全球	255	456	209	920

根据美国国家石油委员会（2007）的北美非常规天然气资源调查结果，美国致密砂岩气和深盆气的资源量大于 $20\times10^{12}m^3$，加拿大致密砂岩气资源量为 $17\times10^{12}m^3$；美国煤层气资源量为 $21\times10^{12}m^3$，加拿大煤层气资源量为 $11\times10^{12}\sim20\times10^{12}m^3$；美国页岩气资源量为 $17\times10^{12}m^3$，加拿大页岩气资源量为 $2.8\times10^{12}\sim25\times10^{12}m^3$；其他的非常规气还包括浅层生物气、天然气水合物和无机成因气等。

1. 致密砂岩气资源概况

致密砂岩气资源量巨大，据估计全球资源量约 $210\times10^{12}m^3$，虽然小于页岩气和煤层气，但其开发历史时间相对较长，勘探开发技术较为成熟。在世界范围内，美国国家石油委员会（2007）认为北美致密砂岩气资源量最大，达 $38.8\times10^{12}m^3$；其次为南美

(36.6×10^{12} m^3) 和独联体地区 (25.5×10^{12} m^3)。EIA (2003) 估计美国致密砂岩气可采储量为5.7×10^{12}～15.6×10^{12} m^3。

美国现发现致密砂岩气藏的盆地共23个，大规模致密砂岩气藏主要分布于阿巴拉契亚盆地（可采储量约5×10^{12} m^3)、中陆盆地（可采储量约4783×10^8 m^3)、落基山盆地群（可采储量约3877×10^8 m^3)、二叠盆地（可采储量约5519×10^8 m^3)、圣胡安盆地（可采储量约1585×10^8 m^3)、阿纳达科盆地（可采储量约8433×10^8 m^3）和墨西哥湾盆地得克萨斯陆上区域（可采储量约2575×10^8 m^3）(NPC，2002)。

致密砂岩气为北美产量最大的非常规天然气，其产量占据非常规天然气的一半以上，1996～2006年的十年中，致密砂岩气产量从1019×10^8 m^3增长到1613×10^8 m^3，增幅达58.3%，2006年其产量占全美天然气总产量的14%，生产井达12万余口。2008年美国致密砂岩气产量达到1755×10^8 m^3，约占美国天然气总产量的30%。产量较大的盆地主要为圣胡安盆地、二叠盆地、中陆盆地、落基山盆地群、阿科马盆地和墨西哥湾盆地得克萨斯陆上区域（NPC，2002)。

浅层层状气藏主要分布于威利斯顿盆地，其深度为200～800m，厚度为10～20m；中浅-中深层状气藏主要分布于丹佛盆地、圣胡安盆地和风河盆地等地区，砂岩深度为700～2700m，厚度为10～30m；透镜状气藏主要分布于绿河盆地、尤因塔盆地和皮申斯盆地等，深度为1500～4000m，厚度为60～150m。

1996～2006年，美国新投产井数从每年2500口增加至13 630口，增幅达445%。美国针对致密砂岩气储层物性差、储量丰度高、单井井控储量小等地质与开发特征，形成了气藏描述、井网加密、分层压裂等主体开发技术（NPC，2007)。

2. 煤层气资源概况

北美另一种勘探开发较早的非常规天然气是煤层气。煤层气（coal bed methane，CBM)，又名瓦斯，是与煤伴生、共生的天然气资源，CH_4含量大于90%，发热量大于3.494×10^7 J/m^2，其资源量巨大，作为非常规天然气中重要的一种类型，其开发利用具有重要的意义。

根据国际能源署的统计资料（2007年)，全球煤层气资源总量约256×10^{12} m^3，在非常规天然气中居第二位。从煤层气分布上看，独联体地区资源量居首位，达112×10^{12} m^3；其次为北美，资源量为85×10^{12} m^3，可采储量约2.3×10^{12} m^3。目前全球范围内煤层气已进入商业性开发的国家主要为美国、加拿大、澳大利亚、印度和中国等。

美国的煤层气田主要分布在粉河盆地、圣胡安盆地、阿巴拉契亚盆地、西南煤炭区、黑勇士盆地、尤因塔盆地和阿拉斯加地区等。在可采储量方面，阿拉斯加地区最大，达1.6×10^{12} m^3，其次为粉河盆地（6792×10^8 m^3）和圣胡安盆地（2889×10^8 m^3)。

进入20世纪70年代，在全球能源危机的影响下，美国能源部做出了开展包括煤层气在内的非常规天然气回收研究的决定，从1978年开始对全美16个含煤盆地进行了长达8年的煤层气研究。对煤层气的储集和运移机理、生产方式和开采工艺有了进一步的认识，先后对14个盆地做出了资源量计算。20世纪80年代初，美国对煤层气的开发利用取得重大突破，在圣胡安盆地和黑勇士盆地取得了商业性开发的成功。1998年至今进入产量稳步增长阶段，北美煤层气年产量平均约 $453\times10^8m^3$。对产量贡献最大的煤层气盆地主要为圣胡安盆地、黑勇士盆地和阿巴拉契亚盆地，圣胡安盆地 2006 年煤层气年产量达 $311\times10^8m^3$。

圣胡安盆地是美国煤层气开发最成功的盆地。圣胡安盆地煤炭资源量约 3248×10^8t，煤层气资源量 $2.4\times10^{12}m^3$，煤层气可采储量 $2836\times10^8m^3$。煤层含气量为 $0.11\sim16.98m^3/t$，平均 $13.44m^3/t$。梅里迪恩 400 区单井日产气量平均 8500～85 000m^3，是圣胡安盆地产能最高的地区。圣胡安盆地目前共 3 万余口生产井，煤层气产量占美国天然气总产量的 6%，其仍有很大的潜力，据估计 2008 年其待发现储量仍达 $1.4\times10^{12}m^3$。

3. 页岩气资源概况

北美近十年非常规天然气的开发热点是页岩气的开发。相比煤层气和致密砂岩气等其他非常规天然气，北美页岩气资源量更大，约占非常规天然气总资源量的一半。依据美国国家石油委员会 2007 年对世界页岩气资源做出的调查，全球页岩气总资源量为 $456\times10^{12}m^3$，其中美国页岩气资源量为 $109\times10^{12}m^3$，居世界之首。页岩气的大量开发使美国天然气年产量达到 $5934\times10^8m^3$，超过俄罗斯成为世界第一大天然气生产国，预计到 2020 年，页岩气年产量将占北美天然气总产量的 1/3。

页岩气的研究开始于美国，1821 年美国第一口天然气钻井就是页岩气井。至 1926 年，东肯塔基和西弗吉尼亚气田开发的泥盆纪页岩气已经是当时世界上最大的天然气田，但人们没有认识到这是非常规天然气，也未得到重视。自 20 世纪 80 年代起，美国开始对东部页岩气进行系统研究，摸清页岩气分布规律并进行资源潜力评价，自此，页岩气的研究全面开展。美国共 22 个页岩盆地，分布于 20 多个州，其中主要产气页岩盆地为阿巴拉契亚盆地、伊利诺伊盆地、密歇根盆地、福特沃斯盆地和圣胡安盆地。各盆地内含气页岩区带分别为：密歇根盆地的安琪姆（Antrim）区带，阿巴拉契亚盆地的俄亥俄（Ohio）页岩，伊利诺伊盆地的新奥尔巴尼（New Albany）页岩，福特沃斯盆地的巴尼特（Barnett）页岩和圣胡安盆地的路易斯（Lewis）页岩（图 1-4）。其中，产量最大的为俄亥俄页岩气和巴尼特页岩气，未来潜力最大的是马赛鲁斯（Marcellus）页岩气。俄亥俄页岩气是最早进行工业性开发的页岩气，自 20 世纪 80 年代起其产量平稳且居高不下；其后 90 年代初开发的安琪姆页岩气产量迅猛增加，在 1999 年达到顶峰后稍有下降，现今产量仍很大；而最为瞩目的是福特沃斯盆地的巴尼特页岩气，虽开始时间较短，自 90 年代中期开始至今十几年的时间就一跃成为美国最大的页岩气产区；其他的还有路易斯页岩气，产量相对较少，但未来潜力仍较大。

北美页岩气盆地的类型以前陆盆地和边缘克拉通盆地为主，例如：阿巴拉契亚盆地和伊利诺伊盆地。这些盆地早期是赤道附近长期稳定的克拉通盆地或被动陆缘盆地，以局限海环境为主，发育厚层大范围的页岩，自生自储，有机质丰度高，TOC 大于 2%；烃源岩成熟度高，R_o为 1.1%～2.5%；渗透性高，基质渗透率大于 0.001mD；页岩厚度大于 30m，脆性高；孔隙压力大；黏土矿物低于 50%，石英含量高于 30%，以便水力压裂；地质储量大，产能高。这些都是页岩气成藏的重要条件。

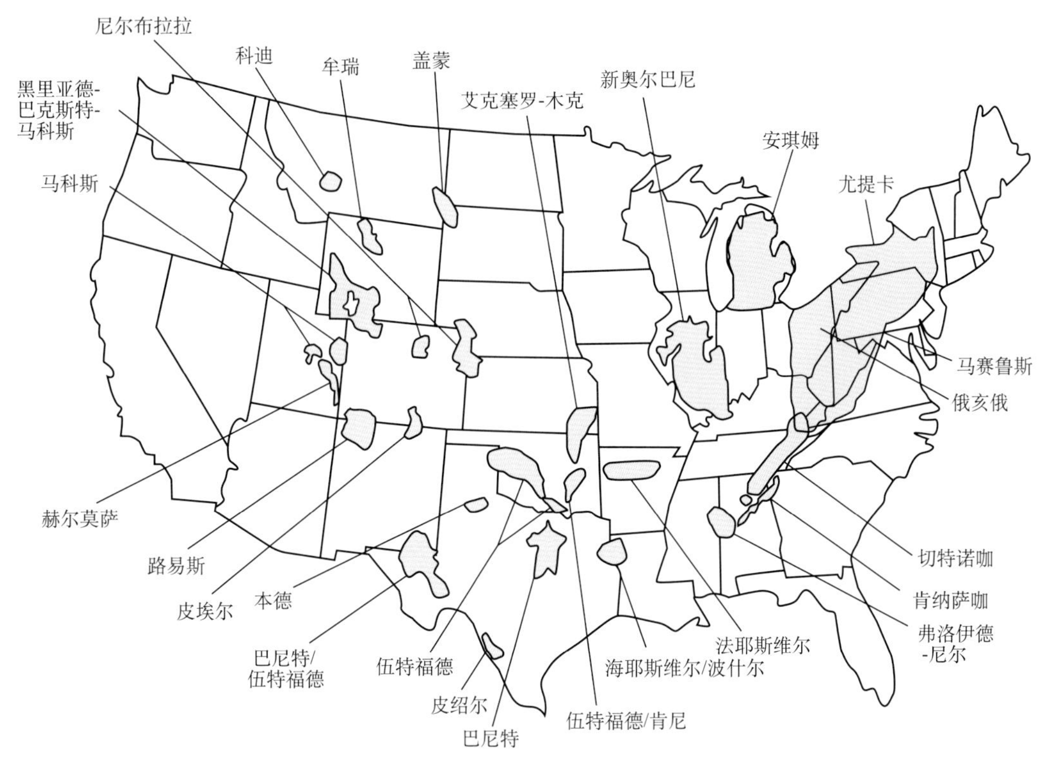

图 1-4 北美页岩气区带分布图（USGS，2010）

北美页岩气资源量达 $109\times10^{12}\,m^3$，地质储量大于 $14\times10^{12}\,m^3$，经济可采储量 $1.4\times10^{12}\sim2.6\times10^{12}\,m^3$，可见页岩气在北美具有巨大的勘探开发潜力。2006 年美国页岩气探明储量约 $3962\times10^8\,m^3$，而 2007 年这个数字为约 $5943\times10^8\,m^3$（EIA，2007），增加了 30%以上。美国页岩气可采储量 2006 年约 $2.8\times10^{12}\,m^3$，在 2008 年就蹿升至约 $14\times10^{12}\,m^3$ 以上（PGC，2008）。2008 年美国页岩气的产量已占美国天然气产量的 10%，EIA（2009）估计至 2025 年页岩气产量将超过煤层气，由现今每年约 $283\times10^8\,m^3$ 增至 $3481\times10^8\,m^3$，在未来的 18 年里，可采收页岩气占全部可采收天然气的 15%。一些工业分析家甚至预测在未来的 10 年内，仅美国页岩气的产量就会占到天然气总产量的 50%。2009 年后美国页岩气产量仍持续增长，预计至 2034 年可实现年产量约 $3962\times10^8\,m^3$，而 2008 年预测的这个数字不到 $2830\times10^8\,m^3$。Curtis（2008）对美国页岩气储量做出评估，认为美国页岩气地质储量超过 $14\times10^{12}\,m^3$，待发现储量为 $3.7\times10^{12}\,m^3$，经济可采储量为 $1.4\times10^{12}\sim2.6\times10^{12}\,m^3$，探明储量大于 $2830\times10^8\,m^3$。

小 结

从北美含油气盆地的储量规模分布分析，可采储量超过 $50\times10^8\,m^3$ 的盆地有艾伯塔盆地、墨西哥湾盆地、二叠盆地、阿巴拉契亚盆地、威利斯顿盆地和密歇根盆地。

北美主要含油气盆地的石油可采储量为3267亿桶（37个盆地数据），天然气可采储量为$23\times10^{12}m^3$（37个盆地数据）。

北美的前十位重点含油气盆地依次为：艾伯塔盆地、墨西哥湾盆地、二叠盆地、阿巴拉契亚盆地、威利斯顿盆地、密歇根盆地、阿纳达科盆地、墨西哥南部盆地、北极斜坡盆地和维拉克鲁斯盆地。

北美的非常规油气也是北美重要的能源，包括油砂、致密砂岩气、煤层气和页岩气，具有广阔的勘探开发前景。北美非常规油气，尤其非常规天然气的产量已经超过了常规天然气的产量，已成为北美主要的能源。非常规气的开采技术在非常规气开发中占举足轻重的地位。

区域地质背景 第二章

◇ 北美大陆四面环海，东为大西洋，南为加勒比海，西为太平洋，北为北冰洋。北美大陆以加拿大地盾为中心，由内陆向外依次为北美克拉通和各时期的造山带，在地史演化上表现为大陆同心式的向外增生。北美大陆可以划分为六个构造单元：加拿大地盾、中元古代增生型造山带、格林威尔造山带、阿巴拉契亚造山带、科迪勒拉造山带和加勒比海板块。

◇ 北美大陆的构造演化具有非常鲜明的规律，与泛大陆的聚合与裂解密切相关。北美从寒武纪至新生代一直逆时针旋转，并伴有向北漂移的运动，以逆时针旋转为主。志留纪欧洲波罗的板块与北美板块的碰撞形成加里东期的北阿巴拉契亚造山带，导致北美大陆的第一次逆时针旋转，但幅度不大；古生代的北美大陆以克拉通盆地为主要盆地类型，其次是前陆盆地。二叠纪是重要转折时期，由于二叠纪南美洲和非洲板块完全与北美碰撞完成阿巴拉契亚的海西期造山运动，导致北美大陆大幅度逆时针旋转，因此二叠纪结束了北美大陆古生代的构造和盆地演化，开启了中新生代构造和盆地发育的纪元。中生代随着泛大陆的裂解，大西洋的打开加剧了北美大陆的逆时针旋转和向北漂移，最后形成北美大陆现在的构造格局。

第一节　北美构造区划

一、大地构造位置和区域构造单元划分

北美大陆位于西半球的北部，界于太平洋和大西洋之间，由北美板块和加勒比海板块组成，西界为太平洋俯冲带，东界为大西洋洋中脊，北界为北冰洋洋中脊，南接南美大陆板块（图 2-1）。

北美大陆以加拿大地盾为中心，由内陆向外依次为北美克拉通和各时期的造山带，在地史演化上表现为大陆同心式的向外增生（图 2-1）。加拿大地盾由年代早于 25 亿年的古老克拉通和 20 亿～18 亿年的古元古代造山带构成。这些古老的克拉通包括苏必利尔省（Superior）、大奴省（Great Slave）、拉伊省（Rae）、赫恩省（Hearne）、奈恩省（Nain）和怀俄明省（Wyoming），主要为太古宙结晶岩基底。这些太古宙克拉通陆块被 20 亿～18 亿年的古元古代造山带拼贴在一起构成了加拿大地盾，如特兰-哈得孙造山带（图 2-1）。在加拿大地盾的南侧还发育了 16 亿～13 亿年的岩浆增生型造山带。在北美大陆的东南部由西向东依次发育了新元古代末 11 亿年的格林威尔造山带和古生代的阿巴拉契亚造山带。在北美大陆的西部发育新生代安第斯型的科迪勒拉造山带，该造山带

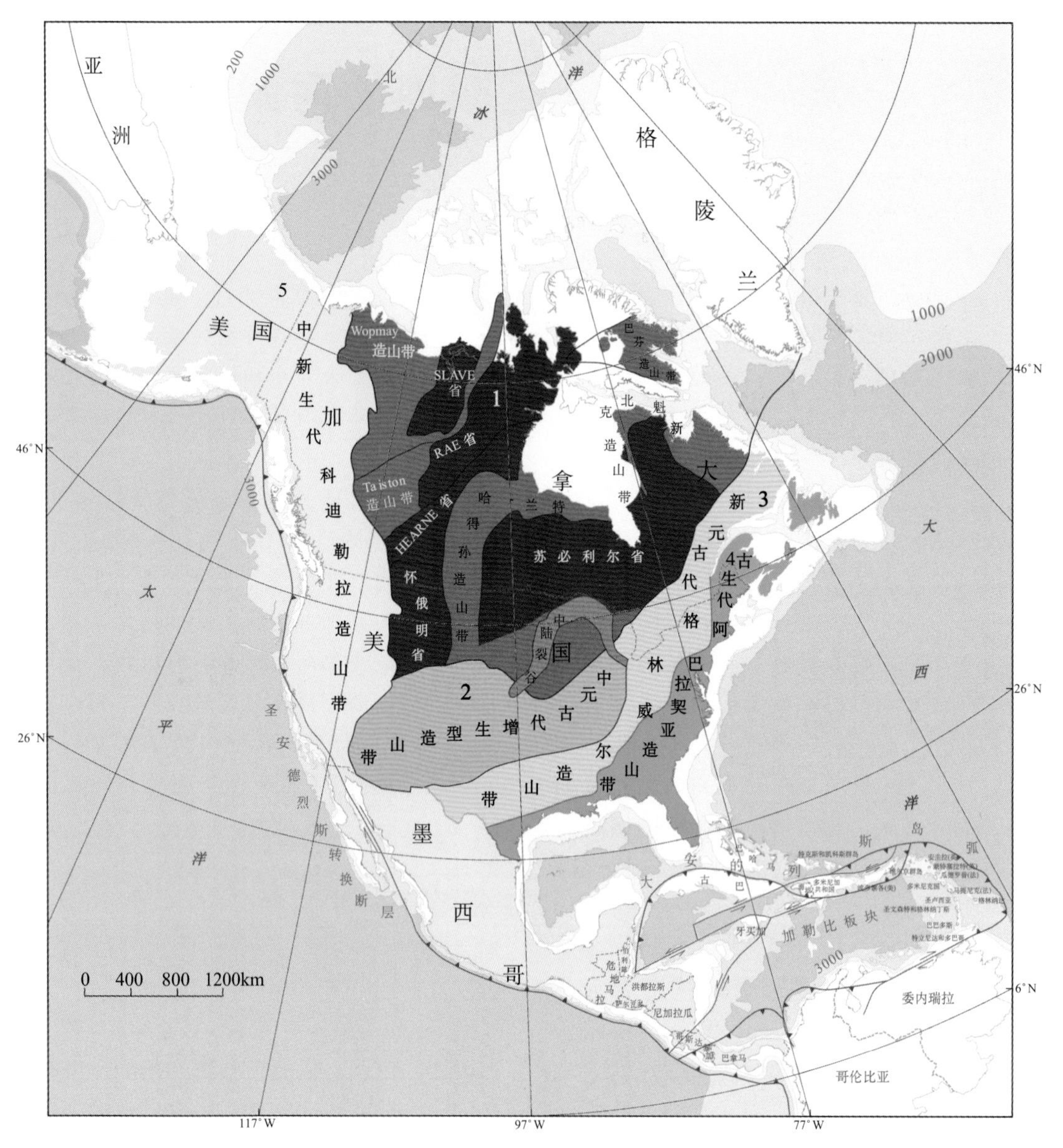

图 2-1 北美大陆的构造单元划分

由多个地体和岛弧拼贴而成（图 2-1）。

二、各区域构造单元特征

北美大陆可以划分为六个构造单元：加拿大地盾、中元古代增生型造山带、格林威尔造山带、阿巴拉契亚造山带、科迪勒拉造山带和加勒比海板块。

1. 加拿大地盾

加拿大地盾由苏必利尔省（Superior）、大奴省（Great Slave）、拉伊省（Rae）、赫恩省（Hearne）、奈恩省（Nain）和怀俄明省（Wyoming）六个克拉通组成，其中苏必利尔省和大奴省是重要的两个克拉通（图 2-1）。苏必利尔省约 $150\times10^4km^2$，是加拿大地盾内最大的一个克拉通。大奴省克拉通位于加拿大地盾的西北边缘，其中包括世界最古老的岩石 40.4 亿年的片麻岩。大奴省克拉通由 28 亿年的绿岩带和 26 亿～27 亿年的花岗岩构成，并拼贴了一些小地体。格陵兰西南海岸的伊苏阿地区发育角闪岩、石英岩、条带状磁铁石英岩建造和碳酸盐岩等组成，被 37.6 亿±0.7 亿年的正片麻岩侵入，被认为是世界上最老的表壳岩。在加拿大地盾的南北边缘发育地台沉积，如北部的北极区地台和南部的美国地台。在这些地台上发育了克拉通型盆地。

加拿大地盾绝大多数地区出露前寒武纪结晶基底，缺乏地台沉积，仅局部地区有较薄的沉积层，如新元古代的犹他盆地、新元古代的中陆裂谷盆地。而有些早古生代的盆地，如哈得孙湾盆地和维多利亚盆地，这些盆地的勘探程度和勘探潜力均很低。在加拿大地盾以南和以北的地台区发育大量含油气丰富的古生代克拉通型盆地，重点盆地包括：伊利诺伊盆地、密歇根盆地、威利斯顿盆地和二叠盆地等。由于克拉通型盆地发育在接受长期稳定沉积的地台区，若成盆期盆地处于中低纬度湿热气候，发育烃源岩，并有良好的储盖组合和圈闭，就可以形成含油气丰富的盆地。

2. 中元古代增生型造山带

在古元古代末至中元古代（1.8～1.3 Ga）时期，北美大陆的南缘发育增生型造山带（图 2-1）。该造山带主要由拼贴的岛弧和同碰撞期花岗岩等岩石组合构成，代表类似现代的岛弧和活动大陆边缘的特征。该带主要作为后期的克拉通型盆地的基底。中元古代时期该带未发育沉积盆地，主要为岛弧拼贴的增生型造山运动。

3. 格林威尔造山带

格林威尔造山带是位于北美大陆东部和西欧的一条北东向 10 亿～11 亿年前的造山带，从苏格兰的西南延伸到纽芬兰和北佐治亚州（图 2-1）。该造山带代表 13 亿～11 亿年之间北美东部格林威尔古大洋闭合的结果。全球同一时期的造山带称为格林威尔期造山带，将世界各克拉通聚合在一起形成了罗迪尼亚超大陆（Rodinian Supercontinent）。格林威尔造山带的岩石主要为高级变质的片麻岩。格林威尔造山带内还夹有 11.7 亿～11 亿年的花岗岩体，这些花岗岩体约占整个造山带的 1/5，代表了格林威尔洋俯冲作用和碰撞造山作用过程中的深部岩浆活动。11 亿年的格林威尔造山带标志北美克拉通化的最终完成。

在格林威尔洋发育时期，该带曾发育被动陆缘盆地，但格林威尔期的造山运动，使这些被动陆缘盆地被褶皱和改造了，目前没有残留的格林威尔期盆地。

4. 阿巴拉契亚造山带

阿巴拉契亚造山带位于北美大陆的东部，是东海岸上的一条北东向山脉（图 2-1）。该造山带的北段为加里东期造山带，南段为海西期造山带，是古大西洋（Iapetus 洋）两侧的北美大陆与欧洲大陆碰撞的产物，记录了 6 亿～2 亿年间残余洋壳、岛弧和外来地体的拼贴历史。阿巴拉契亚造山带包括加拿大段和美国段，带内含有一些外来地体。

古生代的岩浆活动主要沿大陆东部的阿巴拉契亚带分布。从加拿大沿海到马萨诸塞有两期花岗质深成活动。第一期 4.4 亿～4.15 亿年的岩浆岩伴随自东向西的大规模推覆构造，代表塔康造山运动；第二期 3.6 亿～3.3 亿年的岩浆活动伴随着叠置在不同时代和不同类型岩石上的区域变质作用，反映了阿巴拉契亚加里东期和海西期的两期造山运动。晚古生代的花岗岩沿阿巴拉契亚南段发育，代表了阿巴拉契亚海西期的造山运动。

阿巴拉契亚造山带的两期造山运动使北美大陆东部早期形成的被动陆缘盆地发生挠曲，并在东南缘发育山前冲断带，在此基础上发育了早古生代和晚古生代的前陆盆地群，从东北向西南沿阿巴拉契亚山脉的西北侧发育了西纽芬兰（West Newfoundland）盆地、圣劳伦斯（St. Lawrence）盆地、阿巴拉契亚（Appalachia）盆地和黑勇士（Black Warrior）盆地等一系列前陆盆地。其中，西纽芬兰盆地在寒武纪—奥陶纪为被动陆缘盆地，在志留纪—泥盆纪为前陆盆地；圣劳伦斯盆地和阿巴拉契亚盆地都是早古生代晚期—晚古生代的前陆盆地；黑勇士盆地是晚古生代—中生代的前陆盆地。

在阿巴拉契亚造山带以东的海岸平原和大西洋西岸发育大量的被动陆缘盆地，如东海岸盆地，但勘探潜力不大。在阿巴拉契亚造山带以南的墨西哥湾发育富含油气的墨西哥湾盆地，是典型的含盐的被动陆缘盆地，是北美重要的含油气盆地，具有很大的勘探潜力，尤其墨西哥湾的深水油气勘探是该盆地的勘探热点。

5. 科迪勒拉造山带

科迪勒拉造山带位于北美大陆西部，近南北向走向，宽约 500km，为 150Ma 以来形成的中、新生代造山带（图 2-1）。该造山带由多个增生的外来地体、高级变质岩和花岗岩组成。科迪勒拉造山带在新生代进一步发育了火山岛弧。在墨西哥西部也发育新生代火山岛弧。

由于中生代的拉腊米造山运动和新生代的科迪勒拉造山运动，在科迪勒拉山脉和落基山地区的东侧分别发育了陆缘前陆盆地类型的艾伯塔盆地和背驮式前陆盆地类型的落基山盆地群。在新生代晚期，由于科迪勒拉造山带后期的高原垮塌和伸展作用，发育了内华达大盆地，由简单拆离伸展作用形成的盆-岭省构成。新生代晚期，在科迪勒拉造山带南部发育的圣安德烈斯转换断层附近发育了油气丰度最高的走滑拉分盆地——洛杉矶盆地。

6. 加勒比海板块

加勒比海板块从白垩纪末（70Ma）开始由西向东楔入到北美大陆和南美大陆之间

(图 2-1)。加勒比海板块的南北边界均为走滑断裂，至今仍是地球上火山地震最多的地区之一。在加勒比海板块西侧为墨西哥岛弧，北侧和东侧均为火山岛弧——大安得列斯岛弧。

在古巴的北部发育古巴北部前陆盆地，在古巴岛及南部发育古巴中部盆地和南部盆地，为弧后盆地；在大安得列斯岛弧的东侧发育巴巴多斯-多巴哥弧前盆地和格林纳达弧后盆地。

第二节　北美构造和沉积盆地的演化规律

如何运用板块构造理论在全球构造演化背景下分析北美含油气盆地的类型及演化规律是本章的重点内容。北美含油气盆地的演化规律与盆地所处的大地构造位置和北美大陆的大地构造演化密切相关。我们把北美主要盆地的原型盆地放到北美大陆各地质历史时期的构造格局和古地理图上，分析这些主要盆地在某地质历史时期所处的大地构造位置和当时的古地理环境，是否处于克拉通内部或边缘，是否处于古赤道附近，是浅海陆棚环境，还是局限海环境，这对于研究含油气盆地的烃源岩生烃能力至关重要。把盆地放到板块构造演化和古地理演化的背景下来分析盆地的类型、成盆期、生储盖形成的条件等，是我们可以系统地从全球或整个北美尺度全方位地分析影响盆地含油气性的基本因素，可以使我们利用板块构造理论从构造-沉积事件的宏观尺度上认识北美含油气盆地的成盆机制。

一、北美构造和沉积盆地的演化

新元古代存在一个“罗迪尼亚超大陆”(Rodinia)。该超大陆以北美为核心，附近有澳大利亚、中非、南美、波罗的和西伯利亚古陆。进入 780Ma，罗迪尼亚超大陆达到最大范围，也开始发生以裂谷盆地为主的裂解，掀开了北美大陆沉积盆地发育的历史。此后进入古生代，整个北美大陆基本上处于一个孤立的大地构造环境。

为了分析北美大陆演化过程中在各地质历史时期各主要盆地所处的大地构造位置和古地理环境，本书将北美的各主要盆地放到各时期的古地理图上。我们把油气藏主要成储成藏时期作为主要成盆期，处于主成盆期的盆地用绿色表示，盆地的形状为主成盆期的原型盆地的大致轮廓，而不处于主成盆期的盆地用蓝色表示，盆地的形状为现代的盆地轮廓，这样便于我们分析这些盆地在某地质历史时期所处的大地构造位置和古地理环境，总共有十幅古地理图（图 2-2～图 2-11)。

（一）早古生代

罗迪尼亚超大陆在新元古代晚期裂解后，北美大陆漂移到赤道附近，进入漂移阶段，大部分被浅海覆盖。寒武纪是一个全球海侵的年代。在寒武纪时，具有硬壳的动物第一次大量地出现，此时由泛非期造山带拼贴而成的冈瓦纳（Gondwana）超大陆正在南极洲大陆附近形成。而在北美附近，一个新的大洋“古大西洋”(Iapetus Ocean) 即将在劳伦（Laurentia）、波罗的（Baltica）和西伯利亚（Siberia）这几个古大陆之间扩张。北美大陆此时处于大规模海侵，四周为大洋包围的环境。从奥陶纪开始，冈瓦纳大陆开始向南极漂移。到了晚奥陶世，气候进入了寒冷的时期，冰雪覆盖了冈瓦纳超大陆的南半部。巨大的泛大洋则覆盖了当时大部分的北半球，因此，位于当时北半球低纬度的北美古大陆（即“劳伦”）除了加拿大地盾未接受沉积，其他大部分是浅海环境，接受海相沉积。晚奥陶世的北美古陆位于赤道附近，与西伯利亚一样，是当时最温暖湿润的大陆（图 2-2）。

寒武纪—奥陶纪北美大陆一直处于南半球赤道附近（图 2-2），发育广阔的陆棚碳酸盐岩沉积，包括广阔的被动大陆边缘和克拉通台地，是早古生代克拉通盆地和被动陆缘盆地的主要烃源岩发育时期。北美大陆（包括格陵兰）在这一时期与西伯利亚和波罗的克拉通是分离的，在这些大陆的边缘均发育被动大陆边缘，并与北美大陆内的克拉通型盆地相连。在北美大陆的内部发育了内克拉通盆地伊利诺伊盆地、密歇根盆地、威利斯顿盆地、辛辛那提穹隆区、中陆隆起区、阿纳达科盆地和阿科马盆地以及加拿大北部的维多利亚盆地（图 2-2），浅海沉积覆盖到了北美大陆的中部，主要为陆棚碳酸盐岩沉积。在北美大陆的边缘还发育艾伯塔盆地、落基山盆地和二叠盆地的下部构造层被动陆缘盆地。魁北克盆地、圣劳伦斯盆地、北极斜坡、斯沃德鲁普盆地、东格陵兰盆地等在早古生代均处于被动大陆边缘。在北美大陆边缘还发育了阿巴拉契亚拗拉谷等大陆边缘裂谷盆地（图 2-2）。这些盆地在早古生代均处于北美大陆的被动大陆边缘或克拉通陆棚沉积环境，处于赤道附近，气候湿热，有利于海相有机物的繁殖，是北美重点含油气盆地重要的烃源岩发育时期（图 2-2）。这一时期伊利诺伊盆地、密歇根盆地和威利斯顿盆地进入成盆阶段，处于烃源岩发育时期。

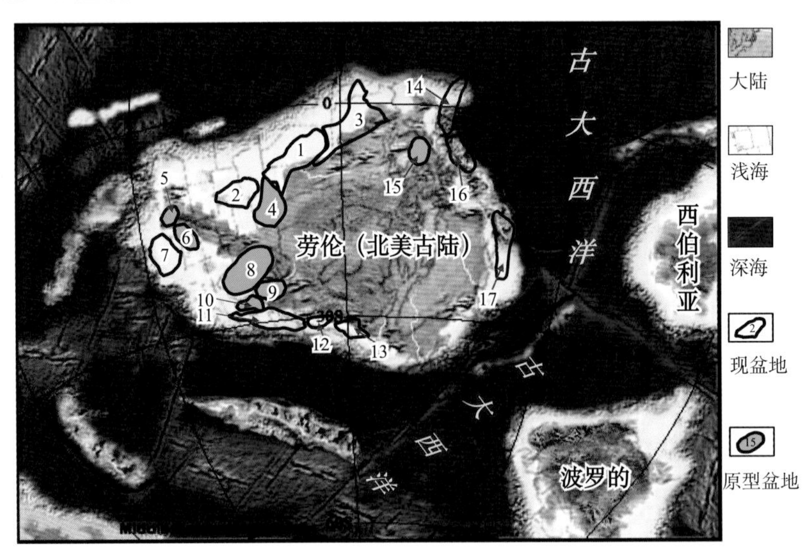

图 2-2　北美大陆寒武纪—奥陶纪的古地理图（据 Blakey，2008 修改）

1. 艾伯塔盆地；2. 落基山盆地群；3. 马更些盆地；4. 威利斯顿盆地；5. 阿纳达科盆地；6. 阿科马盆地；7. 二叠盆地；8. 伊利诺伊盆地；9. 密歇根盆地；10. 辛辛那提；11. 阿巴拉契亚盆地；12. 魁北克盆地；13. 圣劳伦斯盆地；14. 北极海岸盆地；15. 维多利亚盆地；16. 斯沃德鲁普盆地；17. 东格陵兰盆地

志留纪的重要事件是劳伦（北美古陆）与波罗的大陆的碰撞，导致古大西洋（Iapetus Ocean）北部被关闭，在北美东北部和挪威形成了北阿巴拉契亚造山带和加里东造山带（图 2-3）。中志留世的劳伦（即北美古陆）与西伯利亚均在赤道附近，并大部分被浅海覆盖，温暖湿润。这个时期，冈瓦纳超大陆仍继续向南极漂移。

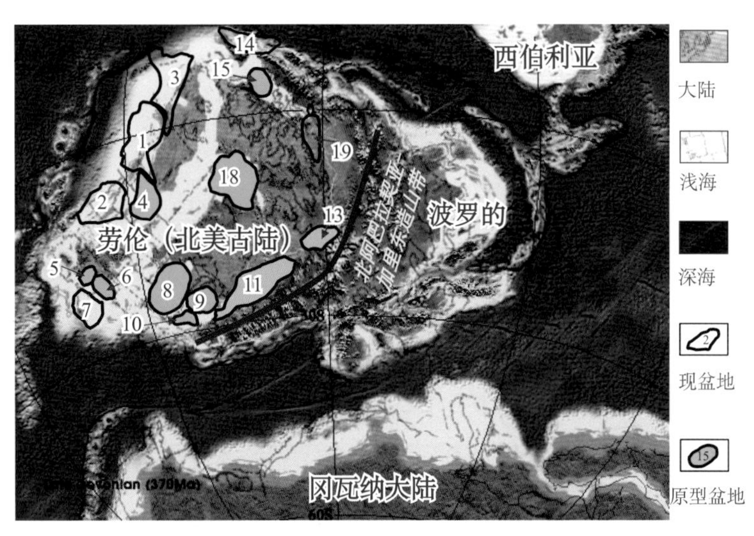

图 2-3 北美大陆晚泥盆世古地理图（据 Blakey，2008 修改）

18. 哈得孙盆地；19. 巴芬湾盆地；其他编号与图 2-2 相同

志留纪末北阿巴拉契亚的加里东期造山运动导致在阿巴拉契亚造山带的陆内侧形成了阿巴拉契亚前陆盆地、圣劳伦斯前陆盆地和西纽芬兰前陆盆地。

（二）晚古生代

泥盆纪的劳伦（北美古陆）与波罗的古陆持续碰撞，劳伦发生逆时针转动，导致海域面积开始缩小，但整个泥盆纪劳伦还是以浅海相沉积为主（图 2-3）。这个时期，植物开始大量出现在陆地上，同时最早形成于热带沼泽地区的煤，覆盖了加拿大极区附近的岛屿、北格陵兰以及斯堪的纳维亚（Scandinavia）等地。

泥盆系前陆盆地的陆相碎屑岩是这些前陆盆地的主要储层，是主要成盆期的沉积。泥盆纪北美大陆处于南半球赤道附近，除了这些前陆盆地，其他地区仍发育广阔的陆棚碳酸盐岩沉积，是克拉通盆地和前陆盆地的烃源岩发育时期（图 2-3）。该时期，在克拉通内部发育的伊利诺伊盆地、密歇根盆地、辛辛那提穹隆区、中陆隆起区、威利斯顿盆地和阿纳达科盆地及阿科马盆地均为典型的内克拉通盆地，此时发育海相砂岩和碳酸盐岩储层，是晚古生代重要的含油气盆地。晚泥盆世还发育了哈得孙湾盆地和维多利亚盆地，但沉积厚度小，油气丰度很低。在北美大陆西部，艾伯塔盆地、落基山盆地和二叠盆地（下部构造层）等在这个时期均为下伏的被动陆缘盆地，广泛发育陆棚碳酸盐岩沉积，位于赤道附近，气候湿热，海相有机质丰富，是重要的烃源岩发育时期(图 2-3)。北美北部的各盆地（如北极海岸盆地和巴芬湾盆地）在该时期主要为被动陆缘沉积，是烃源岩主要发育时期（图 2-3）。

密西西比纪，位于劳伦大陆（北美古陆）和冈瓦纳大陆之间的古大洋开始闭合，并开始形成海西期的南阿巴拉契亚造山带（图 2-4）。同时，冈瓦纳超大陆漂移至南极开始形成冰盖，而赤道附近的各大陆开始发育大规模沼泽。

密西西比纪的北美大陆在北阿巴拉契亚造山带的向内陆一侧发育了一系列前陆盆地，包括：阿巴拉契亚盆地、圣劳伦斯盆地和西纽芬兰盆地。密西西比纪是这些前陆盆地储层主要发育时期，以陆相砂岩为主。该时期克拉通盆地继续发育，包括伊利诺伊盆地、密歇根盆地、维多利亚盆地、巴芬湾盆地、威利斯顿盆地、辛辛那提穹隆区、中陆隆起区、阿纳达科盆地和阿科马盆地等，为主要储层发育阶段。艾伯塔盆地、落基山盆地和二叠盆地（下部构造层）等盆地继续发育广阔的陆棚碳酸盐岩沉积，是烃源岩主要发育时期（图 2-4）。北美北部在该时期是被动陆缘沉积环境，也是烃源岩的主要发育时期，如北极海岸盆地、斯沃德鲁普盆地和东格陵兰盆地（图 2-4）。密西西比纪的北美大陆一直处于赤道附近，气候湿热，有利于浅海有机质发育，是烃源岩有利发育时期。

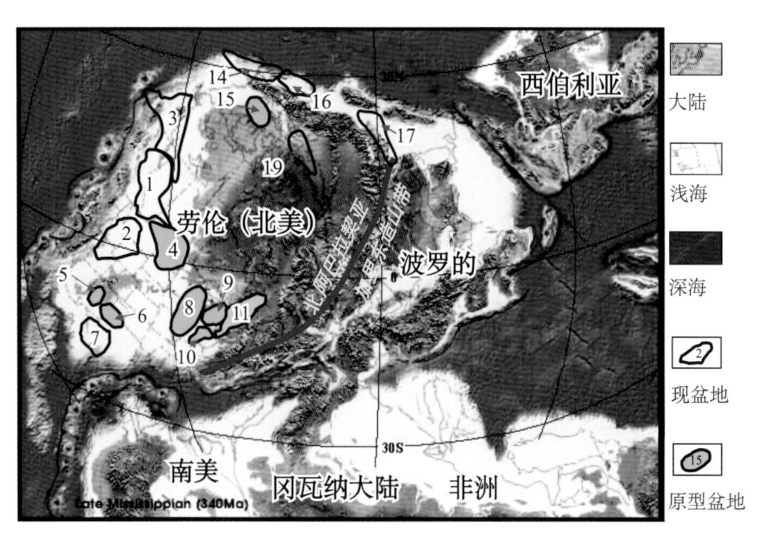

图 2-4　北美大陆晚密西西比世古地理图（据 Blakey，2008 修改）

编号同上图

宾夕法尼亚纪，由北半球的劳伦（北美）、波罗的大陆和西伯利亚等古陆所组成的劳亚大陆与南半球的冈瓦纳大陆发生碰撞，形成了海西期的南阿巴拉契亚造山带和乌拉尔造山带，开始向形成超大陆发展。

晚宾夕法尼亚世，非洲和南美与北美大陆完全碰撞，形成海西期南阿巴拉契亚造山带，与北阿巴拉契亚形成一条大型造山带，古大西洋关闭，劳亚大陆与冈瓦纳大陆会聚成一个超大陆，即“泛大陆”（Pangea），浅海陆棚沉积范围明显减少。受南阿巴拉契亚造山运动影响早期的克拉通盆地（包括：伊利诺伊盆地、密歇根盆地、阿纳达科盆地和阿科马盆地）受挤压变形而发育大规模的构造圈闭，是克拉通型重点含油气盆地的构造圈闭形成的重要时期，结束了北美主要的克拉通盆地的成盆期。同时，由于南阿巴拉契亚造山运动，二叠盆地的下构造层发生褶皱，成为二叠盆地的褶皱基底（图 2-5）。由于造山运动影响，阿巴拉契亚前陆盆地主要以陆相为主，宾夕法尼亚纪也是前陆盆地重要储层的发育时期。落基山盆地群和威利斯顿盆地的海相范围逐渐缩小，艾伯塔盆地仍然以北西向的陆棚碳酸盐岩沉积为主，沉积范围也逐渐减少。这些盆地以海相碳酸盐岩为主，处于赤道附近或低纬度带，是烃源岩发育的重要时期（图 2-5）。北美北部的一些盆地，如北极海岸盆地、斯沃德鲁普盆地和东格陵兰盆地仍处于被动陆缘沉积阶段，也是烃源岩的主要发育阶段（图 2-5）。

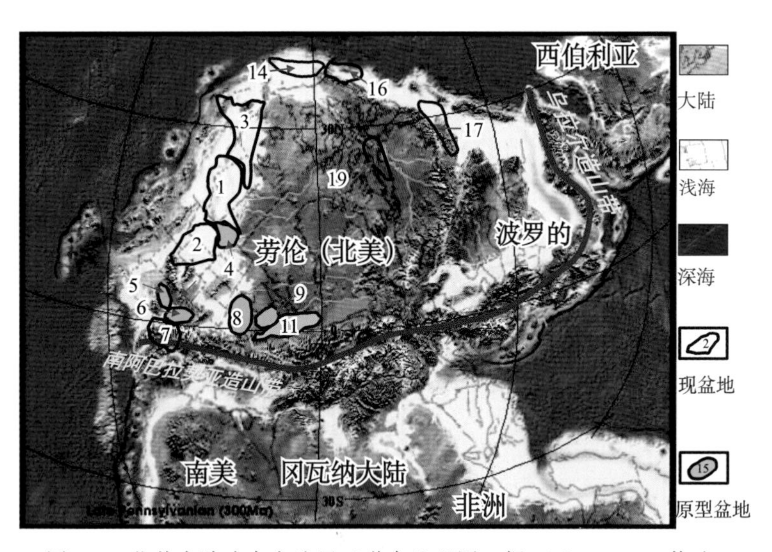

图 2-5 北美大陆晚宾夕法尼亚世古地理图（据 Blakey，2008 修改）

编号同上图

北方的劳亚大陆与南方的冈瓦纳大陆在北美大陆东南缘发生继续碰撞造山形成新的超大陆“泛大陆”（图 2-6）。二叠纪北美大陆大部分是陆相沉积，仅在西部由于多个地体向北美靠拢，导致浅海沉积范围缩小，主要为局限海环境。虽然该超大陆形成于古生代末期，但是该超大陆在当时似乎仍未包含所有的陆地，仍然有游离于超大陆之外的一些小陆块。至二叠纪，在这些破碎陆块互相撞击之后，世界上所有的陆地才全部加入了超大陆，形成名副其实的超大陆“泛大陆”（图 2-6）。由于该超大陆十分巨大，阻碍了岩石圈下方的地幔发生热异常，开始发育地幔柱，在地表形成大火成岩省，如：西西伯利亚大火成岩省和峨眉山大火成岩省。大火成岩省事件可能是导致二叠纪生物大灭绝的原因之一。二叠纪是泛大陆范围最大的时期（图 2-6）。

二叠纪仍有少量的克拉通盆地，在南阿巴拉契亚造山带形成后经过克拉通化进入地台型沉积阶段发育的盆地也可以形成富油气盆地，如二叠盆地。二叠纪是二叠盆地的主成盆期，为年轻克拉通基底上发育的克拉通盆地，前二叠纪发育的海相烃源岩为二叠盆地提供了充足的油源，进入二叠纪盆地发育阶段，主要为海相碳酸盐岩沉积，发育生物碎屑灰岩，为优质储层，后期进一步发育成半封闭海，发育蒸发岩，是优质盖层，并在外围发育礁滩，作为优质储层（图 2-6）。该时期二叠盆地处于赤道附近，有利于烃源岩的发育，加上储层和盖层的发育，二叠盆地具备优质的生储盖组合，成为北美重要的含油气盆地。另一个克拉通盆地——威利斯顿盆地进入盆地演化后期为局限海碳酸盐岩和滨海砂岩沉积，也是重要储层。阿巴拉契亚盆地进入前陆盆地的晚期，以陆相沉积为主，海西期的造山作用促进了构造圈闭的形成，是油气运移和成藏的主要阶段。经过整个古生代的演化，阿巴拉契亚盆地从被动陆缘盆地至前陆盆地，从生油至储层和盖层及圈闭形成，构成了北美重要的含油气盆地。艾伯塔盆地、马更些盆地和落基山盆地群在该时期由于西侧地体开始向北美大陆拼贴，该地区的浅海范围开始缩小为局限海，仍有海相沉积和丰富的有机质进入该地区，并处于低纬度带，有利于发育烃源岩，整个古生代，北美大陆西部的诸盆地均为被动陆缘盆地或局限海，发育陆棚碳酸盐岩和泥岩，并处于赤道或低纬度带，是发育优质烃源岩的重要时期（图 2-6）。北美北部的盆地，如北极海岸盆地、斯沃德鲁普盆地和东格陵兰盆地，仍处于被动陆缘沉积环境，处于低纬度带，是烃源岩形成时期（图 2-6）。

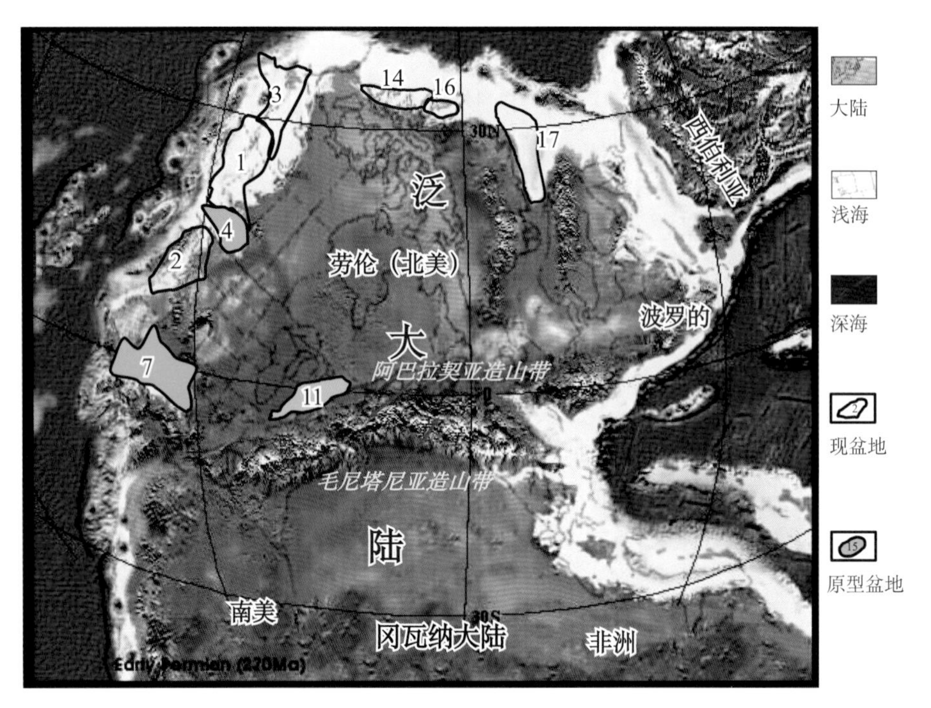

图 2-6　北美大陆早二叠世古地理图（据 Blakey，2008 修改）

编号同上图

（三）中生代

三叠纪，劳伦（北美）大陆逆时针旋转，北美向北漂移，而欧亚大陆向南移动，导致在北美东部和西北非之间出现早期裂谷，泛大陆进入初始裂解阶段（图 2-7）。劳伦（北美）西部地体继续向北美靠拢，导致海域继续缩小，发育局限海沉积。

这一时期纽芬兰地区处于裂谷初期，有一些火山活动，发育了大浅滩、西纽芬兰、东大陆架和格陵兰东等裂谷盆地（图 2-7）。威利斯顿盆地开始由海相转为陆相沉积，进入盆地演化后期，盆地范围明显缩小。落基山地区在该时期虽然仍是边缘海环境，但海域开始缩小为局限海。艾伯塔和马更些地区的局限海沉积也明显缩小，仅剩下西北开口的海湾（图 2-7）。北美北部仍然发育广阔的大陆架，包括：北极海岸盆地、斯沃德鲁普盆地、东格陵兰盆地均为被动陆缘海相沉积环境。北美大陆在中三叠世处于中低纬度带，北美北部各被动陆缘盆地发育烃源岩，而其他地区大部分为陆相沉积环境，烃源岩分布不如古生代广泛（图 2-7）。

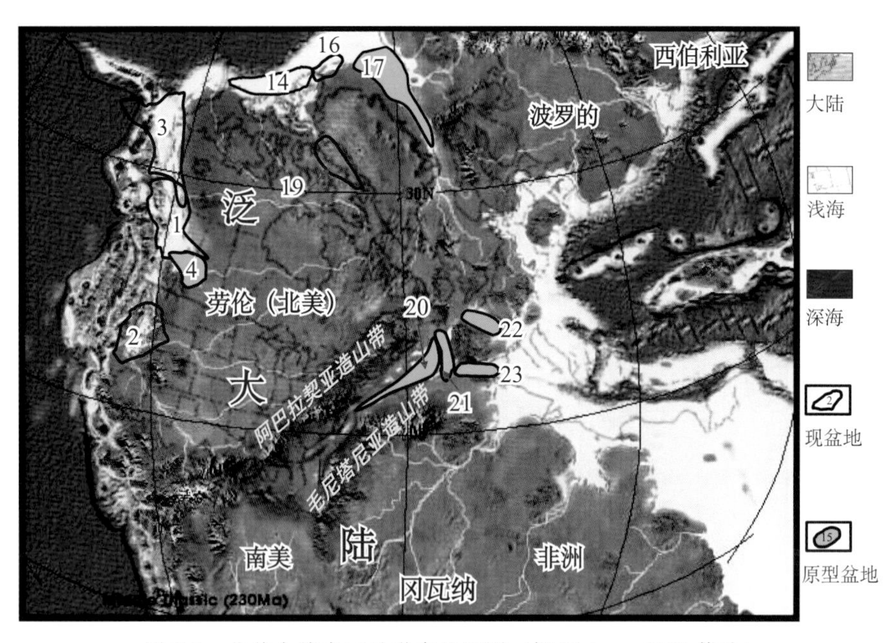

图 2-7　北美大陆中三叠世古地理图（据 Blakey，2008 修改）
20. 东海岸盆地；21. 西纽芬兰盆地；22. 大浅滩盆地；23. 东纽芬兰盆地
其他编号同上图

泛大陆（Pangea）在侏罗纪才有明显的裂解，到了晚侏罗世，大西洋已经在北美东部和西北非之间张裂成一狭窄的海洋“中大西洋”（图 2-8）。大西洋的裂开是从中大西洋开始，依次是南大西洋张开和北大西洋张开。晚侏罗世，多个地体拼贴到北美西部并形成冲断带，在北美西部发育了前陆盆地，而在墨西哥湾发育局限海。

该时期北美大陆西部以地体拼贴为主的构造作用形成了冲断带和陆缘前陆盆地，如艾伯塔盆地、马更些盆地和落基山前陆盆地。北美东部发育与泛大陆裂解相关的裂谷盆地，包括：纽芬兰东部的各裂谷盆地、大浅滩裂谷盆地和北美东海岸盆地（图 2-8）。北美大陆东部在加里东期和海西期造山带基础上发育的裂谷盆地，如北美东部纽芬兰附近的各裂谷盆地，由于物源近，碎屑沉积较粗、分选差，缺少泥质，整体生烃能力差。其中，纽芬兰东发育断陷盆地，因距造山带物源近，生烃条件较差。在北美大陆南部，墨西哥湾盆地在该时期处于雏形裂谷阶段，大部分地区是隆起，沉积缺失。

早侏罗世，泛大陆继续裂解，在北美大陆东部从南至北相继又发育了一系列裂谷盆地，包括：墨西哥湾裂谷、东部陆架裂谷、纽芬兰东裂谷系、纽芬兰西裂谷、大浅滩裂谷和格陵兰东西裂谷系（图 2-8）。由于北美西部的地体拼贴作用，在北美西部发育前陆盆地群，自南向北依次发育了落基山盆地群、艾伯塔盆地和马更些盆地，发育陆相砂岩储层，是北美重要的前陆盆地类型的含油气盆地（图 2-8）。该时期北美北部发育北极海岸盆地、北极斜坡盆地和斯沃德鲁普盆地等被动陆缘盆地，进入主成盆地期，发育海相砂岩和碳酸盐岩储层，也是具有较好勘探潜力的含油气盆地（图 2-8）。

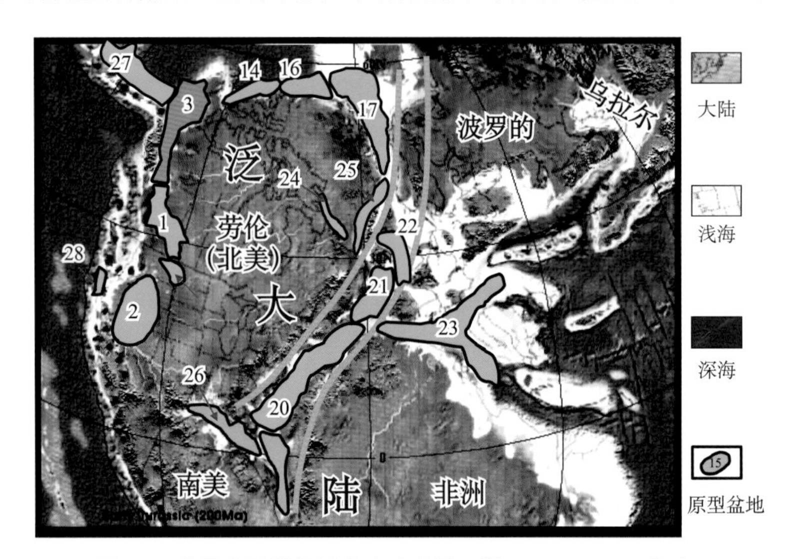

图 2-8　北美大陆早侏罗世古地理图（据 Blakey，2008 修改）

24. 西格陵兰盆地；25. 东南格陵兰盆地；26. 墨西哥湾盆地；27. 北极斜坡盆地；28. 萨克拉门托盆地；其他编号同上图

晚侏罗世泛大陆开始大规模裂解，大西洋开始打开，此时北美大陆的被动陆缘比较广阔的陆棚沉积主要集中在墨西哥湾和马更些三角洲地区。由于地体拼贴作用，北美西部发育了艾伯塔前陆盆地和马更些前陆盆地，西北角的海湾仍与海洋连接。落基山地区也发育同期的前陆盆地的陆相沉积。该时期是北美大陆西部前陆盆地的主要成盆时期，发育陆相砂岩储层，形成了北美最重要的前陆盆地类型的含油气盆地群（图 2-9）。晚侏罗世大西洋开始打开，但未全部打开，墨西哥湾盆地由裂解阶段的裂谷转化为漂移阶段的被动陆缘盆地，形成半封闭海，发育晚侏罗世“母盐”和烃源岩。同时期的古加勒比海地区发育古洋盆（图 2-9）。北美东部大陆架上的盆地由裂谷盆地转为被动陆缘盆地，但陆棚范围较窄，距阿巴拉契亚山脉近，沉积物缺少有机质，不利于发育烃源岩。北美大陆东部从南至北相继发育一系列裂谷盆地，包括：西纽芬兰裂谷、纽芬兰东裂谷系、大浅滩裂谷和格陵兰东西裂谷系（图 2-9）。在阿巴拉契亚造山带基础上再次裂解打开的大西洋两岸陆棚很窄或距造山带物源近，生烃条件比较差，如：纽芬兰东和纽芬兰西均发育断陷盆地，因距造山带物源近，碎屑较粗，缺少泥质，生烃条件比较差，勘探潜力不大（图 2-9）。该时期北美北部发育北极海岸、北极斜坡和斯沃德鲁普等被动陆缘盆地，发育海相砂岩和碳酸盐岩储层，还是具有勘探潜力的（图 2-9）。

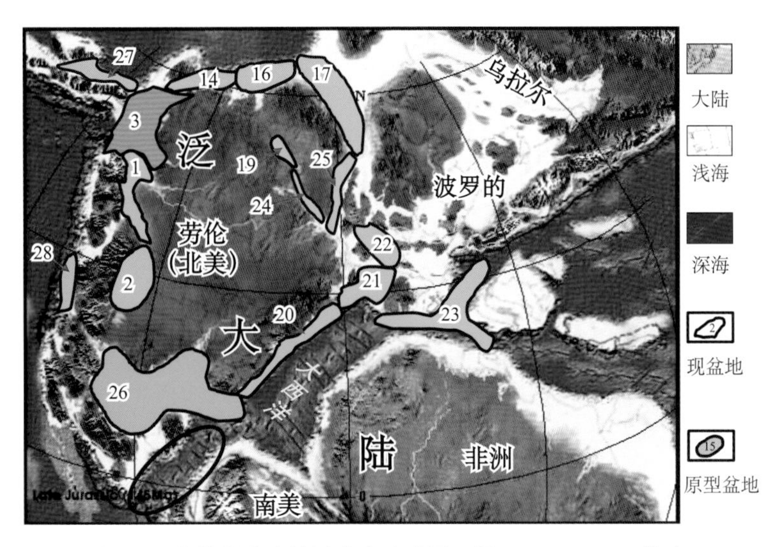

图 2-9 北美大陆晚侏罗世古地理图（据 Blakey，2008 修改）

编号同上图

白垩纪中大西洋持续张开，同时南大西洋开始张开。此时南大西洋并没有立刻打开，而是像拉开的拉链由南向北逐渐张开的。同时，南半球的冈瓦纳大陆也开始裂解（图 2-10）。晚白垩世北美与欧洲分离（图 2-10），也是从南向北渐渐张开，在北美东部形成一些裂谷盆地，同时在北美西部地体拼贴的拉腊米运动形成西部造山带，形成了北美西部若干前陆盆地，这些前陆盆地为海湾环境，早期存在海相沉积，后期转为陆相。

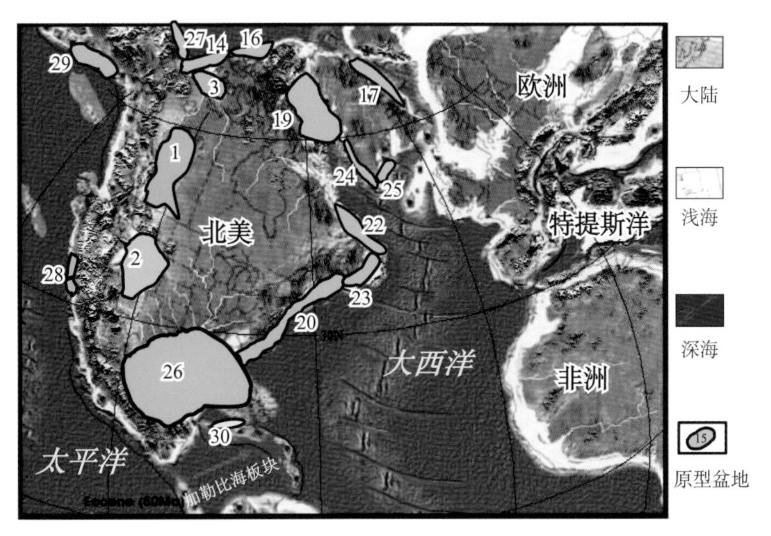

图 2-10 北美大陆始新世古地理图（据 Blakey，2008 修改）

29. 阿拉斯加湾盆地；30. 古巴北部盆地；其他编号同上图

白垩纪大西洋进一步打开，此时的北美大陆盆地发育的特点是在东部发育被动陆缘陆棚沉积，而在西部发育前陆盆地，如艾伯塔盆地。中晚白垩世开始的拉腊米造山运动导致早期形成的落基山前陆盆地被晚期向东推覆的冲断带破坏，被分割成若干压性山间盆地，即背驮式前陆盆地群。白垩纪墨西哥湾盆地进一步打开，发育洋盆，把母盐分成南北两部分，并与大西洋连通，是烃源岩主要发育时期，墨西哥湾盆地的南北两部分均为被动陆缘盆地。从白垩纪末（70Ma）开始加勒比海板块开始楔入到北美和南美大陆之间。加勒比海板块楔入到南美和北美之间后，导致墨西哥湾的扩张停止，从此大西洋的扩张改道为南美和非洲之间的扩张。墨西哥湾的扩张停止之后，墨西哥湾盆地进入一个长期稳定的被动陆缘盆地环境，发育三角洲相、水下河道相和海底扇相砂岩储层，并伴随盐相关构造，形成许多大型油气田，成为北美重要的被动陆缘盆地类型的含油气盆地，目前是北美重要的油气勘探热点地区。

（四）新生代

从新生代早期开始，南方冈瓦纳大陆加快了裂解过程，印度开始撞击亚洲大陆，澳大利亚大陆也在此时开始迅速向北漂移。泛大陆裂解进入晚期。在北半球，北美与格陵兰从欧洲漂移开来，进入漂移阶段，在北美东部和南部发育一系列被动陆缘盆地（图 2-10）。北美西部的科迪勒拉造山作用，使得北美西部继续发育一系列陆相前陆盆地（图 2-10）。

始新世大西洋完全打开，在北美大陆东部和南部发育被动陆缘陆棚沉积，在西部由于拉腊米运动的持续作用使前陆盆地继续发育，其中艾伯塔前陆盆地晚期以陆相为主，是储层的主要发育阶段（图 2-10）。落基山前陆盆地被晚期向东推覆的冲断带破坏，而形成背驮式前陆盆地群（图 2-10）。在北美大陆西南缘开始发育一些走滑盆地，如与圣安德烈斯走滑断裂相关的圣华金盆地和萨克拉门托盆地（图 2-10）。在北美西缘的北部还发育了阿拉斯加湾弧前盆地（图 2-10）。在北美大陆的南部，墨西哥湾盆地进入被动陆缘主成盆阶段，发育三角洲相、滨海相、陆棚碳酸盐岩和海底扇沉积，发育良好的烃源岩，并发育优质储层，尤其深水区以海底扇砂岩储层为主，是北美新生代重要的被动陆缘含油气盆地（图 2-10）。在加勒比海地区，加勒比板块已经楔入到南美和北美之间，形成大安得列斯岛弧，在古巴岛弧北部形成冲断带和前陆盆地，发育叠瓦构造圈闭油藏（图 2-10）。北美东部诸盆地全部转化为被动陆缘盆地，由于北美东部被动陆缘大陆架比较窄，距阿巴拉契亚山脉近，碎屑物质较粗，分选差，缺少泥质，不利于生烃和成储，因此北美东海岸的油气潜力不大，而北海和西非大陆架相对比较宽，距物源较远，碎屑沉积物较细，分选较好，烃源岩和储层都很发育，因此具有形成大型油气田的良好条件（图 2-10）。北美北部广泛发育被动陆缘盆地，进入主要成盆期，发育海相页岩烃源岩、滨海相砂岩和陆棚碳酸盐岩储层，如北极斜坡盆地、北极海岸盆地、斯沃德鲁普盆地等，另外还发育了马更些三角洲盆地（图 2-10）。总之，中生代—古近纪北美大陆西部以压性盆地为主，南部、东部和北部以被动陆缘盆地为主，而最南部由于 70Ma 加勒比海板块楔入到北美和南美之间使得加勒比海地区以压扭性盆地为主（图 2-10）。

中新世的世界大地构造格局已与现在非常类似，但在北美佛罗里达州和中美洲仍然为浅海碳酸盐岩台地或火山岛弧（图 2-11）。太平洋的大洋中脊扩张至北美西部，在西部形成了圣安德烈斯转换断层，发育一系列走滑盆地（图 2-11）。新生代晚期北美西部的太平洋俯冲作用和科迪勒拉造山作用使得北美西部形成宽大的落基山脉，持续向东扩展，形成一系列向东的推覆体（图 2-11）。

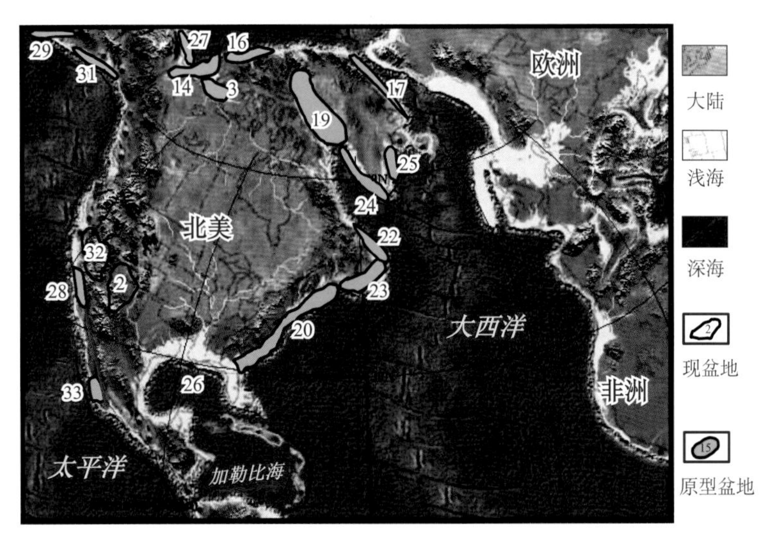

图 2-11　北美大陆中新世古地理图（据 Blakey，2008 修改）

31. 库克湾盆地；32. 内华达大盆地；33. 洛杉矶盆地；其他编号同上图

中新世以来，特提斯洋基本全部关闭造山，同时大西洋基本完全打开，北美大陆西部以科迪勒拉造山运动为主。北美大陆进入晚新生代盆地发育阶段，以弧后盆地、弧前盆地、走滑盆地和造山后伸展盆地为主。新近纪以来，科迪勒拉造山带抬升后的重力垮塌和伸展作用使美国西部形成著名的内华达大盆地，即“盆岭省”造山后伸展盆地群。在北美大陆西缘还发育了与圣安德烈斯断裂的新生代走滑作用相关的洛杉矶海相拉分盆地，该盆地是世界上含油气丰度最高的盆地，也是我们重点关注的含油气盆地(图 2-11)。墨西哥湾盆地发育三角洲相和海底扇砂岩，是储层主要发育时期，也是盐构造的主要形成时期，盆地进入主要的油气运移和成藏阶段，发育盐相关背斜油气藏。墨西哥湾盆地也是我们关注的重要含油气盆地。晚新生代，加勒比海地区走滑作用很强，地震活动较强，对早期形成的构造圈闭有一定的破坏作用。北美东部仍以较狭窄的被动陆缘盆地为主。新生代墨西哥湾、北海和挪威西部陆架都比北美东部和西北非的陆架要广阔，并也距物源很远，沉积物细，分选好，发育优质的烃源岩和储层，因此墨西哥湾和北海发育了大规模的油气田，而北美东部的油气发现比较少（图 2-11）。中新世以来，北美北部仍以被动陆缘盆地为主，发育海相储层，另外还发育马更些三角洲盆地，相对北美大陆内部的成熟探区，北美的北极圈地区的油气勘探程度相对较低，但从烃源岩和储层分析，具有很大的勘探潜力，值得高度重视（图 2-11）。

二、北美构造演化规律和盆地分布规律

北美大陆的地质演化过程规律性很强，以加拿大地盾为中心，从太古宙、元古宙、

古生代、中生代至新生代，经过元古宙增生型造山带、格林威尔造山带、阿巴拉契亚造山带和科迪勒拉造山带，多期造山运动，大陆逐渐向外围增生，不断扩大范围（图 2-1）。另外一个特点是北美大陆从寒武纪至新生代一直在做逆时针旋转，并伴有向北漂移的运动，以逆时针旋转为主（图 2-12）。

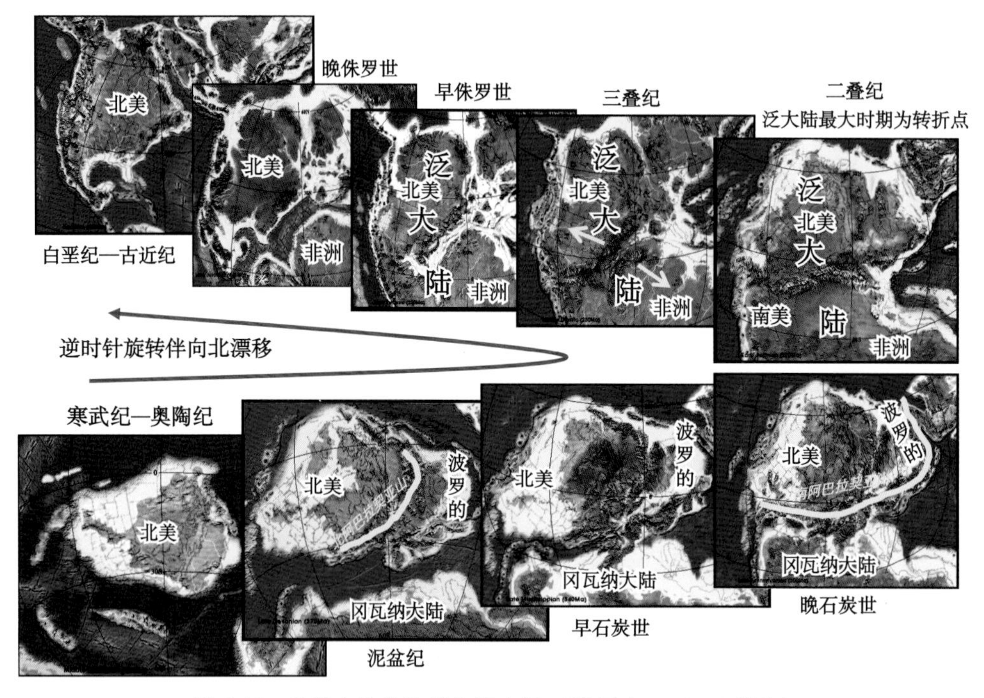

图 2-12　北美大地构造演化历史图（据 Blakey，2008 修改）

北美逆时针旋转和北漂的动力源自泛大陆的聚合和裂解。志留纪欧洲波罗的板块与北美板块的碰撞形成加里东期的北阿巴拉契亚造山带，导致北美大陆的第一次逆时针旋转，但幅度不大（图 2-12）；古生代的北美大陆以克拉通盆地为主要盆地类型，其次是前陆盆地。二叠纪是重要转折时期，由于二叠纪南美洲和非洲板块完全与北美碰撞完成阿巴拉契亚的海西期造山运动，导致北美大陆大幅度逆时针旋转（图 2-12）。二叠纪结束了北美大陆古生代的构造和盆地演化，开启了中新生代构造和盆地发育的纪元。随着中生代泛大陆的裂解，大西洋的打开加剧了北美大陆的逆时针旋转和向北漂移，形成北美北部位于北极圈的格局（图 2-12）。这个旋转的中心点就是墨西哥湾盆地，始终位于赤道附近或低纬度。中新生代的北美大陆盆地类型以被动大陆边缘盆地（裂解阶段是裂谷盆地，漂移阶段是被动陆缘盆地）为主，其次是前陆盆地。北美的含油气盆地从时空分布上由大陆内部的克拉通向大陆边缘时代逐渐变新。

全长 4500km 左右的东西向区域大剖面让我们可以从东西方向贯穿北美大陆来对比分析各类含油气盆地的地质特征（图 2-13），在整体上展示了北美东西向的大地构造格局，突出表现了北美大陆的盆-山耦合关系。剖面涉及了北美的主要地质单元和含油气盆地，包含从前寒武纪到新生代的全部地层，并且出现部分岩浆活动。

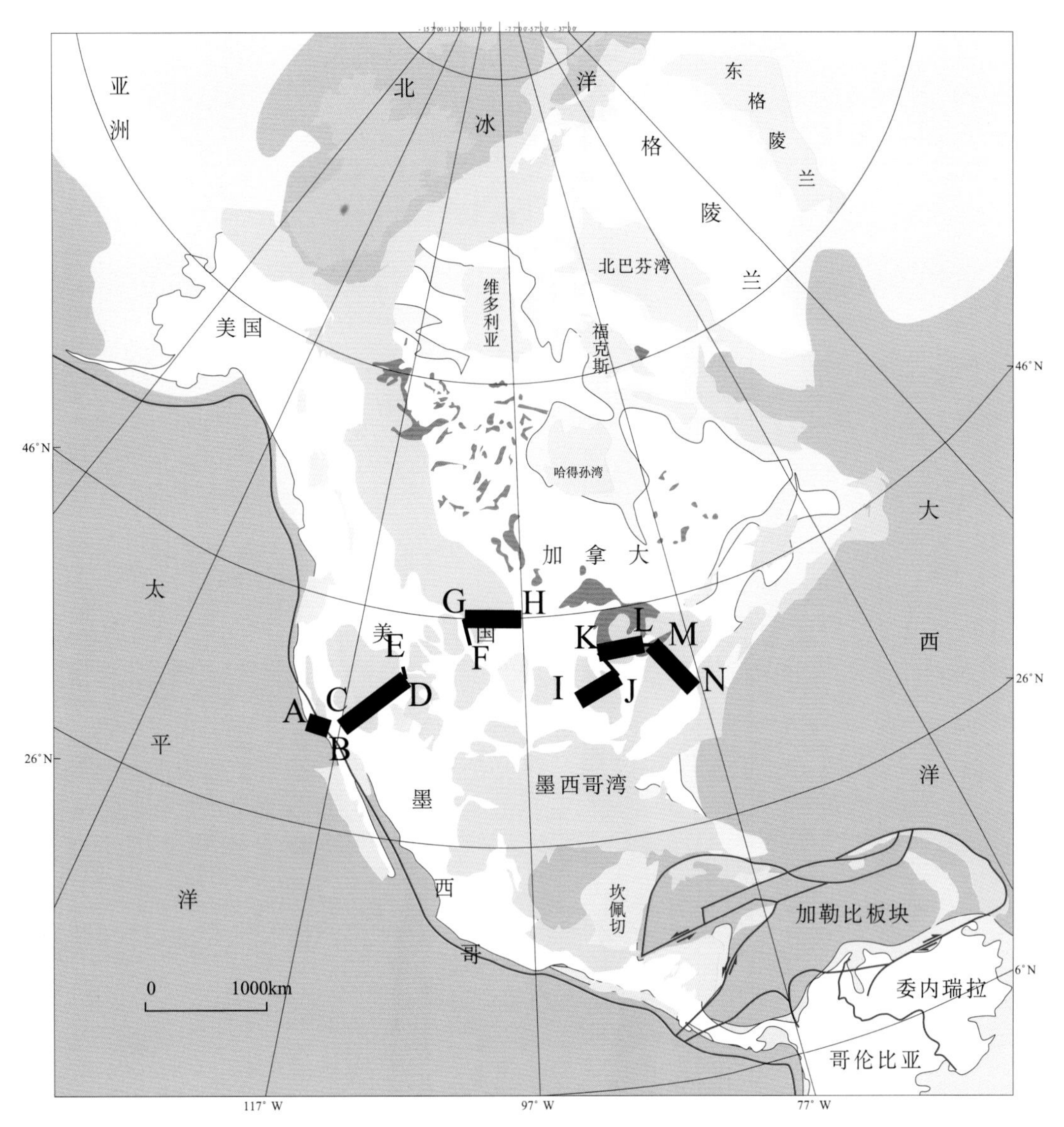

图 2-13 北美东西向区域大剖面位置图

A～N：剖面号

洛杉矶盆地位于加利福尼亚州西南部，盆地北为横断山系，东南界为半岛山脉，西南出现丘陵带。洛杉矶盆地是剪切-拉张应力机制形成的断陷盆地。主要受北西向转换断裂体系控制。洛杉矶盆地基岩是晚侏罗世—早白垩世变质岩和侵入岩，其上沉积了上白垩统到更新统的地层，在盆地中心的最大厚度达 9400m（图 2-14）。

内华达大盆地位于北美西部地区，是美国西部科迪勒拉山系中的高原塌陷伸展裂谷盆地。该盆地是科迪勒拉造山后伸展盆地，由于拆离伸展作用，盆地变成一个个小的盆地和南北向的山系组成的盆岭省（图 2-14）。

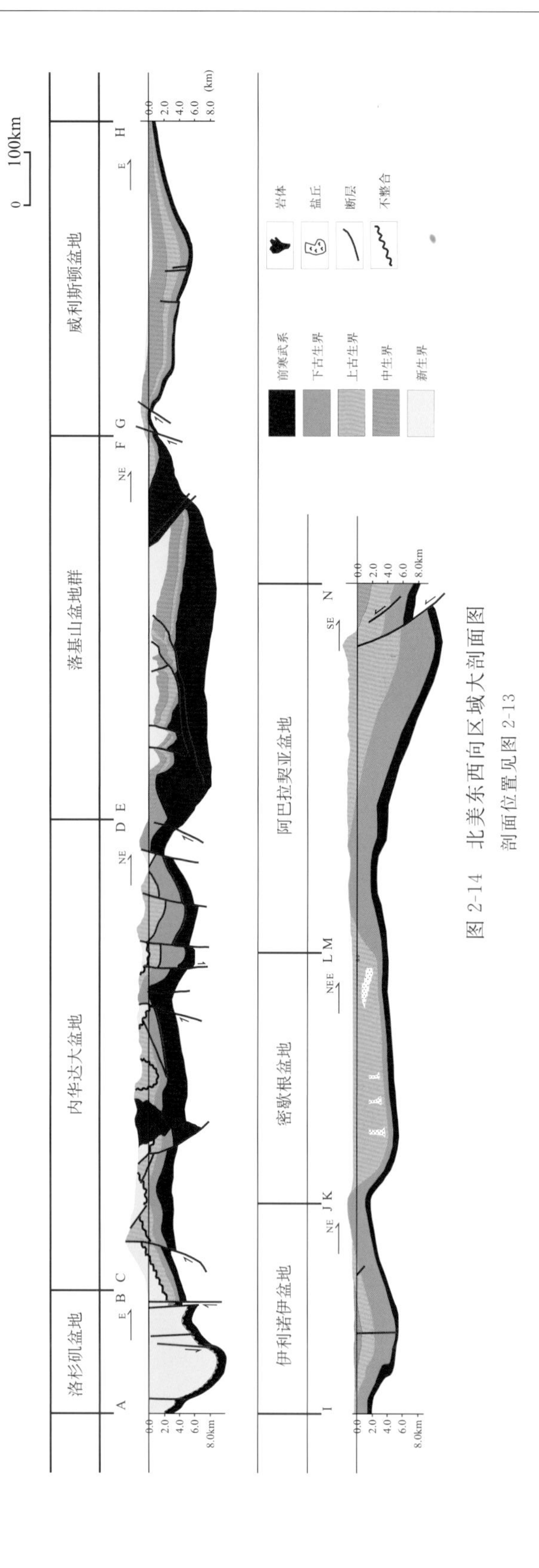

图 2-14　北美东西向区域大剖面图

剖面位置见图 2-13

落基山盆地群位于美国的中西部，向西以科迪勒拉逆掩推覆-褶皱带为界，南部为科罗拉多高原，北部与西加拿大艾伯塔盆地相连。由于大西洋的张开，北美板块向西运动；同时太平洋板块俯冲至北美板块下方，北美西部的造山运动导致前陆盆地类型的美国落基山盆地群与西加拿大盆地同时形成。大约在 140Ma 沿北美板块的西缘形成了一个冲断带，将落基山盆地分割成若干山间盆地，该冲断带物质剥蚀并向东充填到以上盆地群中。盆地的基底为前寒武纪，沉积盖层由前寒武系至第三系构成。

总体上，落基山盆地群的寒武系至第三系在西部地区最厚，达 23 000m。在中东部各盆地，前寒武系至侏罗系最大厚度不超过 1220m，但白垩系至第三系最大厚度可达 3350m（图 2-14）。

伊利诺伊盆地位于美国大陆中部，其主体部分占据了伊利诺伊州的大部分、印第安纳州的西南部和肯塔基州的西部。该盆地呈椭圆形。早—中寒武世，超大陆的裂解形成新马德里裂谷复合体。直到晚寒武世始，裂谷才停止活动，构造背景从裂谷盆地转为裂谷复合体部位的广泛的克拉通凹陷。晚寒武世至二叠纪：成为裂谷后持续沉降的浅海环境。挤压环境下发生多期沉降，方形成了目前的构造形态。三叠—侏罗纪期间，泛大陆裂解，构造应力场从挤压作用转为拉张作用，再次发育盆地沉积（图 2-14）。

密歇根盆地位于美国大湖区，是北美地台上的克拉通盆地，沉积了一套自寒武系到二叠系以碳酸盐岩为主的沉积，盆地中心沉积岩最大厚度约 5000m。整个盆地呈现圆形，盆地北部是加拿大地盾，西部接威斯康星隆起，南部为辛辛那提隆起，东部是阿格魁隆起（图 2-14）。

阿巴拉契亚盆地在美国东部，包括纽约州西部、宾夕法尼亚州和西弗吉尼亚州等。东界为阿巴拉契亚山脉，西界为中部平原。塔康运动形成的阿巴拉契亚造山带将北美东部划分为东南部的大陆边缘的阿巴拉契亚冲断带和西北区域向克拉通方向的“火腿状”北西向前陆盆地（图 2-14）。

另外，全长 5000km 左右的南北向区域大剖面让我们可以从南北方向贯穿北美大陆来对比分析各类含油气盆地的地质特征（图 2-15）。在整体上展示了北美南北向的大地构造格局，突出表现了北美大陆的盆-山构造关系。剖面涉及了北美的主要地质单元和含油气盆地，包含从前寒武纪到新生代的全部地层，并且出现部分蒸发岩。

马更些三角洲盆地位于加拿大西北区的北极区域。该盆地形成于加拿大洋盆的张开，古生代—中生代以被动陆缘沉积为主，新生代以三角洲沉积为主。在中晚始新世时，阿拉斯加被动陆缘逐渐变形；中新世时，拉腊米造山运动使海侵沉积序列减少，晚中新世，周围隆起和剥蚀记录了盆地南部的变形，目前，盆地最大埋深达 16km（图 2-16）。

马更些盆地位于加拿大西部地区，盆地在中生代之前稳定接受被动陆缘沉积，中生代中期，盆地隆升，沉积间断，遭受风化剥蚀（图 2-16）。

艾伯塔盆地是分布在科迪勒拉冲断带前缘和加拿大地盾之间的前陆盆地。从盆地演化的角度，其充填序列可以分为由四个不整合面分隔的沉积层序，即寒武系—志留系、泥盆系、密西西比系—下侏罗统和中侏罗统—下第三系。沉积厚度 5700m 以上。前三个层序由海相和近岸相沉积物组成，构造背景为被动大陆边缘，最后一个层序代表海相和非海相前陆盆地沉积，分布在造山带的东侧，艾伯塔盆地在剖面上呈平缓西倾单斜（图 2-16）。

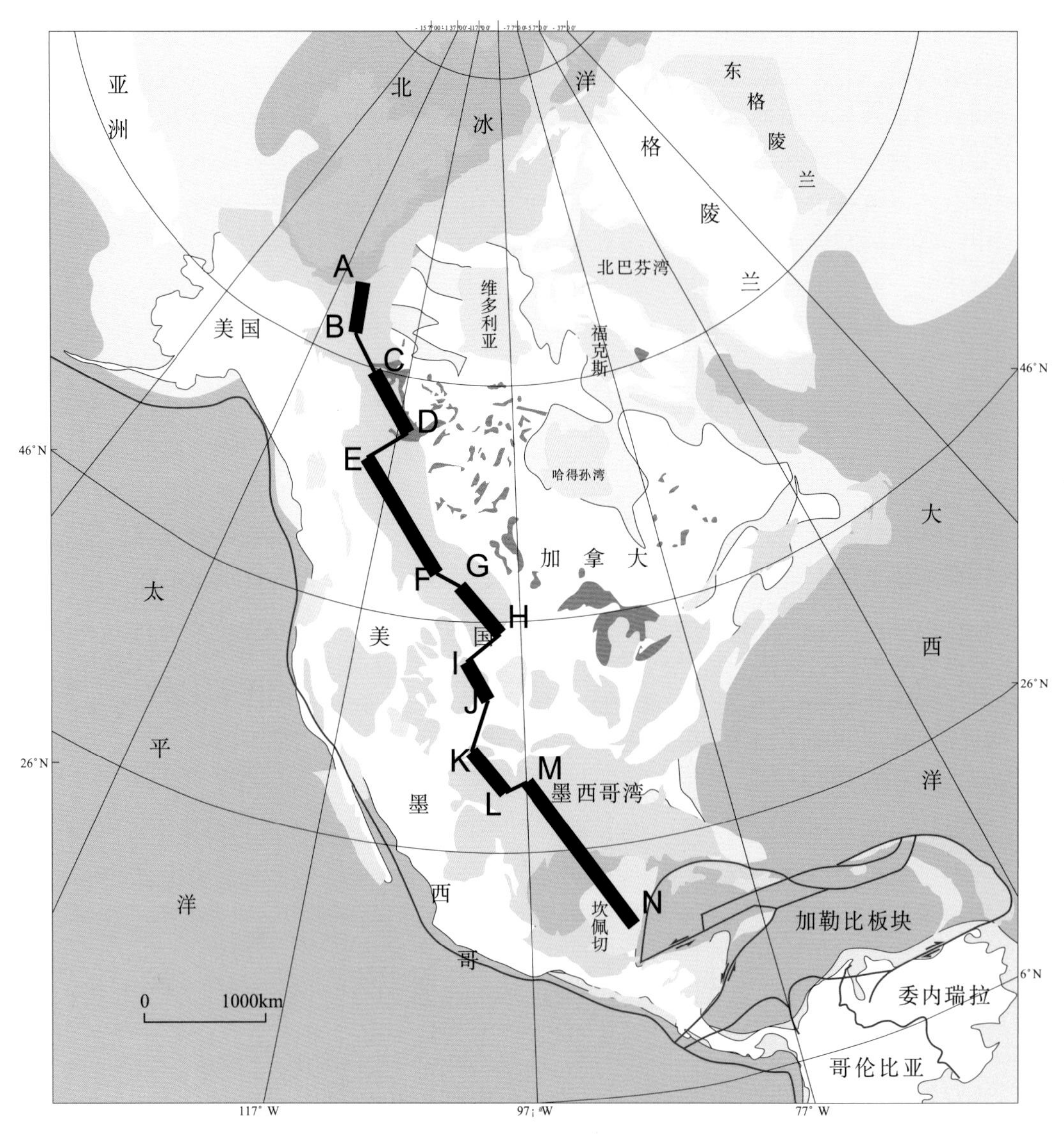

图 2-15　北美南北向区域大剖面位置图

A～N：剖面号

丹佛盆地是落基山地区的大型盆地之一，大部分位于科罗拉多州的东北部，少部分在怀俄明州的东南部和内布拉斯加州的西南部。早古生代，该区基本上是海相陆棚环境。寒武纪海侵仅限于南部地区，为碎屑和碳酸盐岩沉积。奥陶纪之后，盆地北部隆起，使得下古生界地层被剥蚀。之后遭受了长时间的剥蚀作用，到密西西比纪盆地南部有小范围的海侵，密西西比纪晚期，又发生了隆起和剥蚀作用；到二叠纪，先有海退旋回沉积，后有海进旋回沉积，以蒸发岩和粗碎屑岩为特征；中侏罗世海水侵入，沉积了页岩、灰岩和蒸发岩，侏罗纪末，海水退出，形成不整合。白垩纪时在不整合面上沉积了巨厚的海相和陆相地层，白垩纪末，造山运动形成陆地和湖盆（图 2-16）。

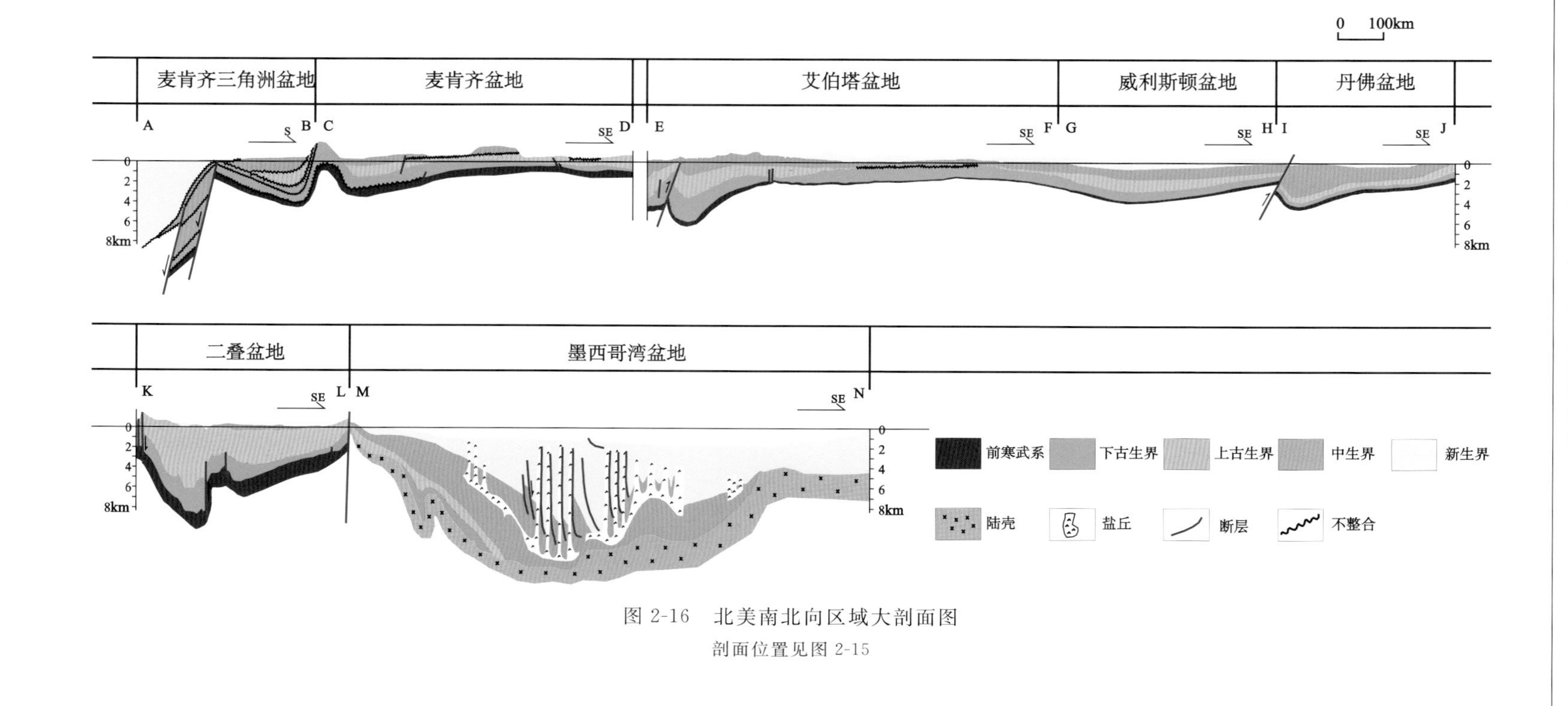

图 2-16 北美南北向区域大剖面图

剖面位置见图 2-15

二叠盆地位于北美克拉通的南缘的西得克萨斯和新墨西哥东南部，是北美最大的边缘克拉通盆地之一。二叠盆地自前寒武纪晚期到宾夕法尼亚纪晚期处于被动大陆边缘阶段。早古生代北美和南美的洋底沉积物和上覆浊积扇合并成为巨大增生边缘的一部分。经过一系列的构造运动，这些大陆边缘发生褶皱作用并向北美南缘碰撞。这些挤压过程导致增生边缘重复累积，并快速形成克拉通边缘高地。在晚二叠世之前，二叠盆地位于北美克拉通南缘，接受温暖浅水沉积。这些二叠纪沉积物向北及西北搬运进入狭窄的水道。在克拉通内部，晚古生代断层主要为高角度以至断层面近垂直。该断层系统勾画出二叠盆地内主要隆起和盆地的轮廓。三叠纪早期至中白垩世该盆地处于稳定的地台阶段；晚白垩世至第三纪早期，该盆地受拉腊米造山运动的影响发生褶皱作用；到晚第三纪盆地又经历了火山作用（图 2-16）。

墨西哥湾盆地以墨西哥湾为中心，大致呈圆形。沉积和沉降中心从中生代至新生代不断南移。墨西哥湾盆地为被动大陆边缘伸展盆地，早期（泛大陆解体开始—中生代晚期）岩石圈受拉伸作用形成裂陷，后期深部热衰减，在裂陷上发育拗陷，这时期为泛大陆漂移阶段。盆地早期为大陆间原始大洋裂谷型盆地，现今的构造背景为被动大陆边缘型盆地。墨西哥湾盆地的西北部为沃希托褶皱带向盆地的淹没部分，东北部为阿巴拉契亚褶皱带向盆地的倾没部分，西部为科迪勒拉逆掩断层和褶皱带，东北为佛罗里达地台，北部边缘分布着一条向北突出的弧形边缘带，南部为被动大陆边缘的浅海大陆架和得克萨斯-路易斯安那大陆坡及深海洋盆（图 2-16）。

从以上北美大陆的构造演化和盆地的区域对比分析可见，北美大陆内部在加拿大地盾上发育的盆地很少，仅哈得孙湾盆地等，沉积层薄，油气发现很少，在加拿大地盾周围的北美地台上分布许多克拉通盆地，如伊利诺伊盆地、密歇根盆地、威利斯顿盆地和二叠盆地等，主要为古生代盆地，长期稳定沉积，有利成烃成储，形成了北美重要的克拉通型含油气盆地。北美西部各主要盆地在古生代为被动陆缘沉积环境，处于低纬度或赤道附近，气候湿热，有利于有机物繁殖，长期处于宽阔的大陆架环境，有利于烃源岩发育，而这些盆地在中新生代由于西部地体拼贴作用发育了大型的前陆盆地群，进入陆相储层的主要发育阶段，形成北美西部重要的前陆盆地型含油气盆地群，如艾伯塔盆地、马更些盆地和落基山盆地群。北美南部诸盆地从古生代—中新生代从烃源岩发育期至成储成藏期一直处于被动大陆边缘低纬度湿热气候条件，距物源很远，泥质成分含量高，有利于烃源岩的发育和保存，而碎屑物质分选好，也有利于储层的发育，有利于形成大油气田，如墨西哥湾盆地。北美的北部虽然大部分位于寒冷的北极圈，但古生代—中生代早期一直处于中低纬度，加上大洋暖流的影响，有机质丰富，也是有利于烃源岩的发育，长期处于被动陆缘，海相砂岩和碳酸盐岩是良好的储层，也有利于形成大油气田，如北极斜坡盆地。北美东部各盆地中生代主要为裂谷盆地，新生代为被动陆缘盆地，由于距阿巴拉契亚山脉物源很近，碎屑较粗，分选差，不利于烃源岩和储层的发育，勘探潜力不大。

小 结

北美大陆的地质演化过程是以加拿大地盾为中心从太古宙、元古宙、古生代、中生代至新生代，经过元古宙增生型造山带、格林威尔造山带、阿巴拉契亚造山带和科迪勒拉造山带，多期造山运动，大陆逐渐向外围增生，不断扩大范围。北美大陆从寒武纪至新生代一直在做逆时针旋转，并伴有向北漂移的运动，以逆时针旋转为主。

在加拿大地盾周围的北美地台上分布许多克拉通盆地，主要为古生代盆地，长期稳定沉积，有利成烃成储，形成了北美重要的克拉通型含油气盆地。北美西部各主要盆地在古生代为被动陆缘沉积环境，处于低纬度或赤道附近，有利于烃源岩发育，而这些盆地在中新生代由于西部地体拼贴作用发育了大型的前陆盆地群，进入陆相储层的主要发育阶段。北美南部诸盆地从古生代—中新生代从烃源岩发育期至成储成藏期一直处于被动大陆边缘低纬度湿热气候条件，有利于烃源岩的发育和保存，有利于形成大油气田。

总之，在烃源岩发育时期，盆地处于一个构造-沉积作用长期稳定的大地构造环境（如被动陆缘或克拉通），是形成大油气田的重要因素。

第三章 北美盆地类型及基本地质特征

◇ 北美含油气盆地类型齐全，几乎囊括了世界上主要的含油气盆地类型，包括：克拉通盆地、前陆盆地、被动陆缘盆地、裂谷盆地、走滑盆地、弧前盆地和弧后盆地，共七种类型。这些类型盆地的发育史与北美大陆的构造演化息息相关，并控制了各类盆地的油气分布规律。

◇ 被动陆缘盆地、克拉通盆地和前陆盆地三种类型盆地的石油可采储量共占北美石油可采储量的86%，这三类盆地的天然气可采储量共占北美天然气可采储量的92%，这三类盆地的石油可采储量各占27%、29%和30%；这三类盆地的天然气可采储量各占37%、35%和20% 。本书选择了八个重点盆地涵盖了这三大类盆地，例如：被动陆缘盆地的重点盆地是墨西哥湾盆地，克拉通盆地的重点盆地是二叠盆地、伊利诺伊盆地和中陆隆起区，前陆盆地的重点盆地是阿巴拉契亚盆地和艾伯塔盆地。另外，还选择了世界上油气丰度最高的洛杉矶盆地为代表的走滑盆地群为重点盆地。这八个重点盆地的油气可采储量合计超过北美的62%。

◇ 北美的七类含油气盆地中，前陆盆地的油气资源最丰富（如艾伯塔盆地），其次是克拉通盆地（如二叠盆地）和被动陆缘盆地（如墨西哥湾盆地），弧后盆地和弧前盆地的油气资源最少（如古巴南部盆地和格林纳达盆地）。另外，走滑盆地规模虽小，但在北美很有特色，在北美大陆西部的圣安德烈斯断裂附近聚集了世界上油气丰度最高的走滑盆地（如洛杉矶盆地）。被动陆缘盆地、克拉通盆地和前陆盆地，这三类盆地在北美地区无论是主要成盆期或盆地形成早期均存在一个长期稳定的陆棚沉积阶段，如克拉通阶段、边缘克拉通阶段或被动陆缘阶段，有利用于烃源岩的发育，因此有利于形成大型油气田。

◇ 北美含油气盆地的基本石油地质特征对比表明不同类型含油气盆地存在明显的石油地质差异。中新生代前陆盆地的代表是艾伯塔盆地，在古生代为被动陆缘盆地，在中新生代为前陆盆地，其烃源岩主要是泥盆系、密西西比系、侏罗系的三角洲相泥岩；储层主要是下白垩统的礁滩相砂岩，发育深盆致密气和油砂，另外页岩气也具有很大的潜力。古生代前陆盆地的代表是阿巴拉契亚盆地，其烃源岩以中下泥盆统陆相页岩为主，储层以上泥盆统和密西西比系陆相砂岩为主。二叠盆地为晚古生代克拉通盆地的代表，其烃源岩主要是二叠纪的页岩，储层主要是二叠纪瓜达卢佩阶、伦纳德阶和狼营阶的海相碳酸盐岩，盖层以蒸发岩为主，是美国典型的海相碳酸盐岩油气产区。伊利诺伊盆地是早古生代克拉通盆地的代表，其烃源岩以奥陶—泥盆系、密西西比—宾夕法尼亚系的陆相页岩为主，储层以密西西比—宾夕法尼亚系的陆相砂岩为主。墨西哥湾盆地是典型的被动陆缘盆地，在中生代为裂谷盆地，在新生代为被动陆缘盆地，其烃源岩为上侏罗统、上白垩统和古新统的海相页岩，储层主要是白垩系—中上新统和更新统的海底扇砂岩，具有目前世界上最优质的碎屑岩储层，这些海底扇是古密西西比河将加拿大地盾花岗质岩石长距离搬运和多次沉积再多次搬运沉积的结果，分选和磨圆极好，成为孔渗很高的优质储层，另外墨西哥湾盆地富含油气资源与该地区存在广阔的长期处于赤道附近的大陆架密切相关。而北美大陆东海岸的裂谷盆地和被动陆缘盆地，如纽芬兰盆地，所处大陆架很窄，由于这些盆地距物源区阿巴拉契亚山脉较近，盆地内的碎屑沉积物分选和磨圆均较差，物性远不如墨西哥湾盆地的沉积物，因此油气资源远不如墨西哥湾盆地。

第一节　北美含油气盆地类型

一、北美含油气盆地概况

北美洲面积为 $2422.8\times10^4 km^2$，有 38 个国家和地区，7 个产油国，96 个盆地（$>0.1\times10^4 km^2$），其中含油气盆地 75 个，含油气盆地面积 $1332\times10^4 km^2$（图 3-1）。按可采储量排序，北美地区前 10 位的含油气盆地依次为：艾伯塔盆地、墨西哥湾盆地、二叠盆地、阿巴拉契亚盆地、威利斯顿盆地、密歇根盆地、阿纳达科盆地、墨西哥南部盆地、北极斜坡盆地、维拉克鲁斯盆地。其中本书介绍的北美八个重要含油气盆地包括：艾伯塔盆地、墨西哥湾盆地、二叠盆地、阿巴拉契亚盆地、洛杉矶盆地和伊利诺伊盆地等。重点盆地的可采储量占整个北美含油气盆地可采储量的 62%。

选择重点盆地的标准考虑了两个方面：一是可采储量，二是考虑盆地类型，除了艾伯塔盆地、墨西哥湾盆地、二叠盆地、阿巴拉契亚盆地和伊利诺伊盆地外，洛杉矶盆地虽然盆地不大，但作为走滑盆地类型的代表，其油气丰度是世界最高的。

二、北美含油气盆地的类型

北美地区含油气盆地类型齐全，盆地类型的划分方案也多种多样，包括：盆地形态分类、构造分类、油气丰度分类等。本书根据第二章北美主要盆地的构造和沉积的演化过程，参照盆地的大地构造属性进行分类（据 Klemme，1981 修改）。北美地区的含油气盆地根据大地构造属性分类可以划分为七类盆地：克拉通盆地、被动陆缘盆地、前陆盆地、裂谷盆地、走滑盆地、弧前盆地和弧后盆地（图 3-2）。在 75 个含油气盆地中，USGS（2003）对其中的 37 个盆地开展了油气资源评价（表 1-1）。在这七类盆地中，克拉通盆地、被动陆缘盆地和前陆盆地是北美重要的含油气盆地类型。我们选择的重点含油气盆地以这三种类型的盆地为主，并兼顾其他类型的盆地，其中，克拉通盆地以二叠盆地、中陆区盆地群和伊利诺伊盆地为重点盆地，被动陆缘盆地以墨西哥湾盆地为重点盆地，前陆盆地以艾伯塔盆地、落基山盆地群和阿巴拉契亚盆地为重点盆地，走滑盆地以洛杉矶盆地为重点盆地。

北美各类盆地的分布与北美大陆的大地构造格局密切相关。北美大陆的核心是加拿

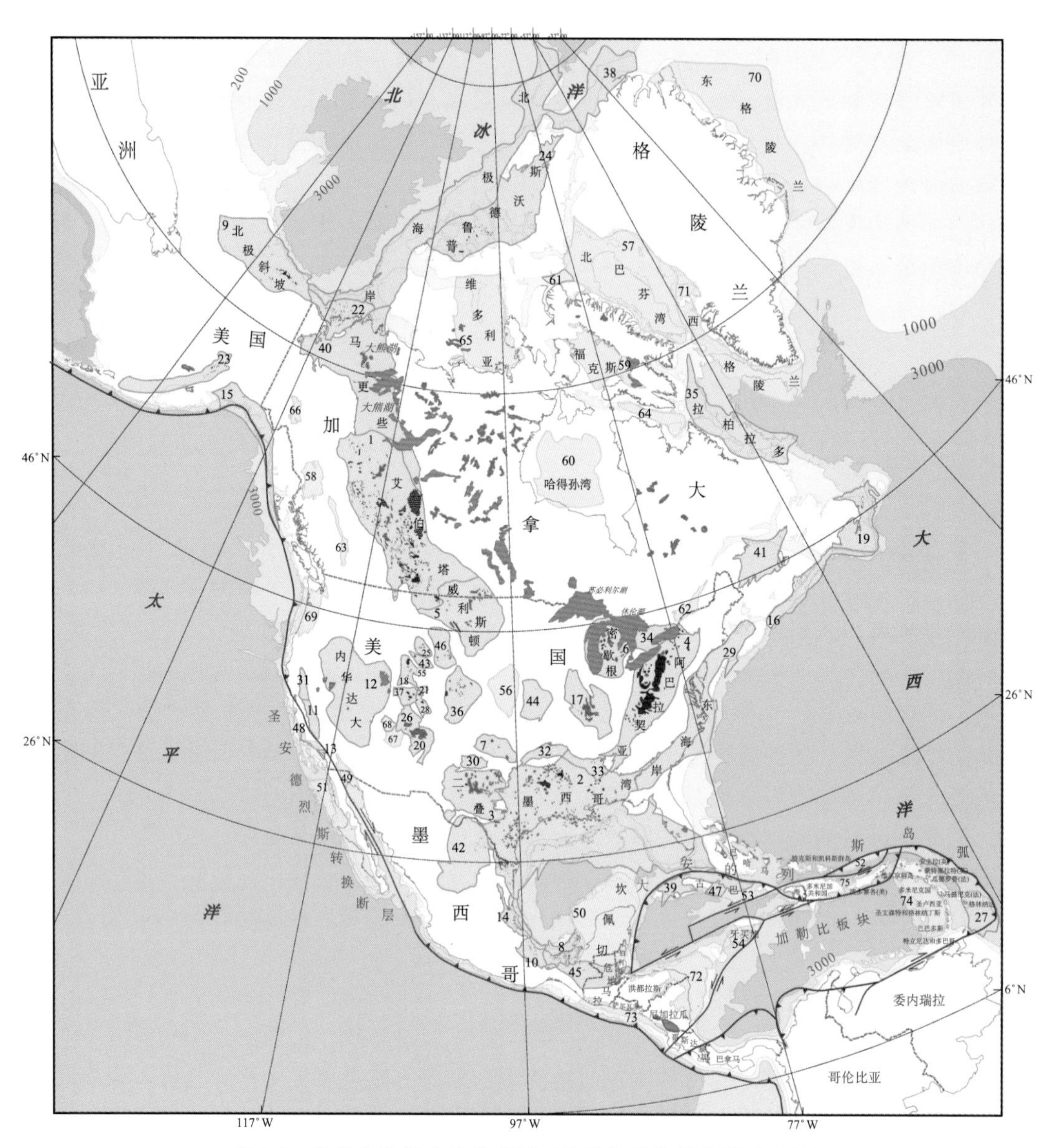

图 3-1　北美含油气盆地分布图（盆地边界数据来源于 IHS）
盆地编号同图 1-1

大地盾，呈不规则的椭圆形，长期处于剥蚀状态，无盖层或盖层很薄。早古生代，在加拿大地盾南侧的北美地台上发育了许多大型克拉通盆地（图 3-2），如伊利诺伊盆地、密歇根盆地，克拉通盆地与隆起区相间分布；晚古生代，这些克拉通盆地继承性发育，并在南部发育了一些新的克拉通盆地，如二叠盆地（图 3-2）；晚志留世，加里东运动导致北美大陆东部形成阿巴拉契亚造山带，石炭纪和二叠纪，海西运动继续形成南阿巴拉契亚山脉，在造山带以西形成了晚古生代的前陆盆地（如阿巴拉契亚盆地）（图 3-2）；到了中生代，由于拉腊米运动、地体拼贴，科迪勒拉造山带开始形成，在造山带

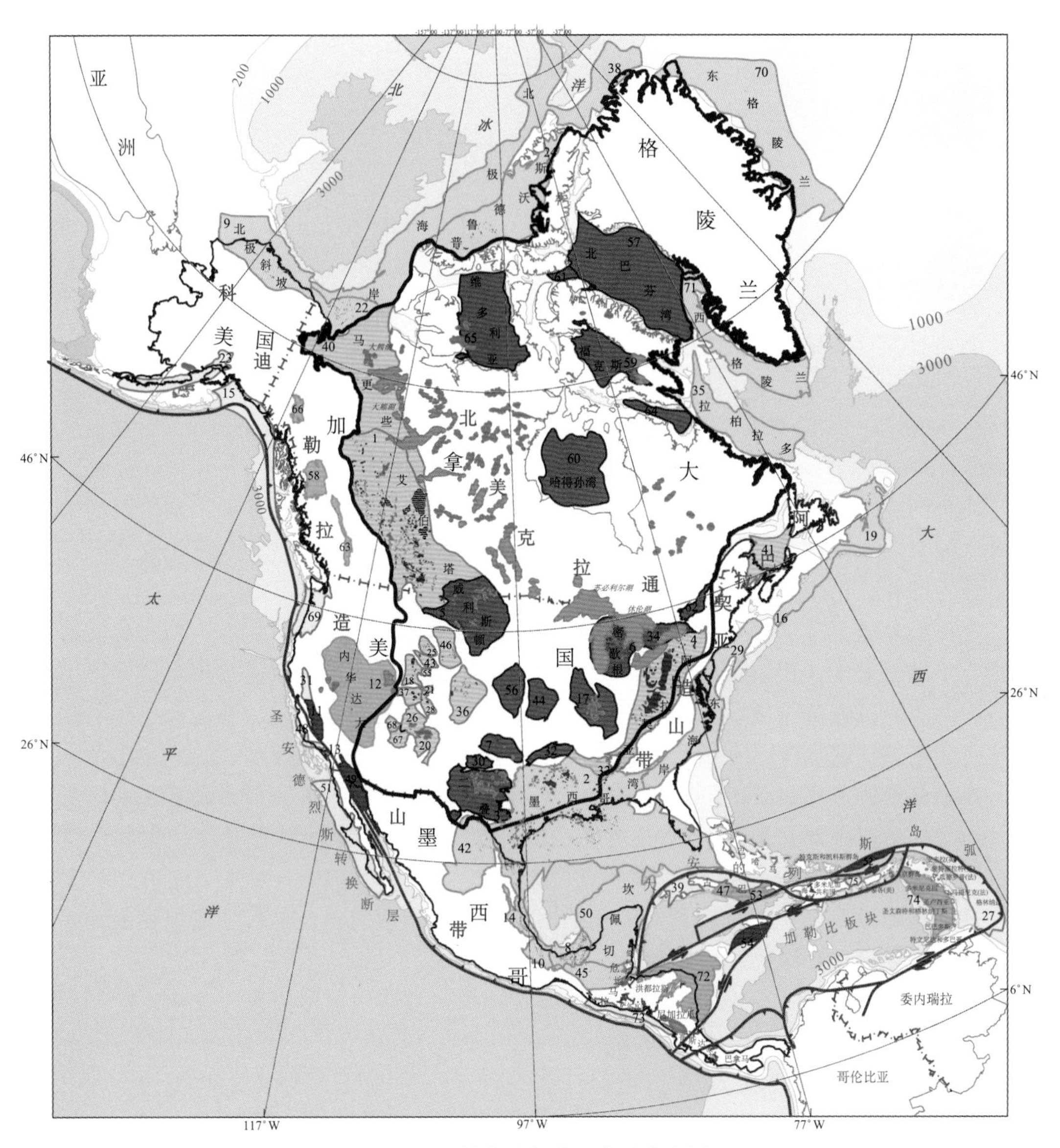

图 3-2　北美含油气盆地类型分布图

棕色区．克拉通盆地；橙色区．前陆盆地；绿色区．被动陆缘盆地；粉色区．裂谷盆地；紫色区．走滑盆地；黄色区．弧前盆地；黄绿色区．弧后盆地；盆地编号同图 1-1

以东形成了中新生代前陆盆地（如艾伯塔盆地和落基山盆地群）（图 3-2）；中新生代，由于泛大陆的裂解，在北美大陆的东侧和南侧开始形成裂谷和大西洋被动大陆边缘，晚侏罗世以来不断沉积，形成了以墨西哥湾盆地为代表的被动大陆边缘盆地（图 3-2）。

第二节　克拉通盆地及油气特征

一、北美克拉通盆地概述

在加拿大地盾及北美地台上发育的内克拉通盆地或边缘克拉通盆地，是北美最重要的含油气盆地类型（图 3-3），包括：二叠（Permian）盆地、威利斯顿（Williston）盆地、阿纳达科（Anadarko）盆地、密歇根（Michigan）盆地、伊利诺伊（Illinois）盆地、帕洛杜罗（Palo Duro）盆地、阿科马（Arkoma）盆地、安大略（Ontario）盆地、林城（Forest City）盆地、萨利娜（Salina）盆地、福克斯盆地（Foxe）、哈得孙湾盆地（Hudson Bay）、北巴芬湾（North Baffin Bay）盆地、兰开斯特（Lancaster）盆地、魁北克（Quebec）盆地、昂加瓦湾（Ungava Bay）盆地、维多利亚（Victoria）盆地。

北美的克拉通盆地通常呈盘状，在盆地下部可存在早期裂谷，后期拗陷阶段断裂不发育，通常在主成盆期以海侵的海相碳酸盐岩台地为主，可以与被动陆缘相连通，后期海退转为陆相，结束克拉通盆地的成盆史。

根据所处的大地构造位置，可分为内克拉通盆地和边缘克拉通盆地。内克拉通盆地包括：密歇根盆地、伊利诺伊盆地、中陆隆起区、安大略盆地、哈得孙湾盆地等，主要分布在北美克拉通的中部。边缘克拉通盆地包括：威利斯顿盆地、二叠盆地、阿纳达科盆地、北巴芬湾盆地等，主要分布在北美克拉通的南部、东部和西部。

根据盆地的基底时代不同，可以将北美的克拉通盆地细分为：前寒武系基底的克拉通盆地（如哈得孙湾盆地）、下古生界基底的克拉通盆地（如密歇根盆地、伊利诺伊盆地、威利斯顿盆地）、上古生界基底的克拉通盆地（如二叠盆地）。其中，下古生界基底的克拉通盆地最发育，通常在早古生代早期存在一个早期裂谷，早古生代中晚期和晚古生代在裂谷之上叠加了克拉通盆地，如伊利诺伊盆地。

在北美的克拉通盆地中，我们选择二叠盆地和伊利诺伊盆地为重点盆地。

二、北美克拉通盆地基本地质特征

内克拉通盆地一般结构简单，平面上呈不规则的圆盘状，剖面上呈中心厚周边薄的浅碟状，位于大陆内部，远离板块边缘，以陆壳为底，常下伏消亡的古裂谷。克拉通盆地的基底比较平缓，一般不存在强烈的莫霍面隆起，克拉通盆地的主成盆期岩浆活动微弱，盆地热流值偏低。内克拉通盆地以长期而缓慢的稳定沉降为特征，缺乏同沉积构造活动，表现为克拉通内广泛沉积的拗陷型盆地，可以是克拉通内部的浅海相盆地，也可以与被动大陆边缘相连（如二叠盆地、伊利诺伊盆地、密歇根盆地、威利斯顿盆地）。

伴随着越来越多克拉通盆地的深度勘查，有一点已经很明确了，就是大多数的内克拉通盆地是形成于夭折裂谷之上。Derito 等（1983）用一个非线性麦克斯韦黏弹性流变学的理论发展了岩石圈弯曲的模式，这个理论帮助我们解释了一个克拉通内部的盆地怎样会有一个很长的稳定的在大陆广阔区域上同步沉降的盆地演化历史。研究结果表明沉

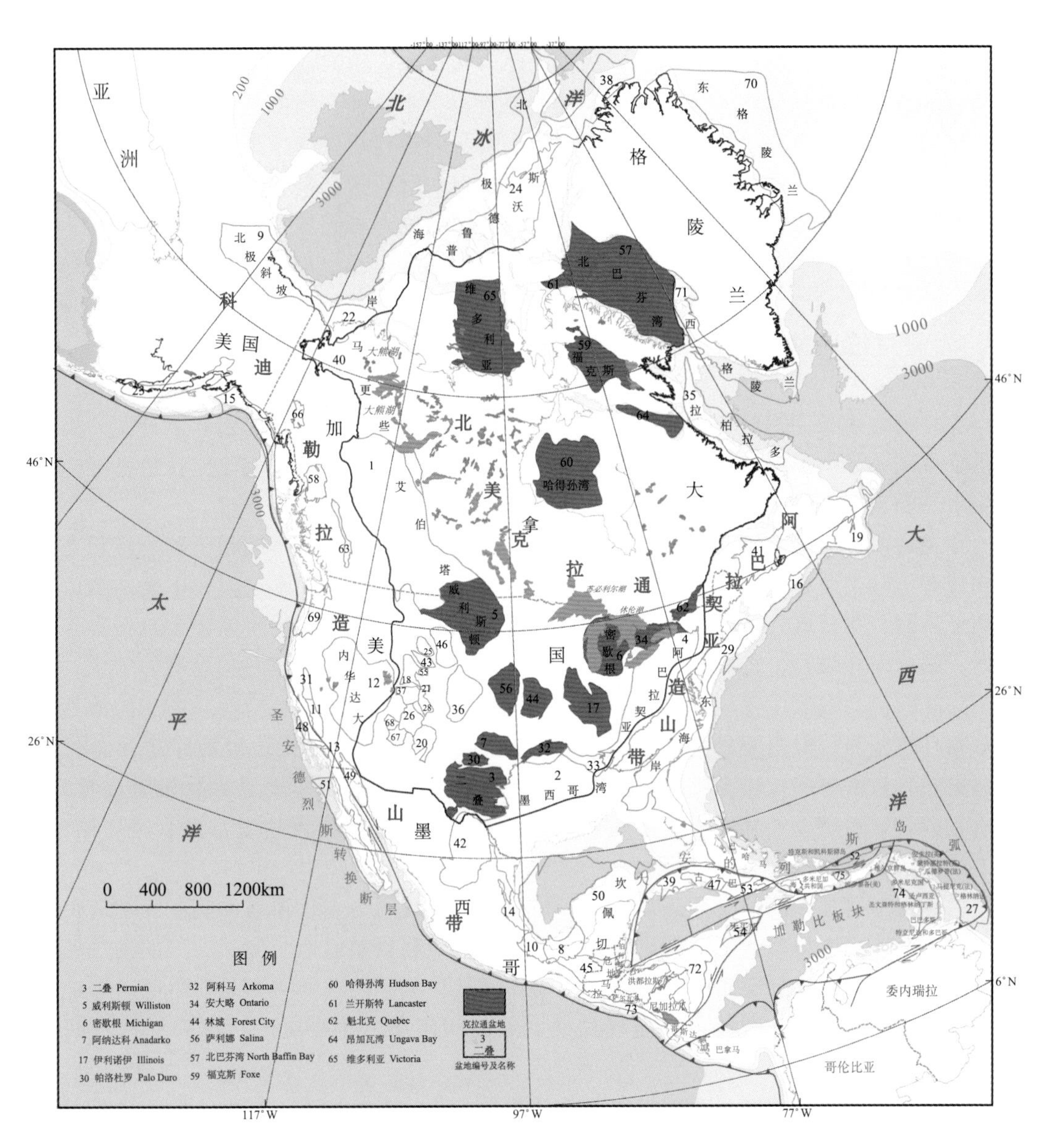

图 3-3　北美克拉通盆地分布图

降现象是由于在裂谷活动停止后，岩石圈区域水平扩展和冷却收缩效应的结果。例如：伊利诺伊盆地就是在早寒武世新马德里裂谷消亡后，由于热沉降而形成了早古生代海相克拉通盆地。

内克拉通盆地具有漫长的演化历史，发育各种构造样式，既有基底卷入构造（如中陆隆起区），包括：张性构造、扭性构造、基底块断、盖层宽缓的褶皱、隆起和凹陷等（如伊利诺伊盆地和中陆隆起区），也有各种薄皮构造，包括滑脱断层、拆离断层、披覆构造和滑塌构造等（如二叠盆地、中陆隆起区）。

北美古生代克拉通盆地构造沉降史表明，这些克拉通盆地是由早期断裂控制，早期存在构造沉降和火山活动，但沉积范围小；随着构造和火山活动的减弱，热沉降起主导作用，形成沉积范围广阔的拗陷盆地。北美地台由火山岩和变质岩结晶基底和较年轻的盖层组成，在基底沉降区形成较厚的沉积，向地台周边沉积厚度增加。沉积盖层主要为古生界，部分地区发育中生界。这些内克拉通盆地的沉积特征是在剖面的最下部和最上部及局部边缘为非海相地层，而中部广泛发育典型的浅海相碳酸盐岩和碎屑岩沉积，沉积厚度通常为3000～4000m（如伊利诺伊盆地、密歇根盆地、威利斯顿盆地）。

三、北美克拉通盆地石油地质特征

克拉通盆地长期相对稳定的地质背景为其形成多套烃源岩、储集层和多种圈闭类型提供了有利条件。沿盆地底部的古构造带，如下伏古裂谷带常常构成了克拉通盆地内的沉降中心和油气富集中心，例如：伊利诺伊盆地底部的新马德里裂谷带。

克拉通盆地的多数烃源岩是在盆地最大海侵期沉积的。当相对较粗的碎屑沉积在滨海和浅海大陆架发育而形成有利储层时，富含有机质的泥岩在深水区沉积下来，形成有利的烃源岩，构成良好的生储盖组合。克拉通盆地的储层分布广，层系较多，但常互不连通。既有海相储层，也有陆相储层，通常以浅海相碳酸盐岩和滨海相碎屑岩为主，例如中陆隆起区的储层主要为古生代的砂岩和灰岩。以威利斯顿盆地为例，90%的油气储量分布在古生界，最重要的储层是密西西比系Madison群，主要是生物碎屑和鲕粒灰岩，盖层是致密碳酸盐岩、页岩和蒸发岩。密歇根盆地的储层主要是生物礁碳酸盐岩，其次是砂岩，盖层也是蒸发岩。另外，发育下伏裂谷的克拉通盆地通常发育高产储层，具有较大的油气资源潜力（如伊利诺伊盆地）。

内克拉通盆地中的油气圈闭以地层、构造和复合圈闭为主，还有与基底隆起有关的潜山圈闭油气藏、披覆背斜圈闭以及岩性圈闭。以威利斯顿盆地为例，50%的油气储量分布在地层圈闭内，其次是背斜和穹隆圈闭。密歇根盆地的圈闭主要是背斜圈闭和地层圈闭，另外还有生物礁圈闭，可见克拉通盆地的圈闭类型主要以地层圈闭和构造圈闭为主。

另外，长距离的油气运移是克拉通盆地油气成藏的突出特点。例如：伊利诺伊盆地的油气运移距离超过100km，威利斯顿盆地的油气运移距离甚至超过了150km。

第三节　被动陆缘盆地及油气特征

一、北美被动陆缘盆地概述

北美大陆在南部、东部和北部广泛地发育大规模的被动陆缘盆地，是北美重要的含油气盆地类型（图3-4），包括：墨西哥湾（Gulf of Mexico）盆地、墨西哥南部（Sur）盆地、北极斜坡（Arctic Slope）盆地、维拉克鲁斯（Veracruz）盆地、坦皮科（Tampico）盆地、马更些三角洲（Mackenzie Delta）盆地、斯沃德鲁普（Sverdrup）盆地、东海岸（East Coastal）盆地、北极海岸（Arctic Coastal）盆地、墨西哥东北部（Noreste）盆地、恰帕斯（Chiapas）盆地、坎佩切（Campeche）盆地、斯科舍陆架裂谷（Scotia Shelf）盆地、大浅滩（Grand Banks）盆地、拉柏拉多（Labrador）盆地、东格陵兰（East Greenland）盆地和西格陵兰（West Greenland）盆地。

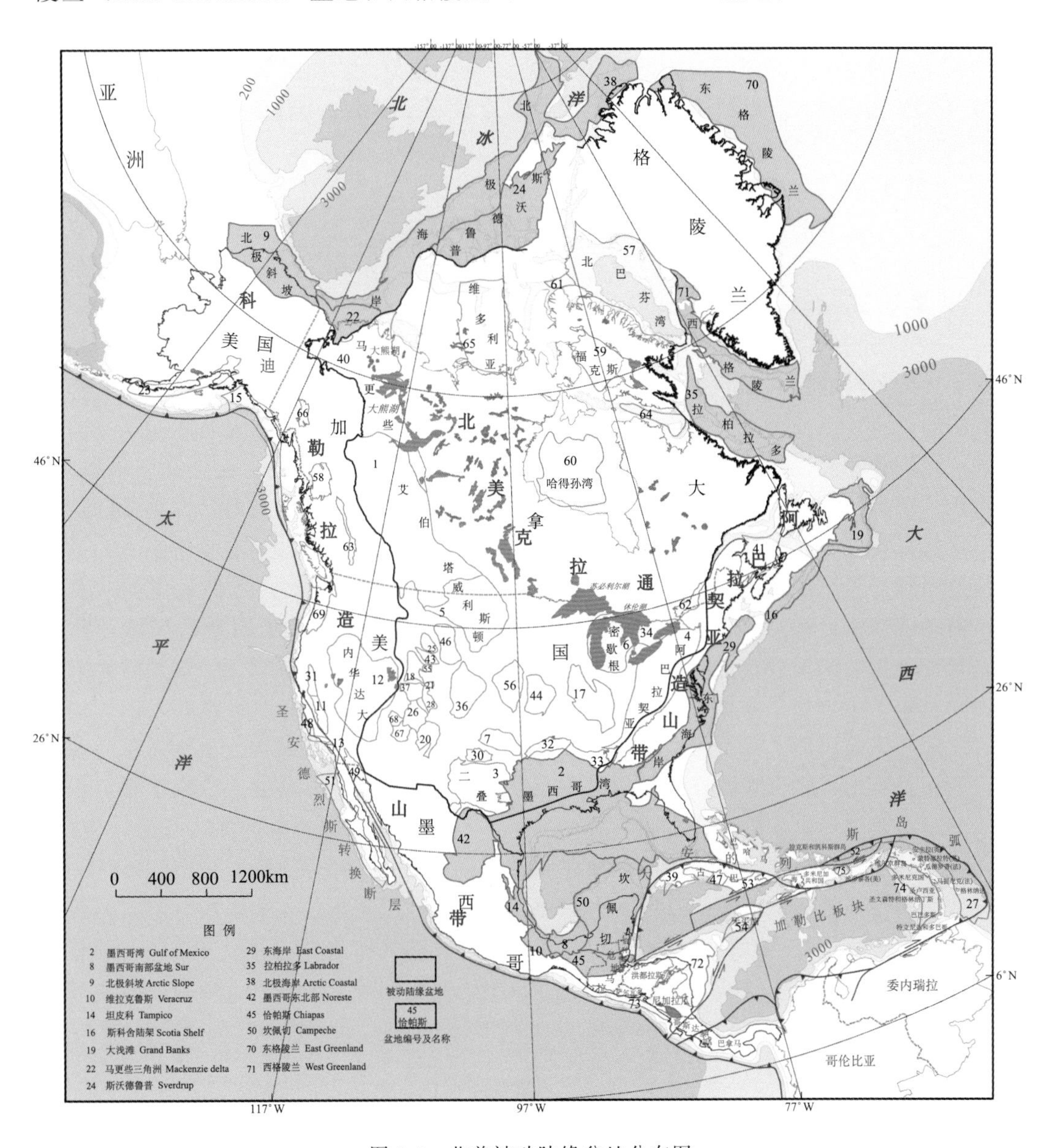

图 3-4　北美被动陆缘盆地分布图

被动陆缘盆地以陆棚沉积为主，发育正断层，缺少岩浆活动。在陆棚和陆坡附近，作为重要的海相沉积盆地，长期处于稳定的构造和沉积环境，有利于油气的生成和聚集成藏。通常被动陆缘盆地的早期下伏裂谷，表明被动陆缘盆地是在大陆早期裂解基础上发育起来的，是大陆漂移阶段发育的重要盆地类型。例如：在北美大陆东部和格陵兰附近发育的新生代被动陆缘盆地是大陆漂移阶段的产物，在这些盆地的下构造层还发育裂解阶段的中生代裂谷。我们目前看到的大多数被动陆缘盆地均下伏早期裂谷，因此属于叠合盆地。

根据被动陆缘盆地演化的差异，可以将北美被动陆缘盆地分为局限海基础上发育起来的被动陆缘盆地（如墨西哥湾盆地），主要分布在北美大陆南缘；大西洋型被动陆缘盆地（如东海岸盆地、斯科舍陆架盆地、大浅滩盆地、拉柏拉多盆地、东格陵兰盆地和西格陵兰盆地），主要分布在北美大陆东缘；北冰洋型被动陆缘盆地（如北极斜坡盆地），主要分布在北美大陆的北缘。

在北美的被动陆缘盆地中，我们选择墨西哥湾盆地作为重点盆地。

二、北美被动陆缘盆地基本地质特征

被动陆缘盆地最基本的地质特征就是在地质演化历史上经历过长期稳定的大陆边缘发展阶段，主要由滨海平原、浅海大陆架、陆坡和陆隆组成。滨海平原沉积主要受河流相和三角洲相控制，大陆架沉积主要受到浅海沉积和水下河道控制，而大陆斜坡较陡，常被水下峡谷所切割，并发育水下扇，这些水下扇裙可以延伸到深海海盆。被动陆缘盆地早期特征受裂谷及裂谷后拗陷沉积控制，晚期主要为被动陆缘盆地海相沉积（如墨西哥湾盆地和北美东海岸盆地）。

被动陆缘盆地都经历裂谷和大陆边缘两个阶段，两者存在一个明显的区域不整合面，其中下伏的早期裂谷是烃源岩的重要发育时期，通常为陆相沉积，而被动陆缘阶段以海相沉积为主（如墨西哥湾盆地和北美东海岸盆地），是储层的主要发育时期。被动陆缘盆地在纵向剖面上具有构造样式的分段性，常为“二层楼”结构。下构造层为裂解阶段的裂谷；上构造层为漂移阶段的沉积及厚层泥页岩和膏盐等塑性层。因上覆沉积物的重力不稳定性导致多层伸展滑脱断层的发育，而形成盐底辟、盐推覆构造等，例如：墨西哥湾盆地发育各种盐相关构造，并在靠近海岸的地带发育伸展滑脱构造。

被动陆缘盆地沉积较厚，且厚度大的地区多数为油气富集区，如墨西哥湾盆地的深水区，为大陆坡环境，沉积厚度比盆地北缘要大。被动大陆边缘的沉积是从陆上远源剥蚀搬运再沉积到大陆架或陆坡，这种沉积方式单一且长期稳定，有利于烃源岩和储层的发育，有利于油气藏的保存。大陆坡附近开阔的海盆是海底扇和浊积岩发育的良好场所，也可以成为大型油气田的有利区带。

三、北美被动陆缘盆地石油地质特征

被动陆缘盆地的油气潜力取决于该类盆地的生储盖组合。被动陆缘盆地长期稳定的构造和沉积作用使被动陆缘盆地可以形成得天独厚的生储盖组合，有利于形成大型油气田（如墨西哥湾盆地和北极斜坡盆地）。

被动陆缘盆地的烃源岩主要是下伏裂谷在同裂谷阶段形成的湖相页岩。由于同裂谷阶段发育高角度正断层，发育深而窄的湖盆，内陆隆升引起剥蚀并不断沉积在湖盆中，湖盆逐渐由开阔环境进入半封闭环境或封闭环境中，发育膏盐层，而湖层的底部有可能进入完全缺氧的环境，因而发育富含藻类的湖相烃源岩，以Ⅰ型干酪根为主（如墨西哥湾盆地）。其他时期的烃源岩绝大多数来自漂移期沉积层。进入漂移阶段，断层活动逐渐减弱，烃源岩有机物主要以Ⅱ型干酪根为主。以墨西哥湾盆地为例，从上侏罗统至更新统，海相暗色泥岩普遍发育，有机质发育，构成良好的烃源岩。被动大陆边缘在早期裂解阶段地温场比较高，局部的热异常可以促进烃源岩的早熟，有利于油气的生成和运移。巨厚的后裂谷沉积物，也为后裂谷期烃源岩的成熟创造了必要的物理化学条件。

被动陆缘盆地通常发育多套储层，包括：同裂谷期储层、后裂谷期储层、漂移期储层，以及前裂谷期的基底裂缝型储层。各套储层的岩性包括：灰岩、砂岩、浊积岩等，甚至包括基底火成岩和变质岩。以墨西哥湾盆地为例，多套储层在剖面上和平面上具有一定的空间分布规律，从侏罗系至更新统，储层从被动大陆边缘的内陆盐盆地，经滨海盐盆地，向深水盐盆地，逐渐由早至新分布，这与墨西哥湾盆地是一个典型的被动陆缘盆地经历的裂解和漂移演化阶段密切相关。

被动陆缘盆地的盖层通常是厚层的泥页岩、灰岩和膏盐层，尤其在盐盆地，通常在盐下和盐相关构造带聚集大型油气藏。由于沉积压实差异或者其他因素出现盐构造，如盐隆、盐舌，通常油气会沿着错开膏盐层的断层向上运移至上部的圈闭，因此在膏盐层之上也可以形成油气藏（如墨西哥湾盆地）。

以墨西哥湾盆地为例，被动陆缘盆地的圈闭类型非常丰富，包括：盐构造、断层圈闭、地层圈闭和岩性圈闭，主要以盐相关构造圈闭为主，其次是地层圈闭和岩性圈闭。构造圈闭包括断背斜、盐刺穿背斜、披覆背斜、断块、盐枕、龟背斜等，如墨西哥湾盆地深水区发育的盐相关构造。岩性圈闭主要包括深水砂体，如：墨西哥湾盆地的中上新统和更新统的海底扇砂体。地层圈闭包括地层上倾尖灭、超覆、河道砂、礁、透镜体砂岩等。例如：北极斜坡盆地是典型的被动陆缘盆地，烃源岩以三叠系—侏罗系—上白垩统的页岩为主，储层以砂岩为主，其次是灰岩和白云岩，层位从密西西比系至新近系均有储层发育，其圈闭类型以构造圈闭和地层圈闭为主。

第四节　前陆盆地及油气特征

一、北美前陆盆地概述

北美的前陆盆地堪称世界上经典的前陆盆地，各时期均有发育，并且类型丰富。这些盆地早期为北美地台的被动陆缘盆地，后期为前陆盆地，是北美重要的含油气盆地类型之一（图 3-5）。

北美前陆盆地包括：艾伯塔盆地（Alberta）、阿巴拉契亚盆地（Appalachia）、黑勇士盆地（Black Warrior）、马更些盆地（Mackenzie）、马里泰姆盆地（Maritimes）和落基山盆地群的早期盆地。在北美的前陆盆地中，我们选择阿巴拉契亚盆地为古生代重点前陆盆地，艾伯塔盆地为中新生代的重点前陆盆地。

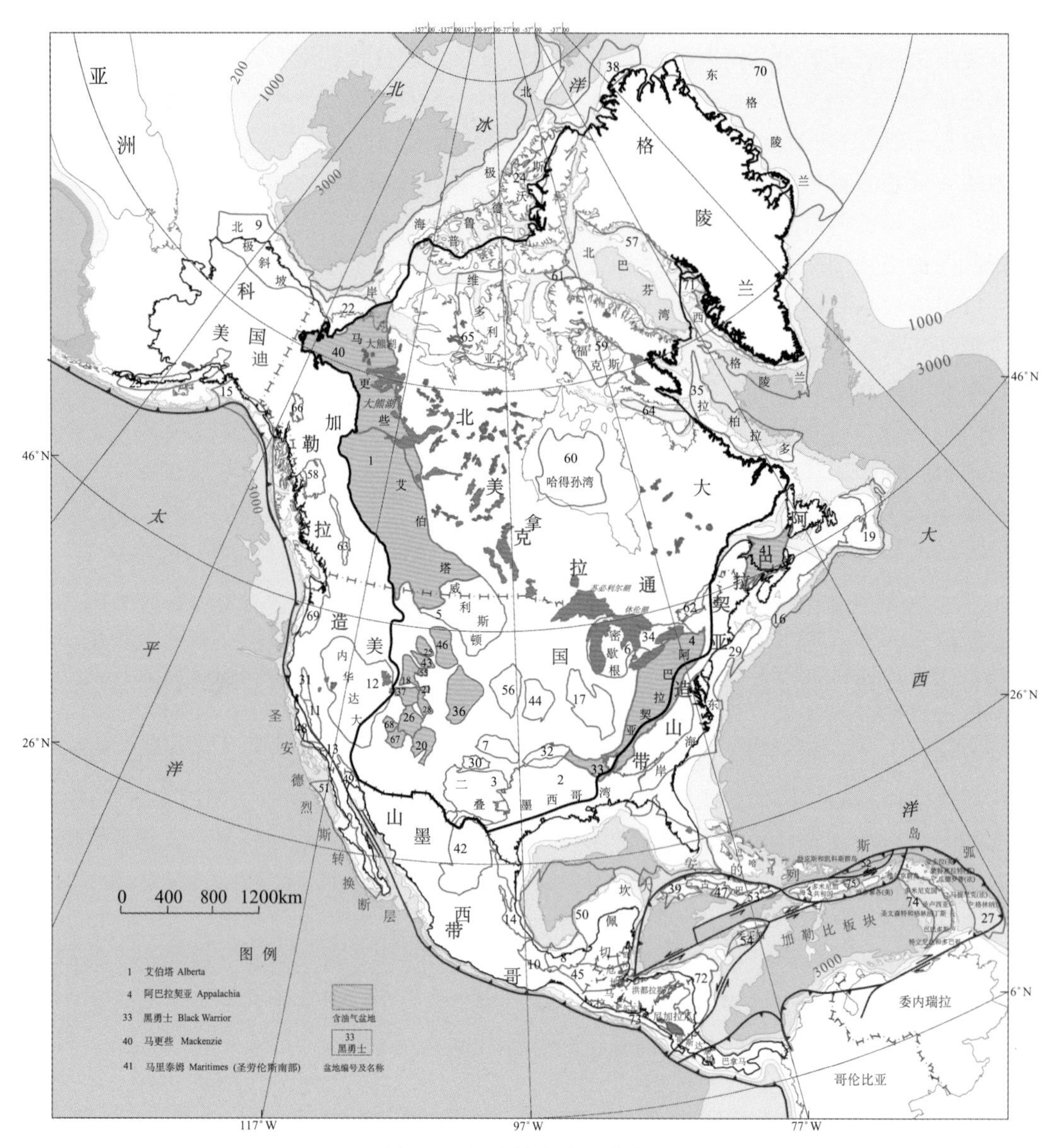

图 3-5 北美前陆盆地分布图

根据前陆盆地是否发生后期改造，可以进一步划分为完整的前陆盆地和被分割改造的背驮式前陆盆地。阿巴拉契亚盆地和艾伯塔盆地属于前者，而落基山盆地群属于后者。

根据前陆盆地的主成盆时期可以划分为古生代前陆盆地和新生代前陆盆地。东部的前陆盆地主要成盆期为古生代，例如：阿巴拉契亚盆地，主要分布在北美大陆东部；西部前陆盆地主要成盆期为中新生代，例如：艾伯塔盆地，主要分布在北美大陆西部。

二、北美前陆盆地基本地质特征

前陆盆地是由岩石圈挤压挠曲沉降作用而形成的沉积盆地，发育于板块碰撞挤压的大地构造环境，前陆盆地的长轴与造山带走向大体一致。

前陆盆地的构造主要发育在造山带前缘的褶皱冲断带，构造样式从造山带到克拉通呈现一定的空间分布规律。褶皱冲断带的构造样式向前陆盆地方向以叠瓦状逆冲断层系为特征，发育断层相关褶皱。靠近造山带，逆冲断层的倾斜相对较陡，向盆地方向逆冲断层的倾斜变缓，而这些逆冲断层向深部产状也逐渐变缓，收敛于基底拆离断层，构成叠瓦扇构造。这些逆冲断层可以是厚皮构造，也可以是薄皮构造，但以厚皮构造为主（如艾伯塔盆地的褶皱冲断带）。前陆盆地内部的构造主要发育盖层滑脱式构造以及断层相关褶皱，如铲式逆断层、盖层滑脱式叠瓦扇构造、双重构造、三角带构造和冲起构造等（如落基山盆地群的推覆构造）。

前陆盆地沉积层对应构造演化阶段可以分为两套：下部为被动大陆边缘阶段的沉积层，上部为前陆盆地阶段的沉积层。下部沉积层主要为被动大陆边缘沉积，以碳酸盐岩沉积为主，也包括部分碎屑岩沉积，上部沉积层主要为陆相碎屑岩沉积，包括磨拉石沉积（如艾伯塔盆地和阿巴拉契亚盆地）。前陆盆地的沉积中心具有从盆地的前渊向克拉通迁移的趋势，且较早在前渊中充填的沉积层会被卷入到褶皱冲断带中。前陆盆地早期的沉积物一般是细粒的深水浊流沉积物，即“复理石”，而晚期的沉积物以陆相沉积物为主，即“磨拉石”。这是前陆盆地构造演化过程中典型的沉积组合，如加拿大的艾伯塔盆地的地层可以分为两套：下部为从元古代到下侏罗统的海相沉积，以碳酸盐岩和碎屑岩沉积为主，包括复理石，上部为中侏罗统—第三系前陆盆地陆相沉积，主要接受来自西部的磨拉石碎屑沉积，沉积中心从中侏罗统至新近系由西向东迁移。

三、北美前陆盆地石油地质特征

前陆盆地是油气资源最丰富的含油气盆地之一。最早的前陆盆地油气勘探开始于美国的阿巴拉契亚盆地。北美油气资源最丰富的前陆盆地主要包括：艾伯塔盆地、阿巴拉契亚盆地和落基山盆地群。

前陆盆地的烃源岩通常包括被动陆缘时期和前陆盆地时期形成的两套烃源岩。以艾伯塔盆地为例，其烃源岩包括两套：一套是被动大陆边缘台地型泥盆系—中侏罗统；另一套是前陆盆地时期的上白垩统。前者主要包括泥盆系 Duvernay 组、泥盆系—密西西比系 Exshaw 组、三叠系 Doig 组和侏罗系 Nodegg 组，岩石类型为碳酸盐岩和泥岩；后者包括 White Speckled 和 Fish Scale 页岩。

从储集条件来看，前陆盆地发育期间冲断带的抬升作用给盆地内储层的形成提供了丰富的碎屑物质，有利于储层的发育。前陆盆地沉积过程中，也会形成潟湖相沉积等良好的盖层。前陆盆地内的褶皱构造通常呈带状分布，发育大量的有利构造圈闭。从以上石油地质条件分析，前陆盆地具有形成大油气田的基本条件。例如：艾伯塔盆地的储层也包括两套，一套为被动陆缘阶段的泥盆系—石炭系碳酸盐岩，另一套为前陆盆地阶段的白垩系和第三系碎屑岩，均是主力储层，55%的油气储量产于中上泥盆统碳酸盐岩储层中，特别是生物礁灰岩中，45%的油气储量产于白垩系砂岩储层中。以阿巴拉契亚盆地为例，泥盆系下部以砂岩为主，上部以页岩为主，广泛分布在整个盆地，泥盆系的石油累计产量占盆地的41%，天然气累计产量占盆地的46%，尤其泥盆系页岩气资源极为丰富，主要分布在盆地的南部和西部。

前陆盆地的圈闭类型包括：背斜构造圈闭、断层圈闭和地层圈闭，其中以背斜圈闭和地层圈闭为主。在靠近山前的褶皱冲断带中主要发育背斜和断层圈闭（主要类型为断层相关褶皱）。地层圈闭主要发育在靠近地台一侧，多期构造升降形成多个不整合面，形成地层圈闭，另外，前陆盆地地层总是向克拉通方向逐渐超覆，因此也可以形成岩性圈闭，例如：艾伯塔盆地东部油砂区的岩性圈闭和阿巴拉契亚盆地西部气藏的岩性圈闭。

第五节　裂谷盆地及油气特征

一、北美裂谷盆地概述

北美的裂谷盆地主要分布在西部山区，包括内华达大盆地的伸展盆地群（图3-6）。内华达大盆地的伸展盆地群是科迪勒拉新生代造山运动晚期造山后伸展作用的产物，主要是内华达大盆地（Great Basin）内的盆岭省盆地群（Basins-Ridges）和科迪勒拉山脉内的山间裂谷盆地克内尔（Quesnel）、怀特霍斯（White Horse）和凯帕罗威（Kaipa-rowits）等小盆地。除了内华达大盆地外，其他裂谷盆地均较小，主要分布在科迪勒拉山脉内，多为张性山间盆地，另外一些裂谷盆地下伏在北美东部的被动陆缘盆地下部。

二、北美裂谷盆地基本地质特征

裂谷是板块内部或边缘由张性控盆断裂控制的狭长断陷。裂谷盆地的构造演化历史可分为前裂谷期、同裂谷期和后裂谷期。同裂谷期也称断陷期，后裂谷期也称拗陷期。

北美地区的裂谷主要有两种：造山后伸展的山间裂谷和裂解阶段的大西洋型裂谷。造山后伸展的山间裂谷，例如：北美洲盆岭省（内华达大盆地），是造山后伸展型裂谷的典型发育区，位于内华达山与落基山之间，形成宽达900km的大陆山间裂谷系，伸展率可达50%～100%，呈现盆地与山岭交替的掀斜断块模式。在盆岭省的西南部，区域压缩应力在晚始新世减弱，中新世和上新世主要为拉张作用，导致造山后期的伸展和岩石圈减薄。大西洋型裂谷形成于大陆裂解期，主要分布在北美东海岸，早期为大陆裂解阶段的裂谷，晚期发展成为被动大陆边缘盆地。

北美洲裂谷盆地演化特征主要是同裂谷演化阶段较短，主要为中、新生代裂谷盆地。志留纪北美东部碰撞造山形成阿巴拉契亚-加里东造山带，中生代在阿巴拉契亚-加里东造山带上大西洋进一步打开，在北美东部发育中生代裂谷系（如：西纽芬兰裂谷和

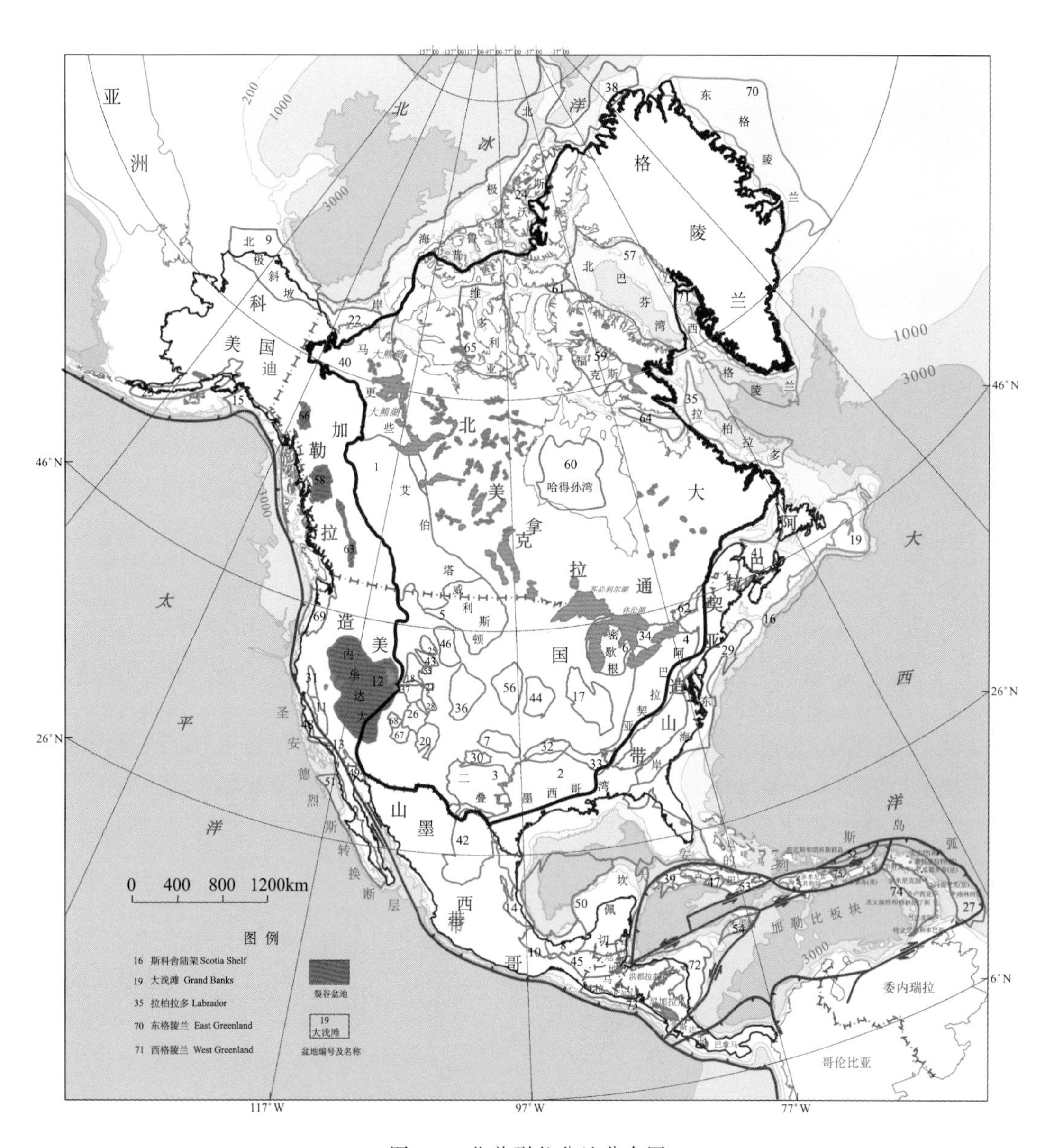

图 3-6　北美裂谷盆地分布图

西格陵兰裂谷），而在北美大陆西部科迪勒拉造山后发生岩石圈伸展，形成新生代山间裂谷系。

裂谷盆地以箕状断陷为主，控盆断裂以正断层为主，多为铲形断层，在深部存在平缓的拆离层（如美国盆岭省的造山后伸展裂谷系）。裂谷盆地的储集层沉积直接受控于盆地的构造演化。

裂谷盆地的三个阶段（前裂谷期、同裂谷期和后裂谷期）具有不同的沉积特征。前裂谷期主要为盆地基底或火山岩，可以是结晶基底也可以是早期地台型沉积；同裂谷期与前裂谷期地层之间存在明显的区域不整合面。大多数同裂谷期沉积物以碎屑岩为主，为同构造沉积，被生长断层（即同沉积断层）所控制（如美国西部的盆岭省内华达大盆地）。同裂谷期沉积一般由粗-细-粗的完整沉积旋回组成，粗粒的冲积扇沉积物在近断层边界厚度显著增大并侧向上渐变为较细的河流相和湖相体系。在同裂谷期，边界断层的产状对沉积体系和沉积相的演变有明显的控制作用。同裂谷期盆地中心一般为湖泊（海相）体系；盆地缓坡则发育河流相（曲流河、辫状河等）和三角洲体系；而盆地陡坡发育冲积扇和扇三角洲（如西纽芬兰盆地）。后裂谷期沉积物为宽缓拗陷内的陆相或海相沉积物，主要取决于裂谷作用结束后的区域背景，主要发育三角洲相、河流相或浅海相，主要为热沉降作用控制下的挠曲沉降（如西纽芬兰裂谷、西格陵兰裂谷）。

三、北美裂谷盆地石油地质特征

裂谷盆地的构造和沉积特征决定了该类盆地的石油地质特征。裂谷盆地沉积物充填速度较快，下部通常发育碎屑岩和火山岩，上部发育较厚的膏盐层和海相（或陆相）碎屑岩。湖相页岩和泥灰岩是裂谷盆地常见的烃源岩，另外裂谷通常具有较高热流值，有利于有机质加速成熟演化成烃。早期油气生成在盆地中心和盆地深部，后期以垂向运移为主，一般运移至盆地的凸起、构造阶地和掀斜断块上成藏（如西纽芬兰盆地）。

北美地区裂谷盆地的烃源岩主要形成于中新生代同裂谷期，在北美东部主要烃源岩为侏罗系，在西部主要烃源岩为白垩系。北美裂谷盆地的烃源岩厚度和有机质丰度均不高，岩性以黏土岩为主，相对其他类型盆地油气潜力不大。北美裂谷盆地的生储盖组合以侧变式为主。油气运移距离短，进入断块构造圈闭，断层封堵，当海进或湖进层序发育时可以形成良好盖层（如西纽芬兰盆地）。

北美地区的大西洋型裂谷主要分布在北美大陆东部，为消亡的中生代古裂谷，上覆新生代被动陆缘盆地，因此，本书不单列为裂谷盆地，而将北美东部海岸的诸盆地和格陵兰岛东部的诸盆地归为被动陆缘盆地。

第六节　走滑盆地及油气特征

一、北美走滑盆地概述

在北美大陆的西部圣安德烈斯断裂附近和加勒比海地区的大安得列斯岛弧北缘发育一系列的走滑盆地（图 3-7），包括：圣华金盆地（San Joaquin）、洛杉矶盆地（Los Angles）、沙顿盆地（Salton）、波多黎各盆地（Puerto Rico）和牙买加盆地（Jamaica）。其中洛杉矶盆地是“小而肥”的世界上油气丰度最高的盆地。在北美的走滑盆地中，我们选择“小而肥”的世界油气丰度最高的洛杉矶盆地为重点走滑盆地。

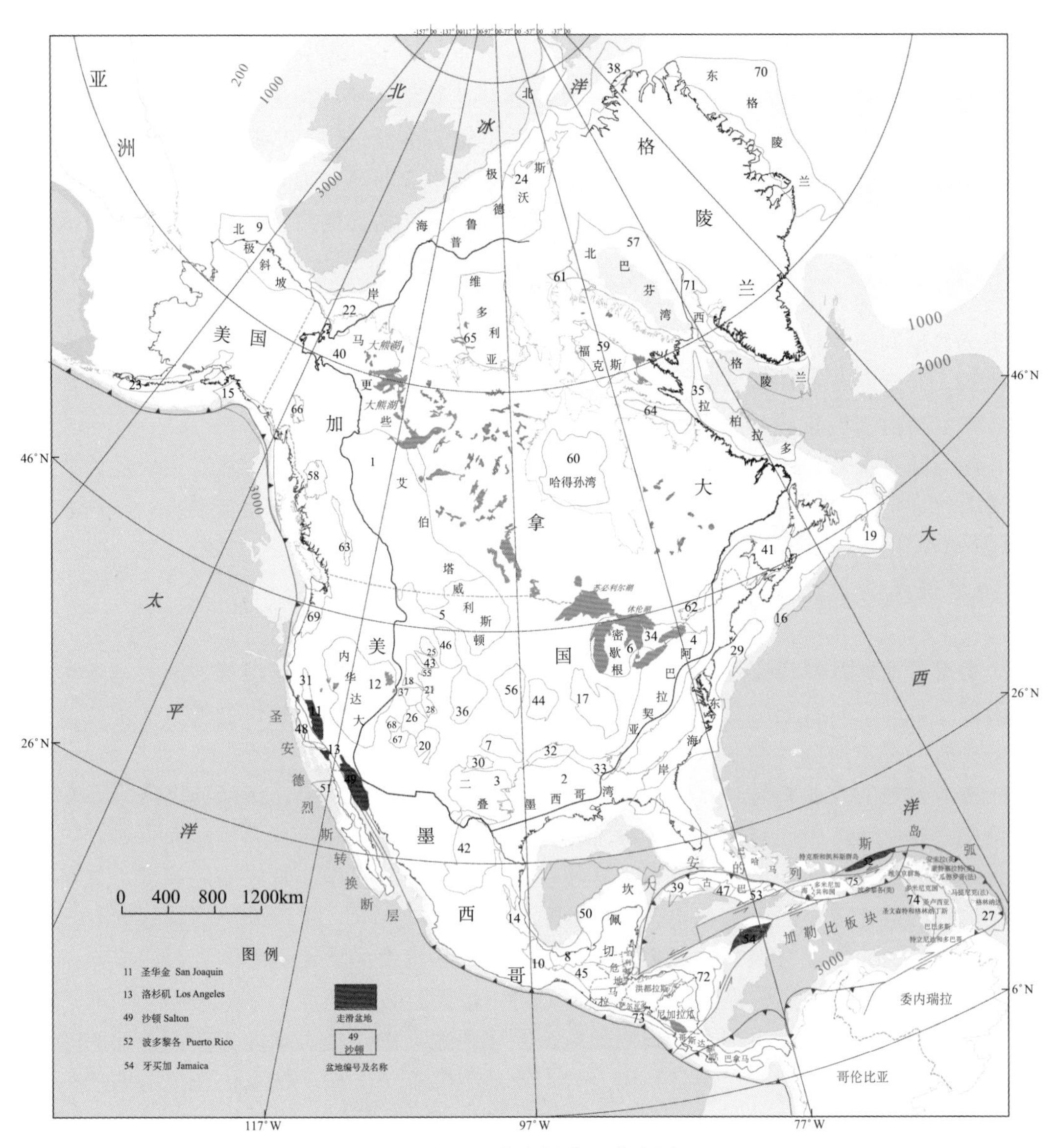

图 3-7 北美走滑盆地分布图

二、北美走滑盆地基本地质特征

走滑盆地是在走滑断层作用产生的局部伸展环境下形成的盆地。张扭性区域形成的走滑盆地通常规模较小，但深度较大，充填与湖泊相或海相沉积毗邻的粗颗粒沉积物，如冲积扇相。拉分盆地是最典型、发育最广泛的走滑盆地之一，一般发育于区域性走滑断裂带附近，由两侧断块的相向运动而成。在走滑盆地中，拉分盆地的油气资源相对最丰富。洛杉矶盆地就是典型的拉分盆地，也是世界上油气资源丰度最高的盆地。

以洛杉矶盆地为例，主要构造类型包括：走滑断层、正断层、花状构造以及反转构造等。沿走滑断层的压缩转折带可以发生褶皱和冲断作用并抬升隆起，成为主要的物源区，在盆地边缘发育快速沉积的砾岩和粗砂岩。走滑盆地的沉积中心随着盆地基底的走滑而不断发生弧形迁移。在数十公里长、数公里宽的小盆地中可以沉积厚达几千米的碎屑物和有机物，因而走滑盆地常常可以形成小而肥的含油气盆地，如洛杉矶盆地。

走滑盆地在初始沉积阶段主要以湖相沉积为特征，湖长而窄，沉降速度快，可沉积巨厚的沉积物，特别是两侧均以冲积扇为特点，随着盆地的进一步演化，水由深变浅，且相变较小；随着湖区逐渐被填满，河流相开始发育，并以河流相结束其沉积演化（如圣华金盆地和萨克拉门托盆地）。从沉积体系看，控盆的走滑断层一侧常发育陡坡三角洲体系，并常发育冲积扇、湖底扇体系。该沉积体系一般呈狭长带状沿走滑断层走向分布，向盆地内部展布的距离很短。

在大陆边缘形成的规模较大的拉分盆地也可以发育海相沉积，并具有很大的油气资源潜力，如洛杉矶盆地，其沉积相可由深海、半深海向陆相、半陆相转变。

三、北美走滑盆地石油地质特征

走滑盆地通常规模都比较小，但油气资源丰富。沿美国西部圣安德烈斯大型走滑断裂附近发育的沉积盆地多数属于富含油气资源的走滑盆地，如洛杉矶盆地、圣华金盆地和萨克拉门托盆地等。

走滑盆地的控盆断裂是走滑断层，因而发育陡立深切的断陷，沉降速率很大，常为饥饿性沉积盆地，因此早期演化阶段发育富含有机质的深湖和半深湖相的泥页岩，可以成为很好的烃源岩。若早期烃源岩为海相，且发育硅藻，更是非常好的烃源岩，如洛杉矶盆地。与盆地较小的面积相比，走滑盆地的沉积厚度巨大，走滑断层深切地壳，导致岩浆活动，促使地温升高，快速的埋藏和沉降以及热流值异常促进了烃源岩的成熟。在走滑盆地中可见蒸发岩、黏土岩、油页岩，可以成为良好的盖层。

北美走滑盆地主要集中在圣安德烈斯大断层附近。以洛杉矶盆地为例，盆地的基底为晚侏罗世—早白垩世的变质岩和侵入岩，盆地内沉积了上白垩统至更新统的地层，盆地中心的沉积物最厚可达 9400m。上中新统和下上新统砂岩为最重要的储层，由深水相砂岩和页岩互层组成，含大量的硅藻、有孔虫和放射虫。深水相的砂岩和页岩互层构成了良好的生储盖组合。

在走滑盆地的形成以及走滑断层系的发育过程中，常会形成走滑断层相关的构造圈闭。晚期的反转构造也是走滑盆地的有利圈闭。在走滑断层发育早期，走滑作用的规模较小，位移量也较小，由走滑作用引起的轻微褶皱呈雁行分布，这些雁列褶皱是走滑断裂附近扭动带中最有油气远景的构造圈闭（如洛杉矶盆地）。随着走滑断层的进一步活动，可能出现小型的正断层或小洼陷，这些正断层成为油气运移的通道。走滑盆地发育的圈闭类型主要有：走滑断层附近的雁行背斜圈闭（如洛杉矶盆地）和断块圈闭（如圣华金盆地）。在走滑断层发育中晚期，走滑作用规模达到最大，位移量也很大，早期背斜被破坏，凸起被剥蚀，断块发育，这个时期主要以岩性圈闭和断块圈闭为主（如萨克拉门托盆地和洛杉矶盆地)。

综上所述，受走滑断层长期活动的影响，走滑盆地有多种圈闭类型，既有构造圈闭，又有岩性圈闭。以洛杉矶盆地为例，中中新统储层沉积后，从晚中新世至中更新世，盆地未发生大规模隆起和剥蚀，晚上新世至今快速充填了厚层泥岩和页岩，覆盖了整个盆地，作为区域性盖层，很好地保存了油气资源，盆地发育晚期形成的反转构造形成良好的构造圈闭，海底扇砂体形成良好的岩性圈闭，因而成为全球单位面积油气资源丰度最高的盆地。

第七节　弧前盆地和弧后盆地概述

一、弧前盆地

在北美大陆西部科迪勒拉山脉以西和加勒比海的大安得列斯岛弧前缘都发育了弧前盆地（图 3-8），包括：阿拉斯加湾（Gulf of Alaska）盆地、库克湾（Cook Inlet）盆地、巴巴多斯-多巴哥（Barbados-Tobago）盆地、萨克拉门托（Sacramento）盆地、古巴北部（Cuba North）盆地、海岸（Coastal Basins）盆地、下加利福尼亚（Baja California）盆地、西华盛顿-俄勒冈（West Washington-Oregon）盆地、太平洋海岸平原（Coastal Llano de Pacifica）盆地和北部（North）盆地。

弧前盆地位于岛弧的前缘和俯冲带之间，如位于加勒比海地区大安德烈斯岛弧北侧的古巴北部盆地就是一个弧前盆地，位于增生楔位置。在海沟递增的堆积物沉积厚度递增速度非常快。随着岛弧和海沟之间的间距增大导致弧前盆地范围的扩大。

北美地区的弧前盆地主要包括两种类型：①增生型弧前盆地（如阿拉斯加湾盆地、库克湾盆地）；②大洋岛弧弧前盆地（如古巴北部盆地、巴巴多斯-多巴哥盆地）。增生型弧前盆地在北美最普遍，主要分布在北美大陆西缘，科迪勒拉造山带以西，在该带北部的弧前盆地油气资源比该带南部的要丰富，潜力要大一些，如：阿拉斯加湾盆地和库克湾盆地的油气储量明显高于下加利福尼亚盆地和太平洋海岸盆地。大洋岛弧弧前盆地主要分布在加勒比海地区的大安德烈斯岛弧的北侧和东侧，油气资源相对不十分丰富，如古巴的北部盆地、巴巴多斯-多巴哥盆地等。相对而言，巴巴多斯-多巴哥盆地的油气储量多于古巴北部盆地。

弧前盆地在岛弧这样一个板块边缘环境下主要发育深海沉积，烃源岩虽然比较发育，但由于距岛弧物源区很近，分选和磨圆均较差，因此储层物性较差，所以岛弧型板块边缘是不利于形成大油气田的大地构造环境。

二、弧后盆地

在加勒比海地区的大安得列斯岛弧靠近加勒比海一侧发育了一系列弧后盆地（图 3-9），包括：古巴中部（Cuba Central）盆地、古巴南部（Cuba South）盆地、加勒比海岸平原（Coastal Llano de Pacifica）盆地和格林纳达（Grenada）盆地。

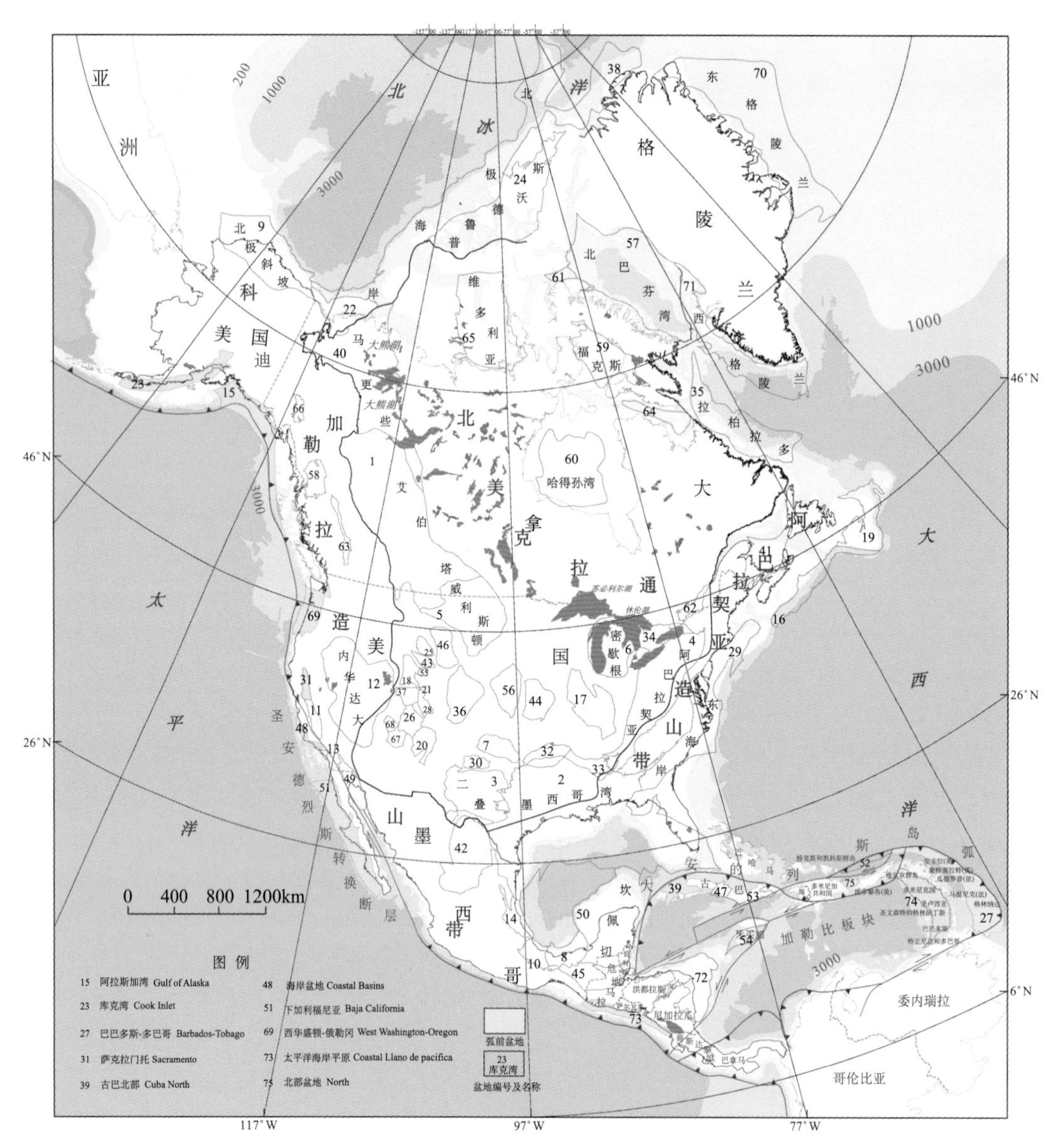

图 3-8　北美弧前盆地分布图

来源于火山弧的火山碎屑沉积物充填到弧后扩张的海底盆地，形成弧后盆地。弧后盆地经历四个演化阶段：①早期形成弧后扩张的裂谷带，并伴有火山碎屑物的快速充填（如古巴中部盆地）。②弧后盆地开始加宽，并伴有活跃的火山作用和扩张。③弧后盆地成熟期，火山碎屑物减少，但远洋沉积物增加。④盆地消亡阶段，扩张停止，持续加入远洋沉积（如格林纳达盆地）。

弧后地区地壳扩张速率与俯冲速率和俯冲角度有关，如果大洋地壳的俯冲速率慢，俯冲角度大，弧后地区将处于伸展状态；如果俯冲速率快，俯冲角度小，则可能导致弧后处于挤压构造状态。北美地区的弧后盆地均处于张性环境，特别是加勒比海地区由

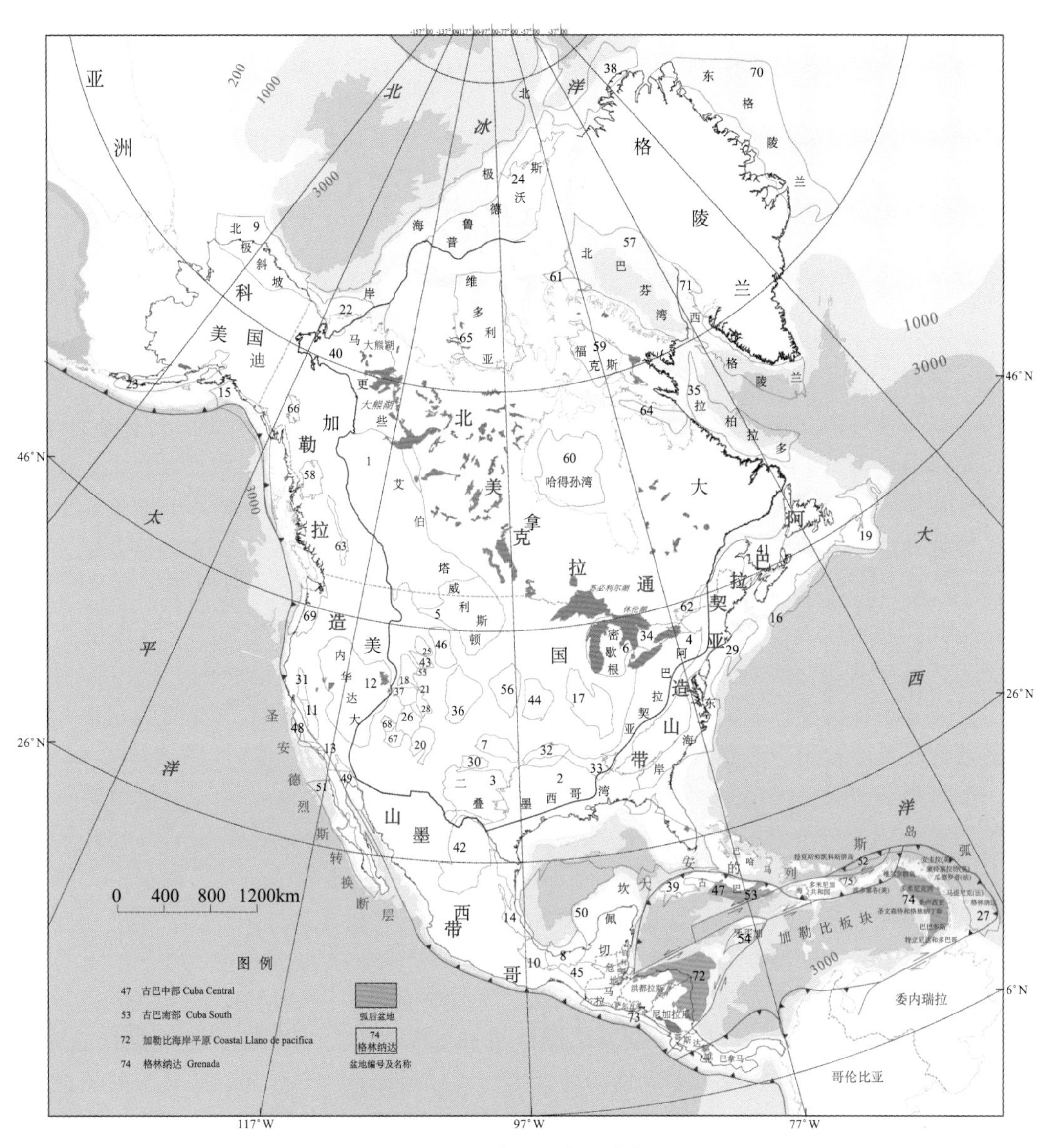

图 3-9　北美弧后盆地分布图

于加勒比海板块从 70Ma 开始楔入到南美和北美之间，在大安德烈斯岛弧上存在走滑作用因素，因此加勒比海地区的弧后盆地处于张扭性构造环境（如古巴的中部盆地和南部盆地）。

弧后盆地在沉积序列上总体呈下粗上细的特征。早期的弧后盆地发育浅水或陆相沉积，在强烈拉张阶段地壳减薄，盆地快速沉降，发育深海、半深海沉积（如格林纳达盆地）。当弧后盆地消亡，或形成弧后前陆盆地时，则在序列上表现出磨拉石沉积物覆盖在深水沉积物之上（如古巴南部盆地）。

弧后盆地与弧前盆地一样，由于处于岛弧这样一个板块边缘的环境，虽然发育海相沉积，发育烃源岩，但由于距岛弧物源区很近，碎屑岩的分选和磨圆均较差，储层物性较差，相对前陆盆地而言，含油气性不如前陆盆地，但比弧前盆地相对好些。从全球弧后盆地的含油气性看，苏门答腊的弧后盆地油气资源占全球弧后盆地的80%，而在加勒比海地区弧后盆地的油气前景不十分乐观，甚至不如弧前盆地，在北美地区各类盆地中是最差的，如古巴的中部盆地和南部盆地的储量均不如北部盆地。

第八节　北美各类盆地的油气分布规律

北美各类盆地的时空分布与北美大地构造分区和北美以加拿大地盾为中心向外围大陆增生扩展的规律密切相关，盆地类型和成盆时代从加拿大地盾向北美大陆周缘具有明显的时空分布规律（图3-2）。克拉通盆地都发育在加拿大地盾及其周边的北美地台上。克拉通盆地是发育最早的盆地，以加拿大地盾为中心向北美大陆周边依次发育古生代克拉通盆地、古生代前陆盆地、中生代前陆盆地，再往北美大陆东缘、南缘和北缘均发育新生代被动陆缘盆地，往北美大陆西缘发育新生代裂谷盆地、走滑盆地和弧前盆地（图3-2）。北美大陆含油气盆地的成盆时期从加拿大地盾向大陆周缘由早古生代、晚古生代至中生代和新生代（图3-2）。北美大地构造格局控制了北美各类含油气盆地的分布规律，而北美含油气盆地的类型进一步控制了北美的油气资源的分布格局。

北美各类型含油气盆地的石油天然气最终可采储量详见表3-1。被动陆缘盆地、克拉通盆地和前陆盆地三种类型盆地的总石油可采储量共占北美石油可采储量的86%，这三类盆地的总天然气可采储量共占北美天然气可采储量的92%，这三类盆地的石油可采储量各占27%、29%和30%；这三类盆地的天然气可采储量各占37%、35%和20%（图3-10）。如果将艾伯塔盆地的油砂可采储量也算进前陆盆地可采储量中，那么前陆盆地的油气可采储量将居北美各类型含油气盆地油气可采储量的首位。

根据北美各种类型盆地油气最终可采储量统计分析，克拉通盆地的石油最终可采储量为950亿桶，占北美石油可采储量的29%，天然气最终可采储量为$7.8\times10^{12}m^3$，占北美天然气可采储量的35%。对储量贡献较大的盆地包括二叠盆地、威利斯顿盆地、密歇根盆地、阿纳达科盆地和伊利诺伊盆地等。克拉通盆地主要分布在北美大陆的地台区，如伊利诺伊盆地、密歇根盆地和威利斯顿盆地，少数分布在加拿大地盾上，如哈得孙湾盆地（表3-1和图3-10）。

被动陆缘盆地的石油最终可采储量为877亿桶，占北美石油可采储量的27%，天然气最终可采储量为$8.3\times10^{12}m^3$，占北美天然气可采储量的37%。对储量贡献较大的盆地包括墨西哥湾盆地、墨西哥南部盆地、北极斜坡盆地、维拉克鲁斯盆地、坦皮科盆地和斯沃德鲁普盆地等，主要分布在北美大陆的南部大陆边缘，如墨西哥湾盆地，其次分布在北部大陆边缘，如北极斜坡盆地（表3-1和图3-10）。

前陆盆地的石油最终可采储量为980亿桶，占北美石油可采储量的30%，天然气最终可采储量为$4.6\times10^{12}m^3$，占北美天然气可采储量的20%。对储量贡献较大的盆地包括艾伯塔盆地、阿巴拉契亚盆地和黑勇士盆地等，主要分布在北美大陆的东部和西部，东部油气可采储量最大的前陆盆地是阿巴拉契亚盆地，西部油气可采储量最大的前陆盆地是艾伯塔盆地（表 3-1 和图 3-10）。

表 3-1　北美各类型含油气盆地石油与天然气最终可采储量表（37 个盆地数据）

盆地类型	可采储量				石油可采储量占北美的比例/%	天然气可采储量占北美的比例/%
	石油/亿桶	统计盆地数量	天然气/$10^{12}m^3$	统计盆地数量		
克拉通盆地	950	8	7.8	8	29	35
被动陆缘盆地	877	9	8.3	7	27	37
前陆盆地	980	8	4.6	9	30	20
裂谷盆地	155	2	0.2	1	5	0.9
走滑盆地	219	2	0.6	2	6.7	2.7
弧前盆地	75	4	1	4	2.3	4.4

注：弧后盆地由于储量太少未计入统计，忽略不计。

裂谷盆地的石油最终可采储量为 155 亿桶，占北美石油可采储量的 5%，天然气最终可采储量为 $2000\times10^8m^3$，占北美天然气可采储量的 0.9%。对储量贡献较大的盆地包括内华达大盆地（表 3-1 和图 3-10）。

走滑盆地的石油最终可采储量为 219 亿桶，占北美石油可采储量的 6.7%，天然气最终可采储量为 $6000\times10^8m^3$，占北美天然气可采储量的 2.7%。对储量贡献较大的盆地主要为洛杉矶盆地（表 3-1 和图 3-10）。

弧前盆地的石油最终可采储量为 75 亿桶，占北美石油可采储量的 2.3%，天然气最终可采储量为 $1\times10^{12}m^3$，占北美天然气可采储量的 4.4%。对储量贡献较大的盆地主要为阿拉斯加湾盆地、库克湾盆地、巴巴多斯-多巴哥盆地和古巴北部盆地（表 3-1 和图 3-10）。

弧后盆地的面积和油气储量均较小，在北美不作为主要含油气盆地。弧后盆地的油气可采储量占北美油气可采储量不到 1%，这里不详细介绍。

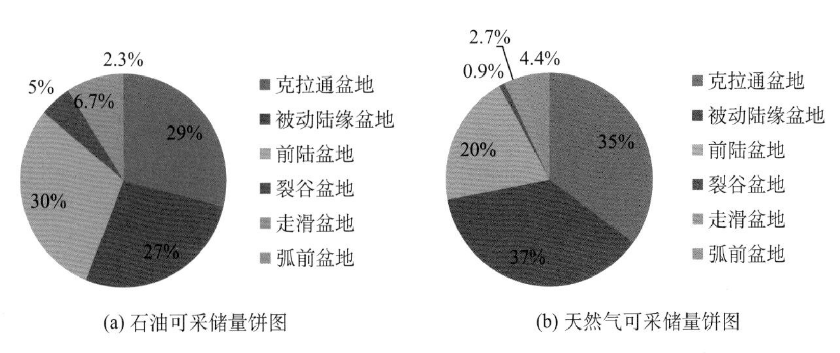

图 3-10　北美大陆各类盆地的油气可采储量占北美的比例

不同类型的沉积盆地具有不同的构造演化和沉积特征，也决定了具有不同的石油地质特征。通过北美重点含油气盆地石油地质特征的东西向对比和南北向对比（图 2-14 和图 2-16），可以清楚地看到不同类型含油气盆地的石油地质差异。从南至北依次为艾伯塔盆地、二叠盆地、墨西哥湾盆地和古巴北部盆地。艾伯塔盆地在古生代为被动陆缘盆地，在中新生代为前陆盆地，其烃源岩主要是泥盆系、密西西比系、侏罗系的泥岩，储层主要是下白垩统的砂岩，其次是泥盆系碳酸盐岩。二叠盆地为克拉通盆地，其烃源岩主要是二叠纪的页岩，储层主要是二叠纪瓜达卢佩阶、伦纳德阶和狼营阶的碳酸盐岩，盖层以蒸发岩为主。墨西哥湾盆地在中生代为裂谷盆地，在新生代为被动陆缘盆地，其烃源岩为上侏罗统、上白垩统和古新统的页岩，储层主要是白垩系—中上新统砂岩。古巴北部盆地是新生代弧前前陆盆地，其烃源岩以上侏罗统和下白垩统泥岩为主，储层以上侏罗统—下白垩统裂缝型岩石为主，如碎裂蛇纹岩、裂缝凝灰岩和裂缝灰岩。

从西向东依次为落基山盆地群的丹佛盆地、伊利诺伊盆地、阿巴拉契亚盆地和纽芬兰盆地。丹佛盆地是背驮式前陆盆地群中的一个新生代压性山间盆地，烃源岩是白垩系页岩，储层以白垩系分流河道和三角洲前缘沉积的中细砂岩为主。伊利诺伊盆地是典型的古生代克拉通盆地，其烃源岩以奥陶—泥盆系、密西西比—宾夕法尼亚系的页岩为主，储层以密西西比—宾夕法尼亚系的陆相砂岩为主。再往东至古生代前陆盆地阿巴拉契亚盆地，其烃源岩以中下泥盆统页岩为主，储层以上泥盆统和密西西比系陆相砂岩为主。再往东至北美大陆东海岸的裂谷盆地和被动陆缘盆地，如纽芬兰盆地，其烃源岩以上侏罗统碳酸盐岩和泥岩为主，储层以白垩系砂岩为主。

小　　结

北美地区含油气盆地类型齐全，可以分出七种类型的盆地：克拉通盆地、被动陆缘盆地、前陆盆地、裂谷盆地、走滑盆地、弧前盆地和弧后盆地。

北美各类盆地的时空分布规律明显与北美大地构造分区密切相关。克拉通盆地都发育在加拿大地盾及其周边的北美地台上。克拉通盆地是发育最早的盆地，以加拿大地盾为中心向北美大陆周边依次发育古生代克拉通盆地、古生代前陆盆地、中生代前陆盆地，再往北美大陆东缘、南缘和北缘均发育新生代被动陆缘盆地，往北美大陆西缘发育新生代裂谷盆地、走滑盆地和弧前盆地。

各种类型盆地油气最终可采储量为：克拉通盆地中对储量贡献较大的盆地包括二叠盆地、威利斯顿盆地、密歇根盆地、阿纳达科盆地和伊利诺伊盆地等；被动陆缘盆地中对储量贡献较大的盆地包括墨西哥湾盆地、墨西哥南部盆地、北极斜坡盆地、维拉克鲁斯盆地、坦皮科盆地和斯沃德鲁普盆地等；前陆盆地中对储量贡献较大的盆地包括艾伯塔盆地、阿巴拉契亚盆地和黑勇士盆地等；裂谷盆地中对储量贡献较大的盆地包括内华达大盆地；走滑盆地中对储量贡献较大的盆地主要为洛杉矶盆地；弧前盆地中对储量贡献较大的盆地主要为阿拉斯加湾盆地、库克湾盆地、巴巴多斯-多巴哥盆地和古巴北部盆地；弧后盆地中对储量贡献较大的盆地主要为古巴北部盆地。

被动陆缘盆地、克拉通盆地和前陆盆地三种类型盆地的石油可采储量共占北美石油可采储量的86%，这三类盆地的天然气可采储量共占北美天然气可采储量的92%，这三类盆地的石油可采储量各占27%、29%和30%；这三类盆地的天然气可采储量各占37%、35%和20%。这三类盆地无论是主要成盆期或盆地形成早期均存在一个长期稳定的陆棚沉积阶段，如克拉通阶段、边缘克拉通阶段或被动陆缘阶段，有利于烃源岩的发育，这是形成大油气田的重要条件。

我们选择的重点含油气盆地以这三种类型的盆地为主，并兼顾其他类型的盆地，其中，克拉通盆地以二叠盆地、中陆区盆地群和伊利诺伊盆地为重点盆地，被动陆缘盆地以墨西哥湾盆地为重点盆地，前陆盆地以艾伯塔盆地、落基山盆地群和阿巴拉契亚盆地为重点盆地，走滑盆地以洛杉矶盆地为重点盆地。这八个重点盆地的可采储量已占北美大陆含油气盆地可采储量的77%，在盆地地质和石油地质上均具有代表性。

从占北美可采储量比例前三名的克拉通盆地、被动陆缘盆地和前陆盆地的分布来看，大多数重点含油气盆地都分布在北美克拉通的边缘，如：阿巴拉契亚盆地、墨西哥湾盆地、二叠盆地、落基山盆地、洛杉矶盆地和艾伯塔盆地。这些盆地在烃源岩发育时期长期处于古赤道附近，为浅海陆棚环境或局限海环境，十分有利于烃源岩的发育。古生代重点含油气盆地是阿巴拉契亚盆地，早古生代为被动陆缘盆地，晚古生代为前陆盆地。晚古生代发育的克拉通盆地以二叠盆地为代表，是南阿巴拉契亚造山后形成的年轻台地之上发育的克拉通盆地，整个二叠纪盆地为局限浅海，发育烃源岩和储层，以生物礁灰岩为主，如著名的马蹄形环礁和船长礁。北美西部各主要盆地古生代为被动陆缘沉积环境，处于低纬度或赤道附近，并长期处于宽阔的大陆架环境，有利于烃源岩发育，而这些盆地在中新生代由于北美西部地体拼贴作用转为大型前陆盆地群，如艾伯塔盆地和落基山盆地群。其中，落基山盆地群为一个完整的前陆盆地被新生代逆掩推覆构造肢解成若干山间压性盆地，为典型的背驮式盆地群。北美南部诸盆地从古生代—中新生代从烃源岩发育期至成储成藏期一直处于被动大陆边缘，位于赤道附近或低纬度带，距物源很远，搬运路程远，碎屑物质分选好，烃源岩和储层均发育很好，并发育盐构造，有利于形成大油气田，如墨西哥湾盆地。

二叠盆地 第四章

◇ 二叠盆地为北美油气最富集的产区之一，它位于北美克拉通南缘的西得克萨斯和新墨西哥州东南部。二叠盆地在美国石油工业的地位占据举足轻重的地位，是美国重要的石油工业基地，是重要的克拉通盆地。

◇ 二叠盆地在主成盆阶段是年轻克拉通之上发育的克拉通类型的含油气盆地，有别于北美其他古老克拉通之上发育的盆地。早古生代时期二叠盆地处于被动陆缘陆棚沉积环境，晚古生代二叠盆地转为边缘克拉通盆地。二叠盆地广泛发育的稳定的厚层碳酸盐岩和后期发育的蒸发岩为二叠盆地形成大型油气田创造了难得的有利条件。

◇ 二叠盆地的油气储层分布于寒武系至二叠系地层中，但主要位于二叠系。二叠盆地以高产碳酸盐岩储层著称于世，生物礁油气藏为其特色，例如：著名的马蹄形环礁和船长礁都是典型的生物礁储层。宾夕法尼亚系及二叠系的狼营阶、伦纳德阶和瓜达卢佩阶地层仍为盆地油气勘探最赋潜力的层系，其中瓜达卢佩阶碳酸盐岩储层分布于二叠盆地大部分地区。

◇ 二叠盆地的石油地质储量为 1060 亿桶，天然气地质储量为 $1\times10^{12}\,m^3$。二叠盆地现处于油气勘探开发的成熟阶段，中央台地和西北陆棚、图克姆卡里次级盆地和迪亚夫洛次级盆地等地区仍具勘探潜力。

第一节 盆地概况

二叠盆地位于得克萨斯州西部和新墨西哥州东南部（图 4-1），面积约 $24\times10^4\,km^2$。二叠盆地的油田主要分布在盆地的中部和东北部，气田主要分布在盆地的中西部（图 4-1）。二叠盆地叠置于早古生代陆棚和石炭纪褶皱基底之上，为晚古生代二叠纪的年轻克拉通盆地。二叠盆地北以马塔多（Matador）隆起为界，南依马拉松（Marathon）褶皱带，西南边缘为代阿布洛（Diablo）台地。二叠盆地主要产油，油田主要集中于盆地中部及特拉华次级盆地和中央台地，在盆地东北部中央次级盆地和东部陆棚也有油田零散分布；气田主要分布于盆地西部特拉华次级盆地内。

二叠盆地作为美国第三大油气产区，经历了近百年的勘探开发历史。油气勘探主要分为四个时期。

初期勘探（1920～1945 年）：本阶段是二叠盆地油气勘探的初勘和早期发现阶段，主要确定了盆地次级构造单元的轮廓，各次级构造单元的含油层系和可采储量，为进一步勘探和开发奠定了坚实的基础。

勘探鼎盛时期（1946～1960 年）：20 世纪 40 年代后期，二叠盆地处于勘探高潮时

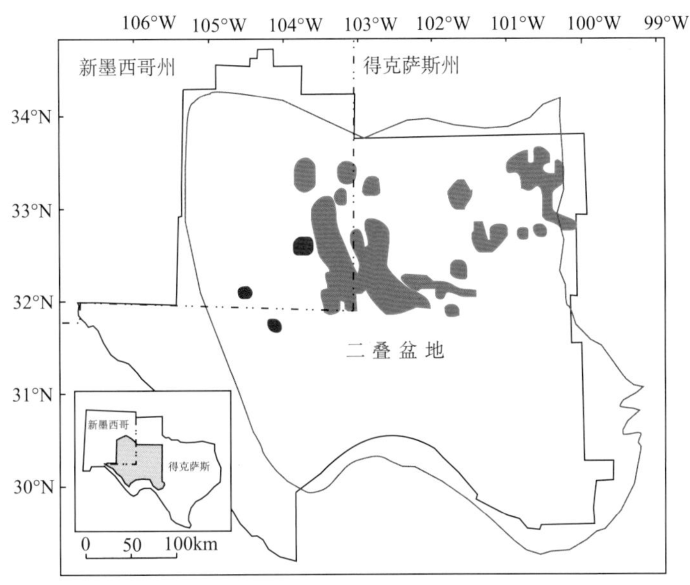

图 4-1　二叠盆地地理位置图（据 Schenk et al.，2007）
棕线范围为二叠盆地的范围，蓝线范围为二叠盆地古生代叠合油气系统范围

期，相继发现了著名的马蹄形环礁、斯普拉贝里油田和帕克特深部气田等，确立了二叠盆地的主力储层是二叠纪生物礁碳酸盐岩，尤其环礁作为储层的油气田是这一时期的重大发现，使二叠盆地进入勘探鼎盛阶段。1946～1960 年是美国的二叠盆地勘探开发历史上最兴盛的时期。

深层勘探时期（1961～1970 年）：这一阶段是二叠盆地的深层天然气田发现阶段，标志着美国油气勘探向深层拓展。50 年代以后一段时间，由于地震技术没有新的发展，造成 50 年代末至 60 年代初石油产量下降。60 年代开始，随着地震勘探技术的发展，勘探工作向深部发展，探井深度增大，1967 年在特拉华盆地和瓦尔沃德盆地内已钻成大于 4500m 的深井 62 口，平均进尺 5815m，相继发现了多个深层天然气田。深钻技术的发展使二叠盆地的石油天然气产量大增。

隐蔽油气藏勘探时期（1970 年至今）：进入 70 年代，二叠盆地的勘探工作由构造油气藏转入以寻找地层油气藏和岩性油气藏为主，并继续进行深部油气藏的勘探，由此二叠盆地进入高成熟勘探阶段。

二叠盆地进入高成熟勘探阶段后，勘探效果优于前期，年平均探井量为 779 口，探井成功率优于前期，达到 28.9%。进入 20 世纪 80 年代后，年探井数量有所减少，每口探井获地质储量也有所减少。自 2003 年以来二叠盆地勘探井数目又开始持续上升，2008 年钻井数目达到 300 口以上，钻井多分布在得克萨斯州，其余分布在新墨西哥州。至 2008 年二叠盆地油田数目达 558 个，生产井数目 194 057 个，目前仍然是美国的第三大油气产区。

第二节　盆地基础地质特征

一、盆地构造单元划分

在二叠盆地内部，根据前寒武系基岩的岩性、结构、岩相、厚度、古地理特征、构造形态、形成时期、分布规律和成因类型等特点，将盆地划分为若干次级构造单元，包括：东部陆棚、中央次级盆地、中央台地、西北陆棚、北中陆陆块、特拉华（Delaware）次级盆地和瓦尔沃德（Valverde）次级盆地（图 4-2）。

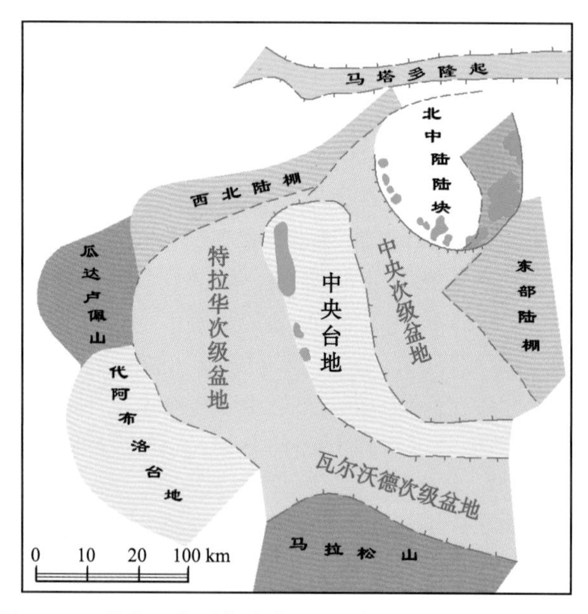

图 4-2　二叠盆地主要构造分区图（据 Dutton et al.，2005）

二、地层层序

二叠盆地地层发育较全，包括前寒武系基岩到新生界（图 4-3），非海相新生代沉积仅在局部发育且为薄层。整个二叠盆地内沉积岩厚度为 5000～8000m，特拉华次级盆地和中央次级盆地厚度最大，东部陆棚次之，中央台地最薄。

寒武系只发育上统，为前寒武系剥蚀面上形成的碎屑沉积，岩性主要为砂岩和灰岩，厚度 3～300m，在东南部厚度最大。

奥陶系包含三个阶：埃伦伯格阶（Ellenburger）、辛普森阶（Simpson）和蒙托亚阶（Montoya）（图 4-3）。埃伦伯格阶为含燧石白云岩，剥蚀较为严重，厚度 0～1000m，由西北向东南部增厚。辛普森阶由砂岩、页岩和灰岩组成，厚度 0～700m，其中页岩是二叠盆地重要的烃源岩。蒙托亚阶为燧石碳酸盐岩，在中央台地为灰岩，在特

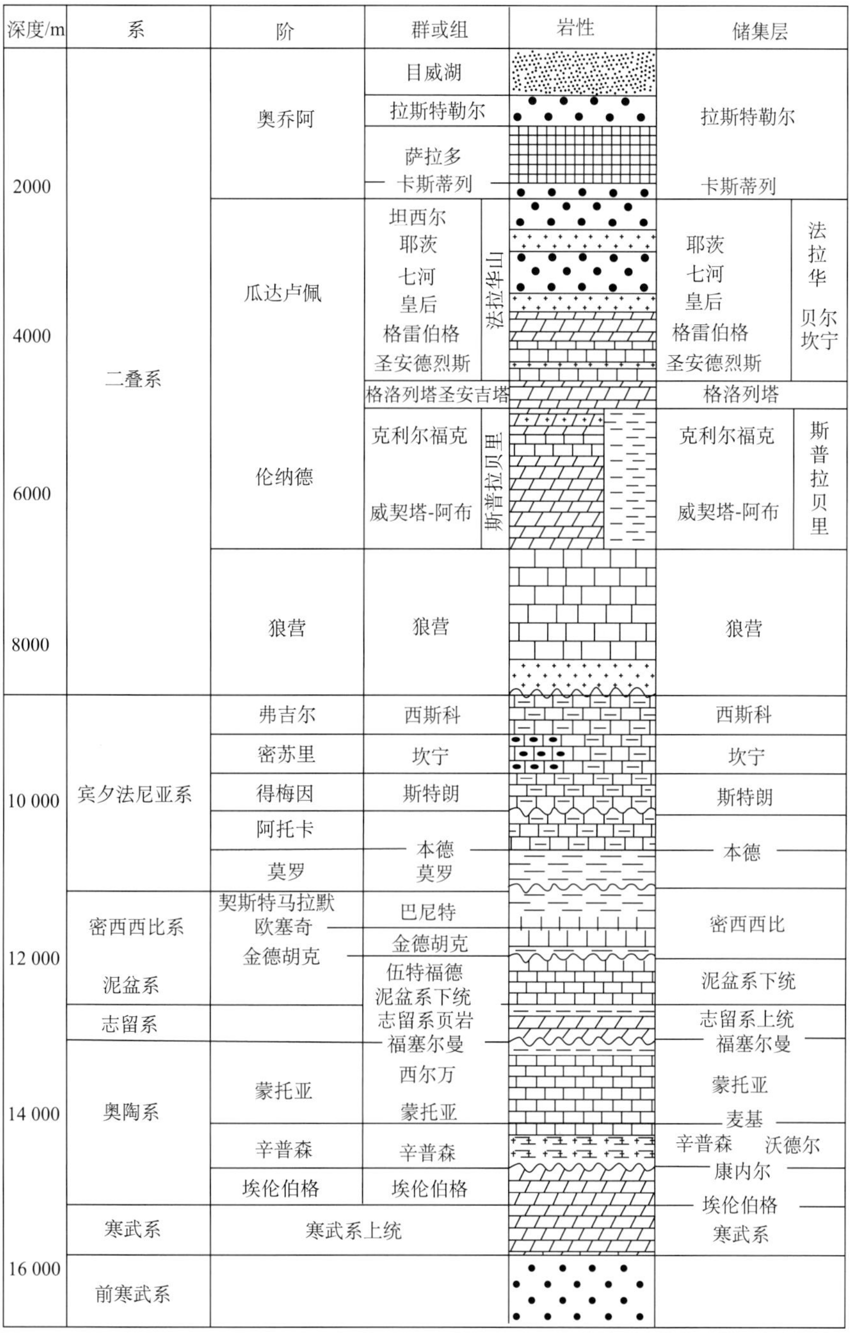

深度/m	系	阶	群或组	岩性	储集层
	二叠系	奥乔阿	目威湖		
			拉斯特勒尔		拉斯特勒尔
			萨拉多		
2000			卡斯蒂列		卡斯蒂列
		瓜达卢佩	坦西尔 (法拉华山)		
			耶茨 (法拉华山)		耶茨 (法拉华 贝尔坎宁)
			七河 (法拉华山)		七河 (法拉华 贝尔坎宁)
			皇后 (法拉华山)		皇后 (法拉华 贝尔坎宁)
4000			格雷伯格 (法拉华山)		格雷伯格 (法拉华 贝尔坎宁)
			圣安德烈斯 (法拉华山)		圣安德烈斯 (法拉华 贝尔坎宁)
			格洛列塔圣安吉塔		格洛列塔
		伦纳德	克利尔福克 (斯普拉贝里)		克利尔福克 (斯普拉贝里)
6000			威契塔-阿布 (斯普拉贝里)		威契塔-阿布 (斯普拉贝里)
8000		狼营	狼营		狼营
	宾夕法尼亚系	弗吉尔	西斯科		西斯科
		密苏里	坎宁		坎宁
10 000		得梅因	斯特朗		斯特朗
		阿托卡	本德		本德
		莫罗	莫罗		
	密西西比系	契斯特马拉默	巴尼特		密西西比
		欧塞奇	金德胡克		
12 000		金德胡克			
	泥盆系		伍特福德		泥盆系下统
			泥盆系下统		
	志留系		志留系页岩		志留系上统
			福塞尔曼		福塞尔曼
	奥陶系	蒙托亚	西尔万		蒙托亚
14 000			蒙托亚		麦基
		辛普森	辛普森		辛普森　沃德尔
					康内尔
		埃伦伯格	埃伦伯格		埃伦伯格
	寒武系	寒武系上统			寒武系
16 000	前寒武系				

图 4-3　二叠盆地地层柱状图（据 Scholle et al.，2003 修改）

拉华次级盆地则为白云岩。

志留系和泥盆系为一个连续的地层单元，主要为含燧石的中-粗粒结晶灰岩和白云岩（图 4-3）。密西西比系为海侵的暗色页岩和灰岩（图 4-3）。底部的伍特福德（Woodford）页岩富含有机质并含较高放射性矿物，为密西西比系的主要烃源岩，厚度 0～70m。伍特福德页岩上部为金德胡克（Kindhook）灰岩，厚 150～250m，常含燧石。

宾夕法尼亚系地层岩性多样（图 4-3），莫罗-阿托卡（Morrowan-Atokan）阶为暗色页岩、泥质灰岩和细-粗粒砂岩，其中的页岩为该层系的烃源岩。得梅因（Des Moines）阶为斯特朗灰岩，其下局部发育砂泥岩。密苏里（Missouri）阶东部陆棚发育重要的马蹄形环礁，是主要储层。弗吉尔（Feigel）阶主要为页岩和砂岩组成，夹少量灰岩。

二叠系地层厚度最大（图 4-4）。狼营（Wolfcampian）阶底部为碎屑岩，中上部为碳酸盐岩。伦纳德（Leonard）阶在台地主要为白云岩，在次级盆地内主要为细砂岩和页岩。瓜达卢佩（Guadalupe）阶包括七组地层，以圣安德烈斯组顶面为界，其下主要为碳酸盐岩，其上主要为蒸发岩。碳酸盐岩主要分布于陆棚、台地和盆地边缘，而在中央次级盆地和特拉华次级盆地则形成深水暗色泥岩、细-粉砂岩。特拉华次级盆地周缘发育著名的船长礁，是重要储层。奥乔阿（Ochoa）阶主要为蒸发岩。二叠纪之后，二叠盆地变为陆相环境，仅在局部地区发育中、新生代沉积。中央台地的前二叠系地层发育断裂，为油气运移提供了有利条件。

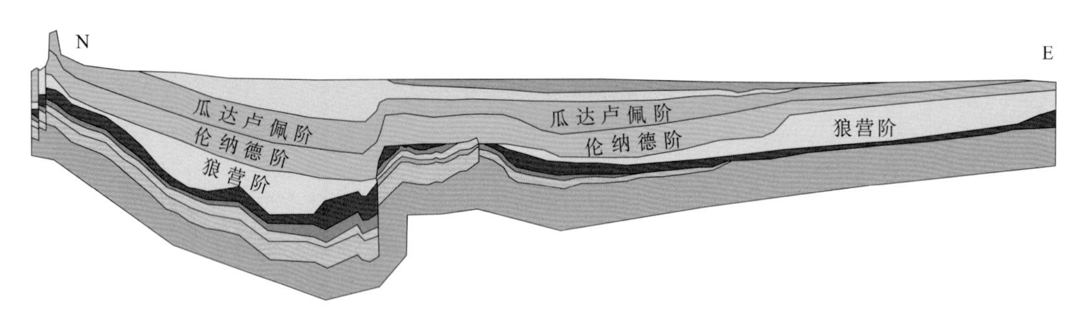

图 4-4　二叠盆地东西向地层剖面图（据 USGS，2010 修改）

三、构造与沉积演化

二叠盆地的构造演化可以划分为六个阶段：

（1）被动大陆边缘阶段。从前寒武纪晚期到宾夕法尼亚纪晚期，构造变形微弱，频繁地海进海退，因此下古生界地层出现较多的不整合，这为该盆地发育地层圈闭油气藏创造了条件。从奥陶纪晚期，中央台地位置出现倾斜，沉积物从陆棚浅水碳酸盐岩发展为密西西比纪以后的碳酸盐岩与碎屑岩互层，后期在东部陆棚开始发育生物礁灰岩。

（2）碰撞阶段。从宾夕法尼亚纪晚期至早二叠世，南美大陆与北美大陆碰撞产生南东—北西向的强烈挤压作用，早期形成的台地或陆棚盆地发生强烈变形，这些地块独自沿着高角度断层抬升或沉降。该时期中央台地抬升形成孤岛，其周缘发育生物礁灰岩。这一时期是二叠盆地基底构造形成的主要时期，区域上形成了二叠盆地现今的基本构造格架，并影响着其后二叠盆地的沉积充填。该时期盆地具有高热流值，且盆地快速沉降充填，陆棚台地主要以碳酸盐岩沉积为主，而盆地深部以碎屑岩沉积为主。

（3）二叠盆地的主成盆阶段。在整个二叠纪时期，二叠盆地转为与被动大陆边缘相连的半封闭的边缘克拉通盆地。二叠纪早期至晚期，海水相对较深，中央台地被海水淹没并被生物礁灰岩覆盖，形成水下岩脊，将特拉华次级盆地和中央次级盆地隔开。随着盆地充填而面积变小，礁体叠置到较老礁体和斜坡上，限制了碎屑沉积物的注入和水体的循环，从而在盆地内形成了半封闭的局限海，并发育蒸发岩和白云岩。二叠纪末，蒸发岩充满了残余的盆地及周围陆棚，成为整个盆地的区域盖层。

（4）陆相盆地阶段。从三叠纪到早白垩世，二叠盆地所有次级单元作为一个整体盆地演化，以陆相沉积为主，未形成重要构造。

（5）拉腊米造山运动阶段。从晚白垩世至早第三纪，拉腊米造山运动使得盆地西部隆起，盆地内部受到来自西侧的挤压，发育反转构造，是构造圈闭形成的重要时期。

（6）再活动阶段。晚第三纪，由于拉腊米造山运动和盆山耦合的结果，地壳产生微弱拉张和减薄，盆地西南部存在火山活动。

以上二叠盆地的构造演化控制了二叠盆地的古地理演化。从二叠盆地的古地理演化分析，早古生代二叠盆地为十分开阔的浅海盆地，古生代中期盆地缓慢充填碳酸盐岩和硅酸盐岩。密西西比纪时期，南北向构造带将二叠盆地划分为东部的中央次级盆地和西部的特拉华次级盆地。在宾夕法尼亚纪，宽阔的碳酸盐岩陆棚环绕这些次级盆地发育，尤其是中央次级盆地东部。在盆地南端构造活动相对加剧，发育复理石。

在早二叠世，盆地大部分地区遭受海侵，较低水位沉积海底页岩，高水位沉积陆棚灰岩，但在二叠纪中期即伦纳德世海洋环流逐渐受限，开始发育蒸发岩，因此在特拉华次级盆地和中央次级盆地边缘以及中央次级盆地的台地形成碳酸盐生物礁和堤坝。

二叠纪晚期，在盆地边缘形成高水位域的台缘生物礁灰岩，将盆地沉积物与蒸发岩和潟湖碎屑岩层分开，例如：环绕特拉华次级盆地的船长礁。

二叠纪末，二叠盆地沉积了厚层硬石膏、盐岩和钾盐。在经历最后一次海进后，该区沉积了陆相红色岩层，从而结束了该盆地的二叠纪沉积作用。

第三节　石油地质特征

二叠盆地是美国重要的含油气盆地，已有近百年的勘探开发历史。二叠盆地拥有着优越的石油地质条件，从烃源岩、储层、盖层、圈闭到整个含油气系统，都有着较好的配置组合。

一、烃源岩

二叠盆地存在多套烃源岩，包括中奥陶统辛普森页岩和灰岩、志留系页岩、上泥盆统—下石炭统的伍特福德页岩、下宾夕法尼亚统页岩、生物灰岩和礁灰岩，另外还有二叠系页岩和灰岩。晚石炭世至早二叠世二叠盆地处于赤道和低纬度附近，有利于发育优质的烃源岩。二叠盆地的主力烃源岩为狼营阶暗色泥岩和伦纳德阶暗色泥岩、页岩和碳酸盐岩，干酪根类型主要为Ⅱ型和Ⅲ型。在特拉华次级盆地内，伦纳德阶暗色泥岩和页岩 TOC 为 1.66%，HC 含量为 0.0875%，HC 与有机碳的比值为 5.3%。盆地内灰岩 TOC 为 1.2%，HC 与有机碳的比值为 17.7%，可抽提有机物为 2860×10^{-6}，可抽提有机物与总有机碳的比值为 23.8%。总体来说，伦纳德阶泥页岩和碳酸盐岩有机质含量丰富，烃转化效率较高。二叠盆地的有机质 R_o 为 0.6%～1.3%，深度在 1200～3000m（图 4-5（a）、（b）），其中特拉华次级盆地西部、中央次级盆地南部成熟烃源岩相对较浅，而特拉华次级盆地东部、中央台地西部和中央次级盆地北部成熟烃源岩相对较深。有机质 R_o 为 2.0%。除在特拉华次级盆地西北部较浅，其他地区深度一般超过 3000m（图 4-5（c））。

二、储层特征

二叠盆地的储层为前寒武系至白垩系地层，主力储层为奥陶系、宾夕法尼亚系和二叠系地层，其中二叠系油气储量和产量最大，其油气累积产量占二叠盆地油气总产量的七成以上。

寒武系地层的油气产量不高，主要产于前宾夕法尼亚系构造带上的 Hickory 砂岩，下宾夕法尼亚统烃源岩生成的油气通过断层进入 Hickory 砂岩背斜内聚集和保存。

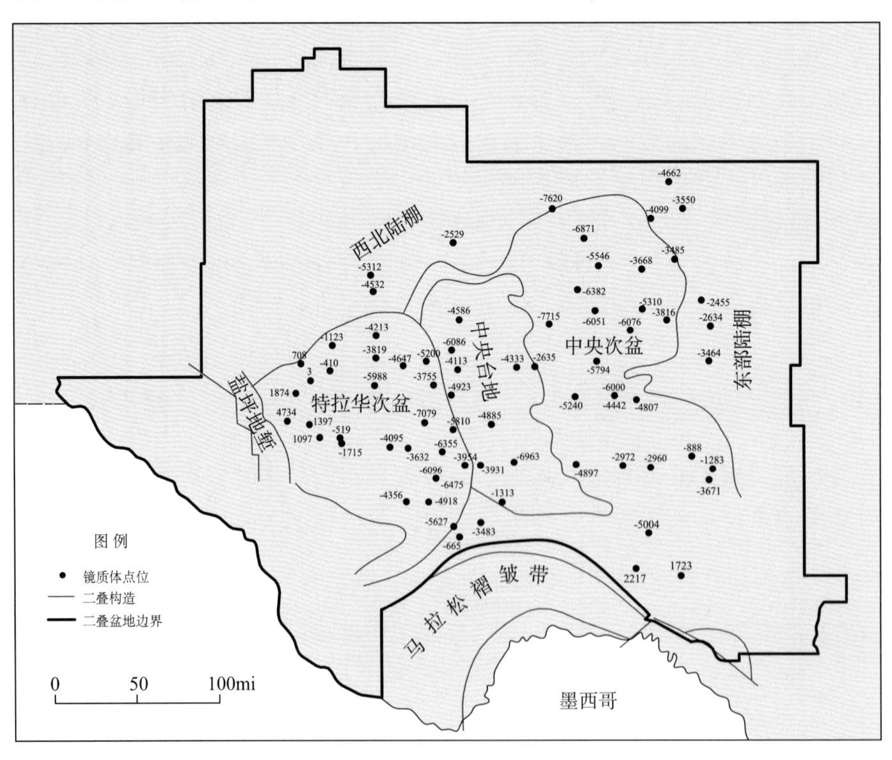

（a）R_o 为 0.6%深度（ft）分布图

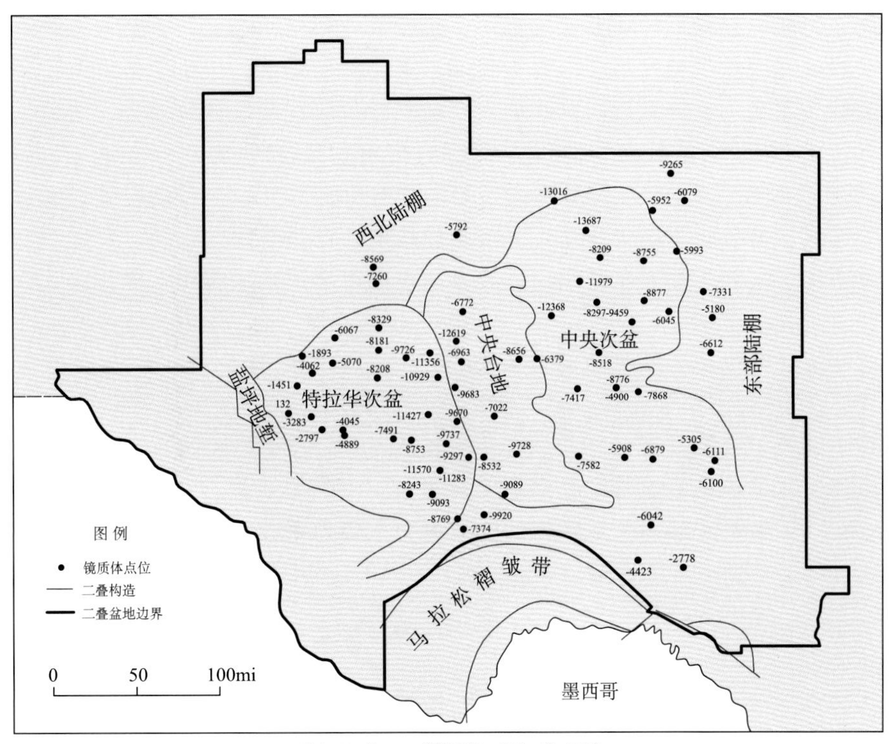

(b) R_o为1.3%深度（ft）分布图

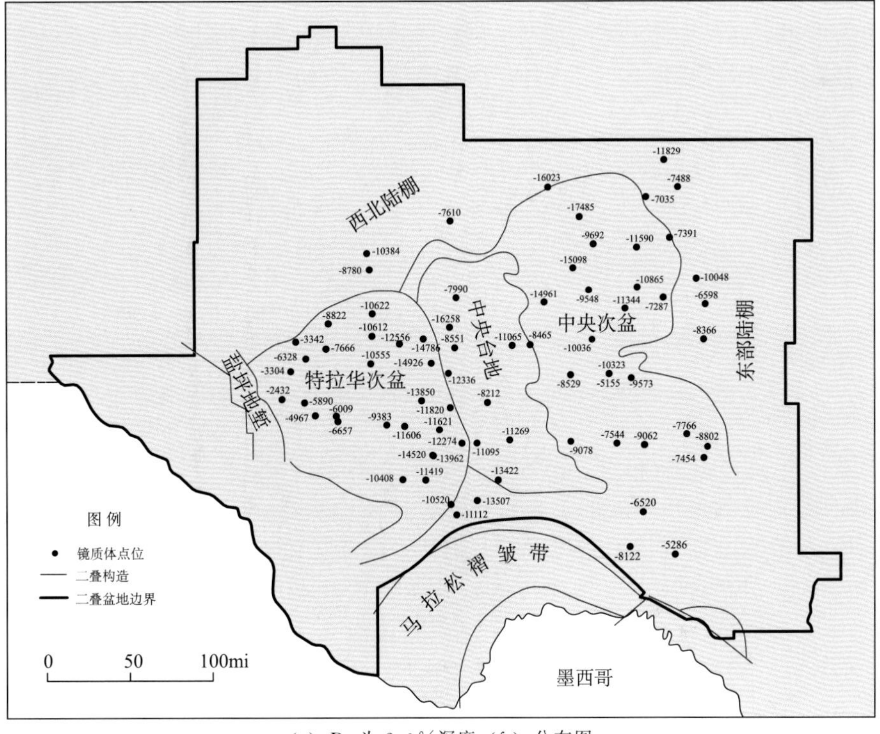

(c) R_o为2.0%深度（ft）分布图

图4-5　二叠盆地不同R_o对应的深度（ft）分布图（Pawlewicz et al.，2005）

奥陶系也是二叠盆地的重要储层之一，包括埃伦伯格组白云岩、辛普森组砂岩和蒙托亚组灰岩，其中埃伦伯格组白云岩为奥陶系最重要的储层。埃伦伯格组白云岩由于遭受风化剥蚀作用成为良好储层，其在中央台地和特拉华次盆气产量较大，油源包括下奥陶统至下二叠统层系所生成的油气。埃伦伯格组白云岩厚度约 520m，有效厚度约 300m，平均孔隙度 1.33%，渗透率 420mD，水饱和度 10%。辛普森组砂岩和蒙托亚组灰岩作为储层主要分布于中央台地，其渗透性较差，产量有限。

志留系储层主要为福塞尔曼组白云岩，向东尖灭形成地层圈闭，主要位于特拉华次级盆地。

宾夕法尼亚系也是二叠盆地的重要储层之一，包括莫罗-阿托卡组灰岩、砂岩和马蹄礁灰岩。莫罗-阿托卡组灰岩为中央次级盆地的储层，而砂岩为东部陆棚的储层。马蹄形环礁主要位于二叠盆地的中央次级盆地北部（图 4-6），为上宾夕法尼亚统礁体和二叠系礁体组成的环礁复合体，整体外形向北呈“U”形，厚 30～200m，礁的平均孔隙度为 6%，最大可达 30%。该礁体的孔隙类型主要为裂缝、晶洞和溶洞溶孔。

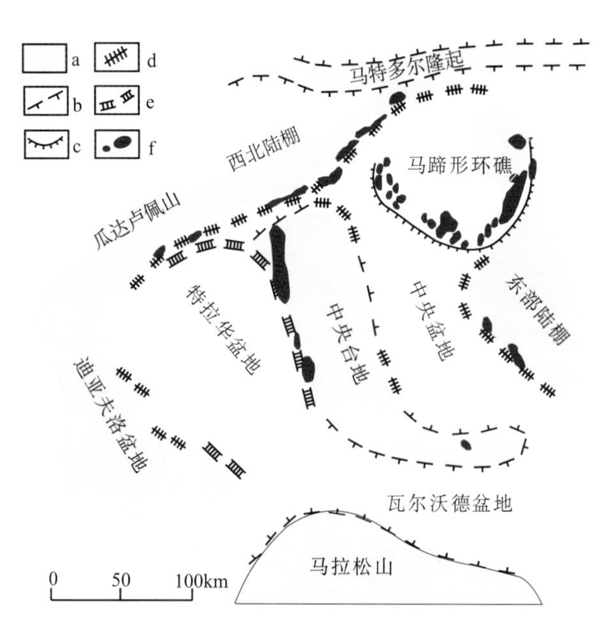

图 4-6 二叠盆地马蹄形环礁位置图（据 Miall，2008 修改）

a. 降起或台地；b. 断裂；c. 礁体；d. 斜坡；e. 船长礁；f. 油气田

二叠系是二叠盆地最重要的主力储层，包括由伦纳德阶的威契塔-阿布组碳酸盐岩、克利尔福克组砂岩、斯普拉贝里组砂岩及瓜达卢佩阶圣安德烈斯组白云岩、格雷伯格组白云岩和耶茨组砂岩，其中下瓜达卢佩阶分布于二叠盆地大部分地区（图 4-7（a）），中、上瓜达卢佩阶储层（皇后组、七河组和耶茨组）主要分布于船长礁后缘（图 4-7（b））。另外还有两个重要的产油礁带威契塔-阿布礁组（分布于西北陆棚）和船长礁（分布于特拉华次盆周缘）。船长礁油气聚集带主要分布于船长礁后缘（图 4-8），为礁

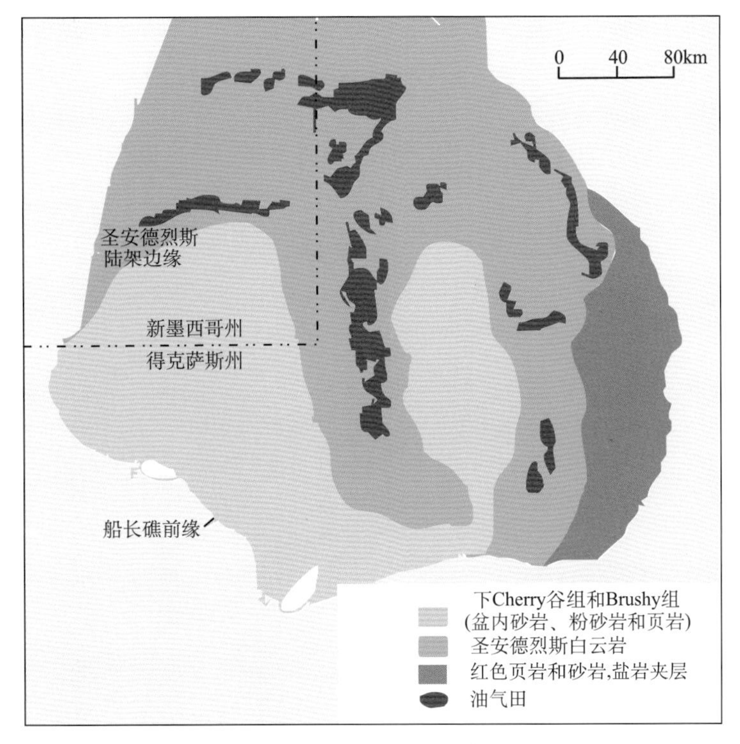

(a) 下瓜达卢佩阶储层分布图

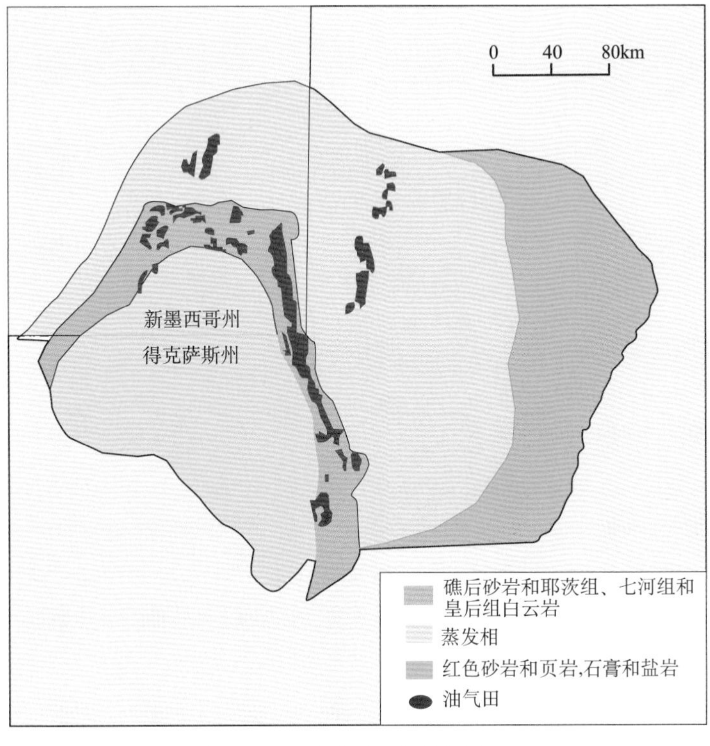

(b) 中、上瓜达卢佩阶储层分布图

图 4-7 瓜达卢佩阶储层分布图(Ward et al., 1986)

后浅滩相白云岩和砂岩，呈狭长带状分布的地层圈闭。圣安德烈斯组白云岩储层厚度 100～150m，孔隙类型主要为小型腔穴孔、铸模孔和粒间孔，圈闭类型主要为背斜圈闭。威契塔-阿布组礁厚度为 4.6～221m，岩性为细至粗晶白云岩，孔隙类型为晶间孔及孔洞，孔隙度为 1.5%～18.3%，渗透率为 0.1～1970mD，圈闭类型为岩性圈闭。

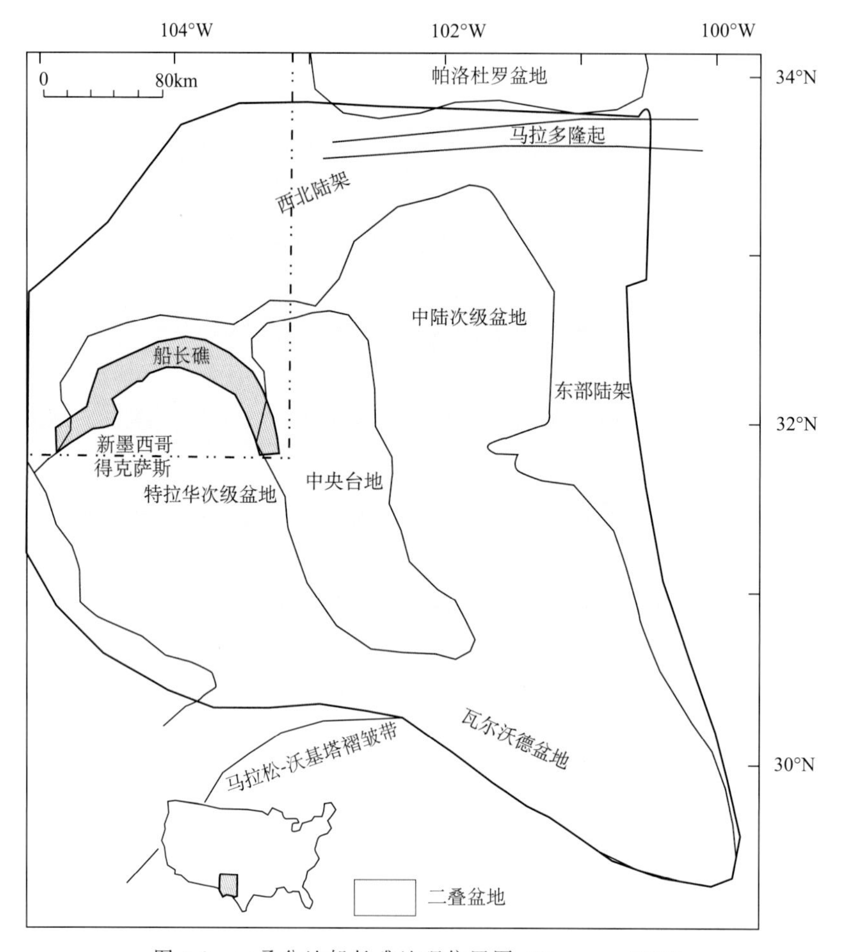

图 4-8　二叠盆地船长礁地理位置图（Dutton，2008）

瓜达卢佩阶是二叠系最重要的储层，其中圣安德烈斯组白云岩主要分布于除特拉华次盆和中央次盆外的二叠盆地大部分地区（图 4-9），格雷伯格组白云岩主要分布于环特拉华次盆周缘及中央次盆地区（图 4-10），皇后组和七河组礁后台地碳酸盐岩和砂岩主要分布于特拉华次盆西北、北部和东部边缘地区（图 4-11 和图 4-12），耶茨组砂岩储层主要位于环特拉华次盆北及东部边缘、中央台地和中央次盆中部地区（图 4-13）。

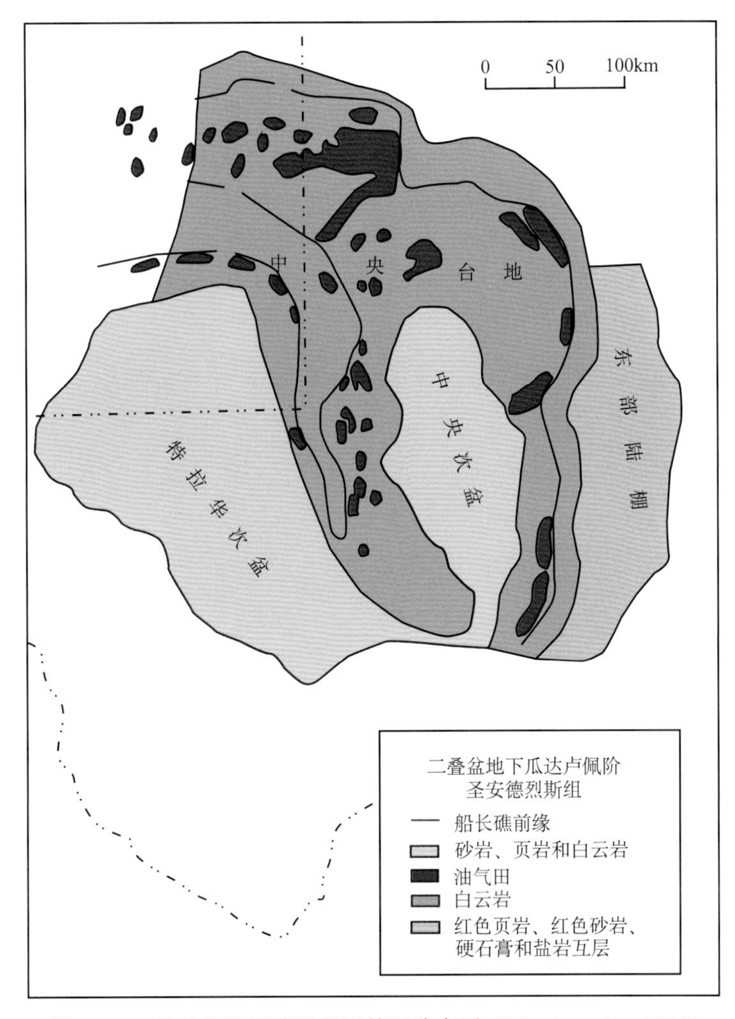

图 4-9 二叠盆地圣安德烈斯组储层分布图（Ward et al.，1986）

三、盖层特征

二叠盆地的油气藏盖层主要为蒸发盐岩、页岩和非渗透性碳酸盐岩，以蒸发岩为主。

上二叠统奥乔阿阶的蒸发盐岩系是由总厚度大于 600m 的厚层蒸发岩组成，主要岩性为盐岩、硬石膏和红色页岩等，分布于二叠盆地的大部分地区，有效地阻止了烃类向上运移，形成巨型油气聚集的最好封闭保存条件，是二叠盆地最好的区域性盖层。

瓜达卢佩阶陆棚蒸发岩系也是重要的区域性盖层。此外，如辛普森页岩、伍特福德页岩、密西西比页岩和灰岩、宾夕法尼亚页岩和灰岩以及二叠系页岩和灰岩等都是良好的区域性盖层。尤其下二叠统页岩和灰岩广泛分布于二叠盆地，并与下伏地层呈角度不

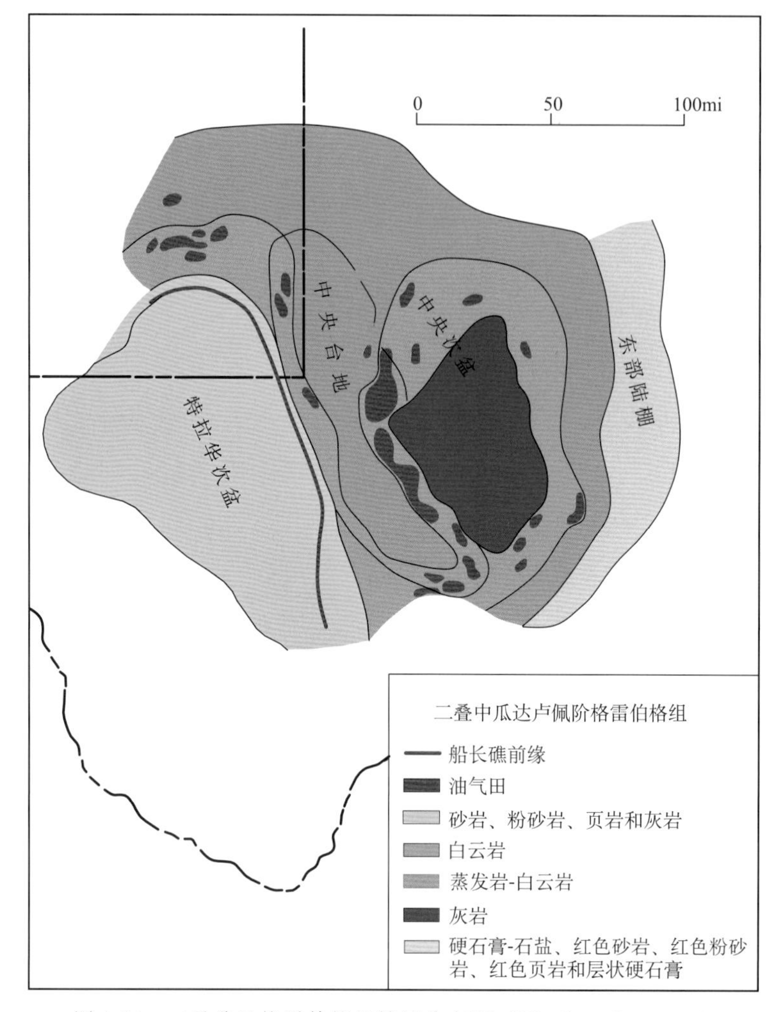

图 4-10　二叠盆地格雷伯格组储层分布图（Ward et al.，1986）

整合接触，形成了仅次于奥乔阿阶蒸发盐岩的较好的区域性盖层。

四、圈闭

二叠盆地的油气藏圈闭类型主要包括构造圈闭、地层圈闭和构造-地层复合圈闭。在被动陆缘阶段，二叠盆地生成油气主要向盆地内古隆起聚集，而板块碰撞阶段，形成一系列局部构造，形成构造油气藏和地层岩性上倾的岩性油气藏。具体来说，寒武系和奥陶系油藏圈闭类型以背斜圈闭为主；泥盆系福塞尔曼白云岩油藏圈闭类型以地层圈闭为主；宾夕法尼亚系马蹄环礁油气藏圈闭类型以地层圈闭为主；二叠系狼营阶、伦纳德阶及瓜达卢佩阶碳酸盐岩和砂岩油气藏类型主要以背斜油气藏为主，但这些背斜圈闭都是在古地貌基础上形成的披覆构造，实际上也与地层因素有关。

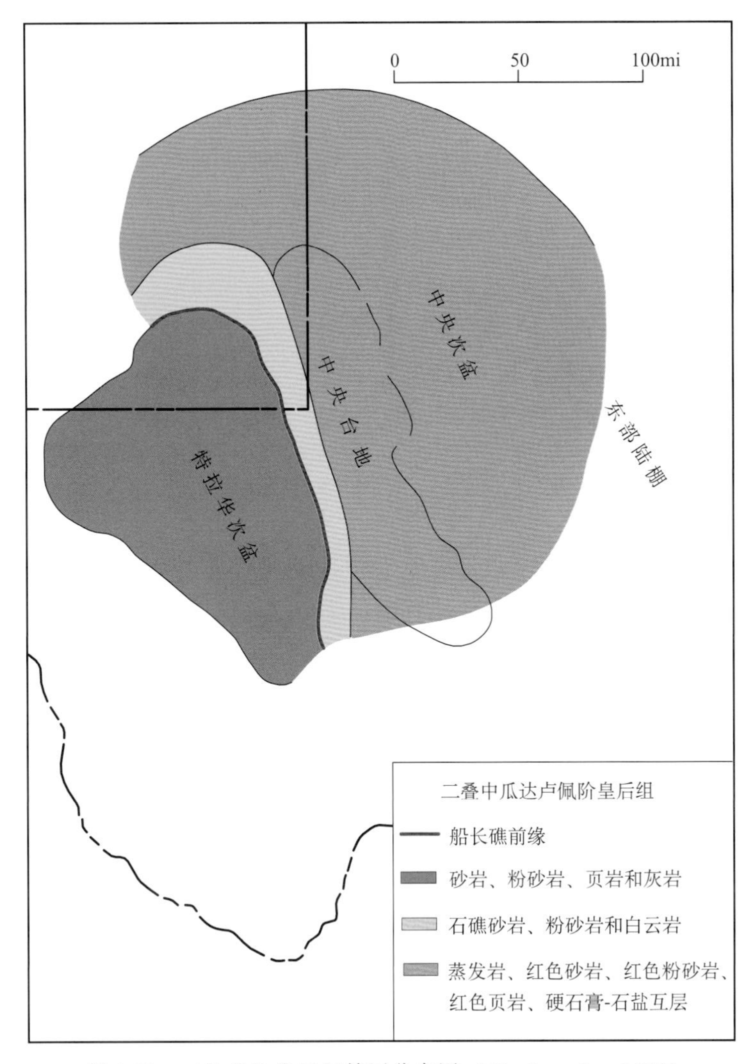

图 4-11 二叠盆地皇后组储层分布图（Ward et al.，1986）

五、油气的生成和运移

二叠盆地的油气主要生成于晚二叠世至侏罗纪。其中特拉华次盆下古生界烃源岩在早二叠世（伦纳德阶）开始生油，并持续到整个三叠纪（约 260～180Ma）；奥陶系辛普森页岩在晚伦纳德阶开始生油，于三叠纪开始生气并持续至今；上泥盆统伍特福德页岩在晚伦纳德阶开始大量生油，晚三叠世开始生气并持续至今；宾夕法尼亚系页岩及生物礁灰岩在三叠世开始生油，并持续到现在；中伦纳德阶及更年轻烃源岩成熟度较低，仍未达到生油所需成熟度，主要生成天然气（图 4-14）。天然气主要生成于奥陶系辛普森组及上覆地层，干气主要生成于奥陶系辛普森组至宾夕法尼亚系，而湿气主要生成于

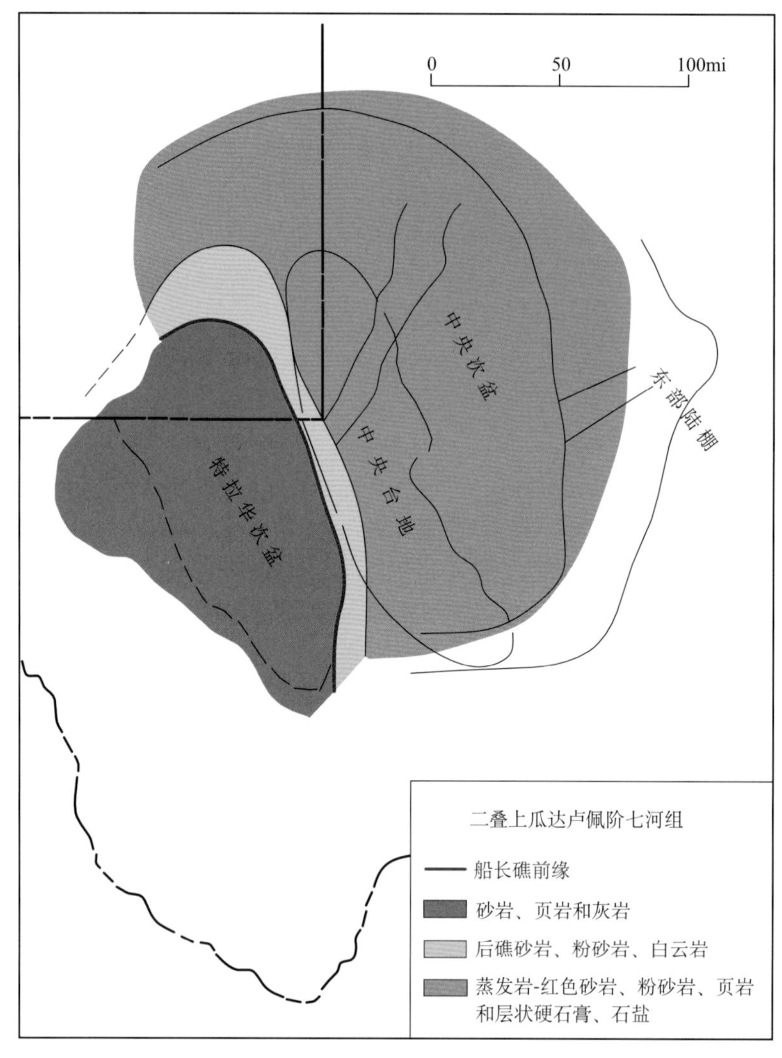

图 4-12　二叠盆地七河组储层分布图（Ward et al.，1986）

二叠系狼营阶地层（图 4-14）。

二叠盆地的油气生成后便发生运移，以侧向运移为主。区域性不整合面和前二叠纪断裂系统是油气运移和聚集的重要通道。在二叠盆地内存在许多不整合面，其中埃伦伯格组顶部的伍特福德页岩不整合面、密西西比系底部的不整合面、下宾夕法尼亚统底部和二叠系底部的不整合面最重要。同时，在前二叠纪发育的几组不同时期和不同方向的断裂构造在不同地区具有不同的发育程度，无疑对油气的垂向和侧向运移与聚集都提供了良好的通道和遮挡条件。二叠盆地的不整合地层油气藏类型和断块油气藏类型比较发育，特别在中央次级盆地更是如此。二叠盆地内，在具良好盖层的条件下，在不整合面以下的古构造和古地形高点上的高孔隙带几乎都有工业性油气聚集。

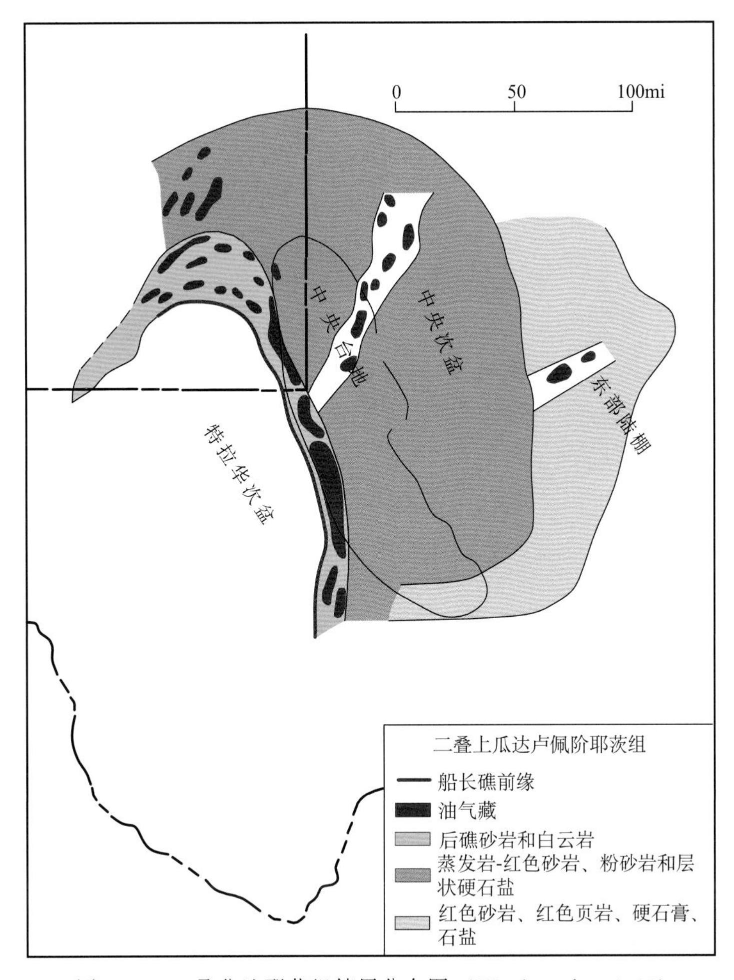

图 4-13　二叠盆地耶茨组储层分布图（Ward et al.，1986）

六、含油气系统及勘探潜力

二叠盆地可划分出四个主要的含油气系统：奥陶系含油气系统、志留系—下石炭统含油气系统、宾夕法尼亚系含油气系统和二叠系含油气系统。

1. 奥陶系含油气系统

奥陶系辛普森群页岩为该油气系统的主要烃源岩。受喀斯特作用和裂缝影响，埃伦伯格组白云岩及辛普森群海相砂岩为主要储层，其中受喀斯特作用埃伦伯格组白云岩分布于中央台地北端，埃伦伯格组裂缝性白云岩位于特拉华次盆和中央台地南部；辛普森群海相砂岩位于特拉华次盆东北部和中央台地西北部（图 4-15）。辛普森群页岩和密西西比系页岩为该油气系统的良好盖层。

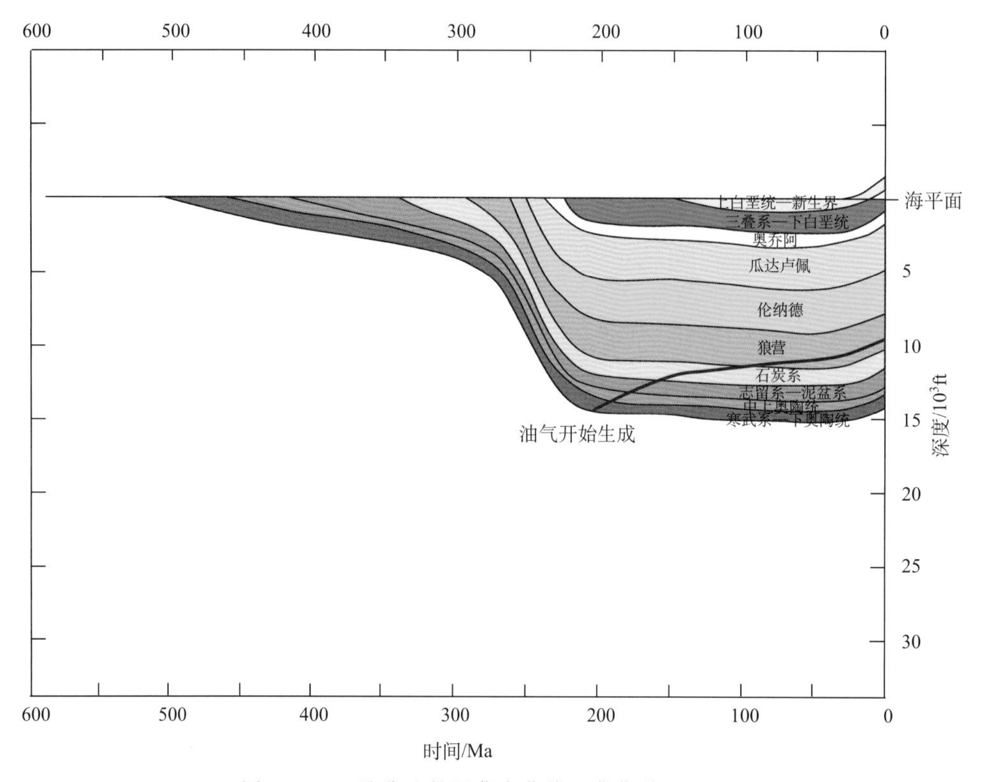

图 4-14　二叠盆地的埋藏史曲线（曹华龄，1993）

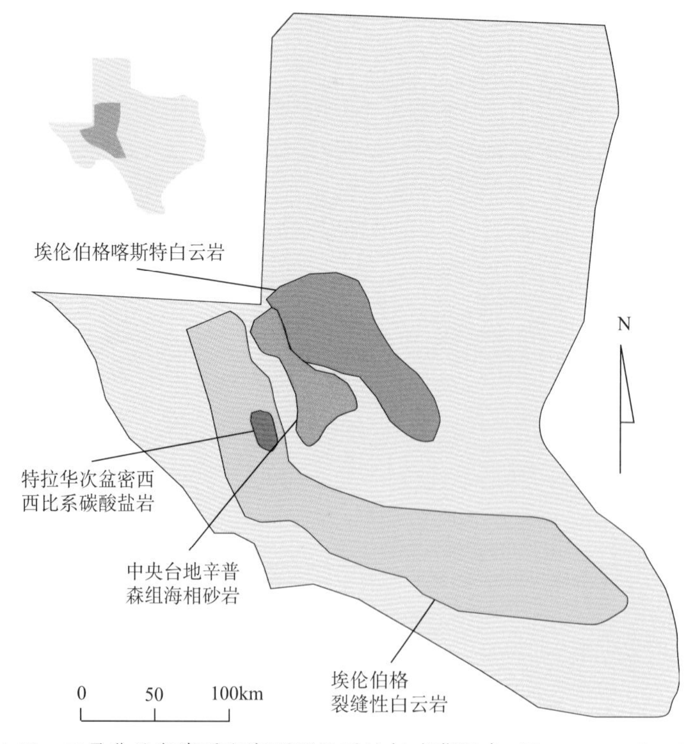

图 4-15　二叠盆地奥陶系和密西西比系油气成藏组合（Dutton et al.，2000）

2. 志留系—下石炭统含油气系统

泥盆系伍特福德组页岩、密西西比系页岩和灰岩为该油气系统的主要烃源岩和盖层，密西西比系灰岩（特拉华次盆中部，图 4-11）和志留系福塞尔曼组白云岩为该油气系统的主要储层。

3. 宾夕法尼亚系含油气系统

该油气系统的烃源岩主要为宾夕法尼亚系页岩、灰岩和生物礁灰岩，储层为上宾夕法尼亚统马蹄礁碳酸盐岩及台地碳酸盐岩、上宾夕法尼亚统及下二叠统坡积砂岩和盆地砂岩、礁滩灰岩，其中上宾夕法尼亚统马蹄礁碳酸盐岩位于中央台地北部和中央次盆北部，上宾夕法尼亚统台地碳酸盐岩位于中央台地中部，上宾夕法尼亚统及下二叠统坡积砂岩和盆地砂岩主要分布于中央台地南部，上宾夕法尼亚统及下二叠统礁滩灰岩主要分布于中央次盆东部及东部陆棚（图 4-16）。本油气系统的盖层主要为宾夕法尼亚系页岩。烃源岩与储层的接触关系以垂直交替和侧向互变为主。

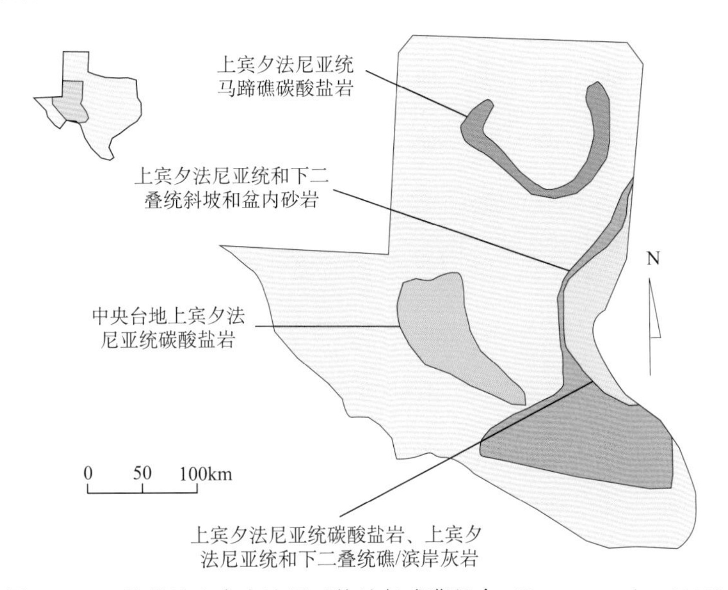

图 4-16　二叠盆地上宾夕法尼亚统油气成藏组合（Dutton et al.，2000）

4. 二叠系含油气系统

该系统是二叠盆地最重要的含油气系统。该油气系统的烃源岩为二叠系伦纳德阶和瓜达卢佩阶的页岩、灰岩和生物礁灰岩。下二叠统储层主要为特拉华次盆狼营阶碎屑流碳酸盐岩、中央台地狼营阶浅水岸礁碳酸盐岩、中央次盆伦纳德阶 Spraberry/Dean 组砂岩和中央台地克利尔福克组碳酸盐岩（图 4-17），上二叠统储层主要为位于西北陆棚、中央台地北部及东北陆棚的瓜达卢佩阶圣安德烈斯组和格雷伯格组台地及局限台地碳酸盐岩、中央台地开阔海台地圣安德烈斯组和格雷伯格组台地碳酸盐岩、中央台地上瓜达卢佩阶台地砂岩、特拉华次盆砂岩（图 4-18）。奥乔阿阶蒸发盐岩为该油气系统的良好盖层。该含油气系统的生储盖层接触关系以侧变式和垂直交替为主。

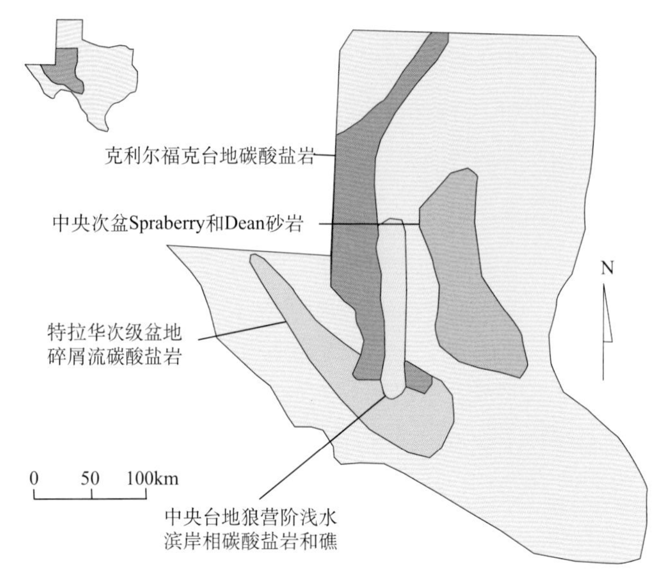

图 4-17 二叠盆地狼营阶和伦纳德阶油气成藏组合（Dutton et al.，2000）

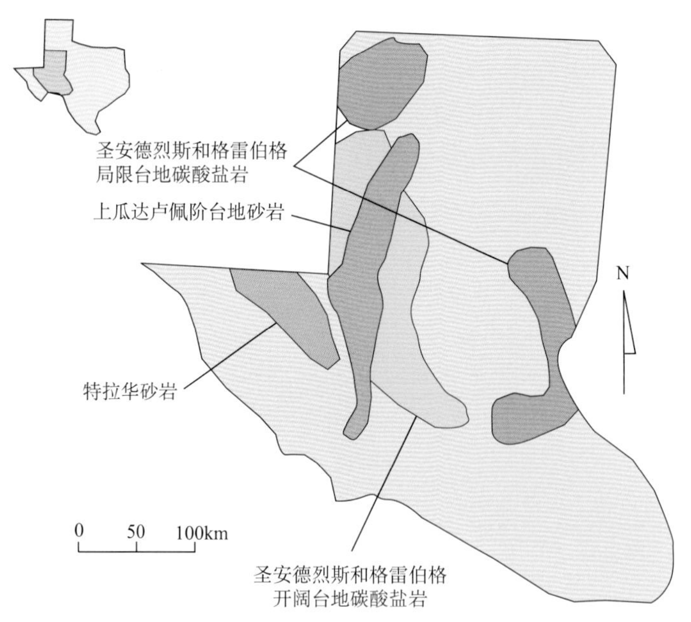

图 4-18 二叠盆地瓜达卢佩阶油气成藏组合（Dutton et al.，2000）

综上所述，二叠盆地的烃源岩主要为奥陶系辛普森群页岩、泥盆系伍特福德组页岩、密西西比系页岩和灰岩、宾夕法尼亚系页岩、灰岩和生物礁灰岩、二叠系伦纳德阶和瓜达卢佩阶的页岩、灰岩和生物礁灰岩。储层主要为奥陶系埃伦伯格组白云岩、辛普森群海相砂岩、密西西比系灰岩和志留系福塞尔曼组白云岩、上宾夕法尼亚统马蹄礁碳酸盐岩及台地碳酸盐岩、上宾夕法尼亚统及下二叠统坡积砂岩和礁滩灰岩、下二叠统狼营阶碳酸盐岩和砂岩、伦纳德阶 Spraberry/Dean 组砂岩和克利尔福克组碳酸盐岩、上二叠统瓜达卢佩阶圣安德烈斯组和格雷伯格组台地碳酸盐岩及砂岩（图 4-19）。二叠盆地的盖层主要为奥陶系辛普森群页岩和密西西比系页岩、宾夕法尼亚系页岩和上二叠统奥乔阿阶蒸发盐岩。二叠盆地的圈闭主要形成于宾夕法尼亚纪至二叠纪，早期大陆碰撞挤压而产生的褶皱及断裂形成了后期的构造圈闭，而二叠纪发育的礁体为岩性圈闭创造了条件。油气主要生成于晚二叠世至侏罗纪时期，油气运移主要发生在三叠纪至侏罗纪时期，区域性不整合面和前二叠纪断裂系统为油气运移和聚集的重要通道，油气发生运移后随即得以聚集和保存至今，晚二叠世为二叠盆地含油气系统事件中的关键时刻（图 4-20）。

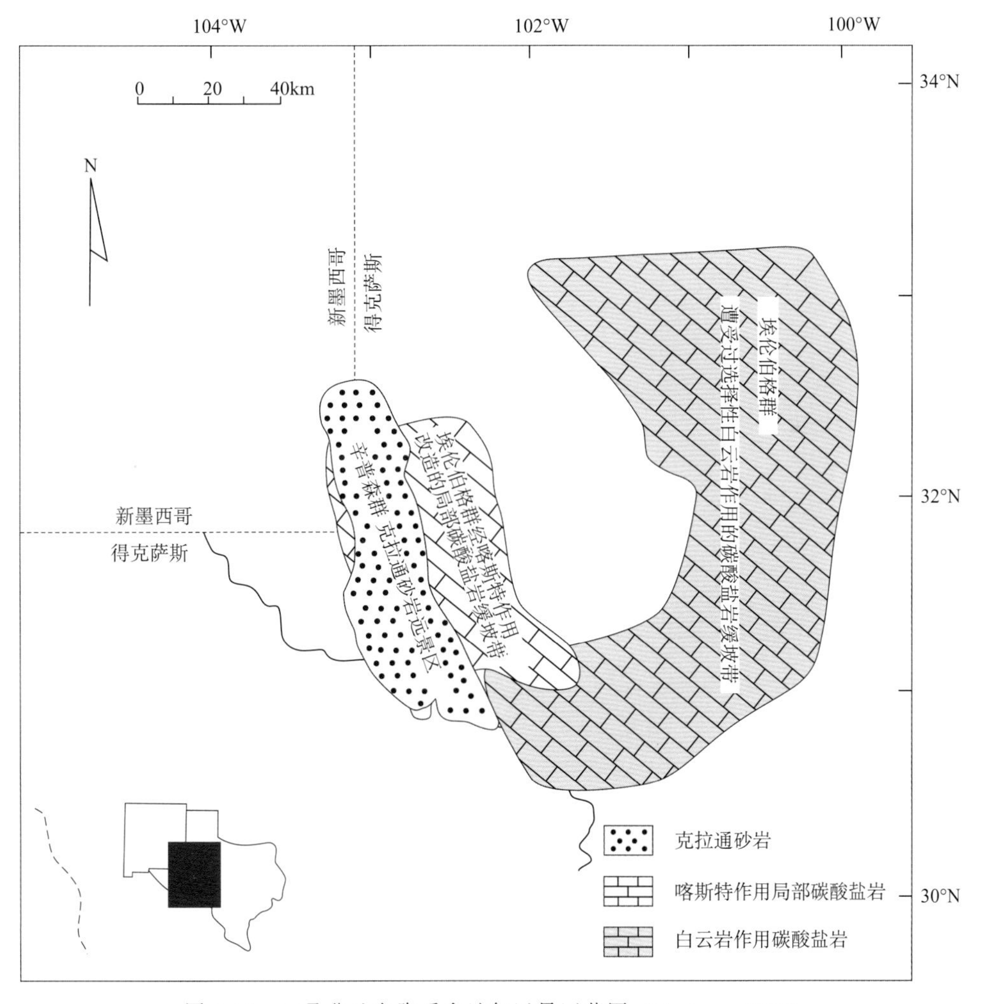

图 4-19　二叠盆地奥陶系含油气远景区范围（Dutton，2006）

二叠盆地是美国著名的油气富集盆地，已属于成熟探区，进入开发后期阶段，但仍有一定的勘探开发前景。

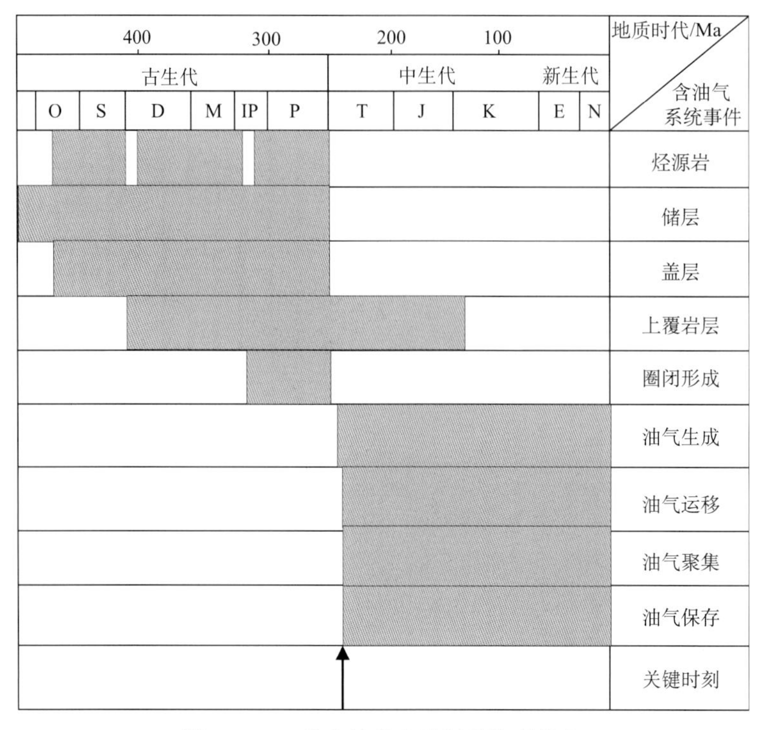

图 4-20 二叠盆地的含油气系统事件表

二叠盆地的泥盆系远景区主要为下泥盆统西尔万组鲕粒灰岩和燧石储层，其中鲕粒灰岩主要分布于中央台地中部，而燧石储层主要分布在中央台地南部（图 4-21）。

密西西比系远景区为上密西西比统台地碳酸盐岩，主要分布于二叠盆地中部和北部的大部分区域（图 4-21）。宾夕法尼亚系为二叠盆地除二叠系之外颇为重要的一个含油气远景区，由五个次级远景区构成：陆棚西北部斯特朗点礁、陆棚西北部上宾夕法尼亚统碳酸盐岩、宾夕法尼亚系台地碳酸盐岩、宾夕法尼亚系和下二叠统马蹄形环礁碳酸盐岩以及上宾夕法尼亚统和下二叠统斜坡与盆地砂岩（图 4-22）。

二叠系为二叠盆地最为重要的含油气层系，远景区包括下二叠统（狼营阶和伦纳德阶）和上二叠统（瓜达卢佩阶）。狼营阶包括两个次级远景区：狼营台地碳酸盐岩远景区和狼营—伦纳德斜坡和盆地碳酸盐岩远景区。狼营台地碳酸盐岩主要分布于中央次盆和特拉华次盆；狼营—伦纳德斜坡和盆地碳酸盐岩主要分布于中央台地（图 4-23）。

伦纳德阶远景区分为 4 个次级远景区：阿布台地碳酸盐岩、伦纳德局限台地碳酸盐岩、Bone Spring 盆地砂岩和碳酸盐岩及 Spraberry/Dean 海底扇砂岩（图 4-24）。

上二叠统瓜达卢佩阶远景区发育在圣安德烈斯和格雷伯格碳酸盐岩中。圣安德烈斯碳酸盐岩远景区又可分为 7 个次级远景区（图 4-25）：陆棚西北部圣安德烈斯台地碳酸盐岩、陆棚东部圣安德烈斯台地碳酸盐岩、圣安德烈斯经喀斯特作用改造的台地碳酸盐岩、圣安德烈斯台地碳酸盐岩、沿中央台地走向分布的圣安德烈斯上部和格雷伯格台地远景区、沿 Artesia Vacuum 走向分布的圣安德烈斯上部和格雷伯格台地远景区及圣安

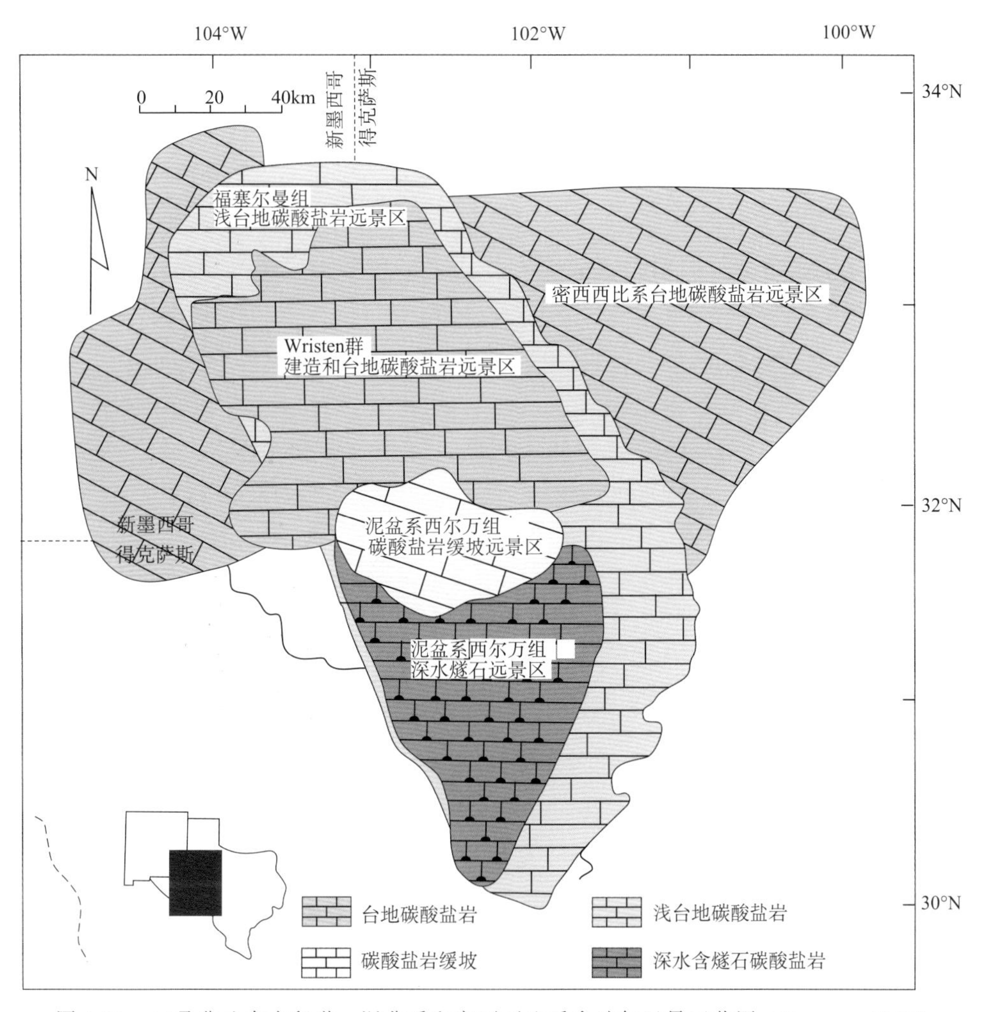

图 4-21　二叠盆地中志留世、泥盆系和密西西比系含油气远景区范围（Dutton，2006）

德烈斯-格雷伯格低水位碳酸盐岩。陆棚西北部圣安德烈斯台地碳酸盐岩主要位于中央次级盆地。圣安德烈斯经喀斯特作用改造的台地碳酸盐岩远景区的储层位于中央盆地台地构造隆起的南端，主要的储集层是白云岩。圣安德烈斯台地碳酸盐岩远景区的碳酸盐岩沉积在浅水中央台地，该远景区中的储集层主要是厚层已白云岩化的浅滩旋回的潮下带岩层。在圣安德烈斯上段和格雷伯格台地-中央台地走向带远景区主要分布于特拉华次盆中东部。沿 Artesia Vacuum 走向分布的圣安德烈斯上部和格雷伯格台地远景区主要位于特拉华次盆北部和西北陆棚南部。圣安德烈斯-格雷伯格低水位碳酸盐岩的岩性主要为鲕粒灰岩，远景区主要分布于二叠盆地的中央台地。

格雷伯格碳酸盐岩远景区又可分为 6 个次级远景区：格雷伯格台地碳酸盐岩、与碎屑岩-碳酸盐岩混合的格雷伯格台地远景区、格雷伯格高能量台地碳酸盐岩-Ozona 隆起远景区、特拉华山脉盆地砂岩区、皇后潮滩砂岩和 Artesia 台地砂岩区（图 4-26）。格雷伯格台地碳酸盐岩分布于中央台地南部。与碎屑岩-碳酸盐岩混合的格雷伯格台地远

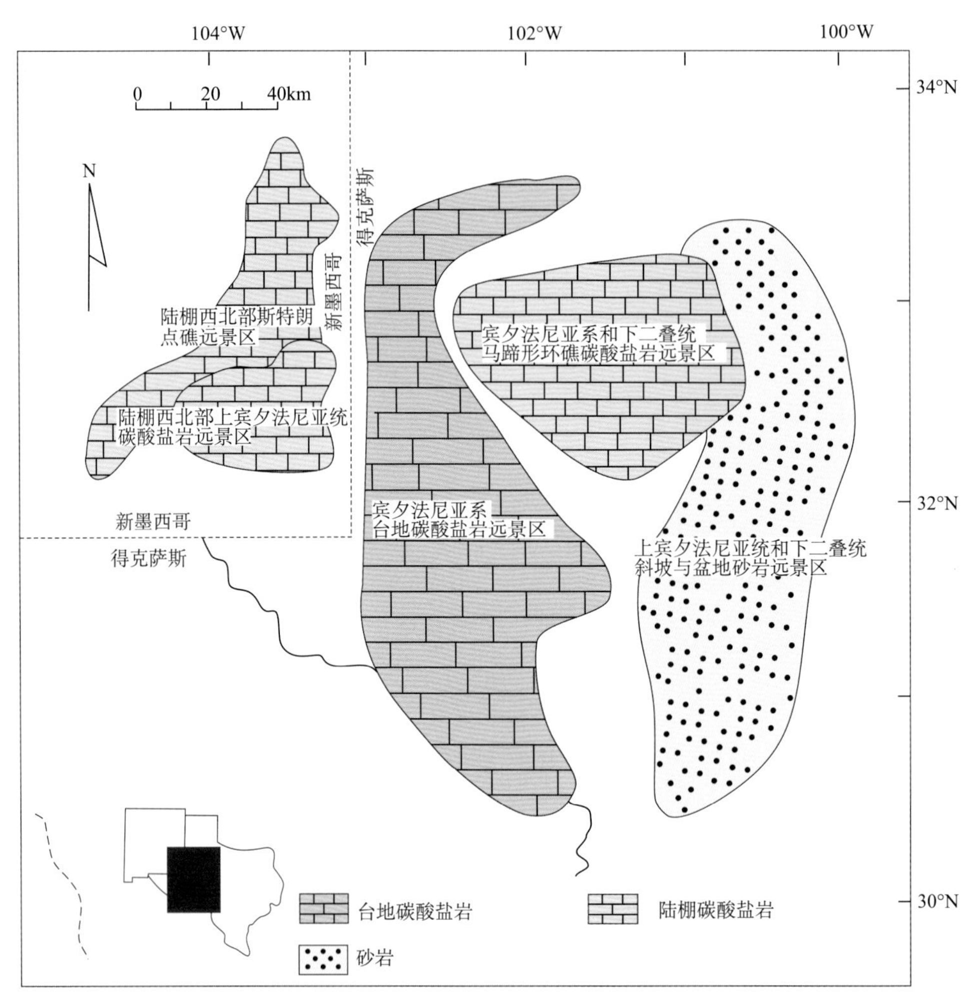

图 4-22 二叠盆地中宾西法尼亚世含油气远景区范围（Dutton，2006）

景区由格雷伯格细砂岩和粉砂岩及圣安德烈斯及格雷伯格碳酸盐岩组成，分布于二叠盆地的中央台地。格雷伯格高能量台地碳酸盐岩-Ozona 隆起远景区由白云岩粒灰岩和鲕粒灰岩组成，分布于中央台地中北部。特拉华山脉盆地砂岩为浊流沉积，主要位于特拉华次盆。皇后潮滩砂岩主要分布于中央台地。Artesia 台地砂岩沉积于礁后潟湖环境宽阔的浅海陆棚上，分布于特拉华次盆北部和西北陆棚南端。

二叠盆地已经进入高成熟勘探阶段，但盆地内还存在大量剩余资源，其含油气远景区主要为二叠系碳酸盐岩。未来新的油气的发现及产量的增加主要依赖于地震技术的发展及新的油藏开发技术的应用。

以上分析表明二叠盆地依然是北美油气勘探开发的主战场之一。

据 EIA（2003）统计数据分析，二叠盆地的石油最终可采储量为 336.7 亿桶，天然气 $2.4\times10^{12}m^3$，石油剩余可采储量为 32.5 亿桶，天然气剩余可采储量为 $1.2\times10^{12}m^3$。二叠盆地的常规石油待发现资源量为 7.47 亿桶，常规天然气待发现资源量为 $1472\times10^8m^3$；

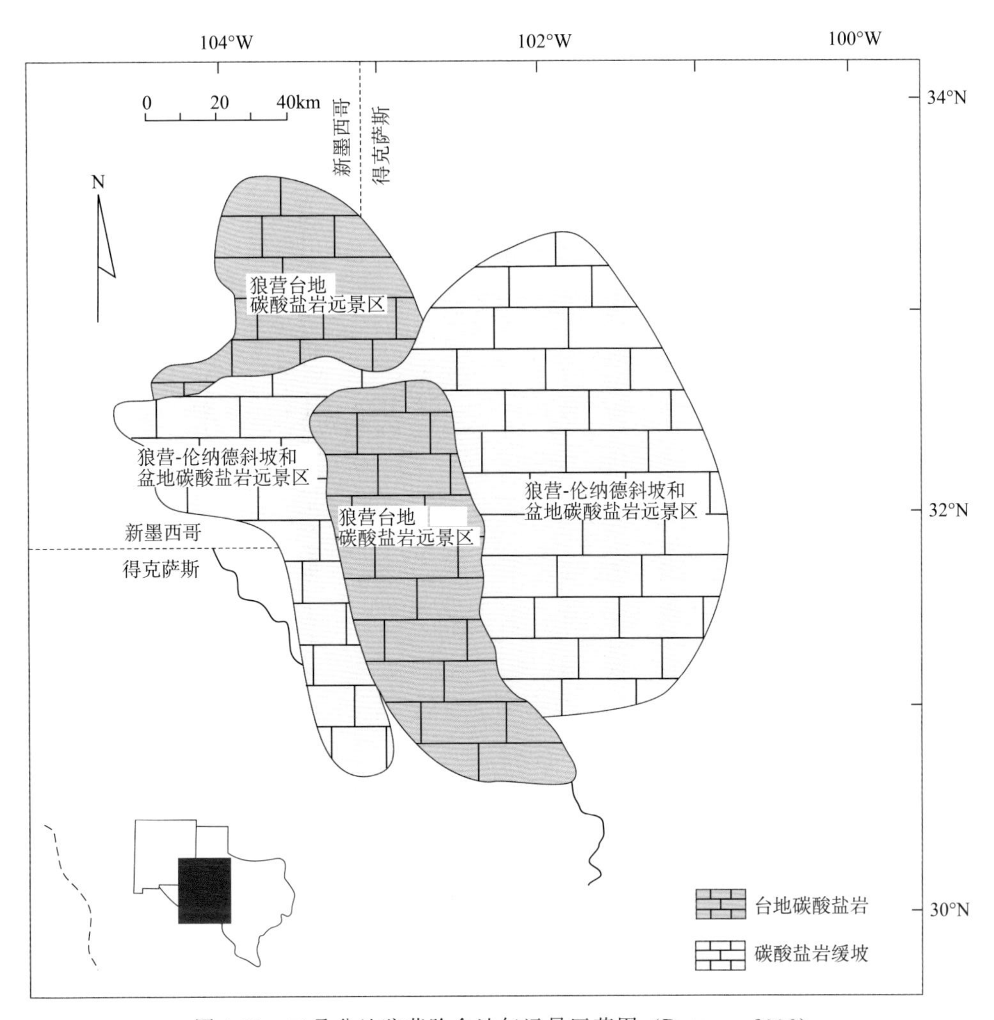

图 4-23　二叠盆地狼营阶含油气远景区范围（Dutton，2006）

非常规石油待发现资源量为 5 亿桶，非常规天然气待发现资源量 $1\times10^{12}m^3$；石油总待发现储量为 12.6 亿桶，天然气总待发现资源量为 $1.1\times10^{12}m^3$。剩余可采储量较大的油气藏为西北陆棚圣安德烈斯台地碳酸盐岩油气藏，剩余可采储量为 6.8 亿桶，占二叠盆地总剩余可采储量的 41%，伦纳德局限台地碳酸盐岩油气藏剩余可采储量为 6.7 亿桶，圣安德烈斯台地碳酸盐岩油气藏剩余可采储量为 331.9 百万桶，斯普拉贝里盐岩油气海底扇砂岩油气藏剩余可采储量为 2.8 亿桶。

七、二叠盆地非常规油气勘探潜力

由美国地质调查局 2010 年完成的调查评估可见，在西得克萨斯州的二叠盆地有未被发现的石油和天然气，在二叠盆地新的油气发现区，估计有天然气 $41\times10^{12}ft^3$ 和石油 1300 亿桶。现在二叠盆地常规油气资源开采了 80～100 年，资源量在逐年下降，而

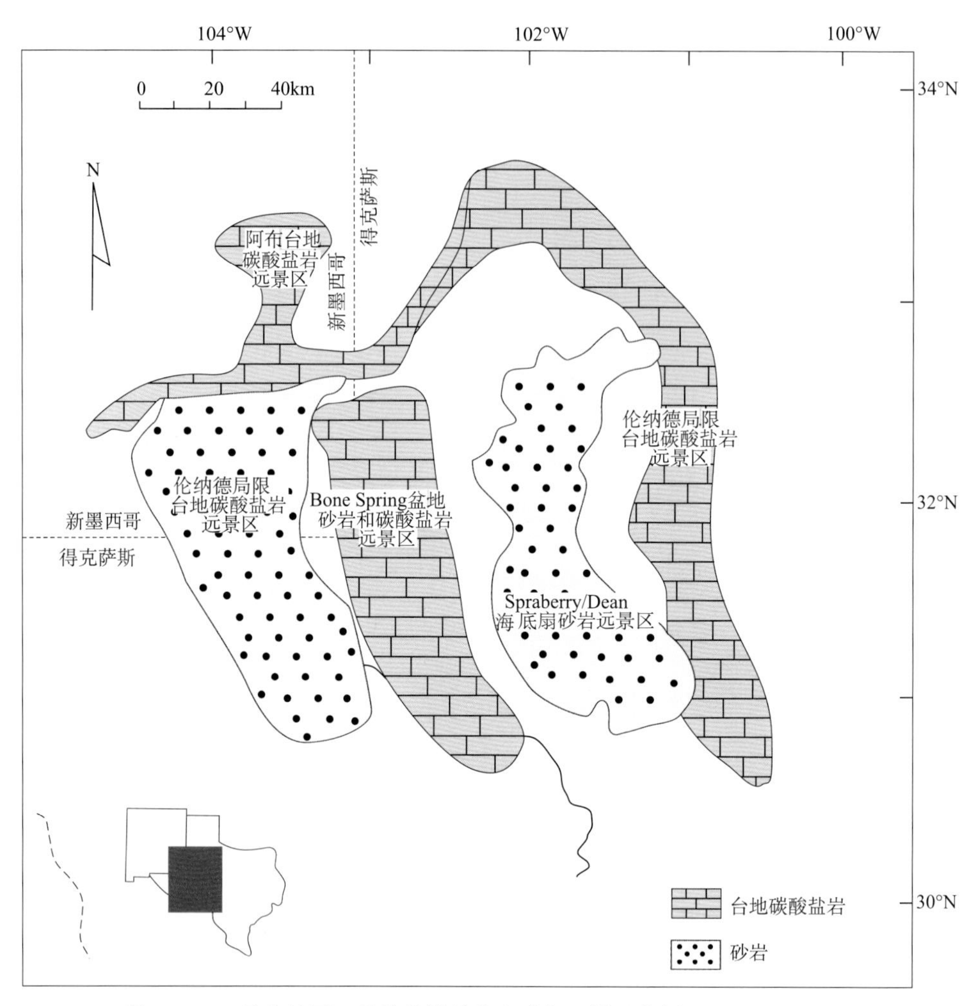

图 4-24　二叠盆地下二叠统伦纳德阶含油气远景区范围（Dutton，2006）

现在的新资源就是非常规油气储层——页岩气。

近几年在二叠盆地内有非常规油气资源的发现。二叠盆地现已发现的致密砂岩气约 $19.5\times10^{12}ft^3$（图 4-27），深盆气约 $12\times10^{12}ft^3$、$9\times10^{12}ft^3$（图 4-28）。

二叠盆地非常规致密气烃源岩主要有狼营阶暗色泥岩、伦纳德阶暗色泥岩和页岩，其中在特拉华次盆地内的伦纳德阶暗色泥岩和页岩 TOC 为 1.66%，HC 含量为 0.0875%，HC 与有机碳的比值为 5.3%（Pawlewicz et al.，2005）。

二叠盆地的斯普拉贝里组已经发现了 50 万桶非常规油气，仍有未发现的非常规天然气 $35\times10^{12}ft^3$。斯普拉贝里砂岩厚度 67～79m，孔隙度 7%～19%，但渗透性较差，渗透率为 0.01～0.04mD。该组非常规油气主要受裂缝控制，为裂缝型储层。原始油层压力为 15.6～17.0MPa，原始饱和压力为 13～14MPa，圈闭类型为背斜圈闭和上倾尖灭岩性圈闭（Shirley et al.，2015）。

深盆气主要集中在二叠盆地西南部的特拉华次盆地的碳酸盐岩储层中，深盆气主要

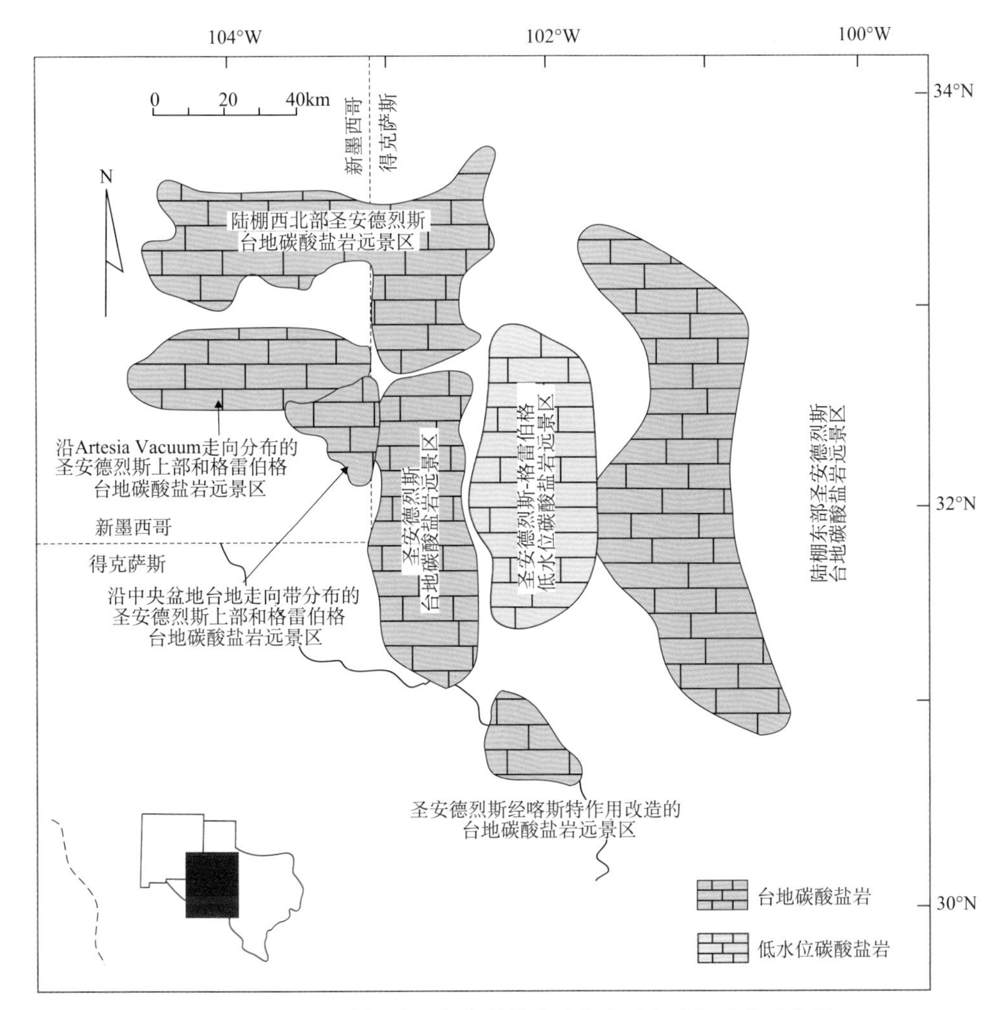

图 4-25 二叠盆地上二叠统瓜达卢佩阶圣安德烈斯碳酸盐岩石含油气远景区范围（Dutton，2006）

来源于成熟的烃原岩，深度主要集中在4267～5181m，深盆气的主要储层为埃伦伯格组，岩性为白云岩，有效厚度约300m，平均孔隙度1.33%，渗透率420mD，水饱和度10%，主要为向斜的水动力圈闭（Dyman et al.，1997）。

八、典型油气藏——Dollarihde油气藏

Dollarhide油气藏位于二叠盆地的中央台地，是二叠盆地重要的油气藏之一。Dollarhide油气藏类型为断背斜油气藏，该类型也是二叠盆地的主要油气藏类型。该油藏显著特点是储层几乎包括了二叠盆地最为重要的几个储层单元，包括奥陶系、志留系、泥盆系和二叠系，可作为二叠盆地油气藏的一个典型代表。

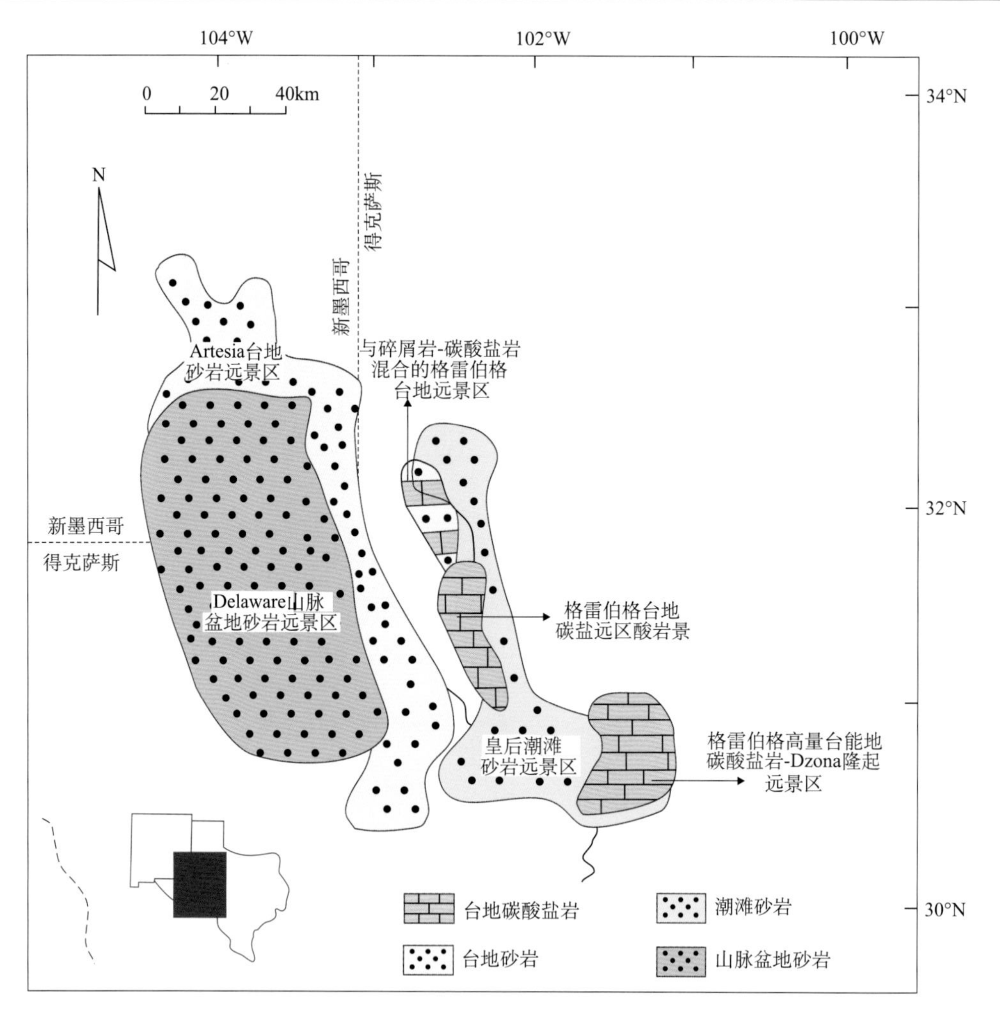

图 4-26　二叠盆地上二叠统瓜达卢佩阶格雷伯格碳酸盐岩石含油气远景区范围（Dutton，2006）

1. 油气藏概况

Dollarhide 油田最早发现于 1945 年，地理位置位于新墨西哥州西界，靠近得克萨斯州边界（图 4-24），油田位于二叠盆地的中央台地，产区面积约 16.3km^2。Dollarhide 油田最终可采储量为 2.33 亿桶。水驱和 CO_2 驱油效果较好，在提高油气采收率方面起到重要作用。

Dollarhide 油田现今共发现四个油藏单元，其中泥盆系油藏最大，另外三个油藏单元包括奥陶系埃伦伯格油藏（最终可采储量 2740 万桶）、志留系福塞尔曼油藏（最终可采储量 4050 万桶）和二叠系克利尔福克油藏（最终可采储量为 3210 万桶）。Dollarhide 油田最终可采储量为 2.33 亿桶，其中泥盆系储层最终可采储量为 8530 万桶。

1951 年泥盆系储层产量达到第一个高峰，126 口生产井日产量 7840 桶。第二个日产量高峰为 1969 年，由于燧石储层水驱措施的实施，泥盆系储层日产量达 9000 桶。1996 年 Dollarhide 油田生产井共 288 口，日产量为 8205 桶。水驱采收油气量占泥盆系

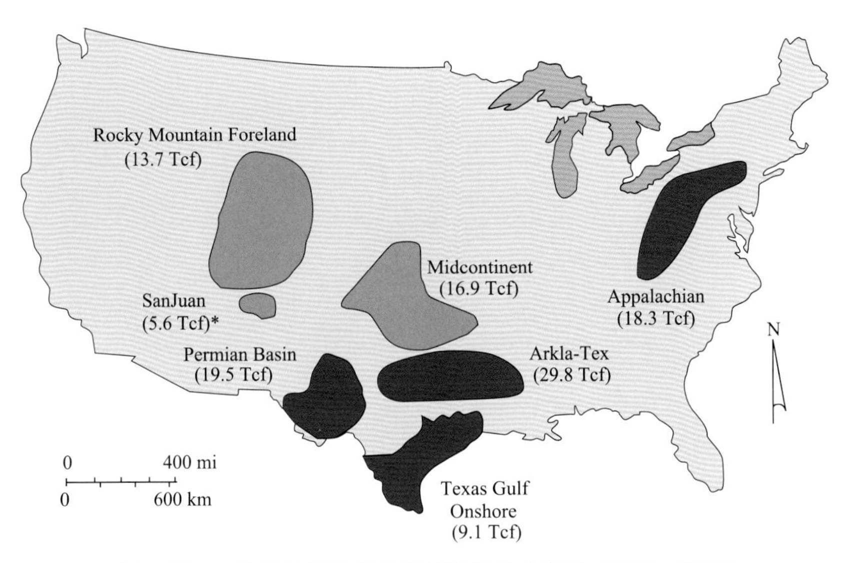

图 4-27 二叠盆地非常规致密气资源量分布图（NPC，2000）

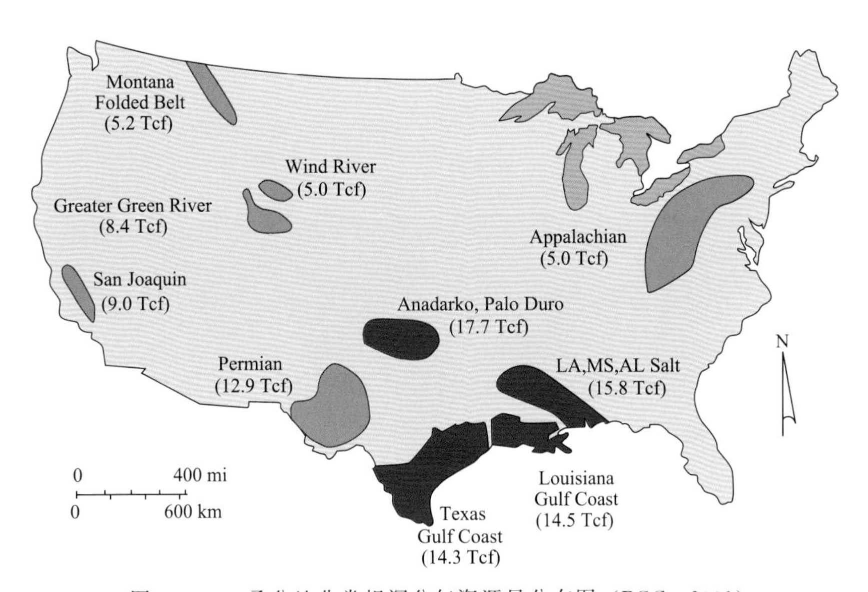

图 4-28 二叠盆地非常规深盆气资源量分布图（PGC，2001）

储层总地质储量 1.44 亿桶的 27.2%，即 3930 桶。1984 年油田进入三次采油阶段，日产量为 1750 桶，1985 年 5 月开始采用 CO_2 驱油，初期并未出现显著效果，至 1987 年油气产量才出现显著上升。CO_2 驱油最终采收量占泥盆系储层总地质储量的 19%。

2. 油气藏特征

Dollarhide 油田的储层主要包括下泥盆统西尔万组、奥陶系埃伦伯格组、志留系福塞尔曼组和二叠系克利尔福克组（图 4-25）。泥盆系地层为油田主要储层，泥盆系地层包括下部燧石、中部生物碎屑灰岩和上部的白云岩，其中下部燧石和上部白云岩为主要

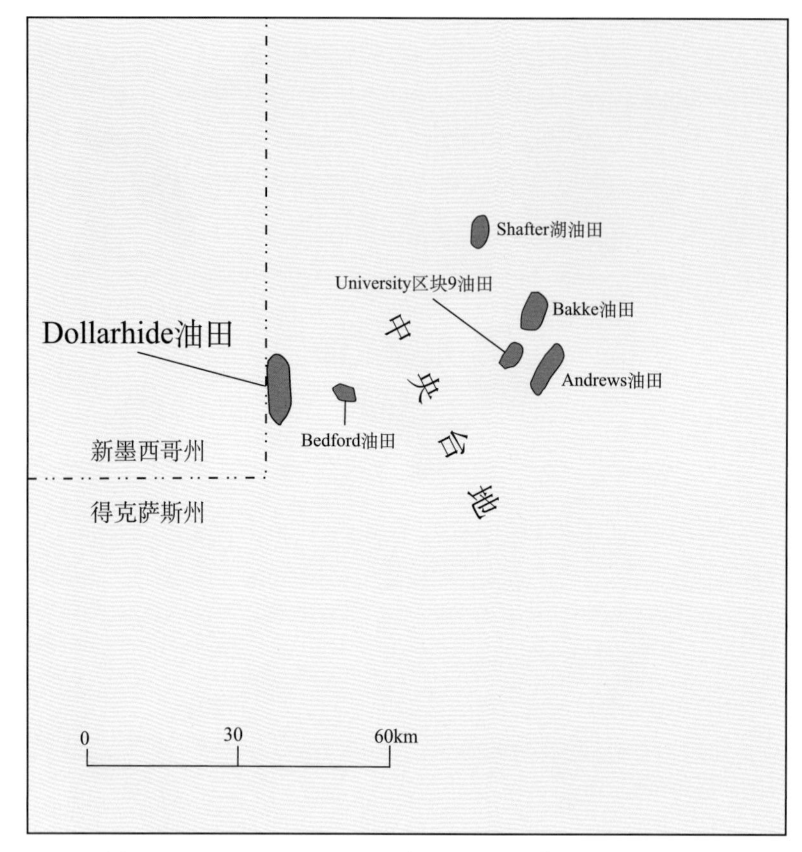

图 4-29 Dollarhide 油田地理位置图（据 C&C，2008 修改）

储层。泥盆系西尔万组地层岩性从下至上依次为：①下部含碳酸盐岩-燧石泥岩；②孔洞状燧石-白云岩；③硅藻燧石；④中部生物碎屑灰岩；⑤上部为白云岩，其沉积环境由中等深度的盆内环境至浅部潮上带环境。

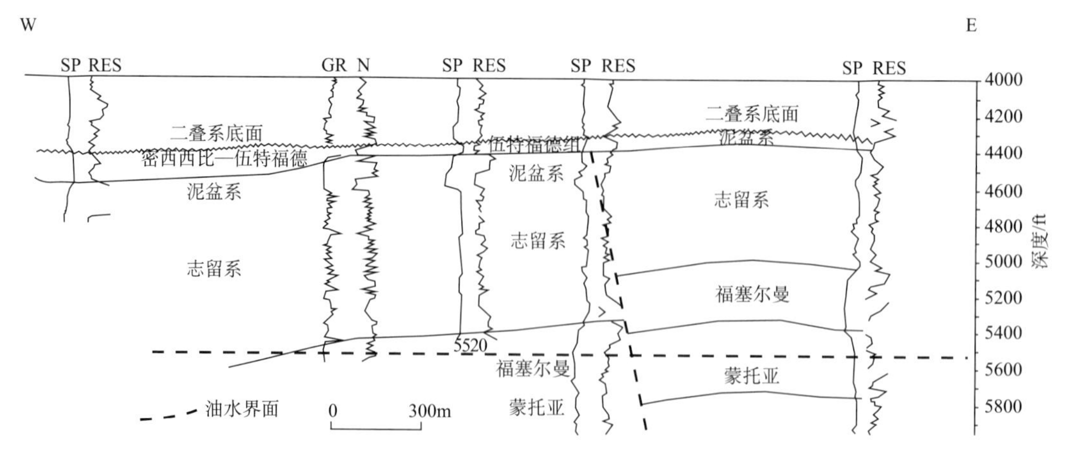

图 4-30 Dollarhide 油气藏的东西向剖面（据 C&C，2008 修改）

西尔万组地层总厚度约为75m，其中储层的厚度为55m，储层平均净厚度为23m，下部燧石储层平均净厚度15m，上部白云岩储层平均净厚度约8m。该油气藏的储层岩性主要为盆地内/斜坡沉积燧石、外陆棚沉积生物碎屑灰岩和内陆棚沉积白云岩。储层主要孔隙类型为铸模孔隙，其他为晶间孔、裂缝和微孔洞，平均孔隙度为14%。该套储层的下部燧石储层孔隙度明显高于上部白云岩储层的孔隙度。该储层的孔隙度在Dollarhide背斜脊部较小，直接导致该处产量较小。该泥盆系储层的平均渗透率为9mD，平均水饱和度为28%。该套储层的燧石储层连续性和均质性均好于白云岩储层。

Dollarhide油藏的烃源岩为晚泥盆—早密西西比系伍特福德组页岩，沉积环境为海相缺氧陆棚沉积相，其TOC为4%～6%，干酪根类型为Ⅱ型。Dollarhide油田油藏盖

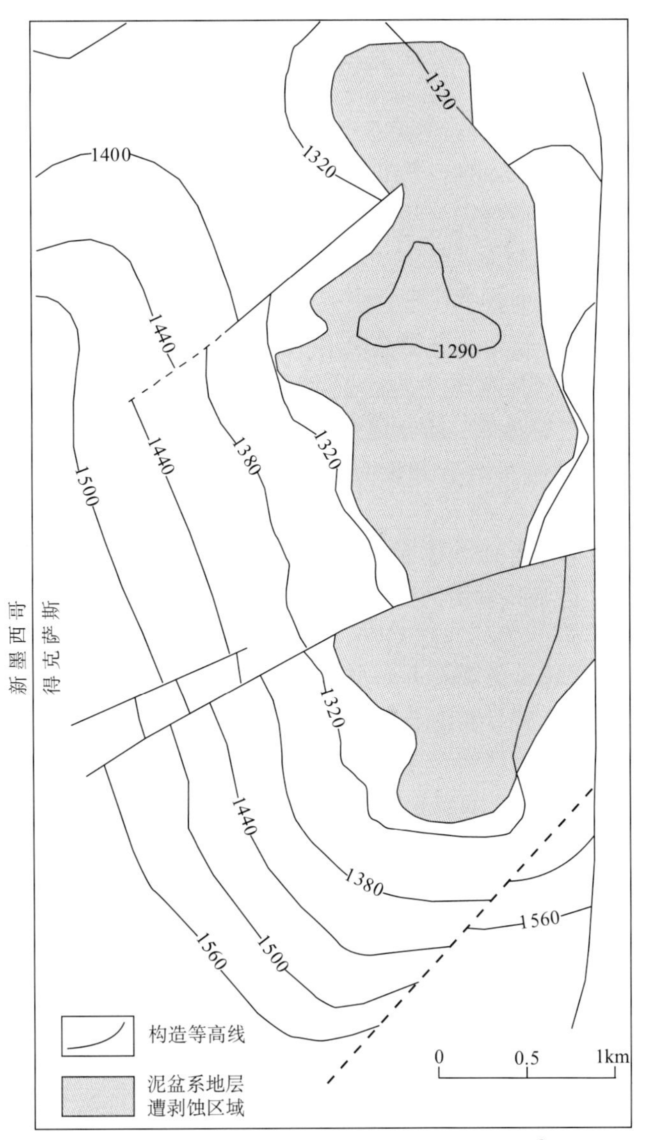

图4-31　Dollarhide油田西尔万组地层构造等高线图（据C&C，2008修改）

图中等值线单位为ft

层为晚泥盆—早密西西比纪海相缺氧陆棚沉积伍特福德组页岩，其厚度约 18～49m，在构造脊部位沉积盖层的厚度减薄。

Dollarhide 油田下泥盆统西尔万油藏圈闭类型为断背斜圈闭，西尔万组地层构造等高线图显示了圈闭的闭合高度约 305m，背斜翼部倾角约 13.2°（图 4-31）。

小　结

二叠盆地的油田主要分布在盆地的中部和东北部，气田主要分布在盆地的中西部。二叠盆地叠置于早古生代陆棚和石炭纪褶皱基底之上，为晚古生代二叠纪边缘克拉通盆地。

二叠盆地可划分为七个次级构造单元：东部陆棚、中央次级盆地、中央台地、西北陆棚、北中陆陆块、特拉华次盆和瓦尔沃德次盆。二叠盆地地区经历了被动陆缘阶段、碰撞阶段、海相克拉通盆地阶段和陆相盆地阶段。早古生代二叠盆地为十分开阔的浅盆。早二叠世盆地大部分地区遭受海侵，较低水位沉积海底页岩，高水位沉积灰岩。二叠纪中期开始发育蒸发岩，在特拉华次级盆地和中央次级盆地边缘发育环礁。二叠纪晚期，在盆地边缘形成高水位域的台缘礁灰岩，将盆地沉积物与蒸发岩和潟湖碎屑岩层分开，例如：环绕特拉华次级盆地的船长礁。这些环礁导致二叠盆地变为半封闭盆地，沉积了厚层硬石膏、盐岩和钾盐。

宾夕法尼亚系为二叠盆地的重要储层之一，包括灰岩、砂岩和马蹄礁灰岩。灰岩为中央次级盆地的储层，而砂岩为东部陆棚的储层。马蹄形环礁主要位于中央次级盆地北部，为晚宾夕法尼亚世礁体和二叠世礁体组成的环礁复合体，整体外形向北呈“U”形，厚度 30～200m，礁的平均孔隙度为 6%，最大可达 30%。孔隙类型主要为裂缝、晶洞和溶洞。

二叠盆地内的二叠系油气储量和产量最大，其油气累积产量占二叠盆地油气总产量的七成以上。二叠系主力储层中下瓜达卢佩阶分布于二叠盆地大部分地区，中、上瓜达卢佩阶储层主要分布于船长礁后缘。另外还有两个重要的产油礁带分布于西北陆棚和船长礁。船长礁油气聚集带主要分布于船长礁后缘，是重要的油气储层。

二叠盆地的油气藏类型以构造油气藏和地层油气藏为主。二叠盆地的寒武系和奥陶系油藏以背斜圈闭为主；泥盆系白云岩油藏以地层圈闭为主；宾夕法尼亚系马蹄环礁油气藏以地层圈闭为主；二叠系狼营阶、伦纳德阶和瓜达卢佩阶碳酸盐岩和砂岩油气藏主要以背斜油气藏为主。二叠盆地圈闭主要形成于二叠纪，宾夕法尼亚纪至二叠纪早期的大陆碰撞挤压而产生的褶皱及断裂形成了后期的构造圈闭，而二叠纪发育的礁体为岩性圈闭创造了条件。油气主要生成于晚二叠世至侏罗纪时期，油气运移主要发生在三叠纪至侏罗纪时期，区域性不整合面和前二叠纪断裂系统是二叠盆地油气运移和聚集的重要通道，油气发生运移后随即得以聚集和保存至今，因此晚二叠世是二叠盆地油气事件中的关键时刻。

二叠系是二叠盆地最重要的含油气层系，现在仍有潜力可挖。二叠盆地的油气勘探远景区包括下二叠统（狼营阶和伦纳德阶）和上二叠统（瓜达卢佩阶）。狼营阶主要分布在盆地碳酸盐岩台地远景区，主要分布于二叠盆地的中央次盆和特拉华次盆。

第五章 伊利诺伊盆地

◇ 伊利诺伊盆地是位于北美克拉通内部的古生代含油气盆地，是典型的克拉通盆地。该盆地的前寒武纪结晶基底构造简单，而古生代广泛发育基底卷入式构造和基底拆离式构造。前寒武纪—古生代早期伊利诺伊盆地的结晶基底处于拉张环境，形成拗拉谷型新马德里裂谷，该裂谷带因至今仍是北美板内地震活动带而受世界关注。古生代中期的伊利诺伊盆地转化为典型的内克拉通盆地，与东部古生代中期的被动陆缘连接，沉积海相碳酸盐岩，古生代晚期的伊利诺伊盆地受到东部阿巴拉契亚造山运动影响，遭受挤压作用，发生构造反转，而发育构造圈闭。

◇ 从1886年首次在此发现石油以来，石油勘探开发结果表明，伊利诺伊盆地油气主要产自密西西比系和宾夕法尼亚系，少量产自更老的泥盆系、志留系和奥陶系岩层。从构造上看，盆地南部和中部断层和背斜发育的区带是勘探重点区域。伊利诺伊盆地含油气系统遍布整个盆地。寒武系—泥盆系产层分布在盆地西部、南部和东北部。石炭系集中在盆地中南部沉积中心地区，煤层几乎遍布整个盆地。

◇ 目前已从伊利诺伊盆地开采了超过40亿桶石油和约$1132\times10^{8}m^{3}$伴生的溶解天然气。该盆地还有约8600万桶石油和$764\times10^{8}m^{3}$天然气的经济可采储量。伊利诺伊盆地是二次采油技术应用的典范。1955年利用水力压裂和注水技术开始提高二次采油的产量，取得显著的效果。

◇ 现在伊利诺伊盆地在常规油气方面已进入开发晚期。目前该盆地已进入煤层气和页岩气勘探开发阶段。该盆地的New Albany页岩气的可采储量可达$1047\times10^{8}m^{3}$，煤层气的可采储量约$2151\times10^{8}m^{3}$，具有广阔的勘探开发潜力。

第一节 盆地概况

伊利诺伊盆地（Illinois Basin）位于美国大陆东部，分布在伊利诺伊（Illinois）州、印第安纳（Indiana）州的西南部、肯塔基（Kentucky）州的西部和田纳西（Tennessee）州北部地区，呈椭圆形，面积约为$17\times10^{4}km^{2}$（图5-1）。

1886年，伊利诺伊盆地首次发现了石油。1905年，伊利诺伊盆地首次开采石油。从1905年开采至今，石油年产量出现过四个高峰期，分别对应1910年、1940年、1955年和1985年，其中1940年的年产量最大。

勘探初期：1905年在伊利诺伊盆地的区域构造填图过程中，在拉塞勒背斜带发现大量背斜圈闭的油藏，掀起了1910年伊利诺伊盆地第一次石油勘探开发高峰，此后产量迅速下降。直到1940年，由于引入地震勘探技术，勘探从盆地西部转移到东部和南

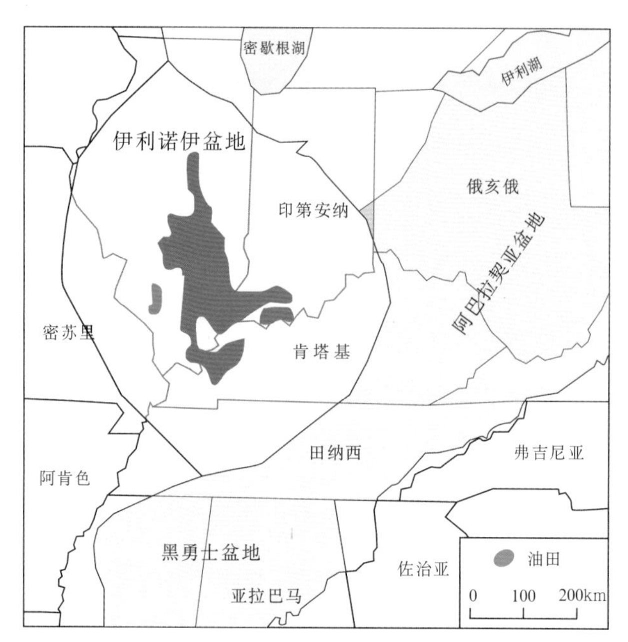

图 5-1 伊利诺伊盆地地理和构造位置图（据 USGS，2004）

部地区，达到有史以来的最高产量 1.57 亿桶。

二次采油阶段：1940～1988 年，原油年产量总体下滑，进入二次采油阶段。1955 年利用水力压裂和注水技术开始提高二次采油的产量。1955～1965 年石油产量达到新的峰值 1 亿桶。1973 年欧佩克石油禁运后，伊利诺伊盆地的原油产量一度下降。1980 年油价上涨刺激勘探，产量得到小幅度回升。从 1955 年起，到 90 年代石油产量一半以上得益于二次开采。1978 年底，伊利诺伊州发现油气田 500 多个，以小型油气田为主，中型油气田只有 7 个，没有发现大型油气田。

勘探后期：1986～2000 年，盆地内的低产井几乎占了 90%，伊利诺伊盆地进入勘探开发后期阶段。伊利诺伊州累计 65 000 口钻井绝大多数钻深在 1220m 以内，产层集中在密西西比系、宾夕法尼亚系、志留系和泥盆系。据 EIA（2010）最新统计，2009 年伊利诺伊盆地石油生产井有 36 628 口，占全美石油生产井的 6.9%；2008 年天然气生产井有 18 766 口，占全美天然气生产井的 3.9%。

现今伊利诺伊盆地进入煤层气和页岩气勘探开发阶段。伊利诺伊盆地 New Albany 页岩层是未来天然气开采的主要对象，储量可达 $1047\times10^8\mathrm{m}^3$。据 EIA（2007）统计，伊利诺伊盆地煤层气储量约 $2151\times10^8\mathrm{m}^3$。伊利诺伊盆地的煤层气勘探开发才刚刚开始，还有很大的潜力。

第二节　盆地基础地质特征

伊利诺伊盆地以石油为主，油气区分布在盆地中部，位于伊利诺伊州、印第安纳州和肯塔基州交界处（图 5-1）。

伊利诺伊盆地西北面以密西西比河拱曲和奥扎克（Ozark）穹隆为界与林城（Forest City）盆地相隔；东北面以坎卡基拱曲为界与密歇根盆地（也称“密歇根盆地”）相隔；东面以辛辛那提拱曲为界与阿巴拉契亚盆地相隔；南面以帕斯科拉（Pascola）拱曲为界与黑勇士和阿科马盆地相隔（图 5-1）。盆地西南的新马德里裂谷复合体（局部为 Reelfoot 裂谷），是美国中部地区的板内地震带。

一、区域构造

伊利诺伊盆地位于北美东部含油气区的西南角，毗邻阿巴拉契亚盆地和密歇根盆地，是古生代发育起来的内克拉通含油气盆地，呈盘状，向南与被动陆缘相连，盆地基底的埋深可超过 3000m（图 5-2）。

伊利诺伊盆地的构造样式有两种：基底卷入和基底拆离。基底卷入构造包括拉张型断裂，压扭性断裂，基底断块隆起，叠加型断裂，基底挠曲、隆起、穹隆和凹陷。基底拆离构造包括滑脱正断层、拆离逆冲褶皱组合、页岩构造、滑塌构造、礁体披覆、岩浆侵入型穹隆和隐伏火山型穹隆（表 5-1）。从区域分布上来看，伊利诺伊盆地南部断裂带发育，中部褶皱带发育。从形成时间来看，伊利诺伊盆地前寒武纪结晶基底上构造简单，古生代构造广泛发育。

表 5-1　伊利诺伊斯盆地构造样式（Leighton et al.，2000）

构造样式	主要应力方向	实例
基底卷入式构造		
拉张型	水平拉张	Reelfoot 裂谷、拉夫克里克地堑、Wabash 河谷断裂系、Pennyrile 断裂系、Mt. Carmel 断裂
扭断层	双重应力	Cottage Grove 断裂系
基底断块隆起与披盖褶皱	至少在上地壳以垂直向应力为主	Ste. Genevieve 断裂带、Cap au Grès 断挠、Waterloo-Dupo 单斜、La Salle 背斜带、Salem 和 Louden 背斜带及其他
叠加型	多幕变形	拉夫克里克-肖尼镇断裂系、Fluorspar 区断层群
基底挠曲、隆起、穹隆和凹陷	近于垂向升降	奥扎克穹隆、费尔菲尔德盆地、坎卡基隆起、辛辛那提隆起
基底拆离式构造		
滑脱正断层	水平拉张	Dowell、Centralia 和 Rend Lake 断裂带
拆离逆冲褶皱组合	水平挤压	McCormick 和 New Burnside 背斜
页岩构造	密度差、负载差异	宾夕法尼亚纪煤系地层中发育该构造
滑塌构造	河岸垮塌及其他	常见于宾夕法尼亚纪煤系地层及沿前宾夕法尼亚古河道
礁体披覆	差异压实	志留纪塔礁上的众多实例
岩浆侵入型	岩浆提升岩层	Omaha 穹隆
隐伏火山型	岩浆蒸气爆发	Hicks 穹隆

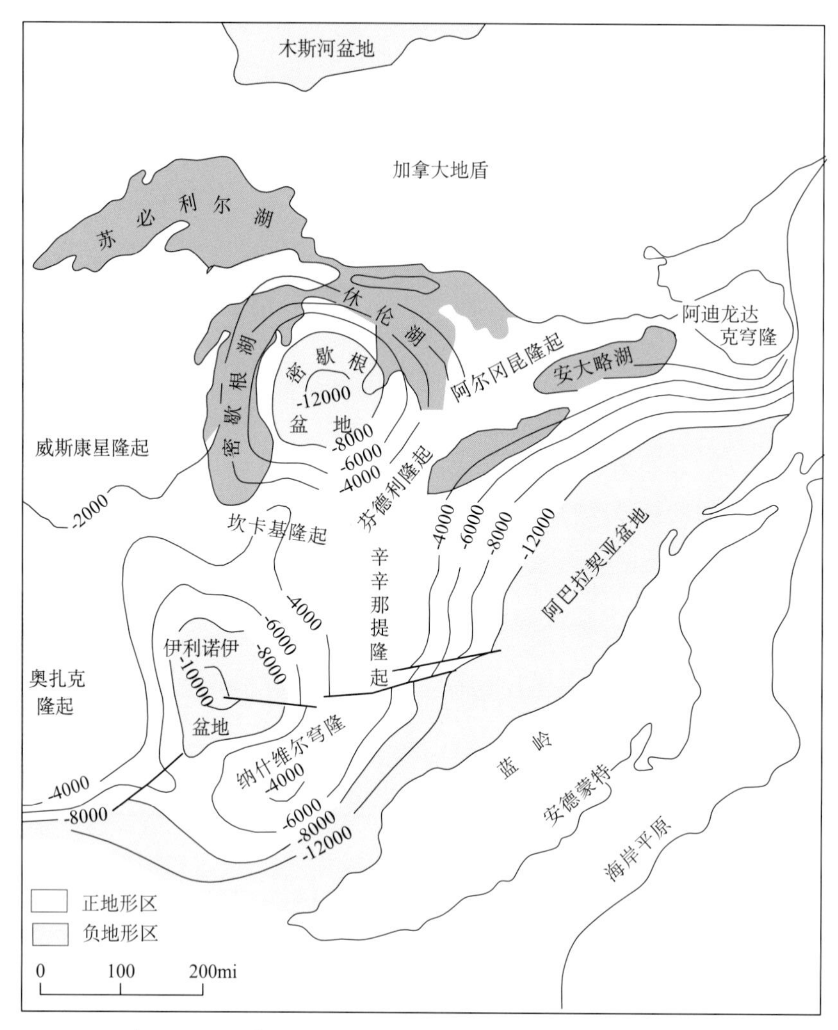

图 5-2 北美东部含油气区区域构造图（据王致中等，1994）
图中等值线单位：ft

前寒武纪—中寒武世，超大陆裂解，伊利诺伊盆地结晶基底处于拉张环境，形成拗拉谷型新马德里裂谷，并发育 NNE 向的沃巴什河谷（Wabash Valley）和 E—W 向的 Pennyrile 断裂系。

密西西比纪是伊利诺伊盆地的主成盆期。伊利诺伊盆地可划分成东部陆棚、西部陆棚和中央盆地三个构造区（图 5-3）。中央盆地内发育的构造主要有北东走向的沃巴什河谷和弗洛斯帕地区断裂系。当时伊利诺伊盆地主体处于浅海环境，中央盆地和北东陆架区沉降速率最大。

古生代塔康造山运动（Taconic Orogeny）、阿卡迪亚造山运动（Acadian Orogeny）和阿勒根尼造山运动（Alleghanian Orogeny）的每次构造运动均形成断裂、拱曲和褶皱。伊利诺伊盆地内部受到强烈挤压，发育 NNW 向大型褶皱带，包括拉塞勒（La

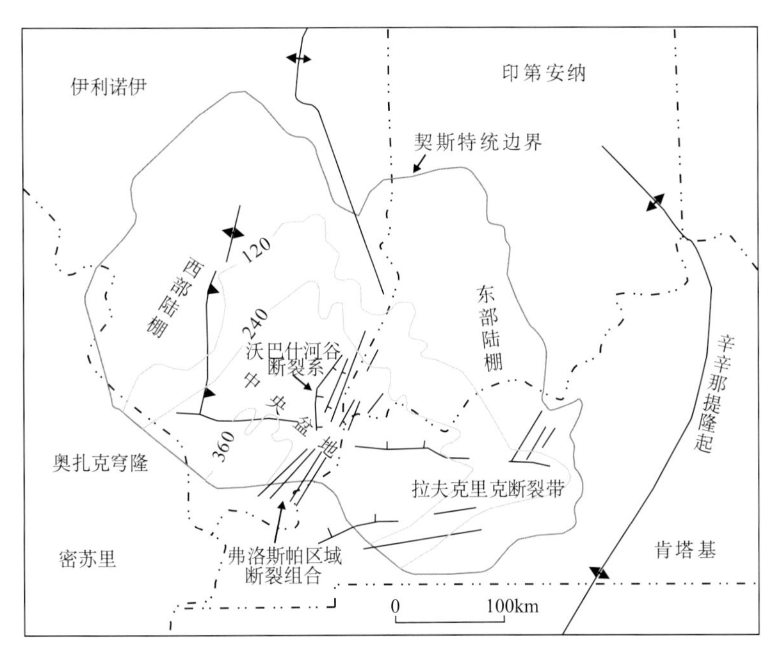

图 5-3　密西西比纪伊利诺伊盆地构造分区图（据 Braile et al.，1986）
图中等值线单位：ft

Salle）背斜带、Marshall-Sidell 向斜、Clay City 背斜、Louden 背斜、Salem 背斜、Du Quoin 单斜、Lusk Creek 背斜和穆尔曼（Moorman）向斜。其中，拉塞勒背斜带穿过伊利诺伊盆地中心，长 360 km，整个古生代大部分时间该背斜均处于活动中。

在盆地南部新马德里裂谷复合体区发生构造活化作用，发育大量 NNE 向和 E—W 向断裂带，包括 E—W 走向的 Cottage Grove 右行走滑断层、拉夫克里克-肖尼镇（Rough Creek-Shawneetown）断裂，NNW 走向的弗洛斯帕（Fluorspar）地区断裂系统和中央断裂系。中生代联合古大陆裂解，新马德里裂谷复合体活化，岩浆活动广泛发育；Pascola 拱曲发生隆起，同时费尔菲尔德盆地（Fairfield Basin）形成。可见，伊利诺伊盆地是一个在早期裂谷基础上发育的古生代克拉通盆地，进入中新生代裂谷活化，又在克拉通盆地基础上叠合了新生代裂谷盆地（图 5-4）。

二、区域地层

伊利诺伊盆地的基底为前寒武纪未变形变质的火成岩，包括：花岗岩、流纹岩和花岗闪长岩。

伊利诺伊盆地沉积盖层由巨厚的古生代地层和薄的中生代地层组成，厚 914～7010m，沉积中心位于盆地南部的新马德里裂谷复合体。古生代地层以碳酸盐岩为主，中生代为硅质碎屑岩沉积。

伊利诺伊盆地每期硅质碎屑岩沉积都对应一定的区域构造事件。古生代的硅质碎屑

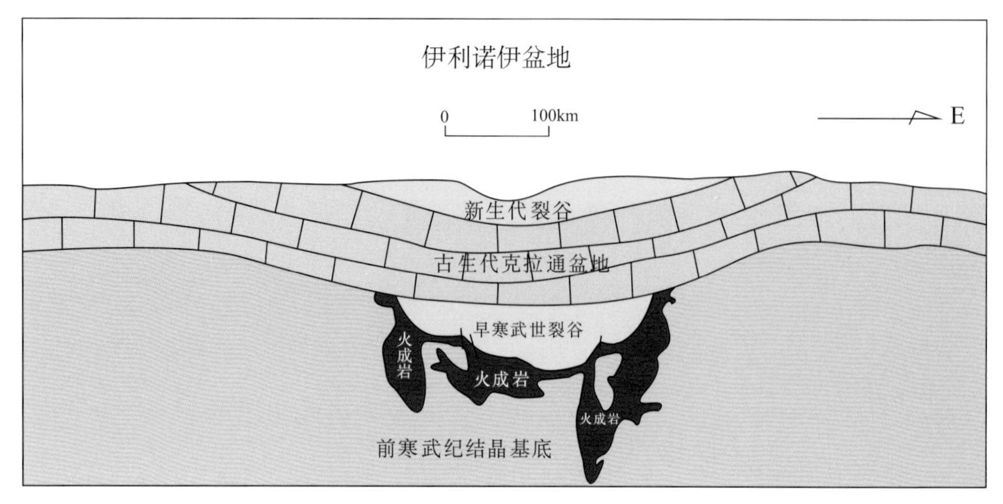

图 5-4　伊利诺伊盆地构造剖面图（据 Braile et al.，1986）

岩沉积是对塔康造山运动、阿卡迪亚造山运动和阿勒根尼造山运动的响应（表 5-2），中生代的硅质碎屑岩沉积是对拉腊米造山运动的响应。

表 5-2　伊利诺伊盆地硅质碎屑岩沉积-造山事件对应表

硅质碎屑岩地层	构造事件	事件发生地点
上奥陶统—下志留统	塔康造山运动	阿巴拉契亚盆地
中泥盆统—密西西比系下部	阿卡迪亚造山运动	阿巴拉契亚盆地
密西西比系上部—二叠统	阿勒根尼造山运动	阿巴拉契亚盆地
宾夕法尼亚系—二叠系	沃希托造山运动	伊利诺伊盆地南部
白垩系	拉腊米造山运动	伊利诺伊盆地西部

按层序划分，伊利诺伊盆地地层归属六个层序：Sauk、Tippecanoe、Kaskaskia、Absaroka、Zuni 和 Tejas。Sauk 层序和 Tippecanoe 层序的分界面为中—上奥陶统不整合面；Tippecanoe 层序和 Kaskaskia 层序的分界面为下—中泥盆统不整合面；Kaskaskia层序与 Absaroka 层序的分界面为密西西比系—宾夕法尼亚系不整合面；Absaroka层序和 Zuni 层序分界面为宾夕法尼亚系—二叠系不整合面；Zuni 层序和 Tejas 层序分界面为古新统—始新统不整合面（图 5-5）。

三、盆地构造沉积演化

1. 构造沉积演化

伊利诺伊盆地作为北美主要克拉通盆地之一，是在新马德里裂谷复合体上发育的多期盆地。新马德里裂谷复合体在伊利诺伊盆地基底构造形成和演化中起着重要作用（图 5-6）。

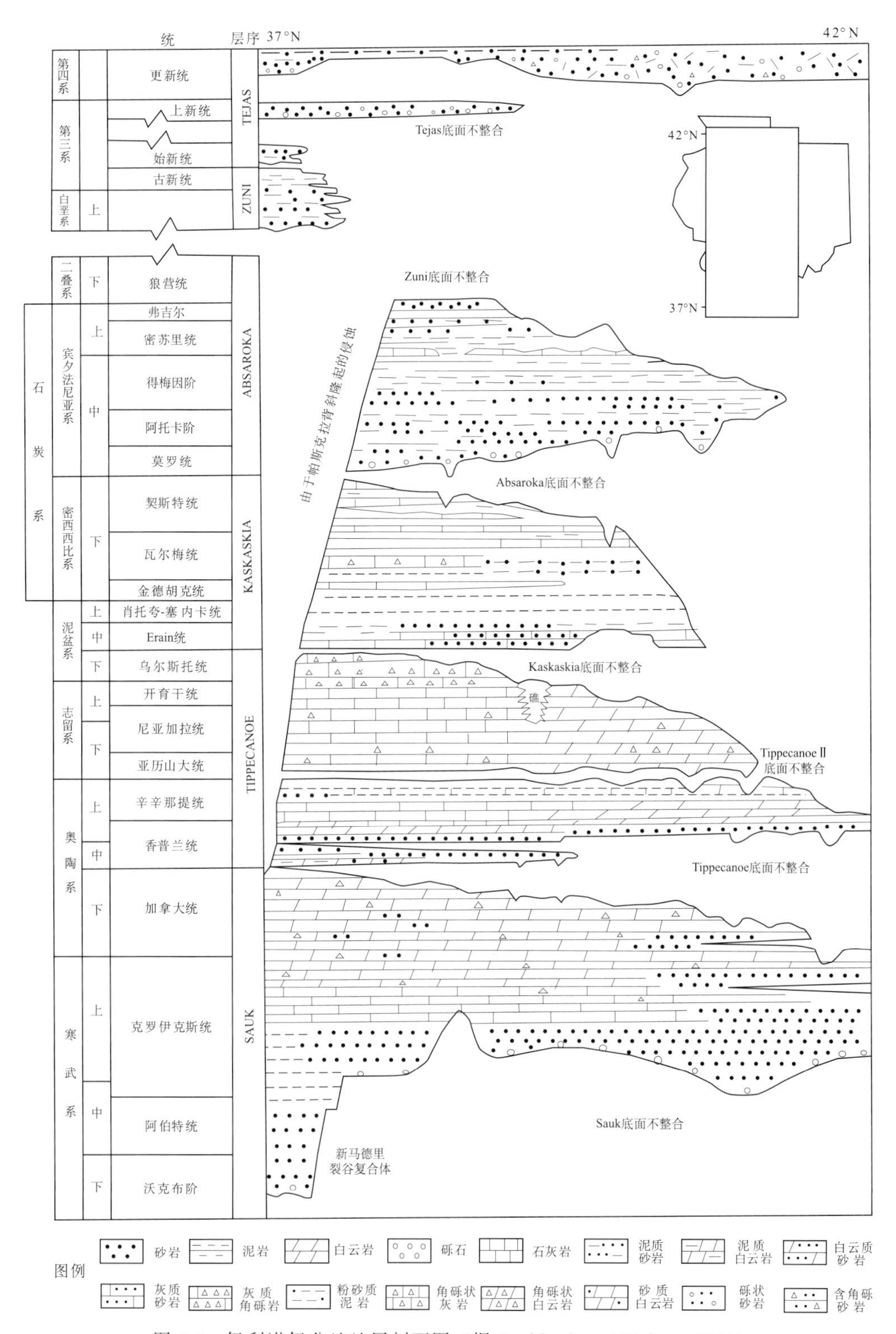

图 5-5　伊利诺伊盆地地层剖面图（据 Bushbach and Kolata，1990）

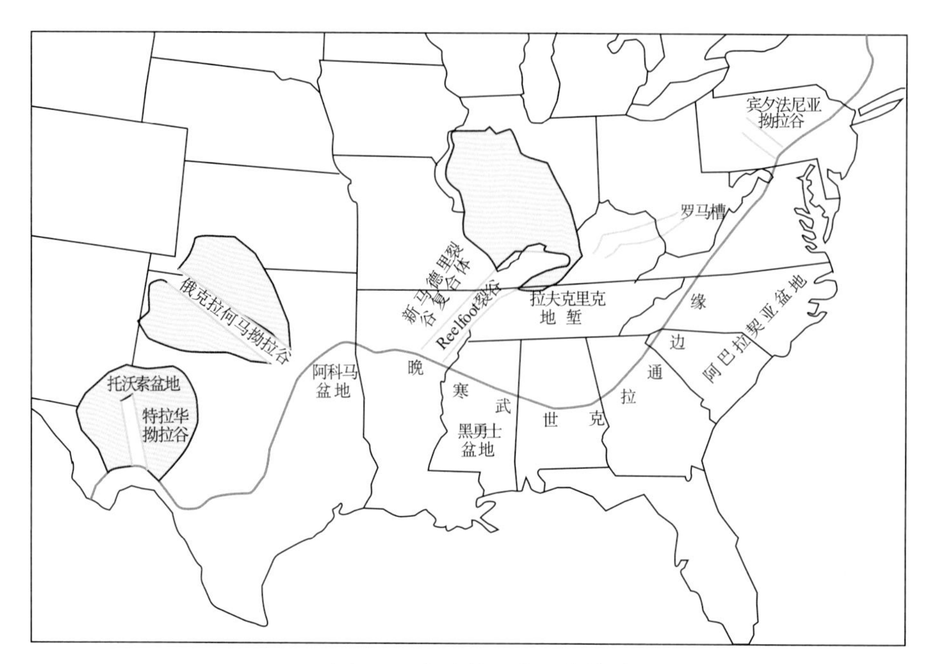

图 5-6 北美大陆裂谷（或拗拉谷）与克拉通盆地的关系（Leighton et al.，2000）

（1）前寒武纪伊利诺伊盆地形成前：约 1600Ma 北美前寒武纪克拉通形成。1500～1300Ma 大面积花岗岩侵入，流纹岩喷发。伊利诺伊盆地的基底是北美克拉通东部的花岗岩-流纹岩区的一部分。

（2）古生代伊利诺伊盆地的主成盆阶段：早寒武世伊利诺伊地区处于前裂谷阶段（图 5-7（a））。早—中寒武世期间，在消亡肢上形成了拗拉谷型新马德里裂谷，这时伊利诺伊地区进入同裂谷阶段，发育断陷和岩浆活动（图 5-7（b））。古生代中期的伊利诺伊盆地转化为典型的内克拉通盆地，沉积海相碳酸盐岩（图 5-7（c））；古生代晚期的伊利诺伊盆地遭受挤压作用，发生构造反转（图 5-7（d））。

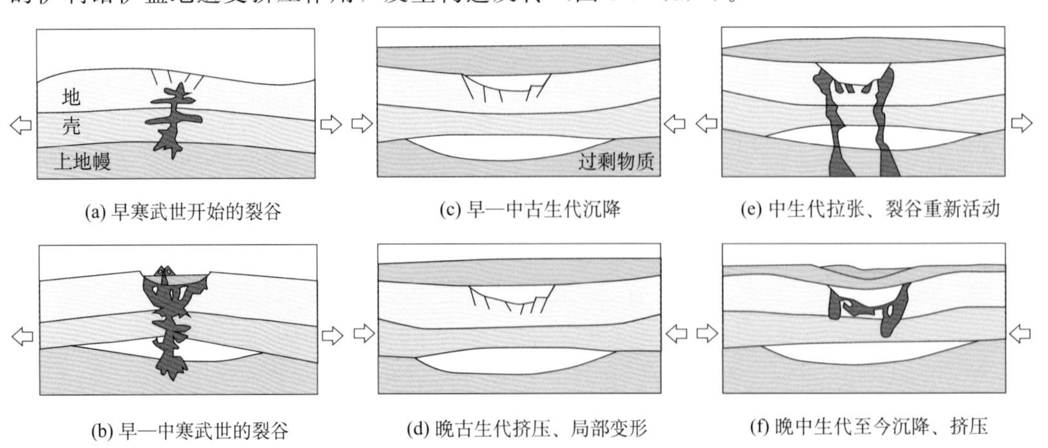

(a) 早寒武世开始的裂谷　(c) 早—中古生代沉降　(e) 中生代拉张、裂谷重新活动

(b) 早—中寒武世的裂谷　(d) 晚古生代挤压、局部变形　(f) 晚中生代至今沉降、挤压

图 5-7 伊利诺伊盆地穿过新马德里裂谷复合体的西北—东南向剖面演化示意图（据 Braile et al.，1986）

(3) 中、新生代伊利诺伊盆地的局部活化：中生代由于泛大陆裂解，构造应力场从挤压转为拉张，新马德里裂谷重新活动，发育断裂和岩浆活动（图 5-7（e））。晚白垩世在拉腊米造山运动影响下，伊利诺伊盆地再次进入拗陷阶段，后期在区域挤压作用下发生构造反转，形成现今的盆地构造（图 5-7（f））。

前寒武纪—中寒武世在消亡肢上发育新马德里裂谷。晚寒武世该裂谷停止活动，演变成向南开口的宽广海湾。晚寒武世—宾夕法尼亚纪伊利诺伊盆地在该裂谷基础上进入克拉通演化阶段。

以上伊利诺伊盆地的构造演化控制了伊利诺伊盆地的古地理演化。从伊利诺伊盆地的古地理演化分析，早奥陶世末伊利诺伊盆地南部为潮缘至深水潮下带，发育了一套碳酸盐岩与碎屑岩的互层沉积；北部为克拉通型陆地（图 5-8）。

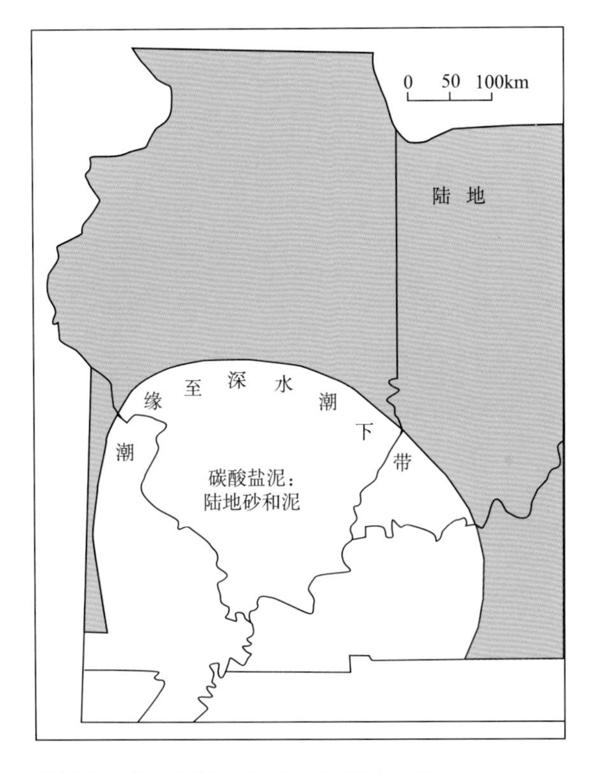

图 5-8 伊利诺伊盆地早奥陶世末岩相古地理图（据 Droste and Shaver，1983）

中奥陶世末伊利诺伊盆地处于湖缘至湖下环境，全盆地发育了一套碳酸盐岩与碎屑岩的互层沉积（图 5-9）。

晚奥陶世—早志留世北美板块东缘发生地体拼贴形成了塔康造山带。由于造山作用的影响，伊利诺伊盆地碎屑岩沉积量增加，而碳酸盐岩沉积量减小（图 5-10）。

中泥盆世—密西西比纪中期，北美板块东缘地体拼贴产生阿卡迪亚造山带，导致伊利诺伊盆地碎屑岩沉积增加。密西西比纪晚期，泛大陆聚合时期伊利诺伊盆地仍为半封闭水域，发育了一套多旋回碎屑岩和浅水碳酸盐岩的交互沉积（图 5-11）。

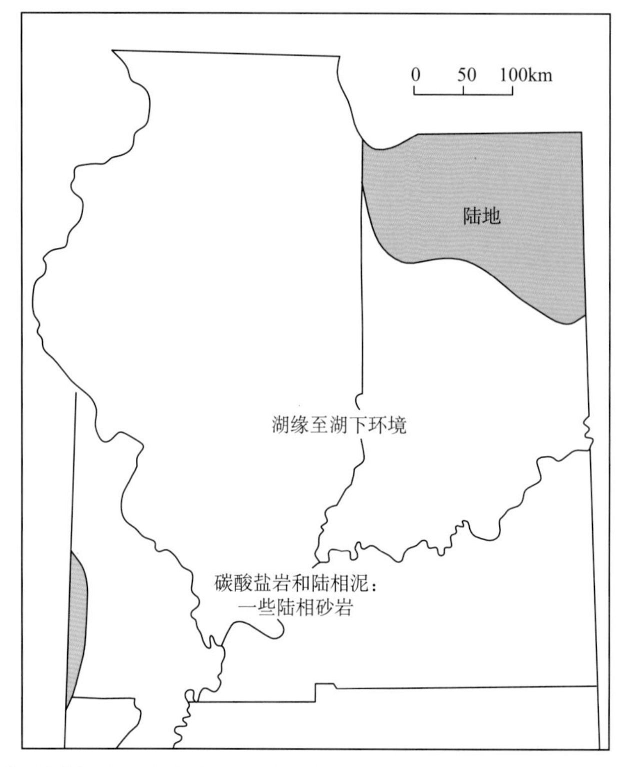

图 5-9　伊利诺伊盆地中奥陶世末岩相古地理图（据 Droste and Shaver，1983）

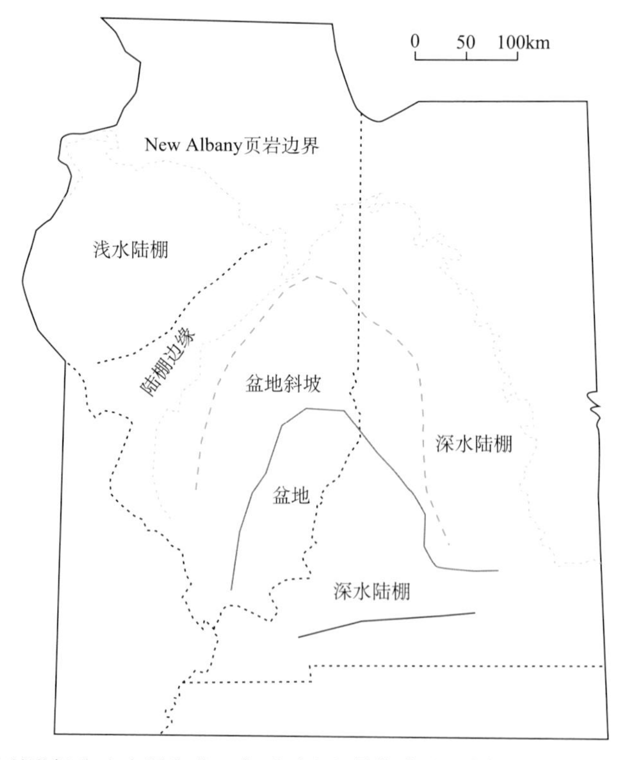

图 5-10　伊利诺伊盆地晚泥盆世—密西西比纪早期古地理图（Leighton et al.，2000）

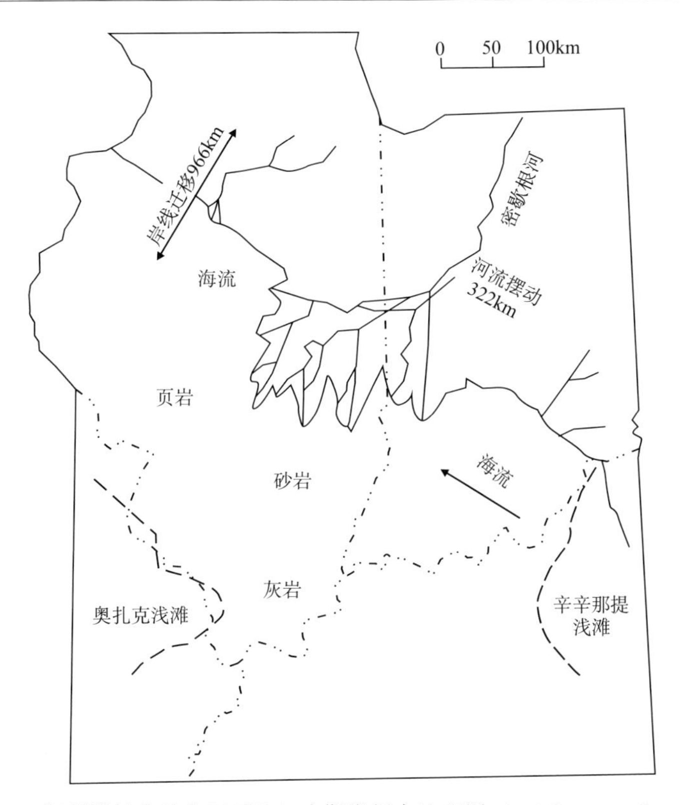

图 5-11 伊利诺伊盆地密西西比纪晚期岩相古地理图（Leighton et al.，2000）

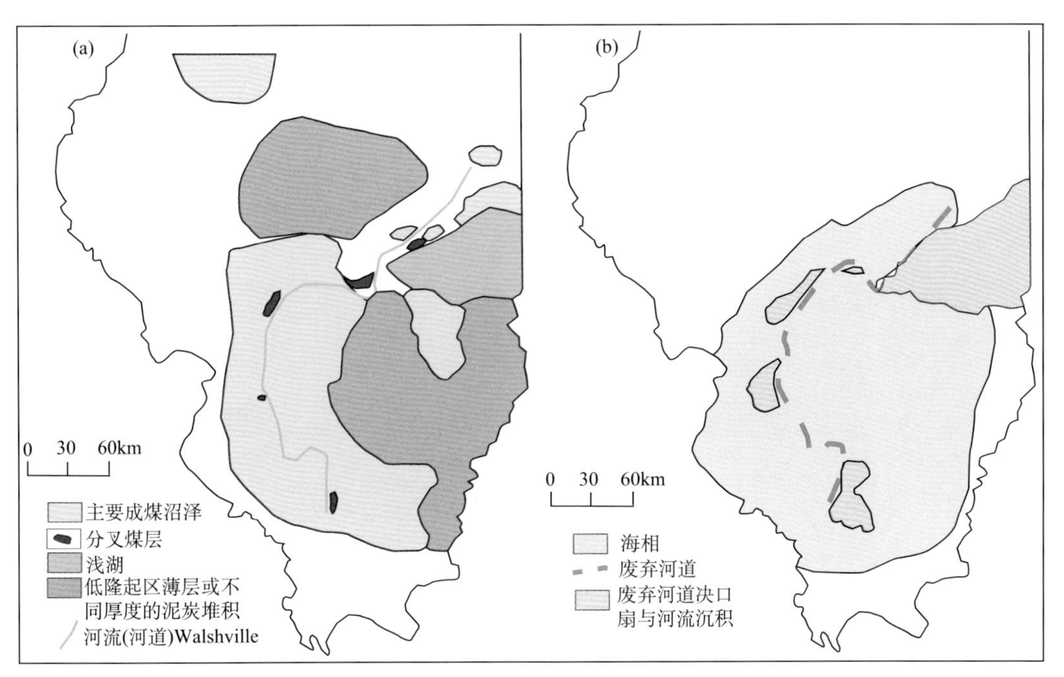

图 5-12 伊利诺伊盆地宾夕法尼亚纪岩相古地理图（Leighton et al.，2000）

(a) 同时出现的 Walshrille 河道；(b) 直接覆盖 Herrin 煤层的地层

宾夕法尼亚纪—二叠纪北美与欧洲板块、非洲板块和南美板块完全碰撞，整个北美克拉通完全抬升成陆，在伊利诺伊盆地东侧和南侧分别发育阿勒根尼和沃希托造山带，导致伊利诺伊盆地局部接受碎屑岩沉积。该时期全球进入冰期，伊利诺伊盆地南部为湖相沼泽相，而北部为河流三角洲相（图 5-12）。

白垩纪拉腊米造山运动时期伊利诺伊盆地以山前碎屑沉积为主，沉积作用范围小、持续时间短。新生代伊利诺伊盆地发育冰碛物、河流相和土壤等松散沉积。

2. 沉降史

早—中寒武世，伊利诺伊地区处于裂谷阶段，总沉降速率最大，构造沉降和热沉降都很强烈。晚寒武世—二叠纪，伊利诺伊盆地处于内克拉通盆地演化阶段，总沉降速率稳定中等，以热沉降为主，构造沉降微弱。中—新生代，伊利诺伊盆地构造沉降停止，盆地发生抬升，以侵蚀为主（图 5-13）。

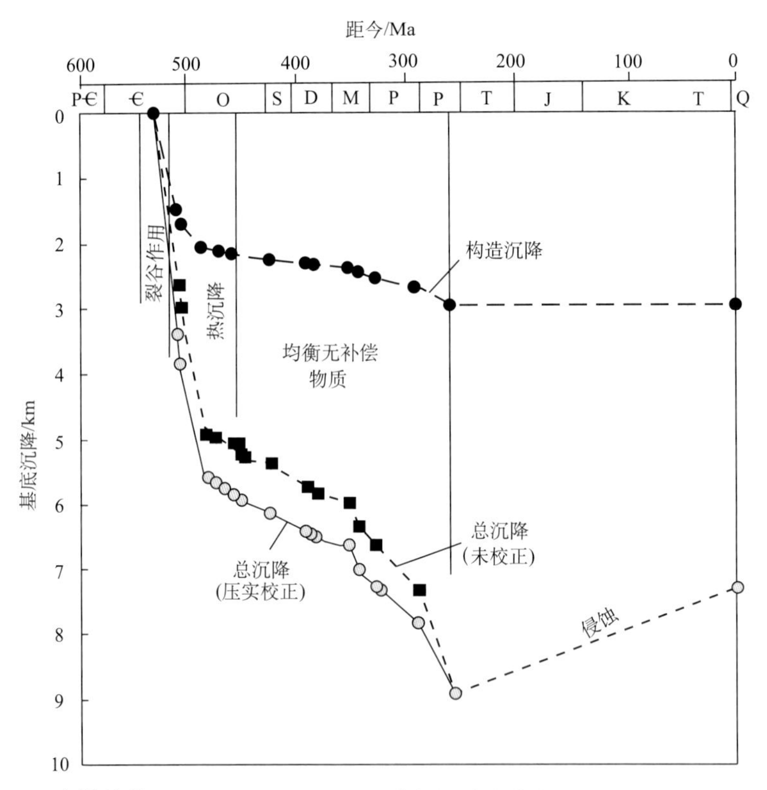

图 5-13 肯塔基州 Exxon Choice Duncan 1 井的沉降史曲线（Leighton et al.，2000）

第三节 石油地质特征

伊利诺伊盆地是美国重要的含油气盆地，拥有优越的石油地质条件，从烃源岩、储层、盖层、圈闭到整个含油气系统，都有着较好的配置组合。有多套烃源岩，其中上泥盆统—密西西比系底部 New Albany 页岩是重要烃源岩，古生界有多套储层，其中，细粒砂岩储层占总储层的60%，粉砂岩储层约占总储层的17%，鲕粒灰岩储层约占总储层的13%。

一、烃源岩

伊利诺伊盆地主要有五套烃源岩。第一套烃源岩是寒武系奥克莱尔（Eau Claire）组之下的前寒武系—寒武系页岩；第二套烃源岩是上寒武统奥克莱尔（Eau Claire）组页岩和上寒武统—下奥陶统诺克斯（Knox）超群白云岩，是前寒武系—奥陶系储层的重要烃源岩；第三套烃源岩是香普兰统（Anecll群、Platteville群和Galena群）碳酸盐岩和页岩夹层，上奥陶辛辛那提（Cincinnati）统马阔克拉（Maquoketa）群，是奥陶系储层的烃源岩；第四套烃源岩是上泥盆统—密西西比系底部New Albany页岩（图5-14），是盆地东南部寒武系—奥陶系储层的烃源岩，是盆地其他地区志留系—宾夕法尼亚系储层的烃源岩；第五套烃源岩是宾夕法尼亚系（狄莫阶、密苏里阶和弗吉尔阶）煤层和页岩，是宾夕法尼亚系储层的烃源岩。

前人对伊利诺伊州和艾奥瓦州东南部的寒武系—宾夕法尼亚系烃源岩的有机质含量、类型和成熟度做了对比研究（表5-3）。

表5-3 伊利诺伊盆地的烃源岩特征表（Leighton et al.，2000）

年代地层	地层单元及岩性	环境	TOC/%	干酪根类型
宾夕法尼亚系	煤层和页岩	沼泽和浅海相	0～30	Ⅲ
上泥盆统—下密西西比统	New Albany页岩	深水缺氧的海相	0.5～20	Ⅱ
上奥陶统	Maquoketa页岩	深水缺氧的海相	0～4	Ⅰ和Ⅱ
上寒武统—下奥陶统	Knox白云岩	封闭海相	0～0.85	Ⅰ，Ⅱ，Ⅳ
上寒武统	Eau Claire页岩	潮间浅海相	0～0.5	Ⅰ，Ⅳ
前寒武系—中寒武统	页岩	海相	无资料	Ⅰ

注：表中干酪根类型：Ⅰ型-偏向生油，H/C比值高；Ⅱ型-偏向生油，H/C比值较高；Ⅲ型-趋于生气的煤型物质，H/C比值中等；Ⅳ型-剩余干酪根，H/C比值低。

从有机质含量来看，烃源岩样品的生油潜力排序由大到小依次为宾夕法尼亚系狄莫阶、密苏里阶和弗吉尔阶>奥陶系香普兰统>上泥盆统—密西西比系New Albany统>奥陶系马阔科塔统。

从有机质类型来看，香普兰统有很好的生油潜力；狄莫阶、密苏里阶和弗吉尔阶也有很好的生气潜力；马阔科塔和New Albany具有良好的生油和生气潜力（图5-15）。

从镜质体反射率来看，New Albany页岩R_o都在生油窗内。R_o值向东南方向增加，表明东南部的New Albany页岩生烃能力相对最强（图5-16）。

氢指数是衡量烃源岩成熟度的另一个重要指标。前人对密西西比系底部的New Albany氢指数进行了测定，结果进一步验证了伊利诺伊州东南部的New Albany储层为盆地内最好的生油岩，以此为中心，往东、北、西方向，同套烃源岩的生油能力变弱（图5-17）。

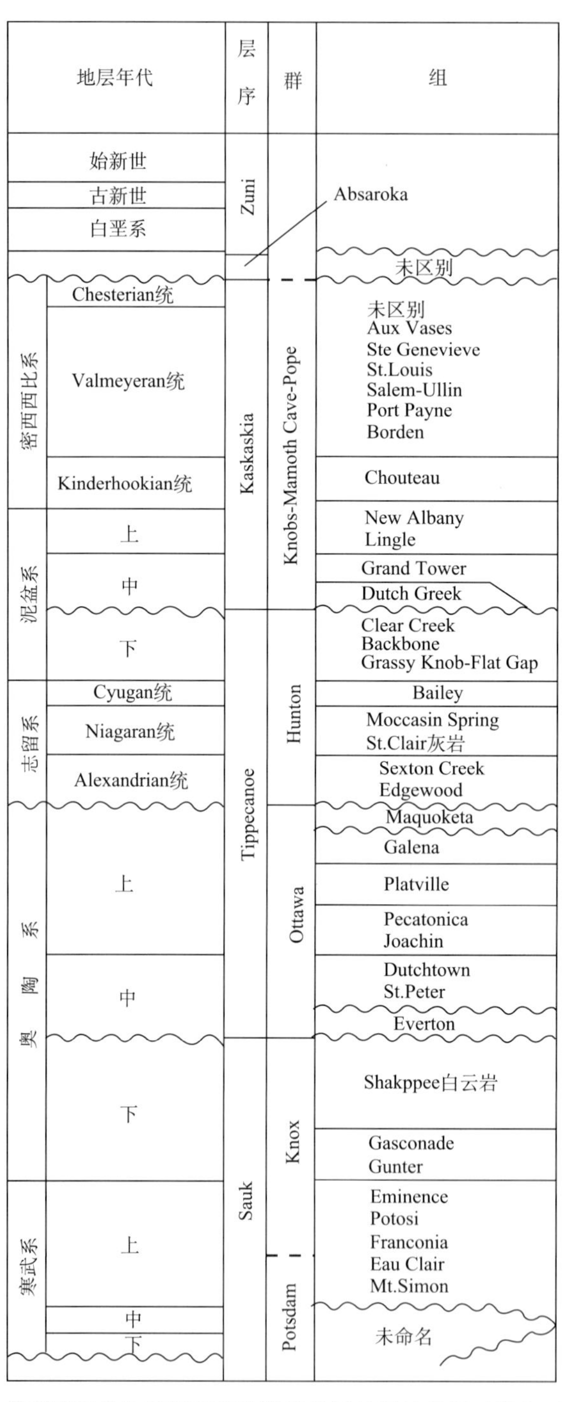

图 5-14　伊利诺伊盆地和密西西比海湾地区地层柱状图（据 David，1995）

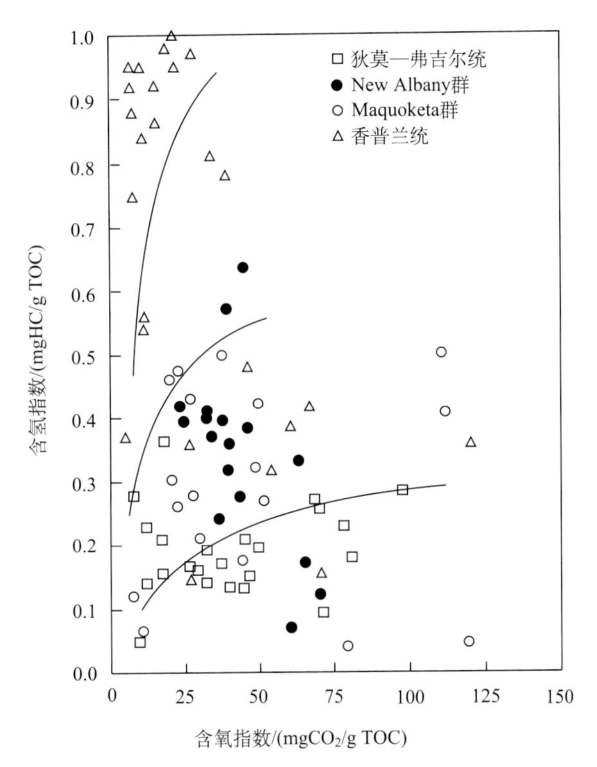

图 5-15　伊利诺伊盆地主要烃源岩有机质类型图（Leighton et al.，2000）

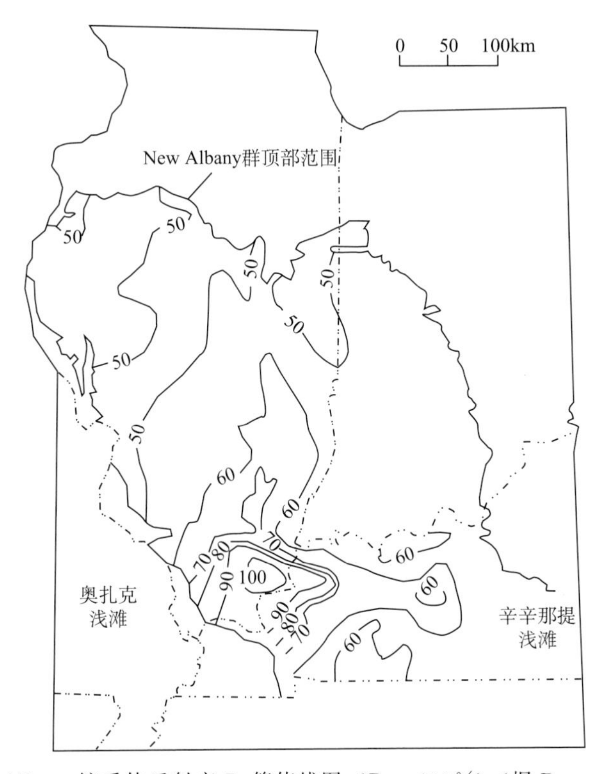

图 5-16　New Albany 镜质体反射率 R_o 等值线图（R_o：100%）（据 Barrows et al.，1980）

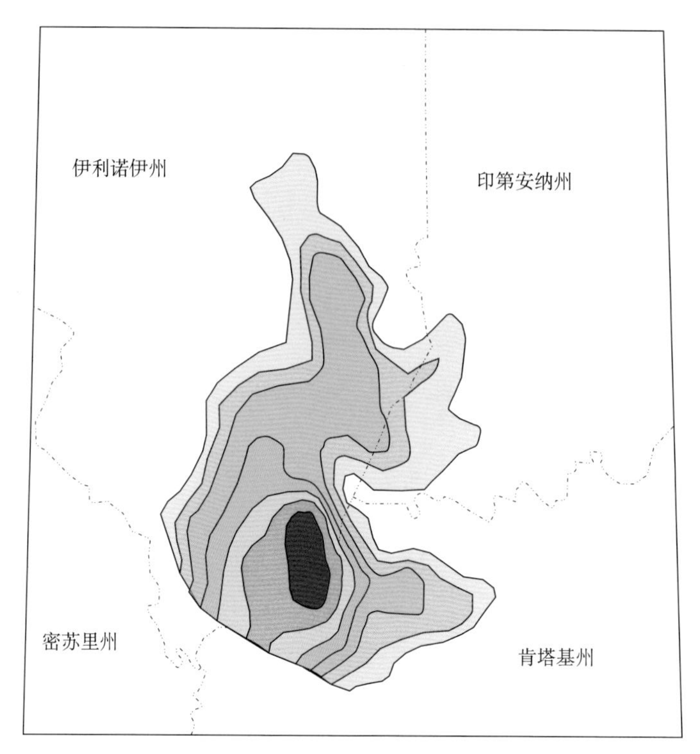

图 5-17 New Albany 生油页岩（TOC> 2.5%）氢指数图（据 Lewan et al.，2002）
HI（mgHC/gTOC）值域：浅蓝色（400～350），中蓝色（350～300），深蓝色（300～250），
绿色（250～200），黄色（200～150），橘黄色（150～100），红色（<100）

综合上述，在伊利诺伊州和艾奥瓦州东南部的香普兰统、马阔科塔群、New Albany 群、狄莫阶、密苏里阶和弗吉尔阶的煤和海相页岩都具有好甚至极好的生油潜力，但寒武系—下奥陶统烃源岩的生油潜力相对差一些。

二、储层

1. 储层分布

伊利诺伊盆地储层包括：①碳酸盐岩储层，产于上奥陶统渥太华（Ottawa）超群、Galena（Trenton）—Platteville 群、志留—泥盆系的亨顿（Hunton）超群、密西西比系的瓦尔梅（Valmeyeran）统和宾夕法尼亚系；②硅质碎屑岩层，产于中奥陶统 Dutch Creek 段、密西西比系契斯特（Chesterian）统和宾夕法尼亚系；③Sauk 层序中 Simon 组为潜在的储层，可能是盆地最深的产气层。

伊利诺伊盆地寒武系—泥盆系的产层在盆地东西两侧分布；石炭系产层集中在盆地中部。Trenton 产层只出现在拉塞勒背斜带和 Du Quoin 单斜区；Hunton 产层位于伊利诺伊州的西部和南部地区；密西西比系（瓦尔梅统和契斯特统）产层分布在盆地中部；宾夕法尼亚系碳酸盐岩和砂岩产层位于伊利诺伊州、肯塔基州和印第安纳州交界地区。

2. 储层物性

伊利诺伊盆地储层平均孔隙度介于14.3%～18.4%，平均渗透率范围为82.9～177.8mD。伊利诺伊州细粒砂岩储层占总储层的60%，位于上契斯特统和宾夕法尼亚系地层中，平均孔隙度为18.4%，平均渗透率为11mD。粉砂岩储层约占总储层的17%，分布在瓦尔梅统地层中，孔隙度和渗透率都比细粒砂岩储层小。鲕粒灰岩储层约占总储层的13%，产于瓦尔梅统地层中，厚度比砂岩储层薄，平均孔隙度较低，约为16%，渗透率比砂岩储层高得多，约为178mD。非鲕粒状灰岩和白云岩储层分布在奥陶系、志留系、泥盆系和密西西比系碳酸盐岩地层中，孔隙度和渗透率都比鲕粒灰岩的低（表5-4）。

表5-4 伊利诺伊盆地不同岩性的储层物性表（据Mast，1970）

岩性	比例/%	孔隙度/%		渗透率/mD		原油密度/°API	
		M	S. D.	M	S. D.	M	S. D.
细粒砂岩	60	18.4	1.4	111.3	75.8	36.2	2.4
粉砂岩	17	17.7	1.8	82.9	44.7	37.5	1.2
鲕粒灰岩	13	16.0	0.8	177.8	110.8	37.7	0.8
鲕粒状灰岩和白云岩	10	14.3	2.9	96.3	170.3	37.8	3.4

注：M表示平均值；S. D. 表示标准偏差。

三、盖层

伊利诺伊盆地盖层分布广泛，位于志留系、泥盆系、密西西比系和宾夕法尼亚系地层中。岩性以致密灰岩、页岩为主，少量为泥岩、泥晶岩和白云岩。

四、圈闭

伊利诺伊盆地的主要圈闭样式是地层-构造复合圈闭，包括地层-背斜复合圈闭和地层-断层复合圈闭，单纯地层圈闭（如砂体尖灭、礁体）和单纯构造圈闭（如裂缝型油气藏）较少（表5-5）。

表5-5 伊利诺伊盆地的圈闭类型和实例表（据Zuppan et al.，1988；Miller et al.，1968）

地层		圈闭样式	实例
宾夕法尼亚系		背斜-古河谷复合圈闭 地层圈闭 地层-断层复合圈闭	Main Cons 油田 Buford 油田 Morgan 南部油田

续表

地层		圈闭样式	实例
密西西比系	契斯特统	地层圈闭（三角洲、分流河道） 地层-断层复合圈闭 地层-背斜复合圈闭	Bethel 油田 Mt. Vernon 油田 Salem 油田
	瓦尔梅统	地层-构造圈闭 构造圈闭（裂缝） 地层圈闭（鲕状沙坝）	Aux Vases 产区 Ft. Payne 产区 Ste. Genevieve 产区
泥盆系	上泥盆统	构造圈闭（陡倾构造上裂缝页岩）	New Albany 群
	中泥盆统	地层圈闭（不整合尖灭） 地层圈闭（礁披覆、成岩作用） 地层-构造复合圈闭	Assumption 油田 西部陆棚白云岩 Colmar-Plymouth 油田
	下泥盆统	地层圈闭（礁披覆） 成岩作用-裂缝复合圈闭	Chrisney 油田 Whittington 油田
志留系		不整合/岩溶 地层圈闭（古河道充填） 地层圈闭（礁体）	Sangamon 拱曲处 坎卡基 Buckhorn 西部陆棚：尼亚加拉
奥陶系		成岩作用-背斜复合圈闭 成岩作用-背斜断层复合圈闭	西部陆棚：特伦顿 Bartletsville 油田

五、油气生成和运移

1. 油气生成

波茨坦超群烃源岩在盆地东南部地区最早开始生油，时间约 470Ma；西北部地区最晚生油，约 250Ma。生油高峰期出现在生油开始以后的 20～50Ma，而且波茨坦超群沉积岩大部分都达到了生油高峰或者更高成熟度。诺克斯超群烃源岩在盆地南部地区最早开始生油，时间约为 460Ma，一直持续到 250Ma，遍及整个盆地。在盆地南部地区 400Ma 时达到了生油高峰，到 250Ma 向北扩大至费尔菲尔德盆地大部分地区。马阔科塔群烃源岩生油时期介于 300～150Ma，约 280Ma 在希克斯（Hicks）穹隆和密西西比海湾北部进入生油高峰期。New Albany 群烃源岩生油大约从 300Ma 开始，到 250Ma 扩大到盆地中央区域，从 250Ma 至今，生油窗继续向北扩展并覆盖盆地大部分区域。New Albany 群生油高峰期介于 260～200Ma，发生在希克斯穹隆和密西西比海湾北部。契斯特统仅在盆地最南部可能生成油气，油气生成大约开始于 250Ma，持续到 150Ma。

根据热演化模型可以估计油气形成的地质年代（图 5-18）。盆地前诺克斯地层在奥陶纪进入生油窗，在二叠纪已进入干气窗。马阔科塔和 New Albany 页岩在晚二叠世进入生油窗，到侏罗纪已进入湿气窗。二叠纪发生强烈的阿勒根尼造山运动之后，这些地层开始生油，并聚集成藏。

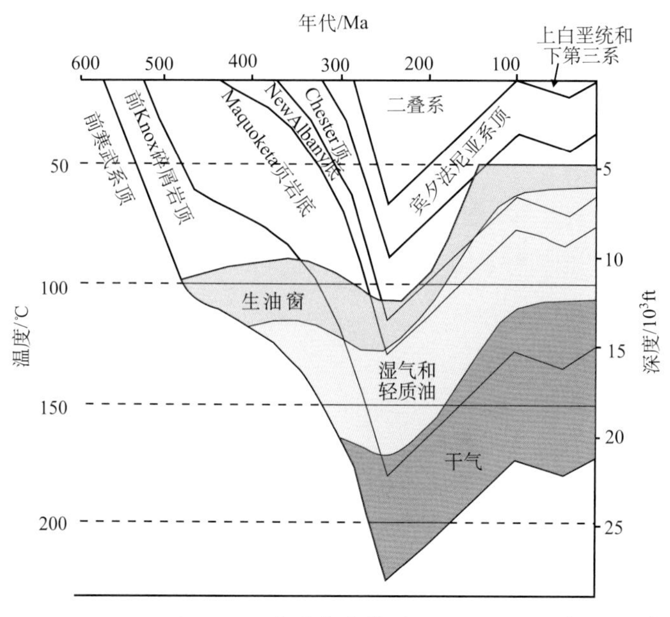

图 5-18 伊利诺伊盆地的热演化史模型（Leighton et al.，2000）

2. 油气的运移

伊利诺伊盆地是海相克拉通盆地，油气多为长距离横向运移（图 5-19），垂向运移较少。横向运移的动力学机制包括成盆晚期的沉积物压实作用和中生代区域性地下水流的驱动作用等。

寒武系—上奥陶统地层在中古生代（约 470Ma）开始生油，同时开始了油气的运移。寒武系—奥陶系地层古生代末期才开始生成天然气，较晚形成的天然气可能被圈闭在拉塞勒背斜区。中奥陶统后地层生油期为 300～150Ma。该时期伊利诺伊盆地东部、南部和西部的造山作用导致地下水驱使油气从源区向西、北、东向地区运移（图 5-19）。根据 New Albany 烃源岩及其相关油气藏的分布，其产油区主要分布在 New Albany 油页岩区周缘，极少位于油页岩区内，表明油气发生了向东北方向的运移。

前人在对志留系储层产出的石油与奥尔巴尼群烃源岩进行有机地球化学和同位素组成的对比研究中发现，广泛分布在盆地北部的志留系地层中的油可能来自盆地深部的 New Albany 烃源岩。这些研究结果进一步验证了伊利诺伊盆地南部生油，油气向北运移的规律。

六、含油气系统及勘探潜力

伊利诺伊盆地含油气系统遍布整个盆地。寒武系—泥盆系产层分布在盆地西部、南

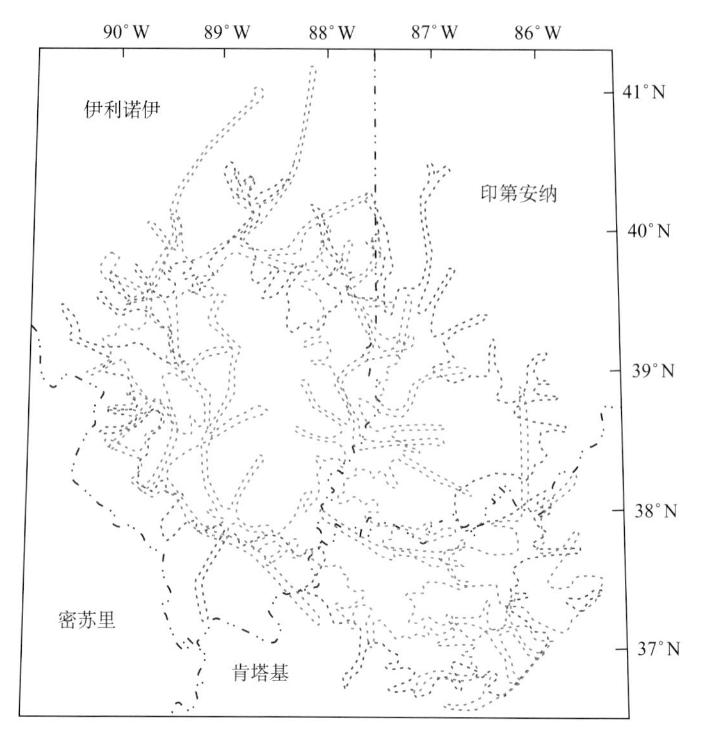

图 5-19 伊利诺伊盆地油气二次运移最大扩充范围示意图（据 Lewan et al.，2002）
不同颜色的虚线代表不同系烃源岩的运移通道：紫色．志留系；红色．泥盆系；绿色．宾夕法尼亚系

部和东北部。石炭系集中在盆地中—南部沉积中心地区，煤层几乎遍布整个盆地。

伊利诺伊盆地寒武系、奥陶系和宾夕法尼亚系烃源岩仅为同时代储层提供油气；而上泥盆统—密西西比系底部的 New Albany 页岩为绝大多数储层提供油气。中奥陶世—侏罗纪烃源岩生成油气，高峰期介于志留纪—二叠纪之间。受晚奥陶世—早志留世塔康运动、中泥盆世—密西西比纪中期阿卡迪亚运动、密西西比纪晚期—二叠纪阿勒根尼运动和白垩纪拉腊米运动的影响，晚奥陶世—白垩纪油气分别向西、北、东侧向运移，并聚集成藏。伊利诺伊盆地含油气系统以地层-构造复合圈闭为主。该含油气系统成藏的关键时刻为晚奥陶世至白垩纪（图 5-20）。

伊利诺伊盆地的常规油气已进入成熟勘探开发后期，目前该盆地的 New Albany 页岩气具有较大勘探潜力，成为该盆地非常规油气的重点勘探领域。

New Albany 页岩区带位于伊利诺伊盆地东南部，深度 183～1494m。该套页岩年代从中泥盆世至早密西西比世，多数为晚泥盆世。页岩厚度 30～4120m，在伊利诺伊东南部和邻近的肯塔基西部，该套页岩的厚度超过 140m，页岩厚度在盆地边缘处减薄。

New Albany 页岩气的烃源岩即该页岩本身，为Ⅱ型干酪根，平均厚度 55m，厚度向盆地中心增大（图 5-21）。其有机碳含量 1%～15.6%，R_o为 0.6%。镜质体反射率和壳质组荧光测量值反映了烃源岩成熟度向南至古埋藏深度最大处或热流值最高的区域性连续递增的趋势。在伊利诺伊州东南部和邻近的西肯塔基，New Albany 页岩的有机质成熟度最高。

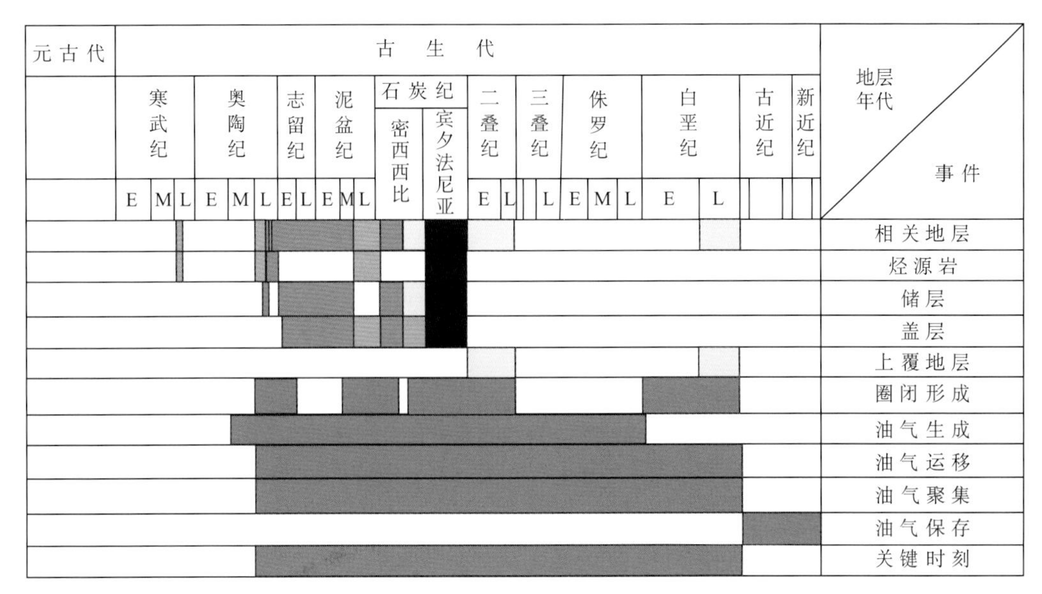

图 5-20 伊利诺伊盆地含油气系统事件表

New Albany 页岩区带的主要特点是裂缝型页岩储层的渗透率低，地层压力异常低，大多数钻井都有气苗或天然气产出，并缺乏构造控制。

New Albany 页岩气最大潜力区位于西肯塔基沼泽向斜及伊利诺伊和印第安纳地区，这些地区能够提供很好的盖层（页岩/碳酸盐岩）。

New Albany 页岩气开采最早始于 19 世纪 50 年代，气井主要分布在印第安纳西南部和肯塔基西部，产量相对较少，仅仅是偶然的发现，并未作为主力开采层。在 30 个气田中 21 个是 20 世纪 70 年代高气价时期发现的，只有较老的一些气田累计产量可知，其他气田未知。据 USGS（2002）估测 New Albany 页岩气地质储量为 $2.4\times10^{12}\sim4.5\times10^{12}m^3$，可采储量为 $538\times10^8\sim5434\times10^8m^3$，具有较大的勘探开发潜力。

七、典型油气藏——伊克斯契基油气藏

伊利诺伊盆地油气主要产自密西西比系的契斯特统和宾夕法尼亚系，主要的烃源岩为泥盆系 New Albany 页岩。伊克斯契基油气藏以岩性圈闭为主，储层为密西西比系瓦尔梅统灰岩和契斯特统砂岩，烃源岩为泥盆系 New Albany 页岩，盖层为同层系上覆页岩。伊克斯契基油气藏是伊利诺伊盆地有代表性的油气藏。

1. 油气藏概况

伊克斯契基油气藏位于伊利诺伊州马里恩郡东南角，伊利诺伊盆地的西南部，Salem 背斜东翼（图 5-22）。

2. 油气藏特征

伊克斯契基油气藏以岩性圈闭为主，其次为构造圈闭，背斜构造较为宽缓，断层不

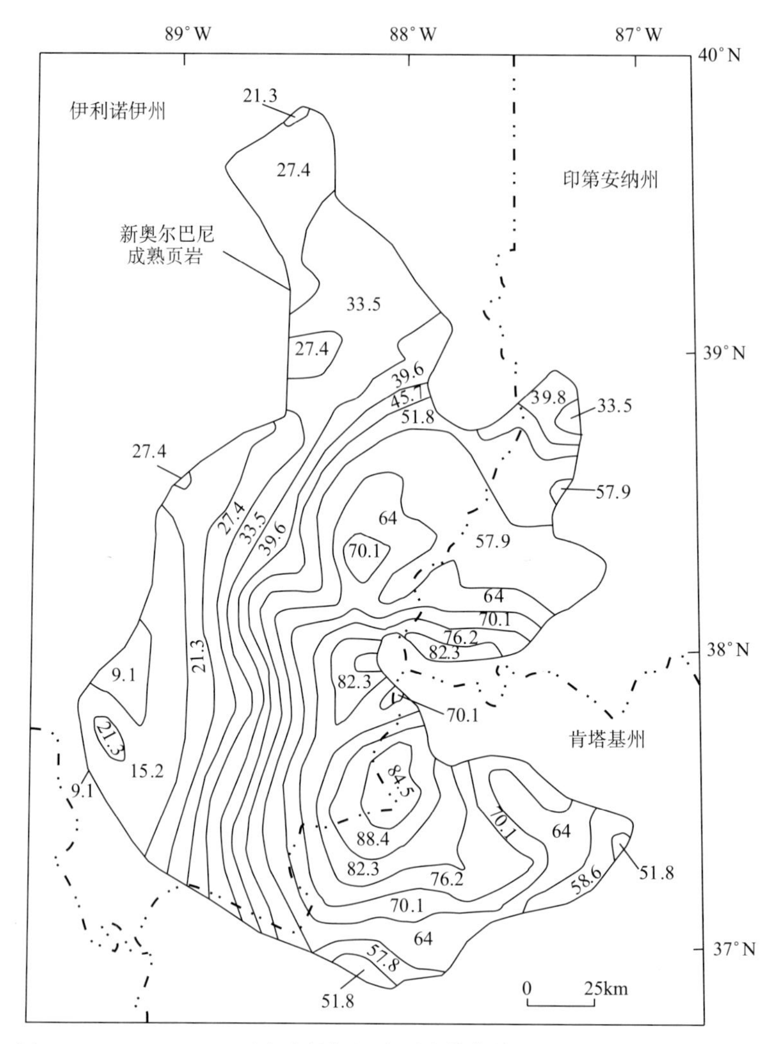

图 5-21　New Albany 页岩成熟烃源岩厚度等值线图（Lewan et al.，2002）
图中等值线单位为 m

十分发育。

伊克斯契基油气藏主要储层为密西西比系吉娜维夫（Genevieve）组的鲕粒灰岩和砂岩层，包括弗雷多尼亚段、晶石山段、卡纳克段（图 5-23）。次要储层是下契斯特统的砂岩层。吉娜维夫组厚约 6.1～12.2m。油气藏发育在吉娜维夫组最大厚度区域（图 5-21）。油藏剖面 AA′的储层为卡纳克段灰岩和白云岩，另有储层为弗雷多尼亚段鲕粒状灰岩。前者为构造圈闭，位于背斜核部；后者为岩性-构造圈闭。从南部运移来的油气进入圈闭形成构造油气藏或岩性-构造油气藏（图 5-24）。油藏剖面 BB′的储层为晶石山砂岩，典型的岩性圈闭。南部的油气生成后运移到岩性圈闭内，形成岩性油气藏（图 5-24）。

烃源岩为位于伊利诺伊盆地南部的泥盆系 New Albany 页岩。

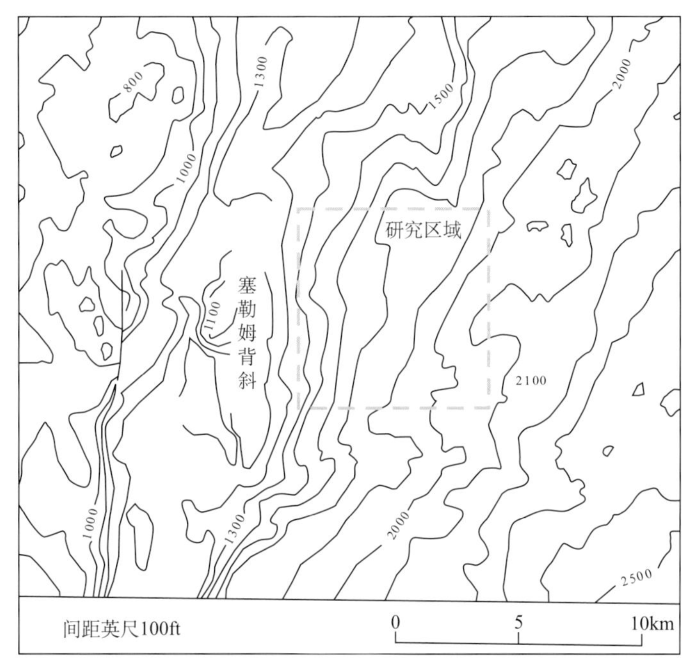

图 5-22　伊利诺伊盆地伊克斯契基油气藏地理和构造位置图（据 C&C，2008 修改）

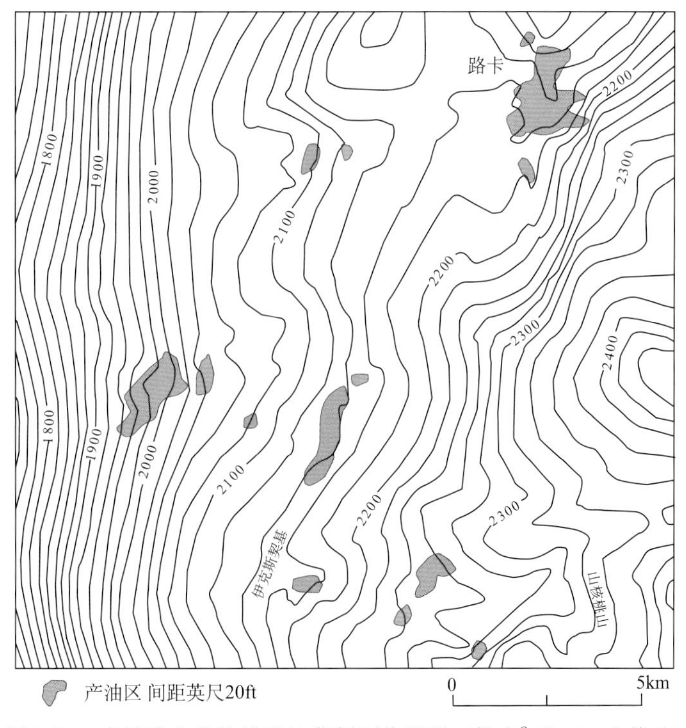

图 5-23　吉娜维夫组构造及油藏剖面位置图（据 C&C，2008 修改）

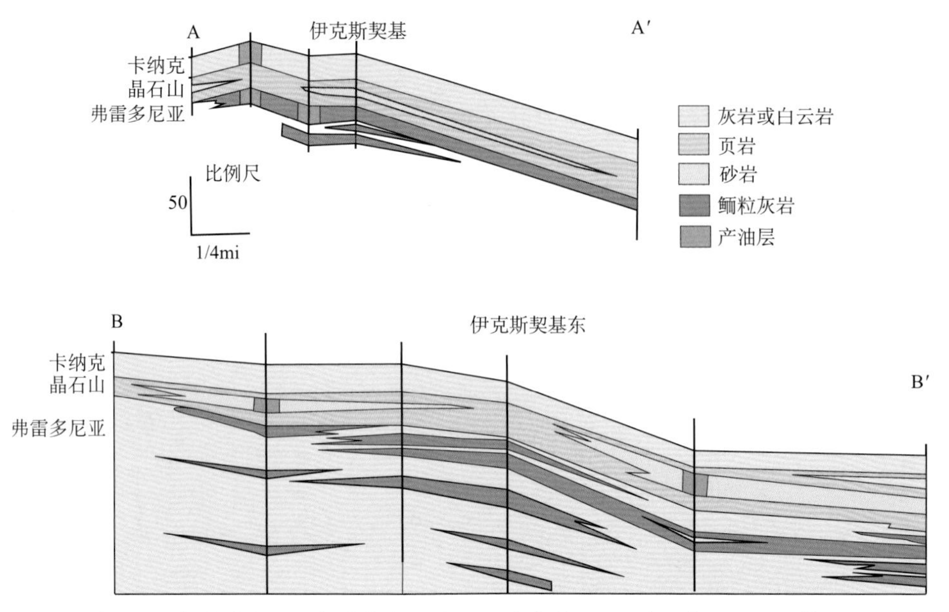

图 5-24 伊克斯契基和伊克斯契基东地区油藏剖面图（据 C&C，2008 修改）

瓦尔梅统储层被上部泥岩和灰岩所披盖；契斯特统储层为同层系页岩所包裹。

小 结

伊利诺伊盆地位于北美东部含油气区的西南角，毗邻阿巴拉契亚盆地和密歇根盆地，是古生代发育起来的内克拉通含油气盆地。伊利诺伊盆地的构造样式有两种：基底卷入和基底拆离。

伊利诺伊盆地作为北美主要克拉通盆地之一，是在新马德里裂谷复合体上发育的多期盆地。新马德里裂谷复合体在伊利诺伊盆地的形成和演化中起着重要作用。约 1600 Ma 北美前寒武纪克拉通形成。1500～1300 Ma 大面积花岗岩侵入，流纹岩喷发。伊利诺伊盆地的基底是北美克拉通东部的花岗岩-流纹岩区的一部分。早寒武世伊利诺伊地区处于前裂谷阶段。早—中寒武世期间，在消亡肢上形成了拗拉谷型新马德里裂谷，这时伊利诺伊地区进入同裂谷阶段，发育断陷和岩浆活动。古生代中期的伊利诺伊盆地转化为典型的内克拉通盆地，沉积海相碳酸盐岩；古生代晚期的伊利诺伊盆地遭受挤压作用，发生构造反转。中生代由于泛大陆裂解，构造应力场从挤压转为拉张，新马德里裂谷重新活动，发育断裂和岩浆活动。晚白垩世在拉腊米造山运动影响下，伊利诺伊盆地再次进入拗陷阶段，后期的挤压作用，发生构造反转，形成现今的盆地格局。

伊利诺伊盆地主要有五套烃源岩。第一套是寒武系奥克莱尔（Eau Claire）组之下的前寒武系—寒武系页岩。第二套是上寒武统奥克莱尔（Eau Claire）组页岩和上寒武统—下奥陶统诺克斯（Knox）超群白云岩。第三套是香普兰统（Anecll 群、Platteville 群和 Galena 群）碳酸盐岩和页岩。第四套是上泥盆统—密西西比系底部 New Albany

页岩。第五套是宾夕法尼亚系（狄莫阶、密苏里阶和弗吉尔阶）煤层和页岩。

伊利诺伊盆地储层包括：①碳酸盐岩储层，产于上奥陶统渥太华（Ottawa）超群、Galena（Trenton）—Platteville群、志留—泥盆系的亨顿（Hunton）超群、密西西比系的瓦尔梅（Valmeyeran）统和宾夕法尼亚系；②硅质碎屑岩层，产于中奥陶统Dutch Creek段、密西西比系契斯特（Chesterian）统和宾夕法尼亚系；③Sauk层序中Mt. Simon组为潜在的储层，可能是盆地最深的产气层。

伊利诺伊盆地的主要圈闭样式是地层-构造复合圈闭，包括地层-背斜复合圈闭和地层-断层复合圈闭。

伊利诺伊盆地在奥陶纪开始进入生油窗，在二叠纪已进入干气窗。New Albany页岩在晚二叠世进入生油窗，到侏罗纪已进入湿气窗。二叠纪发生强烈的阿勒根尼造山运动之后，盆地的各类烃源岩开始大量生油，达到生油高峰，并聚集成藏。

伊利诺伊盆地含油气系统遍布整个盆地。寒武系—泥盆系产层分布在盆地西部、南部和东北部。石炭系集中在盆地中南部沉积中心地区，煤层几乎遍布整个盆地。

伊利诺伊盆地的常规油气已进入成熟勘探开发后期，该盆地的New Albany页岩气具有较大勘探潜力，成为本盆地未来非常规油气的重点勘探领域。

第六章 中陆盆地群

◇ 中陆盆地群是美国重要的油气区，也是北美大陆最早发育的沉积盆地之一。在新元古代时期，中陆地区就发育了著名的中陆裂谷带，发育了中陆裂谷盆地。

◇ 中陆盆地群的油气主要分布在堪萨斯隆起、奥扎克隆起、阿纳达科盆地和阿科马盆地，其中气田主要分布在堪萨斯隆起区，油田主要分布在奥扎克隆起区。中陆隆起区著名的潘汉德-胡果顿大气田（Panhandle-Hugoton Gas Field）是美国最大的天然气田。

◇ 中陆油气区的构造多宽阔平缓，仅在南部褶皱带才见高角度挤压型构造。中陆盆地群的构造格局和演化是北美典型的克拉通盆地特征和克拉通盆地演化过程。

◇ 中陆油气区最重要的储层为宾夕法尼亚系和奥陶系，主要为碳酸盐岩和砂岩。中陆油气区的构造比较简单，但是多次的抬升和沉降形成许多不整合，因此中陆油气区油气圈闭类型以地层圈闭为主，其次为披覆构造圈闭。地层-岩性圈闭是本区非常重要的一种圈闭类型，这也是克拉通盆地的主要圈闭类型。长期发育的古隆起区为油气运移和聚集的主要场所，是油气的有利聚集区带。美国的中陆油气区是世界上最大规模的隆起区和油气富集区，这一发现引领了全球隆起区油气勘探的热潮。

◇ 虽然经过长期的勘探开发，中陆地区仍有较大的潜力和较好的前景。其中，作为非常规天然气的煤层气具有非常好的勘探开发前景。

第一节 盆地概况

中陆盆地群，面积约 $72\times10^4km^2$。包括堪萨斯隆起（Kansas Uplift）、奥扎克隆起（Ozark Uplift）、阿纳达科盆地（Anadarko Basin）、林城盆地（Forest City Basin）和阿科马盆地（Arkoma Basin）等，是美国最老也是最重要的油气区之一，也称中陆盆地群为中陆油气区。中陆盆地群的油气主要集中于堪萨斯隆起中部、奥扎克隆起南部、阿纳达科盆地南部以及阿科马盆地的北部区域，其中气田主要分布在堪萨斯隆起区，而油田主要分布在奥扎克隆起区（图 6-1）。该地区的潘汉德-胡果顿大气田（Panhandle-Hugoton Gas Field）为美国最大的气田。

中陆油气区的石油资源主要分布在奥扎克隆起、阿纳达科盆地以及萨利娜盆地（Salina Basin）；而天然气资源主要分布在堪萨斯隆起、阿科马盆地、阿纳达科盆地以及林城盆地等（图 6-1）。虽然经过长期的勘探开发，中陆地区仍有较大的潜力和较好的前景。其中，作为非常规天然气的煤层气具有非常好的勘探开发前景。

中陆隆起盆地群是美国最老的和最重要的石油和伴生气产区，有着近百年的勘探和开发历史，尽管目前产量在递减，但仍能保持一定的生产水平，并且有时还有小的油气

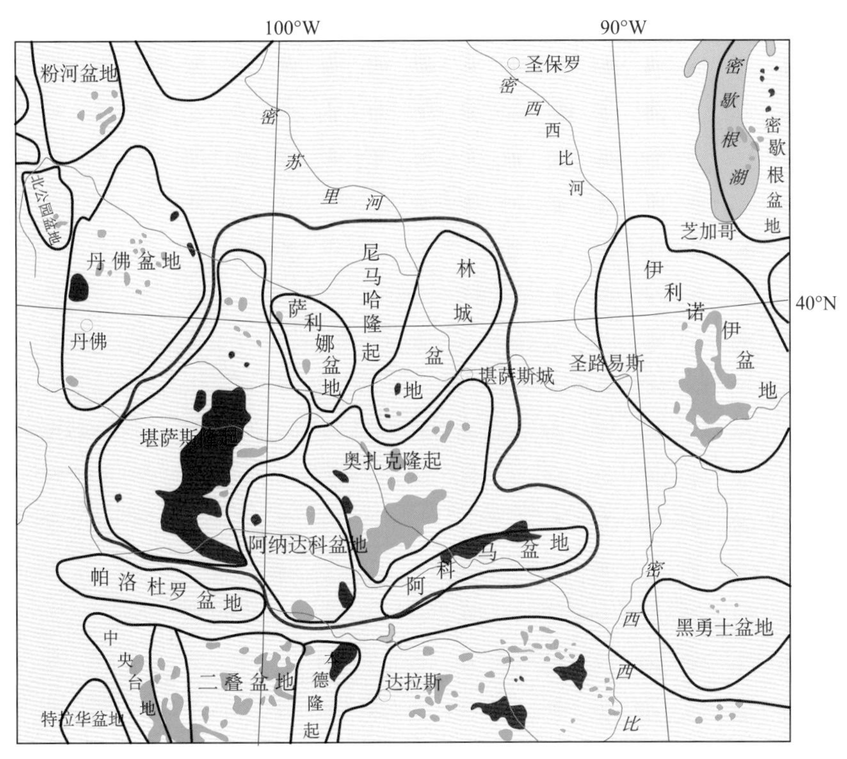

图 6-1　中陆地区主要油气区分布图（据 USGS，2002 修改）

红色区域代表气田区域；绿色区域代表油田区域

发现。这是由于一方面中陆油气区本身优越的石油地质条件决定的；另一方面是坚持不懈地采用新的勘探开发技术继续进行老区挖潜，在不景气的时期，也能保持相当的投入，以寻求油气勘探开发的后备储量。

早期勘探阶段（1910～1940 年）：中陆盆地群的油气田发现数目在 20 世纪 30 年代之前一直逐步增长，而且大油气田的发现数目比较稳定，一直维持在 10 个左右，直到 20 年代后期～30 年代初期大油气田发现数目达到高峰，约 20 个。原油发现量在 30 年代之前，平均为每年 7 亿桶左右，在 1926～1935 年达到最高，为每年 9 亿桶左右；并且每年都持续增长，而在 30 年代中后期原油发现量减少，平均约每年 4 亿桶。

石油勘探鼎盛时期（1950～1970 年）：在 20 世纪 30～50 年代的时候新发现油气田数目略微递减，随后，随着先进技术的提高，新发现油气田的数目迅速增长，但在 60 年代之后，达到发现数目高峰之后，发现数目又迅速下降。探井数目在 30 年代后期迅速增加，在 1956～1965 年达到最大，约 22 000 口。

天然气勘探鼎盛时期（1960～1990 年）：天然气的发现量与原油的发现量正好相反，在 40 年代之前，天然气的发现量一直不大，约 $2830\times10^8\,m^3$，而在之后，天然气的发现量有所增加，大约在 $5660\times10^8\,m^3$。

非常规气勘探开发阶段（1990 年至今）：在这近百年的勘探历史中，1936～1957 年，中陆地区钻了近 6.3 万口钻井，是当时美国钻井最多的地区。当进入油气田勘探开发后期，由于剩余油气资源量的减少，常规油气的探井数目也随之减少。虽然经过长期的勘探开发，中陆地区仍有较大的勘探开发潜力和较好的前景。其中，作为非常规天然气的煤层气具有非常好的勘探开发前景。

第二节　盆地基础地质特征

一、构造单元划分

中陆盆地群西接丹佛盆地（Denver Basin），东邻伊利诺伊盆地（Illinois Basin），南靠二叠盆地（Permian Basin）（图 6-1）。中陆油气区在构造上是比较简单的，除了阿科马盆地和阿纳达科盆地（边缘克拉通盆地）之外，整个地区缺少挤压型构造。

中陆油气区的主要构造单元包括：中堪萨斯隆起、尼马哈隆起（Nemaha Uplift）、奥扎克隆起、萨利娜盆地、胡果顿盆地、林城盆地、切罗基盆地、阿纳达科盆地、阿科马盆地及威契塔（Wichita）山系、保尔斯谷（Palls Valley）、塞米诺尔（Seminole）背斜、阿巴克尔山系组成的南部褶皱带等构造单元，这些构造主要形成于古生代，后经过中新生代多期次的改造而成为现今的格局（图 6-2）。其中，阿纳达科盆地和阿科马盆地是该区两个古生代盆地，沉积了巨厚古生界。阿纳达科盆地为非对称型盆地，其轴部靠近阿马里洛（Amarillo）隆起，南部构造复杂。俄克拉何马中部地区指阿纳达科盆地与阿科马盆地之间的广大地区。奥扎克穹隆的大部分已经被剥蚀，出露 350 km^2 的前寒武纪花岗岩核心区。胡果顿盆地是堪萨斯州最大的含油气盆地，其基底向东南方倾斜。中堪萨斯隆起为一个非常宽阔的长垣构造，它在晚密西西比世—早宾夕法尼亚世受到剥蚀，中宾夕法尼亚统地层超覆并覆盖其上。而阿科马盆地位于俄克拉何马东南，向东延伸到阿肯色西部，是一个东西延伸的复向斜（表 6-1）。

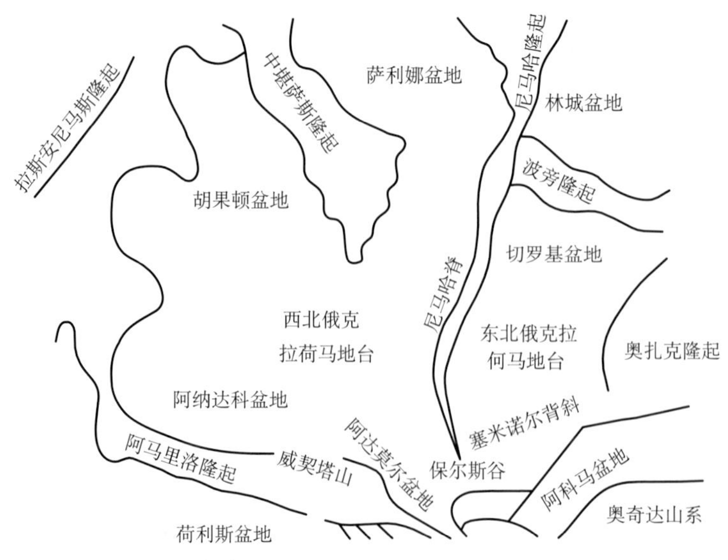

图 6-2　中陆油气区主要构造单元（Harris，1995）

在以上这些主要的构造单元中，阿纳达科盆地和阿科马盆地是该区两个古生界深盆地，含有巨厚的古生界地层（表 6-1）。

表 6-1　中陆油气区油气单元划分及区域地质特点

油气单元	区域地质特点
阿纳达科盆地及俄克拉何马中部地区	阿纳达科盆地为非对称型盆地，其轴部靠近阿马里洛（Amarillo）-威契塔隆起，南部构造复杂。俄克拉何马中部地区指阿纳达科盆地与阿科马盆地之间的广大地区
奥扎克隆起	奥扎克穹隆的大部分已经被剥蚀，暴露 350km^2的前寒武纪花岗岩核心裸露区
胡果顿盆地及中堪萨斯隆起	胡果顿盆地是堪萨斯最大的盆地，其基底向东南方倾斜。中堪萨斯隆起为一个非常宽阔的长垣构造，它在晚密西西比世—早宾夕法尼亚世受到剥蚀，中宾夕法尼亚统地层超覆并覆盖其上
潘汉德地区	潘汉德包括俄克拉何马、潘汉德和得克萨斯-潘汉德。该区南部构造复杂，块断作用在盆地形成许多有利于圈闭石油的地堑和地垒构造。地垒构造上覆年轻地层形成压实背斜。向北到稳定陆棚边缘，正向构造逐渐不明显，但是断裂现象仍然很明显
切罗基盆地	切罗基盆地位于堪萨斯州东南，是俄克拉何马地台向东北的延伸部分。切罗基盆地是在前宾夕法尼亚纪发育的盆地
林城盆地	林城盆地是在晚密西西比世—早宾夕法尼亚世形成的。该盆地构造比较简单，基本没有挤压型构造
南俄克拉何马褶皱带	南俄克拉何马褶皱带构造比较复杂，包括阿巴克尔山系、威契塔山系等
阿科马盆地	阿科马盆地位于俄克拉何马东南，向东延伸到阿肯色西部，是一个东西延伸的复向斜

二、地层层序

中陆地区的地层以发育古生界为主要特点（表 6-2），其中在阿纳达科盆地地层发育最全面，也最厚。因此本节以阿纳达科盆地地层为主介绍中陆地区的地层层序（图 6-3 和图 6-4）。

表 6-2　中陆油气区地层格架

系	统	群	各分区的地层岩性	
			中陆隆起区	阿纳达科盆地
中生界			西部、北部以及南部古生界地层上覆有发育不全的中生界地层	
二叠系	伦纳德统		碎屑岩，在阿马里洛-威契塔隆起南部为蒸发岩	
	狼营统		燧石、碳酸盐岩夹薄层灰色或红色页岩，在潘汉德地区为灰岩和白云岩	
宾夕法尼亚系	阿托卡统		底部砂岩段、中部薄层致密灰岩与灰色钙质或砂质页岩互层段、上部灰岩段	
	得梅因统			
	莫罗统		主要为页岩，下部含有砂岩以及灰岩透镜体	

续表

系	统	群	各分区的地层岩性	
			中陆隆起区	阿纳达科盆地
密西西比系	契斯特统		以页岩为主，在潘汉德为灰岩、页岩和砂岩互层	
	马拉默统		含燧石的砂质碳酸盐岩	
	欧塞奇统			
	金德胡克统			
泥盆系	上泥盆统		暗色页岩，局部地区有底砂岩	
	中泥盆统		艾奥瓦盆地，为纯净的致密灰岩	缺失
	下泥盆统		剥蚀严重	泥灰岩和灰岩，局部白云岩化
志留系		亨顿群	其他地区含燧石	灰岩、泥灰岩，局部白云岩化
奥陶系	上奥陶统	迪克群	页岩	
	中奥陶统	维奥拉群	灰岩	
		辛普森群	海相砂岩、页岩、灰岩及少量白云岩	
寒武系	上寒武统—下奥陶统	阿巴克尔群	白云岩及灰岩	
				砂岩，纯石英砂岩
	中、下寒武统		侵入岩和火山岩	

阿纳达科盆地前寒武纪变质基底最大埋深超过9000m，其上不整合覆盖了从寒武系到二叠系的海相地层，是中陆地区沉降最深、沉积最厚的地区。在该区西南部沉积厚度最大，并且发育有冲积扇，主要集中在狼营统和阿托卡统，向东北方向很快相变为页岩，沉积地层在隆起区厚度变薄甚至缺失（图6-3和图6-4）。

堪萨斯西部地区的地层发育也是比较完整的，从寒武系一直到三叠系均有发育（图6-4），但是堪萨斯西部地区的地层与阿纳达科盆地地层的不同之处在于堪萨斯西部的地层以伦纳德统为界其下以碳酸盐岩为主，而其上地层几乎全部为碎屑岩（图6-4）。堪萨斯西部地区在得梅因组和马拉默组之间存在角度不整合，其上部地层削截下部的马拉默地层；得梅因组以上的地层基本上整合接触，稳定接受沉积（图6-4）。

潘汉德地区与堪萨斯西部地区类似，地层发育也比较齐全，与阿纳达科盆地不同的是地层以伦纳德统膏岩层为界其下主要为碳酸盐岩，而其上以碎屑岩沉积为主；在南部地区，发育阿托卡统和狼营统，以冲积扇为主，向北相变为页岩（图6-5）。

三、盆地构造沉积演化

中陆盆地群属北美克拉通的一部分，为克拉通型盆地群，构造上比较简单，除了南部褶皱带外，本区缺少挤压型构造。沿该区北部边缘分布着一系列盆地，被宽缓的隆起分割。该盆地群在南缘由逆冲断层带和大型山脉与盆地复合体所围限。其中，阿纳达科盆地构造主要存在两种样式：①北部由盆地下沉及奥托卡隆起抬升引起的张性块断构

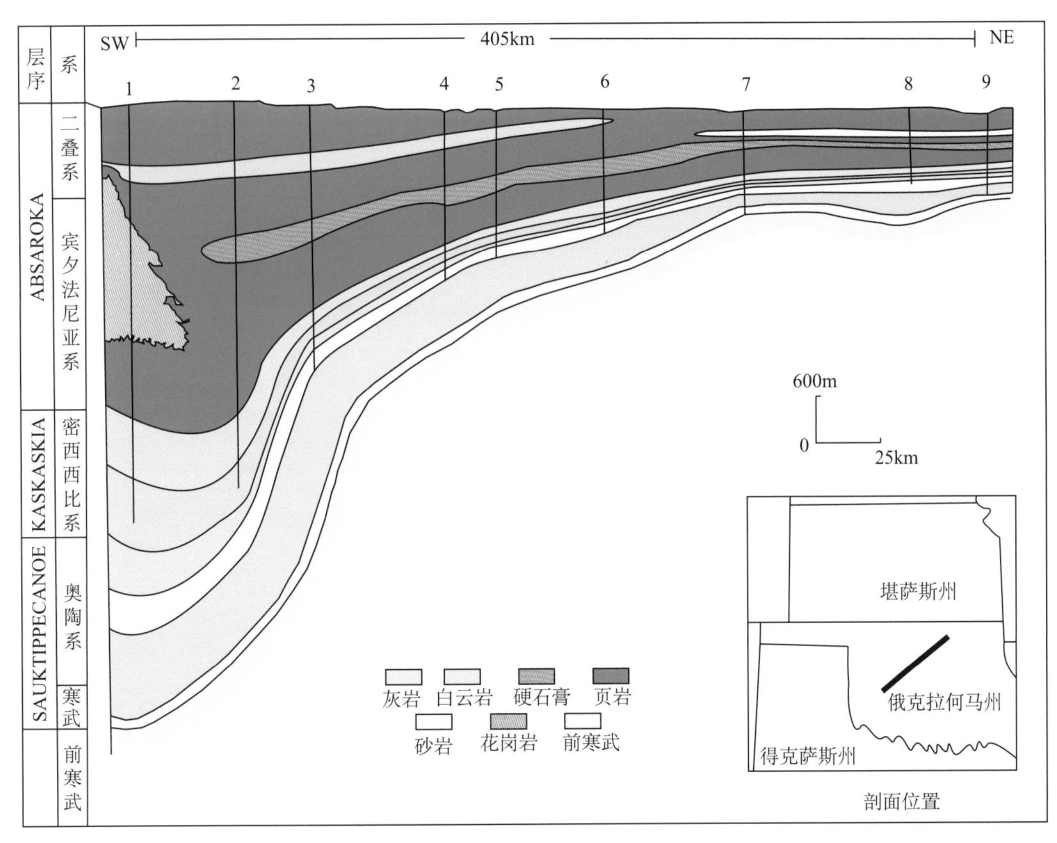

图 6-3 阿纳达科盆地至中堪萨斯台地的地层剖面（Adler，1995）

造；②南部沃希托造山运动引起的褶皱及向北逆冲的构造（图 6-6）。

中陆盆地群的构造格局和演化是北美克拉通内典型的克拉通盆地演化过程。

本区在地质史上发生了四次大的构造运动（表 6-2），以区域构造抬升和沉降作用为主。这四次构造运动对应四套地层层序，在早古生代时期，艾奥瓦盆地和俄克拉何马盆地所组成的相对统一的地区，两盆地是由当时的一条隆起带所分隔，该隆起带中的 Ellis 隆起成为现今的中堪萨斯隆起，发育 $O_{2+3}+S+D_1$ 和 D_{2+3} 地层层序（表 6-3）；晚密西西比世时期，持续缓慢的造陆运动使构造格局发生了变化，艾奥瓦盆地发生解体，发育 Missi 层序（表 6-3）；在早宾夕法尼亚世末，俄克拉何马盆地分化；晚宾夕法尼亚世末，由于沃希托运动，在南部形成由叠瓦状逆冲断层组成的沃希托山系，发育 Penn 地层层序（表 6-2）。因此，中陆油气区的构造多宽阔平缓，仅在南部褶皱带才见高角度挤压型构造（受后期的沃希托运动影响）（表 6-3）。

以上中陆盆地群的构造演化也控制了中陆盆地群的古地理演化。从中陆盆地群的古地理演化分析，晚密西西比世时期，作为劳亚大陆的一部分，美国大部分地区处于浅海环境，为碳酸盐岩台地，局部地区为陆地，遭受风化剥蚀，而此时的中陆地区处于浅海环境。在宾夕法尼亚纪时期，中陆地区先发生由东南向西北方向的海侵，发育滨海砂岩相和浅海碳酸盐岩相；随后发生由西北向东南的海退，发育河流相和三角洲相等。下宾

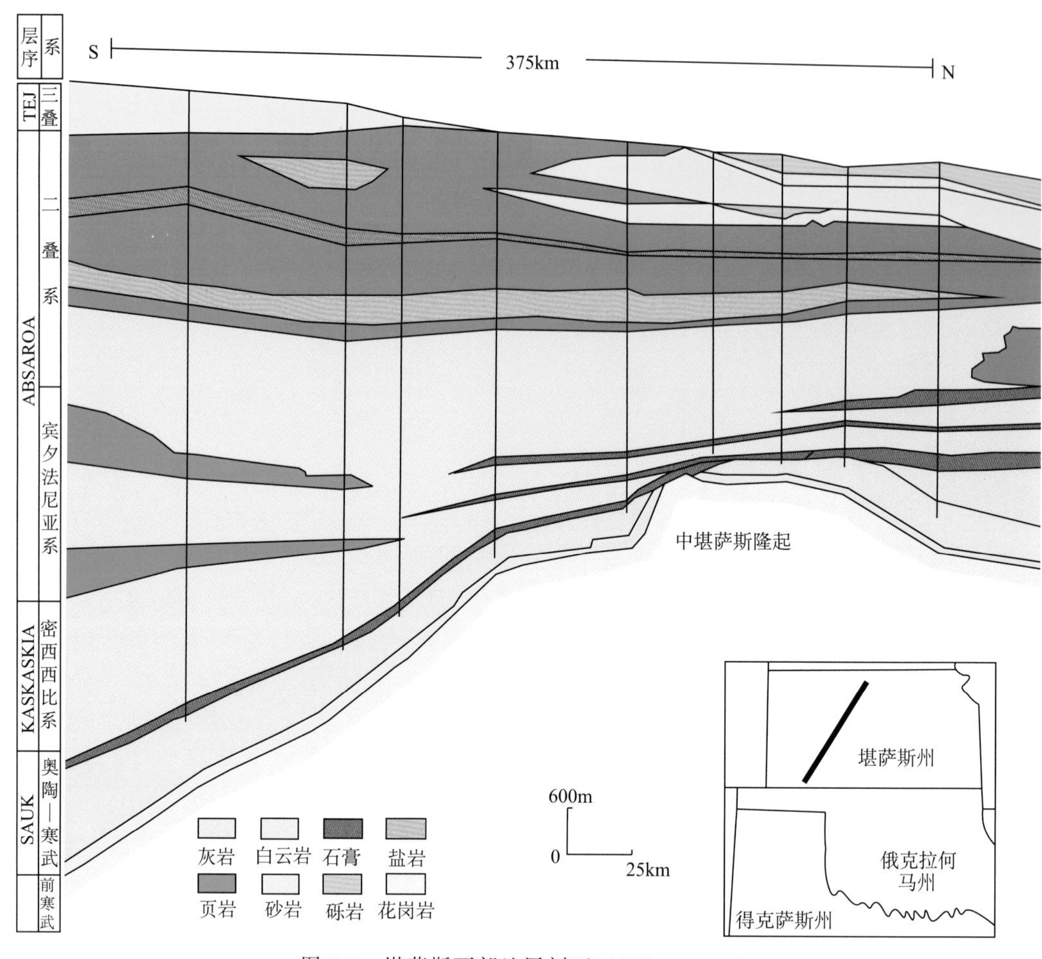

图 6-4 堪萨斯西部地层剖面（Adler，1995）

夕法尼亚统 Morrow 组沉积高水位期与低水位期的岩相古地理图就展示了这两个时期先海进后海退的古地理格局（图 6-7）。

表 6-3 中陆地区构造演化纲要

时代	构造特点
晚宾夕法尼亚世末	沃希托运动，在南部形成由叠瓦状逆冲断层组成的沃希托山系
早宾夕法尼亚世末	俄克拉何马盆地的分化，形成阿纳达科盆地和阿马里洛-威契塔隆起，胡果顿盆地也在此时形成
晚密西西比世	持续缓慢的造陆运动使构造格局发生了变化，艾奥瓦盆地解体形成萨利娜盆地、尼马哈隆起和林城盆地
早古生代	艾奥瓦盆地和俄克拉何马盆地所组成的相对统一的地区，两盆地是由当时的一条隆起带所分隔，该隆起带中的 Ellis 隆起成为现今的中堪萨斯隆起
前寒武	结晶变质岩基底，尼马哈隆起为一条重力异常带

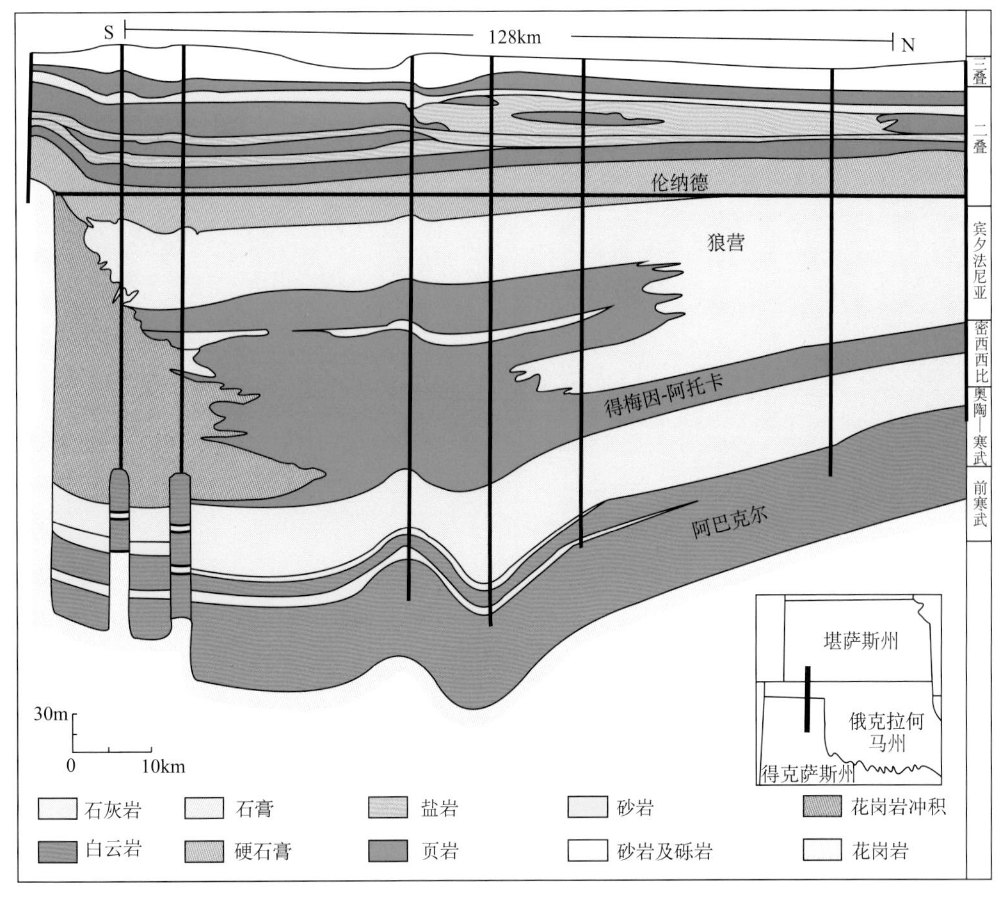

图 6-5　潘汉德南北向剖面（Adler，1995）

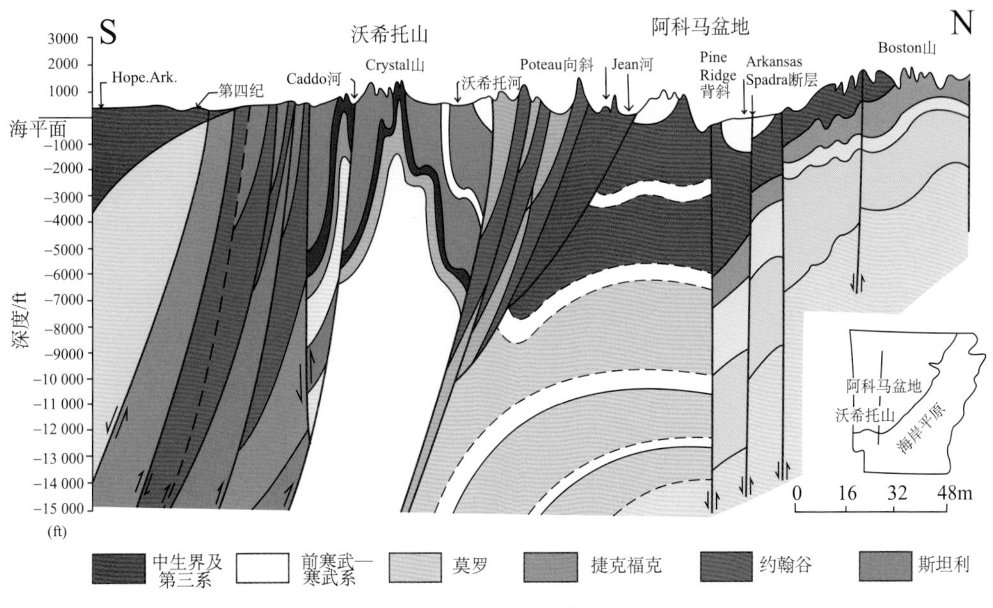

图 6-6　阿纳达科盆地南部地质剖面（Landes，1995）

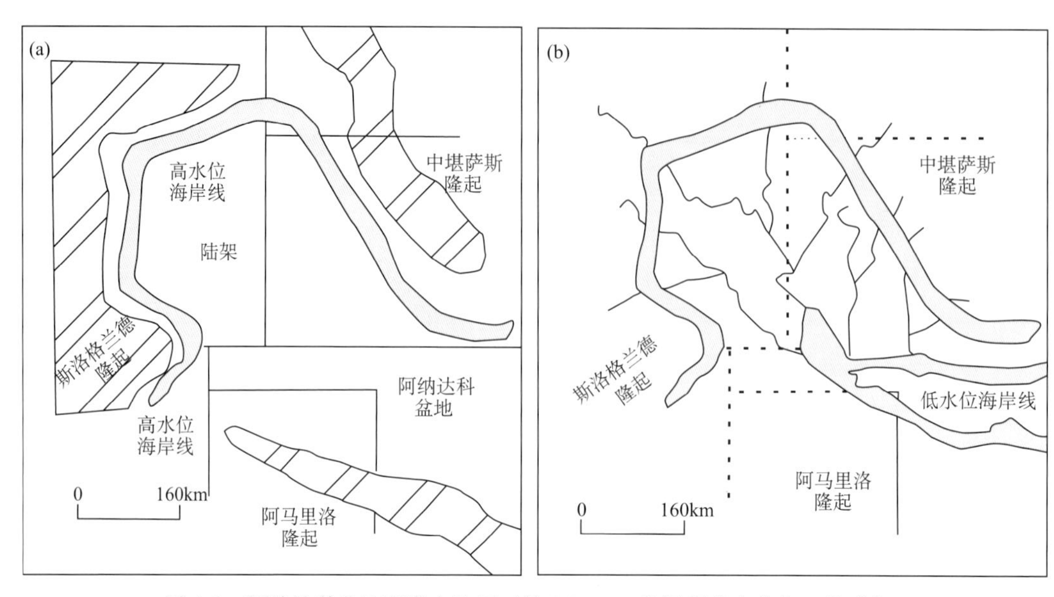

图 6-7 阿纳达科盆地下宾夕法尼亚统 Morrow 组沉积高水位期（海进期）与低水位期（海退期）古地理图（Bowen et al.，2003）

到上二叠统狼营组沉积时期，中陆地区局部隆起为陆相，大部分仍为海相碳酸盐岩台地，也是重要的储层岩系，其中海相主要集中在堪萨斯地区，环绕海相周围是海陆过渡相，而陆相在最外侧（图 6-8）。

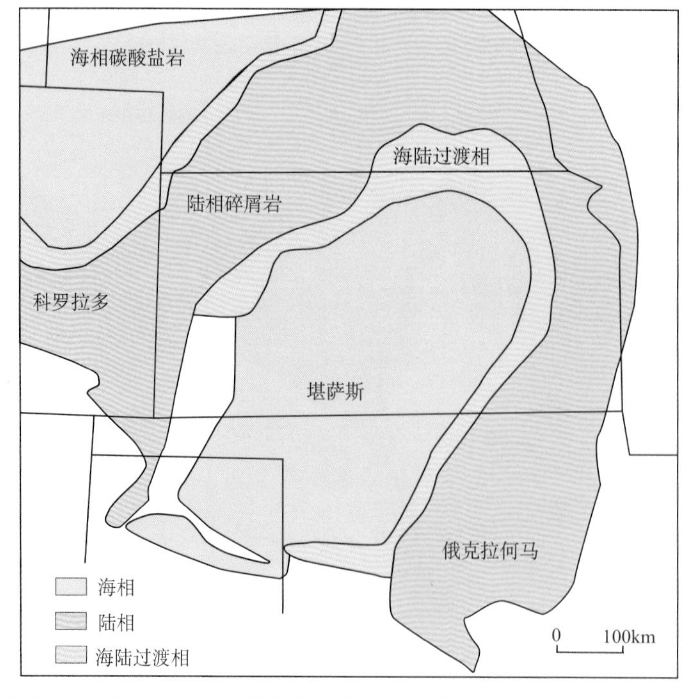

图 6-8 中陆地区上二叠统狼营组岩相古地理（Sorenson，2005 修改）

综上所述，中陆盆地群在密西西比纪—宾夕法尼亚纪时期是一个典型的完整克拉通盆地，以浅海相碳酸盐岩台地为主。

第三节　石油地质特征

美国中陆盆地群是美国重要的油气产区，即中陆油气区，已有近百年的勘探开发历史。中陆油气区有着优越的石油地质条件，从烃源岩、储层、盖层、圈闭到整个含油气系统，都有着较好的配置组合，是美国最早的并且到目前仍在生产的油气区。其中，在俄克拉何马州和堪萨斯州发现的可采油气资源相当丰富（图 6-9 和图 6-10）。

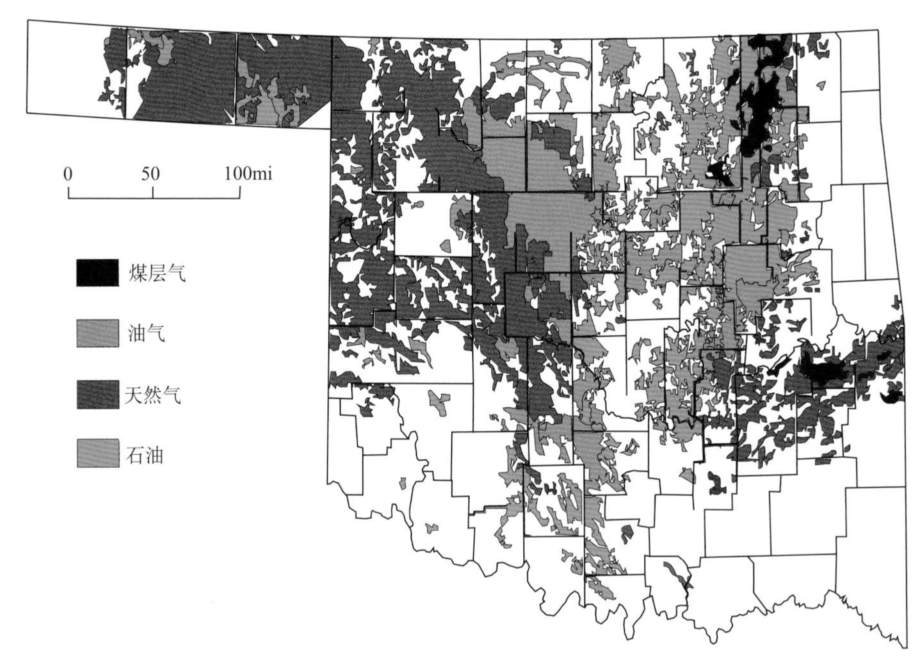

图 6-9　中陆油气区俄克拉何马州油气资源分布图（Boyd，2002）

一、烃源岩特征

中陆盆地群的烃源岩分布于奥陶系到宾夕法尼亚系的各层系，其中，上泥盆统—下密西西比统的伍特福德组页岩是最重要的烃源岩，TOC 为 2.7%～5.5%。伍特福德组页岩的烃源岩类型主要是Ⅱ型干酪根，以生油为主。

中陆地区生油层伍特福德组页岩具有很高的成熟度，局部地区镜质体反射率可达 4.0，如阿纳达科盆地南部和俄克拉何马州东南部等（图 6-11）。

奥陶系辛普森群和迪克群页岩是中陆油气区尼马哈隆起最重要的烃源岩，TOC 为 3.6%～7.7%。在中陆油气区林城盆地的深部，奥陶系的烃源岩在晚宾夕法尼亚世或二叠纪已经成熟。中陆油气区奥扎克隆起的烃源岩主要是迪克群 Guttenberg 灰岩段的页

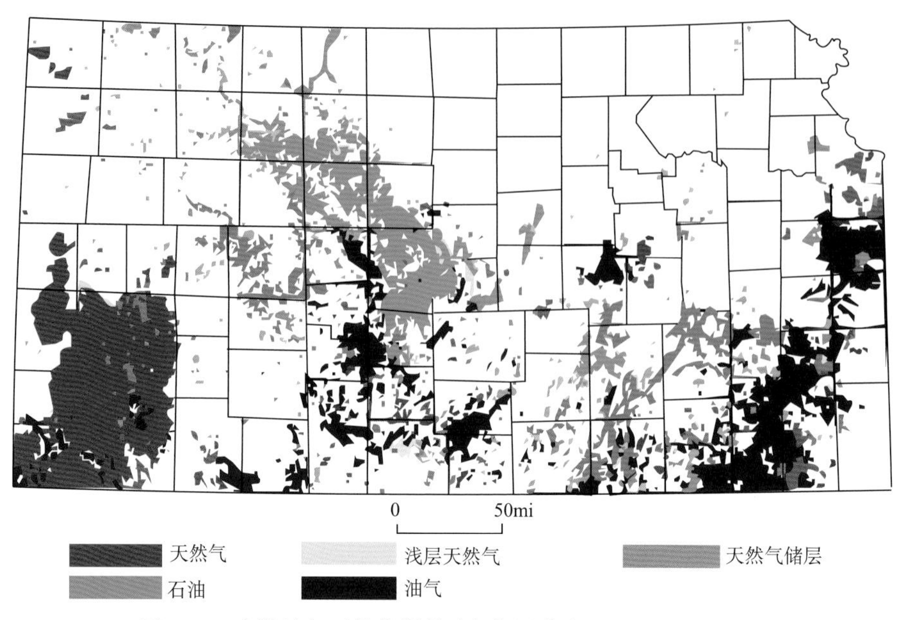

图 6-10　中陆油气区堪萨斯州油气资源分布图（Boyd，2002）

岩夹层，但是此烃源岩可能只是部分成熟。

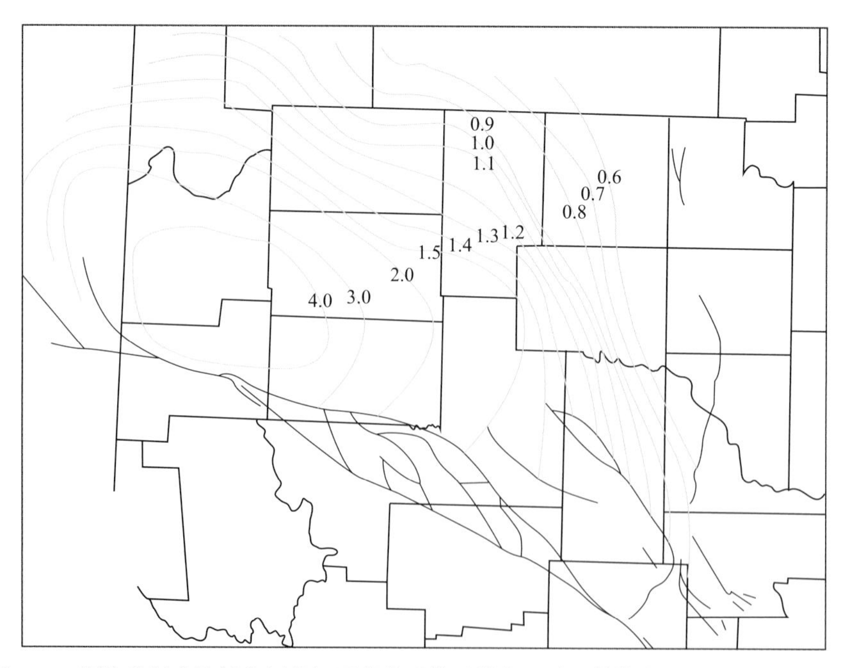

图 6-11　阿纳达科盆地伍特福德组页岩镜质体反射率（%）等值线图（Cardott，2007）

二、储层特征

中陆盆地群的大量油气主要产自古生界地层，主要储层包括：寒武系—奥陶系的阿巴克尔群碳酸盐岩、奥陶系辛普森群砂岩和志留系—泥盆系亨顿群碳酸盐岩。

寒武系—奥陶系的阿巴克尔群碳酸盐岩分布广泛。早期白云岩化和后期在不整合面处的溶解、风化作用形成了多溶孔、高渗透储层。

奥陶系辛普森群砂岩孔渗性好，平均渗透率为 68.7mD，并且分布范围大，孔隙度从 10%到 26.6%，可以形成大油田，例如俄克拉何马城大油田。

志留系—泥盆系储层为亨顿群碳酸盐岩，也是良好储层。

密西西比系从契斯特（Chesterian）统到金德胡克（Kindhook）统都产油气，储层为砂岩和碳酸盐岩，例如：胡果顿盆地东部地区密西西比系白云岩储层的物性在横向与垂向上变化都很大，孔隙度从 8%到 20%，渗透率从 6.5mD 到 167mD（图 6-12）。

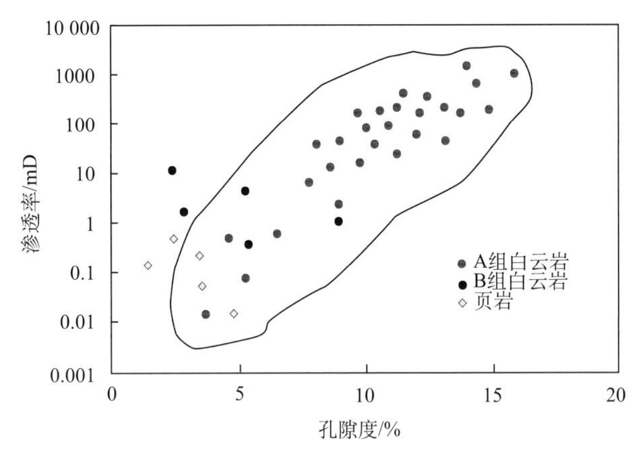

图 6-12　堪萨斯州密西西比系白云岩储层物性（堪萨斯州地质调查局，2003）

宾夕法尼亚系储层有切罗基砂岩、迪斯砂岩、兰辛-堪萨斯城灰岩和冲积扇砂岩等，其中切罗基砂岩最为重要，其平均孔隙度为 16.8%，渗透率变化很大，从 10mD 到 200mD，平均渗透率为 50mD。

二叠系狼营统灰岩和白云岩是胡果顿-潘汉德气田的主要储层之一，另外还有伦纳德统 Red Cave 砂岩和 Kunnymede 砂岩均产气。白垩系 Paluxy 组仅产少量油气。

综上所述，在中陆油气区最重要的储层为宾夕法尼亚系和奥陶系（图 6-13）。

中陆盆地群的储层按产量贡献比例依次是：宾夕法尼亚系（主要为切罗基砂岩）、中奥陶统（主要为辛普森砂岩）、寒武系—下奥陶统（主要为阿巴克尔碳酸盐岩）、密西西比系、二叠系（主要为狼营阶碳酸盐岩）、下泥盆统和志留系（亨顿群）、中泥盆统和白垩系。例如，在堪萨斯南部的胡果顿气田的储层中，宾夕法尼亚系和奥陶系储层的油气储量贡献最大，两者合计占 97%。

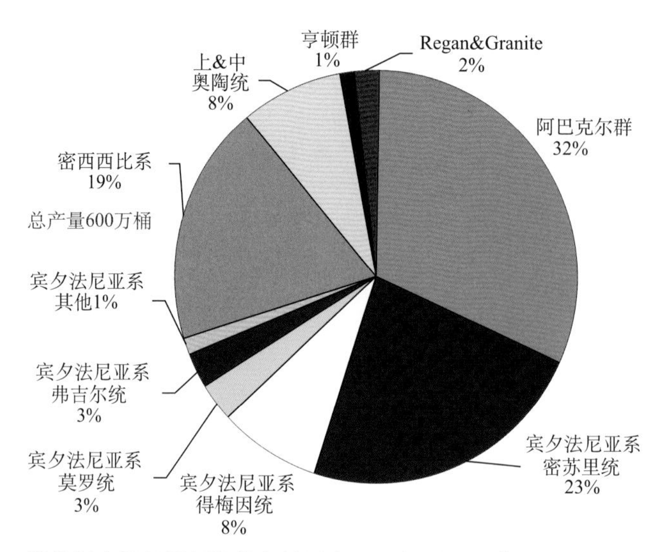

图 6-13　堪萨斯南部胡果顿海槽各储层产量比例图（堪萨斯地质调查局，2003）

三、盖层特征

中陆油气区有极好的盖层条件，宾夕法尼亚系的灰岩和泥岩构成区域盖层，是许多正向构造的直接盖层；密西西比系及宾夕法尼亚系等地层中，通过岩性变化和渗透率的变化可以形成岩性圈闭；二叠系在潘汉德及胡果顿的蒸发岩系构成极好盖层，因此形成了胡果顿-潘汉德大气田。

四、圈闭及形成机制

中陆油气区的构造比较简单，但是多次的抬升和沉降形成许多不整合，因此中陆油气区油气圈闭类型以地层圈闭为主，其次为披覆构造圈闭。地层-岩性圈闭是本区非常重要的一种圈闭类型，包括削截不整合（如阿巴克尔群、辛普森群、亨顿群、契斯特统存在的不整合）、地层超覆和尖灭和砂岩透镜体（如宾夕法尼亚系、密西西比系的砂岩透镜体）等。

中陆油气区继承性发育的古隆起（中堪萨斯隆起、尼马哈隆起、阿马里洛隆起等）是油气最富集的有利位置，这些正向构造是油气运移的有利指向，同时在这些隆起上发育有大量的地层-岩性圈闭和披覆构造圈闭，可形成大型的油气藏。

中陆油气区的中堪萨斯隆起、尼马哈隆起、阿马里洛隆起、塞米诺尔背斜和保尔斯谷等隆起的正向构造油气十分富集，在这些隆起区形成的背斜圈闭和地层削截不整合类的油气圈闭是胡果顿盆地、阿纳达科盆地深层、阿科马盆地和阿达莫尔盆地的主要圈闭类型。这些盆地的前宾夕法尼亚系地层发育地层圈闭，而宾夕法尼亚系及密西西比系地层主要发育岩性透镜体圈闭。中陆隆起区的古隆起形成的背斜以及地层尖灭均可形成良好的圈闭，为油气藏的形成提供良好条件。另外，不整合面可以形成多种类型的地层圈闭。角度不整合通常是通过倾斜储层的削截形成地层圈闭的，也可形成超覆不整合圈闭（图 6-14）。这些地层圈闭油气藏在中陆油气区占有重要地位。

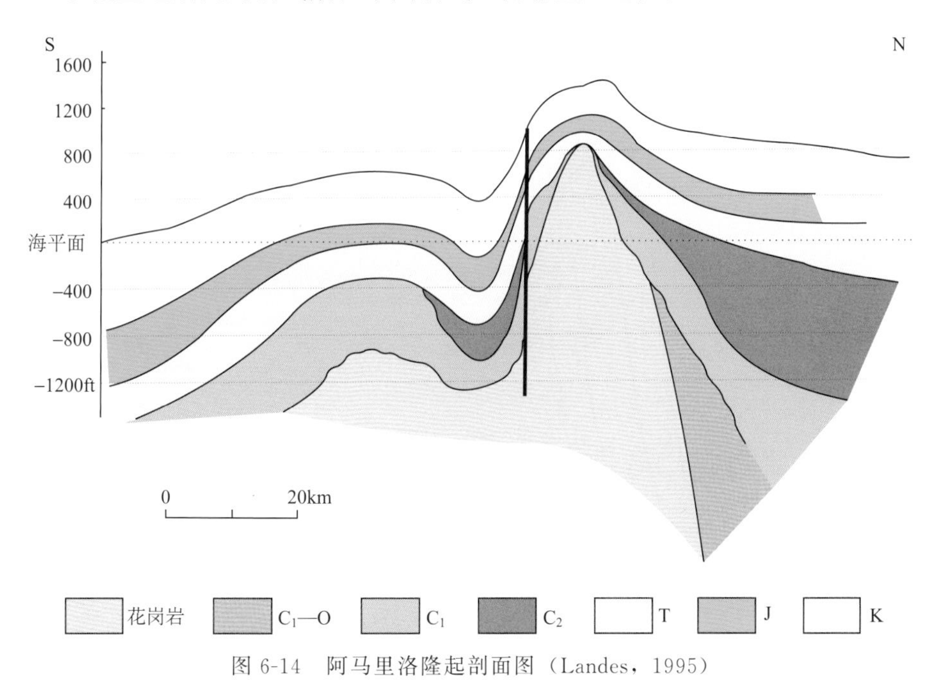

图 6-14 阿马里洛隆起剖面图（Landes，1995）

五、油气生成和运移

中陆油气区的生油层伍特福德组页岩具有很高的成熟度，局部地区镜质体反射率可达 4.0，如阿纳达科盆地南部和俄克拉何马州东南部等。如此高的成熟度，为油气的生成提供了非常好的条件。

在剖面上，油气的运移主要是由生烃凹陷生油层（如伍特福德组页岩）沿断层向上运移，即向周围的构造高部位运移，运移通道为断层或是层内疏导层。储集空间主要为泥盆系和宾夕法尼亚系，油气向上遇到中二叠统蒸发岩盖层时，形成油气藏，同时存在密西西比系内部的层内运移（图 6-15）。

油气的运移主要是由烃源岩成熟度高的地区向构造高部位运移。如阿纳达科盆地的南部，伍特福德组页岩生成的油气主要向南部潘汉德地区运移，并在此聚集成为著名的特大型潘汉德气田，然后继续向北运移，在胡果顿地区聚集成为著名的特大型胡果顿大气田。油气运移的后期，胡果顿地区油气开始向东部堪萨斯中部地区运移。

六、含油气系统及勘探潜力

中陆油气区的主要产油区为俄克拉何马州、堪萨斯州和潘汉德地区，多发现于阿纳

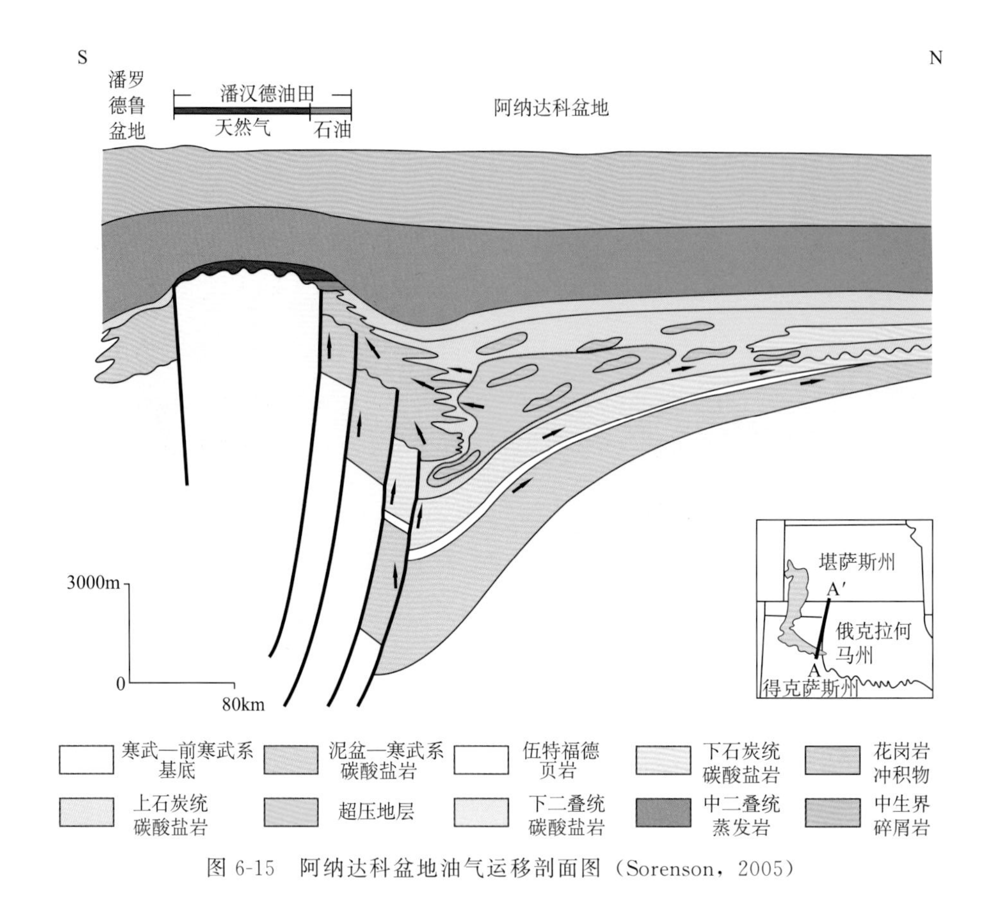

图 6-15　阿纳达科盆地油气运移剖面图（Sorenson，2005）

达科盆地浅陆架及邻近盆地和主隆起上。中陆地区大量油气主要产自古生界地层中。主要储层包括：寒武系—下奥陶统的阿巴克尔群碳酸盐岩、奥陶系辛普森群砂岩和志留系—泥盆系亨顿群碳酸盐岩。

1. 寒武系—下奥陶统油气系统

中陆油气区的第一套含油气系统为寒武系—下奥陶统油气系统，其烃源岩主要是上寒武统—下奥陶统；储层主要是寒武系—奥陶系的阿巴克尔群碳酸盐岩；盖层是上奥陶统的页岩（图 6-16）；寒武—奥陶系油气藏仅在堪萨斯隆起或俄克拉何马的部分地区发育，以构造圈闭为主。

晚奥陶世时期，油气开始发生运移，并在随后的志留纪时期聚集起来，该含油气系统的关键时刻是晚奥陶世末。

2. 奥陶系油气系统

中陆油气区的第二套含油气系统为奥陶系油气系统（表 6-5），其烃源岩主要是奥陶系辛普森群；储层主要是奥陶系辛普森群砂岩；盖层一方面是上奥陶统—下志留统页

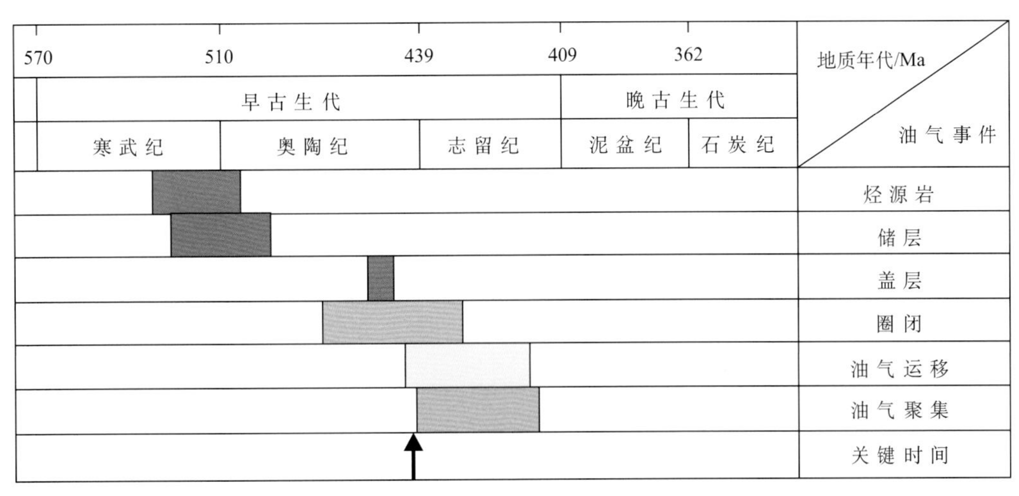

图 6-16　中陆油气区盆地寒武系—下奥陶统油气事件图

岩，另一方面是宾夕法尼亚系的灰岩和泥岩所构成的区域盖层；志留系—下泥盆统中的油气主要分布于阿纳达科盆地及阿达莫尔盆地（图 6-17）。

中陆油气区受到沃希托运动，在南部形成由叠瓦状逆冲断层组成的沃希托山系，受此影响，含油气系统从早志留世晚期开始运移，并在中志留世—晚泥盆世聚集在削截地层圈闭和构造圈闭中，该含油气系统的关键时刻是志留纪早期（图 6-17）。

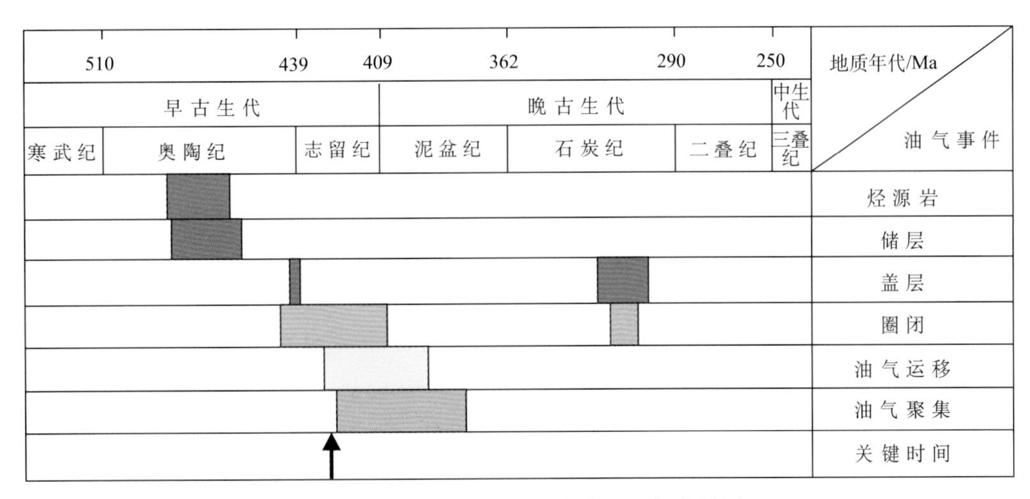

图 6-17　中陆油气区盆地奥陶系油气事件图

3. 志留系—泥盆系油气系统

中陆油气区的第三套含油气系统为志留系—泥盆系油气系统（图 6-18），其烃源岩主要是上奥陶统—中下志留统；储层主要是志留系—泥盆系亨顿群碳酸盐岩，为多孔白云岩；宾夕法尼亚系的灰岩和泥岩构成区域盖层，是许多正向构造的直接盖层。

在密西西比系及宾夕法尼亚系等地层中，因岩性变化和渗透率的变化可以形成岩性圈闭。中泥盆统只在堪萨斯及内布拉斯加东南发现了较小油气田，圈闭类型以构造圈闭为主；上泥盆统产量不大，圈闭类型以构造圈闭为主。石炭纪早期，油气开始运移，并在早石炭世—二叠纪时期聚集，该含油气系统的关键时刻是早石炭世（图 6-18）。

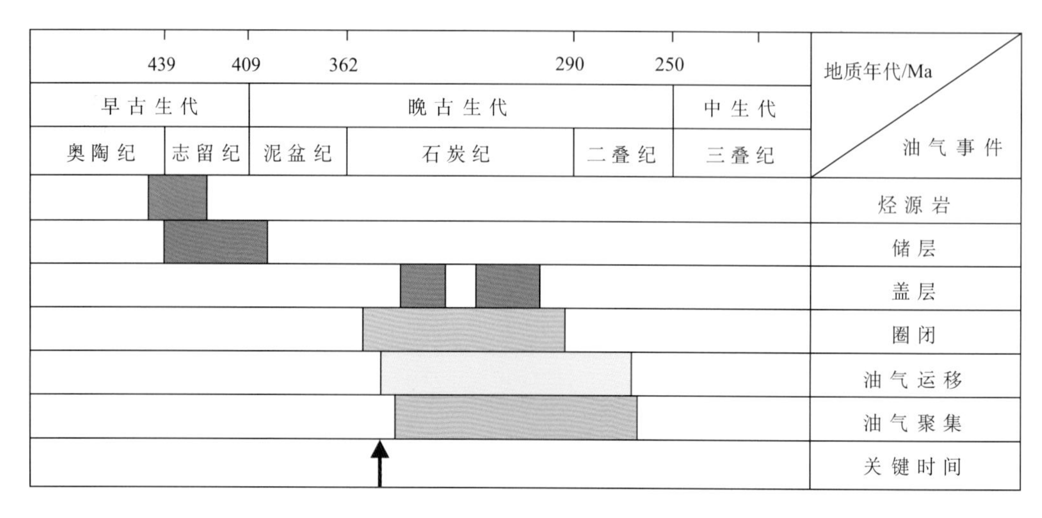

图 6-18　中陆油气区盆地志留系—泥盆系油气事件图

4. 勘探潜力

据 USGS（2002）资源调查数据统计，在堪萨斯州的中堪萨斯隆起、奥扎克隆起、林城盆地等区域，是主要的产油气区，堪萨斯隆起最终可采油储量 98.6 亿桶，剩余可采油储量 30.5 亿桶，最终可采气储量 $5.3\times10^{12}\mathrm{m}^3$，剩余可采气储量 $3002\times10^8\mathrm{m}^3$，累积产油 68 亿桶，累积产气 $5\times10^{12}\mathrm{m}^3$；奥扎克隆起最终可采油储量 137 亿桶，剩余可采油储量 21 亿桶，最终可采气储量 $1.4\times10^{12}\mathrm{m}^3$，剩余可采气储量 $340\times10^8\mathrm{m}^3$，累积产油 116 亿桶，累积产气 $1.3\times10^{12}\mathrm{m}^3$；林城盆地最终可采油储量 1 亿桶，剩余可采油储量 6500 万桶，最终可采气储量 $4.2\times10^8\mathrm{m}^3$，剩余可采气储量 $1698\times10^4\mathrm{m}^3$，累积产油 3500 万桶，累积产气 $2547\times10^4\mathrm{m}^3$。而在阿纳达科盆地北部、阿科马盆地，油、气资源也非常富集，可采油储量 66.7 亿桶，可采气储量 $3.4\times10^{12}\mathrm{m}^3$，剩余可采气储量 $8695\times10^8\mathrm{m}^3$；阿科马盆地，最终可采油储量 3.9 亿桶，剩余可采油储量 6600 万桶；最终可采气储量 $1879\times10^8\mathrm{m}^3$，剩余可采气储量 $501\times10^8\mathrm{m}^3$；累积产油 3.2 亿桶，累积产气 $1377\times10^8\mathrm{m}^3$；而在俄克拉何马州的东北部，煤层气是主要的资源，并有很好的勘探开发前景。

奥扎克隆起的烃源岩主要是迪克群 Guttenberg 灰岩段的页岩夹层，虽可能未成熟，但是含有较大的生烃潜力；另外，奥扎克隆起的储层和盖层条件优越，因此石油的勘探潜力巨大；中堪萨斯隆起地区也有勘探开发的潜力，隆起形成的背斜圈闭和地层削截不整合类油气藏，同时，在中堪萨斯隆起上，由于隆起的继承性，因此可在其两侧形成由于岩性以及孔隙度变化而形成的岩性-地层圈闭，是中陆地区主要的产气区，有深入挖潜的潜力。

根据该区主要隆起和盆地的油气可采储量的对比分析，可以看出奥扎克隆起的最终可采石油储量最大，堪萨斯隆起的最终可采石油储量次之，林城盆地的最终可采石油储量最少（图 6-19）；堪萨斯隆起的最终可采天然气储量最大，其次为阿纳达科盆地，林城盆地的最终可采天然气储量最少（图 6-20）。

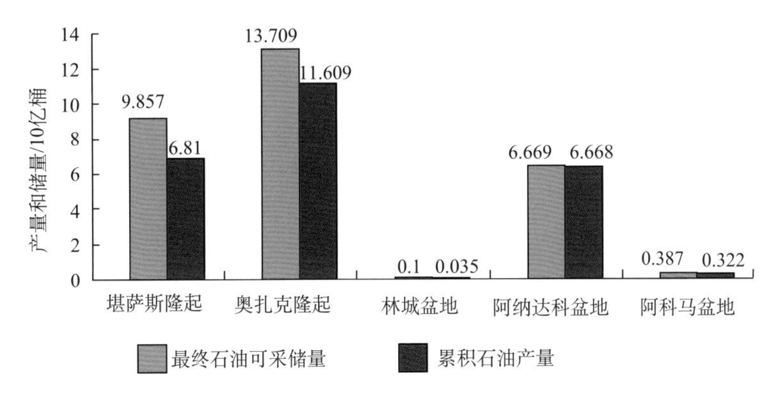

图 6-19　中陆油气区油最终可采储量与累积产量直方图

蓝色．最终可采储量；红色．累积产量

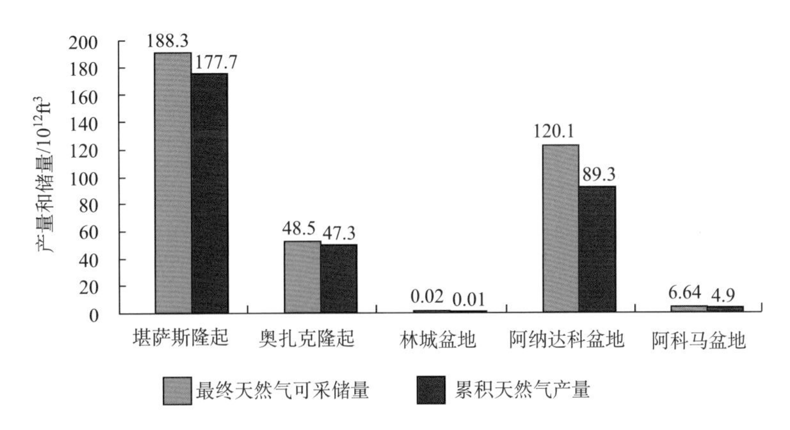

图 6-20　中陆油气区气最终可采储量与累积产量直方图

蓝色．最终可采储量；红色．累积产量

堪萨斯隆起的剩余可采油储量为 30 亿桶，是中陆油气区剩余石油储量最多的地区，因此堪萨斯隆起的石油勘探潜力最大（图 6-19 和图 6-20）；而在剩余可采天然气储量方面，阿纳达科盆地剩余可采气储量为 $8695\times10^{8}m^{3}$，是中陆油气区剩余气储量最多的地区，因此阿纳达科盆地的天然气勘探潜力最大（图 6-21 和图 6-22）。

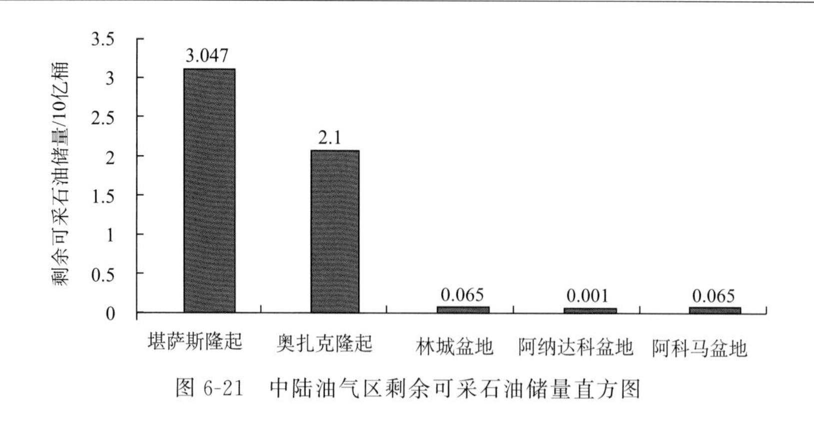

图 6-21　中陆油气区剩余可采石油储量直方图

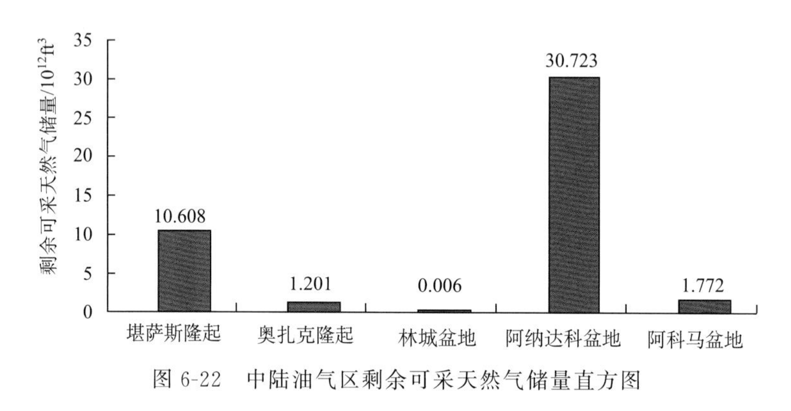

图 6-22　中陆油气区剩余可采天然气储量直方图

七、典型油气藏——Cheyenne West 气藏

中陆盆地群的油气主要集中于堪萨斯隆起的中部、奥扎克隆起的南部、阿纳达科盆地以及阿科马盆地的北部区域。其中，阿纳达科盆地的烃源岩从奥陶系到宾夕法尼亚系都有分布，并且以宾夕法尼亚系为主要产气层。在隆起区形成背斜圈闭和地层-岩性圈闭，成为阿纳达科等盆地的主要产气区。Cheyenne West 气藏位于阿纳达科盆地的深处，烃源岩成熟度高；储层方面，该气藏的六套储层均为宾夕法尼亚系。因此，该气藏具有一定的代表性。

1. 油气藏概况

Cheyenne West 气藏位于美国中陆油气区俄克拉何马州的 Roger Mills 郡，发育于阿纳达科盆地深处（图 6-23），海拔 640～686m，产区面积约 36.6km^2。Puryear 产层天然气地质储量为 $123\times10^8m^3$。Upper Morrow 产层的天然气地质储量为 $179\times10^8m^3$。1974 年 Puryear 产层的天然气产量为日产 $40\times10^4m^3$。1979 年 Puryear 产层的天然气最高日产量为 $38\times10^4m^3$，全部 Upper Morrow 产层的为 $4\times10^8m^3$。Cheyenne West 气藏的 Upper Morrow 产层和 Puryear 产层的产量最高峰都出现在 1979 年，后来产量和生

产井数都急剧下降。这和气藏高压力性质有关，随着开采的进行，压力降低到一定限度就不利于气体的开采了。

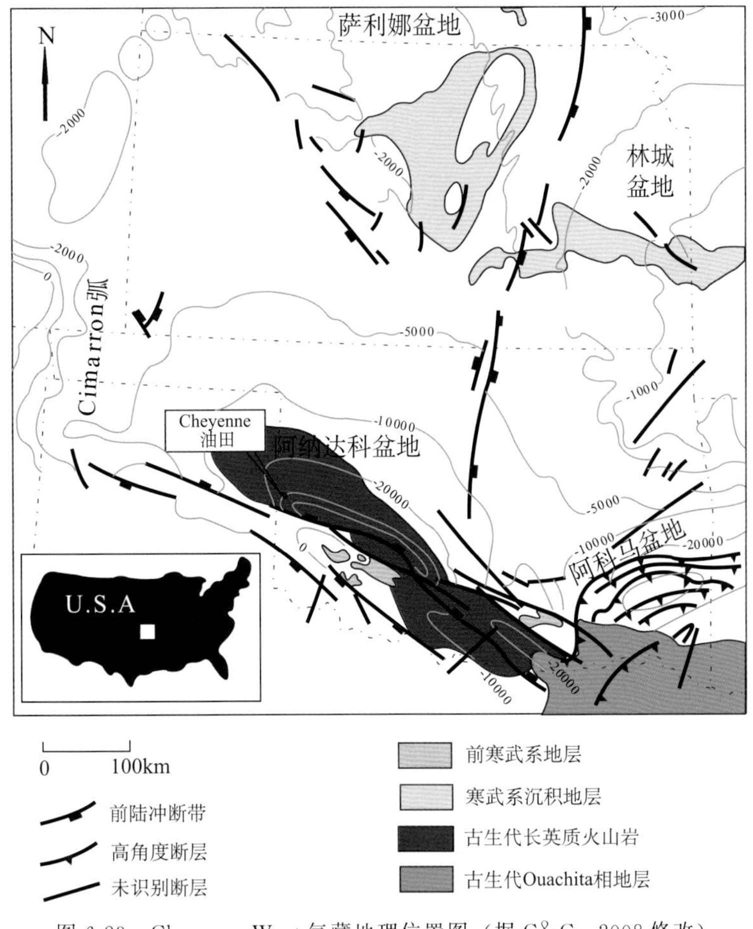

图 6-23　Cheyenne West 气藏地理位置图（据 C&C，2008 修改）

2. 油气藏特征

Cheyenne West 气藏的烃源岩为多套与储层互层的页岩，为河流三角洲-海相沉积体。烃源岩 TOC 为 1.4%～2.8%。排烃期为三叠纪—早侏罗世。

Cheyenne West 气藏储层分布在六个层位，均产于宾夕法尼亚系 Upper Morrow 组，分别为 Bradstreet、Pierce、Shaw、Hollis、Puryear 和 Purvis，统称为深盆燧石碎屑岩楔，厚度范围为 0～20m，平均厚度为 14 m，总体积为 0.257km^3；可产气面积约 147.63km^2。

Puryear 储层是六个层位中分布最广和含气性最好的产层，可产面积约 36.63km^2。该层由分选较差的细粒-粗粒砂岩组成；厚度范围 1～13m，平均值 7m；次生孔隙发育，介于 5%～18%，平均值为 13%；渗透率一般为 0.1～1mD，最大值为 2.3mD；含水饱和度介于 13%～42%，平均值为 24%；N/G 比值大于 0.5。储层顶面为简单单斜，倾角 2°～3°，向北遇海相页岩尖灭（图 6-24），为典型的岩性圈闭油气藏（图 6-25）。储层顶部深 3793m；气-水界面在气藏北西地区深 3978m，南东地区深 4084m。盖层为早宾夕法尼亚世沉积的 Upper Morrow 页岩，为扇三角洲前缘、前扇三角洲海相沉积，厚度为 61～107m 。

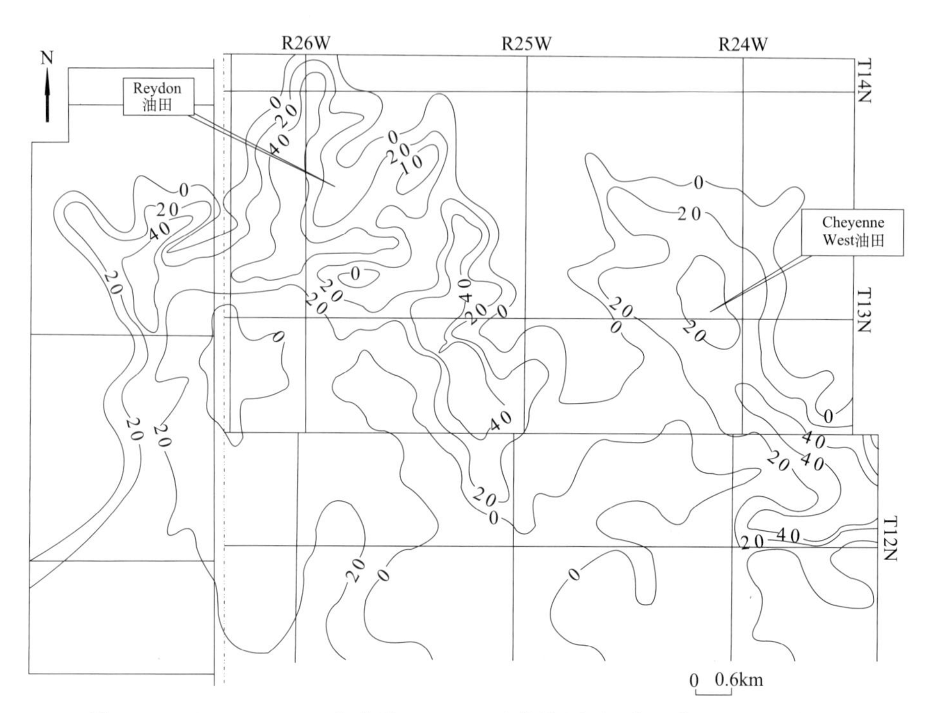

图 6-24 Cheyenne West 气藏的 Puryear 砂体等厚图（据 C&C，2008 修改）
图中等值线单位为 m

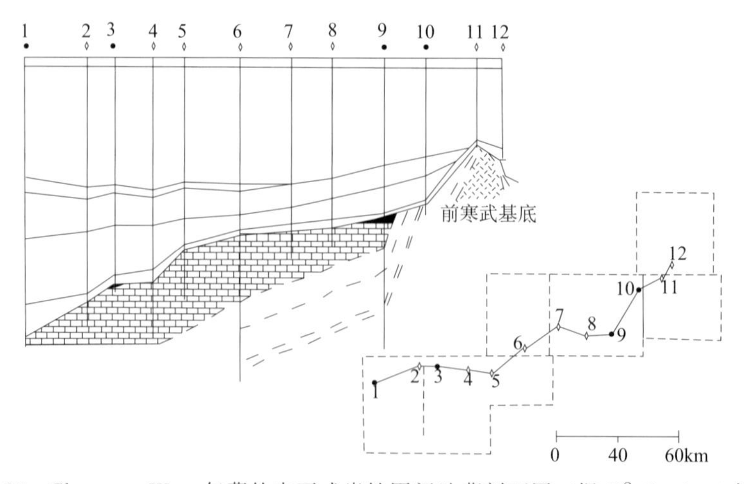

图 6-25 Cheyenne West 气藏的尖灭式岩性圈闭油藏剖面图（据 C&C，2008 修改）

小 结

中陆隆起盆地群包括中堪萨斯隆起、奥扎克隆起、萨利娜盆地、胡果顿盆地、林城盆地、切罗基盆地、阿纳达科盆地和阿科马盆地，主要形成于古生代，后经过中新生代多期次的改造而成为现今的格局。

中陆隆起盆地群的大部分隆起和盆地都属于内克拉通型盆地群，仅阿科马盆地和阿纳达科盆地是边缘克拉通盆地，受南部阿巴拉契亚造山带的影响，盆地呈楔形，但不是典型的前陆盆地，主要特征仍以断块逆冲抬升为主，而不是褶皱冲断带。

中陆盆地群在密西西比纪—宾夕法尼亚纪时期是一个典型的完整克拉通盆地，主成盆期为晚古生代，以浅海相碳酸盐岩台地为主。晚密西西比世时期，美国大部分地区处于浅海环境，为碳酸盐岩台地，局部地区为陆地，遭受风化剥蚀，而此时的中陆地区处于浅海环境。在宾夕法尼亚纪时期，中陆地区先发生由东南向西北方向的海侵，发育滨海砂岩相和浅海碳酸盐岩相，为重要储层；随后发生由西北向东南的海退，发育河流相和三角洲相，也是储层之一。上二叠统狼营组沉积时，中陆地区局部隆起为陆相，大部分仍为海相碳酸盐岩台地，也是重要的储层发育期，其中海相主要集中在堪萨斯地区，环绕海相周围是海陆过渡相，而陆相主要分布在中陆区的最外侧。

中陆盆地群的烃源岩分布于奥陶系到宾夕法尼亚系的各层系，其中，上泥盆统—下密西西比统的伍特福德组页岩是最重要的烃源岩，也是重要的页岩气产层。主要储层包括：寒武系—奥陶系的阿巴克尔群碳酸盐岩、奥陶系辛普森群砂岩和志留系—泥盆系亨顿群碳酸盐岩。中陆油气区有极好的盖层条件，宾夕法尼亚系的灰岩和泥岩构成区域盖层。另外二叠系在潘汉德及胡果顿的蒸发岩系构成极好盖层，也是中陆隆起区最大气田胡果顿-潘汉德大气田的盖层。

中陆油气区的构造比较简单，但是多次的抬升和沉降形成许多不整合，因此中陆油气区油气圈闭类型以地层圈闭为主，其次为披覆构造圈闭。继承性发育的古隆起是油气最富集的有利位置，这些正向构造是油气运移的有利指向，同时在这些隆起上发育大量地层-岩性圈闭和披覆构造圈闭，可以形成大型油气藏。可以说，中陆油气区的油气藏类型是世界岩性圈闭和披覆构造圈闭类型油气藏的典范。

第七章 阿巴拉契亚盆地

◇ 阿巴拉契亚盆地是位于美国东部典型的古生代前陆盆地。从1859年世界第一口工业油井在这里开采至今，已经有150多年的勘探开发历史了。

◇ 阿巴拉契亚盆地是美国甚至是世界石油工业的摇篮。在这里第一次发现了构造圈闭油气藏，利用推覆构造理论第一次在阿巴拉契亚盆地的冲断带下方深部发现大量新的油气田，引发了全球前陆盆地和推覆构造区找油的热潮。

◇ 阿巴拉契亚盆地的油气产层的分布与该盆地的构造沉积历史密切相关。阿巴拉契亚盆地经历了四次构造沉降：寒武纪为裂谷时期，沉降速率最大；早奥陶世—中奥陶世早期是被动陆缘阶段，沉降速率最小，构造活动最弱，最稳定；从中奥陶世晚期—宾夕法尼亚纪阿巴拉契亚盆地进入前陆盆地演化阶段，沉降速率中等偏大，开始了古生代陆相前陆盆地沉积。在盆地演化的不同阶段，有不同的生储盖组合，其中前陆盆地阶段发育的砂岩储层的储量和产量最大。三个阶段的盆地演化决定了三个阶段具有不同的油气运移模式。阿巴拉契亚盆地圈闭类型多样，中浅层次以构造圈闭为主，深层以岩性圈闭为主。

◇ 阿巴拉契亚盆地油气资源非常丰富，以天然气为主，主要分布在盆地的斜坡和前渊褶皱区。阿巴拉契亚盆地油气主要产自志留系、泥盆系和密西西比系储层，少量产自寒武系、奥陶系和宾夕法尼亚系储层。

◇ 150多年来，阿巴拉契亚盆地已开采了超过50亿桶石油和约$1.4\times10^{12}m^3$天然气。该盆地石油剩余探明储量为16.7亿桶，天然气剩余探明储量为$2703\times10^8m^3$，凝析油剩余探明储量为7900万桶。阿巴拉契亚盆地虽然是美国甚至是全球最早进行油气勘探开发的盆地，是勘探开发程度极高的盆地，但近十年来，该盆地的页岩气开采格外引人注目。该盆地的Marcellus页岩气资源量为$14.61\times10^{12}\sim69.24\times10^{12}m^3$，技术可采储量达$1.42\times10^{12}\sim5.66\times10^{12}m^3$，将成为整个北美大陆分布面积最广的页岩气产区，具有广阔的勘探开发前景。

第一节 盆地概况

阿巴拉契亚盆地（Appalachia Basin）位于美国东部，分布在纽约州、宾夕法尼亚州、俄亥俄州东部、西弗吉尼亚州、马里兰州西部、肯塔基州东部、弗吉尼亚州西部、田纳西州东部、佐治亚州东北部和亚拉巴马州东北部（图7-1）。盆地NE—SW向长1730km，NW—SE向宽42～499km，面积约$44\times10^4km^2$。

阿巴拉契亚盆地油气非常丰富，以天然气为主，油气带呈南北走向分布。主要分布在阿巴拉契亚前陆盆地的斜坡和前渊褶皱区（图 7-1）。

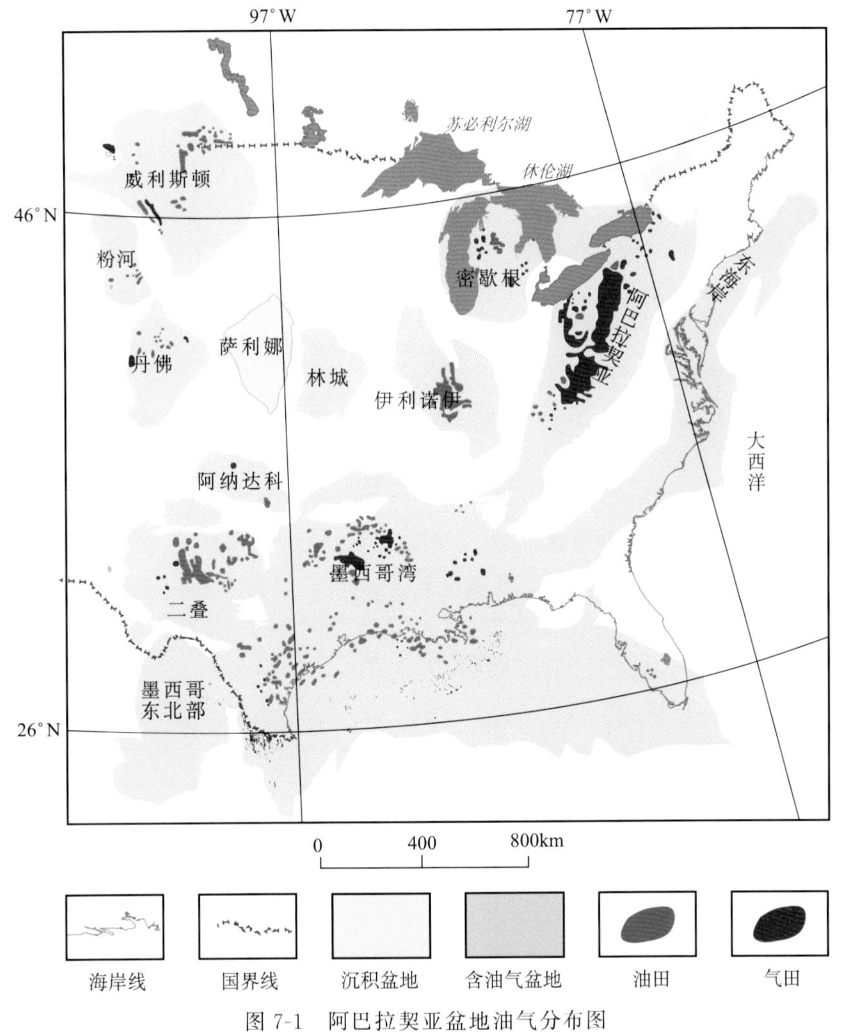

图 7-1　阿巴拉契亚盆地油气分布图

阿巴拉契亚盆地是北美东部重要的古生界油气产区，是美国石油工业的发源地。从 1859 年开采至今，共发现油气田约 1100 个，总的勘探历程为“层位从浅到深，产层从砂岩到碳酸盐岩，类型从常规到非常规，地表情况从简单到复杂”。

泥盆系—宾夕法尼亚系砂岩储层的勘探开发阶段（1859～1885 年）：1859 年在宾夕法尼亚州西北部，人类开凿了世界第一口具有工业意义的石油钻井——德雷克井（Drake Well），在埋深 21.3m 的上泥盆统砂岩层中发现了石油。后来多家公司相继在附近发现了新的上泥盆统、密西西比系和宾夕法尼亚系砂岩产层。随后油气产区从纽约州南部开始，横跨宾夕法尼亚州西部、西弗吉尼亚州中部、俄亥俄州东部，直到肯塔基州东部，几乎遍布整个阿巴拉契亚盆地。在这一阶段，累计天然气产量为 $8773\times10^{8}m^{3}$，累积石油产量为 23 亿桶。

志留系砂岩储层的勘探开发阶段（1885～1900 年）：19 世纪 80 年代到 20 世纪初，在俄亥俄州中部和东部下志留统 Clinton 砂岩和 Medina 组砂岩层中发现了大量油气，后续在宾夕法尼亚州西北部、纽约西部和肯塔基州东北部也找到相关储层，开拓了新的油气产层。

志留系—泥盆系非砂岩储层的勘探开发阶段（1900～1960 年）：1900 年在肯塔基州中部和东部的志留系和泥盆系碳酸盐岩中发现了大规模油气储层，埋深 244～762m 。1900～1993 年，该套碳酸盐岩油气产层累积石油产量为 1.6 亿桶，累积天然气产量为 $58\times10^8m^3$。1950 年以前天然气勘探集中在盆地西部地区的 Oriskany 砂岩产层中；从 20 世纪 50 年代开始，勘探目标转移到盆地东部阿巴拉契亚造山带的背斜构造部位。覆盖在 Oriskany 砂岩之上的破碎的中泥盆统 Huntersville 燧石层也成为重要的天然气产层，广泛分布在宾夕法尼亚州、西弗吉尼亚州和马里兰州地区。20 世纪 50 年代引进的水压破裂技术大大提高了 Clinton 和 Medina 组砂岩储层的采收率，勘探深度达到 1219m。

寒武系—奥陶系储层的勘探开发阶段（1960～1993 年）：20 世纪 60 年代，在俄亥俄州上寒武统 Knox 白云岩中发现油气，产层埋深 914m。20 世纪 70 年代晚期开始，历经 10 余年，根据阿巴拉契亚前陆盆地理论和逆掩断层理论，在阿巴拉契亚逆掩断层带下面，首次发现了新的大面积油气聚集带，从此引导全球开始了逆掩冲断带的油气勘探活动。1885～1993 年，志留系砂岩产层的累计石油产量为 3.45 亿桶，累计天然气产量为 $2123\times10^8m^3$。

常规油气勘探后期和非常规气勘探初期阶段（1993 年至今）：常规油气的勘探开发仍在持续，现在仍在开采的产层包括埋深 1676～2134m 的志留系低渗透砂岩层、埋深 1829～2743m 的中泥盆统 Huntersville 燧石层和埋深 1372～1829m 的泥盆系—宾夕法尼亚系低渗透砂岩层。自 1993 年来，阿巴拉契亚盆地生产石油 30 亿桶，天然气 $1.2\times10^{12}m^3$。1993 以来，上寒武统 Knox 白云岩产层累计石油产量为 6000 万桶，累计天然气产量为 $8.5\times10^8m^3$；中泥盆统 Huntersville 燧石层累计天然气产量为 $821\times10^8m^3$。

1993 年以来，阿巴拉契亚盆地的油气勘探重点是煤层气、页岩气和深盆气等非常规气的勘探开发。阿巴拉契亚盆地煤层气从 1998 年开始开采，煤层气产量逐年递增，2006 年年产量达到 $8.5\times10^8m^3$。据 EIA（2007）统计，截至 2006 年 12 月 31 日，阿巴拉契亚山中部煤层气产量为 $218\times10^8m^3$，阿巴拉契亚山北部煤层气产量为 $5.7\times10^8m^3$。阿巴拉契亚盆地的页岩气也是目前美国重要的非常规气产区，其中最引人注目的是阿巴拉契亚盆地 Marcellus 页岩气藏，其资源量达 14.61×10^{12}～$69.24\times10^{12}m^3$，可采储量达 1.42×10^{12}～$5.66\times10^{12}m^3$。

第二节 盆地基础地质特征

阿巴拉契亚盆地东靠阿巴拉契亚山脉，西邻北美克拉通，是古生代发育的前陆盆地。该盆地的西北边界以 Findlay-Algonquin 隆起为界与密歇根盆地相隔，西南边以 Jessamine 穹隆、辛辛那提隆起和 Nashville 穹隆为界与伊利诺伊盆地（Illinois Basin）

相隔（图 7-2）。

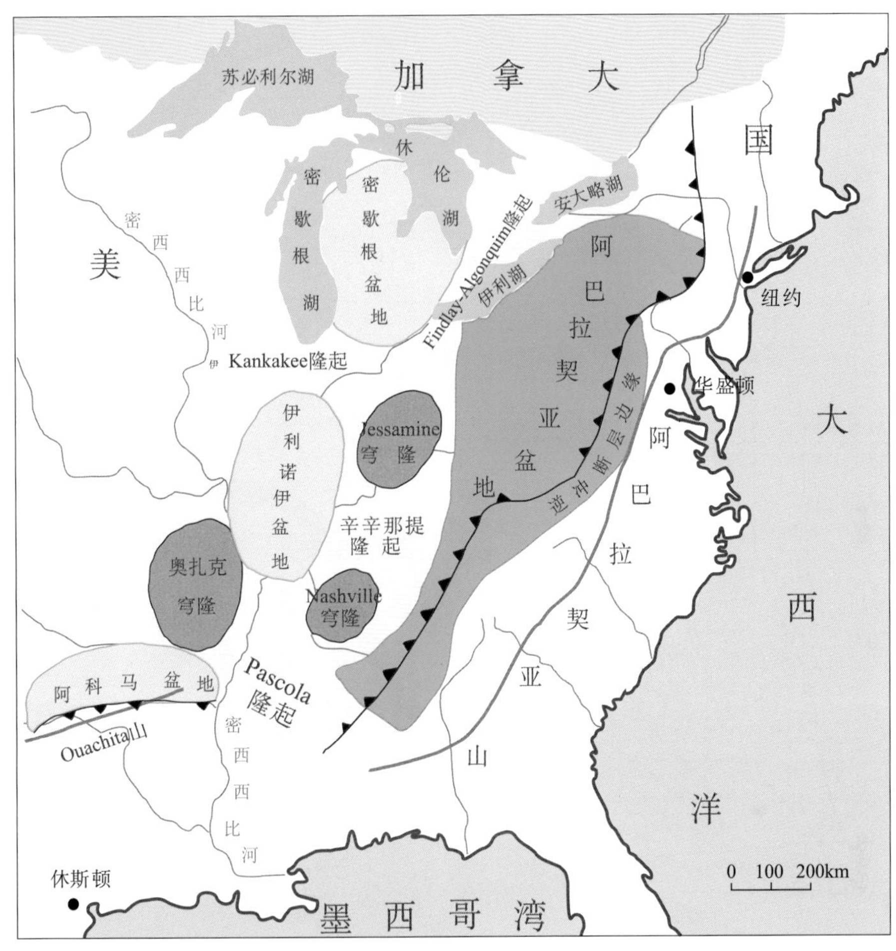

图 7-2　阿巴拉契亚盆地构造位置图（据 Rodger，1997）

一、区域构造

阿巴拉契亚盆地为典型的古生代前陆盆地，受北西向区域最大主压应力的作用，在盆地东部地区发育了北东走向的逆冲推覆构造带（蓝岭和阿勒根尼构造前锋带），在盆地中部和西部发育了轴向为北东走向的褶皱区和斜坡区（图 7-3）。在盆地中央还发育了少量轴向为北西西和北西的小褶皱，它们可能与发生在盆地南边的沃希托造山运动有关。

二、地层层序

阿巴拉契亚盆地古生代地层发育，从寒武系至宾夕法尼亚系，局部厚度超过

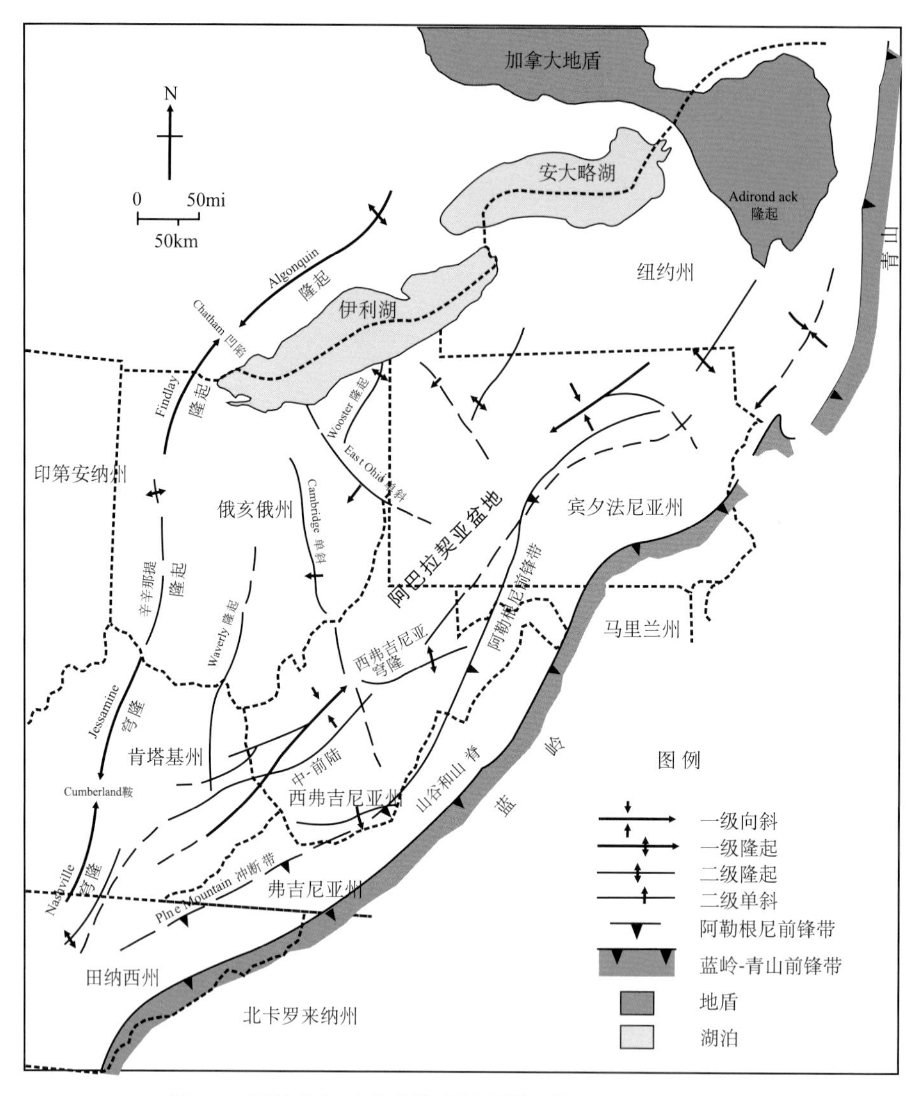

图 7-3 阿巴拉契亚盆地构造纲要图（据 Shumaker，1996）

12 000m。根据盆地形成阶段，该套古生代地层可以进一步划分为裂谷、被动大陆边缘和前陆盆地三套沉积体（图 7-4）。被动陆缘阶段以碳酸盐岩沉积为主，前陆盆地阶段以碎屑岩沉积为主。碳酸盐岩沉积与北美板块-欧洲板块会聚引发的多期海侵有关；硅质碎屑岩沉积与古生代塔康、阿卡迪亚、阿勒根尼和沃希托四期造山活动有关。依据纵剖面分析，阿巴拉契亚盆地古生代地层东倾，东厚西薄（图 7-5），在宾夕法尼亚州中部厚 13 716m，在俄亥俄州中部厚 610m。

三、盆地构造沉积演化

阿巴拉契亚盆地的构造演化响应古生代和中生代泛大陆的聚合和裂解。它的演化与

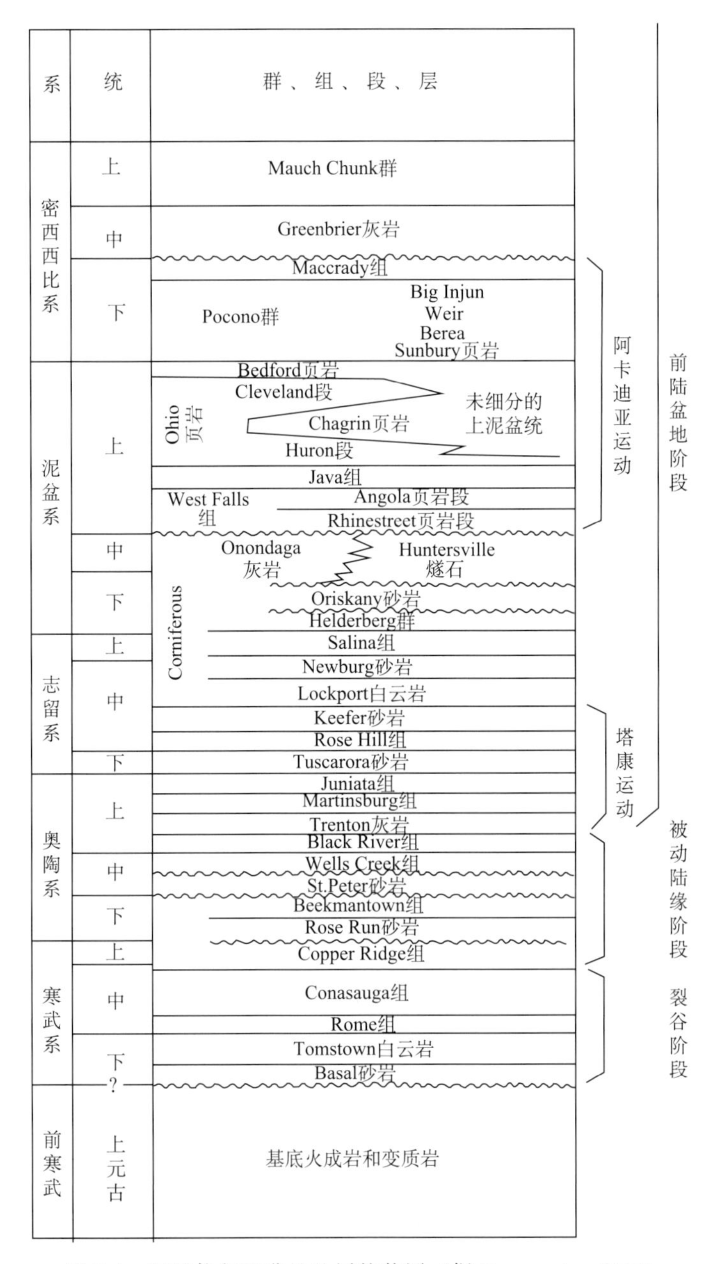

图 7-4　阿巴拉契亚盆地地层柱状图（据 Gao et al.，2000）

阿巴拉契亚造山带的形成密不可分，与晚奥陶世—早志留世北阿巴拉契亚的塔康造山运动（加里东期）、中泥盆世—密西西比纪中期南阿巴拉契亚的阿卡迪亚造山运动、密西西比纪晚期—二叠纪的阿勒根尼造山运动和宾夕法尼亚纪—二叠纪的沃希托造山运动息息相关（海西期）（图 7-6）。

寒武纪，阿巴拉契亚地区为被动陆缘环境。晚寒武世，欧洲板块向北美板块漂移，阿巴拉契亚地区转为西太平洋型活动大陆边缘。晚奥陶世—早志留世，北美板块东缘发

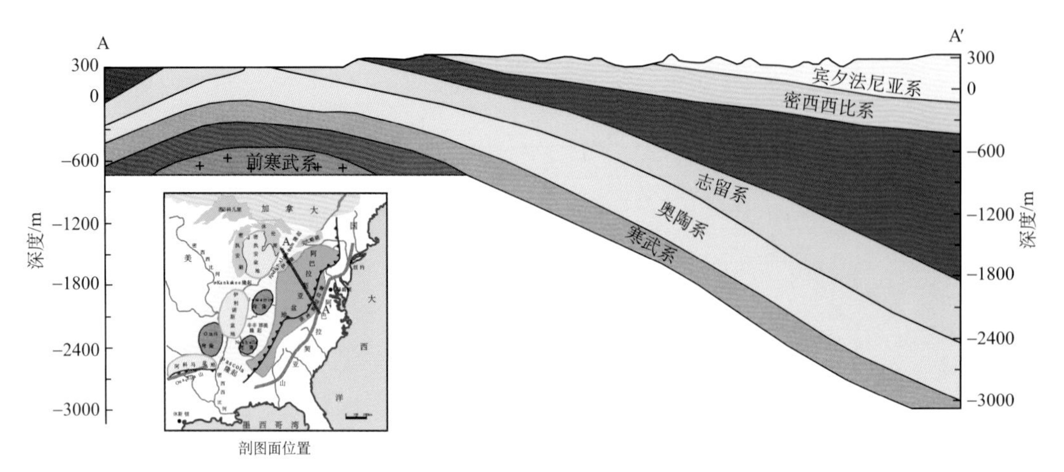

图 7-5 阿巴拉契亚盆地 NW—SE 向地层剖面图（据 Rodger，1997）

生地体拼贴，形成北阿巴拉契亚的塔康造山带将内陆海与古大西洋（Iapetus Ocean）分割开。阿巴拉契亚前陆盆地开始形成，主要接受碎屑沉积。

晚志留世，北美板块东缘 Avalonia 岛弧开始向北美大陆拼贴，西古大西洋（Western Lapetus Ocean）开始关闭（图 7-6A）。

晚泥盆世，Avalonia 岛弧拼贴完成，形成阿卡迪亚造山带。阿卡迪亚造山带成为新的碎屑物源区，在北美大陆一侧形成了 Catskill 三角洲。古大西洋继续消亡（图 7-6B）。阿巴拉契亚盆地为前陆盆地主要发育时期，接受前陆盆地碎屑沉积。

密西西比纪晚期，南美板块、非洲板块与北美板块碰撞，古大西洋关闭，开始形成泛大陆（图 7-6C）。

晚宾夕法尼亚世，南美板块、非洲板块与北美板块完全碰撞，在北美板块东南缘形成南阿巴拉契亚的阿勒根尼造山带，内陆海消亡，前陆地区发生挠曲，阿巴拉契亚盆地继续发育前陆盆地，继续接受碎屑沉积，并发育盖层褶皱（图 7-6D）。

晚二叠纪，泛大陆达到最大范围，北美东部地区遭受剥蚀，阿巴拉契亚盆地发生沉积间断（图 7-6E）。

以上阿巴拉契亚盆地的构造演化控制了阿巴拉契亚盆地的古地理演化。Beaumont（1988）据阿巴拉契亚造山带的剥蚀量和阿巴拉契亚-密歇根-伊利诺伊原盆地的沉积量，推演出了北美东部内陆从中奥陶世到二叠纪的岩相古地理演化史。

1. 中奥陶世

奥陶世，北美板块与欧洲板块相向漂移形成古大西洋，在北美东部发生广泛的海侵，海岸线向西北推移至北美东部的休伦湖和安大略湖地区。中奥陶世，阿巴拉契亚地区为深水页岩沉积，而密歇根盆地和伊利诺伊盆地地区为浅水碳酸盐岩沉积。仅在伊利诺伊盆地西侧和纽约州西北发育少量硅质碎屑岩沉积（图 7-7）。

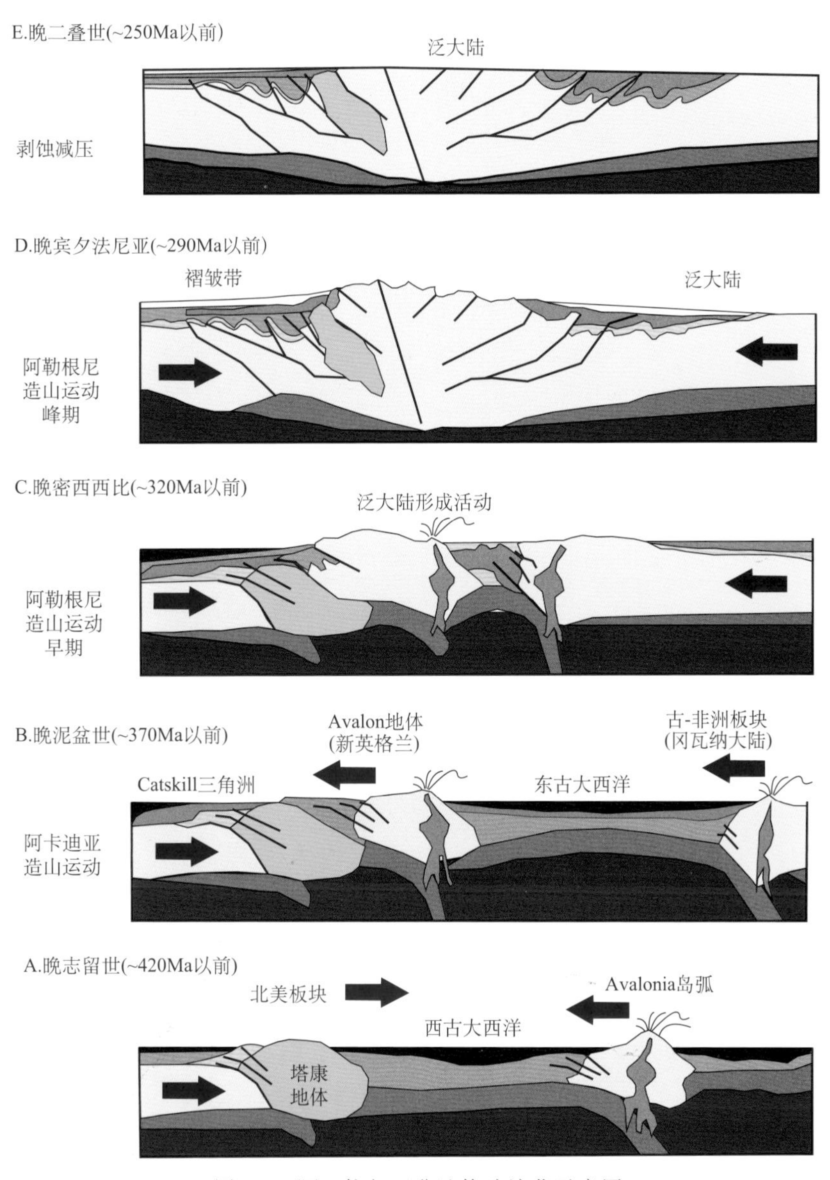

图 7-6　阿巴拉契亚盆地构造演化示意图

2. 晚奥陶世

晚奥陶世，阿巴拉契亚盆地东南缘地体拼贴形成的塔康造山带，为大陆一侧地区提供碎屑物质。阿巴拉契亚盆地的东部为深水区，西部硅质碎屑岩沉积区向西北扩展至 Findlay-Algonquin 弧和现今密歇根盆地区域。在伊利诺伊盆地区域也沉积了少量碎屑物质（图 7-8）。

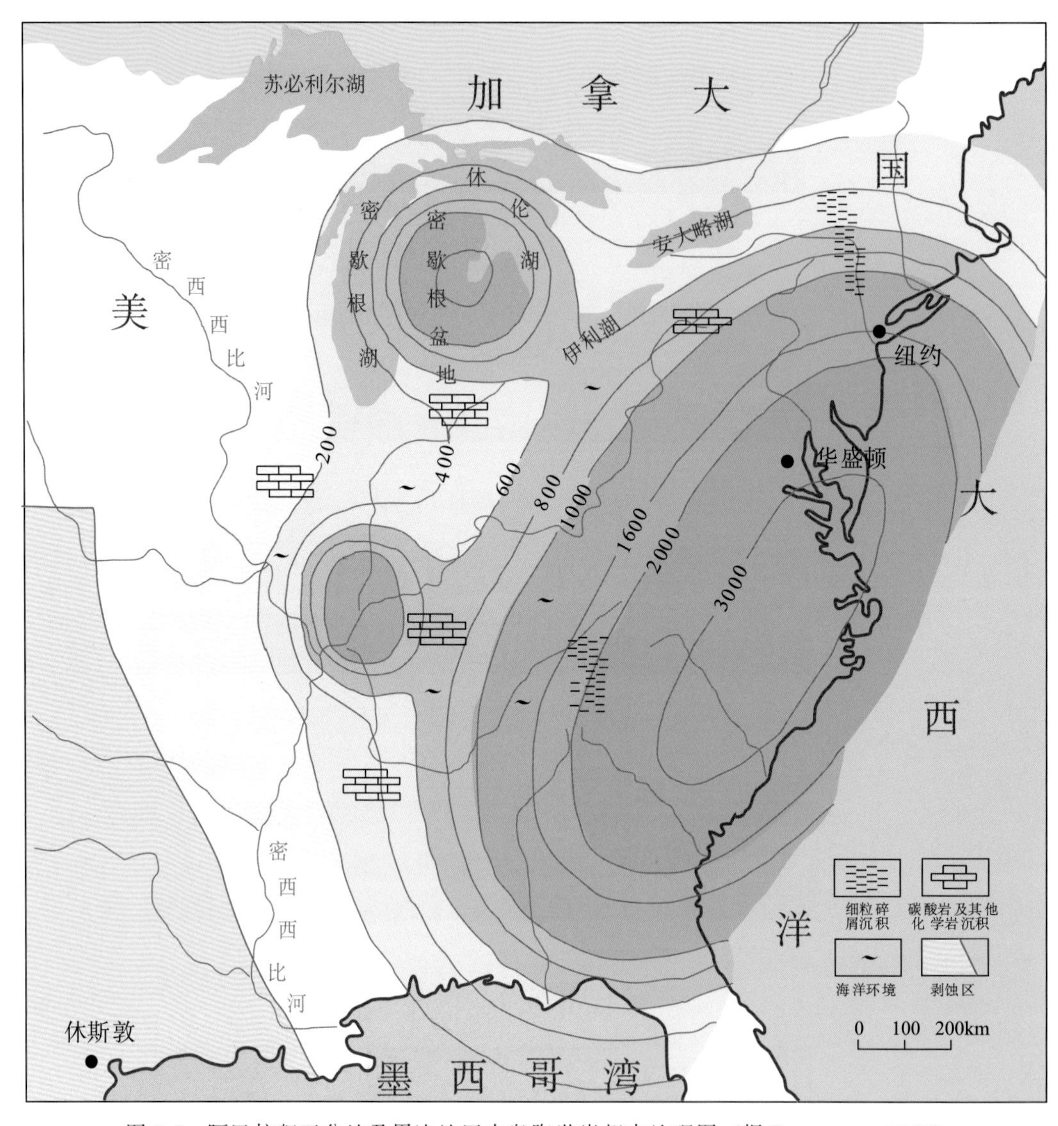

图 7-7　阿巴拉契亚盆地及周边地区中奥陶世岩相古地理图（据 Beaumont，1988）

3. 志留纪

早志留世，随着塔康造山作用减弱，阿巴拉契亚盆地西部的硅质碎屑岩沉积面积逐渐缩小，东部仍为深水沉积区。

晚志留世，塔康造山作用几乎停止，开始发生海退。阿巴拉契亚盆地东部仍为深水沉积区，仅在纽约西北部发育少量碎屑岩沉积。随着海岸线向东南退去，密歇根盆地水位下降，发育了厚度超过 914 m 的蒸发岩。伊利诺伊盆地地区依然以海相碳酸盐岩沉积为主（图 7-9）。

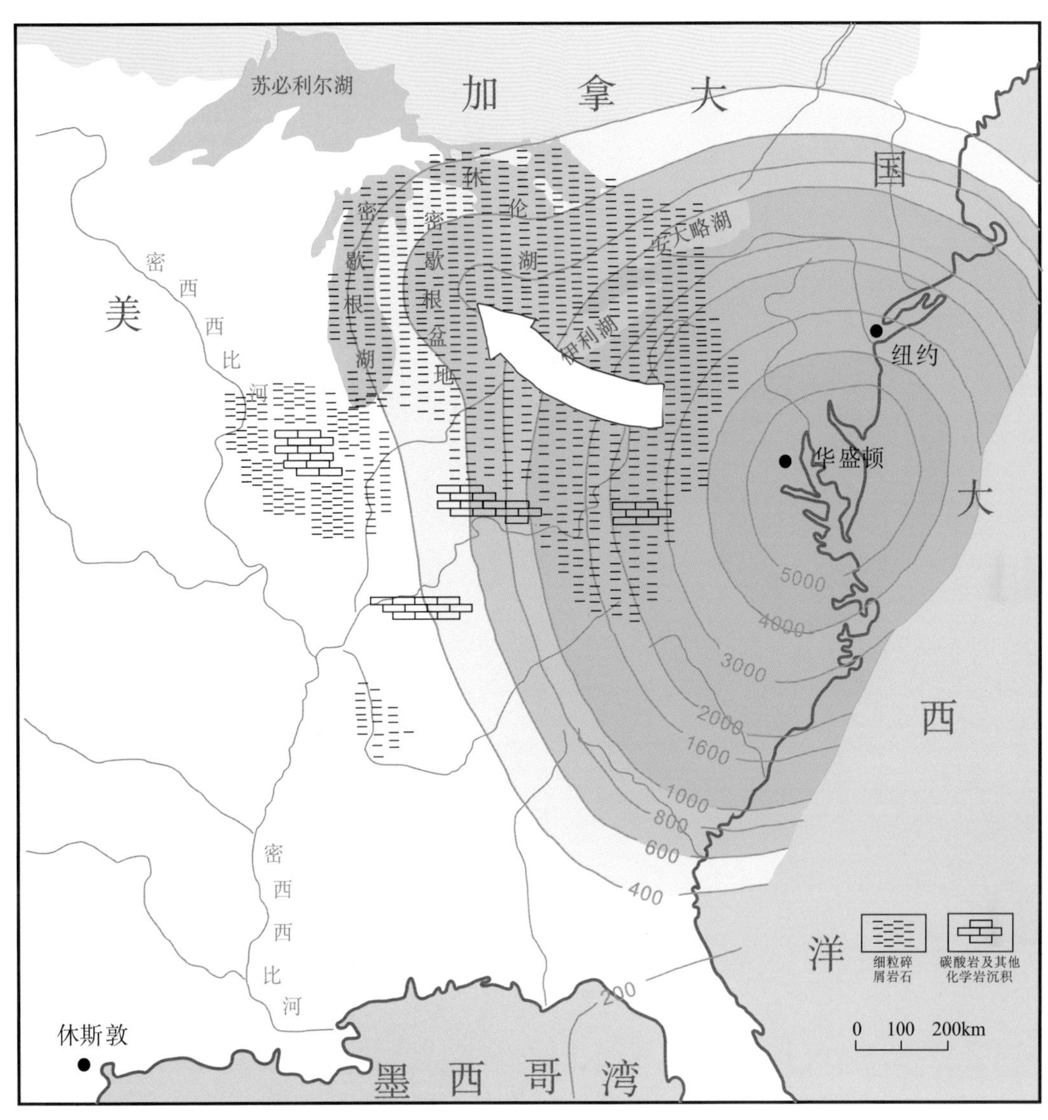

图 7-8　阿巴拉契亚盆地及周边地区晚奥陶世岩相古地理图（据 Beaumont，1988）
箭头代表碎屑沉积物搬运方向

4. 早泥盆世

早泥盆世，阿巴拉契亚盆地东南缘继续发生地体拼贴，北阿巴拉契亚的阿卡迪亚造山运动开始，导致海退。除了在伊利诺伊盆地南部发育小规模硅质碎屑岩沉积，其他地区都为碳酸盐岩沉积（图 7-10）。

5. 中泥盆世

中泥盆世，阿巴拉契亚盆地东部的深水区面积减小。由于第二次地体拼贴形成的阿

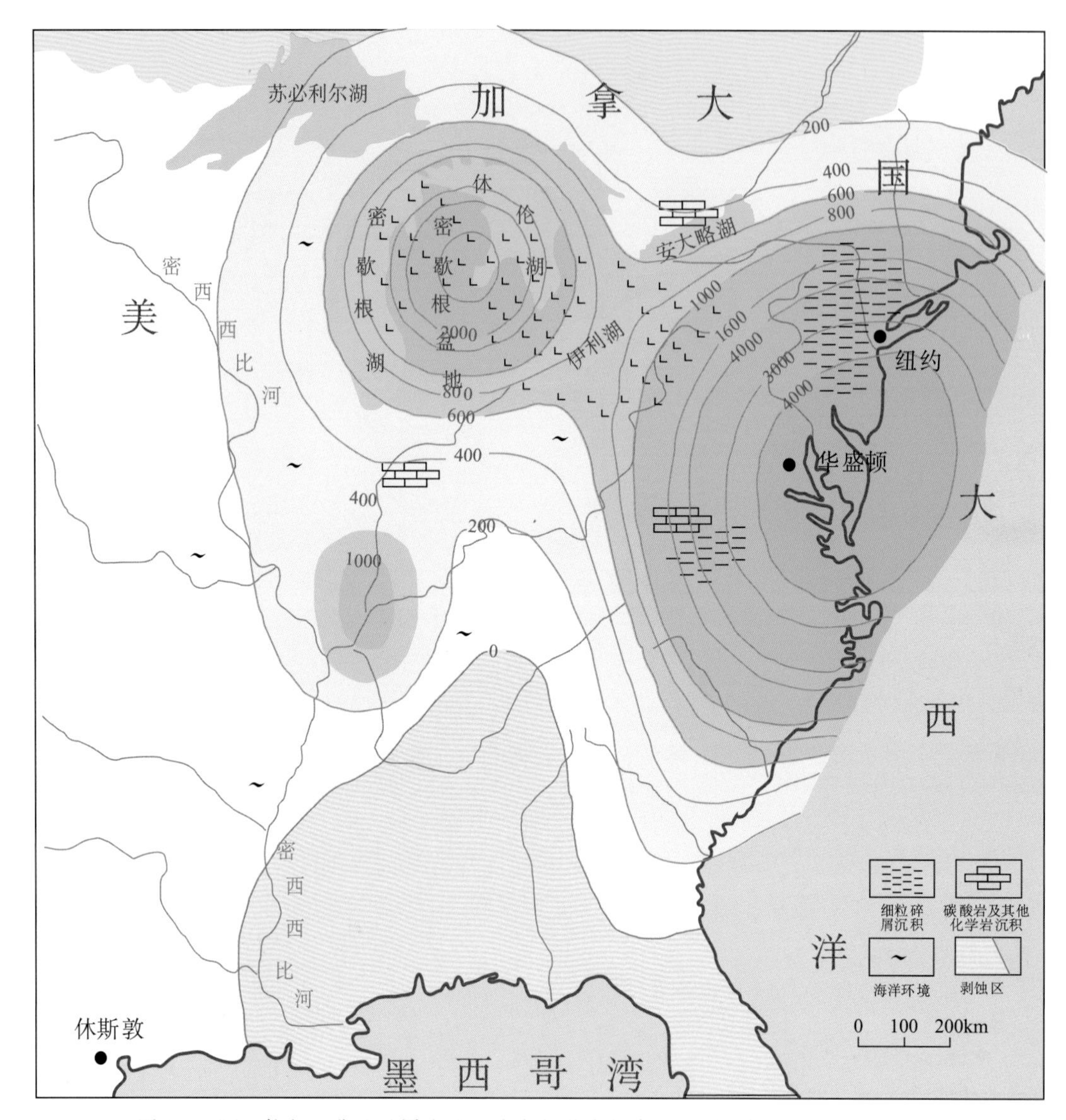

图 7-9　阿巴拉契亚盆地及周边地区晚志留世岩相古地理图（据 Beaumont，1988）

卡迪亚造山活动较强烈，大量碎屑沉积注入阿巴拉契亚盆地内，发育典型的前陆盆地沉积，范围一直延伸到密歇根盆地东部（图 7-11）。

6. 晚泥盆世—密西西比纪初期

晚泥盆世早期为阿卡迪亚主造山期，造山带碎屑岩沉积区不断向西推移，在阿巴拉契亚盆地内广泛发育碎屑沉积，属于前陆盆地沉积。晚泥盆世—密西西比纪初期，北美中陆几乎所有地区都被硅质碎屑岩所覆盖，仅在造山带东边可见小面积深水区（图 7-12）。

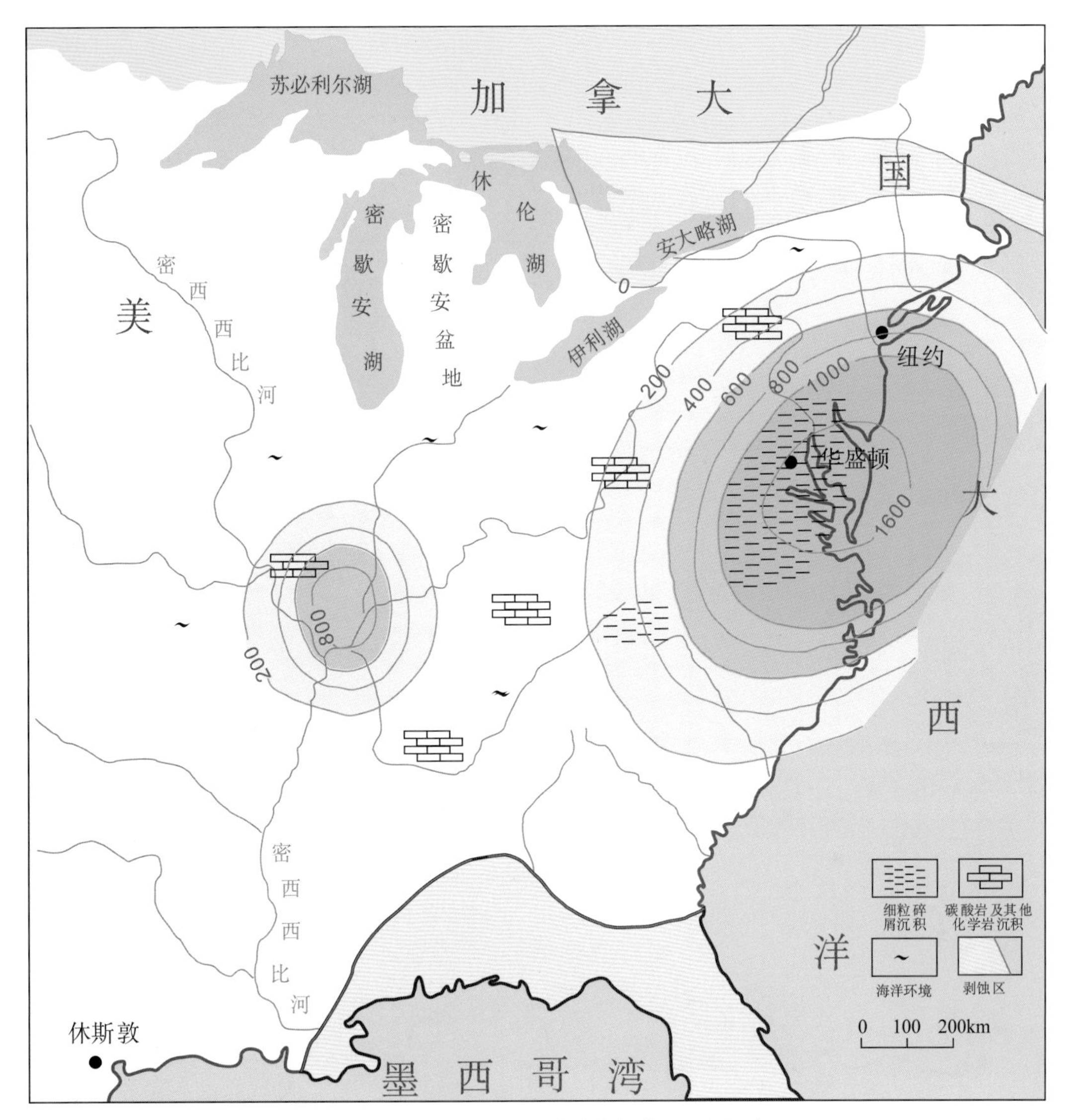

图 7-10　阿巴拉契亚盆地及周边地区早泥盆世岩相古地理图（据 Beaumont，1988）

7. 早密西西比世

早密西西比世，北美板块与欧洲板块完全碰撞，海西期的阿勒根尼造山带成为新的物源区，向西输送大量碎屑沉积物，阿巴拉契亚盆地东北部的华盛顿-纽约地区为海岸平原沉积区，西南部为海相碳酸盐岩沉积，与海连通（图 7-13）。

8. 密西西比纪晚期

密西西比纪晚期，阿巴拉契亚盆地进入拗陷阶段，仅在阿巴拉契亚盆地、密歇根盆地和伊利诺伊盆地区域发育少量碎屑岩沉积，物源主要来自加拿大地盾剥蚀区，少量来

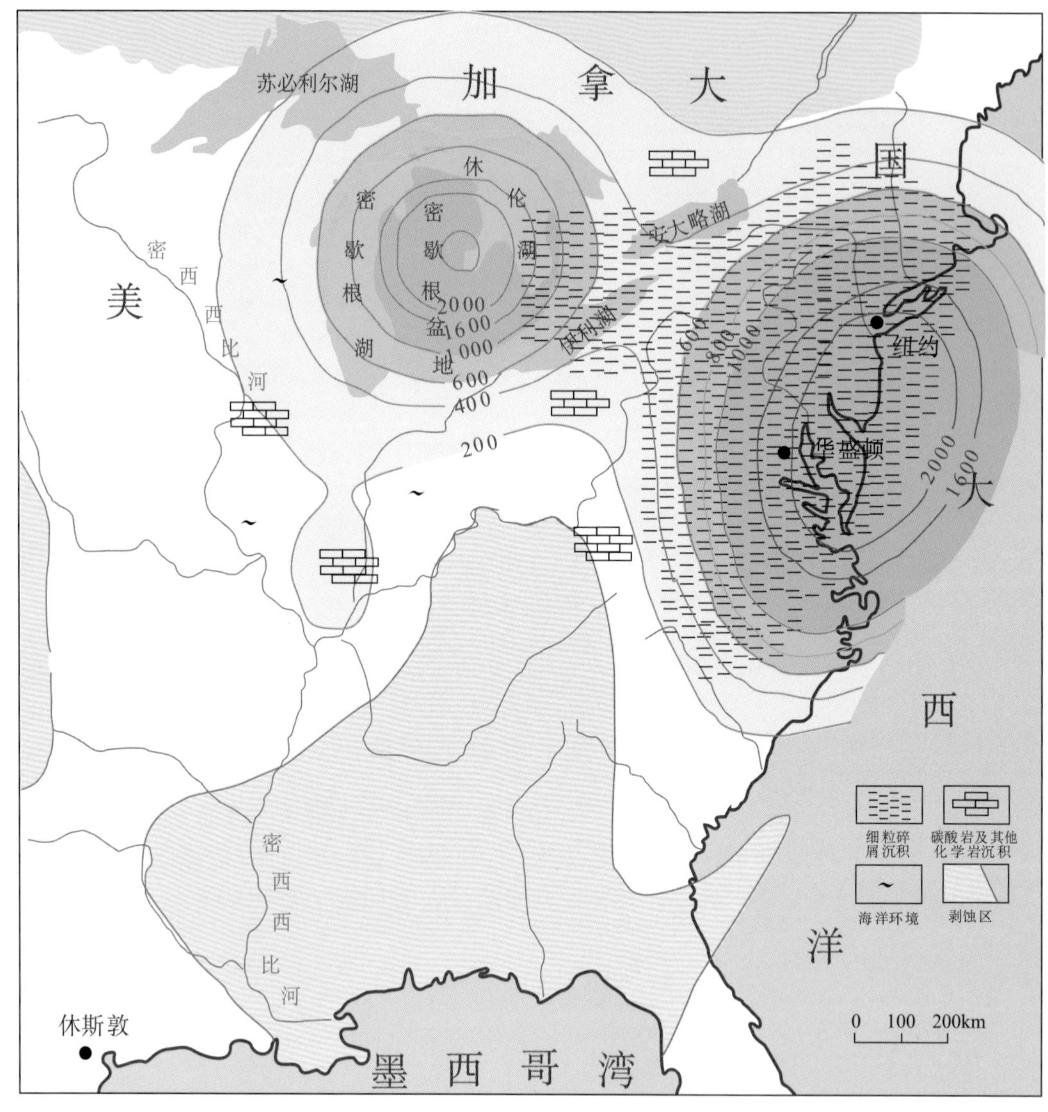

图 7-11　阿巴拉契亚盆地及周边地区中泥盆世岩相古地理图（据 Beaumont，1988）

自南阿巴拉契亚的阿勒根尼造山带，西南部与海连通（图 7-14）。

9. 宾夕法尼亚纪

早宾夕法尼亚世，北美东部地区完全抬升成陆，阿巴拉契亚盆地和伊利诺伊盆地整个区域均为碎屑岩沉积。它们的物源区有两个，一个是北边的高地形剥蚀区；另一个是南边隆起的沃希托造山带。南部的造山作用导致阿巴拉契亚盆地的沉积中心向西南转移（图 7-15）。

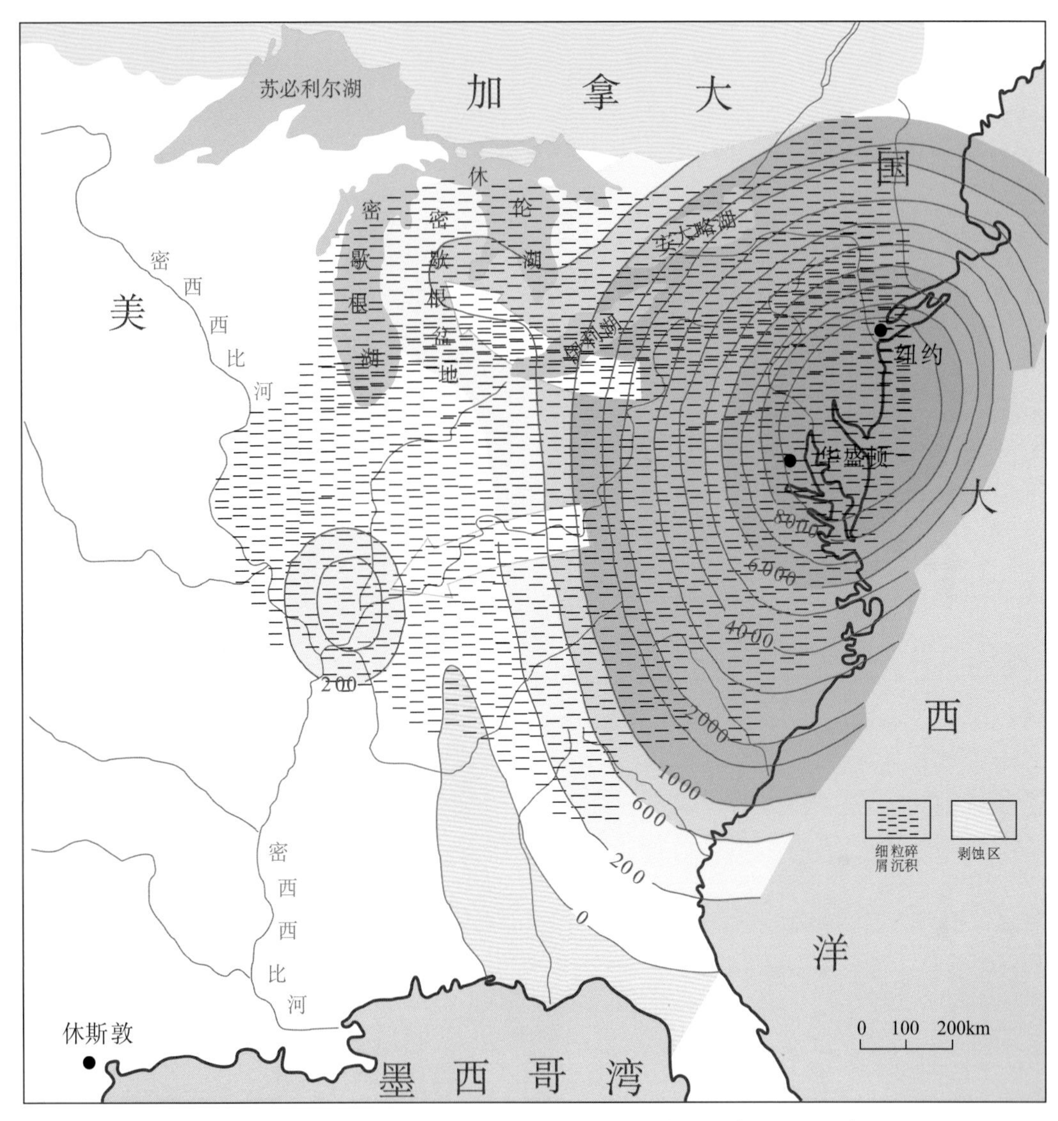

图 7-12　阿巴拉契亚盆地及周边地区晚泥盆世—密西西比纪初期岩相古地理图（据 Beaumont，1988）
箭头代表碎屑沉积的搬运方向

10. 二叠纪

经过加里东期和海西期两次造山运动，北美与欧洲、非洲、南美洲碰撞形成泛大陆，二叠纪北美东南部整体遭受剥蚀（图 7-16）。

根据沉降史曲线分析（图 7-17），阿巴拉契亚盆地经历了四次构造沉降：寒武纪为裂谷时期，沉降速率最大；早奥陶世—中奥陶世早期是被动陆缘阶段，沉降速率最小，构造活动最弱，最稳定；从中奥陶世晚期—宾夕法尼亚纪阿巴拉契亚盆地进入前陆盆地演化阶段，沉降速率中等偏大，开始了古生代陆相前陆盆地沉积。综上所述，阿巴拉契

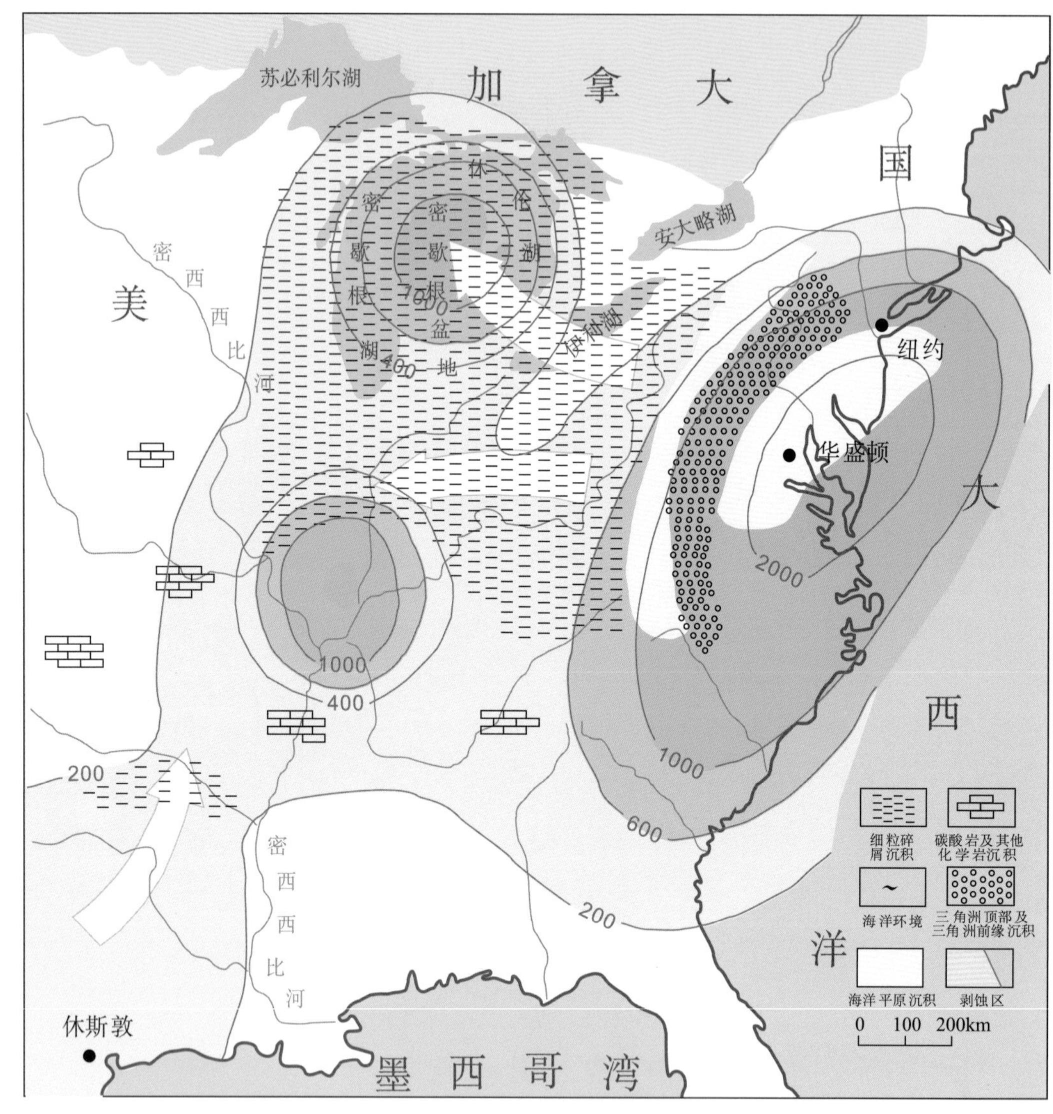

图 7-13 阿巴拉契亚盆地及周边地区密西西比纪早期岩相古地理图（据 Beaumont，1988）
箭头代表碎屑沉积的搬运方向

亚盆地的构造演化与沉降史曲线都较好的响应。

第三节 石油地质特征

阿巴拉契亚盆地是美国东部重要的含油气盆地，已有 150 多年的勘探开发历史。阿巴拉契亚盆地拥有着优越的石油地质条件，从烃源岩、储层、盖层、圈闭到整个含油气系统，都有着较好的配置组合。主要烃源岩是泥盆系页岩，上泥盆统 Catskill 砂岩和粉砂岩是重要储层。

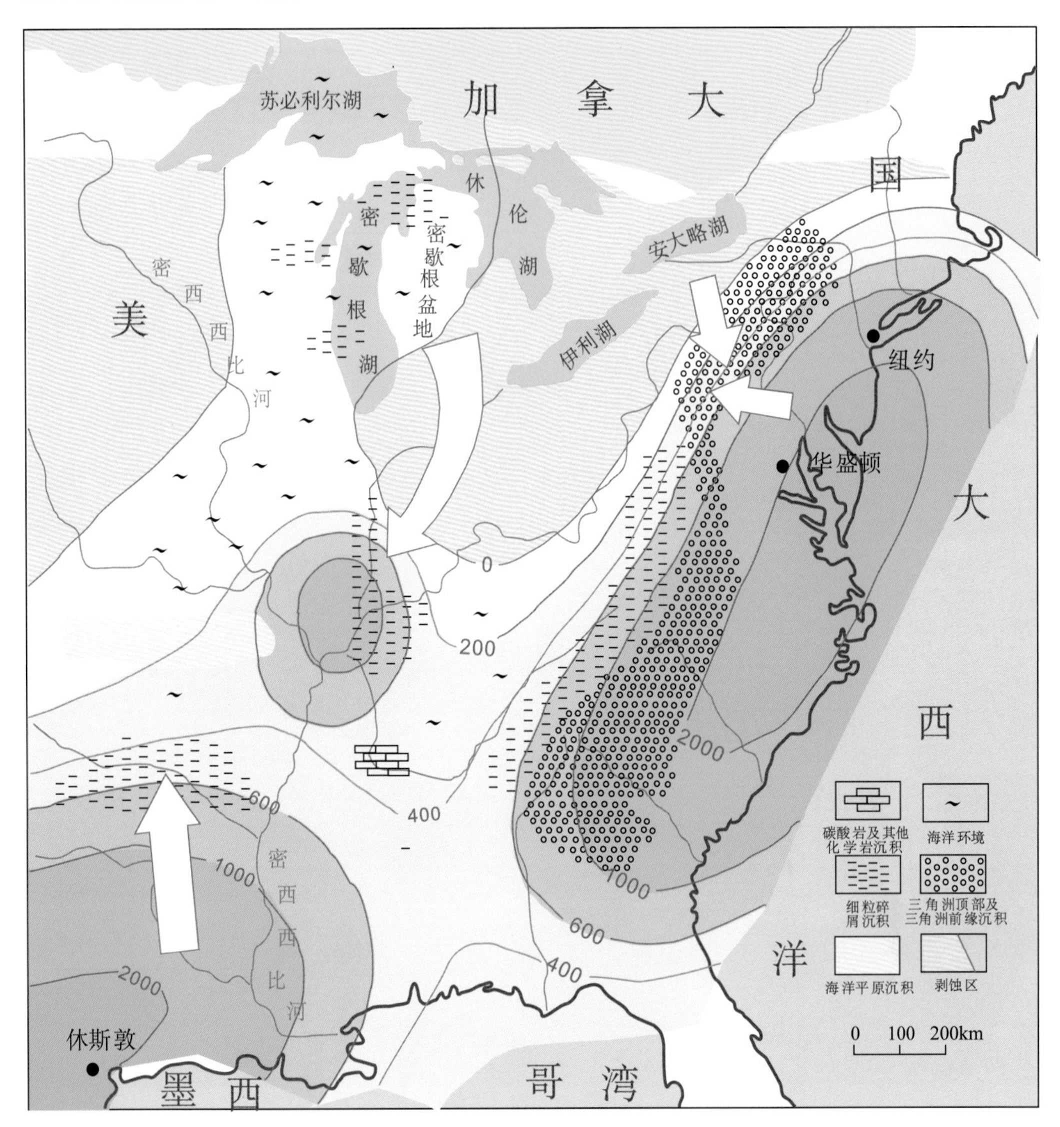

图 7-14 阿巴拉契亚盆地及周边地区密西西比纪晚期岩相古地理图（据 Beaumont，1988）
箭头代表碎屑沉积的搬运方向

一、烃源岩

阿巴拉契亚盆地发育四套烃源岩，第一套是寒武系页岩，包括 Rome 组页岩和 Conasauga群页岩。第二套是中奥陶统—下志留统页岩和碳酸盐岩，包括中奥陶统 Wells Creek 组页岩，上奥陶统 Blockhouse 页岩、Trenton 灰岩、Utica 页岩，下志留统 Medina 群（Cabot Head 页岩）、Clinton 群（Clinton 页岩、Rose Hill 组和 Crab Orchard 组页岩），上志留统 Lockport 白云岩、Salina 群（Salina 组和 Camillus 组页岩）、Bass Islands 白云岩（Bertie 和 Akron 白云岩）。第三套是泥盆系—密西西比系底部页

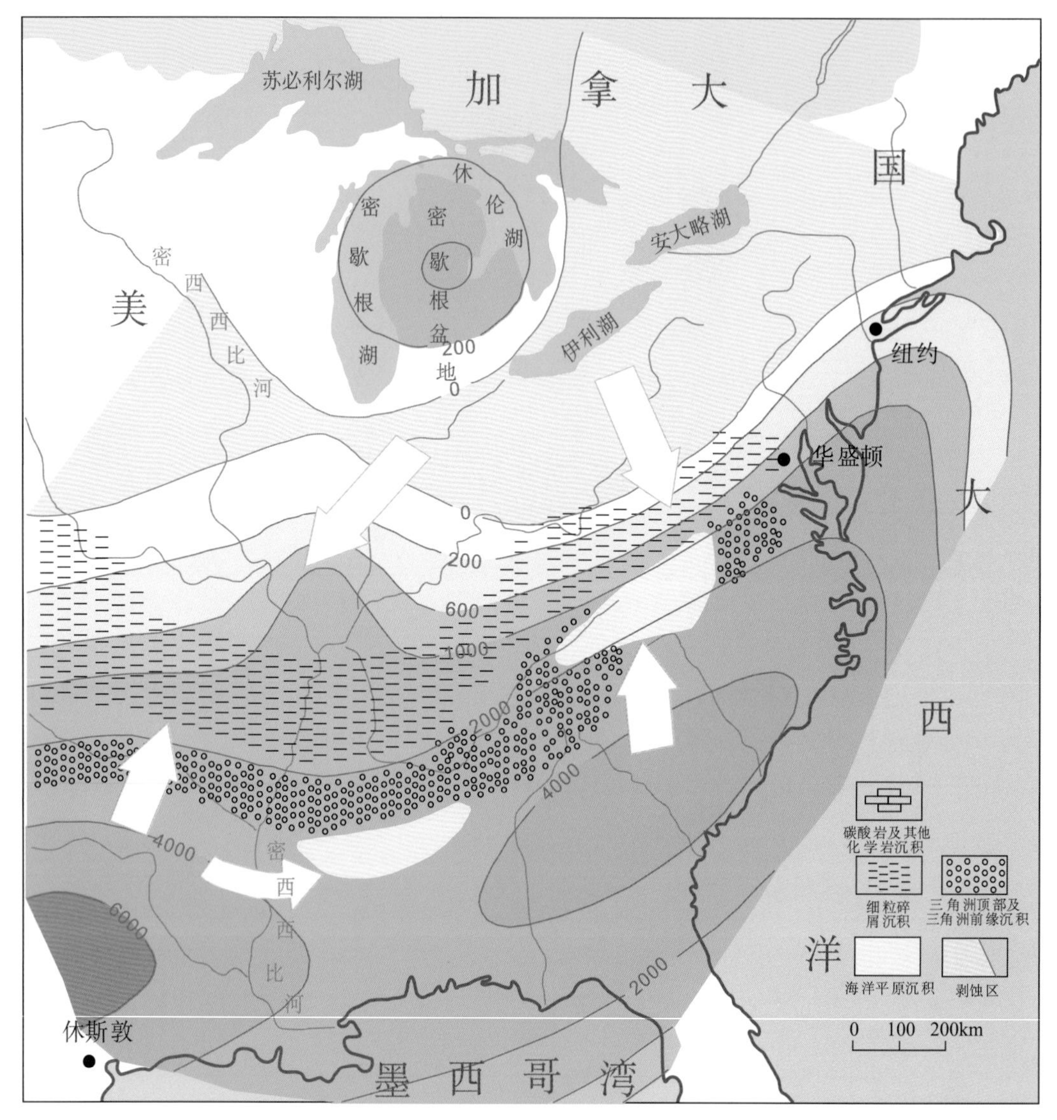

图 7-15　阿巴拉契亚盆地及周边地区宾夕法尼亚纪岩相古地理图（据 Beaumont，1988）
箭头代表碎屑沉积的搬运方向

岩，包括下—中泥盆统 Needmore 页岩，中泥盆统 Hamilton 群的 Marcellus 页岩和 Harrell 组的 Burket 段页岩，上泥盆统 Genesee 组、Sonyea 组、Rhinestreet 页岩、Java 组、Pamennian 页岩（包括 Chattanooga 页岩、Ohio 页岩和 Huron 页岩），密西西比系 Sunbury 页岩、Fort Payne 组上部页岩、Warsaw 灰岩中的页岩层。第四套是宾夕法尼亚系 Pottsville 群、Allegheny 群、Conemaugh 群和 Monongahela 群的煤层和页岩（表 7-1）。

（一）寒武系烃源岩

寒武系烃源岩包括 Rome 组上部和 Conasauga 群黑灰-黑色页岩和泥质灰岩，主要

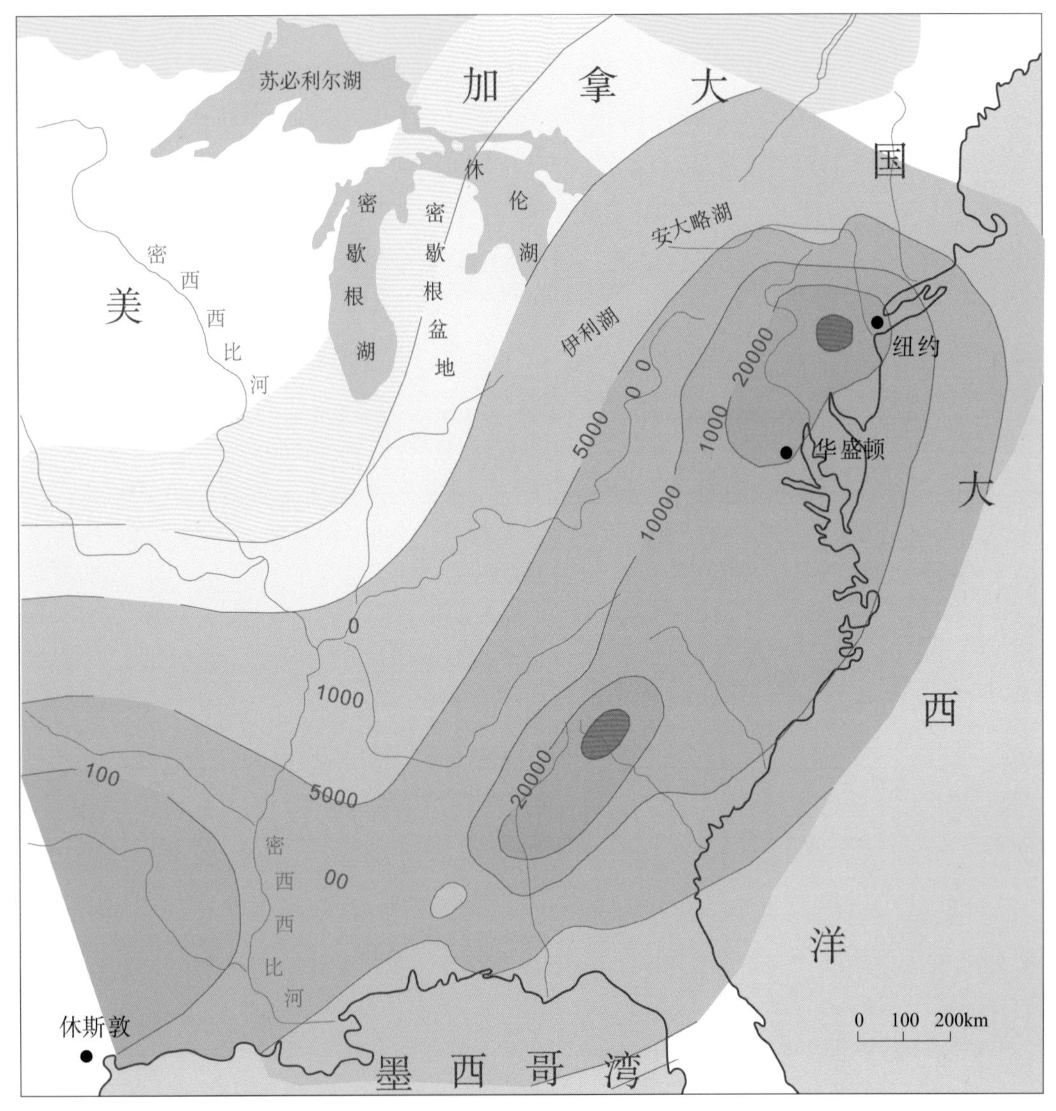

图 7-16　阿巴拉契亚盆地及周边地区二叠纪岩相古地理图（据 Beaumont，1988）

分布在阿巴拉契亚盆地的中部和西部。寒武系烃源岩从晚奥陶世开始生油，从晚泥盆世开始生气。

以 Rome 地堑为例，页岩单层厚度不超过 0.3m，累计厚度约 6～30m；泥质灰岩厚约 46～61m。干酪根类型以Ⅰ型和Ⅱ型为主（图 7-18），TOC 含量为 0.09%～4.40%（表 7-2）。Rome 地堑在西弗吉尼亚州北部和宾夕法尼亚州地区有机质已经过成熟；在西弗吉尼亚州中部和南部有机质成熟度处在生气阶段；在肯塔基州东部烃源岩处在生油阶段。整个 Rome 地堑以生干气为主，仅在肯塔基州地区是石油和干气伴生。

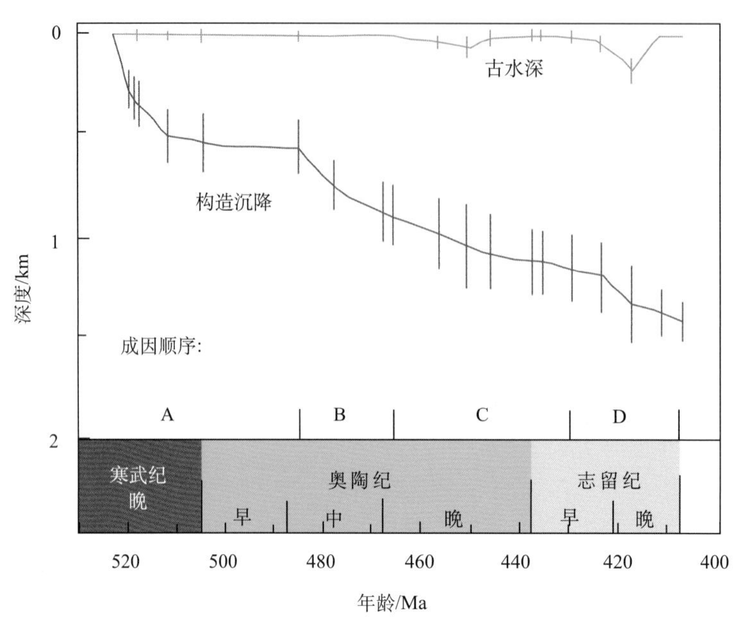

图 7-17　阿巴拉契亚盆地的沉降史曲线（据 USGS，2003）

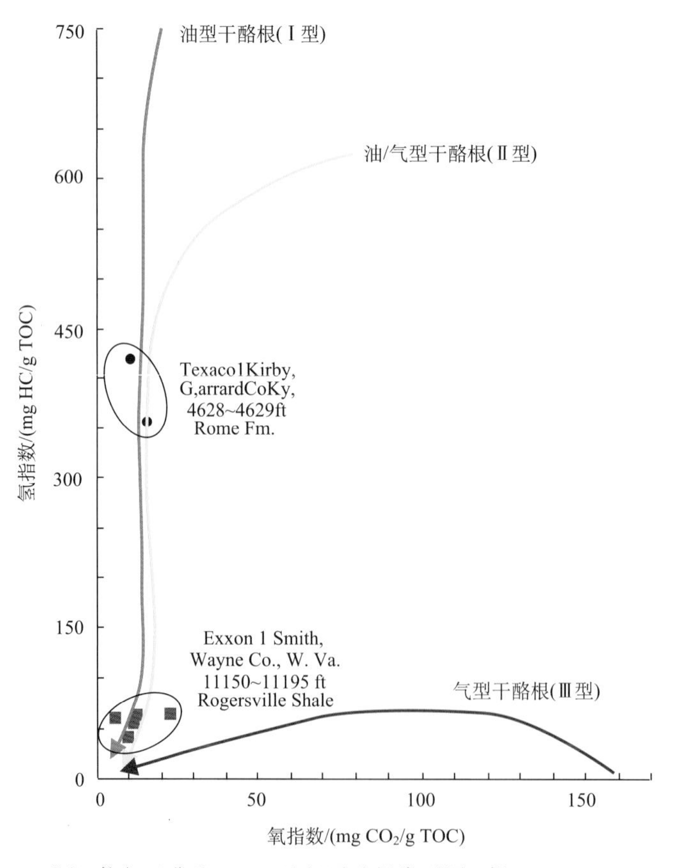

图 7-18　阿巴拉契亚盆地 Rome 地堑干酪根类型图（据 Ryder et al.，1998）

表 7-1 阿巴拉契亚盆地的烃源岩-储层-盖层统计表

（据 de Witt and Robert，1991；Roen and Walker，1996；Swezey，2002 修改）

界	系	统	岩石地层	烃源岩	储层	盖层
古生界	宾夕法尼亚系		Monongahela 群	Coal 黑色页岩	Coal 砂岩	煤层中的水层和细粒碎屑沉积层
			Conemaugh 群	Coal 黑色页岩	Coal 砂岩	
			Allegheny 群	Coal 黑色页岩	Coal 砂岩	
			Pottsville 群	Coal 黑色页岩	Coal 砂岩	
	密西西比系		Mauch Chunk /Pennington 组	Warsaw 灰岩中的页岩 Fort Payne 组上部页岩 Sunbury 页岩	Ravencliff 砂岩，Maxon 砂岩	与储层砂岩互层的页岩和粉砂岩 Grennbirer 灰岩
			Grennbrier 灰岩		Greenbrier / Newman 碳酸盐岩	
			Pocono 组		Big Injun，Squaw，Weir 砂岩	
			Berea/Murrysville 砂岩		Berea 砂岩，Murrysville 砂岩	
	泥盆系	上	Catskill，Bralier 组 Cleveland，Ohio，Huron，Rhinestreet 页岩	Pamennian 页岩，Rhinestreet 页岩，Sonyea 组，Gnesee 组	Catskill，Bralier 黑色页岩 Catskill 砂岩	上泥盆统页岩和粉砂岩
		中	Harrell 组	Burket 段	黑色页岩	
			Hamilton 群	Marcellus 页岩，	Marcellus 页岩	
			Onondaga 群 Huntersville 燧石层	Needmore 页岩	“Corniferous” 灰岩 Huntersville 燧石层	
		下	Oriskany 砂岩 Helderberg 群		Oriskany 砂岩	
	志留系	上	Bass Islands 白云岩	Akron 白云岩，Bertie 白云岩	Bass Islands 白云岩	Salina Group 蒸发岩 Rose Hill 组页岩 Rochester 页岩
			Salina 群	Camillus 组页岩，Salina 组页岩	Newburg 砂岩	
			Lockport 白云岩	Lockport 白云岩	Lockport 白云岩	
		下	Clinton 群	Clinton 页岩、Rose Hill 组、Crab Orchard 组	Keefer/Big Six 砂岩	
			Medina 群	Cabot Head 页岩	Tuscarora/Clinch 砂岩 Clinton/Medina 砂岩	
	奥陶系	上	Juniata/Bald Eagle 组		Bald Eagle 砂岩	Queeston 页岩/ Juniata 组粉沙岩 Reedsville 灰色页岩 Utica 页岩
			Reedsville 页岩			
			Utica 页岩	Utica 页岩	Utica 页岩	
			Trenton 灰岩	Trenton 灰岩	Trenton 灰岩	
			Black River 灰岩	Blockhouse 页岩	Black River 灰岩 Well Creek 组	
		中	Beekmantown 群	Wells Creek 组	上 Knox 白云岩	
	寒武系		Chepultepec 和 Copper Ridge 白云岩		下 Knox 白云岩 Rose Run 砂岩	Conasauga 群泥晶灰岩 Rome 组页岩和粉砂岩
			Conasauga 群/组	Conasauga 组页岩	Conasauga 群砂岩	
			Rome 组	Rome 组页岩	Rome 组砂岩	
			Mt. Simon 砂岩		Mt. Simon 砂岩	

表 7-2　阿巴拉契亚盆地寒武系烃源岩有机碳含量与 Rockeval 分析数据表

（据 Ryder et al.，1998）

井号	取样层位	取样深度/ft	TOC/%	T_{max}/℃	HI/(mgHC/g orgC)	OI/($mgCO_2$/g orgC)	S_1/(mgHC/g orgC)	S_2/(mgHC/g orgC)	S_3/(mgHC/g orgC)	PI
1	Rome 组	4628	3.26	444	417	11	0.55	13.61	0.35	0.04
		4628.8	0.70	446	356	16	0.30	2.49	0.11	0.11
2	Rome 组	16 233.5	0.15	—	33	180	0.04	0.05	0.27	0.50
		16 235.5	0.51	—	15	54	0.12	0.08	0.28	0.60
		16 239.5	0.58	—	15	46	0.15	0.09	0.27	0.62
3	Conasauga 群的 Maryville 灰岩 Rome 组	14 364.5	0.19	—	26	200	0.02	0.05	0.38	0.33
		14 380.5	0.59	—	18	54	0.13	0.11	0.32	0.54
		14 386.5	0.25	—	40	112	0.09	0.10	0.28	0.50
		14 400.5	0.51	—	29	86	0.12	0.15	0.44	0.46
		16 310	0.84	428	49	—	0.23	0.41	—	0.36
		16 461	0.09	—	88	177	0.05	0.08	0.16	0.42
		16 493	0.11	—	63	190	0.05	0.07	0.21	0.42
4	Conasauga 群的 Rogersville 页岩 Rome 组	11 150.5	2.83	460	61	13	1.79	1.72	0.36	0.51
		11 161.5	4.40	469	59	6	2.71	2.58	0.27	0.51
		11 161.5 (extracted)	3.16	477	40	10	0.08	1.26	0.32	0.06
		11 180.5	1.20	414	63	23	0.81	0.75	0.27	0.52
		11 195.5	2.08	465	55	12	1.60	1.15	0.25	0.58
		12 440.3	0.15	475	13	100	0.03	0.02	0.15	0.60
		12 478.5	0.22	361	32	50	0.03	0.07	0.11	0.30
		12 497	0.14	299	7	50	0.03	0.01	0.07	0.75
		13 710.5	0.13	319	38	85	0.03	0.05	0.11	0.38
		13 734.5	0.21	299	43	48	0.04	0.09	0.10	0.31

注：1 号井：Texaco No.1 Kirby，Garrard Co.，KY；2 号井：Columbia Gas Transmission 9674T Mineral Tract 10，Mingo Co.，WV；3 号井：Exxon No.1 McCoy，Jackson Co.，WV；4 号井：Exxon No.1 Smith，Wayne Co.，WV。其中 KY=肯塔基州；WV=西弗吉尼亚州。

（二）奥陶系—志留系烃源岩

奥陶系烃源岩主要为黑色页岩和泥质灰岩，包括中奥陶统 Wells Creek 组页岩，上奥陶统 Blockhouse 页岩、Trenton 灰岩、Utica 页岩。奥陶系烃源岩可分为两套，一套发育在阿勒根尼褶皱冲断带地区；另一套位于逆冲较远的推覆体中。奥陶系烃源岩生烃期在宾夕法尼亚纪晚期到早三叠世。

Utica 页岩是奥陶系主要的烃源岩，分布范围广，几乎遍布整个盆地，厚 61～122m。它的 TOC 含量为 1.5%～4.0%；干酪根类型以Ⅱ型为主。在宾夕法尼亚州地区、纽约州东南地区、马里兰州西部和西弗吉尼亚州东部地区奥陶系烃源岩已经过成熟。从弗吉尼亚州北部和邻近的西弗吉尼亚州开始，过成熟的奥陶系烃源岩范围开始向南变窄，界线是弗吉尼亚州南部、田纳西州东部、佐治亚州东北部和亚拉巴马州东部。从西弗吉尼亚州东北部到亚拉巴马州中东部，奥陶系烃源岩处于生气阶段。在弗吉尼亚州的西南、田纳西州中东部、佐治亚州西北部和亚拉巴马州东北部，奥陶系烃源岩处于生油阶段。天然气以干气为主，因为成熟度较高，甲烷中混合了很多不可燃气体。

志留系烃源岩局限在西弗吉尼亚州北部和宾夕法尼亚州西部，包括下志留统Medina群（Cabot Head页岩）、Clinton群（Clinton页岩、Rose Hill组和Crab Orchard组页岩），上志留统Lockport白云岩、Salina群（Salina组和Camillus组页岩）、Bass Islands白云岩（Bertie和Akron白云岩）。志留系烃源岩TOC含量为1.0%～3.99%，S_1值在0.11～2.32，S_2值在0.23～10.08。

（三）泥盆系—密西西比系烃源岩

泥盆系烃源岩包括下—中泥盆统Needmore页岩，中泥盆统Hamilton群的Marcellus页岩和Harrell组的Burket段页岩，上泥盆统Genesee组、Sonyea组、Rhinestreet页岩、Java组、Pamennian页岩（包括Chattanooga页岩、Ohio页岩和Huron页岩），总称“泥盆系页岩”。它们集中分布在纽约州、宾夕法尼亚州、俄亥俄州、西弗吉尼亚州、弗吉尼亚州和肯塔基州东部地区（图7-19和图7-20）。它们在宾夕法尼亚州地区最厚，向西、南、北三个方向减薄。

根据“泥盆系页岩”镜质体反射率（R_o）等值线的分布，从西向东可划分四套烃源岩：西北俄亥俄（Northwestern Ohio）页岩、大桑迪（Greater Big Sandy）页岩、泥盆系粉砂岩和页岩（Devonian Siltstone and Shale）、马尔采鲁斯（Marcellus）页岩。

1. 西北俄亥俄页岩

西北俄亥俄页岩为R_o<0.6%的“泥盆系页岩”分布区域，由南向北包括肯塔基州东部、俄亥俄州中东部、宾夕法尼亚州西部和纽约州西部地区。该有效烃源岩累计厚度超过122m，主要为海相沉积，以生气为主，少数既生油又生气。TOC含量介于4.22%～7.46%（表7-3）。该页岩东部局部地区的“泥盆系页岩”在中三叠世达到生油窗；位于俄亥俄州东南部地区的深部“泥盆系页岩”在密西西比纪进入生油窗，在晚二叠世或早三叠世进入生气窗。浅部“泥盆系页岩”在晚二叠世或者早三叠世进入生油窗，但未进入生气窗。位于俄亥俄州西部地区的“泥盆系页岩”处于未成熟阶段。

表7-3 西北俄亥俄页岩的烃源岩地化分析数据表（据Milici et al.，2006）

州	组	深度/m	厚度/m	气体体积比/(ft^3/ft^3)	TOC/%	R_o平均值/%
俄亥俄	Dunkirk	260	7.4	0.69	4.69	0.40
俄亥俄	Marcellus	400	9.3	0.90	4.22	0.48
俄亥俄	Rhinestreet	329	44	0.62	4.86	0.44
俄亥俄	Cleveland	549	13.6	—	—	—
俄亥俄	Cleveland	536	11	—	—	—
俄亥俄	Cleveland	620	12.4	—	7.46	—

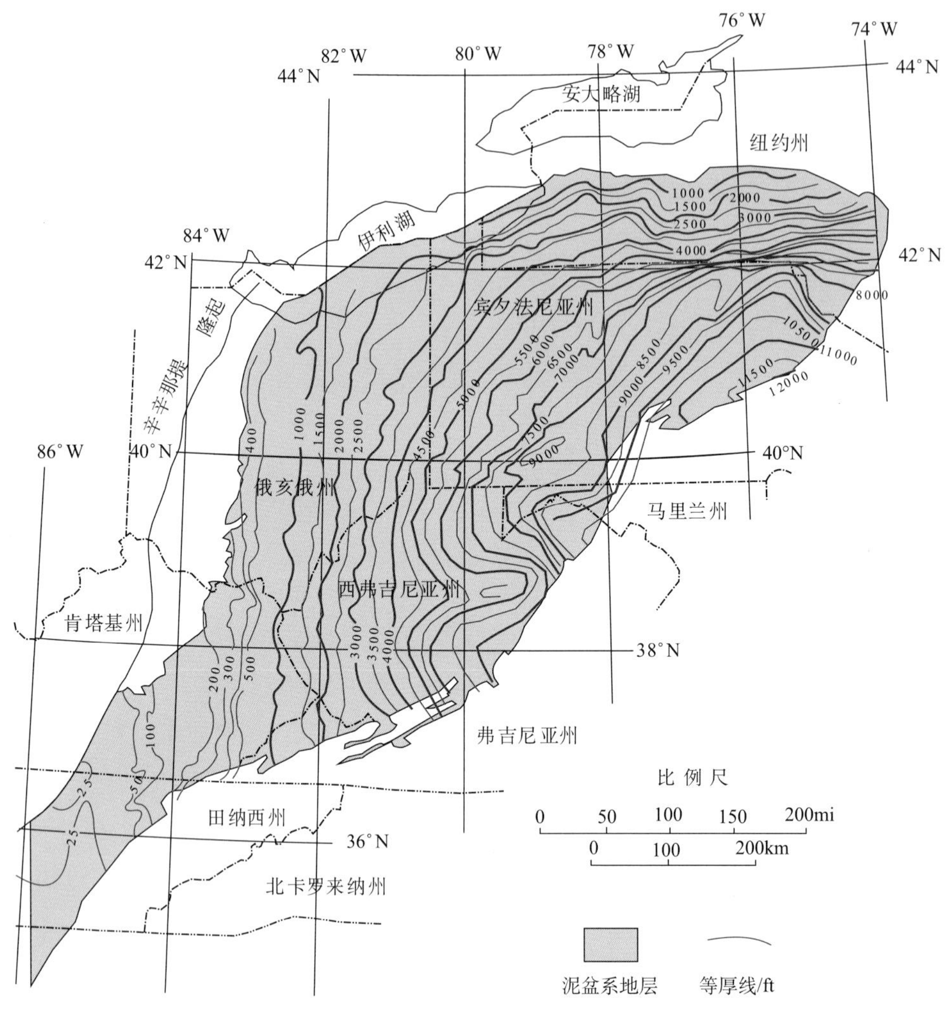

图 7-19 阿巴拉契亚盆地中北部泥盆系烃源岩俄亥俄页岩的分布范围和厚度图

（据 Milici et al.，2006）

2. 大桑迪页岩

大桑迪页岩主体位于肯塔基州，果核状，西边界为 R_o=0.6％等值线，阿巴拉契亚盆地的“泥盆系页岩”沉积中心发育于此。该“泥盆系页岩”厚 0～122m；R_o 介于 0.6％～1.0％，最高可达 1.5％；总碳含量 1.84％～6.03％；TOC 介于 1.34％～5.63％（表 7-4）；干酪根是Ⅰ型、Ⅱ型和Ⅲ型混合。该“泥盆系页岩”在约 325～330Ma（早二叠世）达到生油窗，在 230 Ma（三叠纪）达到生气窗。

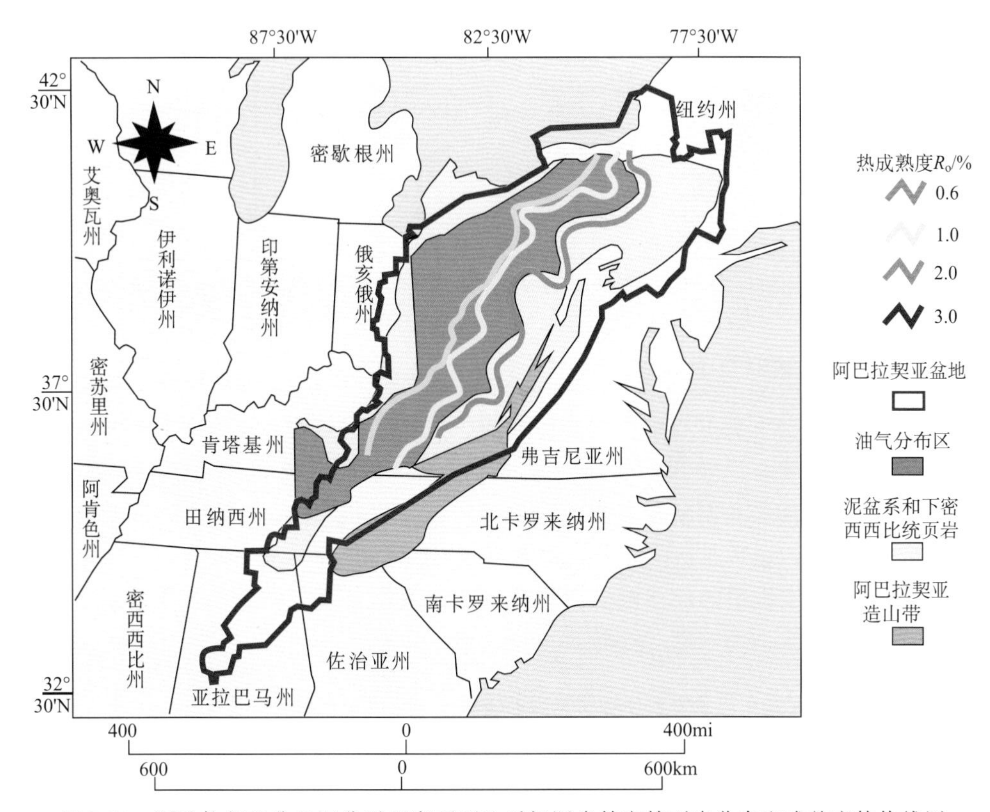

图 7-20 阿巴拉契亚盆地泥盆系和密西西比系烃源岩俄亥俄页岩分布和成熟度等值线图（据 Milici et al.，2006）

表 7-4 大桑迪页岩的烃源岩地化分析数据表（据 Milici et al.，2006）

州	井号	组	深度/m	厚度/m	总碳/%	TOC/%	R_o平均值/%
KY	KY#4	Cleveland	311	29	3.61	3.83	0.52
KY	KY#4	Lower Huron	404	37	6.03	4.84	0.58
KY	KY#4	Middle Huron	368	36	4.42	2.52	0.55
KY	KY#4	Upper Huron	348	21	2.49	2.47	0.55
KY	KY#3	Cleveland	754	25	5.66	3.58	0.53
KY	KY#3	Lower Huron	902	67.6	3.90	2.88	0.46
KY	KY#3	Rhinestreet	1042	18.6	3.79	1.64	0.49
KY	KY#3	Upper Huron	823	43.7	3.16	3.08	0.48
KY	KY#1	Cleveland	734	19	5.80	5.63	—
KY	KY#1	Huron，undivided	761	66	3.77	3.53	—
KY	KY#1	Rhinestreet	833	6.8	2.17	1.34	—
VA	VA#1	Cleveland	1510	21	4.55	4.35	0.97
VA	VA#1	Lower Huron1	1652	15.5	3.24	3.40	1.01

续表

州	井号	组	深度/m	厚度/m	总碳/%	TOC/%	R_o平均值/%
VA	VA#1	Rhinestreet	2024	15	—	—	—
VA	VA#1	Upper Huron	1561	15.5	—	—	—
WV	#12041	Lower Huron	998	133	1.84	1.56	—
WV	#20403	Cleveland	913	19.5	2.06	2.08	—

注：其中 KY=Kentucky，肯塔基州；VA=Virginia，弗吉尼亚州；WV=West Virginia，西弗吉尼亚州。

3. 泥盆系粉砂岩和页岩

泥盆系粉砂岩和页岩纵穿阿巴拉契亚盆地，从纽约州西部经宾夕法尼亚州西部、西弗吉尼亚州中部到弗吉尼亚州西南部。该“泥盆系页岩”在弗吉尼亚州地区厚 30m 左右；在纽约州西南部和宾夕法尼亚州地区厚度可达 152m。干酪根类型以Ⅲ型为主。该烃源岩 R_o>0.6%，在宾夕法尼亚州西部地区 R_o达到 2.0%，在西弗吉尼亚州南部地区 R_o达到 4.0%，其中煤层的成熟度要大于页岩的成熟度（表 7-5）。该“泥盆系页岩”在宾夕法尼亚纪进入生油窗，在二叠纪进入生气窗。

表 7-5　阿巴拉契亚盆地泥盆系粉砂岩和页岩的烃源岩地化分析数据表（据 Milici et al.，2006）

州名	EGSP 井号	组	深度/m	厚度/m	总碳/%	有机碳/%	R_o平均值/%
NY	NY#1	Dunkirk	115	44.6	0.40	0.12	0.67
NY	NY#1	Rhinestreet	414	313	0.61	0.34	1.32
OH	OH#2	Lower Huron2	980	177	2.35	1.92	0.58
PA	PA#2	Marcellus	2273	51	6.86	3.34	2.47
PA	PA#1	Marcellus	1577	25	5.78	2.46	1.26
WV	WV#7	Marcellus	2037	17	10.25	6.19	1.71
WV	WV#7	Rhinestreet	1892	24	1.85	0.49	

注：其中 NY=New York，纽约州；OH=Ohio，俄亥俄州；PA=Pennsylvania，宾夕法尼亚州；WV=West Virginia，西弗吉尼亚州。

4. 马尔采鲁斯页岩

马尔采鲁斯页岩是阿巴拉契亚盆地最东部的烃源岩，从宾夕法尼亚州中部、纽约州西南部和俄亥俄州东部向南延伸经西弗吉尼亚州到弗吉尼亚州西南部。烃源岩以马尔采鲁斯页岩为主，还有米尔伯勒（Millboro）页岩。从纽约州向南直到西弗吉尼亚州马尔采鲁斯页岩的 TOC 含量逐渐降低（表 7-6），这与古地形密切相关。TOC 含量最高的烃源岩分布在纽约州，平均含量 4.3%；宾夕法尼亚州中东部 TOC 含量在 3%～6%，平均 3.61%；西弗吉尼亚州 TOC 含量普遍小于 2%，平均为 1.36%（表 7-6）。该马尔采鲁斯页岩埋深达到地下 1524～2438 m，R_o在 1.5%～3%。据 EIA 最新统计，马尔采鲁斯页岩气藏主要分布在西弗吉尼亚州西部和宾夕法尼亚州西南角。

表 7-6　阿巴拉契亚盆地马尔采鲁斯页岩的 TOC 数据（据 Milici et al.，2006）

纽约马尔采鲁斯组（Weary and others，2000）		西弗吉尼亚马尔采鲁斯组（Repetski and others，2005）		宾夕法尼亚马尔采鲁斯组（Repetski and ohters，2002）	
评价单元	TOC/%	评价单元	TOC/%	评价单元	TOC/%
DSS	1.77	DSS	1.98	DSS	6.1
DSSMS	6.22	DSS	1.8	DSS	5.92
DSSMS	1.72	DSS	1.68	DSS	5，38
DSSMS	1.57	DSS	1.61	DSS	5.26
DSS/NWOS	11.05	DSS	1.43	DSS	5.01
DSS/NWOS	6.6	DSS	0.99	DSS	3.99
DSS/NWOS	6.24	DSS	0.72	DSS	3.98
DSS/NWOS	5.77	DSS	0.56	DSS	1.92
MS	6.98	DSS/GBS	1.75	DSS	0.79
MS	5.77	MS	1.95	DSS/MS	3.35
MS	3.54	MS	1.85	DSS/MS	2.86
MS	2.19	MS	1.74	DSS/NWOS	4.6
MS	2.11	MS	1.48	MS	6.2
MS	1.71	MS	1.43	MS	5.13
MS	0.58	MS	1.38	MS	5.07
MS	0.26	MS	1.28	MS	4.76
NWOS	7.07	MS	1.09	MS	4.74
NWOS	5.7	MS	0.47	MS	4.68
NWOS	4.86	MS/DSS	2.61	MS	3.56
		MS/DSS	1.69	MS	3.41
		MS/DSS	0.98	MS	3.23
		MS/DSS	0.34	MS	3.1
				MS	3.07
				MS	3.03
				MS	1.86
				MS	1.76
				MS	1.46
				MS	1.16
				MS	0.42
				MS	0.26
				MS	0.23
				MS/DSS	3.71
				MS/DSS	3.43
				NWOS	8.55
				NWOS	3.36
				NWOS/DSS	4.54

注：其中 DSS=泥盆系粉砂岩和页岩单元；MS=马尔采鲁斯页岩单元；NWOS=西北俄亥俄页岩单元；GBS=大桑迪页岩单元。

密西西比系烃源岩包括 Sunbury 页岩、Fort Payne 组上部页岩、Warsaw 灰岩中的页岩层。密西西比系最主要的烃源岩为 Sunbury 黑色页岩，分布于西弗吉尼亚州和俄亥俄州、宾夕法尼亚州和肯塔基州等地区，厚 8～15m。TOC 含量为 5%～10%。根据 R_o分析，在俄亥俄州中部和肯塔基州北部地区 Sunbury 页岩处于未成熟阶段；在宾夕法尼亚州西北部、俄亥俄州中东部、西弗吉尼亚州西部和肯塔基州地区 Sunbury 页岩处在生油阶段；从宾夕法尼亚州东北部，经西弗吉尼亚州中部和北部，到弗吉尼亚州南部地区 Sunbury 页岩处在生气阶段；在宾夕法尼亚州西南部、马里兰州西部和西弗吉尼亚州东部地区 Sunbury 页岩处在过成熟阶段（图 7-20）。

（四）宾夕法尼亚系烃源岩

宾夕法尼亚系烃源岩包括 Pottsville 群、Allegheny 群、Conemaugh 群、Monongahela 群煤层和页岩。它们分布广泛，从宾夕法尼亚州到亚拉巴马州地区都有发育，集中在阿巴拉契亚盆地的北部和中部。Allegheny 群的煤层和黑色页岩是其主要的生气烃源岩，累计厚度 4.6～6.1m。R_o=0.8%是煤层进入热成熟生气的界限。宾夕法尼亚州南部地区位于 R_o=0.8%等值线附近，煤层生成生物气和热成因气的混合气。

阿巴拉契亚前陆盆地的东边缘分布于西弗吉尼亚州南部、肯塔基州东部、弗吉尼亚州西南部地区。最有潜力生气烃源岩来自 Pottsville 群的波卡洪塔斯（Pocahontas）组和新河（New River）组的煤层，累计厚度 4.6～7.6m。该次盆煤层 R_o=0.8%～2%，进入热成熟生气阶段。

宾夕法尼亚州的无烟煤区位于阿巴拉契亚盆地东缘，从下到上发育 Pottsville 组和 Llewellyn 组两套煤系，低挥发分烟煤到无烟煤均有发育。煤层累计厚度 22.86 m，平均厚度 9.1 m。南部煤田煤层 R_o值从西南的 2%向东北方向增加至 6%，北部煤田煤层 R_o值在 4%左右。

宾夕法尼亚系煤层烃源岩在煤层沉积结束就开始了生气，在盆地东部埋藏较深的煤系地层在晚古生代和早中生代进入热生气阶段，埋深比较浅且环境潮湿的地区目前仍处于生气阶段。

二、储层

阿巴拉契亚盆地发育了寒武系、奥陶系、志留系、泥盆系、密西西比系和宾夕法尼亚系六套储层（表 7-1）。

1. 寒武系储层

阿巴拉契亚盆地的寒武系储层包括：Conasauga 群砂岩、Simon 砂岩、Rome 砂岩、Rose Run 砂岩和下 Knox 白云岩。

Rose Run 砂岩由石英砂岩和长石砂岩组成，含白云岩夹层，属浅海陆架相和潮缘带沉积，厚 6～46m。距离夹层白云岩层越近，砂岩侧向连续性和储集物性越差。储集空间以长石和白云岩胶结物溶解形成的次生粒间孔为主，孔隙度在 1%～25%，平均值为7%；渗透率在0.1～240mD，平均值为5mD。孔渗性最好的层位位于奥陶系—寒武系的不整合面处。俄亥俄州、西弗吉尼亚州中部和宾夕法尼亚州中西部的砂岩孔渗性较差。

下Knox白云岩的晶洞和裂缝均比较发育。该白云岩的晶洞形成于地表风化淋滤，其裂缝与基底断裂活动相关。孔隙度大且连续性好的储层分布在奥陶系和寒武系的不整合面处。不整合面附近的白云岩晶间孔比较发育。

2. 奥陶系储层

阿巴拉契亚盆地的奥陶系储层包括：上Knox白云岩、Well Creek灰岩、Black River灰岩、Trenton灰岩、Utica页岩和Bald Eagle砂岩层。

奥陶系灰岩储层包括裂缝型灰岩和生物碎屑灰岩。裂缝的形成受基底断裂的频繁活动和背斜翼部不同程度拉伸的影响。生物碎屑灰岩发育大量晶洞（生物铸模孔）。

奥陶系储层砂体属浅海相-河流相-三角洲相沉积。该套砂体储集性能好，其原生孔隙、次生粒间孔隙、构造裂缝发育。Bald Eagle砂岩最厚可达305m；孔隙度在2%～13%，平均值为4%；渗透率在0.1～5mD，平均值为0.2 mD。

3. 志留系储层

阿巴拉契亚盆地的志留系储层包括：下志留统Medina群的Clinton/Medina砂岩和Tuscarora/Clinton砂岩、Clinton群的Keerfer/Big Six砂岩，上志留统Lockport白云岩、Newburg砂岩和Bass Islands白云岩层。它们主要分布在阿巴拉契亚盆地中部的安大略省、纽约州、宾夕法尼亚州、俄亥俄州和西弗吉尼亚州地区（图7-21）。

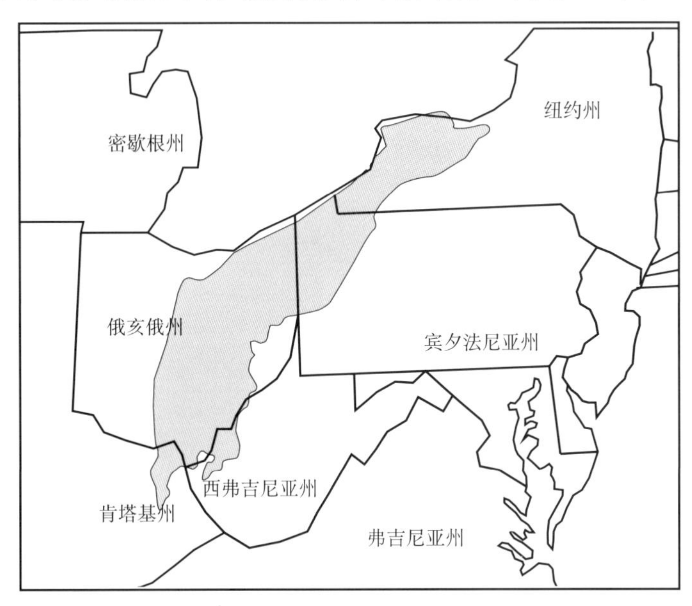

图7-21 阿巴拉契亚盆地志留系储层平面分布图（据Ryder et al.，2007）

下志留统砂岩储层为塔康运动中形成的东南厚西北薄的碎屑沉积楔，在俄亥俄州中南部、纽约州北部和安大略省南部地区厚30m；在宾夕法尼亚州中部和西弗吉尼亚北部地区则厚达152～183m。

Clinton/Medina砂岩分布在俄亥俄州、宾夕法尼亚州西北部和纽约州地区。Tuscarora砂岩分布在西弗吉尼亚州、宾夕法尼亚州中部地区。典型的Clinton/Medina砂岩储层由石英砂岩和长石砂岩组成。Tuscarora砂岩由粗石英砂岩、亚岩屑砂岩和岩屑粗砂岩组成，硅质胶结物和压溶裂缝非常发育。Clinton/Medina砂岩的孔隙度为3%～15%，渗透率为0.1～70mD。Tuscarora砂岩的孔隙度范围为0.5%～10%，渗透率为0.1～174mD。

表7-7　阿巴拉契亚盆地下志留统不同沉积相砂岩的粒度、分选和孔隙度表（据Castle，2005）

沉积相	样数	粒径/mm	分选	原生粒间孔孔隙度/%	次生粒间孔孔隙度/%	次生粒内孔孔隙度/%
河口相	16	0.2（0.06～0.4）	3.1（1.0～6.0）	5.6（2.0～10.0）	1.6（0.0～4.3）	2.4（0.3～5.0）
河流相	23	0.4（0.06～0.5）	2.3（1.0～5.0）	10.8（2.7～15.0）	1.0（0.0～4.0）	2.7（1.0～5.0）
浅海相	14	0.1（0.06～0.2）	3.8（2.0～5.0）	5.3（2.0～8.3）	1.1（0.0～2.7）	1.9（0.7～4.0）
潮汐水道相	21	0.2（0.06～0.3）	3.7（3.0～5.0）	5.3（1.7～9.7）	0.8（0.0～2.7）	2.2（0.3～4.0）
潮汐滩相	11	0.1（0.06～0.2）	4.3（3.0～5.0）	1.1（0.0～3.7）	0.5（0.0～1.3）	0.8（0.0～1.7）
滨海相	30	0.2（0.06～0.2）	3.5（2.0～5.0）	10.5（6.7～16.0）	0.6（0.0～3.0）	3.2（1.3～4.7）

注：分选方案参考Beard和Weyl（1973）和Longiaru（1987）：1. 很差；2. 差；3. 中等；4. 较好；5. 好；6. 非常好；孔隙度采用薄片计点法来代表岩石孔隙度与总岩石体积的比值；再生孔隙度定义参照Schmidt和McDonald（1979）；各项参数均给出了范围值和算数平均值。

表7-8　阿巴拉契亚盆地下志留统不同沉积相砂岩孔隙度和渗透率表（据Castle，2005）

沉积相	常规氦气孔隙度/%	常规空气渗透率/mD	原位克林肯伯格渗透率/mD	颗粒密度/(g/cm³)
河口相	3.4（1.8～6.8）	0.04（0.01～0.3）	0.0005（0.0001～0.005）	2.65（2.64～2.65）
河流相	8.1（1.9～18.1）	5（0.05～650）	1.7（0.002～450）	2.64（2.63～2.65）
浅海相	7.0（3.6～11.8）	0.3（0.008～6）	0.09（0.0007～4）	2.67（2.63～2.72）
潮汐水道相	5.8（4.1～10.4）	0.15（0.008～60）	0.02（0.0007～15）	2.65（2.63～2.68）
潮汐滩相	4.4（2.2～6.6）	0.03（0.007～0.6）	0.001（0.00005～0.1）	2.66（2.64～2.70）
滨海相	14.8（9.6～20.7）	55（5～300）	40（3～250）	2.66（2.64～2.75）

注：颗粒密度和孔隙度给出了范围值和算数平均值；渗透率给出了范围值和几何平均值，与表7-7采用样品相同。

Keefer砂岩分布在肯塔基州东部、西弗吉尼亚州西部、宾夕法尼亚州、纽约州东南部地区，厚7.6～15.2m。在肯塔基州和纽约州东南部Keefer砂岩层埋深549～914m；在西弗吉尼亚州埋深1128～2134m。Keefer砂岩为滨海相沉积，粒径从东向西变细（砾石-中粗粒-细粒）。孔隙度最高可达20%，平均值为4%～5%。

下志留统不同沉积相砂岩的孔隙类型相近；但孔渗性差别很大。它们都以原生粒间孔为主要储集空间，次生孔隙和裂缝次之。一般来说，滨海相和河流相的储集物性相对较好，潮汐水道相和潮汐滩相的相对较差（表 7-7，表 7-8）。

上志留统 Lockport 白云岩主要为角砾状灰岩，厚 3～15m。储集空间以晶洞为主，晶间孔次之，裂缝较发育。孔隙度范围是 4%～18%，平均值为 9%；渗透率范围为 0.2～575mD。

上志留统 Newburg 石英砂岩一般厚 3～12m，在西弗吉尼亚州南部厚 37m。它为滨海相沉积，分选好、磨圆好，胶结物有完全充填的硅质胶结物和部分充填的白云岩。原生孔隙为主要的储集空间。孔隙度在 6%～24%；渗透率为 183mD。

上志留统 Bass Islands 储层主要是白云岩化生物礁和塔礁，厚 1～17 m，形成于浅水碳酸盐台地。珊瑚、腕足动物、棘皮动物、海绵等构成了礁体。晶洞、铸模孔和裂缝是这些礁体的主要储集空间。这些储层的孔隙度为 2%～37%，平均值为 10%；渗透率为 0.5～50mD。

4. 泥盆系储层

阿巴拉契亚盆地的泥盆系储层包括：下泥盆统 Oriskany 砂岩；下—中泥盆统 Huntersville 燧石层；中泥盆统 Onondaga 群的 Corniferous 灰岩塔礁；上泥盆统 Hamilton 群的 Marcellus 页岩，Harrell 组黑色页岩，Catskill、Brallier 组 Cleveland、Ohio、Huron 和 Rhinestreet 黑色页岩，Catskill 砂岩和粉砂岩。

Oriskany 砂岩和 Huntersville 燧石层分布范围广泛，上下都存在大的不整合。Oriskany 砂岩为中粗粒石英砂岩，白色-灰色浅海-滨海或陆架沉积，成熟度高。Huntersville 燧石层上覆于 Oriskany 砂岩之上，由石英砂岩、粉砂岩组成，底部发育磷酸盐岩和海绿石带，沉积环境为浅海的贫氧带。有的学者认为 Oriskany 砂岩和 Huntersville 燧石层都是风成的。Oriskany 砂岩和 Huntersville 燧石层平均厚度在 15～30m，最厚可达 107m。

中泥盆统 Onondaga 灰岩塔礁分布在纽约州中南部、宾夕法尼亚州西北部、俄亥俄州东部、西弗吉尼亚州西部、肯塔基州东部和弗吉尼亚州西南部地区。塔礁的沉积环境是浅海碳酸盐岩台地和陆架与深盆过渡带上。岩性以生物碎屑灰岩为主，发育非常好的晶洞和生物骨架间孔隙。储层的净厚度在 24～305m，埋深 1067～1524m。

上泥盆统裂缝型黑色页岩沉积中心位于宾夕法尼亚州中部，厚约 427m，平均孔隙度 8%左右。黑色页岩的储集性能主要取决于裂缝系统的发育程度。在弗吉尼亚州西南部、肯塔基州东部、俄亥俄州南部和西弗吉尼亚州地区裂缝的发育可能是水平拉张环境下形成的；在俄亥俄州北部和宾夕法尼亚州西北部地区，裂缝的发育可能为垂向上拱作用所致。

上泥盆统 Catskill 砂岩和粉砂岩储层分布广泛（图 7-22），是一套从阿巴拉契亚盆地东部向西进积的硅质碎屑岩沉积体，与阿巴拉契亚的阿卡迪亚造山运动有关。Catskill 下部在马里兰州西部和宾夕法尼亚州地区为陆相沉积；在其他地区为远端陆架和斜坡沉积；Catskill 上部为三角洲沉积。该套储层埋深 208～2091m，厚 0.6～48.8m；

测井解释孔隙度为3%～22%，平均值为7%；岩心孔隙度为11%；渗透率为960mD；含水饱和度为13%～83%。在盆地中部Catskill砂岩储集物性最好，在盆地东西部相对较差。盆地西部孔渗性变差是由于泥含量的增加所致；盆地东边孔渗性变差是由于原生孔隙被胶结物充填所致。

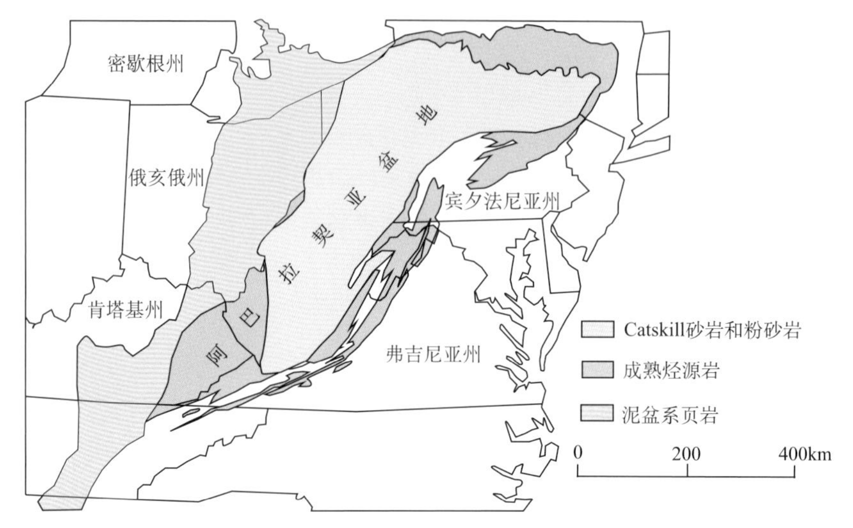

图7-22 阿巴拉契亚盆地上泥盆统Catskill砂岩和粉砂岩的分布范围（据USGS，2003）

5. 密西西比系储层

阿巴拉契亚盆地的密西西比系储层包括：Berea/Murrysville砂体、Pocono组Weir、Squaw和Big Injun砂岩、Greenbrier/Newman碳酸盐岩及夹砂岩层、Maxon砂岩、Ravencliff砂岩。

Berea砂体由Berea、Butler、Cloyd、Corry、Cussewago、Devonian-Mississippian、Gas Sand、Murrysville、Waverly等多个砂体组成，有效储层厚度为0.6～24.7m，平均厚度为5.2m。它们可能形成于河流-三角洲、浅海、障壁岛三种沉积环境。测井解释孔隙度为2%～18%，平均值为10%；岩心孔隙度为13%～17%，平均值为15%；岩心渗透率为1～296mD，平均值为44mD；含水饱和度为16%～77%，平均值为36%。Berea砂体在俄亥俄州地区埋深366～610m；在西弗吉尼亚州和肯塔基州地区埋深762～1067m；在弗吉尼亚州地区埋深1006～1097m。

Weir、Squaw和Big Injun砂岩分布在阿巴拉契亚盆地的中部。Weir砂岩层在西弗吉尼亚州和弗吉尼亚州地区发育在Price组的下部；在肯塔基州东部地区发育在Borden组内；在宾夕法尼亚州西部发育在Cuyahoga和Shenango组。Weir砂岩埋深188～1567m，厚约61m，向南变薄。有效砂岩厚度相对较薄、不连续。Weir砂岩从东北往西南发育于河流三角洲、三角洲前缘-斜坡、前三角洲和浅海沉积环境。三角洲前缘-斜坡砂体平均有效厚度为15m；前三角洲砂体平均厚度为8m。三角洲前缘-斜坡相的Weir砂岩孔隙度为7%左右；前三角洲相的Weir砂岩孔隙度在2%～20%，其中裂缝型砂岩孔隙度为15%；浅海相的Weir砂岩孔隙度大于15%。Weir砂岩渗透率通常小于10mD。

在西宾夕法尼亚州西部地区Big Injun砂体对应Burgoon组；在弗吉尼亚州和西弗吉尼亚州地区对应Price组上部；在俄亥俄州地区对应Cuyahoga组Black Hand段；在肯塔基州东部地区对应Borden组上部。Big Injun砂体埋深152～457m，厚61m；在西弗吉尼亚中部地区厚度较小，约18m。孔隙度范围为4%～20.3%，最高孔隙度发育在河流-三角洲相的砂体中。

Greenbrier /Newman碳酸盐岩包括灰岩、白云岩夹砂岩。它分布于宾夕法尼亚州南部、俄亥俄州东部、西弗吉尼亚州、弗吉尼亚州、肯塔基州东部，田纳西州等地区。Greenbrier/Newman碳酸盐岩在西弗吉尼亚州北部地区对应Greenbrier Big Injun和Keener砂岩，是主要的产气层；在西弗吉尼亚州南部地区对应Big Lime鲕粒灰岩；在肯塔基州地区对应Fort Payne组，包括多孔白云质灰岩和上覆的鲕粒灰岩层；在田纳西州地区对应Monteagle灰岩和Fort Payne组的鲕粒灰岩和生物碎屑岩层。

从西弗吉尼亚州、肯塔基州东部、弗吉尼亚州到田纳西州地区分布的鲕粒灰岩形成于潮汐环境中，埋深从东向西增加，介于232～1646m，有效厚度从1.8m增加到59m。测井解释孔隙度为3%～30%，大部分在10%～12%；渗透率在5～15mD。

西弗吉尼亚州北部发育Greenbrier Big Injun砂岩，埋深66～762m，有效储层厚度可达21.3m左右，平均有效厚度为4.6～9.1m。平均孔隙度为13%；渗透率1mD左右。

田纳西州的Newman多孔白云岩发育在肯塔基州东部，埋深274～1158m，有效储层厚3～7.6m。孔隙度为4%～26%；平均渗透率19.4mD。

6. 宾夕法尼亚系储层

阿巴拉契亚盆地的宾夕法尼亚系储层包括：Pottsville群、Allegheny群、Conemaugh群、Monongahela群煤层砂岩，主要分布在阿巴拉契亚盆地东部，主要产煤层气(图7-23)。

三、盖层

阿巴拉契亚盆地盖层包括与储层互层的寒武系Rome组页岩和粉砂岩、Conasauga群泥晶灰岩、中奥陶统顶部Utica页岩、上奥陶统Cincinnati群灰色页岩/Reedsville灰色页岩、Queeston页岩/Juniata组粉砂岩、志留系Rochester灰色页岩、Rose Hill组页岩、Salina Group蒸发岩、上泥盆统和石炭系页岩和粉砂岩、与储层砂岩互层的密西西比系页岩和粉砂岩以及Greenbrier灰岩、宾夕法尼亚系煤层中的水层和细粒碎屑沉积层（表7-1）。

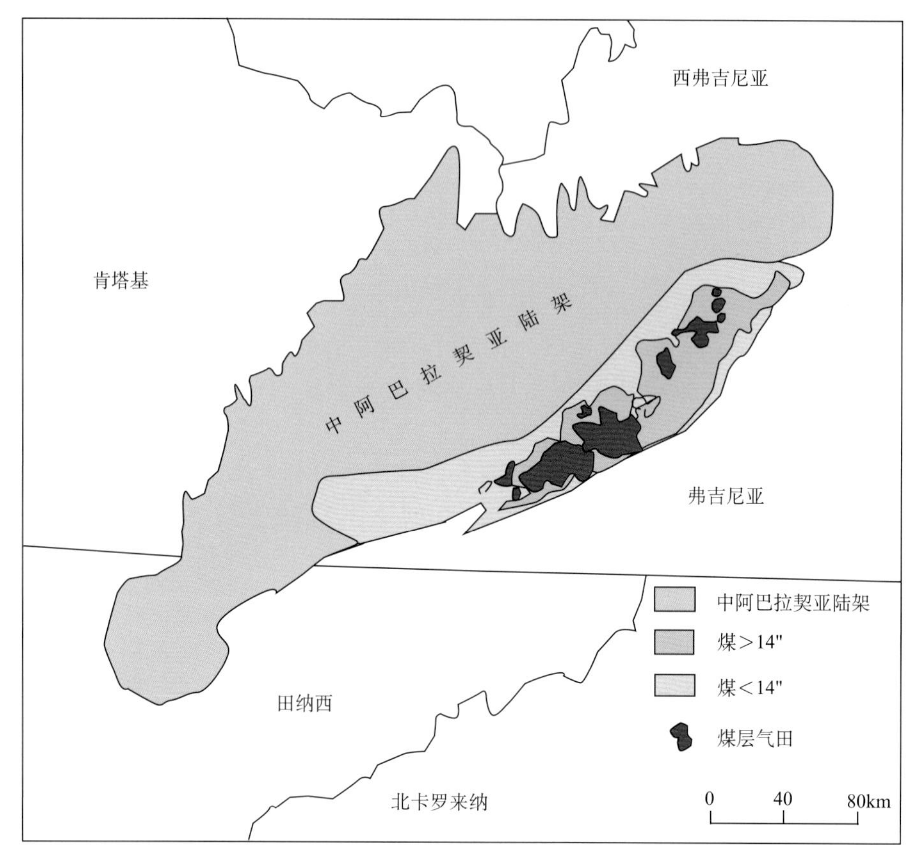

图 7-23　阿巴拉契亚盆地东部煤层气田分布图（据 Avary，2004；Markowski，2000）

四、圈闭

阿巴拉契亚盆地圈闭类型多样。阿巴拉契亚盆地寒武系储层的油气圈闭以构造圈闭为主，包括背斜和断层圈闭。该盆地奥陶系储层的油气圈闭包括构造圈闭、地层-岩性圈闭。岩性圈闭包括多孔白云岩向泥质灰岩尖灭形成的圈闭和裂缝型灰岩。该盆地志留系的圈闭类型包括地层圈闭、岩性-构造圈闭。另外，还有水动力型岩性圈闭是由区域性水饱和的岩石遮挡形成的。这种遮挡的岩石渗透率低、含水高，气和水之间的相对渗透率为零。该盆地泥盆系的圈闭类型包括地层圈闭、岩性圈闭、构造圈闭和复合圈闭。泥盆系的岩性圈闭包括生物礁、塔礁和裂缝型页岩储层。泥盆系的构造圈闭包括受基底控制的低幅度背斜及断鼻等。该盆地密西西比系圈闭包括岩性圈闭和构造圈闭。密西西比系的岩性圈闭主要是由于孔隙度变化形成的尖灭体，而密西西比系的构造圈闭主要是背斜圈闭。

五、油气生成和运移

阿巴拉契亚盆地寒武系烃源岩的油气生成时间为晚奥陶世—二叠纪。寒武系烃源岩从晚奥陶世开始生油，从晚泥盆世开始生气。生成的油气就近运移到寒武系和下奥陶统构造圈闭里。部分圈闭在阿勒根尼造山运动中遭受破坏，油气向更年轻的圈闭运移聚集或流失。

中奥陶统烃源岩的油气生成高峰期从晚宾夕法尼亚世到早三叠世，生成的油气垂直向上运移到上奥陶统和下志留统储层，向下运移至Knox不整合附近或下面的寒武系和奥陶系中，并形成地层-构造圈闭的油气藏。

阿巴拉契亚盆地密西西比系—中上泥盆统烃源岩的油气生成时间从密西西比纪晚期到早三叠世，生成的油气同期向下运移到下泥盆统Oriskany砂岩层和Huntersville燧石层、灰岩储层中成藏；同期向上运移到上泥盆统Catskill砂岩、粉砂岩储层，下密西西比统Berea、Weir、Squaw、Big Injun等砂岩储层，上密西西比统Greenbrier/Newman碳酸盐岩储层中成藏；或者就近聚集到中泥盆统Onondaga灰岩塔礁或上泥盆统裂缝型页岩储层中成藏。

阿巴拉契亚盆地中部下志留统储层油气运移聚集经历了三个阶段。晚古生代，奥陶系烃源岩页岩开始生成油气。油气顺断裂垂向运移至相关储层中（如Clinton/Medina砂体）（图7-24（a））。古生代晚期—中生代早期阿巴拉契亚盆地中部的热沉降事件，导致相关储层处于高压环境，孔隙中的可移动水被驱逐，油气开始聚集（图7-24（b））。中生代中晚期，阿巴拉契亚盆地抬升剥蚀，部分油气逃逸，储层孔隙压力降低（图7-24（c））。

六、含油气系统及勘探潜力

以相似的烃源岩、储层和圈闭特征为依据，阿巴拉契亚盆地含油气系统可分为寒武系含油气系统、奥陶系—志留系含油气系统、泥盆系—密西西比系含油气系统和石炭系—二叠系煤层气含油气系统。

1. 寒武系含油气系统

阿巴拉契亚盆地的寒武系含油气系统主要分布在阿巴拉契亚盆地的中部和西部。烃源岩包括寒武系Rome组上部和Conasauga群的黑灰-黑色页岩和泥质灰岩。储层包括寒武系Mt. Simon、Rome组、Conasauga群、Rose Run砂岩层和奥陶系Knox白云岩、Well Creek组灰岩、Black River灰岩、Trenton灰岩、Utica页岩和Bald Eagle砂岩层。盖层包括寒武系Rome组页岩和粉砂岩、Conasauga群泥晶灰岩；中奥陶统顶部Utica页岩；上奥陶统Cincinnati群灰色页岩/Reedsville灰色页岩、Queeston页岩/Juniata组粉沙岩。

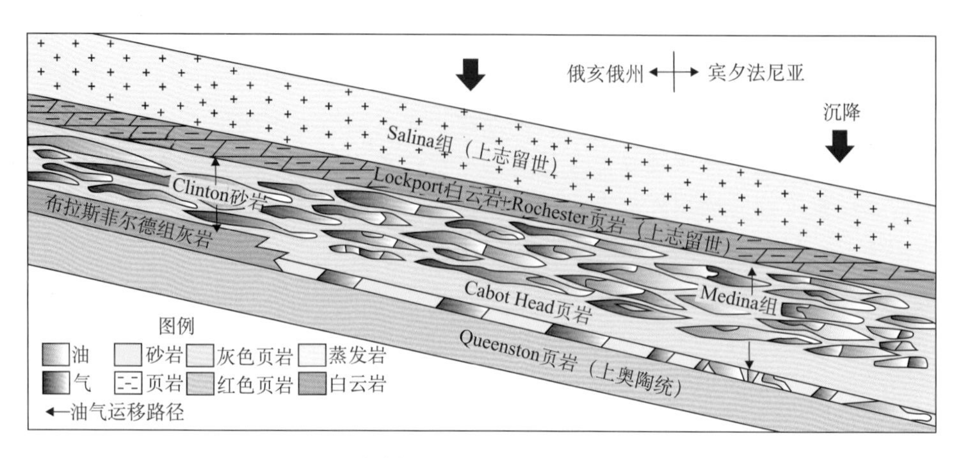

(a) 晚古生代油气运移模式图

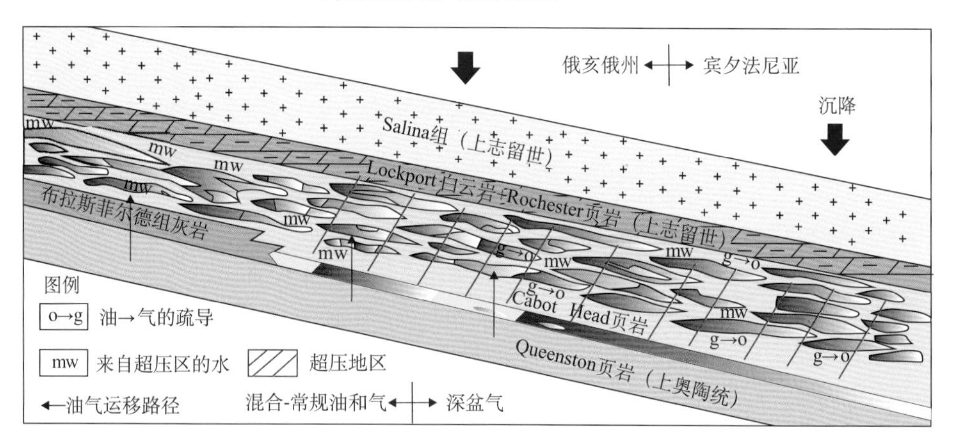

(b) 晚古生代—早中生代油气运移模式图

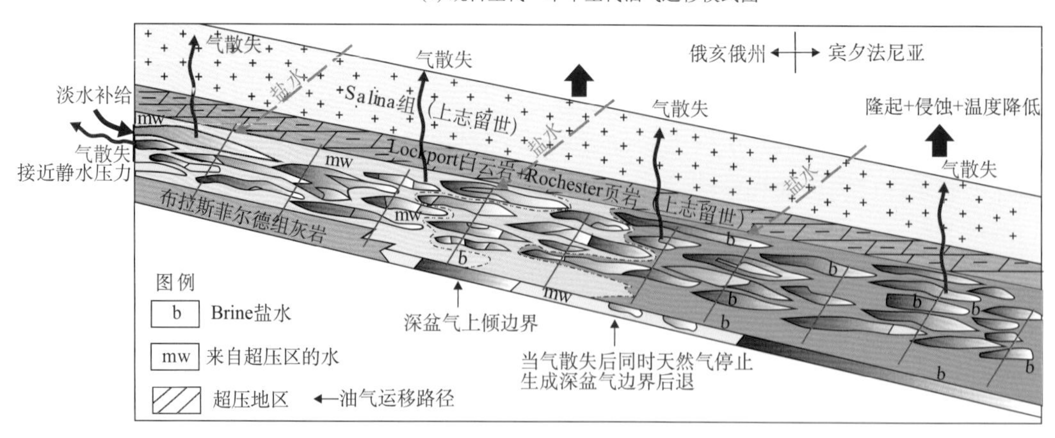

(c) 晚中生代油气运移模式图

图 7-24　阿巴拉契亚盆地中部下志留统储层三阶段油气运移模式（据 Ryder et al.，2003）

奥陶纪末—宾夕法尼亚纪期间烃源岩生油，晚泥盆世—二叠纪烃源岩生气。早泥盆世—二叠纪末油气运移，中泥盆世—二叠纪末油气聚集成藏（图 7-25）。在肯塔基州地区油气聚集在寒武系—奥陶系储层中，在盆地其他地区油气只聚集在寒武系储层中。寒武系储层受地层-构造圈闭控制，奥陶系储层受构造圈闭控制。构造圈闭的形成与晚奥陶世—早志留世的塔康运动、中泥盆世—密西西比纪中期的阿卡迪亚运动、密西西比纪晚期—二叠纪的阿勒根尼运动密切相关。该油气系统成藏关键时刻是密西西比纪—宾夕法尼亚纪，与阿勒根尼运动的主活动期相对应（图 7-25）。

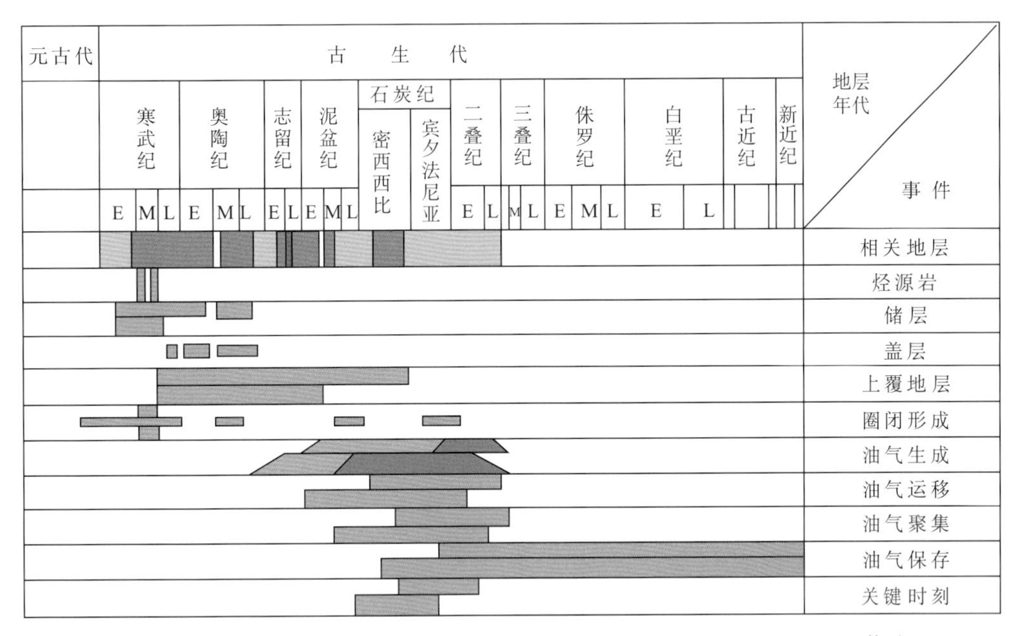

图 7-25 阿巴拉契亚盆地寒武系含油气系统事件图（据 Ryder et al.，1998 修改）

2. 奥陶系—志留系含油气系统

阿巴拉契亚盆地的奥陶系—志留系含油气系统主要分布在南至田纳西州东北部，北至纽约州东南部，西至俄亥俄州中部，东至西弗吉尼亚州东部的广大地区。烃源岩包括中奥陶统—下志留统页岩和碳酸盐岩、上奥陶统 Utica 页岩和 Trenton 群灰岩。储层包括寒武系—奥陶系砂岩和碳酸盐岩、下志留统 Medina 群的 Clinton/Medina 砂岩和 Tuscarora/Clinton 砂岩、Clinton 群的 Keerfer/Big Six 砂岩。盖层为中奥陶统—志留系页岩层、泥晶灰岩层、粉砂岩层和区域性蒸发岩层，包括中奥陶统顶部 Utica 页岩、上奥陶统 Cincinnati 群灰色页岩/Reedsville 灰色页岩、Queeston 页岩/Juniata 组粉砂岩、志留系 Rochester 灰色页岩、Rose Hill 组页岩、Salina Group 蒸发岩（图 7-26）。

在中泥盆世—早三叠世期间油气生成、运移并聚集成藏。圈闭类型包括地层圈闭和背斜圈闭。该含油气系统油气运移和圈闭与晚奥陶世—早志留世塔康运动、中泥盆世—密西西比纪中期阿卡迪亚运动、密西西比纪晚期—二叠纪阿勒根尼运动密切相关。该油气系统成藏关键时刻是密西西比纪—二叠纪，与阿勒根尼运动期相对应（图 7-26）。

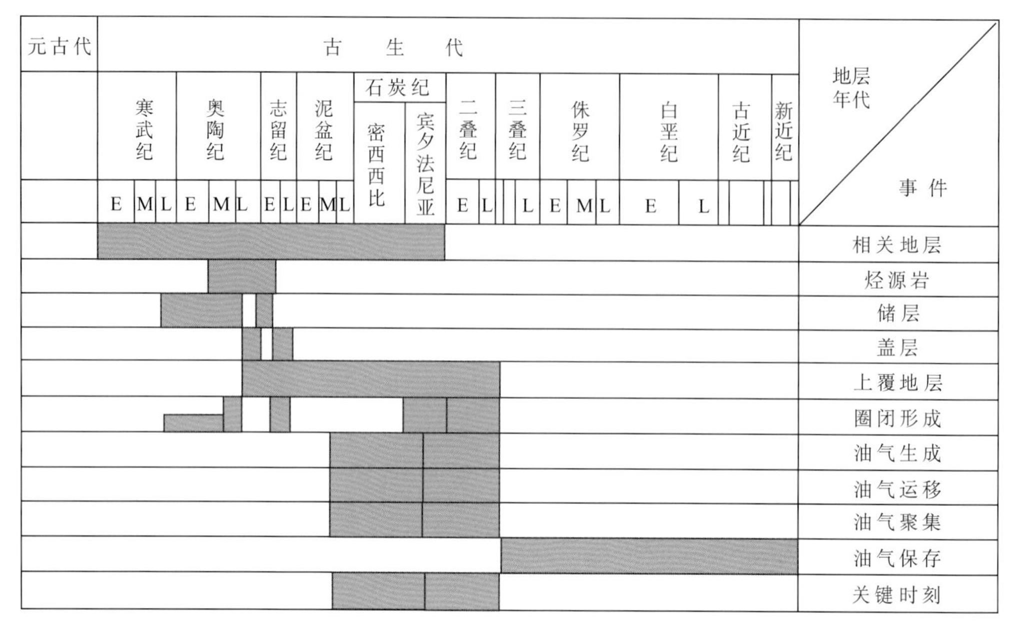

图 7-26　阿巴拉契亚盆地奥陶系—志留系含油气系统事件图（据 Ryder，2008 修改）

3. 泥盆系—密西西比系含油气系统

阿巴拉契亚盆地的泥盆系油气系统主要分布在纽约州、宾夕法尼亚州、俄亥俄州、西弗吉尼亚州、弗吉尼亚州和肯塔基州东部地区。

烃源岩为中泥盆统—密西西比系黑色页岩。储层为上志留统砂岩、下泥盆统砂岩、中泥盆统裂缝型页岩、上泥盆统砂岩、上泥盆统顶部裂缝型页岩、密西西比系砂岩夹碳酸盐岩层。盖层为上志留统—二叠系页岩、粉沙岩、泥晶灰岩（图 7-27）。

密西西比纪晚期—早三叠世烃源岩生成油气。宾夕法尼亚纪晚期到侏罗纪早期油气运移并聚集成藏。泥盆系—密西西比系储层主要受地层圈闭控制，其他储层则受地层-构造复合圈闭控制。圈闭形成时间为晚志留世—二叠纪，是中泥盆世—密西西比纪中期阿卡迪亚运动、密西西比纪晚期—二叠纪阿勒根尼运动共同作用的产物。该油气系统成藏关键时刻为宾夕法尼亚纪晚期—二叠纪末，与阿勒根尼运动相对应（图 7-27）。

4. 石炭系—二叠系煤层气含油气系统

阿巴拉契亚盆地的石炭系—二叠系煤层气含油气系统主要位于阿巴拉契亚煤田中部和北部。烃源岩为密西西比系、宾夕法尼亚系和二叠系煤层和页岩。储层为宾夕法尼亚系和二叠系的煤层-砂岩层。盖层为细粒碎屑沉积层（图 7-28）。

从煤层沉积结束到现在一直有生烃活动，高峰期为古生代晚期和中生代早期。密西西比纪晚期—二叠纪阿勒根尼造山运动导致煤层气运移和聚集，时间为密西西比纪末至早侏罗世。该油气系统成藏关键时刻是二叠纪—早三叠世，与成煤年代相吻合（图 7-28）。

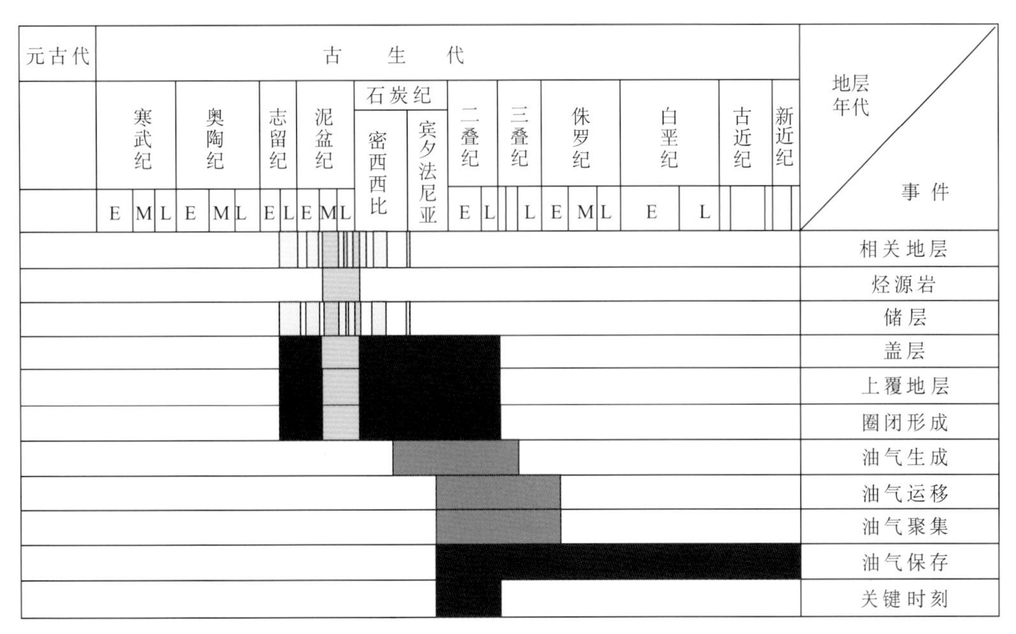

图 7-27　阿巴拉契亚盆地泥盆系—密西西比系含油气系统事件图（据 Milici et al.，2006 修改）

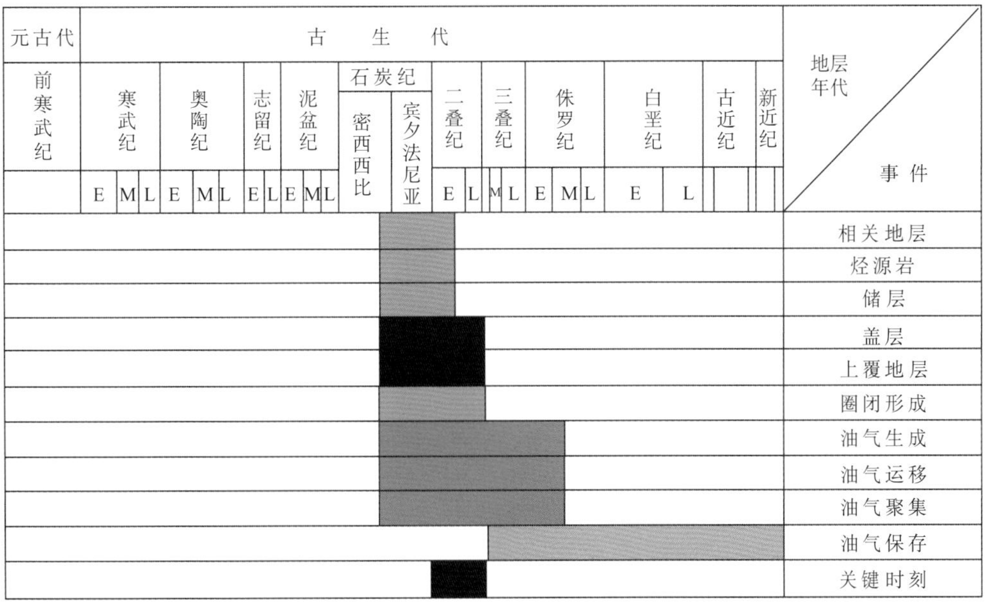

图 7-28　阿巴拉契亚盆地宾夕法尼亚系—二叠系煤层气系统事件图（据 Milici，2004 修改）

5. 油气潜力分析

总体上阿巴拉契亚盆地的西弗吉尼亚州-弗吉尼亚州地区、俄亥俄州-宾夕法尼亚州地区、俄亥俄州南部地区、纽约州地区的油气最富；西弗吉尼亚州东部地区、宾夕法尼亚州东部地区次之；田纳西州-肯塔基州地区最贫。

USGS（2002）估算阿巴拉契亚盆地待发现天然气平均储量为 $2\times10^{12}m^3$，待发现石油平均储量为5400万桶，待发现凝析油平均储量为8.7亿桶。Utica-下古生界总含油气系统的天然气待发现储量为 $7584\times10^8m^3$、泥盆系页岩-中上古生界总含油气系统的天然气待发现储量为 $8688\times10^8m^3$ 和宾夕法尼亚系煤层气含油气系统 的待发现天然气储量为 $2377\times10^8m^3$，合计占全盆天然气待发现储量的94%。Utica-下古生界总含油气系统的待发现石油平均储量为 $752\times10^4m^3$，占全盆石油待发现储量的84%；泥盆系页岩-中上古生界总含油气系统待发现石油平均储量为750万桶，占全盆石油待发现储量的14%（表7-9）。

表7-9　阿巴拉契亚盆地总含油气系统（TPS）待发现储量预测表（据USGS，2002修改）

总含油气系统	待发现储量					
	石油/MMb		天然气/Bcf		液态天然气 /MMb	
	F95	平均值	F95	平均值	F95	平均值
常规油气藏						
Conasauga-Rome/Conasauga TPS	0	0	173.02	615.60	0.97	3.70
Sevier-Knox/Trenton TPS	没有定量评估					
Utica-下古生界 TPS	14.84	46.73	890.77	3003.03	8.33	29.99
泥盆系页岩-中上古生界 TPS	2.39	7.53	194.12	693.33	1.41	5.59
常规总储量	17.23	54.26	1259.91	4310.96	10.71	39.28
非常规油气藏						
Utica-下古生界 TPS	0	0	16 657.9	26 841.78	153.22	276.25
泥盆系页岩-中上古生界 TPS	0	0	16 289.91	30 736.84	257.56	556.94
石炭系煤层气 TPS*	0	0	5678.28	8400.35	0	0
波茨维尔（Pottsville）煤层气 TPS	没有定量评估					
非常规总储量	0	0	38 626.09	65 978.97	410.78	833.19
待发现总储量	17.23	54.26	39 886.00	70 289.93	421.49	872.47

*仅为波卡洪塔斯次盆单元和东邓卡德次盆单元的预测储量，西邓卡德次盆单元、阿巴拉契亚陆架单元、阿巴拉契亚无烟煤-半烟煤单元没有定量预测。平均值为F95、F50和F5的算术平均值；F95、F50、F5分别代表可信度95%、可信度50%、可信度5%。

从19世纪开采至今，阿巴拉契亚盆地的常规油气勘探开发进入过成熟阶段，常规油气的潜力并不大。美国州际石油委员会（2005）对阿巴拉契亚盆地常规油气储量和非常规油气储量进行对比研究发现，未来盆地开发的重点是非常规油气。EIA（2006）分析表明，煤层气开采是阿巴拉契亚盆地非常规油气勘探重点之一。

据EIA（2006）评估，美国煤层气总探明储量为 $5547\times10^8m^3$，阿巴拉契亚盆地煤层气探明储量占全美的10.1%，约 $566\times10^8m^3$。从区域上分析，在阿巴拉契亚盆地煤层气探明储量集中在阿巴拉契亚盆地北部地区，为 $18\times10^8m^3$；中部地区为 $563\times10^8m^3$（图7-29）。据EIA（2006）评估，美国煤层气储量为 $4.5\times10^{12}m^3$。阿巴拉契亚盆地和黑勇士盆地占11%，大约为 $3218\times10^8m^3$。从区域上分析，在阿巴拉契亚盆地煤层气储量集中在阿巴拉契亚盆地北部地区为 $3000\times10^8\ m^3$，中部地区为 $679\times10^8\ m^3$（图 7-30）。

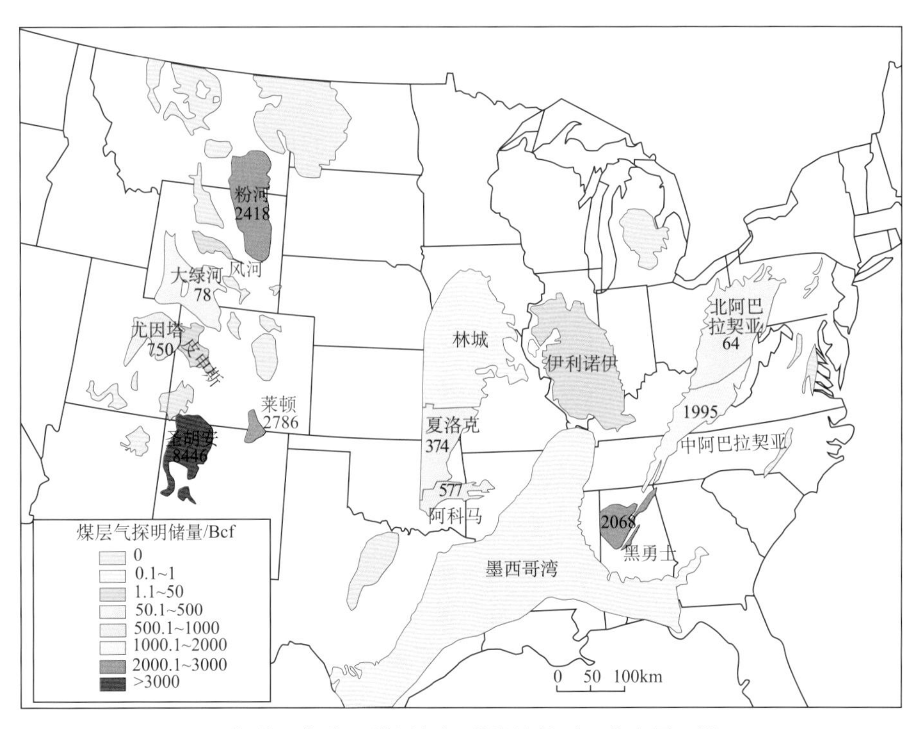

图 7-29 2006 年美国各盆地煤层气探明储量的平面分布图（据 EIA，2007）

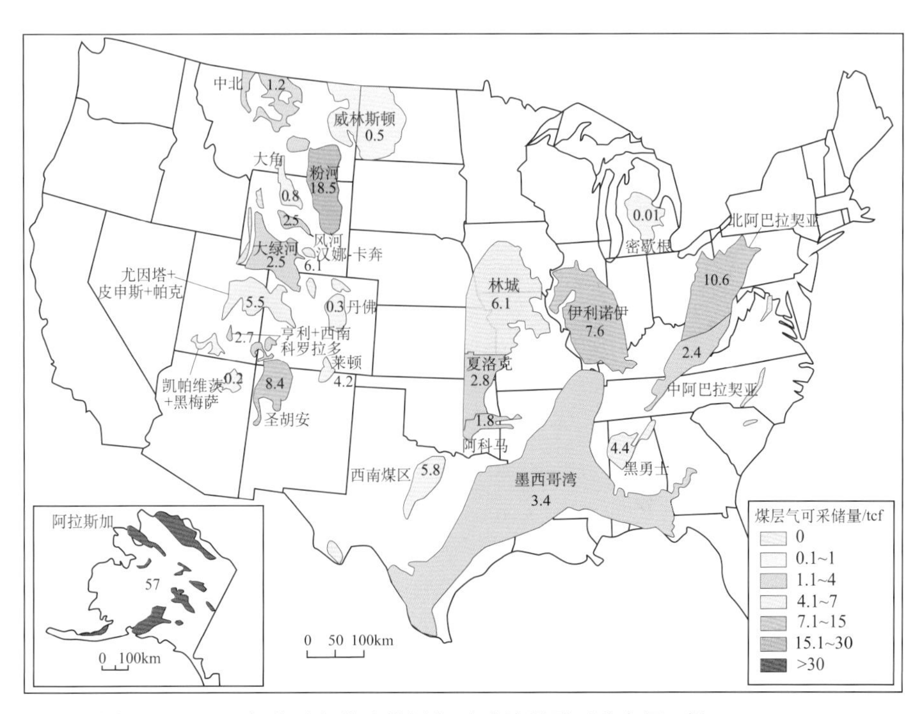

图 7-30 2006 年美国各盆地煤层气可采储量平面分布图（据 EIA，2007）

从上分析可知阿巴拉契亚盆地北部的储量相对中部潜力大，而开采程度又相对低；因此阿巴拉契亚盆地北部是未来煤层气开采的重点区域（图 7-30）。

USGS（2002）预测 Utica-下古生界总含油气系统、泥盆系页岩-中上古生界总含油气系统的非常规天然气（除去煤层气）平均待发现储量为 $1.6\times10^{12}m^3$，表明深盆气和页岩气的勘探开发潜力也十分巨大。过去一百多年里，阿巴拉契亚盆地的油气勘探开发对象主要为常规油气藏，未来的勘探重点是“深盆气和页岩气”，即下古生界的致密砂岩气和页岩气。

七、页岩气的勘探潜力

最富潜力且增长速度最快的页岩气在 2008 年北美产量占到本土天然气总产量的 10%。页岩气藏为连续型生物成因、热成因或二者结合成因的典型自生自储气藏，盖层岩性差异较大，烃类运移距离相对较短，页岩气以游离态保存于天然裂缝或粒间孔隙中，或以吸附气形式吸附于黏土、干酪根或沥青中。

随着近几年来北美新兴页岩气的勘探和开发的进行，地质储量更大的页岩气区带不断涌现，其中最引人注目的是阿巴拉契亚盆地的俄亥俄页岩气（Ohio Shale Gas）和马塞路斯页岩气（Marcellus Shale Gas）。Marcellus 页岩气的资源量为 $14.61\times10^{12}\sim69.24\times10^{12}m^3$，技术可采储量达 $1.42\times10^{12}\sim5.66\times10^{12}m^3$，Englder（2010）乐观认为超过 $14\times10^{12}m^3$，远超现今页岩气产量最大的 Barnett 页岩气 $7\times10^{12}m^3$ 的资源量及 $1.1\times10^{12}m^3$ 的技术可采储量。Marcellus 页岩自 2005 年开始投产，2010 年年产量 $51\times10^8m^3$，至 2020 年年产量将达 $413\times10^8m^3$。可以预见，阿巴拉契亚盆地的 Marcellus 页岩气存在着巨大的潜力。

下面介绍阿巴拉契亚盆地正在开采的“俄亥俄页岩气”和具有更大潜力的“马塞路斯页岩气”。

近二十年来，阿巴拉契亚盆地主要开采的是“俄亥俄页岩气”。

阿巴拉契亚盆地俄亥俄页岩的时代为泥盆纪和密西西比纪，深度 610～1524m，厚度 91.4～304.8m，净厚度 9.1～30.5m，且向盆地东部增厚（图 7-19）。吸附气含量占 40%以上（图 7-20）。其西部边界沿盆地西边缘泥盆纪页岩露头。向南至田纳西州阿巴拉契亚高原区域，该处黑色页岩薄至 27m。北边界处，黑色页岩暴露在纽约西部和中部。东部边界位于阿巴拉契亚高原内，在此黑色页岩为主的三角洲层序向东过渡为粗粉砂岩和灰色页岩，其有机质含量相对较少。

俄亥俄页岩于中晚泥盆世沉积，同作为烃源岩和储层，作为盖层的黑色页岩于晚志留世至晚二叠世沉积；生烃时间为密西西比纪至三叠纪早期，并于宾夕法尼亚纪至早侏罗世发生运移。

俄亥俄页岩气烃源岩总体上 TOC 为 0.5%～23%，有机碳含量大于 2%，下 Huron 段俄亥俄页岩 TOC 大于 4%。有机质成熟度更高的页岩主要分布在东肯塔基和相邻的西弗吉尼亚至俄亥俄中部（图 7-20）。阿巴拉契亚盆地西边干酪根类型主要为Ⅰ型和Ⅱ型，说明其主要来源于藻类或海洋生物。在盆地东侧，木质和炭质（Ⅲ型）干酪根占优势，利用碳同位素确定该陆源炭质来自其东部。镜质体反射率 R_o值 0.5%～2.0%，并有向盆地东及东南部增大的趋势（图 7-20）。在产区弗吉尼亚、肯塔基和西弗吉尼亚，R_o值为 0.6%～1.5%。

在产气区，泥盆系—密西西比系卡茨基尔三角洲层序由互层的黑色页岩和灰色页岩及粉砂岩组成。泥盆纪页岩包括 West Falls 组 Marcellus 页岩、Rhinestreet 页岩、Java 组 Pipe Creek 页岩、俄亥俄页岩的上部及下部的 Huron 页岩和 Cleveland 页岩。该页岩层序中的黑色 Sunbury 页岩是密西西比系唯一的含气页岩。页岩层序中存在的贝雷砂岩为不均质多相砂岩，遍布 Sunbury 地下且为重要的储层。宾夕法尼亚中部的沉积中心分布着黑色页岩，最大厚度达 426.7m，占三角洲层序的 15%。在弗吉尼亚西南产区，黑色页岩层总层序只有 121.9m 厚，却占该段地层的 40%。含气页岩储层质量很大程度上取决于页岩中的裂缝系统。在该区带的南部，弗吉尼亚西南地区、东肯塔基、南俄亥俄和西弗吉尼亚地区，页岩中的裂缝可能与水平滑脱构造作用有关。在俄亥俄北部和宾夕法尼亚西北的湖滨气田，页岩裂缝孔隙度与冰川荷载所导致的变形有关。

阿巴拉契亚盆地的俄亥俄页岩气主要生成于宾夕法尼亚纪晚期。根据其所在阿巴拉契亚盆地中位置，页岩气形成时间略有不同。阿勒根尼变形期盆地东侧产生推力载荷时烃类便向西运移。泥盆纪含气页岩为区域性积累，其开发特性存在变化。钻井证据表明与构造作用相关的张裂缝可能存在于黑色页岩中，而不是在灰色页岩和粉砂岩互层中。产层互相分散，并被炭质含量相对较低的、裂缝性较差的细粒硅质页岩封堵。

目前，俄亥俄页岩是阿巴拉契亚盆地页岩气开采的主力层，储层孔隙度可达 2%～5%。早在 1821 年纽约 Fredonia 第一口天然气钻井开钻，至今已经在泥盆纪页岩中产出 $849\times10^8\text{m}^3$天然气，地质储量 $6.4\times10^{12}\sim7\times10^{12}\text{m}^3$，估测可采储量约 $4104\times10^8\sim7783\times10^8\text{m}^3$，待发现储量约 $2.6\times10^{12}\text{m}^3$。

阿巴拉契亚盆地泥盆系和密西西比系的“黑色页岩气”主要产自三个地区，主要产区位于俄亥俄最南部、肯塔基东部和西弗吉尼亚西南部，其中包括阿巴拉契亚盆地产量最高的 Big Sandy 区带。该区泥盆系页岩有机质富集厚度很大。干酪根热成熟度较低，滑脱作用形成的裂缝使得天然气能够运移至井筒中。该区带的黑色和灰色页岩地层富含有机质，与灰色和灰绿色页岩和粉砂岩互层。

总体上泥盆系“黑色页岩气区带”为区域性积累，在多年里天然气产量中等。先前对储量的估测很大，未来产量主要取决于天然气工业的经济效益和天然气开发技术的改进。大多数有前景地区都含有相对很高的有机质含量，取决于适合的热成熟度及很高的天然裂缝孔隙度。在 20 世纪 70 年代末及 80 年代初在宾夕法尼亚西部钻了超过 12 口页岩气井，尽管大多数井泥盆纪页岩和砂岩层序中都产气或存在产气能力，但是该地区相对来说仍缺乏勘探。在俄亥俄东北部和宾夕法尼亚西部“黑色页岩气”仍存在很好的勘探潜力。

阿巴拉契亚盆地的另一个重要的页岩气层是马塞路斯（Marcellus）页岩。Marcellus 黑色页岩主要位于阿巴拉契亚盆地内纽约州南部、宾夕法尼亚西部、俄亥俄州东部和西弗吉尼亚州，面积 $11.1\times10^4\text{km}^2$，为北美面积最大的含气页岩区带（图 7-31）。

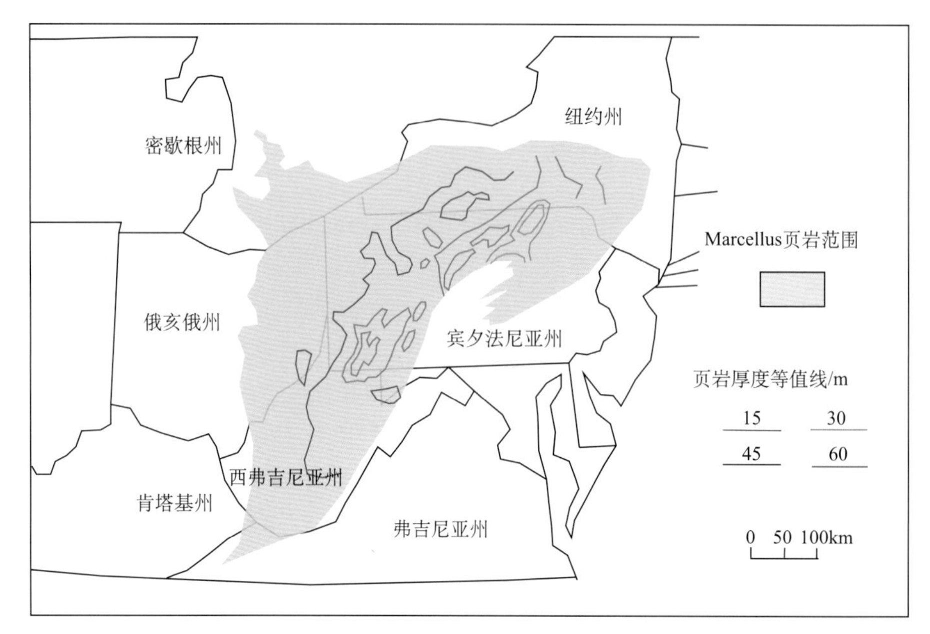

图 7-31　阿巴拉契亚盆地 Marcellus 页岩分布范围及等厚图（据 Milici and Swezey，2006 修改）

Marcellus 页岩沉积于阿巴拉契亚造山运动早期，为下泥盆统页岩，此时的前陆盆地呈饥饿状态，并处于赤道附近，温度较高，沉积环境极度缺氧，且生物扰动少，有机质快速沉积得以良好保存，页岩层的厚度薄且侧向变化小，主要分布在阿巴拉契亚前陆盆地的前渊，埋深较深（图 7-32）。

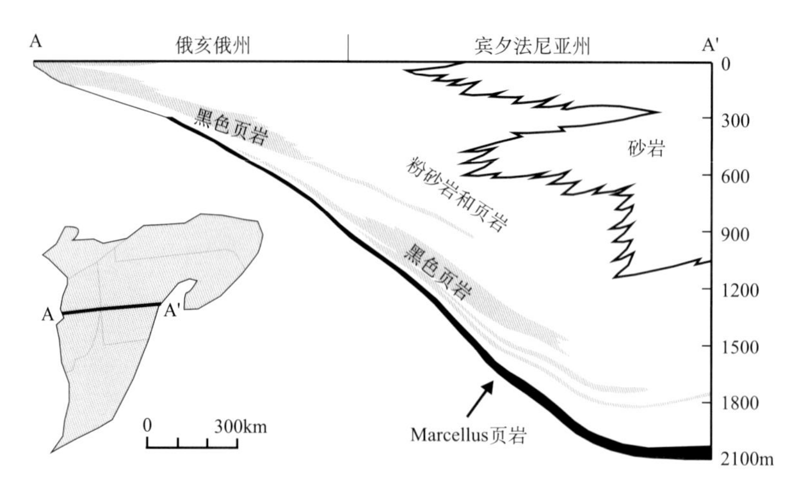

图 7-32　阿巴拉契亚盆地 Marcellus 页岩区带东西向 A-A′剖面（据 Milici and Swezey，2006 修改）

页岩气藏为典型的自生自储式气藏，页岩厚度一定程度上控制着页岩气藏规模大小及经济效益，通过页岩厚度大小及其分布范围即可判断页岩气藏的边界。目前对于具有工业价值的含气页岩厚度下限仍不明确，在已经进行商业开采含气页岩最小厚度为

Antrim 页岩的 49m，产量最大的 Barnett 页岩气藏最大厚度达到 91m。Marcellus 页岩的厚度为 15～61m，自西向东厚度增大，在宾夕法尼亚东北部厚度达到最大（图 7-31）。与已成功开发的其他页岩气藏相比，Marcellus 页岩厚度并不占优势，但参照其他页岩气藏评价参数如有机碳含量、有机质成熟度和吸附气含量等，Marcellus 页岩气藏仍具有巨大的地质储量。

Marcellus 页岩顶部深度 914～2591m，平均深度超过 1524m，自盆地西北部向东南部逐渐加深，在宾夕法尼亚州南部和西弗吉尼亚州东南部深度最大（图 7-33）。

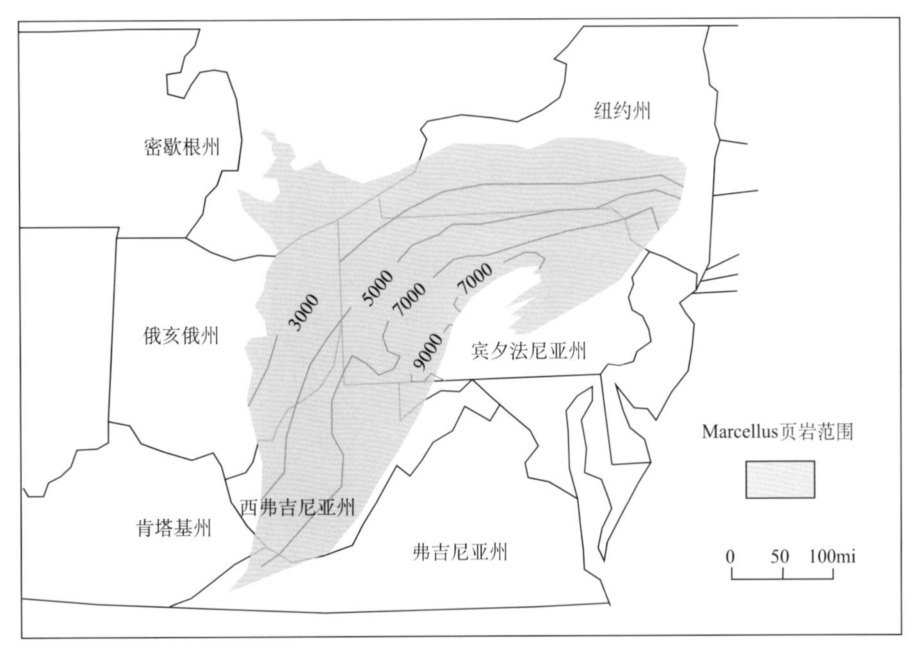

图 7-33　阿巴拉契亚盆地 Marcellus 页岩层顶部等深线图（据 Milici and Swezey，2006 修改）
图中单位：m

Marcellus 组地层压力异常，同时存在异常高压和异常低压，地层压力为 10.3～41.4MPa，压力梯度一般大于 9050Pa/m，低压区域分布于盆地东南部，压力向东北部增大。相对来说，地层超压区的页岩气更易开采且最终可采储量会更大，因此阿巴拉契亚盆地东北部页岩气更易开采。含气页岩地层超压不仅易于天然气的开发和促进页岩裂缝的发育，而且可以增加页岩吸附气含量。Marcellus 页岩层的平均温度 37.8～65.6℃，也有利于吸附气的保存。

裂缝发育程度是决定页岩气藏品质的重要因素，一般来说，裂缝较发育的气藏其品质也较好。对于裂缝在页岩气藏中所起作用，普遍认为裂缝为游离气储集的场所且有助于吸附气的解析。Marcellus 页岩微裂缝发育，构成页岩气主要的储集类型，页岩孔隙度达到 10%，页岩渗透率为 2 mD。Marcellus 页岩发育粉砂岩夹层，不仅增加了储集空间大小，而且提高了储层侧向渗透率。

Marcellus 页岩的干酪根为Ⅱ型，其 R_o 为 1.5%～3%，自西向东增大，成熟度最高地区为宾夕法尼亚东北部和纽约东南部（图 7-34），有机质处于高成熟和过成熟阶段，生成的天然气为热成因气。Marcellus 页岩的有机质丰度较高，页岩 TOC 为 3%～11%，平均 4.0%，TOC 含量自西向东减小，纽约州平均 TOC 为 4.3%，宾夕法尼亚州平均 TOC 为 3%～6%，西弗吉尼亚平均 TOC 为 1.4%。页岩的有机碳含量是影响页岩吸附气体能力的主要因素之一，页岩的有机碳含量（TOC）越高，则页岩气的吸附能力就越大。这是因为干酪根中微孔隙发育，表面具亲油性，对气态烃有较强的吸附能力，同时气态烃在无定形和无结构基质沥青体中也会发生溶解。吸附气是预测页岩气藏产能的关键参数之一，也是其长期稳产的重要保障，由于 Marcellus 页岩较高的 TOC，其吸附气含量占到页岩气总量的 40%～60%。

页岩有机质的高成熟度不是制约页岩气成藏的主要因素，而其成熟度越高反而越有利于页岩气成藏。成熟度不仅决定天然气的生成方式，同时还控制着气体的流动速度，研究表明高成熟度页岩气藏比低成熟度页岩气藏的气体流动速度要高且页岩气体生成速度更快。另一方面，随着有机质成熟度的增高，页岩中有机质更多地转化为烃类，其硅质含量相对增高，页岩脆性也随之增高，更易形成裂缝，研究表明，Marcellus 页岩 R_o 达到 2.0%后，其孔隙度增加了 4%。

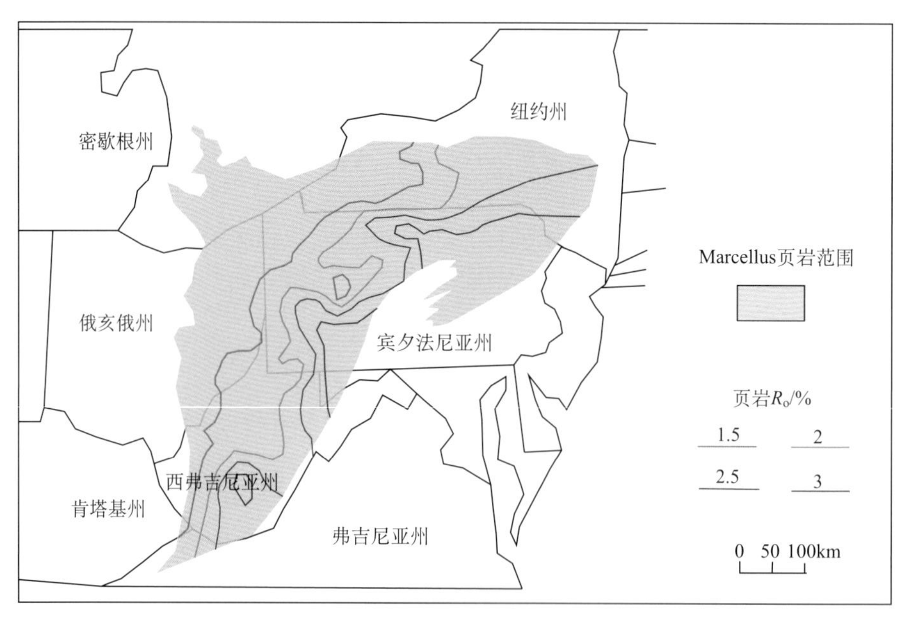

图 7-34　阿巴拉契亚盆地 Marcellus 页岩有机质 R_o 等值线图

（据 Milici and Swezey，2006 修改）

总之，含气页岩通常为细粒且含黏土，有机碳富集，为典型的自生自储。一个好的页岩气系统需具备的石油地质条件：有机质丰度高，TOC 大于 2%；烃源岩成熟度高，R_o为 1.1%～2.5%；渗透性高，基质渗透率大于 0.001mD；页岩厚度大于 30m，脆性高；孔隙压力大；黏土矿物低于 50%，夹层的硅质含量高于 30%，以便水力压裂；地质储量大，产能高。Marcellus 页岩具备了以上列出的页岩气成藏的各种基本条件，分布范围广，厚度大，因此具有很大的勘探开发潜力。

目前页岩气产区主要集中在北美的东部前陆盆地和边缘克拉通（图 7-35），而且北美西部的前陆盆地也正成为重要的页岩气勘探开发区，如艾伯塔盆地等。页岩气主要分布在前陆盆地或边缘克拉通盆地，早期在被动陆缘或局限海阶段形成的页岩生成天然气后，在前陆盆地后期由于抬升至浅部，尤其斜坡带埋深较浅，有利于页岩气的开采。

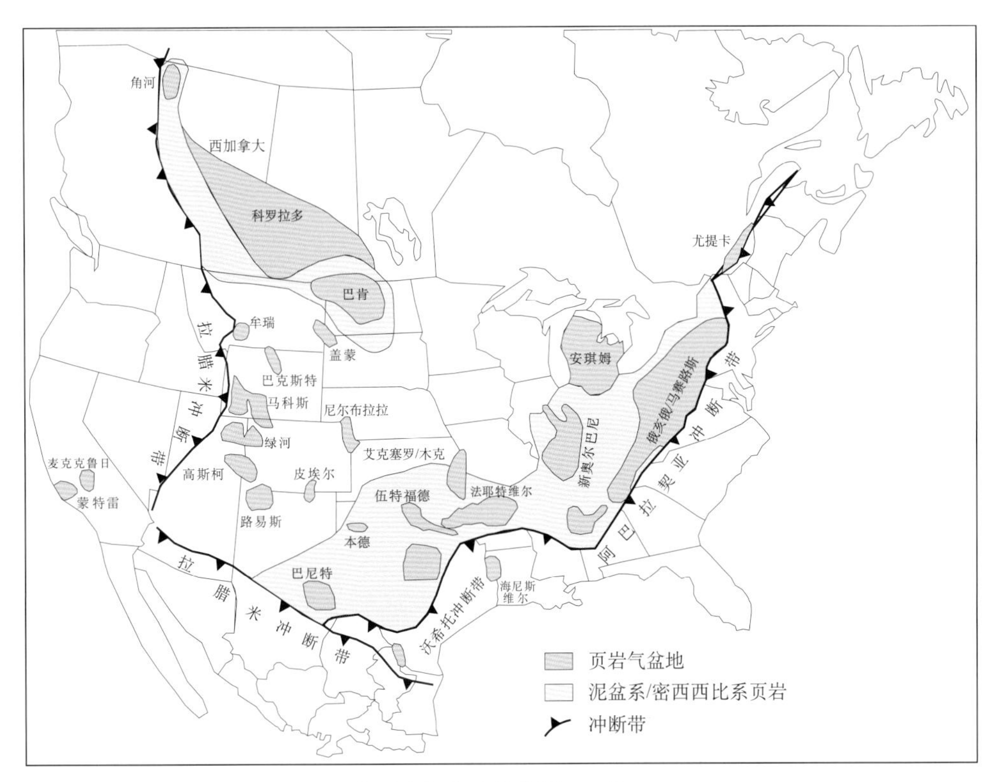

图 7-35　北美页岩气盆地分布图（Ziff Energy，2010）

综上所述，北美页岩气具有广阔的勘探前景。

（1）北美页岩气目前主要分布在美国东部，产气层主要为泥盆系和密西西比系。页岩气成熟探区主要集中在阿巴拉契亚盆地、密歇根盆地、伊利诺伊盆地、圣胡安盆地、福特沃斯盆地五个盆地。以阿巴拉契亚盆地为例，前陆盆地斜坡带的页岩较厚、成熟度适中，并被抬升至浅部，开采成本低，且富硅藻（脆性高便于压裂）便于开采，其中的 Marcellus 页岩将成为美国最大的页岩气产层。

（2）北美页岩气盆地的类型以前陆盆地和边缘克拉通盆地为主，这些盆地早期是赤道附近长期稳定的克拉通盆地或被动陆缘盆地，以局限海环境为主，乏氧环境，发育厚层大范围的页岩，自生自储。目前主要成熟探区在北美东部的前陆盆地和边缘克拉通盆地。

（3）根据以上分布规律，北美西部具有类似特点的前陆盆地，如艾伯塔盆地、落基山盆地群的页岩都将是页岩气重要的勘探开发区。

八、典型油气藏——Elk-Poca 气藏

泥盆系—密西西比系含油气系统是阿巴拉契亚盆地最主要的含油气系统。Elk-Poca 气藏是阿巴拉契亚盆地泥盆系—密西西比系含油气系统的一个典型实例，以岩性圈闭为主。该气藏烃源岩为上泥盆统页岩，储层为中泥盆统砂岩，盖层为中泥盆统灰岩和燧石层。密西西比纪开始生成油气。受阿勒根尼造山运动影响，密西西比纪晚期—三叠纪油气向西运移，并聚集成藏。该气藏的解剖有助于深入了解阿巴拉契亚盆地的泥盆系—密西西比系含油气系统。

1. 油气藏概况

Elk-Poca 气藏发育位于西弗吉利亚州的 Jackson、Putnam 和 Kanawha 郡，面积约为 668km^2，断层不太发育，西边界和东南角褶皱发育（图 7-36）。

1933 年人们在 Elk-Poca 气藏开凿了第一口石油井。该井天然气日产量为 38×10^{4}m^3。后多家公司相继在该地区进行工业开采，截至 1991 年，Elk-Poca 气藏的工业钻井数达到 1280 口。现今该气藏基本废弃，主要作为美国的气藏战略储备基地。Elk-Poca 气藏的天然气地质储量为 325×10^{8}m^3，最终可采储量为 298×10^{8}m^3，采收率高达 92%。现在产量极小，单井最高日产量为 5.7×10^{4}m^3。截至 1996 年，该气藏产量达到 272×10^{8}m^3，为最终可采储量的 91%。

Elk-Poca 气藏东南部开发最早，1940～1960 年，开发先向北，后向西转移。生产井日开采量从 14×10^4～566×10^{4}m^{3}不等。每天天然气开采量高达 283×10^{4}m^3。

2. 油气藏特征

Elk-Poca 气藏主要为岩性圈闭，仅在局部受构造影响，例如东南部 NNE 向背斜同样对油气聚集有一定控制作用（图 7-37）。气水界面位于地下 1311～1332m，气藏柱最高处达 128m。

Elk-Poca 气藏下泥盆统 Oriskany 砂岩与下伏的下泥盆统 Helderberg 组和上覆的中泥盆统 Huntersville 燧石层整合接触。Oriskany 砂岩层总体东倾，倾角约为 0.5°～1°东（图 7-38）；厚约 7.6～21.3m（25～70ft），东厚西薄，北东和南东角最厚；中间夹有厚约 1.5～3 m 连续灰岩层。

Elk-Poca 所产天然气碳氢化合物组成特征为：API 约 42.1，含硫成分 0.19%，TOC 4%～5%，天然气比重 0.658，含少量凝析油。

Elk-Poca 储层产于上 Oriskany 上半段，不均一分布于整个气藏区。目标层段为分选良好的石英砂岩和少量砾岩，粒度往上递增（细粒到中粒），形成于滨海环境，厚3～3.7m。目标层段孔隙度低，分布范围为 4%～13%，平均孔隙度为 8%；渗透率分布范围为 0.1～93.4mD，平均渗透率为 27.5mD。

烃源岩是来自 Elk-Poca 气藏东边某地区上泥盆统 Huron 和 Rhinestreet 组海相页岩，密西西比纪生烃成熟，天然气向西运移至 Elk-Poca 气藏，圈闭在 Huntersville 燧

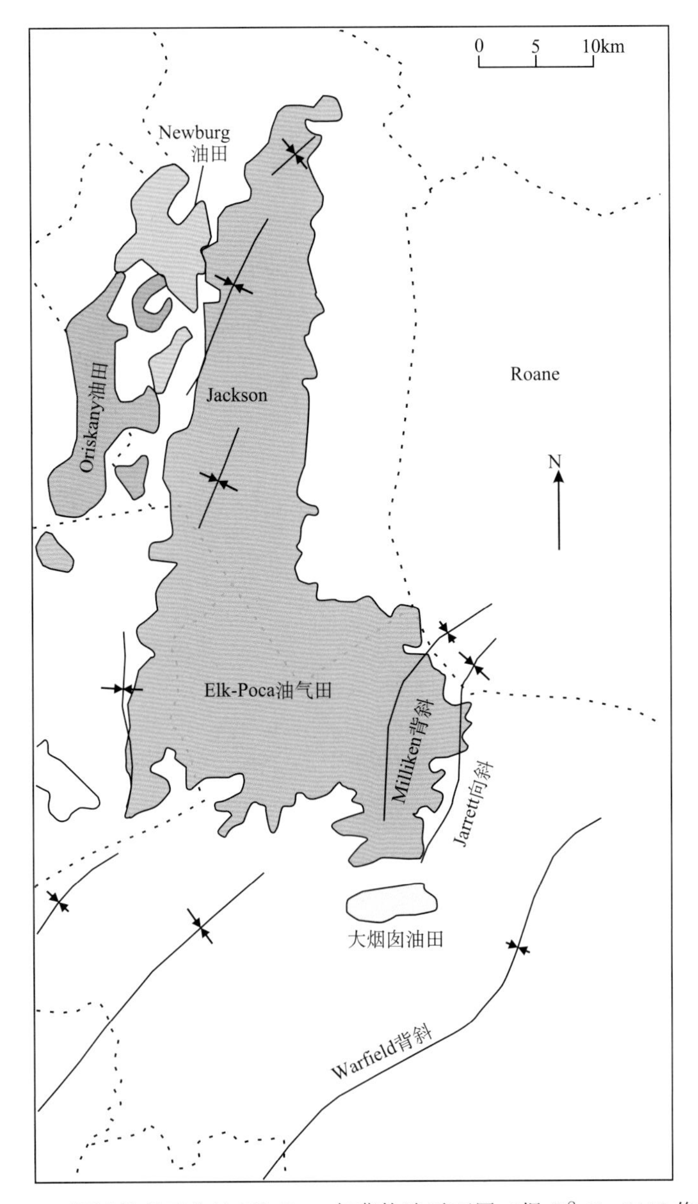

图 7-36 阿巴拉契亚盆地 Elk-Poca 气藏构造平面图（据 C&C，2008 修改）

石层之下的 Oriskany 砂岩中。Elk-Poca 气藏盖层为 Huntersville 燧石层，为海相陆架燧石硅质灰岩。

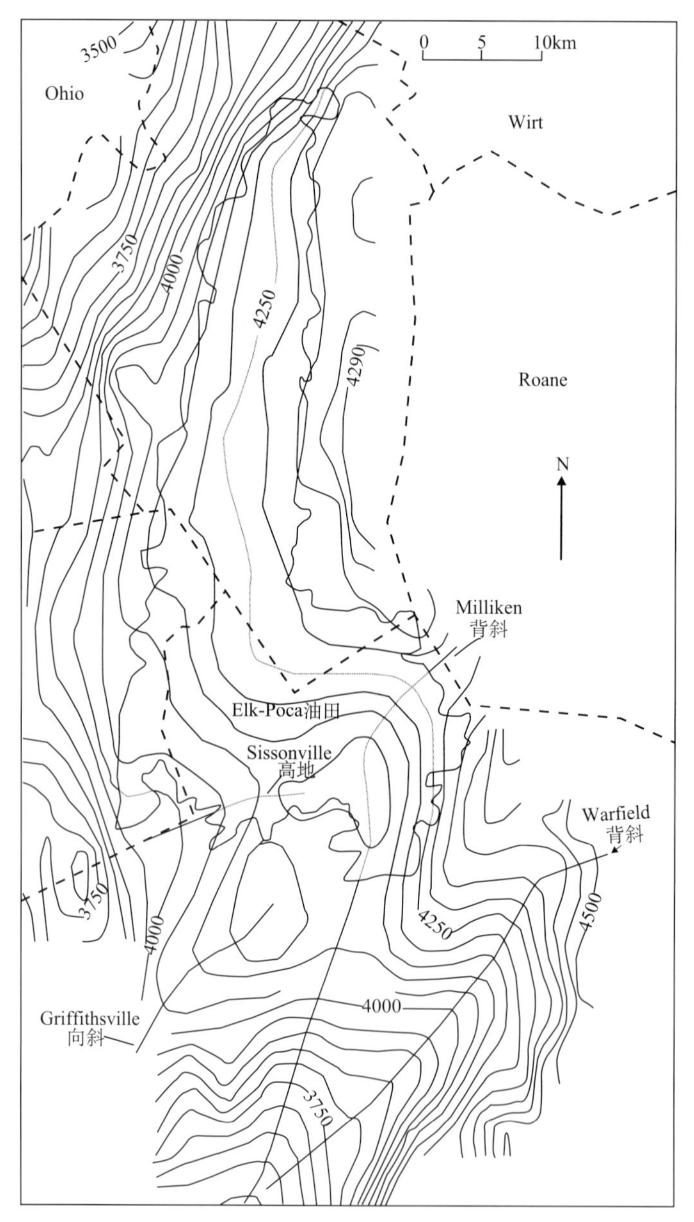

图 7-37　Elk-Poca 气藏 Oriskany 砂岩顶部构造平面图（据 C&C，2008 修改）

图中等值线单位为 ft

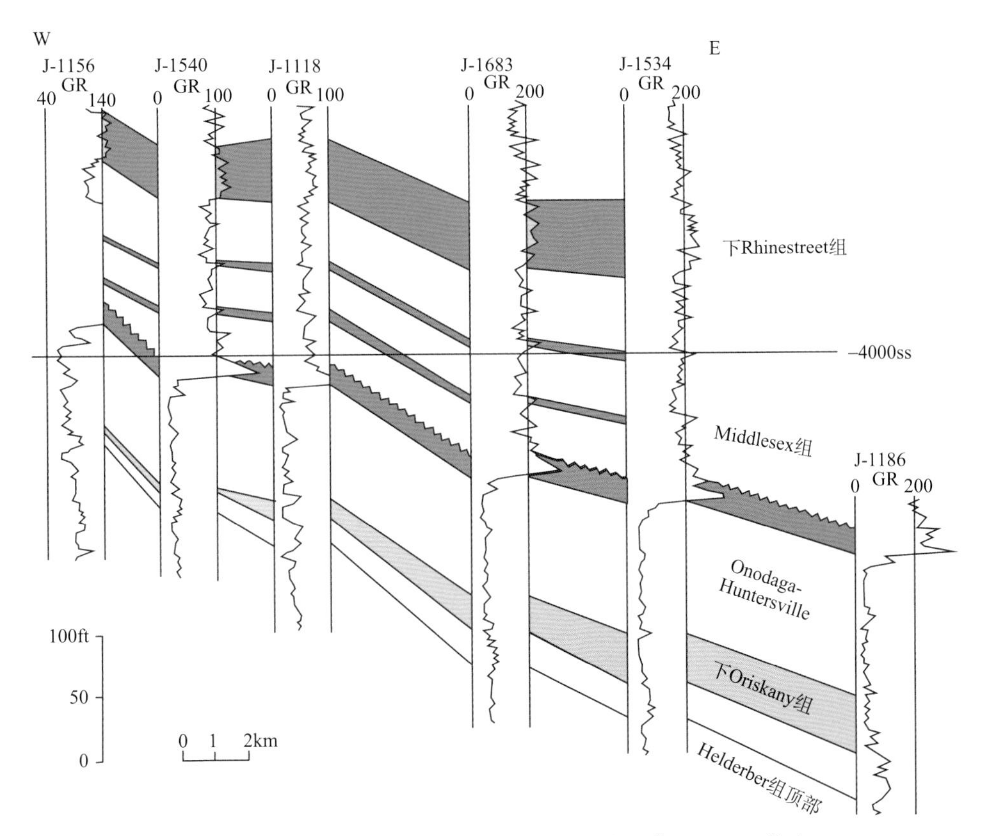

图 7-38 Elk-Poca 气藏 W-E 构造剖面图（据 C&C，2008 修改）

小结

阿巴拉契亚盆地是北美最早发育的含油气盆地之一，早期在寒武纪为大陆边缘拗拉谷，后转为被动陆缘盆地，晚期由于阿巴拉契亚造山作用，在阿巴拉契亚山脉以西发育了晚古生代前陆盆地。

在盆地东部地区发育北东—南西走向的逆冲推覆构造带（即蓝岭和阿勒根尼冲断带），在盆地中部和西部分别发育了轴向为北西—南东走向的褶皱区和斜坡区。阿巴拉契亚盆地主要发育古生代地层，可以分为裂谷、被动大陆边缘和前陆盆地三套沉积体。被动陆缘阶段以碳酸盐岩沉积为主，前陆盆地阶段以碎屑岩沉积为主。碳酸盐岩沉积与北美克拉通东南缘的多期海侵有关，而硅质碎屑岩沉积则与古生代阿巴拉契亚山脉的形成过程密切相关。

阿巴拉契亚盆地的沉降历史表明早奥陶世—中奥陶世早期是被动陆缘阶段，沉降速率最小，构造活动最弱；从中奥陶世晚期—宾夕法尼亚纪阿巴拉契亚盆地进入前陆盆地演化阶段，沉降速率中等偏大，开始了古生代陆相前陆盆地沉积。

阿巴拉契亚盆地发育四套烃源岩：寒武系页岩、中奥陶统—下志留统页岩和碳酸盐岩、泥盆系—密西西比系底部页岩、宾夕法尼亚系煤层和页岩。

阿巴拉契亚盆地发育了寒武系、奥陶系、志留系、泥盆系、密西西比系和宾夕法尼亚系六套储层，其中奥陶系—志留系的被动陆缘阶段形成的碳酸盐岩储层和泥盆系—宾夕法尼亚系的前陆阶段形成的碎屑岩储层是阿巴拉契亚盆地的主力储层。

阿巴拉契亚盆地圈闭类型多样。寒武系储层油气圈闭以构造圈闭为主，包括背斜和断层圈闭。奥陶系储层油气圈闭有构造圈闭、地层-岩性圈闭。志留系圈闭类型有地层圈闭、岩性-构造圈闭。密西西比系圈闭包括岩性圈闭和构造圈闭。

阿巴拉契亚盆地近些年在页岩气勘探开发方面有重大发现，页岩气产量已经超过常规天然气的产量。阿巴拉契亚盆地的 Marcellus 页岩气将成为美国未来最大的页岩气资源，其资源量为 $14.61\times10^{12}\sim69.24\times10^{12}\,m^3$，技术可采储量达 $1.42\times10^{12}\sim5.66\times10^{12}\,m^3$，Englder 乐观认为超过 $13.85\times10^{12}\,m^3$，远超现今页岩气产量最大的 Barnett 页岩气 $7.08\times10^{12}\,m^3$ 的资源量及 $1.1\times10^{12}\,m^3$ 的技术可采储量。

艾伯塔盆地 第八章

◇ 艾伯塔盆地是西加拿大盆地群中最大的一个前陆盆地。该盆地位于艾伯塔省。该盆地的石油资源非常丰富，是加拿大最大最富集的含油气盆地，也是世界著名的含油气盆地之一。艾伯塔省的经济以石油和天然气产业为主，几乎占全国矿业产值的一半。

◇ 在当今大力开发非常规油气资源的形势下，艾伯塔盆地以具有油砂、深盆气和页岩气各种非常规油气资源而日益受到高度关注。艾伯塔盆地很早就以油砂资源而闻名于世，油砂素有“黑色金子”之称。

◇ 国际上从2002年起，在统计石油资源时，把油砂列入其中，使加拿大的油气可采储量跃居世界第三位。

◇ 艾伯塔盆地是分布在科迪勒拉冲断带前缘和加拿大地盾之间的前陆盆地。山前地区为冲断带，向东变为受轻微扰动和未受扰动的前陆层序。在盆地西部的前渊带主要发育深盆气，中部以泥盆系彩虹礁石油产层为主，而在东部斜坡带的白垩系内发育油砂。

◇ 艾伯塔盆地是一个叠合盆地，整个古生代为被动陆缘盆地，进入中新生代由于北美西部的地体拼贴作用和造山作用而形成了典型的前陆盆地。该盆地在被动陆缘盆地阶段长期处于低纬度带，为浅海或局限海环境，有利于烃源岩的发育；进入前陆盆地阶段，早期仍在盆地西北部留有一个狭长的海湾，有利于烃源岩的继续发育和生烃，以海陆交互相和陆相碎屑岩为主，是主要的成储时期。正是具有如此优越的生烃和成储成藏条件，才形成了这个加拿大最大最富的含油气盆地。

◇ 加拿大艾伯塔省拥有世界上最大的油砂资源，现在油砂已成为艾伯塔盆地油气新的增长点和投资热点。另外，页岩气也具有广阔的勘探开发前景。

第一节 盆地概况

艾伯塔盆地位于加拿大西部，该盆地北接马更些盆地，南靠威利斯顿盆地。艾伯塔盆地大部分位于加拿大艾伯塔省内，总面积约 98×10^4 km^2（图 8-1）。

艾伯塔盆地油气资源十分丰富，是加拿大重要的产油区之一。该盆地的气田主要分布在盆地西部，油田分布在盆地中部，油砂分布在盆地东部（图 8-1）。该盆地油气资源丰富，常规原油地质储量为6034亿桶，油砂地质储量为16 310亿桶，天然气地质储量为 4×10^{12} m^3。目前油砂中生产的原油占艾伯塔生产原油的40%，约占加拿大的1/3。

艾伯塔油气发现历史最早可追溯到1778年。当时皮货商兼探险家Peter Pond记录

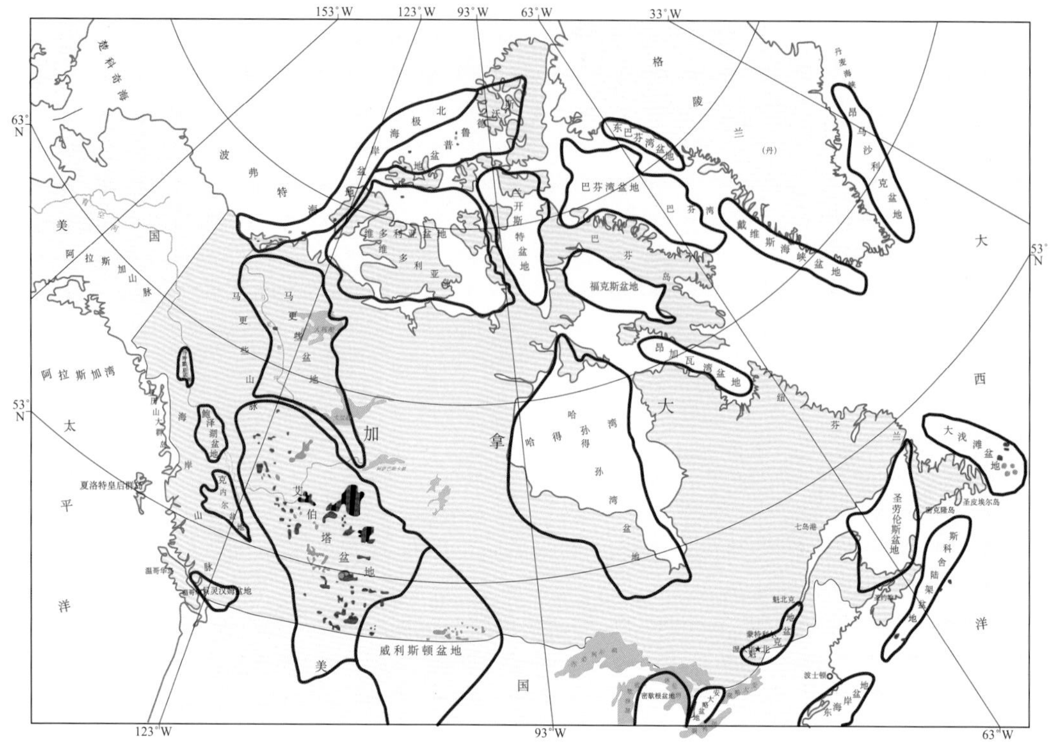

图 8-1　艾伯塔盆地的位置及其油气田分布（USGS，2002）

红色为天然气，绿色为石油，红黑相间区为油砂

了在阿萨巴斯卡河与清水河的交汇处发现了油砂。1883 年加拿大太平洋铁路公司工人在钻水井时在艾伯塔 Langevin 首次发现天然气。

1905～1914 年：艾伯塔盆地进入第一次油气勘探开发热潮。

1915～1924 年：皮斯河 1 号井的发现揭开了艾伯塔盆地第二次油气勘探开发热潮。1915 年阿萨巴斯卡油砂运至埃德蒙顿被首次用于铺设柏油路。

1925～1944 年：艾伯塔盆地进入第三次油气勘探开发热潮时期。艾伯塔盆地的油气产量上升。

1945～1974 年：艾伯塔的现代天然气工业起步，联邦能源委员会诞生。艾伯塔盆地的石油工业面临转折。政府通过征收矿区使用费获益，提高政府对石油工业的控制。

1975～1994 年：艾伯塔盆地的油气勘探开发从巅峰跌到低谷。油气勘探开发处于缓慢发展阶段。这个时期开始加强油砂开采技术的研究，但仍处于实验阶段。

1995 年至今：进入非常规油气勘探开发阶段。非常规油气勘探开发以油砂和深盆气为主。2004 年以后由于开采技术提高和油价上涨，油砂成为技术和经济均可采的石油资源。2004 年以来艾伯塔盆地以非常规油气（如油砂和深盆气）勘探开发为主。

第二节　盆地基础地质特征

一、构造单元划分

艾伯塔盆地是北美西部典型的前陆盆地，是在古生代被动陆缘盆地之上叠加的中、新生代前陆盆地。艾伯塔盆地的沉积可以看作是前寒武纪结晶基底之上的楔状沉积体，由西向东逐渐变薄，西部艾伯塔向斜最厚可达6000m，向东延伸至前寒武纪基底出露的地方。

艾伯塔盆地东侧是加拿大地盾，西侧是科迪勒拉造山带。盆地北部为塔斯里那拱曲，南部为斯威特格拉斯拱曲。盆地内可划分出艾伯塔向斜（即前渊拗陷）、里亚德拗陷、皮斯里弗拱曲、斯威特格拉斯拱曲和牧场湖陡坡等构造单元（图8-2）。

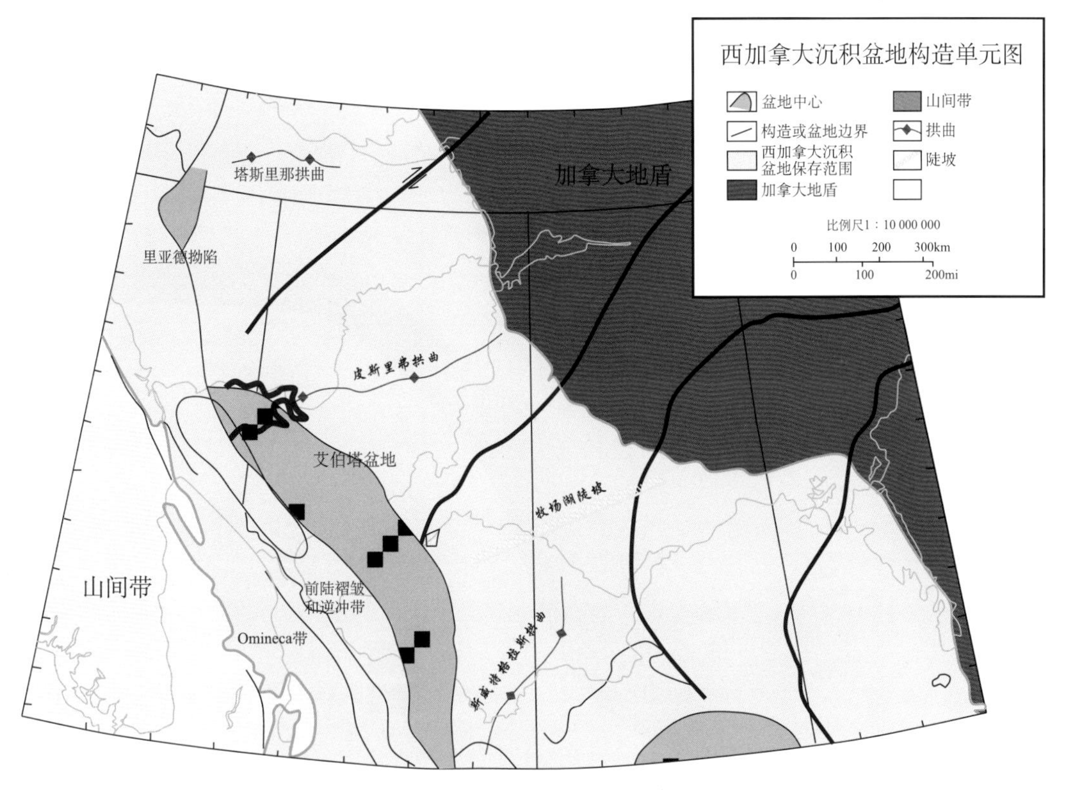

图8-2　艾伯塔盆地主要构造单元图

（据The Geological Atlas of the Western Canada Sedimentary Basin，1994）

由于科迪勒拉山脉新生代以来向东的大规模冲断作用，盆地总体呈北北西走向，具有前陆盆地的构造样式。沉积物在靠近科迪勒拉造山带方向急剧增厚，而往地盾方向逐渐减薄，从东部暴露加拿大地盾的边缘至盆地西部的前渊拗陷沉积物逐渐增厚。

艾伯塔盆地是分布在科迪勒拉冲断带前缘和加拿大地盾之间的前陆盆地。山前地区为冲断带，向东变为受扰动和未受扰动的前陆层序。从盆地演化的角度出发，其充填序列可分为由四个不整合面分隔的沉积层序，即寒武系—志留系、泥盆系、密西西比系—下侏罗统和中侏罗统—古近系。前三个层序由海相和近岸相沉积物组成，构造背景为被动大陆边缘；最后一个层序代表海相和非海相前陆盆地沉积，分布在造山带的东侧。艾伯塔盆地在剖面上呈平缓西倾单斜。

二、地层层序

艾伯塔盆地地层由古至新依次是太古界—元古界结晶基底、古生代被动陆缘、晚古生代局限海盆地和中新生代前陆盆地层序。由于北美西部的地体拼贴作用，在西加拿大发育造山带和山前冲断带，从中侏罗世开始前陆盆地逐渐形成，一直演化到新生代。盆地西侧沉积较厚，东侧较薄（图 8-3）。

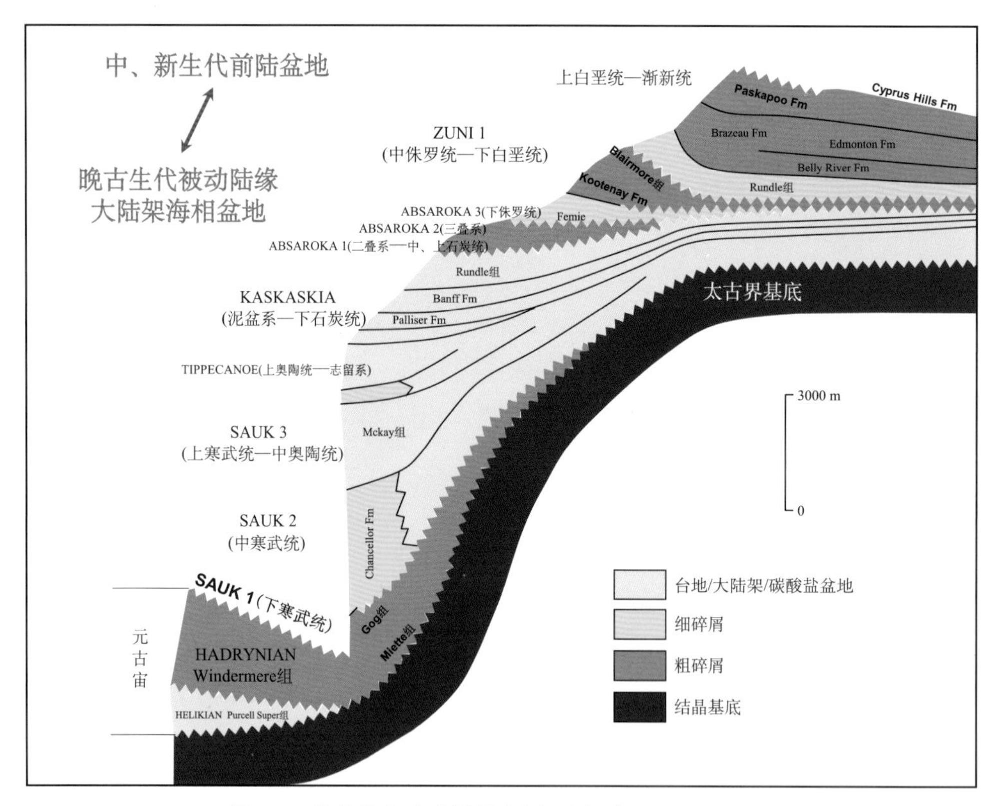

图 8-3 艾伯塔盆地地层层序剖面图（据 Miall，2008）

艾伯塔地区地层层序可以看出艾伯塔盆地地层发育比较完整，前寒武纪到三叠纪属于地台阶段，而从中侏罗统的 Koofenay 组到第三系地层，属于前陆盆地演化阶段。该盆地构造演化决定了六套沉积序列。

1. 寒武系—下奥陶统地层

艾伯塔盆地寒武系至奥陶系地层纵向上依次为前寒武纪基底、奥陶系碳酸盐岩和顶部的泥岩；平面上东部发育砂岩层，西部发育厚层灰岩（包括深水陆坡区和浅的潮下带区灰岩）和白云岩，夹杂厚层泥岩，中西部广泛发育厚层白云岩。

整体看来，盆地西部区域地层较厚且相对较为复杂，向东部萨斯-阿齐宛地区灰岩地层逐渐变薄至尖灭，而泥岩广泛发育，向下为砂岩和结晶基底，地层岩性相对比较单一（图 8-4）。

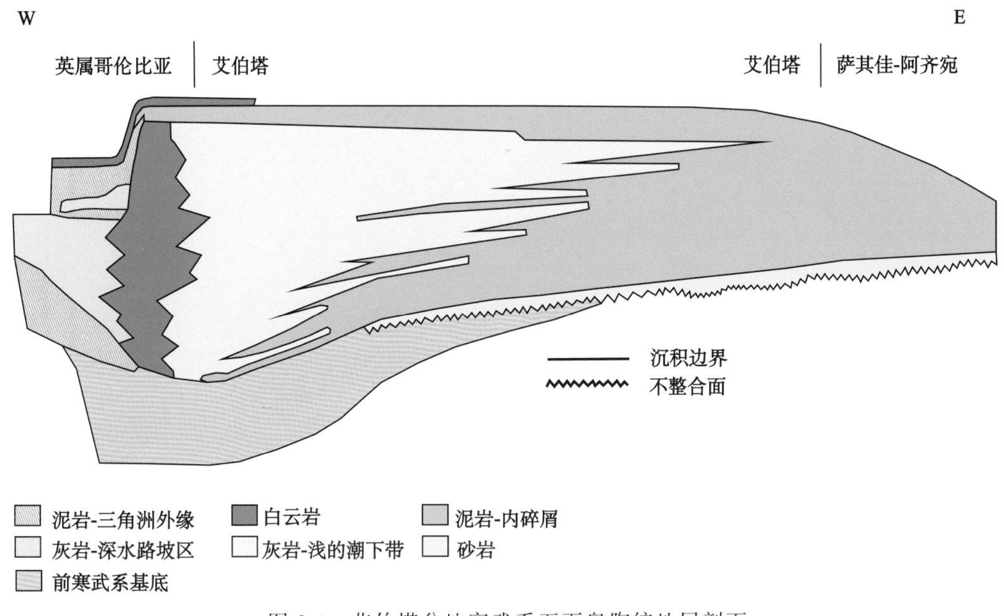

图 8-4　艾伯塔盆地寒武系至下奥陶统地层剖面

（据 The Geological Atlas of the Western Canada Sedimentary Basin 修改，1994）

寒武纪时期艾伯塔盆地西南部为深水页岩区，向盆地中部逐渐过渡为约 20km 宽的浅海相碳酸盐岩区。盆地东部地区广泛分布硅质碎屑岩夹少量碳酸盐岩，属于内三角洲相，最东部则广泛出露前寒武纪基底（图 8-5）。

2. 泥盆系地层

艾伯塔盆地泥盆系 ELK Point 组地层厚度最厚约为 500m，地层从下至上共分为四套，依次为：①砂岩、红层、岩盐层；②含白云岩夹层的红层及岩盐层；③含化石的白云岩层；④厚层岩盐层，西部发育深灰色生物泥灰岩，顶部覆盖红层（图 8-6）。艾伯塔盆地泥盆系 Beaverhill Lake 组地层厚度最厚约为 200m。总体上，在盆地东北方向较厚，逐渐向南西方向减薄。地层由下至上依次是红层、硅质白云岩和白云质灰岩、含化石的碳酸盐岩、白云岩与硬石膏夹层，岩盐夹杂在白云岩之间，底部部分地区有粗砂岩（图 8-7）。

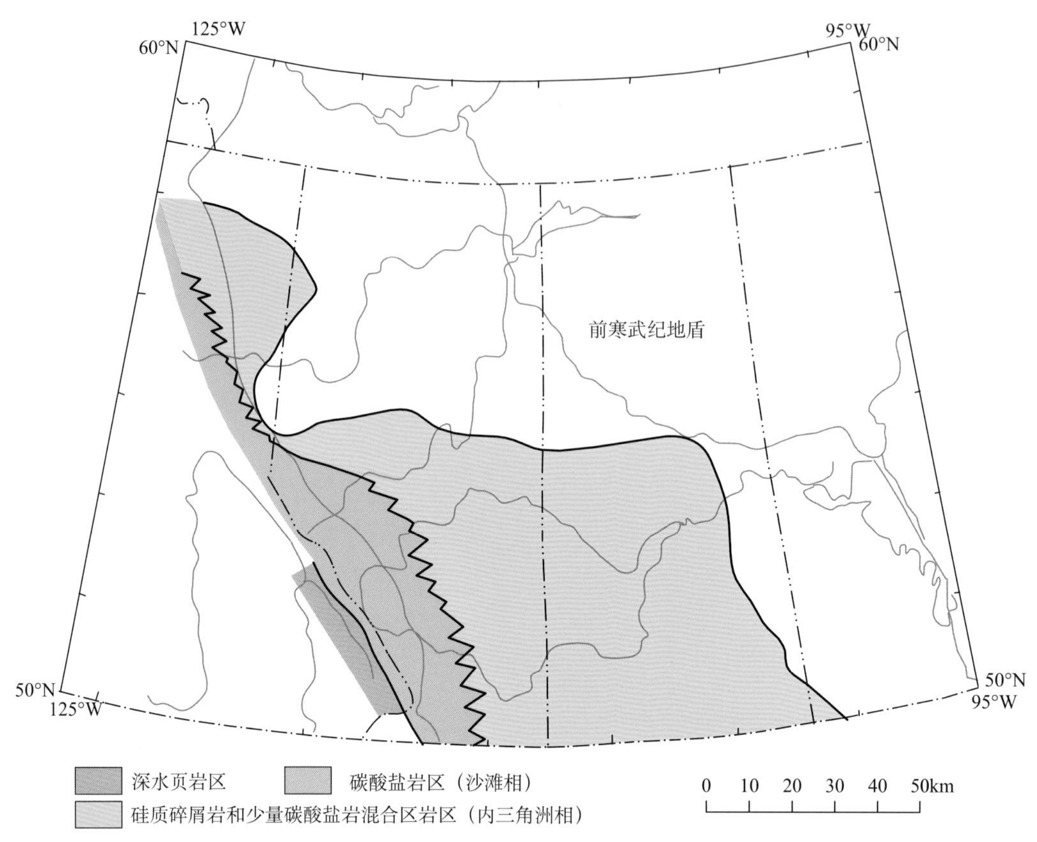

图 8-5 艾伯塔盆地寒武系到早奥陶系地层岩相分布图

（据 The Geological Atlas of the Western Canada Sedimentary Basin，1994）

艾伯塔盆地泥盆系 Woodbend-Winterbur 地层在盆地西北部较厚，东南部较薄，地层在纵向上依次为页岩、粉砂质页岩、砂质泥岩、碳酸盐岩、生物扰动的黏土质灰岩、黏土质灰岩、泥灰岩、含石膏的碳酸盐岩、岩盐、灰岩、白云岩、砂岩和粉砂质碳酸盐岩。盆地东部为碳酸盐岩台地，在中部发育台缘礁滩相（图 8-8）。

泥盆系 Wabamun 组在剖面上西北部里亚德盆地和大陆架边缘主要岩性为泥灰岩以及浅海相灰岩。障壁岛地区以及大陆架主要岩性为球粒状粒屑灰岩以及生物扰动泥灰岩互层，其中大陆架内有少量白云岩。盆地的东南部潮上带地区主要地层岩性为白云岩和蒸发岩（图 8-9）。

3. 二叠系地层

艾伯塔盆地二叠系地层整体呈北东高西南低趋势，底部为页岩层，向上依次为钙质泥岩、泥粒灰岩夹有薄层的白云岩，其上是砂岩与粉砂岩互层，二叠系顶部发育砾岩与粉砂岩（图 8-10）。

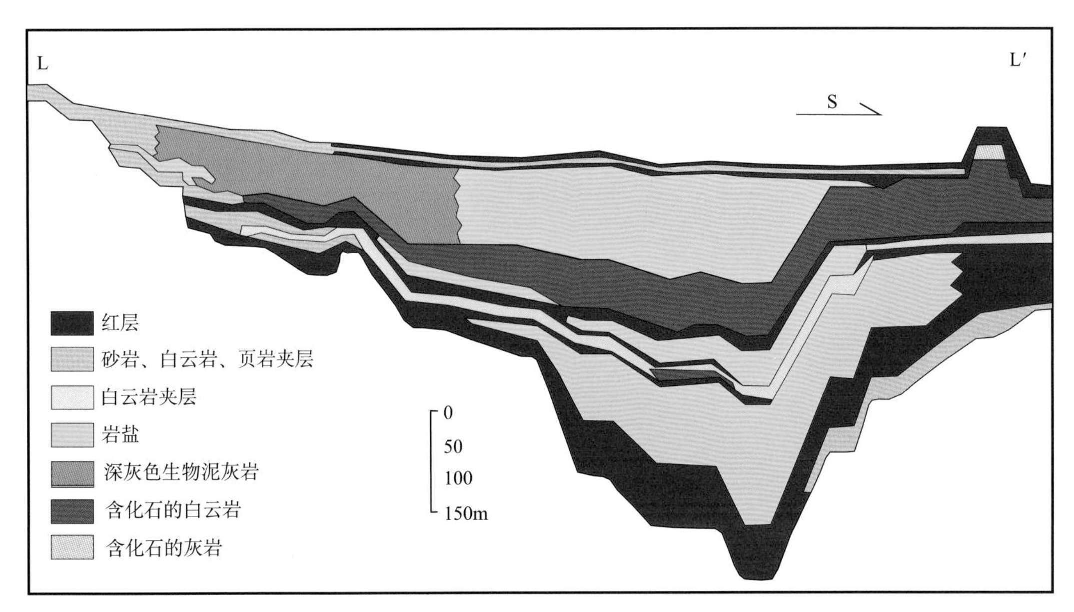

图 8-6　艾伯塔盆地泥盆系 ELK Point 组地层剖面
（据 The Geological Atlas of the Western Canada Sedimentary Basin 修改，1994）

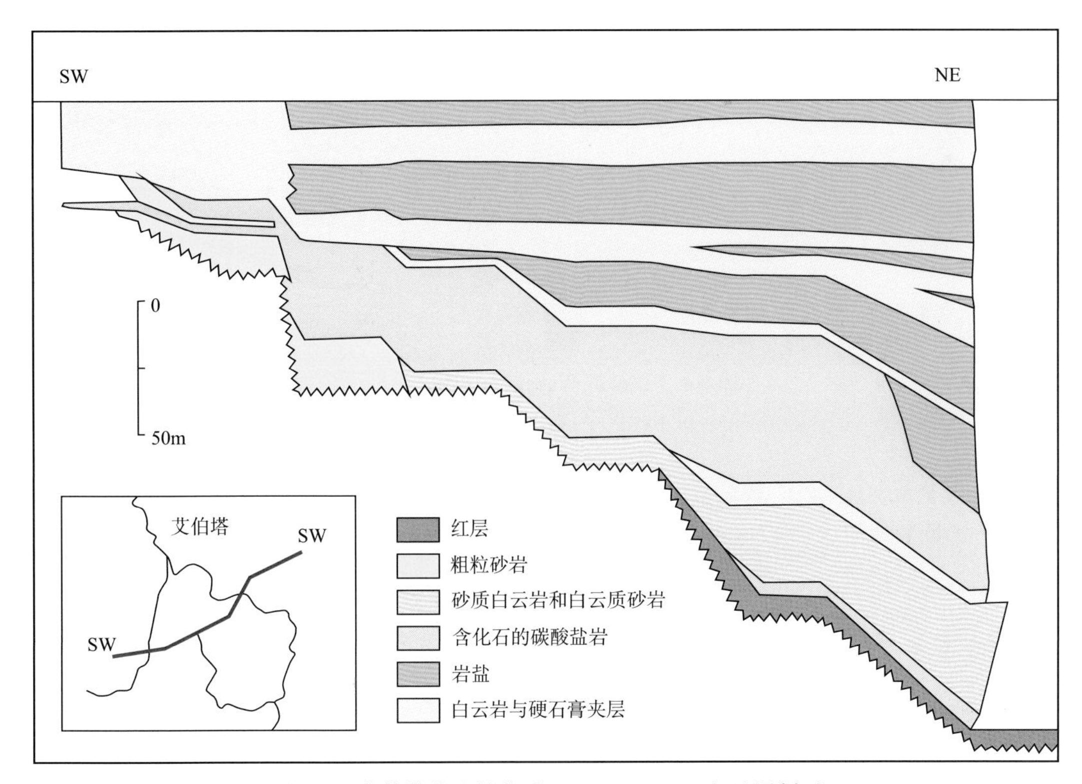

图 8-7　艾伯塔盆地泥盆系 Beaverhill Lake 组地层剖面
（据 The Geological Atlas of the Western Canada Sedimentary Basin 修改，1994）

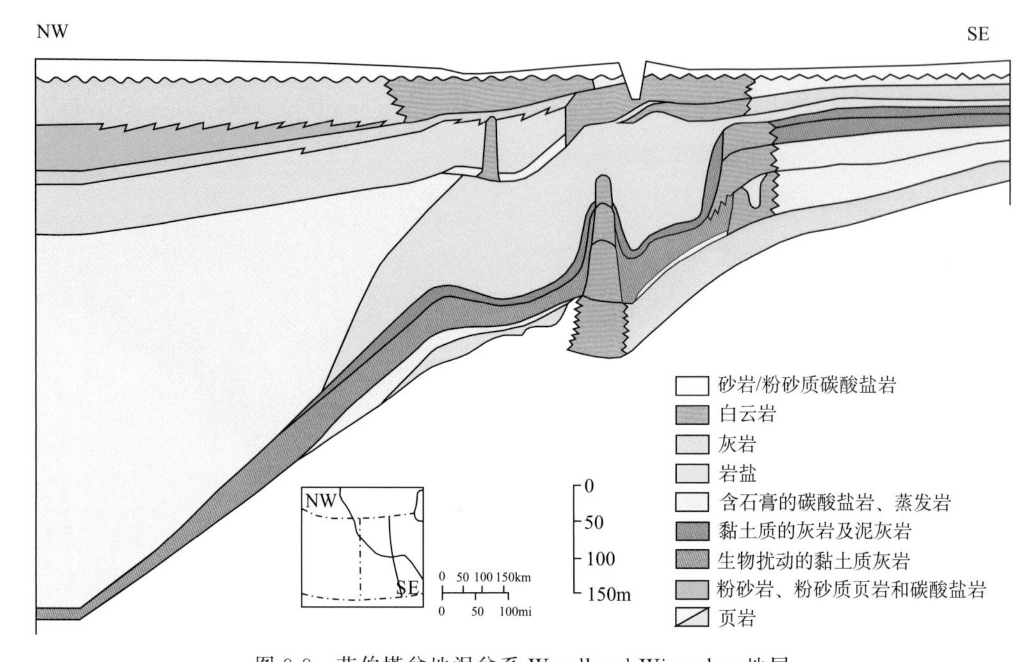

图 8-8 艾伯塔盆地泥盆系 Woodbend-Winterbur 地层
(据 The Geological Atlas of the Western Canada Sedimentary Basin 修改，1994)

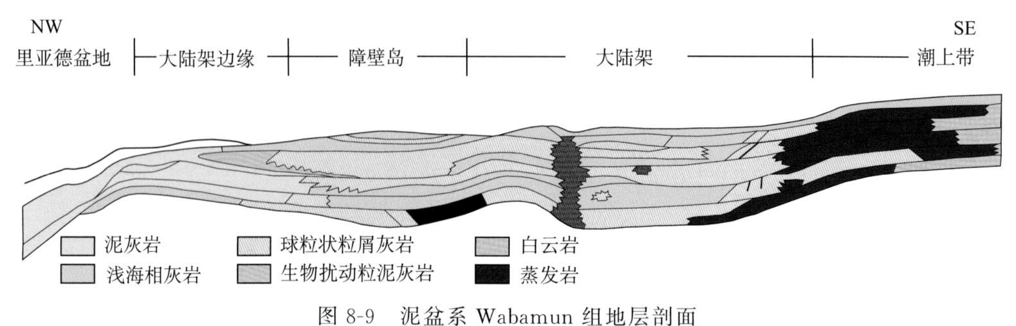

图 8-9 泥盆系 Wabamun 组地层剖面
(据 The Geological Atlas of the Western Canada Sedimentary Basin 修改，1994)

4. 三叠系地层

艾伯塔盆地三叠系岩性较为单一，盆地中部地层厚，西北与东南方向较薄，地层主要为厚层细碎屑岩、泥质碎屑岩。上部有细碎屑岩混合物和少量白云岩（图 8-11）。

5. 侏罗系—下白垩统地层

艾伯塔盆地侏罗系—下白垩统地层在盆地西部较厚，东部较薄，底部有较厚的陆坡和大陆架深部的碳酸盐岩和泥岩，中部逐渐变为潮坪相碳酸盐岩，再向东逐渐过渡为近海砂岩夹碳酸盐岩。盆地最东部为河谷充填的砂岩（下侏罗统），上层是河谷充填的砂

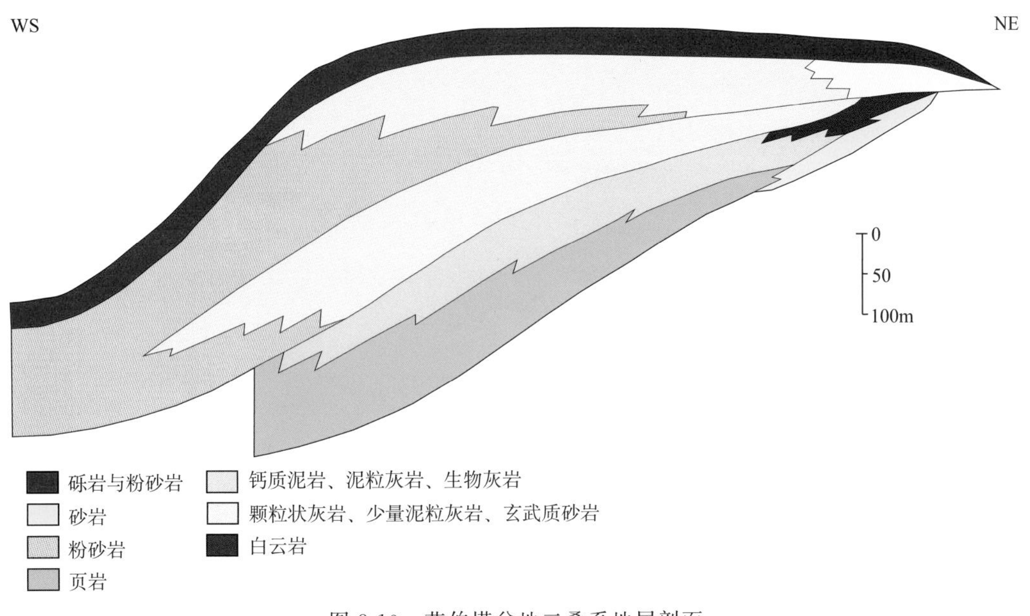

图 8-10　艾伯塔盆地二叠系地层剖面

（据 The Geological Atlas of the Western Canada Sedimentary Basin 修改，1994）

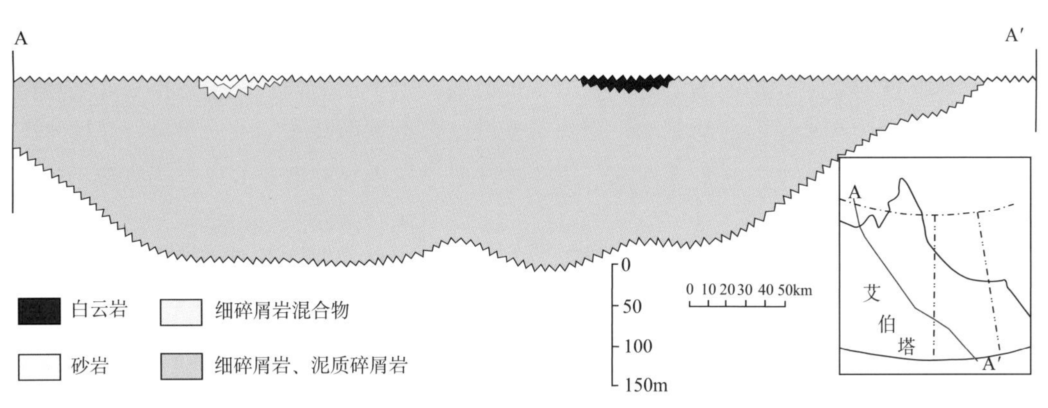

图 8-11　艾伯塔盆地三叠系地层剖面

（据 The Geological Atlas of the Western Canada Sedimentary Basin 修改，1994）

岩和泥岩（上侏罗统—下白垩统），顶部覆盖着海相泥岩（图 8-12）。

6. 上白垩统—第三系地层

艾伯塔盆地上白垩统—第三系地层岩性较为单一，整体上盆地西部地层较厚，东部较薄，地层由下至上岩性依次是粉砂岩、页岩、细粒砂岩、中粒砂岩、泥岩和煤层。最顶部为中粒砂岩夹粉砂岩和泥岩（图 8-13）。其中上白垩统的 Belly River 组及 Horses hoofvalley 组含有大量煤及煤层气资源，Belly River 组岩性为细粒砂岩和粉砂岩，是艾伯塔盆地重要储层。Coalspur 组底部也有部分含煤层。

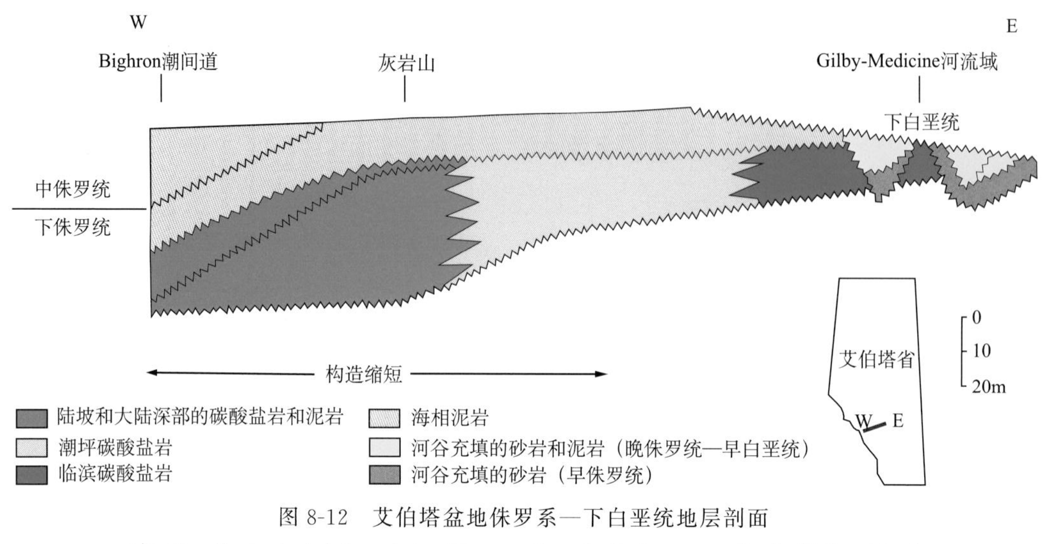

图 8-12 艾伯塔盆地侏罗系—下白垩统地层剖面

（据 The Geological Atlas of the Western Canada Sedimentary Basin 修改，1994）

三、盆地构造沉积演化

艾伯塔盆地演化可以分为三个阶段：①被动大陆边缘阶段：从古生代一直持续到早—中侏罗世才结束；②晚侏罗世—早白垩世前陆盆地早期阶段：外来地体与北美大陆发生斜向碰撞，发育早期前陆盆地；③晚白垩世—古新世前陆盆地发展阶段：拉腊米构造运动使得前陆盆地进一步扩大，并产生陆缘碎屑厚层沉积，前渊的沉积中心向东迁移（图 8-14）。

艾伯塔盆地志留纪还处于稳定陆台时期，泥盆纪—石炭纪该盆地发展为裂谷，到了二叠纪至三叠纪该盆地又发展成为稳定陆台，是盆地的主要沉积时期。艾伯塔盆地早侏罗世属于被动陆缘台地阶段，中侏罗世时期进入地体拼贴阶段，至晚侏罗至早白垩世属于前陆盆地的形成阶段，古新世属于前陆盆地前渊的迁移阶段（图 8-14）。

寒武纪—中泥盆世该地区为稳定陆台时期，沉降速率较小。中泥盆世有短暂的裂谷活动，构造沉降增强。石炭纪至侏罗纪该地区为第二个稳定陆台时期，沉降曲线稳定，持续发育较厚的地台型沉积。侏罗纪末前陆盆地形成，新生代前陆沉降明显，为常规油气藏和油砂体的孕育奠定了物质基础（图 8-15）。

以上艾伯塔盆地的构造演化控制了艾伯塔盆地的岩相古地理演化。根据艾伯塔盆地的岩相古地理分析，寒武纪—早奥陶世艾伯塔盆地东北部为大范围的陆地，南部为浅海地区，由东向西依次分布浅海大陆架砂岩、浅海大陆架泥岩和浅海大陆架碳酸盐岩，西部经过大陆坡过渡为深海地区（图 8-16）。

奥陶纪—志留纪艾伯塔盆地大陆区面积逐渐减少，仅局限在东北部地区，而南部由东到西依次分布大陆架浅海碳酸盐岩（其中包括膏盐盆地）、浅海砂岩和深海，北部为大陆架浅海碳酸盐岩，最西部为大陆坡以及深海地区（图 8-17），寒武纪—早奥陶纪艾

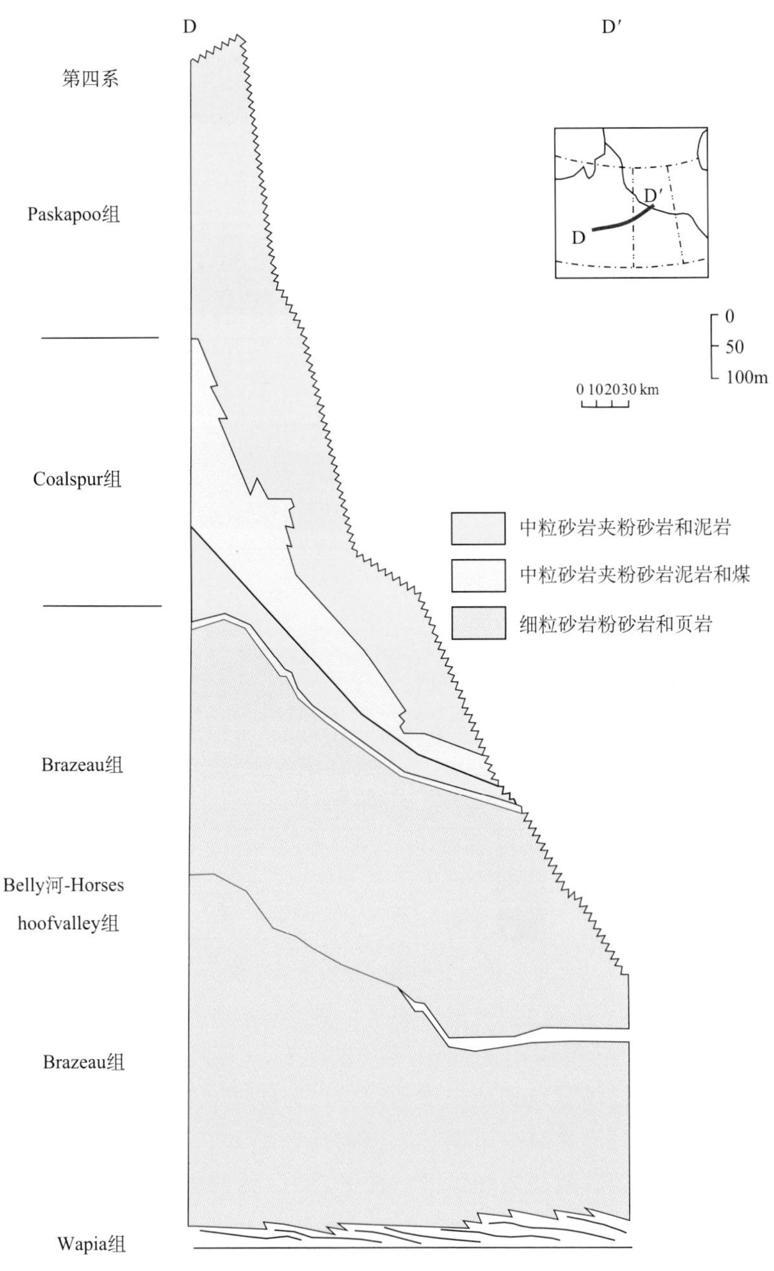

图 8-13　艾伯塔盆地上白垩统—第三系地层剖面

（据 The Geological Atlas of the Western Canada Sedimentary Basin 修改，1994）

伯塔盆地大部分地区位于浅海与滨海。到了泥盆纪—石炭纪时期，艾伯塔盆地随着海侵继续，浅海范围逐渐扩大，陆地部分进一步减少。盆地东部广泛发育膏盐沉积，东北部为浅海大陆架碳酸盐岩沉积区，该区域中部发育盐岩，南部为盆内碳酸盐岩区，向西为海岸平原，盆地西北部为深海地区（图 8-18）。

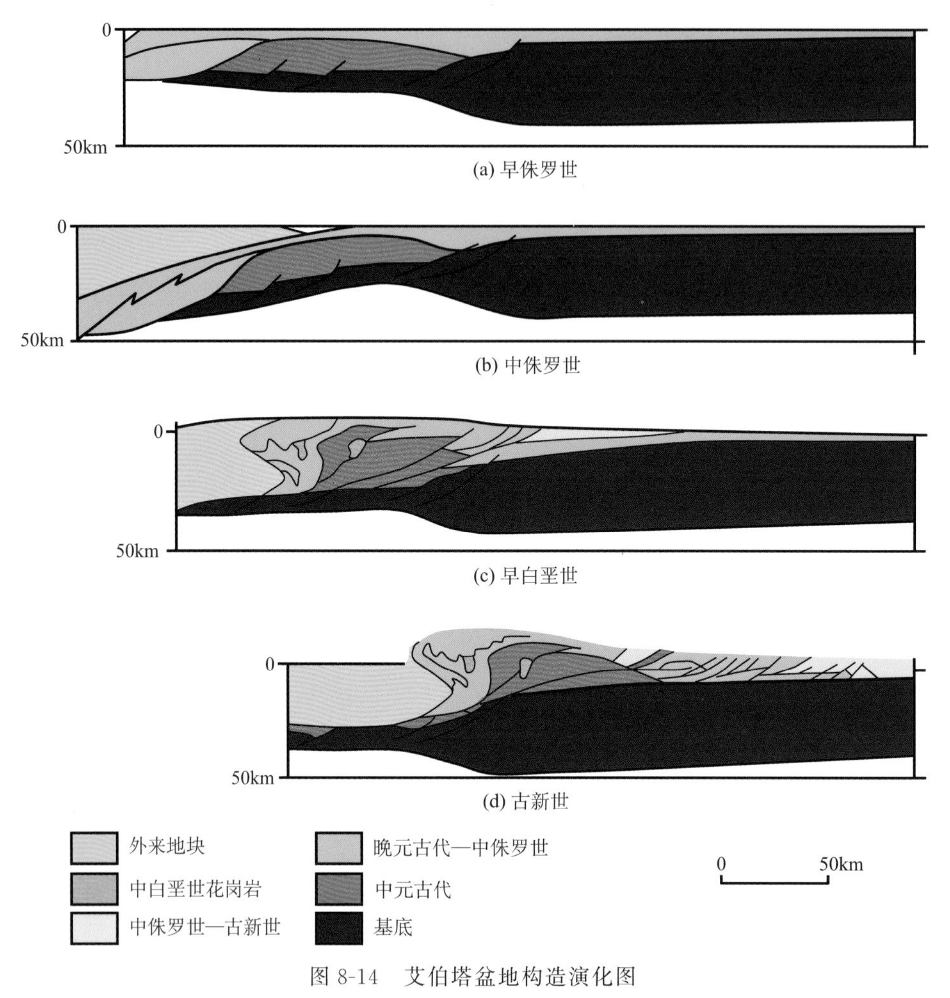

图 8-14 艾伯塔盆地构造演化图

（据 The Geological Atlas of the Western Canada Sedimentary Basin 修改，1994）

二叠纪—三叠纪艾伯塔盆地仍处于被动陆缘，为陆棚沉积环境。进积障壁岛向东移动，浅海大陆架碳酸盐岩迅速减少至消失，深海向东移动。从东向西依次排列为陆地、进积障壁岛、浅海大陆架碳酸盐岩和深海（图 8-19）。艾伯塔盆地大部分区域位于大陆架浅海碳酸盐岩区夹杂部分深海泥岩。

晚侏罗世开始，艾伯塔盆地进入前陆盆地发育期。从岩性上看浅海大陆架碳酸盐岩已经消失，由东向西依次是陆地、浅海大陆架、页岩区、海岸线-浅海大陆架区和陆地，北部广大区域也逐渐过渡为大陆区（图 8-20）。

早白垩世早期前陆盆地继续发展。艾伯塔盆地东部沉积相由北至南依次为进积三角洲相、河流相和侵蚀高地。西部为冲积扇，盆地最西侧为陆源区和造山带（图 8-21）。

艾伯塔盆地进入早白垩世晚期，进积三角洲面积逐渐增大，冲积相东移，前陆盆地形态也逐渐成熟，前陆盆地的前渊拗陷带也很明显。东北部为前陆盆地的斜坡和隆起区，西部发育前陆盆地的褶皱冲断带和前陆盆地陆源区，盆地的西北部是浅海大陆架和

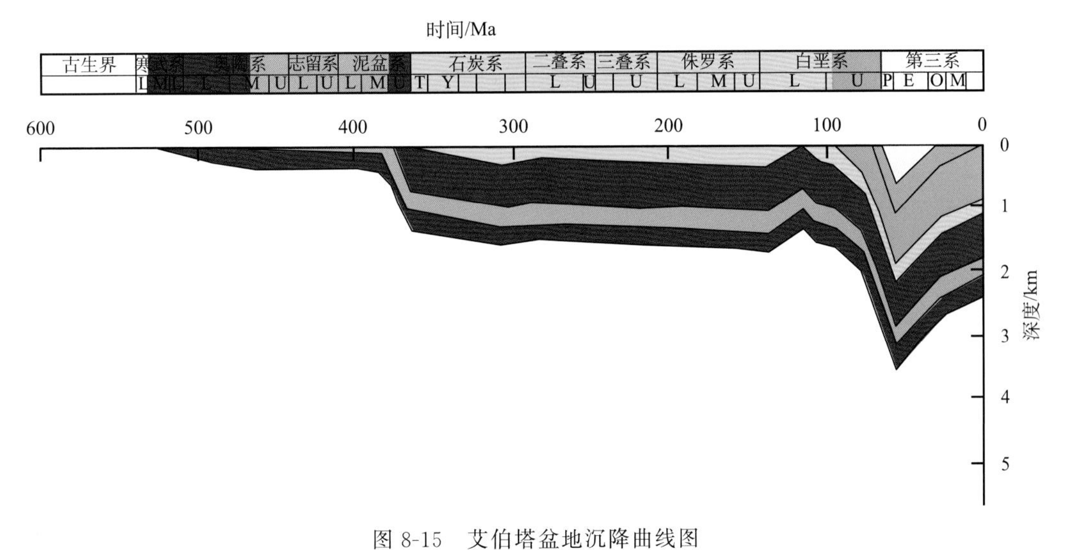

图 8-15　艾伯塔盆地沉降曲线图
（据 The Geological Atlas of the Western Canada Sedimentary Basin，1994）

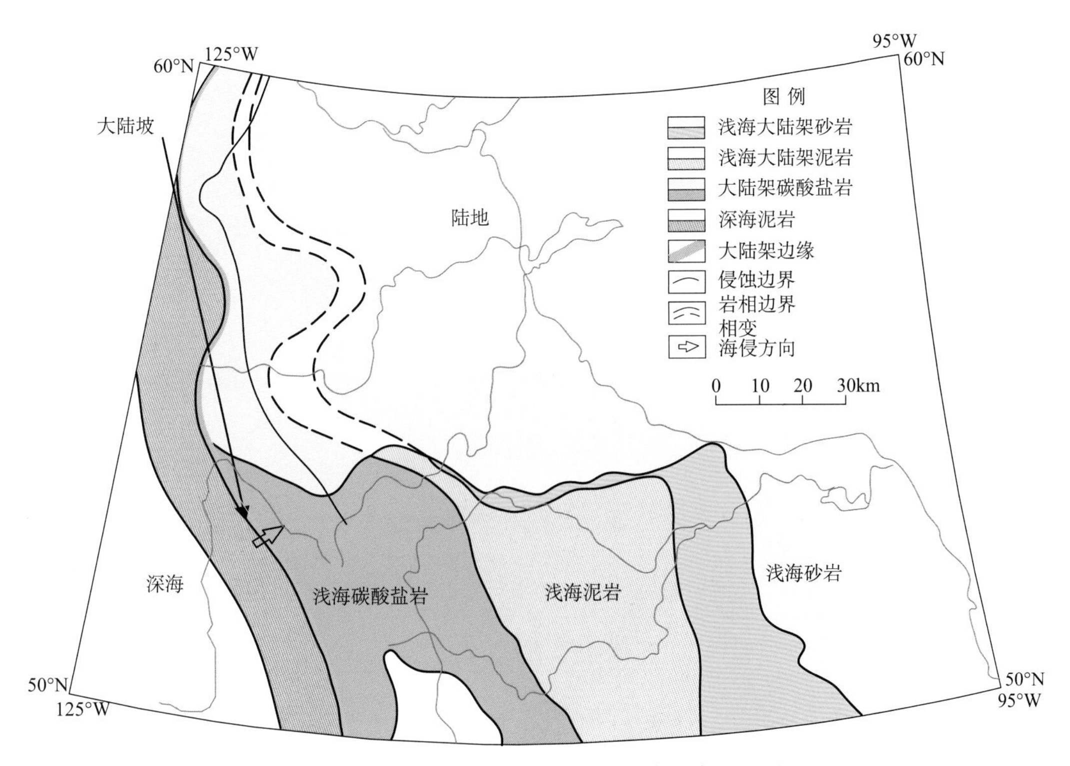

图 8-16　艾伯塔盆地寒武纪—早奥陶纪古地理图
（据 The Geological Atlas of the Western Canada Sedimentary Basin，1994）

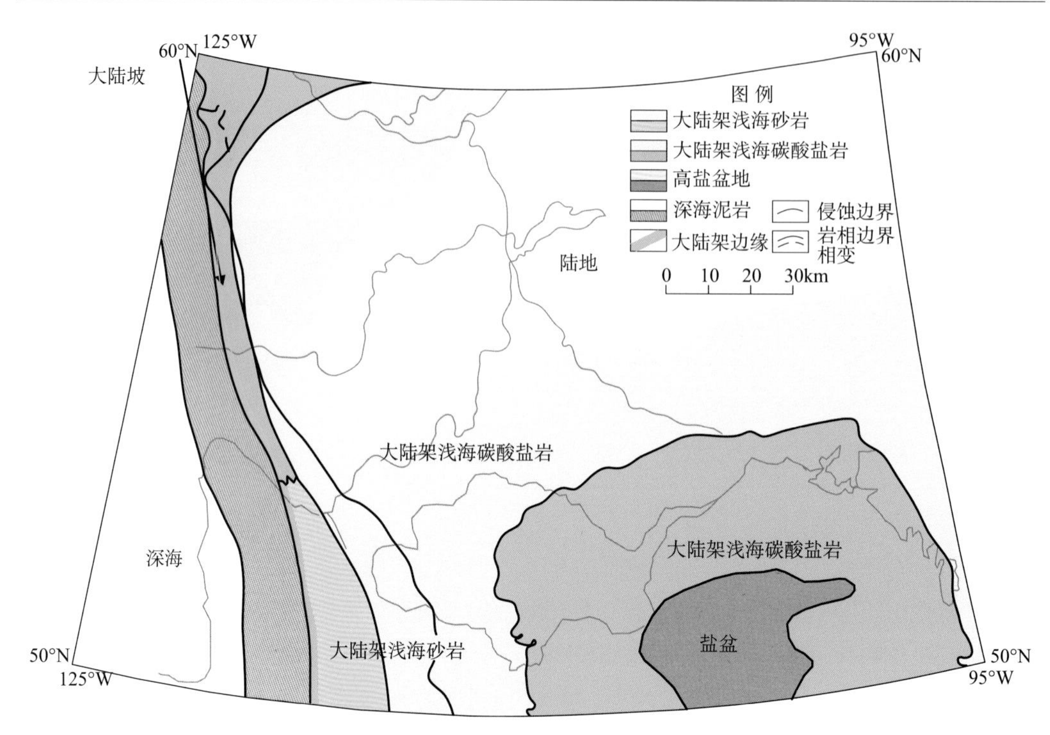

图 8-17　艾伯塔盆地奥陶纪—志留纪古地理图

（据 The Geological Atlas of the Western Canada Sedimentary Basin，1994）

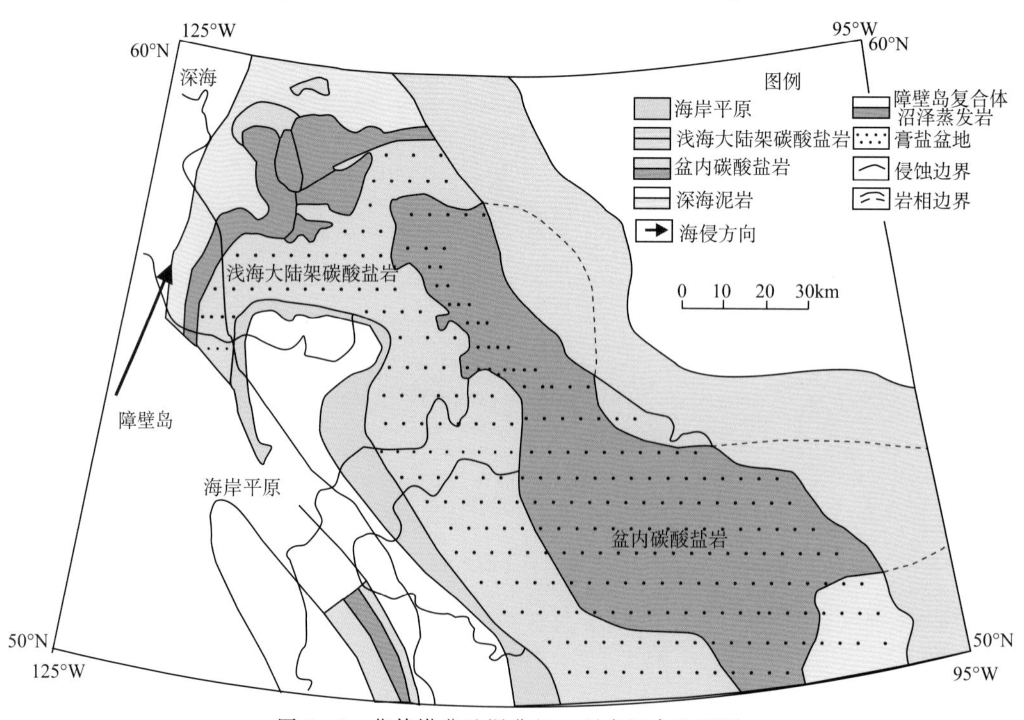

图 8-18　艾伯塔盆地泥盆纪—石炭纪古地理图

（据 The Geological Atlas of the Western Canada Sedimentary Basin，1994）

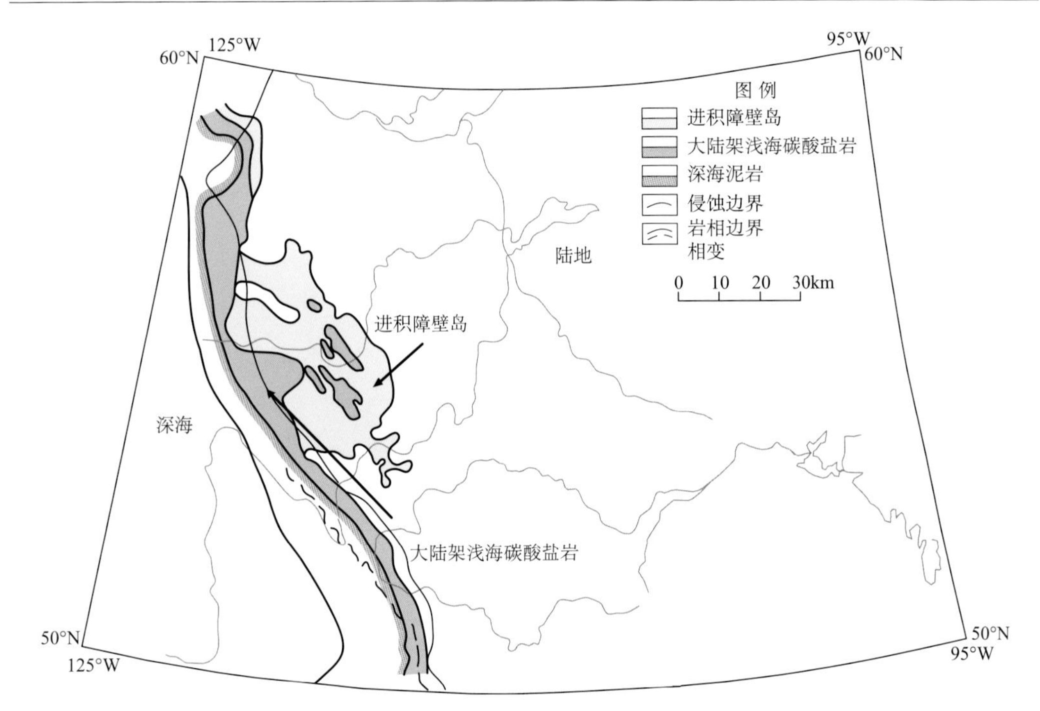

图 8-19　艾伯塔盆地二叠纪—三叠纪古地理图

（据 The Geological Atlas of the Western Canada Sedimentary Basin，1994）

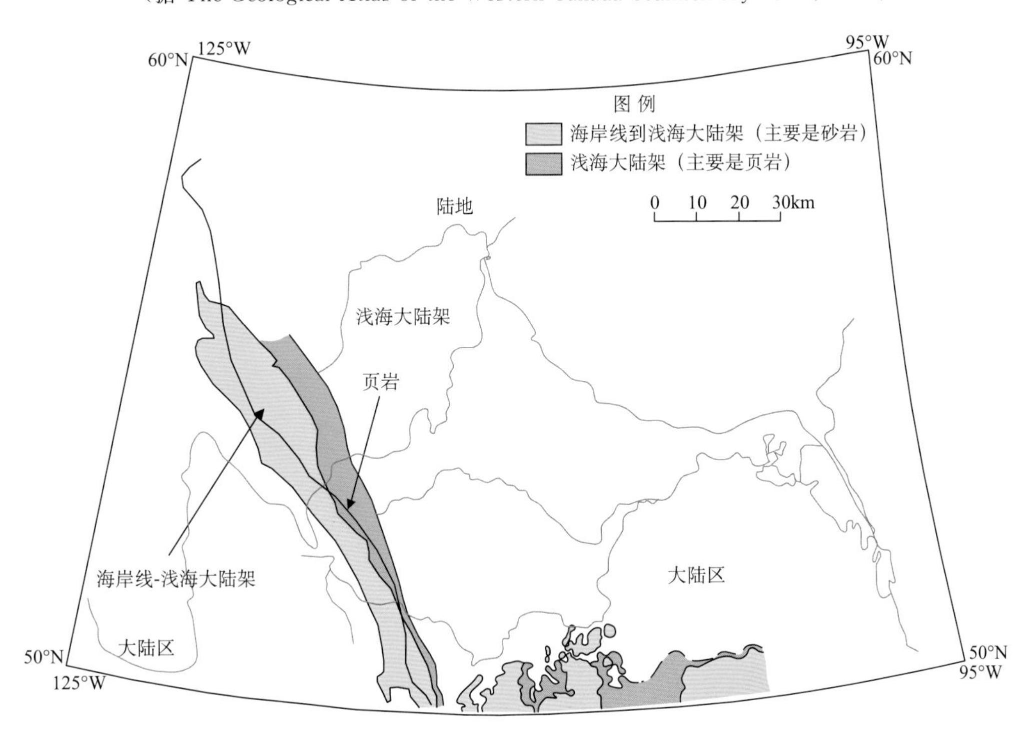

图 8-20　艾伯塔盆地晚侏罗世古地理图

（据 The Geological Atlas of the Western Canada Sedimentary Basin，1994）

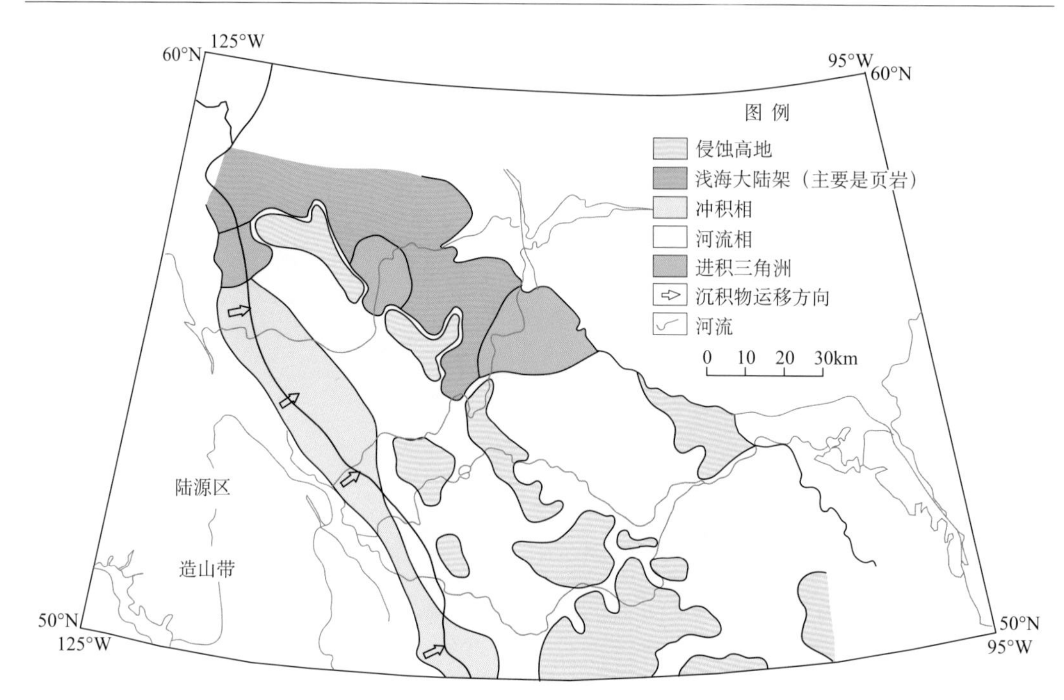

图 8-21　艾伯塔盆地早白垩世早期古地理图

（据 The Geological Atlas of the Western Canada Sedimentary Basin，1994）

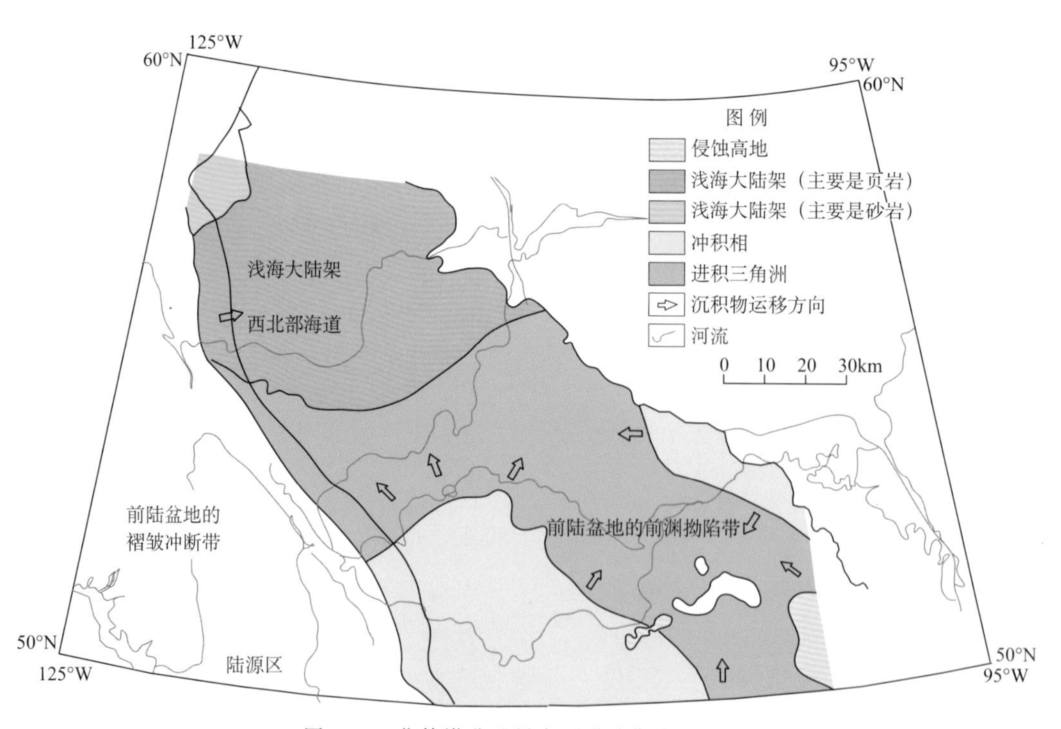

图 8-22　艾伯塔盆地早白垩世晚期古地理图

（据 The Geological Atlas of the Western Canada Sedimentary Basin，1994）

潮道。至此，艾伯塔盆地前陆盆地发育成熟（图 8-22）。

第三节　石油地质特征

艾伯塔盆地是美国西部重要的含油气盆地，拥有着优越的石油地质条件，从烃源岩、储层、盖层、圈闭到整个含油气系统，都有着较好的配置组合。有多套烃源岩，其中泥盆系和密西西比系页岩是重要烃源岩。该盆地发育多套储层，其中泥盆系和白垩系是重要的储层。

一、烃源岩特征

艾伯塔盆地的烃源岩根据烃源岩发育阶段可以分为被动陆缘阶段的烃源岩和前陆盆地阶段的烃源岩。被动陆缘阶段的烃源岩主要有泥盆系、密西西比系和三叠系的烃源岩，而前陆盆地的烃源岩主要有上侏罗统—下白垩统和上白垩统的烃源岩。

（一）被动陆缘阶段的烃源岩

艾伯塔前陆盆地烃源岩（按相对贡献由大至小排列）主要有侏罗系 Fernie 组的 Nordegg 段、密西西比系的 Exshaw 组、泥盆系 Duvernay 组和三叠系 Doig 组。

1. 泥盆系烃源岩

上泥盆统的 Duvernay 组为单层烃源岩。这套烃源岩在层位上与 Leduc 时代的礁建造相当，分布在这些礁建造之间的广大区域。该套烃源岩的 TOC 为 2%～17%，氢指数为 500～600，干酪根类型为典型的海相Ⅱ型干酪根。这一烃源岩在大部分地区都不成熟，仅有一条带已经逐渐进入“生油窗”成熟度，仅在盆地西部的深埋部位达到过成熟阶段。在盆地西部深埋的过成熟烃源岩已经生成了相当数量的天然气，这些天然气在前渊附近地区优先形成了现已发现的气藏，为深盆气藏。

2. 密西西比系烃源岩

密西西比系 Exshaw 组页岩沉积在一个重大的陆棚淹没事件之后，这一淹没事件结束了泥盆纪碳酸盐岩的生长。密西西比系 Exshaw 组烃源岩分布较好，大部分区域为成熟烃源岩，盆地东侧为未成熟的烃源岩，西侧是过成熟烃源岩（图 8-23）。

3. 三叠系烃源岩

艾伯塔盆地分布有数套三叠系富含有机质的沉积，其中最有利的是 Doig 组底部的高伽马烃源岩。虽然范围相当局限，但成熟的烃源岩 TOC 含量高达 23%，氢指数达 380。有机质沉积从 Doig 组的远源相持续过渡到上覆的下 Halfway 组地层，但达不到 Doig 沉积早期的有机质丰度。Doig 组目前的成熟度图显示艾伯塔盆地烃源岩从西南向东北方向成熟度从过成熟向成熟和未成熟过渡，但是该套烃源岩总体上成熟度不是很高

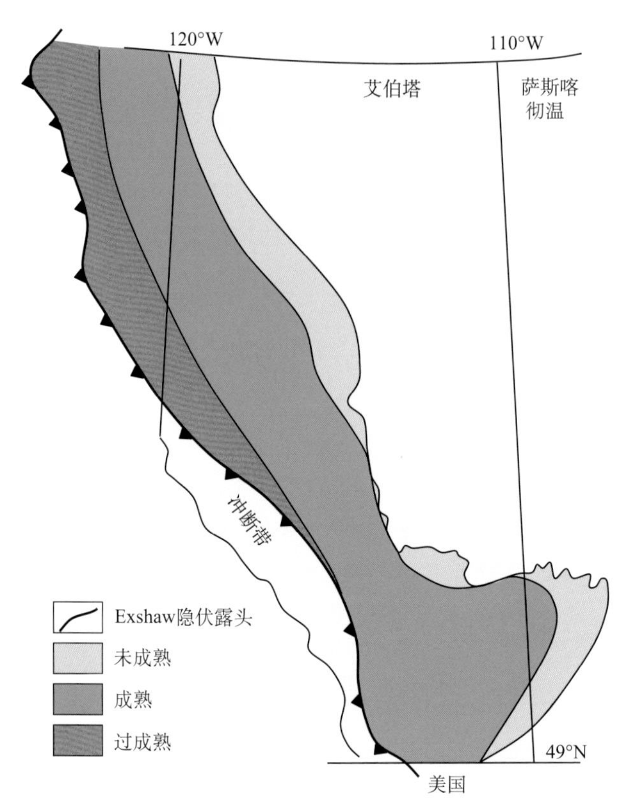

图 8-23 密西西比系 Exshaw 组烃源岩成现今熟度分布图
（据 The Geological Atlas of the Western Canada Sedimentary Basin，1994）

（图 8-24）。

（二）前陆盆地的烃源岩

1. 上侏罗统—下白垩统含煤层段

前陆盆地时期的烃源岩主要集中在上侏罗统—下白垩统的含煤地层中，以Ⅲ型干酪根为主。前陆盆地最底部的沉积主要是三角洲/沿岸平原沉积，含煤丰富。这些煤的稳定组分特别低，而惰质组分很丰富。热解分析这些沉积物主要含Ⅲ型干酪根，它们是主要的生气型烃源岩，是在深盆所见到的较高成熟度的烃源岩。该盆地的天然气大部分由局部高成熟的煤层生成，然后运移到邻近的低孔低渗砂岩中。

中、新生代艾伯塔前陆盆地演化的结果是前渊拗陷由西向东迁移，西部不断沉积加厚，有机物的晚期成熟（晚白垩世—古近纪）导致有机物由成熟转化为过成熟，其中侏罗系为厚层含煤层，是天然气的主要烃源岩（图 8-25）。

侏罗系和下白垩统烃源岩的干酪根类型包括Ⅰ型、Ⅱ型和Ⅲ型（图 8-26）。页岩中的 TOC 值通常低于 2%，氢指数非常低。侏罗系和下白垩统的页岩有机碳含量比较高的含类脂组分或腐泥质也是不可忽视的烃源岩，可以局部形成有商业潜力的石油和凝析

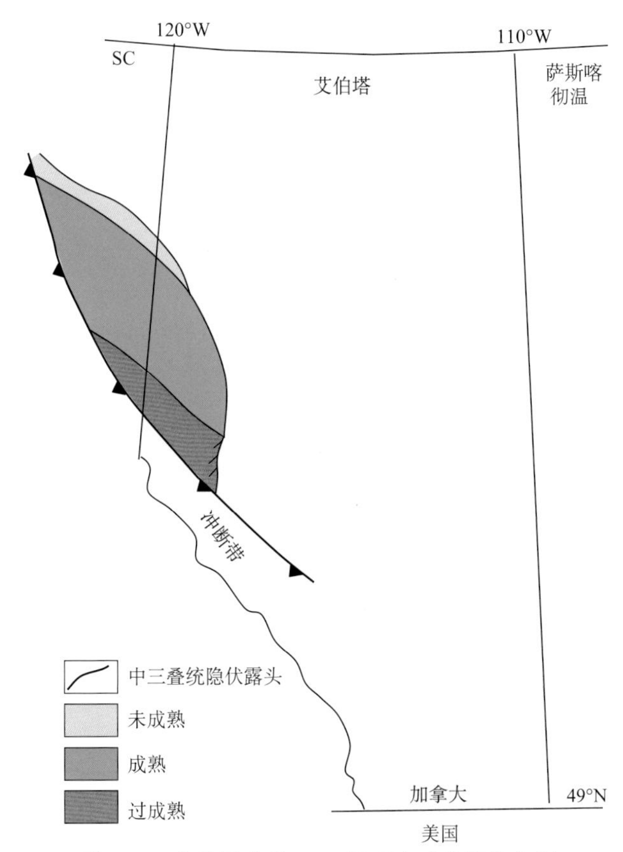

图 8-24　艾伯塔盆地 Doig 组现今成熟度分布图

（据 The Geological Atlas of the Western Canada Sedimentary Basin，1994）

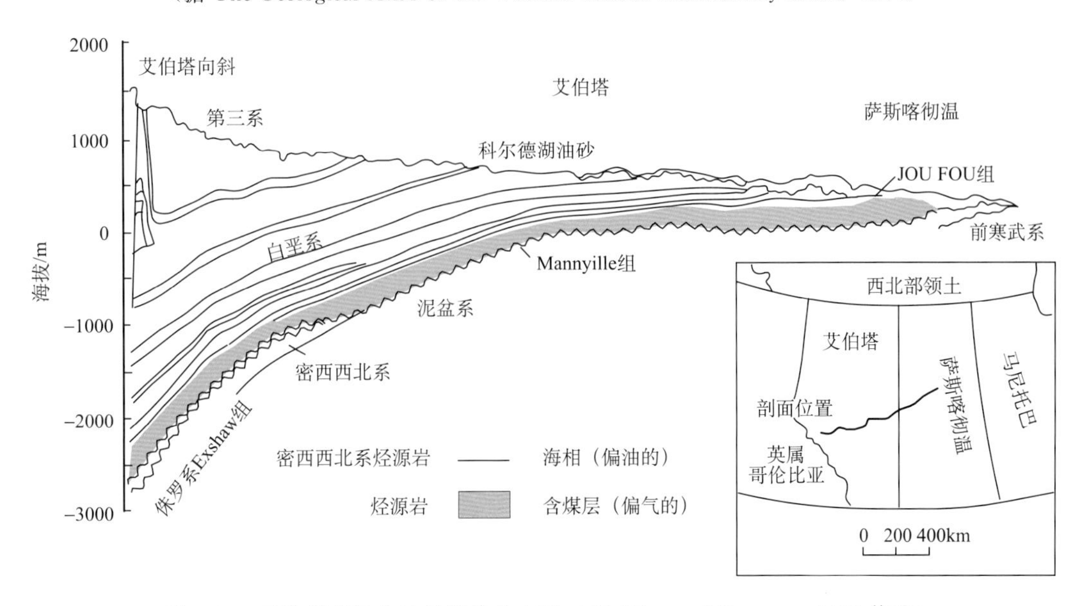

图 8-25　艾伯塔前陆盆地烃源岩分布图（据 Allan and Creancy，1991 修改）

油藏。

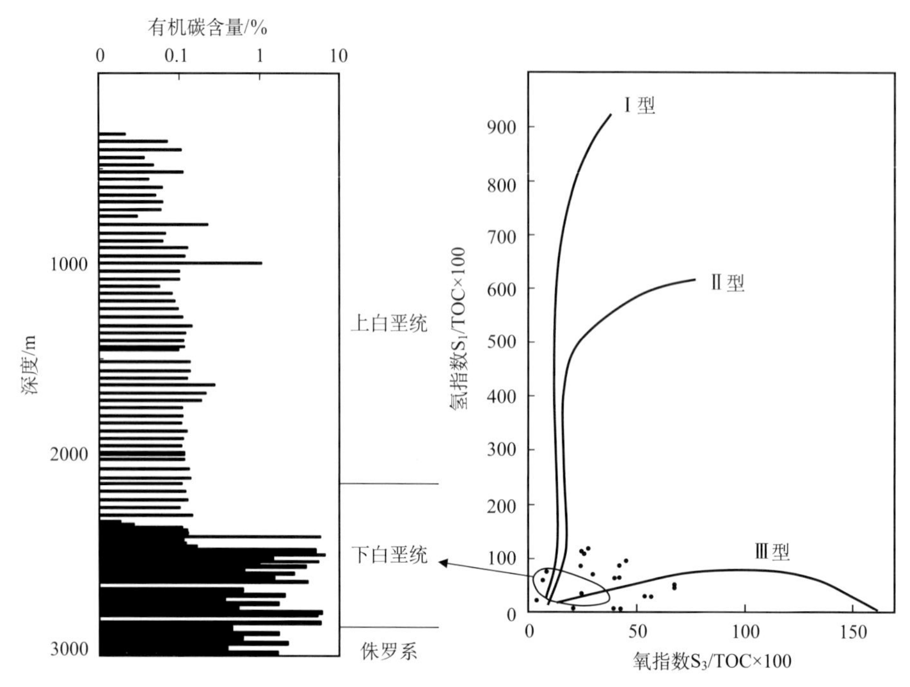

图 8-26　艾伯塔盆地西北部深盆区早白垩世沉积物总有机碳含量和烃源岩评价图（据 Welte et al.，1994 修改）

2. 上白垩统 Colorado 群

艾伯塔盆地西部是内陆水道相对较浅的陆表海，假设浮游生物从透光层落到海底的速率在整个盆地均等，则在氧气减少的情况下，有机质就会聚集在海底。在这种环境中，可容空间较大，远源的沉积速率就比较低，则 TOC 值就较高。沉积物由陆地向海方向补充，在盆地深部生油潜力达到最高。

晚阿尔布期至泠期的 Colorado 群是一套厚层海相页岩和粉砂岩层序，其中包括几个含烃源岩层段。盆地南部两个主要的有效烃源岩层段是 White Speckled 组二段页岩和 Fish 组页岩。这些烃源岩从盆地的东部（远源相）向艾伯塔盆地前渊（近源相）逐渐过渡。它们都含有海相Ⅱ型干酪根，在未成熟区 TOC 含量高达 7%，氢指数为 450。夹在这两套烃源岩之间还有其他的海相烃源岩，但有机质丰度不高，总有机碳含量 2%～3%，氢指数为 300。盆地中心的 White Speckled 组一段页岩成为有机质更丰富的烃源岩潜力层段。西部的 Colorado 群页岩是成熟的，盆地南部的 White Spechled Shale 组二段和 Fish 页岩段已经达到高峰成熟阶段。继续往北，埋深增大使这两个烃源岩层段趋于过成熟（图 8-27）。

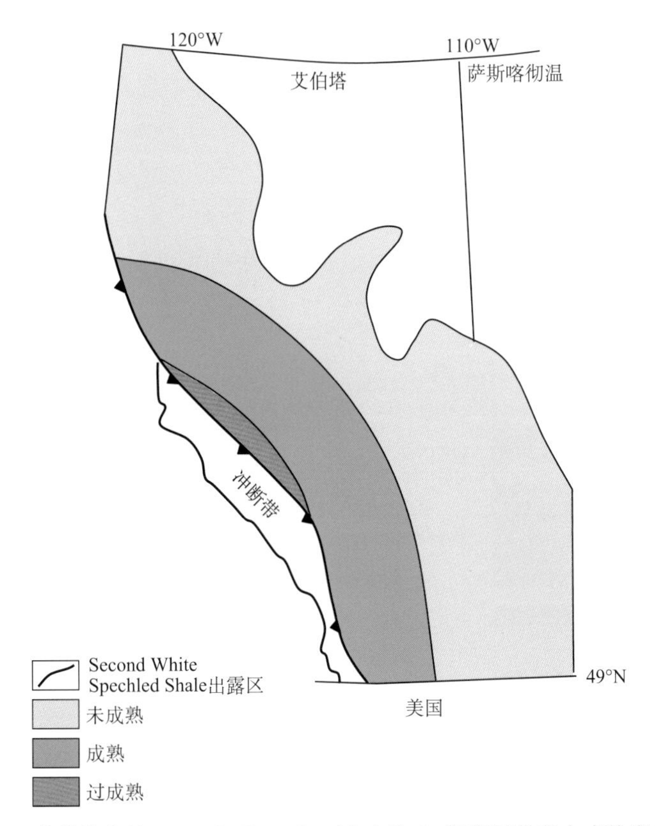

图 8-27　艾伯塔盆地 Second White Speckled Shale 凝缩层段现今成熟度分布图
（据 The Geological Atlas of the Western Canada Sedimentary Basin，1994）

二、储层特征

艾伯塔盆地从泥盆系到白垩系均有储层（图 8-28），其中泥盆系地层是主要储层，集中了大部分艾伯塔盆地油气资源。下面我们对艾伯塔盆地具有潜力的泥盆系储层（包含塔礁）以及上侏罗统和下白垩统含煤层段重点介绍。

艾伯塔盆地泥盆系储层主要集中在中泥盆统，其中中泥盆统 Keg River 组和 Lower Rainbow 组的生物礁灰岩是艾伯塔盆地的主要储层，Lower Rainbow 组发现的油气可采储量最高为 14.5 亿桶，其次是 Muskeg 组和 Sulphur Put 组，而 Slave Put 组发现的储量最少（图 8-29）。

泥盆系由碳酸盐岩、页岩夹蒸发岩组成，厚 1000m，广泛发育生物礁，泥盆系底部冲积相砂岩和陆源砂岩的储层分布在皮斯河隆起东翼，前者充填在前寒武系侵蚀洼地，形成油气藏，后者砂岩厚 3～12m，为岩性尖灭油气藏。

上泥盆统储油层为生物礁，次为孔隙灰岩或白云岩，其中礁岩最厚达 150m。这些生物礁体属于岸礁类型，分布在盆地中部的皮斯河隆起以南，类似澳大利亚的“大堡

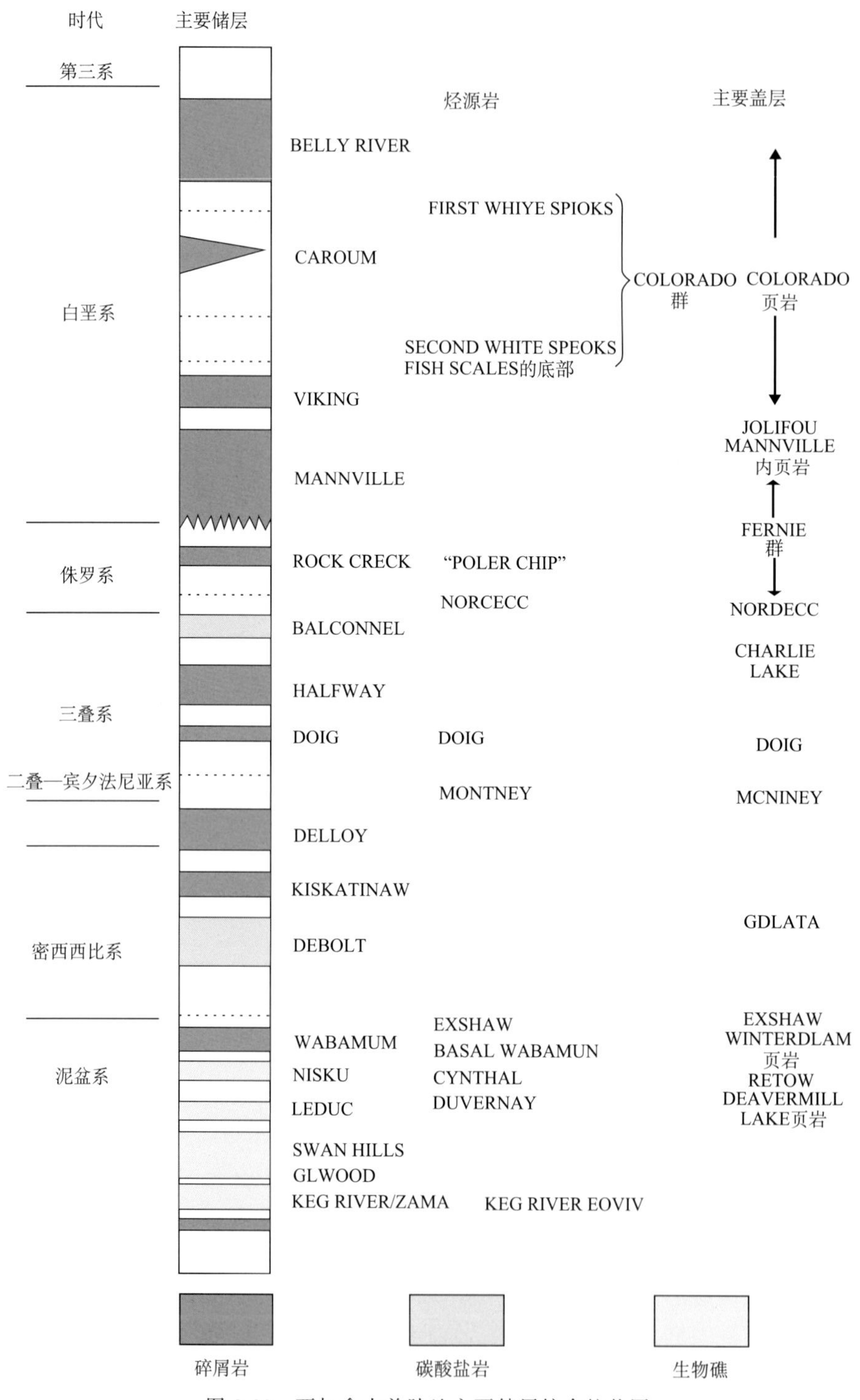

图 8-28 西加拿大前陆地主要储层综合柱状图

(据 Allan and Creancy, 1991 修改)

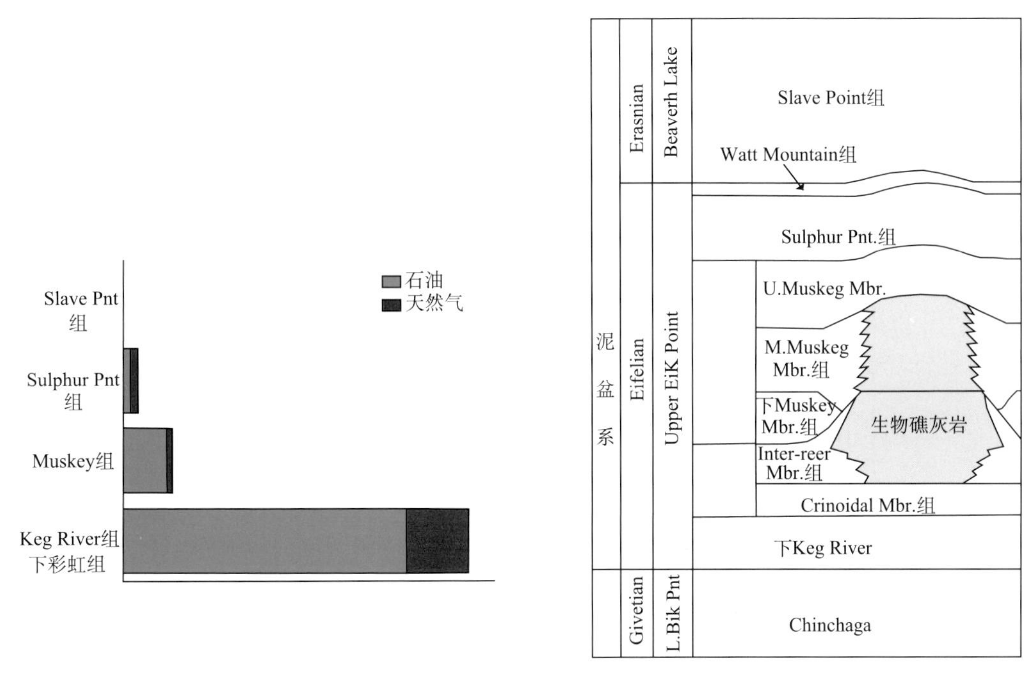

图 8-29　泥盆系储层发育特征（EUB，2001）

礁”，包括环礁和塔礁等。Leduc-Woodbend 组生物礁厚 23～270m，以晶间孔隙为主要类型，孔隙度 2%～12%，平均水平渗透率 0.5mD，属环礁，分布在埃德蒙顿地区。

上侏罗统和下白垩统含煤层段储层在盆地最西部由于埋藏深度增大，煤变质程度最大。其中，马蹄谷组（Horseshoe Canyon）和 Belly River 组的煤层仍然继续保持煤层气在加拿大的主导地位。马蹄谷组煤层气高产区位于卡尔加里和埃德蒙顿之间，东西长 100km，南北长 300km，煤层气资源超过 $2\times10^{12}m^3$。马蹄谷组煤存在于上白垩统。煤层埋深 200～700m。煤层多达 30 层，累计厚度 30m，单层厚度 0.1～3.0m。煤层含气量 1～5mL/g。煤层气资源丰度平均为 $15\times10^8m^3/km^2$。

艾伯塔盆地深盆气集中在二叠系、三叠系、侏罗系和白垩系。其储层岩性为砂岩。气藏分布在艾伯塔盆地西南方向的前渊拗陷中（图 8-30）。

艾伯塔盆地各地质时代的常规初始石油地质储量表明常规原油的 62%分布在晚白垩世和泥盆纪的封闭含油气系统中。与此相反，在该封闭系统以外的侏罗系和密西西比系的圈闭只拥有常规原油总量的 8.6%（图 8-31）。

三、盖层特征

艾伯塔盆地的盖层岩性以泥页岩为主，夹杂在其他地层之间。泥盆系含油气系统的盖层主要分布在上泥盆统及密西西比系地层中，岩性为地层中的泥页岩。该盆地的侏罗系地层西部主要为陆相，而东部为海相。这些海相沉积中夹杂页层。侏罗系和下白垩统烃源岩的盖层主要是分布于下白垩统之上各地层间的泥岩和页岩中。上白垩统烃源岩含

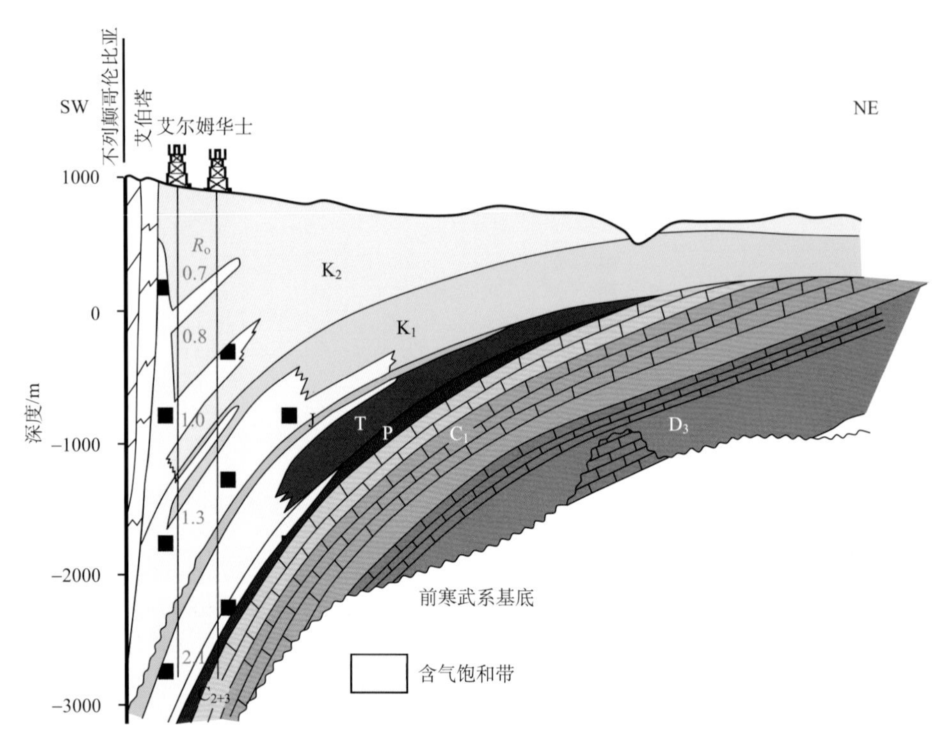

图 8-30 艾伯塔盆地含气饱和带分布图

据西加拿大盆地下白垩统油气地质研究报告

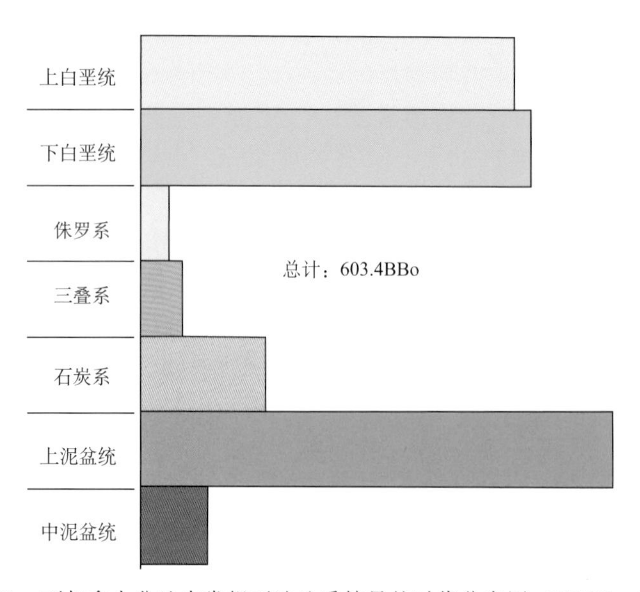

图 8-31 西加拿大盆地中常规石油地质储量的时代分布图（ERCR，1988）

油气系统的盖层主要是分布于上白垩统之上各地层间的泥岩和页岩夹层（图 8-32）。

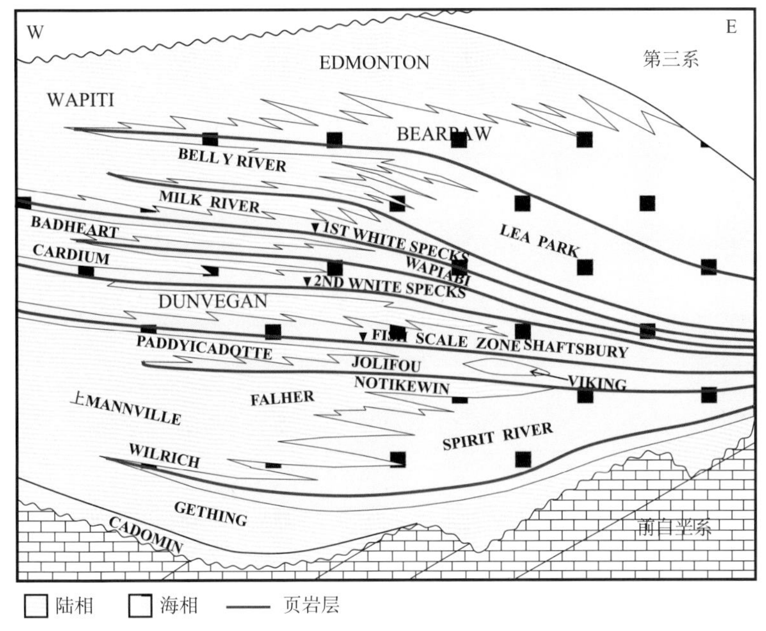

图 8-32　西加拿大前陆盆地西部白垩系地层剖面图
（据 The Geological Atlas of the Western Canada Sedimentary Basin，1994）

四、圈闭

艾伯塔盆地的下白垩统油气圈闭以岩性圈闭为主，主要是在下白垩统的海陆交互相岩性圈闭。侏罗系地层主要是多孔砂岩楔形尖灭带构成的地层圈闭。三叠系也主要以多孔砂岩尖灭型油气藏圈闭为主，少数为地层圈闭。二叠系地层既有构造圈闭也有地层圈闭，还有地层-构造复合圈闭，以构造圈闭和地层圈闭为主，地层-构造复合圈闭较少。石炭系的圈闭类型主要为不整合的地层圈闭，其次有少量构造圈闭。泥盆系的圈闭主要为塔礁岩性圈闭，其次有一些披覆构造、地层圈闭和断块圈闭（表 8-1）。

艾伯塔盆地内的气水界面和油气窗分布格局为水气倒置，水位于气之上，这是艾伯塔盆地特有的深盆油气水系统。这种气藏埋藏深，其水气倒置特点是深盆气的显著特征（图 8-33、图 8-34）。

表 8-1　艾伯塔盆地各层系的圈闭类型表（据 Allan and Creancy，1991 修改）

储层层系	圈闭类型	
泥盆系	主要	塔礁岩性圈闭
	次要	披覆构造、地层圈闭、断块圈闭

续表

储层层系	圈闭类型	
石炭系	主要	与不整合有关的地层圈闭
	次要	构造圈闭
二叠系	主要	构造圈闭和地层圈闭
	次要	地层-构造复合圈闭
三叠系	主要	多孔砂岩尖灭型油气藏
	次要	少数属于背斜圈闭
侏罗系	主要	多孔砂岩楔形尖灭带构成的地层圈闭
	次要	
下白垩系	主要	由于滨岸线迁移导致的相变所形成的地层圈闭
	次要	

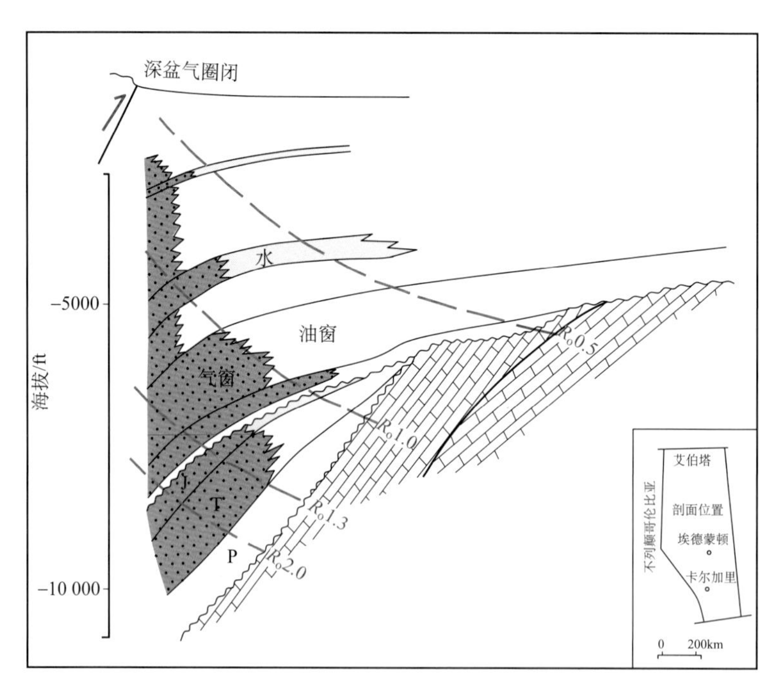

图 8-33 艾伯塔盆地前渊拗陷的深盆气圈闭剖面图
据西加拿大盆地下白垩统油气地质研究

五、油气的生成和运移

艾伯塔盆地烃源岩的成熟度由盆地西部的前渊向东部的斜坡和隆起区依次为过成熟的产气区、成熟的产油区和未成熟区。盆地东北部有大量油砂区，而西南部则是含气区。白垩纪和古近纪是主要油气运移时期，即从过成熟区域向成熟区及未成熟区运移

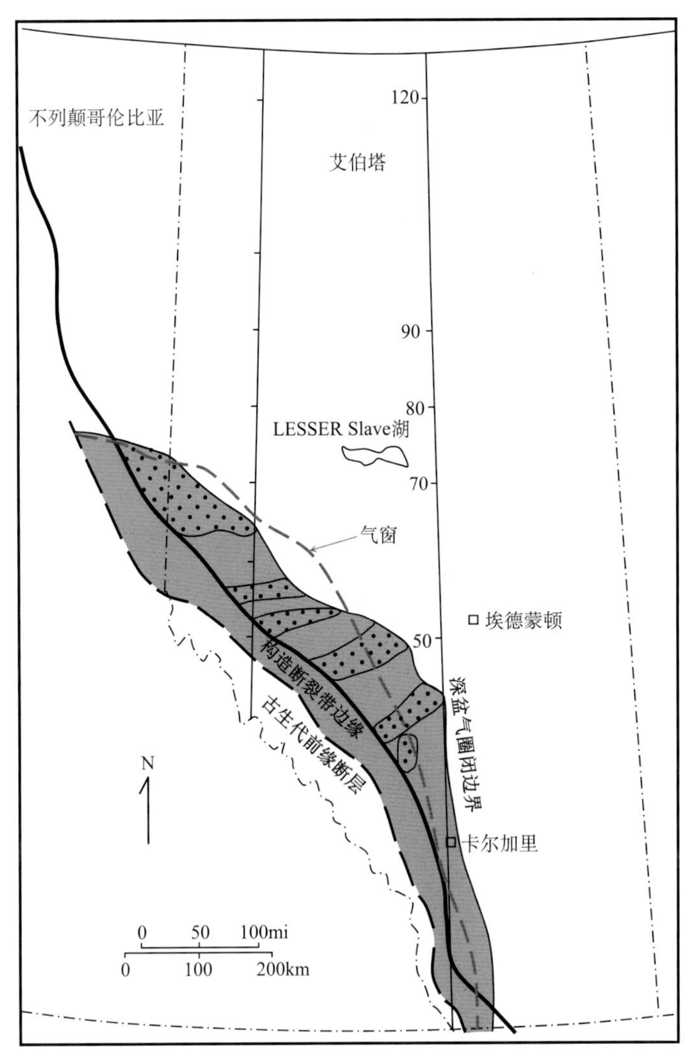

图 8-34 艾伯塔盆地深盆气的气窗分布图（据西加拿大盆地下白垩统油气地质研究报告，1994）
图中等值线单位为 ft

（图 8-35）。

白垩纪和古近纪时期艾伯塔盆地的油气运移方向是从南西向北东方向。由此烃源岩成熟度自西南向东北依次分布为“过成熟”到“成熟”再到“未成熟”（图 8-35）。晚白垩世艾伯塔盆地中的烃源岩在成熟后生成油气发生了长距离的运移，并最终在岩性圈闭条件下形成了自西向东“气-油-油砂”分布的格局。

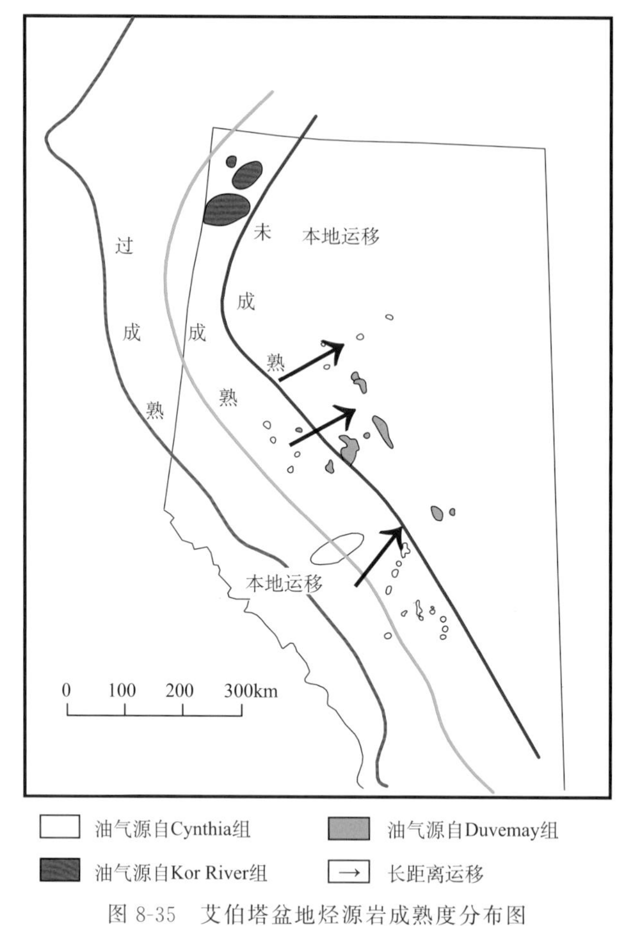

图 8-35 艾伯塔盆地烃源岩成熟度分布图

(据 The Geological Atlas of the Western Canada Sedimentary Basin，1994)

六、含油气系统及勘探潜力

1. 泥盆系含油气系统

艾伯塔盆地泥盆系含油气系统的烃源岩主要分布在上泥盆统地层中。泥盆系储层主要集中在中泥盆统，其中中泥盆统 Keg River 组和 Lower Rainbow 组的生物礁灰岩是艾伯塔盆地的主要储层（图 8-36）。盖层主要分布在上泥盆统及密西西比系地层中，岩性主要为泥页岩。

艾伯塔盆地泥盆系塔礁沿东西向分布（图 8-37），泥盆系礁块油藏的形成与沉积相和隆起有关，塔礁分布在隆起所分隔的浅海盆地边缘碳酸盐岩和页岩过渡区，处在有利礁生长和良好生油条件的沉积环境。

艾伯塔前陆盆地泥盆系含油气系统的烃源岩主要分布在上泥盆统地层中。艾伯塔前陆盆地在其演化过程中不仅自身的烃源岩产生油气，而且还接纳来自邻近克拉通台地运

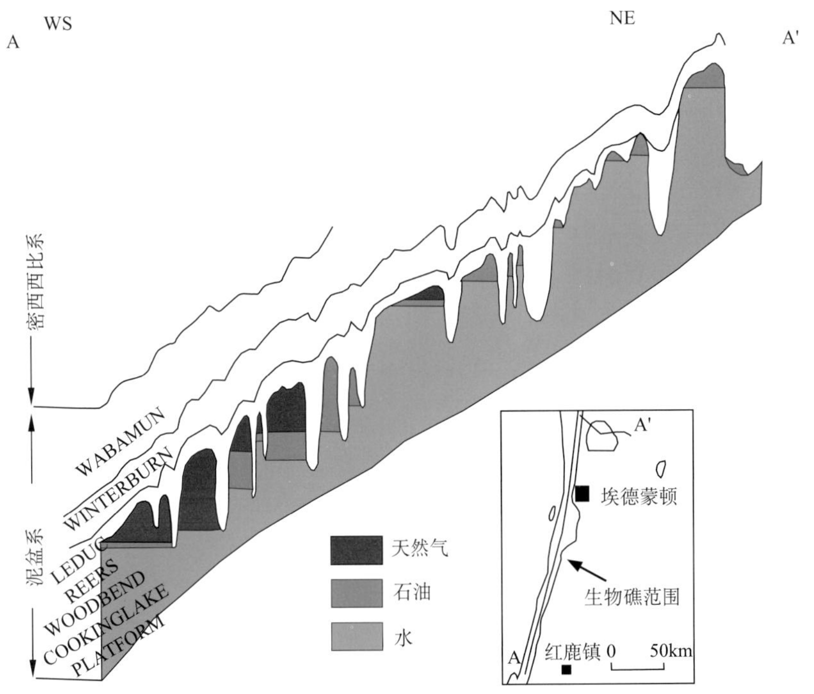

图 8-36　泥盆系生物礁含油气系统剖面图（据 Li，1998 修改）

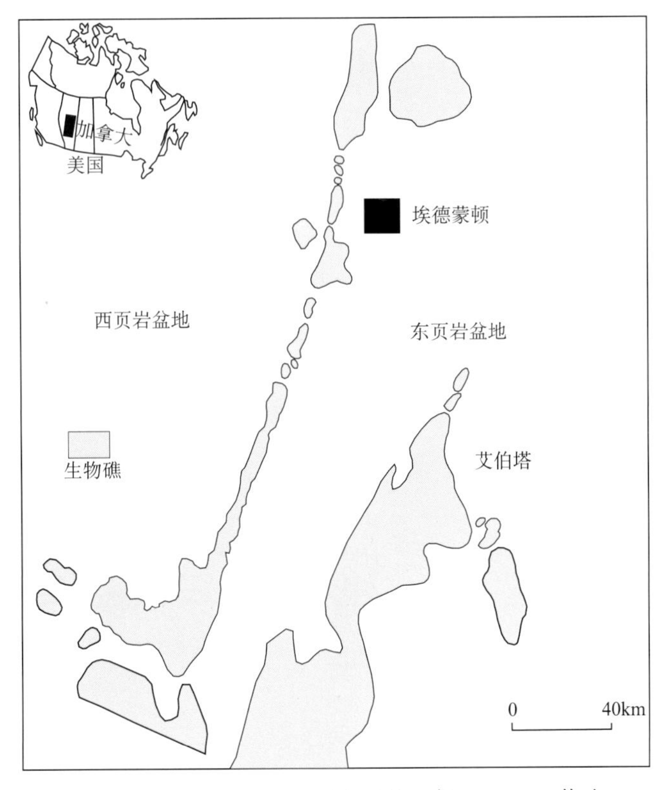

图 8-37　泥盆系生物礁含油气系统（据 Li，1998 修改）

移来的油气。盖层主要为上泥盆统及密西西比系地层的泥页岩。油气藏以岩性圈闭为主，主要以泥盆系的塔礁岩性圈闭为主。

中晚侏罗世开始艾伯塔盆地进入油气运移主要时期，运移方向是从南西向北东方向，与该时期前陆盆地的形成密切相关。烃源岩成熟度自盆地西南部的前渊带向盆地东北的斜坡带依次为“过成熟”到“成熟”到“未成熟”。这些烃源岩包括上泥盆统的各组地层。生成的石油最终运移聚集在艾伯塔盆地起伏低缓的大背斜和斜坡单斜层内形成油藏。从上泥盆统各组页岩生成的石油和天然气，通过砂岩层或经过逆冲断层和破碎带进入白垩系砂岩层中。油气继续向上倾方向运移进入地层圈闭。晚白垩世盆地中的烃源岩成熟后发生了长距离的运移，聚集在构造、地层、岩性及复合圈闭中。中侏罗世为本油气系统形成的关键时刻。

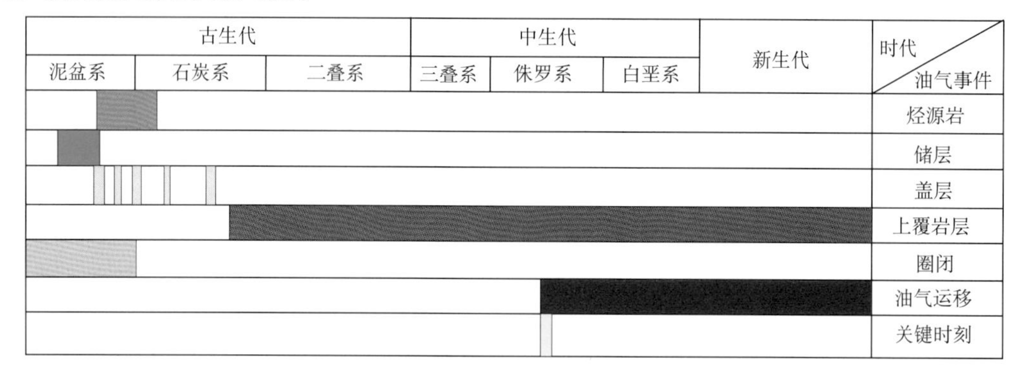

图 8-38　艾伯塔盆地泥盆系含油气系统事件图

2. 上侏罗统和下白垩统含油气系统

上侏罗统和下白垩统地层中的煤是很好的天然气烃源岩，储层为艾伯塔盆地深盆区下白垩统的低孔砂岩，为三角洲相。大部分天然气都被圈闭在席状砂岩储层内。盖层以下白垩统顶部的页岩为主。西部埋藏较深的是天然气（属于深盆致密砂岩气），中部为常规石油，盆地最东部分布大量油砂（图 8-39、图 8-40）。

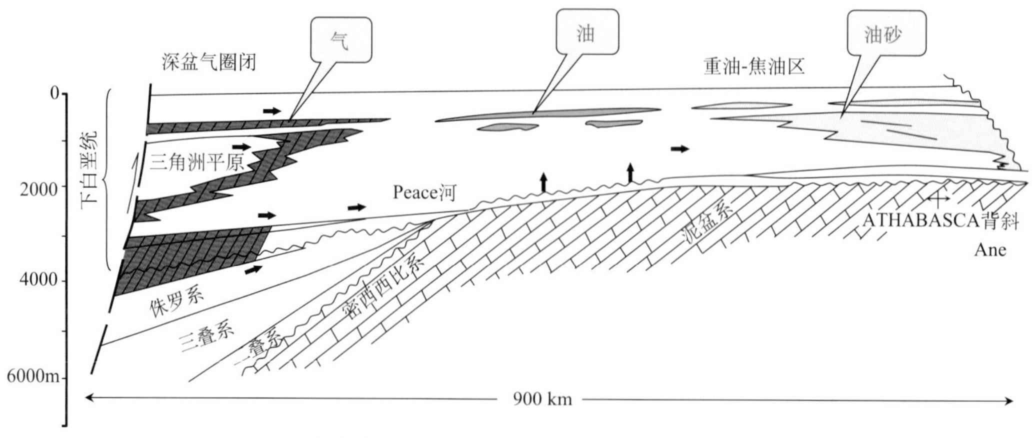

图 8-39　艾伯塔盆地上侏罗统—下白垩统含油气系统分析图
（据 Crykeney and Allen，1990 修改）

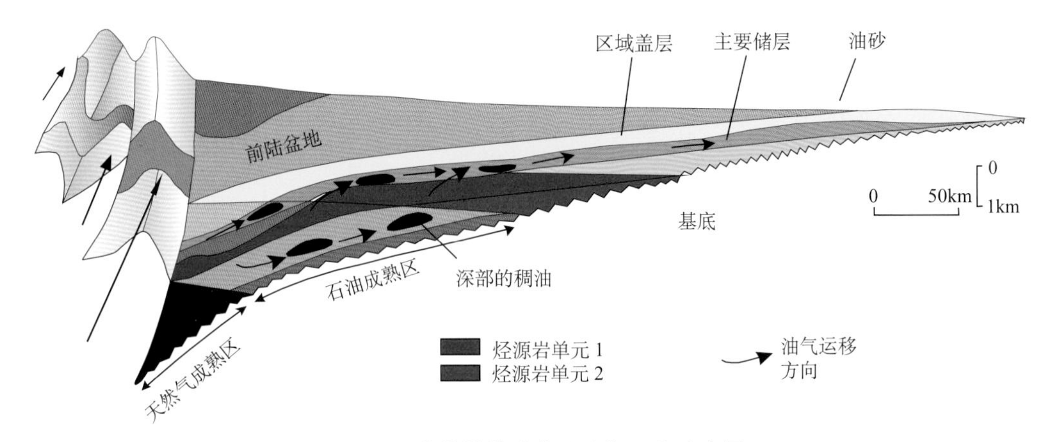

图 8-40　艾伯塔前陆盆地油气运移示意图
（据 Alberta Geological Survey 修改，2003）

艾伯塔盆地演化过程中自身形成烃源岩的同时接受外来运移的煤层气，储集在白垩统砂岩内形成煤层气气藏，盖层是白垩统之上各地层间的泥岩和页岩夹层，为岩性圈闭。中晚侏罗世成熟烃源岩生成的油气发生长距离运移。运移方向是从南西向北东方向运移到低孔低渗的砂岩中。早白垩世开始形成圈闭，是本含油气系统的关键时刻（图 8-41）。

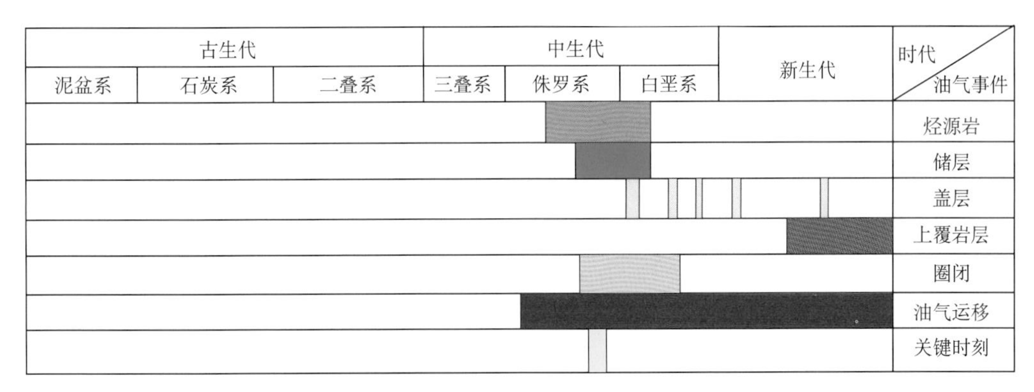

图 8-41　艾伯塔盆地侏罗系—下白垩统含油气系统事件图

3. 上白垩统含油气系统

上白垩统地层为海陆交互相的砂岩-页岩，夹有煤层，属于三角洲相。上白垩统的油气可采储量占艾伯塔盆地可采储量的 28%。西部上白垩统 Colorado 群砂岩周围的海相页岩为本含油气系统的烃源岩，属单斜地层圈闭气藏。西部成熟烃源岩生成的油气向东运移 400km，在东部发育油砂矿。该含油气系统的盖层为上覆泥页岩。

艾伯塔盆地上白垩统烃源岩主要包括 First White Speckled 组和 Second White Speckled 组页岩和 Fish Scale 带。艾伯塔盆地演化过程中自身形成烃源岩的同时接受外来运移的油气，其储层岩性为砂岩，集中在 First White Speckled，Second White Speckled 以及 Milk River 层段。上白垩统含油气系统的盖层主要是分布于上白垩统之上各地层间的泥岩和页岩夹层。天然气聚集到上白垩统砂岩储层尖灭区域，以岩性圈闭为主。

本含油气系统的油气运移时期为晚白垩世。晚白垩世盆地中生成的油气发生了长距离的运移，运移方向是从南西向北东方向。油气继续向上倾方向运移进入地层圈闭。晚白垩世开始形成圈闭，是本含油气系统的关键时刻（图 8-42）。

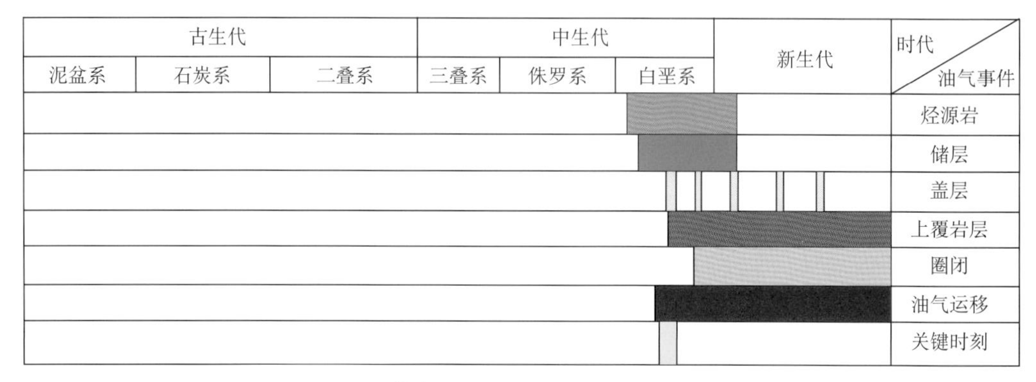

图 8-42　艾伯塔盆地上白垩统含油气系统事件图

七、艾伯塔盆地油砂勘探潜力

20 世纪 90 年代后期以来，加拿大油砂开采规模逐渐增大，不仅成为加拿大石油工业蒸蒸日上的强劲支柱，而且开启了非常规油气勘探开发的新时代。目前，加拿大艾伯塔省的油砂开采，正在吸引越来越多大石油公司前去投资和开发。近年来，加拿大的石油储量由世界第 15 位一路飙升至世界第 2 位，其中油砂功不可没。在这个“被遗忘的石油大国”，过去乏人问津的油砂重新成为世界能源的新亮点，发展势头十分强劲。据统计，目前加拿大绝大多数油砂集中在艾伯塔省北部的阿萨巴斯卡河（Athabasca River）、皮斯河（Peace River）和冷湖（Cold Lake）地区。据行业权威杂志《石油与天然气》2003 年估算的数据，艾伯塔的油砂可采储量为 1760 亿桶。在当前常规石油勘探开发难度日益加大的情况下，油砂资源将成为北美重要的石油资源。

艾伯塔盆地油砂资源的形成过程是受到科迪勒拉山脉冲断作用导致艾伯塔前陆盆地呈现西深东浅的格局，使大量的石油由西向东、向上移动，直至达到接近地表而形成大面积油砂层。艾伯塔盆地油砂是沥青、水、砂和黏土等矿物的混合物，每单位重量含有 10％～12％的沥青、4％～6％的水以及砂、黏土等其他矿物，8～10°API，属超重油。

艾伯塔省拥有世界上最大的油砂资源。据艾伯塔省政府统计数据，该省原油生产能力已由 2008 年的日产 120 万桶提高到 2009 年的日产 135 万桶，比 2000 年的能力翻了一番，比 1990 年的能力翻了两番。各研究机构均对加拿大油砂产能持积极预期，如加拿大石油生产商协会（CAPP）估计艾伯塔盆地的油砂产量到 2020 年可实现翻番，接近日产 300 万桶。目前油砂中生产的原油占艾伯塔生产原油的 40%，加拿大的 1/3。常规石油和天然气产量将会在未来几十年里持续下降，而油砂产量将会持续上升。

艾伯塔盆地的油砂主要产于三个区块：阿萨巴斯卡油砂区、冷湖油砂区和皮斯河油砂区（图 8-43），总面积达 $14\times10^4km^2$，其中皮斯河油砂区面积较小，阿萨巴斯卡分布面积最广，厚度最大，油砂的含油丰度最高（图 8-41）。

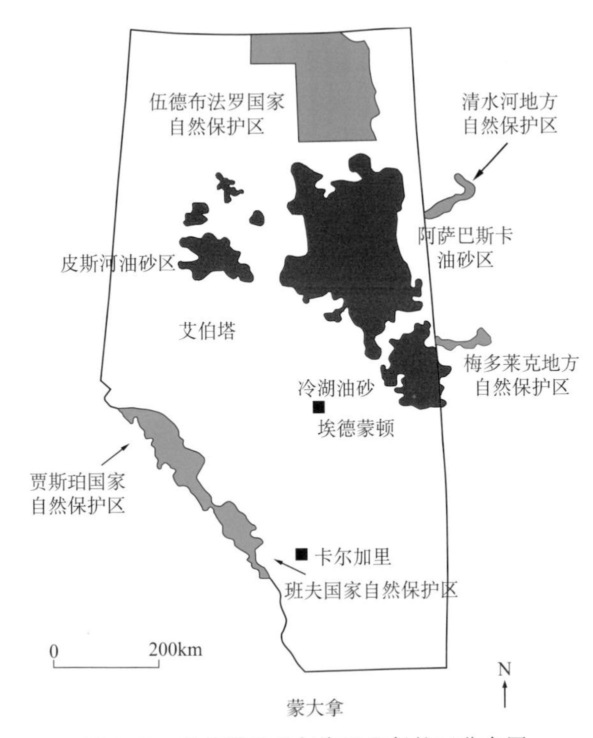

图 8-43　艾伯塔省油气资源和保护区分布图

（据 The Geological Atlas of the Western Canada Sedimentary Basin，1994 修改）

红色区为油砂矿区，绿色区为公园或自然保护区

世界著名的阿萨巴斯卡河油砂矿区的范围长 160km，宽 58km，厚 70m，呈单斜构造。主要的储集层为下白垩系 McMurray 组，由未胶结的、细粒至粗粒石英砂岩组成，与页岩、粉砂和煤层互层。在该组砂岩分选好、黏土成分少的层段，具有极好的储集性能，孔隙度在 30%～40%，含油饱和度可达 10%～18%（质量分数）。

艾伯塔盆地的三个油砂区厚度分布不均一，阿萨巴斯卡河砂岩体相对最厚，由东北部向西南部减薄；冷湖北部油砂岩体较厚，南部较薄，全区油砂体平均厚度约 17m；皮斯河区砂体相对较薄，平均厚度仅为 8m。目前在阿萨巴斯卡河流域的油砂大多数是浅层油砂，有的只埋藏在地下 10m，因此生产中采用的都是露天开采法。盆地油砂体由东部向西部减薄，由北部向南部减薄。

加拿大油砂潜力区的选择要考虑很多因素，包括：油砂的丰度和厚度、湿地分布、自然保护区的分布、土著人居住区、驯鹿保护区范围（未定）、军事区和矿权登记范围等诸多因素。将这些因素考虑进去，本节编制了加拿大油砂潜力区分布叠合图。在排除湿地、自然保护区、土著人居住区、军事区和已登记矿权区的因素外，圈定出十个油砂潜力区块，其中皮斯河区域共有三个区块，阿萨巴斯卡河区域有五个区块，冷湖区域有两个区块可供选区时考虑（图 8-44）。规划中的驯鹿区若被正式划为驯鹿区（图 8-44 的绿线范围），则驯鹿区内的潜力区块将不能作为潜力区考虑。这十个油砂潜力区均未登记矿权，相对而言东部的油砂比西部的油砂要厚，最东侧的油砂区块应给以高度重视。

据 2004 年加拿大艾伯塔省油气管理局公布的数据，目前油砂中生产的原油占艾伯塔生产原油的 40%，是加拿大的 1/3。随着新的油砂开发项目的扩大，2006 年加拿大原油探明储量增长了 33%。据加拿大自然资源公司的数据，在艾伯塔盆地东北部开发投资为 80 亿美元的 Horizon 项目，从而使 2006 年油砂探明储量增加了 45%。

艾伯塔油砂的开采始于 20 世纪 60 年代，长期以来由于从油砂中提取原油的成本远高于国际市场原油价格，加以缺乏成熟的技术，一直处于小型试验阶段，问津者亦较少。时过境迁，10 年后大批石油公司涌入。2004 年初，投资油砂和其他能源工程已占艾伯塔省新建项目的 2/3。2006 年阿萨巴斯卡河厚层矿权空白区也在 2008 年被签约，最后一块油砂富矿区的矿权被拿走了。现在三大油砂区仅在薄层区带还存在矿权空白区。

从油砂分布图上可以看出，由于东部埋深较浅，露天开采主要分布在东北部阿萨巴斯卡河的麦梅利堡地区，主体高产。其他地区为井筒地下浅层开采，主要分布在西部的冷湖地区，产量波动幅度较大，而皮斯河油砂区开发程度最低（图 8-43）。

油砂开采与常规石油的开采方法截然不同，目前比较成熟的方法有两种，一是对埋深较深的油砂采用露天开采法；二是对于深埋较浅的油砂（一般在地下 75～400m）采用现场分离的方法。

大规模露天开采法经历了从使用轮式巨型挖掘机和传送带到现在使用巨型电动铲车和巨型卡车的转变过程。生产证明使用电动铲车和巨型卡车比使用挖掘机和传送带更经济也更灵活。

用于开采深埋地下的油砂的现场分离法已经十分成熟。这种方法是在井下将沥青加热至可以流动，然后将液化的沥青抽到地面上。目前广泛采用的方法主要有两种：循环蒸汽吞吐法和蒸汽辅助重力驱法。

如同页岩气的开采一样，对于油砂来说，开采技术在油砂开发中占据重要地位。非常规油气的开采技术在开发中比常规油气更重要更关键。

八、典型油气藏——冷湖油田

冷湖油砂矿是艾伯塔盆地三大油砂矿区之一。冷湖油砂储层为白垩系，也是艾伯塔盆地的典型油砂储层。冷湖区构造单一为单斜构造，位于该盆地的斜坡带，石油运移到浅层或地表形成油砂。作为艾伯塔前陆盆地的典型油气藏，可以进一步解剖冷湖油田的油砂矿的石油地质特征和成藏条件。

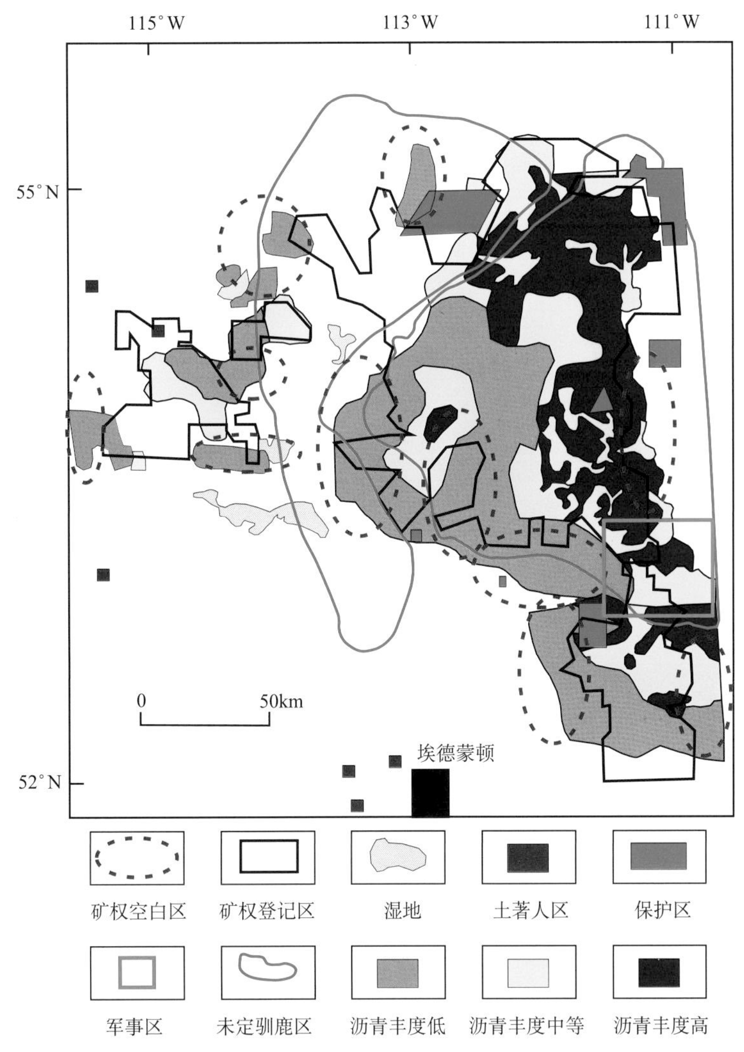

图 8-44 艾伯塔盆地油砂潜力区分布图（据加拿大油砂咨询中心资料编制）
蓝色区油砂厚度 0～5m，黄色区油砂厚度 5～10m，棕色区油砂厚度 10～15m

1. 油气藏概况

冷湖油砂矿位于西加拿大艾伯塔省中部，面积约为 9000km^2（图 8-45）。该区石油地质储量约为 2200 亿桶，其中 57%产于下白垩统 Grand Ripid 组。

该区勘探钻井始于 20 世纪 60 年代早期。1966 年，加拿大皇家石油有限公司在加拿大申请了周期性蒸汽吞吐专利技术，在过去的 30 年里，该技术是冷湖油田开发中最具优势的开采技术。1974 年经过重新处理油田产出的水和生产用的蒸汽，100%地循环利用产出水，大大降低了淡水需求量并降低了处理低质水的费用。1976 年加拿大皇家石油有限公司与埃克森石油公司一起共同开展试验研究，第一个建立了数字化热油藏模拟器，从而提高了油砂的采收率。1979 年最先成功钻探水平井。目前在世界范围内广

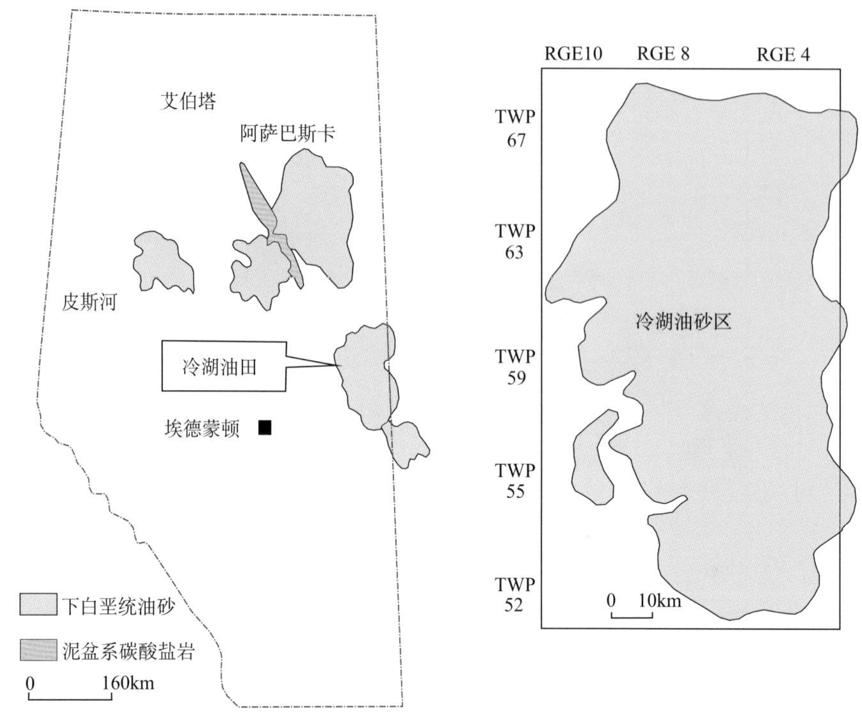

图 8-45 冷湖油田 Grand Ripid 组油气藏位置图（据 C&C，2008 修改）

泛应用的水平井技术在冷湖油田也有了新的用途，降低了蒸汽注入和油砂产出的作业成本。1985 年开始了最初的商业性开发阶段，综合应用了开采、钻井、完井、分离和水处理技术。1990 年应用 3D 地震分析技术解释结果，优化开发井井位，并制定注蒸汽策略，更准确地标定未被蒸汽驱替的油藏部分。1995 年应用微地震技术，通过多分量检波器的应用可以精确定位地下微地震波，探明油砂的地下分布情况。2000 年根据目前的先导性试验结果，应用水平井技术、3D 地震成像技术、布井和完井技术使冷湖油田的油砂采收率从目前的 25%增加到应用这些技术后的 30%～35%。

2. 油气藏特征

加拿大冷湖油砂矿的圈闭机制主要为北北西或南南东走向的单斜地层圈闭（图 8-46）。该区并无重大断层发现，仅局部有小规模断层。生产层顶面海拔约为 330m，初始的流体接触面为多接触点式。

加拿大冷湖油砂矿的区域储层主要为白垩系 Grand Ripid 组。Grand Ripid 组总体储层厚度为 60～120m，储层净厚度为 18～36m。储层的砂体类型为大陆架-滨前砂体，约占 35%，其次，分流河道充填砂岩体也占 35%，而三角洲前缘砂体约为 20%。大陆架滨海砂体无论在横向上或者纵向上都表现很好的连续性，砂岩厚度为 10～21m，而三角洲前缘砂体与大陆架滨海砂体沉积类似，在横向与纵向上也呈很好的连续性，但砂岩厚度约比大陆架滨海砂体厚 4～8m，分流河道沉积为 8～15m（图 8-47）。Grand

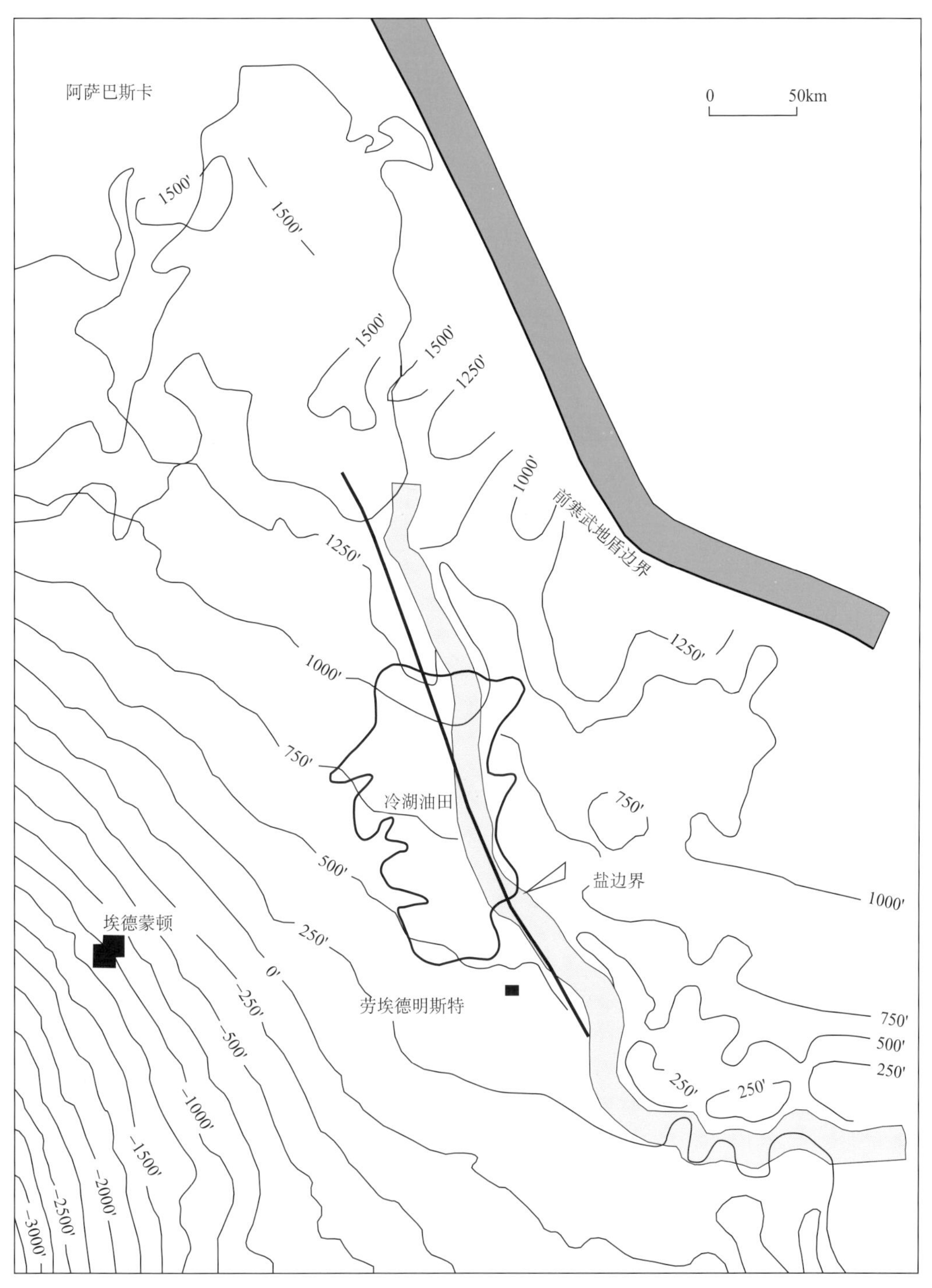

图 8-46　冷湖油田 Grand Ripid 组油气藏构造平面图（据 C&C，2008 修改）

图中等值线单位为 ft

Ripid组岩性主要是细粒-中粒的石英砂岩。孔隙类型为原生的颗粒间孔隙，从该地层中采取的岩心样品分析其孔隙度在32%～35%。冷湖地区Grand Ripid组地层渗透率为0.5～5D。

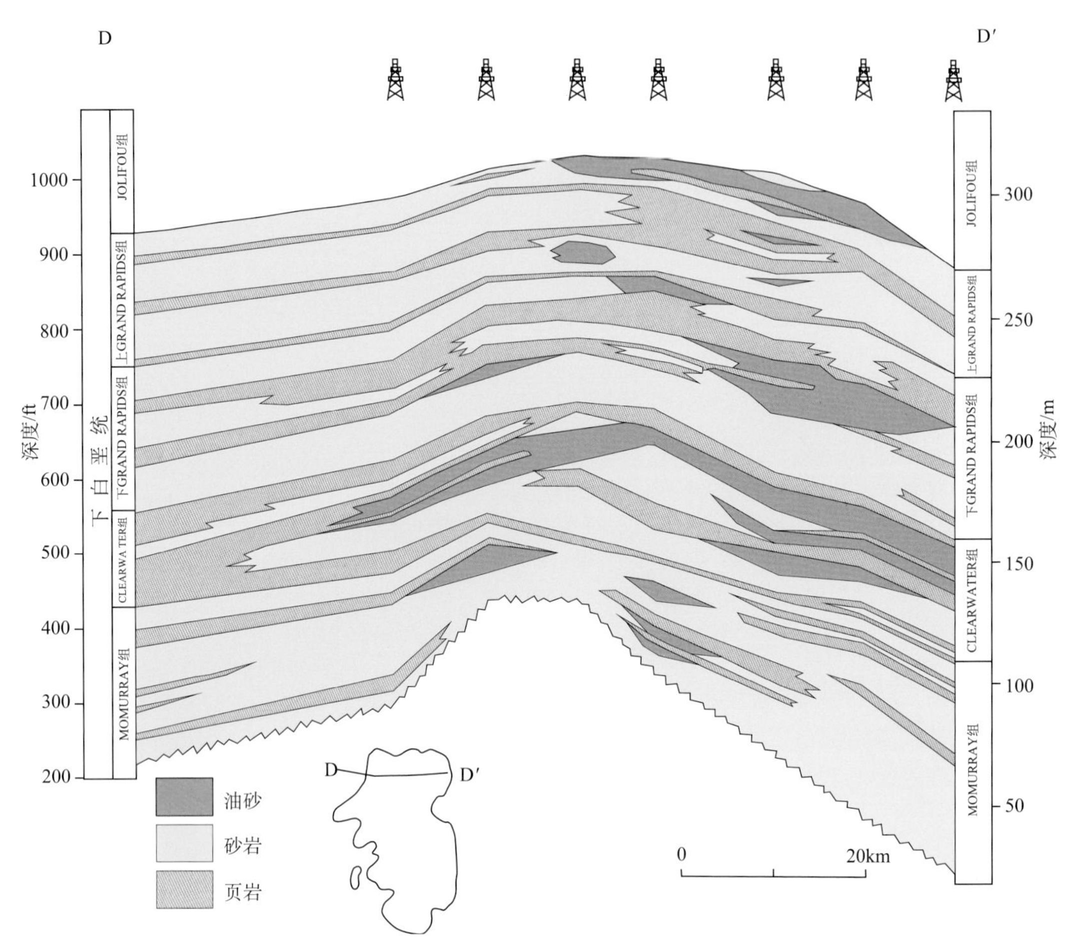

图8-47　Grand Rapid油气藏剖面图（据C&C，2008修改）

冷湖油砂矿的岩性圈闭主要受海侵环境的海相页岩限制，其次受三角洲平原相页岩以及薄的煤层和次级自生的黏土矿物限制。

冷湖地区的烃源岩为密西西比系的Exshaw/Bakken组页岩，沉积体系属于缺氧的陆棚沉积，总TOC最大为20%，干酪根类型属于Ⅱ型干酪根。排烃时间在早三叠世时期达到峰值。冷湖地区盖层为白垩系Viking组，盖层岩性为页岩，沉积体系为海洋相沉积。

小　结

艾伯塔盆地是北美西部典型的前陆盆地，是在古生代被动陆缘盆地之上叠加的中、新生代前陆盆地。由于科迪勒拉山脉新生代以来向东的大规模冲断，盆地总体呈北北东走向，具有前陆盆地的构造样式。沉积物在靠近科迪勒拉造山带方向急剧增厚，而往东部加拿大地盾方向逐渐减薄。

艾伯塔盆地地层由古至新依次是太古界—元古界结晶基底、古生代被动陆缘、晚古生代局限海盆地和中新生代前陆盆地层序。艾伯塔盆地地层发育完整。前寒武纪到三叠纪属于被动陆缘的地台阶段，而从中侏罗统的 Koofenay 组到第三系地层，属于前陆盆地演化阶段。

志留纪艾伯塔盆地还处于稳定陆台时期，泥盆纪至三叠纪艾伯塔盆地仍以稳定的被动陆缘环境为主，是盆地的主要被动陆缘沉积时期。艾伯塔盆地早侏罗世仍属于被动陆缘台地阶段，中侏罗世是地体拼贴的阶段，至晚侏罗至早白垩世属于前陆盆地的形成阶段，古新世属于前陆盆地前渊的迁移阶段。

艾伯塔盆地的烃源岩可分成被动陆缘盆地和前陆盆地两个发育阶段。被动陆缘阶段发育的烃源岩包括侏罗系 Fernie 组的 Nordegg 段、密西西比系的 Exshaw 组、泥盆系 Duvernay 组和三叠系 Doig 组。前陆盆地阶段发育的烃源岩包括上侏罗统—下白垩统的含煤地层和上白垩统 Colorado 群。艾伯塔盆地从泥盆系到白垩系均有储层，其中泥盆系地层是主要储层，集中了大部分艾伯塔盆地油气资源。

艾伯塔盆地泥盆系储层主要集中在中上泥盆统，其中中泥盆统 Keg River 组和 Lower Rainbow 组的生物礁灰岩是艾伯塔盆地的主要储层。上泥盆统储油层为生物礁，次为孔隙灰岩或白云岩，包括环礁和塔礁等。艾伯塔盆地含气层集中在二叠系、三叠系、侏罗系和白垩系，其储层岩性为砂岩。其气藏分布在艾伯塔盆地西南方向的前渊拗陷中，为致密砂岩深盆气。

艾伯塔的常规油气资源占盆地的资源量比例并不高。艾伯塔盆地的重要油气资源是油砂和深盆气。艾伯塔省拥有世界上最大的油砂资源。目前油砂中生产的原油占艾伯塔生产原油的 40%，加拿大的 1/3。艾伯塔盆地的油砂主要产于三个区块：皮斯河油砂区、阿萨巴斯卡河油砂区和冷湖油砂区，具有广阔的勘探开发潜力。

第九章 落基山盆地群

◇ 落基山盆地群位于北美大陆西部，科迪勒拉冲断带的东侧，为背驮式前陆盆地群，盆地的形成和改造与拉腊米造山运动和科迪勒拉造山运动有关。落基山盆地群在中生代是一个完整的前陆盆地，包括逆掩断层带、大褶皱带和东部台地带。中生代末的拉腊米造山作用使落基山地区形成一个完整的前陆盆地，而科迪勒拉造山作用导致在落基山地区发育多处逆掩推覆构造，将这个完整的前陆盆地分割成 11 个山间盆地，成为背驮式前陆盆地群。

◇ 落基山盆地群的烃源岩主要为白垩系海相暗色页岩。储层以白垩系海相砂岩层为主，油气最丰富，其次为宾夕法尼亚系和密西西比系的海相砂岩和碳酸盐岩，陆相油气集中分布于新近系湖盆发育区。落基山盆地群圈闭类型多样，有背斜圈闭、地层-岩性圈闭和断层圈闭等，其中以背斜圈闭和地层-岩性圈闭为主。

◇ 落基山盆地群内最应该关注的是非常规天然气，特别是煤层气。例如：该盆地群内的圣胡安盆地和粉河盆地的煤层气待发现可采储量均比较大。落基山盆地群煤层气田的圈闭类型主要为构造圈闭，主力储层主要为古新统煤层和页岩。落基山盆地群的煤层气方面具有很大的勘探开发潜力。

第一节 盆地概况

落基山盆地群或称落基山油气区，位于美国的中西部，包括蒙大拿、怀俄明、科罗拉多和犹他州等 11 个州中的部分地区，面积约为 $2.6\times10^6 km^2$。盆地群向西以科迪勒拉逆掩推覆-褶皱带为界，南部为科罗拉多高原，北部与西加拿大艾伯塔盆地相连（图 7-1）。盆地群内主要的含油气盆地包括：粉河（Powder River）、大角（Big Horn）、风河（Wind River）、绿河（Green River）、尤因塔（Uinta）、丹佛（Denver）、圣胡安（San Juan）和帕拉多（Pradox）等盆地，其中丹佛盆地是盆地群内面积最大的盆地，面积为 $1.26\times10^5 km^2$。

落基山盆地群内油气分布不均匀（图 9-1），油田主要集中在圣胡安盆地和帕拉多盆地，在威利斯顿盆地的南部即香草隆起区也有一定的油田分布，而气田相对集中在绿河盆地、尤因塔盆地、皮申斯盆地和丹佛盆地内。

落基山地区的油气勘探已有近 150 年的历史了，也是美国最早进行油气勘探的地区之一。早期钻探活动都是根据地表油苗进行的。在油气聚集在背斜中的构造油气藏理论得到认可后，就开始对拉腊米构造控制的区域进行背斜构造油气藏的勘探工作，主要依据地面地质调查，发现了怀俄明州的索尔特河油田和埃尔克盆地油田。

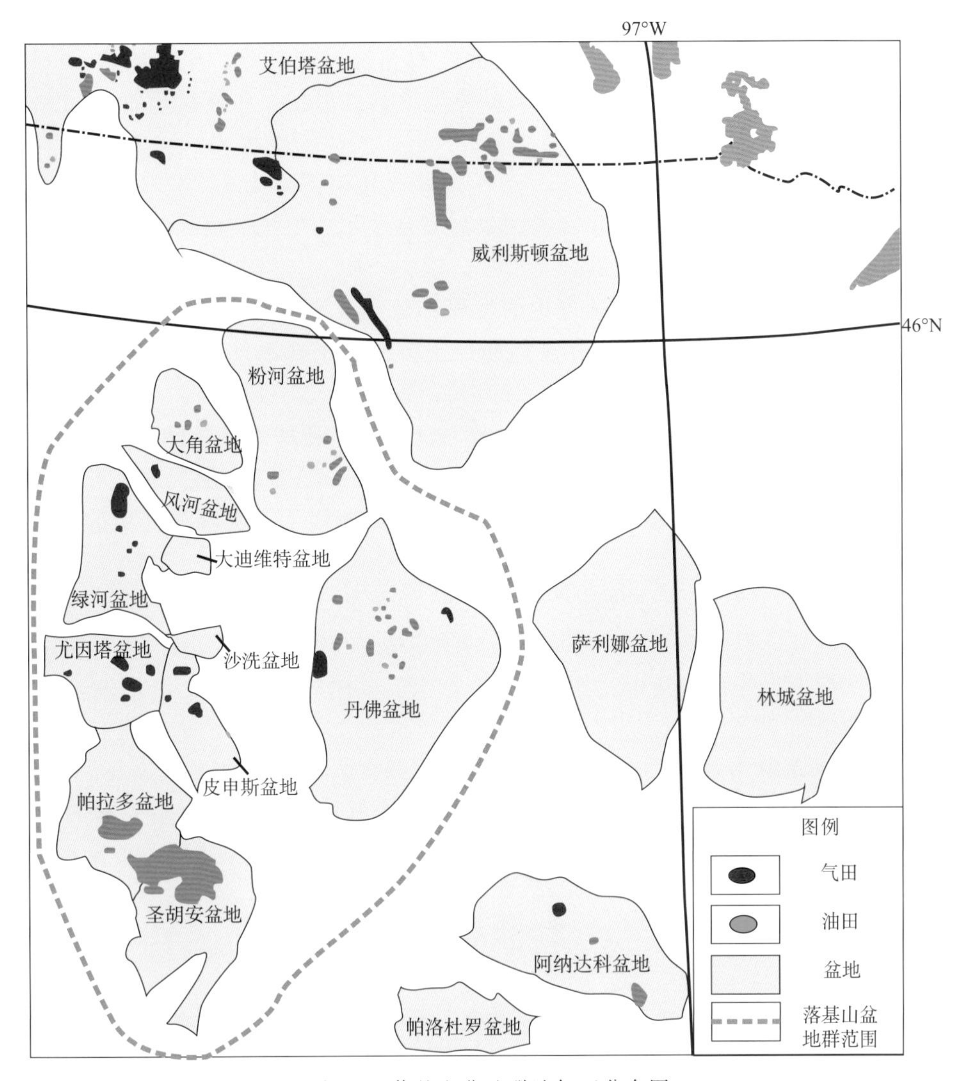

图 9-1　落基山盆地群油气田分布图

落基山地区的油气勘探早在 1863 年就已开始，当时在丹佛盆地钻探时发现了 Florence 油田，并进行了工业开采，这是美国继阿巴拉契亚盆地以外发现的第一个重要的油气田。1902 年和 1906 年，分别在尤因塔和粉河盆地相继发现了郎吉累和盐溪等浅层油藏。1910 年落基山地区产油 37 万桶。后来在大角盆地连续发现了许多油田，并在怀俄明的几个盆地铺设了输油管道。1920 年，落基山地区的石油产量达到 1770 万桶。

1934 年，开始利用地震技术进行油气勘探。根据地震勘探发现了奎莱气田。为了满足第二次世界大战对石油的需求，1944 年地震勘探工作发展到 17 个公司 254 个队。在 20 世纪 30～40 年代，由于地震技术比较初级，地震勘探发现的储量仅为 1874 万桶，而地面勘探发现的储量达 24 亿桶。在 1949 年之前，主要是依据油苗和背斜勘探，这些油气田的发现为盟军取得第二次世界大战的胜利做出了重要贡献。

进入 50 年代，随着地震勘探技术的提高，地震与地下地质相结合，使油气勘探工作得到空前的发展，不断发现了地层-构造油气藏和地层油气藏。探井数从 1950 年的 325 口发展到 1956 年的 1948 口。1955 年石油产量达 2 亿桶，年新增石油储量从 1949 年的 3247 万桶发展到 1950 年的 5 亿桶。

至 60 年代，勘探工作向深部发展。虽然探井成功率下降为 8%左右，但发现了一些有意义的深层油气田，如 1967 年在粉河盆地发现了下白垩统三角洲沉积的钟溪油田，单井最高日产量达到 1.5 万桶。

至 70 年代，随着逆掩推覆构造理论的发展和地震技术的进一步提高，勘探目标开始转向复杂的逆掩断裂带，1978 年在逆掩断层下方发现了新油气田 4 个。1978 年，全区钻探井 1170 口，进尺 32km，成功率 16.7%，发现油气田 126 处；开发井 3114 口，进尺 40km，平均成功率 79.6%，新增石油储量 2 亿桶，新增天然气储量 $495\times10^{8}m^{3}$。1986 年底石油剩余可采储量 12 亿桶，天然气剩余储量 $2154\times10^{8}m^{3}$。这是继阿巴拉契亚前陆盆地逆冲断裂带下方发现大型油气田后在逆掩断层下方发现油气田的又一成功范例。

进入 80 年代，尽管钻井总数减小，如 1986 年钻井 1535 口，1987 年钻井仅 1286 口，处于钻探低潮，但由于开展了详细深入的地震地层工作和深井钻探工作，在这个老油气区仍然发现了一些新油气田。如 1987 年的 531 口探井中，有 92 口产油，14 口产气，钻探成功率达 20%。

90 年代以来落基山地区的各盆地进入煤层气和页岩气等非常规气勘探开发阶段。落基山盆地群的非常规天然气待发现可采储量占天然气待发现可采储量总和的 70%以上，勘探潜力十分巨大，非常规天然气特别是煤层气是该盆地群未来的主要勘探方向。

第二节　盆地基础地质特征

落基山盆地群的现今构造格局是经过了早古生代隆起和中生代末的拉腊米造山运动后形成的，所以该盆地群内的各个盆地均为中小型盆地，分别为圣胡安盆地、帕拉多盆地、尤因塔盆地、丹佛盆地、绿河盆地、风河盆地、粉河盆地和大角盆地等（图 9-1），其中大角盆地、风河盆地和绿河盆地等位于西部大褶皱带，呈羽状排列的正地形褶皱和向斜盆地相间出现；尤因塔盆地、圣胡安盆地等位于中南部高原区，虽然经受了多次构造运动的影响，但构造仍较平缓；粉河盆地、丹佛等盆地位于东北部，西陡东缓。从构造背景和剖面上看，落基山盆地群属于典型的背驮式前陆盆地，由若干中小规模的挤压型山间盆地组成（图 9-1、图 9-2）。

一、构造单元划分

落基山盆地群大致分为三个构造单元（图 9-3），即逆掩断层带、大褶皱带和东部台地区。

西部逆掩断层带是从北美西部的落基山东侧开始，沿香草隆起以西分布，在蒙大拿

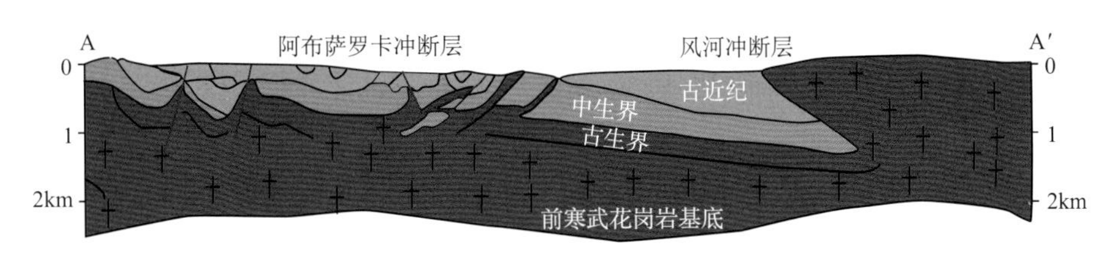

图 9-2　经过落基山盆地群东西向构造剖面图（据 USGS，2002）
左侧指向东

州折向南部，在绿河盆地西缘、盐湖城、亚利桑那州西部被古近系火山岩覆盖。

大褶皱带位于逆掩断层带以东的北段，略呈平行四边形，褶皱显著，有逆断层，从香草隆起向东南方向扩展，至尤因塔山向东南方向收敛，褶皱山和向斜盆地相间出现，包括大角、风河、绿河等盆地。

东部台地区位于逆掩断层带以东和尤因塔山以南，隆起和盆地相间出现，包括尤因塔、帕拉多、圣胡安、粉河和丹佛等盆地，虽然经历了多次构造运动，但构造相对比较平缓。

由于早古生代的隆起和中生代末的拉腊米造山运动，落基山前陆地区形成隆起与盆地相间杂乱分布的特征，主要的隆起有尤因塔隆起、风河隆起、阿克西亚尔隆起和贝尔图斯隆起，这些隆起主要位于逆掩断层带上。

二、地层层序特征

落基山盆地群的基底为前寒武系地层，沉积盖层由寒武系至新近系构成。总体上，寒武系至新近系地层在西部地区最厚，达 2300m。在中东部各盆地，寒武系至侏罗系最大厚度不超过 1220m，但白垩系至新近系最大厚度可达 3350m。

落基山盆地群地层发育较为完整，根据盆地群构造演化阶段，大致可以将盆地群的地层层序分为三个时期：前侏罗系、侏罗系—白垩系、古近系及其以上的地层层序。

1. 前侏罗系地层层序

在前寒武纪晚期，海水向东侵入落基山地区，并逐渐扩大至整个落基山地区，当时为广阔的陆棚环境。经前寒武纪末的变形扭曲和剥蚀后，到寒武纪和奥陶纪海水向东扩展。在奥陶纪末—早泥盆世末，海水曾短暂退出本区，地壳上升并遭受剥蚀。进入晚古生代，主要海侵期是泥盆纪和密西西比纪，泥盆系以碳酸盐岩和蒸发岩沉积为主，密西西比系以碳酸盐岩沉积为主，均属台地沉积。

在密西西比纪，落基山地区形成了广阔的浅水海域，但这海域被宾夕法尼亚纪和二叠纪的重大构造运动所改造，并形成了原始落基山。部分隆起一直保存到三叠纪或侏罗纪，并为附近的盆地提供粗陆源碎屑沉积。在离陆地较远的地区沉积了砂岩、粉砂岩、红色页岩、蒸发岩和碳酸盐岩。三叠纪时期，干旱的环境导致了 Nugget 组和 Chugwater 组风成砂岩以及红层的发育，该时期以陆相沉积为主，并在全区都有分布，

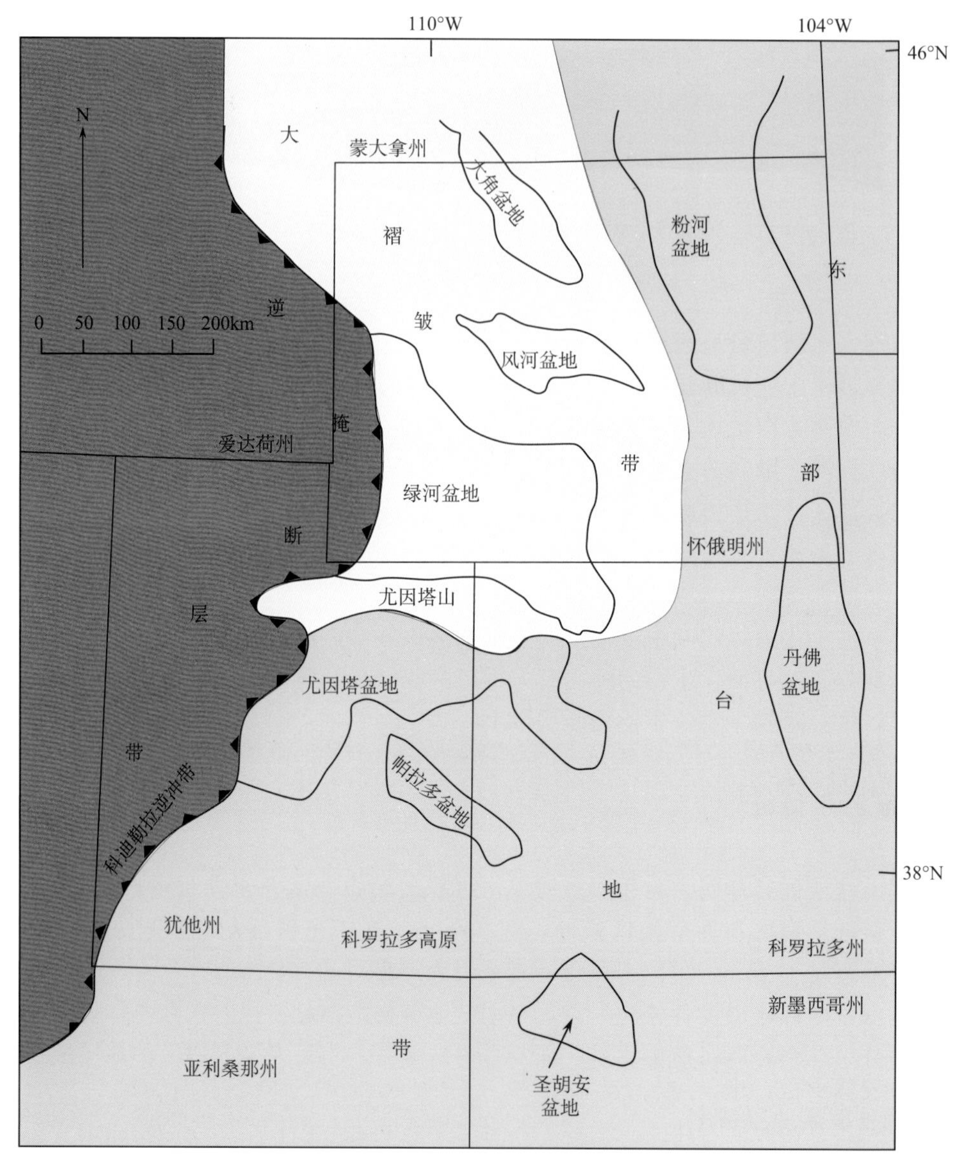

图 9-3 落基山盆地群沉积盖层构造单元划分
（据 Beaumont，1993；Miall，2008 修改）

其海相沉积物仅限于东南部。

2. 侏罗系—白垩系地层层序

早侏罗世，干旱的环境以及来自北以及东方向的海进导致了介壳灰岩、硬石膏和含化石砂岩以夹层形式分布于红绿色页岩中。沿落基山前陆的西部前渊，在早期被造山作用破坏的被动陆缘局部地区，沉积了厚层的盐。后来的新生界沉积地层成为侏罗系的良好盖层（图 9-4）。

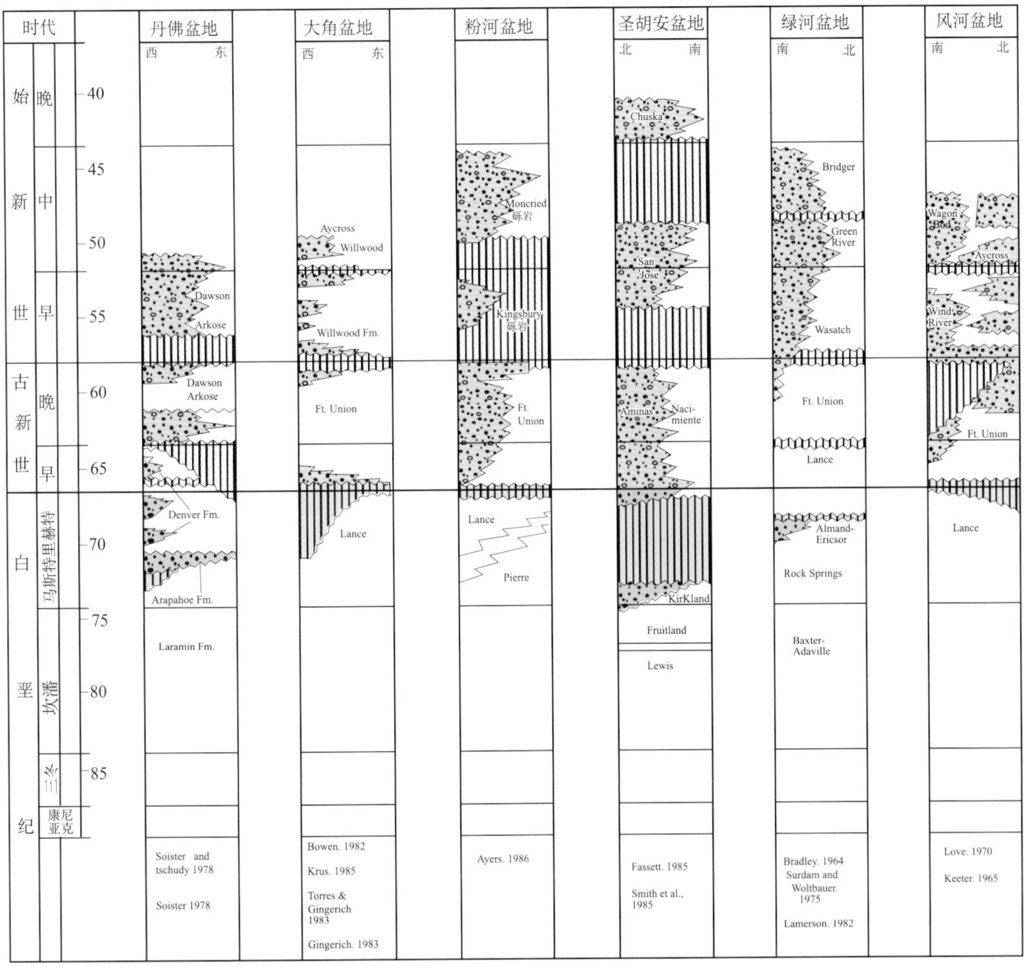

图 9-4　落基山盆地群主要盆地晚白垩世及其以上地层柱状图（Gries，1992）

中、晚侏罗世，来自北极的海侵开始了落基山地区另一个重要的地质历史。中侏罗世时期来自北方的海侵向南扩展到本区的西北部和西部。到了晚侏罗世，海侵继续向南扩展，远达科罗拉多州北部，但在侏罗纪末，海水又退出本区，因此在侏罗纪和白垩纪之间出现了非海相沉积物。中侏罗世时期，碎屑物质自西向东被倾泻入落基山地区的古湖泊，以陆相为主，在白垩纪时期更为突出，形成了巨厚的碎屑沉积楔体。该巨厚碎屑沉积体后期又被侏罗纪—白垩纪地层中至少 15 个区域性的不整合面复杂化了，这些不整合面的形成与水下成因和陆上成因均有一定的关系。

早白垩世海水又侵入到落基山地区的北部和南部，至晚白垩世，南北海相通，形成海峡。白垩纪末，发生了拉腊米造山运动，形成了目前的前陆构造格局，同时在本区西部出现了许多逆冲断裂带。在这些前陆盆地内沉积了古近纪陆相沉积物。在白垩纪期间，西部的火山活动比较活跃。

3. 古近系及其以上的地层层序

落基山地区一个区域上的不整合标志着古新世与晚白垩世海退的分界，该不整合在与早期拉腊米构造相关的地区尤为明显。古新世与始新世之间落基山地区广泛的剥蚀面主要发育于隆起附近。与这些不整合面相关的圈闭非常重要，许多与拉腊米造山运动相关的油气田都与分布于各个盆地内的构造圈闭相关。

三、盆地构造沉积演化

由于大西洋的张开，北美大陆向西运动，同时太平洋板块俯冲至北美大陆下方，北美西部的造山运动导致落基山盆地群与西加拿大的前陆盆地同时形成。大约在140Ma沿北美西缘形成了一个冲断带，当该冲断带的碎屑向东充填时，发育了落基山地区的早期前陆盆地。

大约在81Ma，北大西洋持续的张裂使北美板块向西运动的速率加大，然后在大约75Ma，美国落基山前陆盆地开始解体为被逆冲断层分割的若干压性山间盆地。褶皱的顶部一直到上白垩统已遭受剥蚀，其剥蚀掉的地层厚度达1800m（图9-5）。这些早期褶皱和侵蚀作用主要出现在尼德尔山隆起、塔吉隆起、圣拉斐尔隆起-道格拉斯溪隆起、拉布素斯隆起、风河-沃沙基-贝尔图斯隆起带、萨沃奇隆起和拉腊米岭。

白垩纪末—始新世拉腊米造山运动转为南北方向的挤压作用，使得东西向隆起区的两翼产生向南和向北的逆冲断裂，最大的断距出现在北落基山地区。始新世的同造山期沉积厚度很大，反映了拉腊米造山时期大规模基底错断（图9-6）。由于挤压方向改变，落基山逆掩断层带原来向东逆冲的活动停止，而西尤因塔山逆冲推覆到霍格巴克逆断层上。总体上，落基山盆地群各盆地的沉降演化（图9-7），从150Ma到80Ma，较薄的沉积为被动大陆边缘阶段的沉积；自晚侏罗世—早白垩世开始，前陆盆地的前渊期沉积加厚；最后，拉腊米期的古近纪盆地的白垩统烃源岩的埋深达到生油窗。

总之，落基山盆地群的构造特征和演化具有以下三个方面的特点：

（1）落基山盆地群为典型的背驮式前陆盆地，经历了前寒武纪到中侏罗世的被动边缘沉积、侏罗纪—白垩纪的前陆盆地沉积和古近纪以来的陆相沉积，形成了新生代中小型盆地与隆起相间杂乱排列的山间盆地构造格局。

（2）落基山前陆盆地的构造挤压方向由最初81Ma的近南北向，发展为古新世的北东—南西向，并进一步发展为始新世的南北方向挤压。

（3）始新世山间盆地沉积使沿盆地轴部分布的大多数地层深埋并进入生油窗，盆地最深部地层甚至可以进入生干气窗阶段。

以上落基山盆地群的构造演化控制了落基山盆地群的古地理演化。从落基山盆地群的古地理演化分析，整个古生代落基山地区为被动陆缘的陆棚沉积环境，以碳酸盐岩为主，位于赤道附近，是烃源岩主要发育时期。进入中生代，由于中生代末—新生代初的拉腊米造山运动，导致落基山地区形成前陆盆地，早期为一个完整的前陆盆地，与艾伯塔盆地类似，以湖泊和河流等陆相沉积为主，是储层主要发育时期。新生代的落基山前陆盆地受西侧新生代晚期的科迪勒拉造山运动的影响，在向东推覆构造作用下，将一个完整的前陆盆地分割成若干山间盆地，以新近系陆相沉积充填为主（图 9-6）。

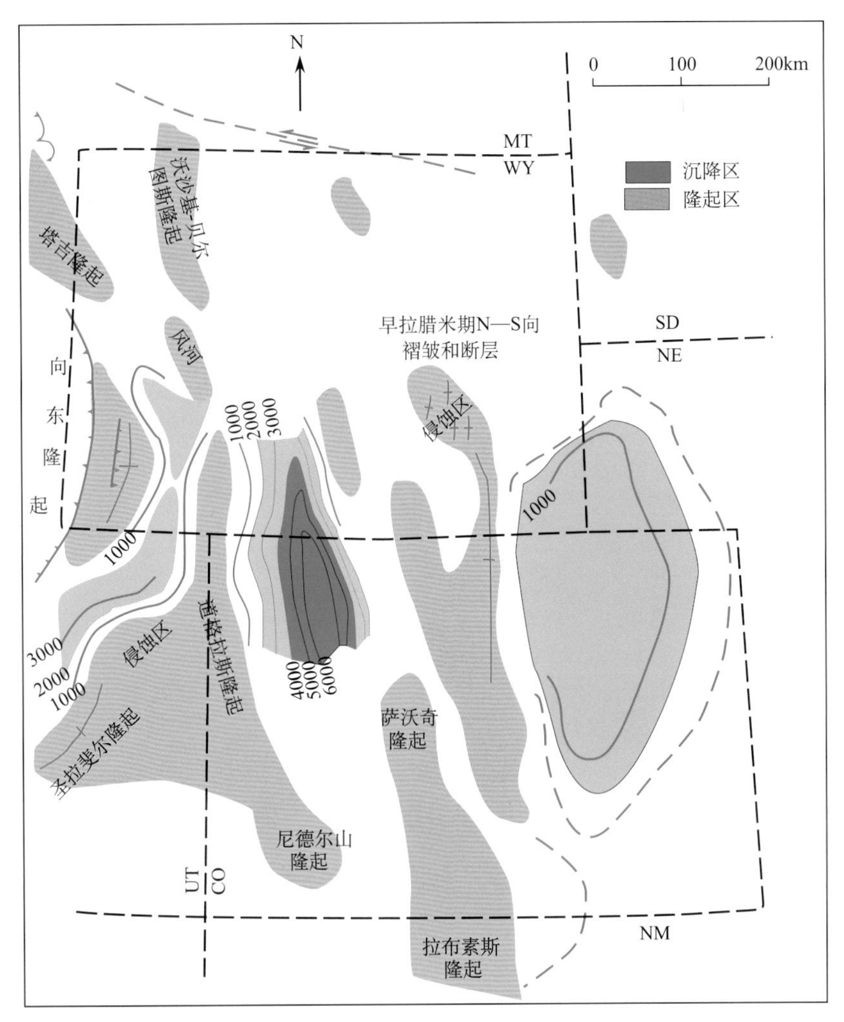

图 9-5　落基山盆地群晚白垩世沉积厚度和范围等值线图（Biddle，2001）
MT. 蒙大拿州；WY. 怀俄明州；SD. 南达科他州；NE. 内布拉斯加州；
CO. 科罗拉多州；UT. 尤因塔州；NM. 新墨西哥州；下同。图中等值线单位为 m

第三节　石油地质特征

落基山盆地是美国西部重要的含油气盆地群，已有百年的勘探开发历史。落基山盆地群拥有着优越的石油地质条件，从烃源岩、储层、盖层、圈闭到整个含油气系统，都有着较好的配置组合。主要烃源岩是白垩系海相页岩，主要储层是白垩系海相砂岩层。

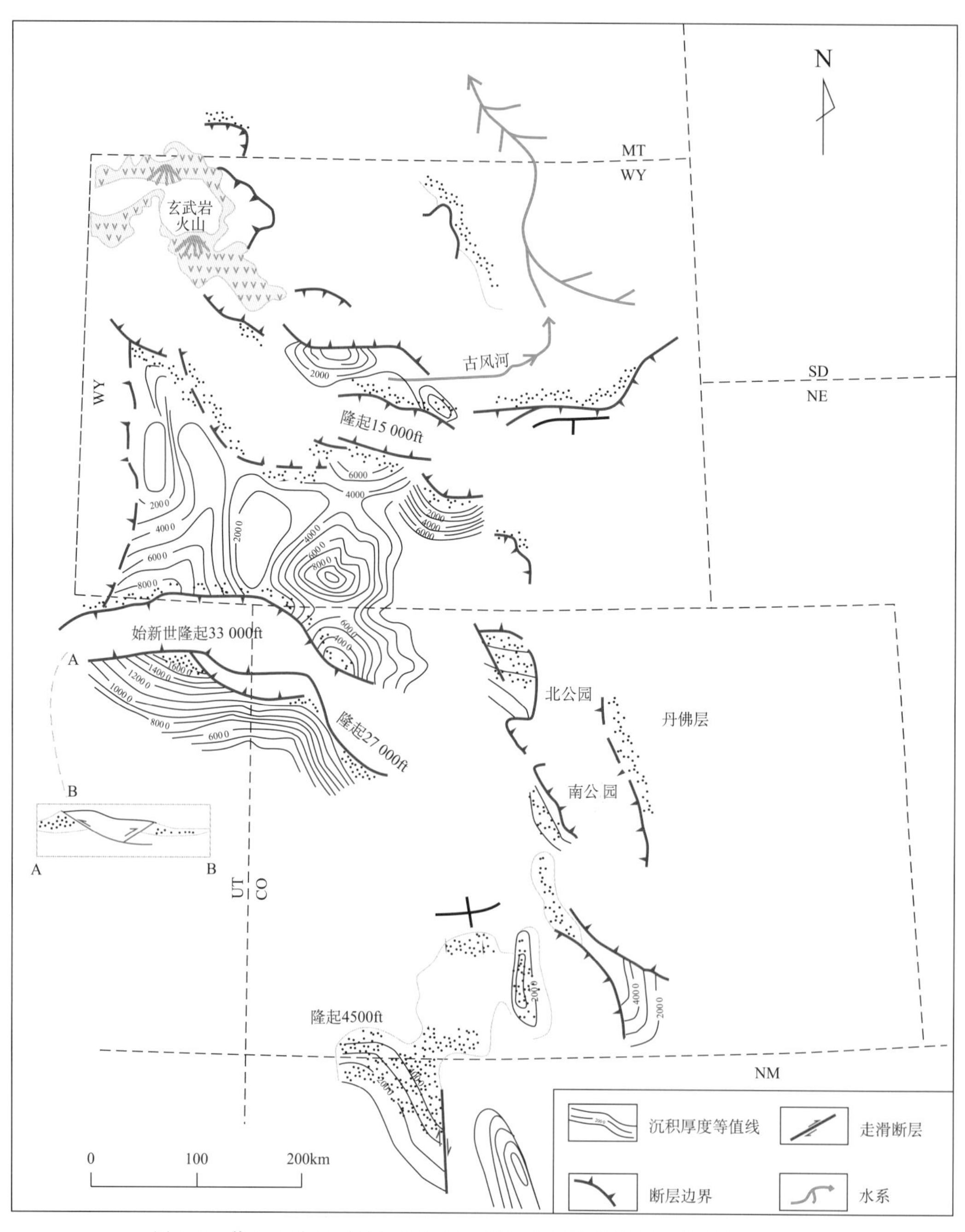

图 9-6　落基山盆地群始新世沉积厚度和范围等值线图（Biddle，2001）

图中等值线单位为 m

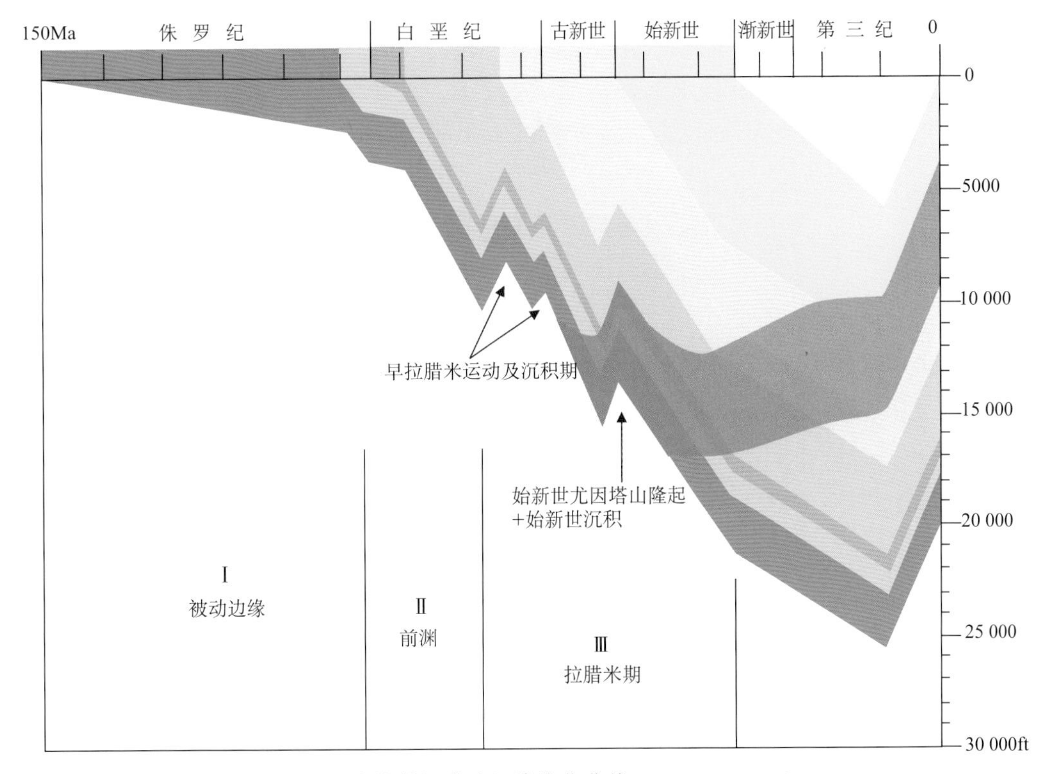

图 9-7　大格林河盆地沉降演化曲线（Gries，1992）

一、烃源岩特征

落基山盆地群的烃源岩主要为白垩系海相暗色页岩，而犹他州和怀俄明州地区的新近系湖相页岩则是典型的陆相生油层。此外，侏罗系页岩和密西西比系碳酸盐岩和页岩也是良好的烃源岩。具体到盆地群内部各盆地烃源岩的特征，不同盆地烃源岩特征不同。下面以几个重点盆地的烃源岩剖析落基山盆地群的烃源岩特征。

圣胡安盆地发育了泥盆系、密西西比系、侏罗系和白垩系四套烃源岩。泥盆系烃源岩包括 Bakken 组及其时代相当的页岩；密西西比系烃源岩为 Manning Canyon 组页岩；侏罗系烃源岩为 Chuar 组、Greyson 组和 Red Pine 组页岩，干酪根为Ⅰ型；白垩系烃源岩为下 Mesaverde 群 Mancos 组和 Louis 组页岩，其中 Mancos 组页岩 TOC 值为 0.5%～2%，干酪根类型为Ⅱ型和Ⅲ型，而 Louis 组页岩则以Ⅲ型干酪根为主，TOC 值不超过 1.5%。

帕拉多盆地发育了白垩系帕拉多群 Desmoinesian 组和 Ismay-Desert Creek interval 组两套烃源岩，其中 Desmoinesian 组为有机质富集的白云质页岩和泥岩，干酪根类型主要为Ⅲ型，Ismay-Desert Creek interval 组主要干酪根类型为Ⅱ型和Ⅲ型，R_o为 0.6%～1.6%。帕拉多盆地内的白垩系海相页岩，TOC 范围为 1%～5%，部分区域最大值为 20%。

丹佛盆地烃源岩主要为白垩系 Dakota 群页岩，其烃源岩 R_o值在 0.4%～1.14%（图 9-8）。盆地东缘的烃源岩多为亚成熟状态，R_o<0.6%。盆地整体 TOC 值范围为 0.24%～67.7%，其中 Dakota 群烃源岩有机质含量最高，TOC 值平均为 2.5%。

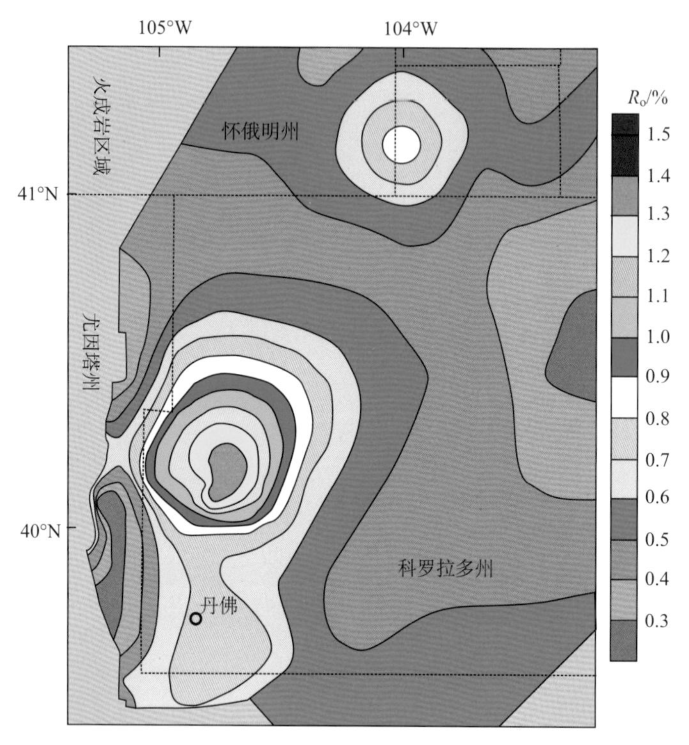

图 9-8　丹佛盆地烃源岩 R_o 值分布（Higley et al.，2003）

二、储层特征

落基山盆地群储层几乎包括从寒武系到新近系的各个地层层系，其中以白垩系海相砂岩层最多，油气最丰富，其次为宾夕法尼亚系和密西西比系的海相砂岩和碳酸盐岩，陆相油气层则集中于新近系湖盆发育区。具体到盆地群内部各盆地的储层，不同盆地的储层特征有所不同。

圣胡安盆地储层主要为白垩系 Dakota 组砂岩，为海侵初期的产物，粒度从细到粗，夹页岩，厚 26～76m，孔隙度范围为 4%～20%，平均为 11%，渗透率范围为 0.5～150mD。

帕拉多盆地储层主要为密西西比系 Leadville 组灰岩、上泥盆系 Elbert 段 McCracken 组和 Cutler 段砂岩，储层厚度为 61m，孔隙度范围为 5%～25%，渗透率一般较低，但也基本上在几百毫达西左右。

丹佛盆地储层为侏罗系和白垩系砂岩，其中侏罗系砂岩孔隙度在深度为 1219m 时，孔隙度平均为24%，在深度为2743m时，孔隙度范围为7%～10%，平均为9.5%；而白垩系砂岩孔隙度范围为15.5%～23.5%，渗透率范围为3.9～1391mD，平均渗透率187mD。

三、盖层

落基山盆地群内各个盆地的盖层由于古近纪的分割而有所不同。以圣胡安盆地、帕拉多盆地和丹佛盆地为例，圣胡安盆地以Todilto组灰岩和硬石膏为盖层，而帕拉多盆地油气藏盖层为页岩和低渗透性的黏土岩，丹佛盆地油气藏盖层为Mowry组、Graneros组和Huntsman组页岩。

四、圈闭

落基山盆地群圈闭类型多样，有背斜圈闭、地层-岩性圈闭和断层圈闭等，其中以背斜圈闭和地层-岩性圈闭为主。

圣胡安盆地油气藏圈闭类型以地层圈闭为主，油气藏主要受地层岩性控制。在盆地边部，构造和地层成为控制圈闭的关键，通常油气只聚集在高孔隙度的灰岩中。而在盆地中央，地层圈闭则是主要的圈闭类型。

帕拉多盆地的圈闭类型主要为地层圈闭和构造圈闭，局部发育盐背斜圈闭。

丹佛盆地最主要的圈闭类型是地层圈闭，由相变或地层向上尖灭形成，少部分油气藏属于地层-构造复合圈闭类型。

五、油气运移

落基山盆地群被分割成若干中小型盆地后，油气的生成和运移也有明显的差异。

圣胡安盆地Todilto组灰岩在渐新世进入生油窗，运移至Entrada储层，此后，盆地内的一些地区油气发生了再次运移。

帕拉多盆地从二叠纪开始生油，一直持续到现在。油气的运移与盐构造运动有关，一般为就地垂直运移，新形成的油气运移至其上覆的储层中。

丹佛盆地的Mowry和Graneros页岩在晚石炭世开始生油，并在古新世发生运移，在始新世开始生成天然气，同时发生运移。油气生成持续至渐新世，运移持续至今。

六、含油气系统及勘探潜力

落基山盆地群内的各个盆地发育的含油气系统不同，下面以圣胡安盆地、帕拉多盆地、粉河盆地和丹佛盆地为例介绍其各自的含油气系统。

圣胡安盆地的烃源岩为Wanakah组和Todilto组灰岩，有机质含量丰富。储层为Entrada组砂岩，盖层为Todilto组灰岩和硬石膏，圈闭类型以地层圈闭为主。

帕拉多盆地的烃源岩主要为 Desmoinesian 组白云质灰岩和泥岩，储层主要为密西西比系 Leadville 组灰岩，盖层为页岩和低渗透性的黏土岩，圈闭类型多为构造圈闭。

粉河盆地的烃源岩为古新统 Tongue River 段 Fort Union 组岩层，岩性为烟煤到次烟煤，储层岩性主要为古新统 Fort Union 组含碳量比较高的泥页岩，盖层为古新统 Tongue River 段 Fort Union 组的黏土岩，其圈闭类型多为背斜圈闭，局部发育小规模的断层圈闭。

丹佛盆地是落基山盆地群中最大的盆地，其含油气系统具有一定的代表性（图 9-9）。丹佛盆地的烃源岩形成于白垩纪，为 Plainview 组、Skull Creek 组、Mowry 组、Graneros 组和 Huntsman 组页岩。该盆地的储层为 Lytle 组、Plainview 组和 Muddy 组砂岩，其形成时代为白垩纪中期，略早于烃源岩形成时间。该盆地的盖层为 Mowry 组、Granero 组和 Huntsman 组页岩，形成时代也是白垩纪中期。该盆地盖层的上覆岩石主要为上白垩系至始新统下部和渐新统下部至今，缺失始新统，说明盆地在该时期内发生了沉积间断。该盆地的圈闭类型主要为地层圈闭和地层-构造复合圈闭，其形成时间为早白垩世晚期和晚白垩世晚期到始新世中期，与拉腊米造山运动有关。该盆地从晚白垩世晚期开始生油，一直持续到中新世晚期，中晚白垩世晚期到始新世晚期为生油的主要时间，生气阶段开始于始新世晚期，一直持续到中新世晚期。油气运移开始于古新世早期，初始阶段为油的运移，从古新世早期一直持续到中新世晚期，其中古新世早期到始新世晚期为石油的主要运移时间，天然气的运移则开始于始新世晚期，一直持续到上新世晚期，其中，中新世早期到上新世晚期为天然气的主要运移时间。油气汇集时间为古新世早期到中新世晚期，是油气系统形成的关键时刻（图 9-9）。

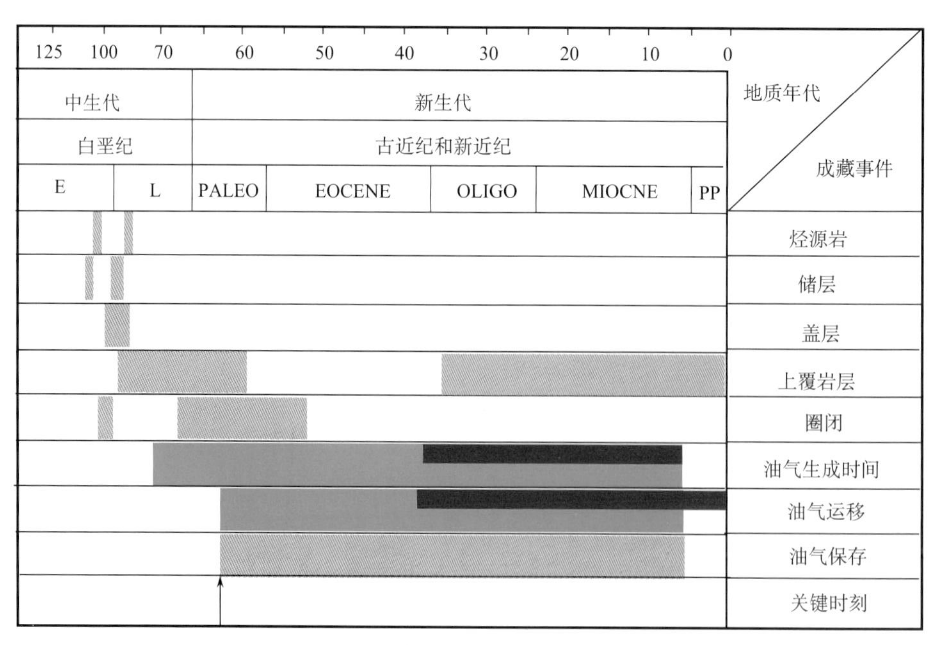

图 9-9　丹佛盆地含油气系统事件图

绿色条带代表石油运移时限；红色条带代表天然气运移时限

落基山盆地群中最重要的盆地为丹佛盆地和圣胡安盆地，尽管勘探开发了150年，仍具有油气勘探潜力，尤其在非常规气方面具有较大潜力。丹佛盆地石油可采储量为2.75亿桶，剩余可采储量为5620万桶，天然气可采储量$679\times10^8m^3$。

根据USGS（2002）的资源评价的结果，该盆地凝析油待发现可采储量平均为1090万桶；天然气待发现可采储量平均为311亿m^3（表9-1）。

表9-1　丹佛盆地待发现石油天然气可采储量（USGS，2002）

	凝析油/MMb						天然气/Bcf					
	F95	F75	F50	平均	F25	F5	F95	F75	F50	平均	F25	F5
总计	6.71	8.76	10.5	10.9	12.7	16.6	793	949	1076	1095	1219	1459

注：F95为95%的概率发现油气田的可能性。

圣胡安盆地的石油可采储量为1.18亿桶，剩余可采储量为1850万桶，天然气可采储量为$6651\times10^8m^3$，剩余可采储量为$3481\times10^8m^3$。USGS（2002）的调查结果表明，该盆地的石油待发现可采储量平均为1910万桶；凝析油待发现可采储量平均为1.48亿桶；天然气待发现可采储量平均为$1.4\times10^{12}m^3$（表9-2），其中非常规天然气待发现可采储量平均为$1.4\times10^{12}m^3$。

表9-2　圣胡安盆地待发现石油天然气可采储量（USGS，2002）

	石油/MMbo				天然气/Bcf				凝析油/MMb			
	F95	F75	F50	平均	F95	F75	F50	平均	F95	F75	F50	平均
总计	7.00	17.76	35.92	19.1	41074.09	50083.09	61798.82	50584.6	92.9	143.13	221.61	148.37

注：F95为95%的概率发现油气田的可能性。

除上述两个盆地外，其他主要盆地的储量情况分别为：帕拉多盆地的石油最终可采储量为10亿桶，剩余可采储量为5亿桶，累计产量为5亿桶，天然气最终可采储量为$1698\times10^8m^3$，剩余可采储量为$708\times10^8m^3$，累计产量为$991\times10^8m^3$，石油待发现可采储量为4760万桶，天然气待发现可采储量为$419\times10^8m^3$，凝析油待发现可采储量为6472万桶（USGS，2002）；尤因塔盆地的石油最终可采储量为4.5亿桶，剩余可采储量为1.6亿桶，累计产量为2.9亿桶，天然气最终可采储量为$197\times10^8m^3$，剩余可采储量为$35\times10^8m^3$，累计产量为$162\times10^8m^3$，石油待发现可采储量为5917万桶，天然气待发现可采储量为$6062\times10^8m^3$，凝析油为4277万桶（USGS，2002）；大角盆地的石油最终可采储量为23亿桶，剩余可采储量为6亿桶，累计产量为17亿桶，天然气累计产量为$250\times10^8m^3$，天然气待探明可采储量为$280\times10^8m^3$，凝析油待探明储量为1300万桶（USGS，2008）；粉河盆地的石油累计产量为19亿桶（1984年），天然气最终可采储量为$96\times10^8m^3$，剩余可采储量为$35\times10^8m^3$，石油待发现可采储量为16亿桶，天然气待发现可采储量为$4528\times10^8m^3$，其中非常规天然气待发现可采储量为$4245\times10^8m^3$，凝析油待发现可采储量为8652万桶（USGS，2002）；风河盆地的石油待发现可采储量为4100万桶，天然气待发现可采储量为$679\times10^8m^3$，凝析油待发现可采储量为2054万桶（USGS，2005）；绿河盆地的天然气待发现可采储量为$18\times10^{8}m^{3}$（USGS，2002）。

从目前的勘探程度上来看，勘探程度高的盆地如丹佛盆地、圣胡安盆地和帕拉多盆地主要集中在盆地群的东南部，而盆地群的西部勘探成熟度相对较低（绿河盆地除外）。

盆地群西部的盆地主要有粉河盆地、大角盆地、风河盆地和尤因塔盆地，将上述的油气待发现储量进行对比（表9-3），发现粉河盆地、大角盆地和尤因塔盆地这三个盆地的石油待发现可采储量均比较高（图9-10），其中粉河盆地石油待发现可采储量最高，为1.55亿桶。同时发现，尤因塔盆地、粉河盆地和风河盆地在天然气待发现可采储量上也均比较高，其中尤因塔盆地天然气待发现可采储量最高，为2.12×10^{3}Bcf（图9-11）。从油气待发现可采储量上来看，落基山盆地群的西部，特别是粉河盆地和尤因塔盆地，具有很大的勘探潜力。

落基山盆地群内勘探成熟度比较高的部分区域，也有一定的勘探潜力，如帕拉多盆地，从待发现可采储量上来看，石油待发现可采储量为4.76亿桶，为该盆地群内石油待发现可采储量最多的盆地，勘探潜力巨大，天然气待发现可采储量为1.48×10^{3}Bcf，也有很大的勘探潜力。

表9-3 落基山盆地群内主要盆地的油气待发现可采储量对比表

盆地名称	石油待发现可采储量/MMbo	天然气待发现可采储量/Bcf	凝析油待发现可采储量/MMb
丹佛盆地	—	1095	10.9
圣胡安盆地	19.1	50 584.6	148.37
帕拉多盆地	475.62	1480.63	64.72
尤因塔盆地	59.17	21 424.29	42.77
大角盆地	72	989	13
粉河盆地	155.48	16 486.43	86.52
风河盆地	41	2393	20.54
绿河盆地	—	64.7	0

另外，对该盆地群的非常规天然气（主要为煤层气）的分析发现，其中非常规天然气待发现可采储量最多的为圣胡安盆地，为$1.4\times10^{12}m^{3}$，其次为粉河盆地，其非常规天然气待发现可采储量为$4387\times10^{8}m^{3}$，具体到非常规天然气中煤层气成因的待发现可采储量，两个盆地分别为$6849\times10^{8}m^{3}$、$3962\times10^{8}m^{3}$。

落基山前陆盆地群的油气储层可以分为三个主要的构造层序，它们依次为被动边缘沉积（Ⅰ）、前陆盆地沉积（Ⅱ）和古近纪分割盆地沉积（Ⅲ）。三个层序中，前陆盆地储层的油气最终可采储量最大，为149亿桶（图9-12），占总储量的63.77%，其中最主要的储层为上白垩统，油气可采储量为8.7亿桶油当量，其次为下白垩统，油气可采储量为46亿桶，最后为侏罗系，油气可采储量为1.53亿桶（图9-13）。白垩系和侏罗系是目前勘探成熟度比较高的盆地的主力储层。被动大陆边缘储层油气最终可采储量为

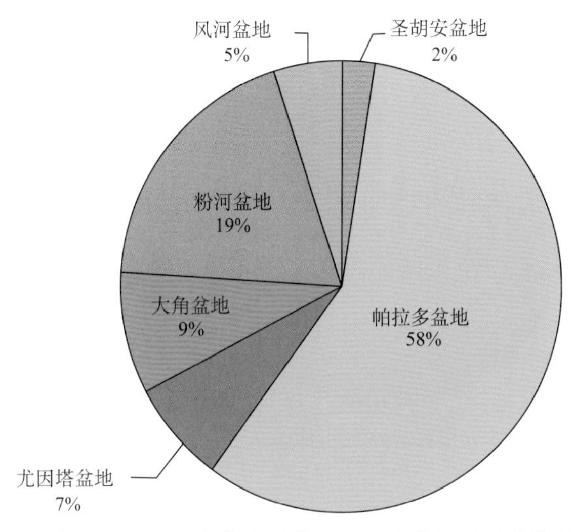

图 9-10　落基山盆地群内各主要盆地内石油待发现可采储量对比

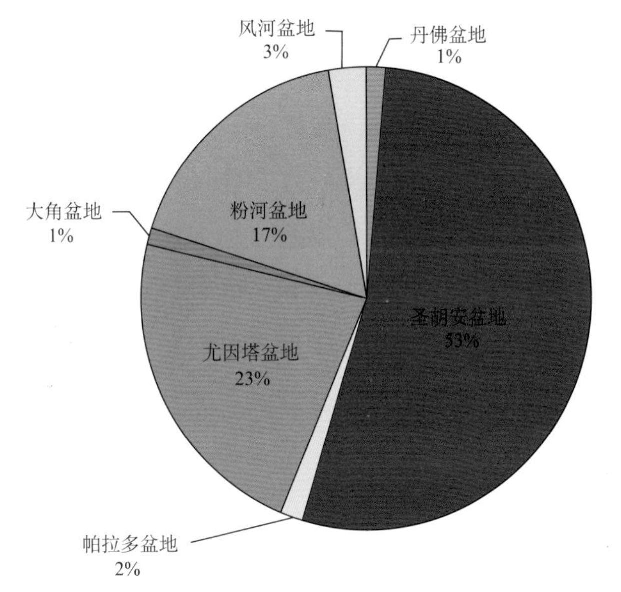

图 9-11　落基山盆地群内各主要盆地内天然气待发现可采储量对比

79 亿桶，占总储量的 33.88%，其中最主要的储层为宾夕法尼亚系，油气最终可采储量为 28.5 亿桶油当量，其次为密西西比系和二叠系，油气最终可采储量分别为 18.6 亿桶油当量、18 亿桶油当量（图 9-14），宾夕法尼亚系、密西西比系和二叠系勘探潜力巨大，应是未来的主要勘探层位；古近系储层的最终可采储量最少，仅占总储量的 2.35%，也具有一定的勘探潜力。

综上所述，落基山盆地群仍有很大的勘探潜力，其表现如下：

（1）从区域上看，落基山盆地群的西部，特别是粉河盆地和尤因塔盆地，油气待发

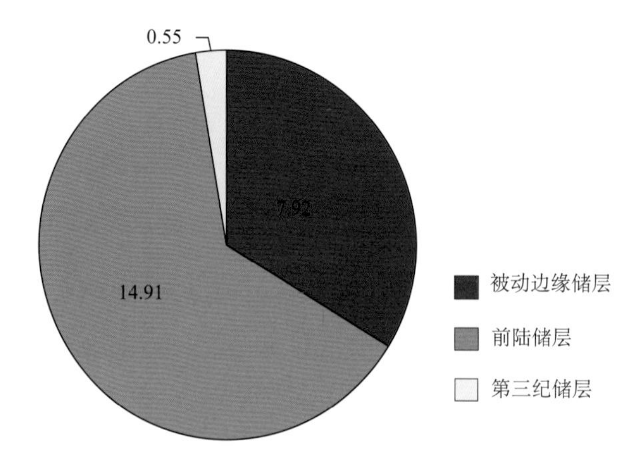

图 9-12 各储层段最终可采储量估算值（单位：10^3 MMboe）

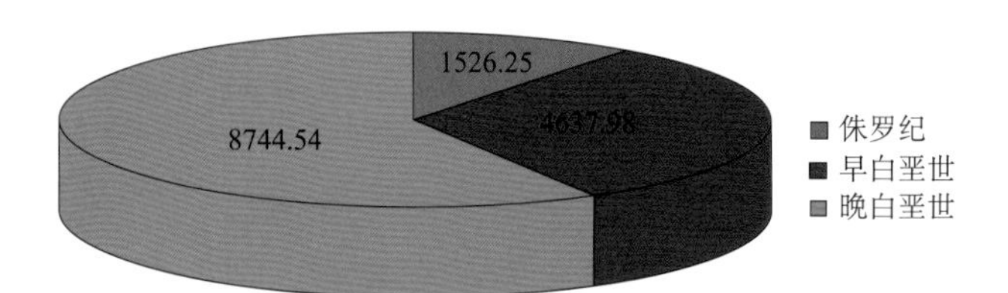

图 9-13 前陆阶段各期储层油气可采储量（单位：MMboe）（据 USGS，2003）

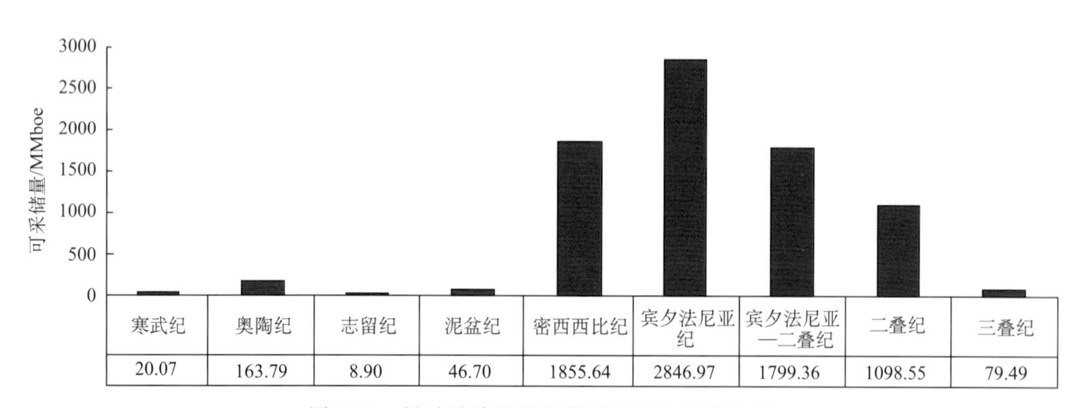

图 9-14 被动陆缘阶段各期储层油气可采储量

现可采储量高，具有很大的勘探潜力，应为未来的油气勘探重点区域。此外，在勘探成熟度相对较高的区域，仍有部分区域有一定的勘探潜力，如帕拉多盆地。

（2）目前落基山盆地群的主力储层是前陆盆地阶段的白垩系和侏罗系，已进入油气勘探开发后期，但被动陆缘阶段的宾夕法尼亚系、密西西比系和二叠系储层具有较大的待发现可采储量，未来应重视上古生界被动陆缘储层的油气勘探开发，即落基山盆地群下伏的被动陆缘盆地有广阔的油气勘探前景。

（3）落基山盆地群当前最应关注的是非常规天然气，特别是煤层气，其中最主要的煤层气盆地为圣胡安盆地和粉河盆地。圣胡安盆地的上白垩系煤层提供了迄今为止最有经济价值的煤层气勘探的远景区。

七、典型油气藏——Rawhide Butte 气藏

落基山盆地群勘探潜力最大的气田类型为煤层气田，而煤层气主要储集在圣胡安盆地和粉河盆地等盆地内。该盆地群内油气藏圈闭类型主要为构造圈闭，主力烃源岩为中白垩系页岩和古新统含碳量较高的泥质页岩。储层以中白垩系砂岩为主，而煤层气田主力储层则主要为古新统页岩。

粉河盆地煤层气田的 Rawhide Butte 气藏的圈闭类型为构造圈闭，受中生代晚期拉腊米造山运动影响，与盆地群内多数油气藏圈闭类型相同，与这次构造运动密切相关。同时，该气藏的烃源岩为古新统 Tongue River 段 Fort Union 组泥质页岩，与盆地群内多数煤层气油气藏的主力烃源岩岩性和时代均比较相近。而且，该气藏的储层为古新统页岩，也与盆地群内煤层气的主力储层岩性和时代相近。Rawhide Butte 气藏位于粉河盆地内，而粉河盆地是该盆地群内最为重要的煤层气富集区域之一。因此，该气藏具有很好的代表性。

1. 气藏概况

粉河盆地煤层气田的 Rawhide Butte 气藏位于怀俄明州东北部、蒙大拿州南部区域（图 9-15），属于背驮式前陆盆地。该油气田天然气类型主要是煤层气。Rawhide Butte

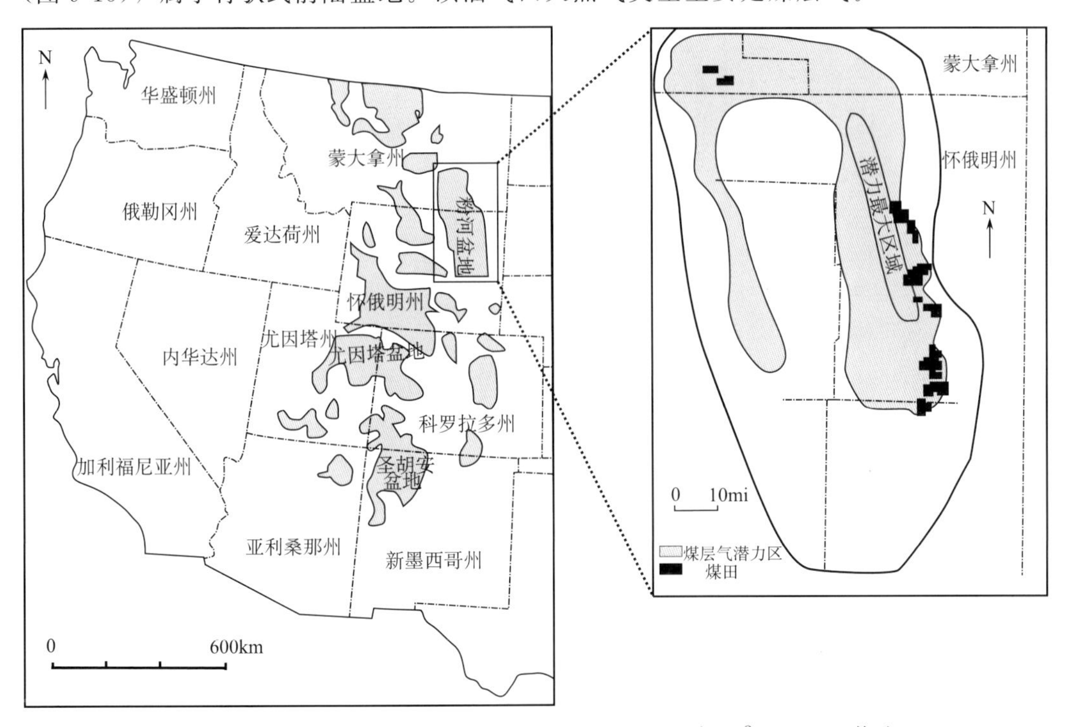

图 9-15　粉河盆地 Rawhide Butte 气藏位置分布图（据 C&C，2008 修改）

图 9-16　粉河盆地 Rawhide Butte 气藏构造平面图（据 C&C，2008 修改）

气藏在1987年最先开始用于工业开发，目前处于早期开发阶段。截至2000年，该气藏拥有生产井2355口。Rawhide Butte气藏天然气可采储量为$58\times10^8m^3$，最初日产量为$934m^3$（1987年），最高日产量为$111\times10^4m^3$（截至2000年）。到1995年末，225口煤层气生产井日产量为$5.8\times10^8m^3$，天然气累计产量为$3538\times10^8m^3$。最初通过提高采收率，平均每口井最高提高日产量$2830\times10^4m^3$，而一般情况下，每口井日产量平均提高$1132\times10^4m^3$，范围为$142\times10^4\sim9905\times10^4m^3$。

2. 气藏特征

Rawhide Butte气藏的发现是由于在对煤层测试时发现了小规模的气藏，进而判断出了该气藏圈闭的位置。该气藏圈闭面积为$77.7\times10^4m^2$。该气藏圈闭的形成是由于拉腊米造山运动时期，其所在的前陆盆地西侧的地层发生了向西倾斜（图9-16）。圈闭类型主要为背斜圈闭（图9-17），是由于沉积载荷差异形成了小幅度的背斜圈闭，同时裂缝密度的差异和地层相变也是圈闭形成的原因。

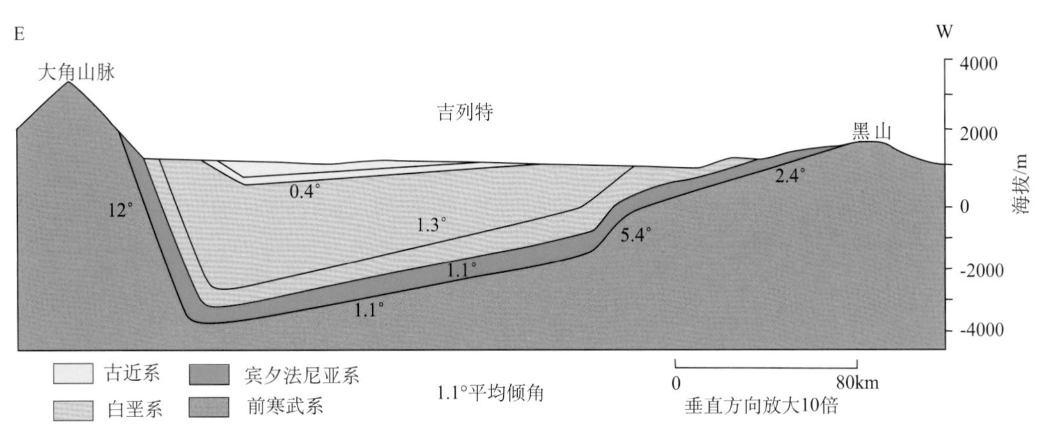

图9-17　粉河盆地Rawhide Butte气藏剖面图（据C&C，2008修改）

该气藏的储层为古新统Wyodak-Anderson组和Tongue River段Fort Union组煤层，沉积体系为河漫滩或者湖泊三角洲相煤炭沉积。储层呈夹心蛋糕状分布，储层总厚度在Tongue River段为457.2～548.6m，在盆地的某些地区Tongue River段含高达32个煤层，Wyodak-Anderson组煤的净厚度为24.3～45.7m，总煤层厚度为91.4m。岩性为烟煤到次烟煤。储层测井孔隙度平均为4%，岩心渗透率平均为10～200nD，平均含水饱和度为77%～100%。

该气藏的烃源岩为古新统Tongue River段Fort Union组岩石，岩性为烟煤到次烟煤。其沉积体系为河漫滩或者湖泊三角洲相，TOC值非常高，为Ⅲ型干酪根，排烃时间为晚古近世到现在。

该气藏的盖层为古新统Tongue River段Fort Union组的岩石，上层岩性为黏土层，下层岩性为煤层，其沉积体系为河漫滩或者湖泊三角洲相，盖层厚度一般为3.0m或者更薄。

小　　结

落基山盆地群是美国继阿巴拉契亚盆地以外第一个发现重要油气田的盆地，也是一个前陆盆地，但又不同于阿巴拉契亚盆地。阿巴拉契亚盆地是古生代的前陆盆地，是一个完整的单一的前陆盆地，而落基山盆地群原本是一个完整的中生代前陆盆地，后因新生代推覆构造作用被分割成若干个山间盆地的背驮式前陆盆地群。

落基山盆地群可以分为逆掩断层带、大褶皱带和东部台地带三个区域构造单元。西部的逆掩断层带从落基山东侧开始，沿香草隆起以西分布，在蒙大拿州折向南部，在绿河盆地西缘、盐湖城、亚利桑那州西部被古近系火山岩覆盖；大褶皱带位于逆掩断层带以东的北段，略呈平行四边形，褶皱山和向斜盆地相间出现，包括大角、风河、绿河等盆地；东部台地带区位于大褶皱带以东和尤因塔山以南，隆起和盆地相间出现，包括尤因塔、帕拉多、圣胡安、粉河和丹佛等盆地，构造相对比较平缓。

落基山盆地群早期发育阶段为前寒武纪到中侏罗世的被动陆缘沉积，至侏罗纪—白垩纪转为前陆盆地沉积和古近纪以来的陆相沉积，形成了目前看到的中小型盆地与隆起相间排列的山间盆地构造格局。

落基山盆地群的储层几乎包括从寒武系到新近系的各个地层层系，其中以侏罗系和白垩系的海相砂岩层最多，油气最丰富，其次为宾夕法尼亚系和密西西比系的海相砂岩和碳酸盐岩，陆相油气层则集中于新近系湖盆发育区。落基山盆地群圈闭类型多样，有背斜圈闭、地层-岩性圈闭和断层圈闭等，其中以背斜圈闭和地层-岩性圈闭为主。

落基山盆地群未来最有勘探开发潜力的资源是非常规天然气，特别是煤层气，其中最重要的煤层气盆地为圣胡安盆地和粉河盆地。另外，页岩气也值得关注。

墨西哥湾盆地 第十章

◇ 墨西哥湾盆地是世界上最重要的含油气盆地之一，它以墨西哥湾为中心，包括了美国南岸的得克萨斯州东南部、路易斯安那州、阿肯色州南部、密西西比州、亚拉巴马州和佛罗里达州西段、墨西哥湾东部和南部的沿岸地区。墨西哥湾盆地虽然是有近百年勘探开发历史的盆地，但仍未进入勘探成熟期，在深水区仍具有广阔的油气资源前景和勘探潜力，是目前世界上少有的几个深水油气勘探热点地区。

◇ 墨西哥湾盆地是北美南部的被动大陆边缘伸展盆地，具有双层结构，下构造层为大陆裂解期的断陷，上构造层为大陆漂移期的拗陷。该盆地东西部划分了不同的构造单元，东部是佛罗里达台地，中西部陆上为内盐盆地，浅海区为滨海浅水盐盆地，而陆坡区为深水盐盆地。

◇ 墨西哥湾盆地最重要的石油地质特征是发育中新生界多套砂体，从陆地、近海到深水，依次发育河流相、三角洲相、水道相和海底扇相砂体，尤其深水区主要发育中新统、上新统和更新统的海底扇砂体，是墨西哥湾盆地最优质的碎屑岩储层。墨西哥湾盆地的另外一个重要特征是发育膏盐，由陆地向深水依次发育了陆上盐盆、近海盐盆和深水盐盆。尤其在深水区盐构造十分发育，由各种盐拱围限的微盆地成为海底扇最有利的沉积场所和油气成藏有利区。

◇ 墨西哥湾盆地有四套主要的烃源岩：新近系、古近系、白垩系和上侏罗统。该盆地中新生界的储层均较为发育，其中，中生界的主要储层包括上侏罗统、下白垩统和上白垩统，而新生界储层主要包括古近系和新近系各层系。该盆地的主要盖层是上侏罗统致密砂岩和盐岩、下白垩统灰岩和盐岩、上白垩统页岩和古近系页岩。墨西哥湾盆地的圈闭类型多样，其中包括生长断层控制的断块圈闭、冲断背斜、盐相关的构造圈闭以及各种地层圈闭。

◇ 经过长期的勘探开发，墨西哥湾盆地陆上和近海的油气产量正逐渐减小，但深水区的油气产量却逐年递增，仍有很大的勘探开发潜力。墨西哥湾盆地深水区西部的断层十分发育，但褶皱不如中部发育。由于断层的发育，西部的勘探难度加大，但同时断层也可作为油气运移的通道及断层圈闭，有利于油气的运移和储藏，因此在西部应多注意断块油气藏。墨西哥湾盆地的西部烃源岩以灰岩为主，分布范围相对于中部较小，但成熟度很高。该盆地西部的储层以海底扇为主，砂岩分选好，物性很好，分布有多个含油气系统（古近系、中新统和上新统），油气资源丰富；西部盐多断裂多，盐相关构造提供了有利的构造圈闭，发育的断层可作为油气运移的通道和圈闭，因此墨西哥湾盆地的西部具备较好的油气成藏条件；目前，墨西哥湾盆地西部深水区的勘探程度较低，有较高的勘探潜力。

◇ 墨西哥湾盆地的深水勘探市场是国际上最规范最活跃的油气勘探市场，竞争激烈，法规完善，具有良好的投资环境。

第一节　盆地概况

墨西哥湾盆地以墨西哥湾为中心，大致呈圆形。该盆地包括美国南岸诸州，即得克萨斯州东南部、路易斯安那州、阿肯色州南部、密西西比州、亚拉巴马州和佛罗里达州西段，以及墨西哥东部和南部的沿岸地区。墨西哥湾盆地总面积约 $153.5\times10^4km^2$，其中陆上和近海面积约 $110\times10^4km^2$，深水区面积约 $43.5\times10^4km^2$（图 10-1）。墨西哥湾盆地油气主要分布在三个区域，即陆上、近海和深水区。油田在墨西哥湾盆地的陆上、近海和深水区均有分布，而气田主要分布在陆上和深水区域（图 10-1）。深水区就是指水深大于 200m 的区域，墨西哥湾盆地深水勘探区主要位于墨西哥湾陆坡地带。墨西哥湾盆地的大陆坡从东到西可分为东部、中部和西部三个深水探区。东部油气的发现较晚，油气资源量相对贫乏，目前油气勘探和发现主要在中部，其次在西部。

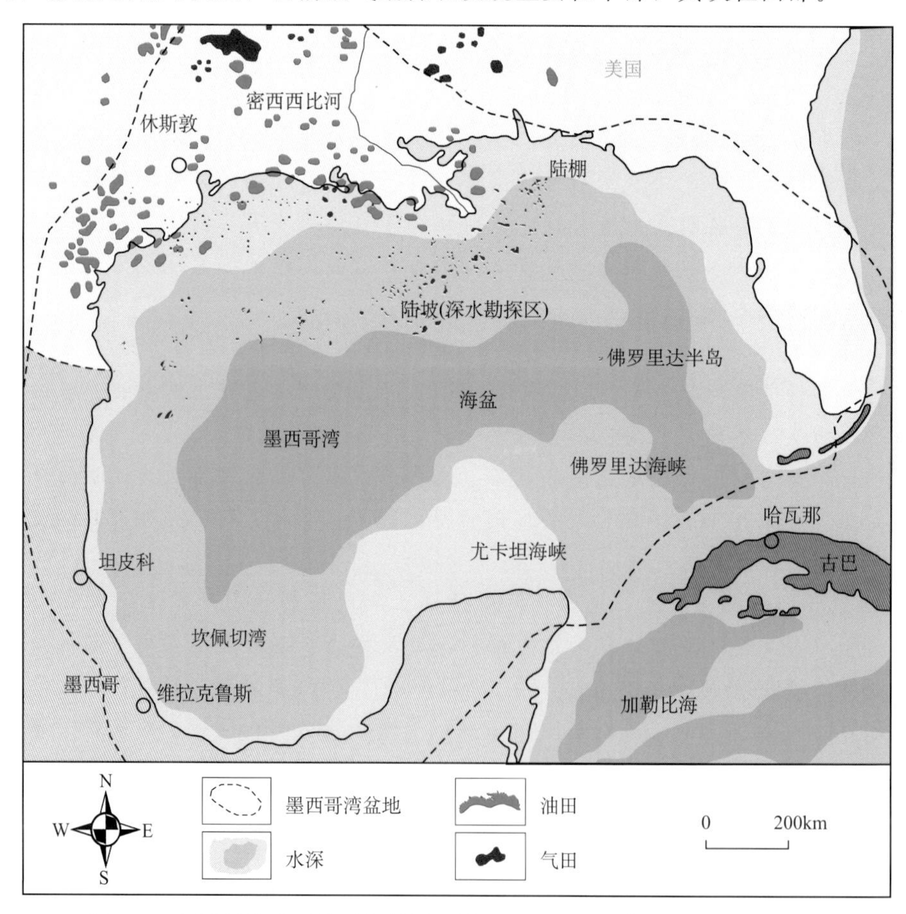

图 10-1　墨西哥湾盆地构造位置图（据 USGS，2002 和 Mann，2007 汇总）

墨西哥湾的大陆坡从浅到深分为上、中、下三个陆坡带；从东到西可分为密西西比深海扇和西格斯比陡坡两个亚区。密西西比深海扇面积较小，油气的发现较晚，油气资源量相对贫乏（表10-1）。

表10-1　墨西哥湾深水区面积分布情况统计表（据IHS Probe数据库，2008）

国家	盆地	深水区面积/km^2
古巴、墨西哥、美国	墨西哥湾盆地深水区（由Ⅰ和Ⅱ组成）	434 939.20
古巴、墨西哥、美国	密西西比深海亚区（Ⅰ）	165 384.10
墨西哥、美国	西格斯比陡坡亚区（Ⅱ）	269 555.10

墨西哥湾盆地是世界上最重要的含油气盆地之一，已有近百年的勘探开发历史。1928年，在墨西哥湾盆地的南部尤卡坦岛上，勘探人员采用重力测量和地震折射测量开始了墨西哥湾的找油工作。1933年，在钻了几口干井后，在盐丘上获得了油流。20世纪30～50年代，勘探人员开始在海上勘探，首先在密西西比河河口的浅滩上发现了石油，从此揭开了墨西哥湾海上油气勘探的序幕。

墨西哥湾盆地的初期勘探主要采用重力测量和地震折射测量，目标是盐丘及盐相关构造。至1947年，在海上工作的测量组达到37个。1948年，路易斯安那州连续分发了12 600km^2的勘探特许证。

在1947～1948年墨西哥湾盆地的勘探活动主要集中于河口三角洲和河道砂体的油气勘探。通过钻探，了解了连接河口岛屿之间的水下河道的地质情况，但是在水下河道部位所钻的第一批钻井仍都是干井，直到1956年底，才钻探成功，并查明了马尔尚湾、坦巴利耶湾和尤卡坦岛三者是连为一体的，全长100km。

1966～1970年，为了确定美国未来可能出售的勘探区块，对水深200m以内的大陆架及大陆架外带布置了详细的地震测网。墨西哥湾盆地的油气勘探从河口走向浅海，开始进入浅海油气勘探阶段。1971年，本佐尔公司和壳牌公司率先分别钻了两口探井，探明在1300～3650m存在一近500m厚的含油层系，该含油层系里有共计25个含油层位，含油层时代为上新世和更新世。从1976年开始大规模的浅海油气勘探，墨西哥湾盆地真正进入全面的浅海油气勘探时期。

从20世纪80年代末开始，墨西哥湾盆地开始尝试深水（水深大于200m）油气勘探。在1989～1999年墨西哥湾盆地相继发现了大的油田和气田。随着三维地震勘探技术、深海地震技术和海上钻井技术的发展，进尺深度逐年增加。1999年的勘探井数下降，1998年干井最多，1995～1998年期间，墨西哥湾盆地每年的勘探成功井数比较平均，一般在140口左右。1997年之后开发井数逐渐减少；1995～1997年，开发成功井数较多，随后成功井数减少；每年的干井数变化不大。

2000～2007年是墨西哥湾深水油气勘探的高峰时期，在深水区发现很多大型油气田。2000年以前墨西哥湾盆地的油气勘探主要集中在陆上和浅水区，2000年以来勘探主要集中在深水区。钻井深度为1800～2300m，其中成功探井的平均深度在1800m左右。1997～2007 年是墨西哥湾盆地的一个勘探高峰阶段，年度累计钻井进尺深度普遍超过 180 000m。勘探井的效率在近年来有较好的表现，但相对于勘探初期有所下降。2002 年以来新发现初探井的成功率逐渐升高，干井率减小。从进入 21 世纪开始，墨西哥湾盆地进入深水油气勘探阶段，并具有巨大的油气勘探潜力。

未来十年，墨西哥湾深水油气勘探的方向将向深水陆坡带的西部转移，值得高度关注。

第二节 盆地基础地质特征

一、区域构造背景

墨西哥湾盆地为北美大陆南部的被动大陆边缘伸展盆地。在泛大陆解体开始的中生代晚期，墨西哥湾地区的岩石圈受拉伸作用形成裂陷为大陆间原始大洋裂谷型盆地。后期进入泛大陆漂移阶段，墨西哥湾地区发生热沉降，在裂陷基础上发育坳陷。现今墨西哥湾盆地的构造背景为典型的被动陆缘环境，因此，墨西哥湾盆地是一个裂谷盆地之上叠加被动陆缘盆地的叠合盆地。

墨西哥湾盆地的西北部为沃希托褶皱带向盆地的倾没部分，东北部为阿巴拉契亚褶皱带向盆地的倾没部分，西部为科迪勒拉逆掩断层和褶皱带，东北为佛罗里达台地，北部边缘分布着一条向北突出的弧形边缘带，南部为被动大陆边缘的浅海大陆架、陆坡及深海洋盆（图 10-1）。

二、构造单元划分

墨西哥湾盆地东部和西部的基底顶面构造型态有所不同，将东部和中西部划分了不同的构造单元。其中，东部可分为两个构造单元：阿巴拉契亚褶皱带和佛罗里达台地。墨西哥湾盆地可分为四个构造单元：佛罗里达台地、内盐盆地、滨海浅水盐盆地、陆坡深水盐盆地（图 10-2）。

1. 佛罗里达台地

佛罗里达台地位于墨西哥湾盆地东部，由半岛隆起、中地隆起和东海岸盆地组成。盆地内以中、新生代碳酸盐岩沉积物为主。

2. 内盐盆地

内盐盆地主要分布在墨西哥湾盆地的陆上区域。内盐盆地由密西西比盐次盆地、东得克萨斯盐次盆地、北路易斯安那盐次盆地和萨宾隆起组成。内盐盆地是在墨西哥湾盆地早期裂谷的基础上演化来的，地层以中生界和古近系为主，发育大量的点状盐构造。

3. 滨海浅水盐盆地

滨海浅水盐盆地主要分布在墨西哥湾沿海地区。滨海浅水盐盆地是新生代盆地，同生断层及滚动背斜十分发育。欠压实泥岩形成大量的泥岩底辟构造带，盐岩也形成底辟构造带，走向大致平行海岸线。这些盆地的特点是巨厚的新生代陆缘沉积物以三角洲的形式向海洋推进，沉积物的形成时代向海洋逐渐变新。

4. 陆坡深水盐盆地

陆坡深水盐盆地主要分布在墨西哥湾盆地的大陆坡地带，称为“得克萨斯-路易斯安那陆坡深水盐盆地”。该陆坡深水盐盆地的南部广泛分布着近于连续的盐脊和盐舌，而北部分布着广泛的半连续的底辟盐丘，是墨西哥湾盆地深水油气勘探的主战场。

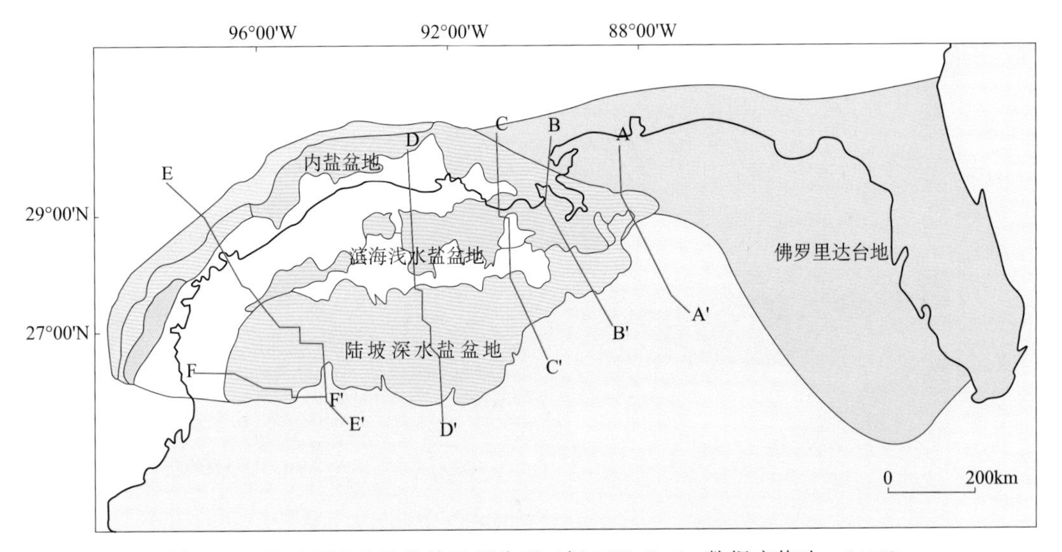

图 10-2　墨西哥湾盆地的单元划分图（据 IHS Probe 数据库修改，2008）

为了深入了解墨西哥湾盆地的构造样式和岩盐的分布情况，我们从东至西依次选取了五条区域大剖面，清晰地揭示了墨西哥湾盆地的构造。

AA′剖面：位于墨西哥湾盆地中东部，深水区盐构造不发育，断层基本局限于侏罗—白垩地层中，新生界断层不发育，构造样式和类型都比墨西哥湾盆地的中部和西部要简单一些（图 10-3）。

BB′剖面：位于墨西哥湾盆地中部，在陆坡前缘的深水区发育因重力垮塌作用形成的叠瓦状逆冲断层，主要位于侏罗系—中新统地层中，其上部发育盐构造，阻止了断层的进一步发育。盆地的北部发育正断层，构造样式和类型明显比东部要复杂一些（图 10-4）。

CC′剖面：位于墨西哥湾盆地中部，陆坡及深水区断层及盐构造发育，在侏罗系—始新统地层中发育正断层系，其上中新统至今地层发育铲状断层，盐构造主要发育于上新统地层中。构造样式主要为逆冲断层及其相关褶皱、正断层系、盐脊和盐舌，比东部

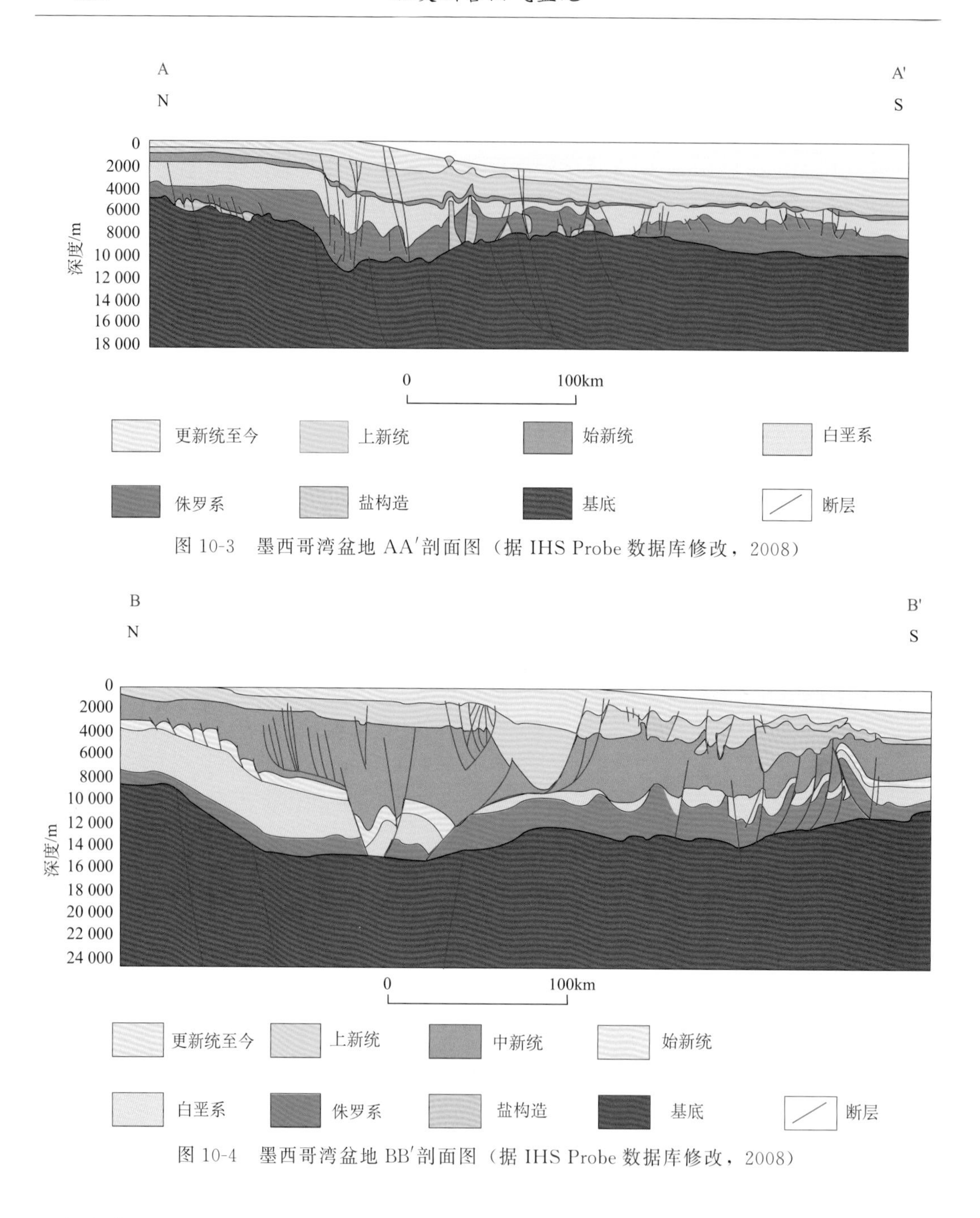

图 10-3　墨西哥湾盆地 AA′剖面图（据 IHS Probe 数据库修改，2008）

图 10-4　墨西哥湾盆地 BB′剖面图（据 IHS Probe 数据库修改，2008）

要复杂多了（图 10-5）。

DD′剖面：位于墨西哥湾盆地中部，在侏罗系—始新统地层中发育正断层系，其上中新统至今地层发育铲状生长断层。陆坡和深水区的盐构造特别发育，主要集中于中、上新统和更新统地层中，盐构造样式主要以盐株、盐脊、龟背为主。该剖面北部的正断层明显比中东部要发育（图 10-6）。

EE′剖面：位于墨西哥湾盆地中西部，陆坡及深水区断层特别发育，在侏罗系以上

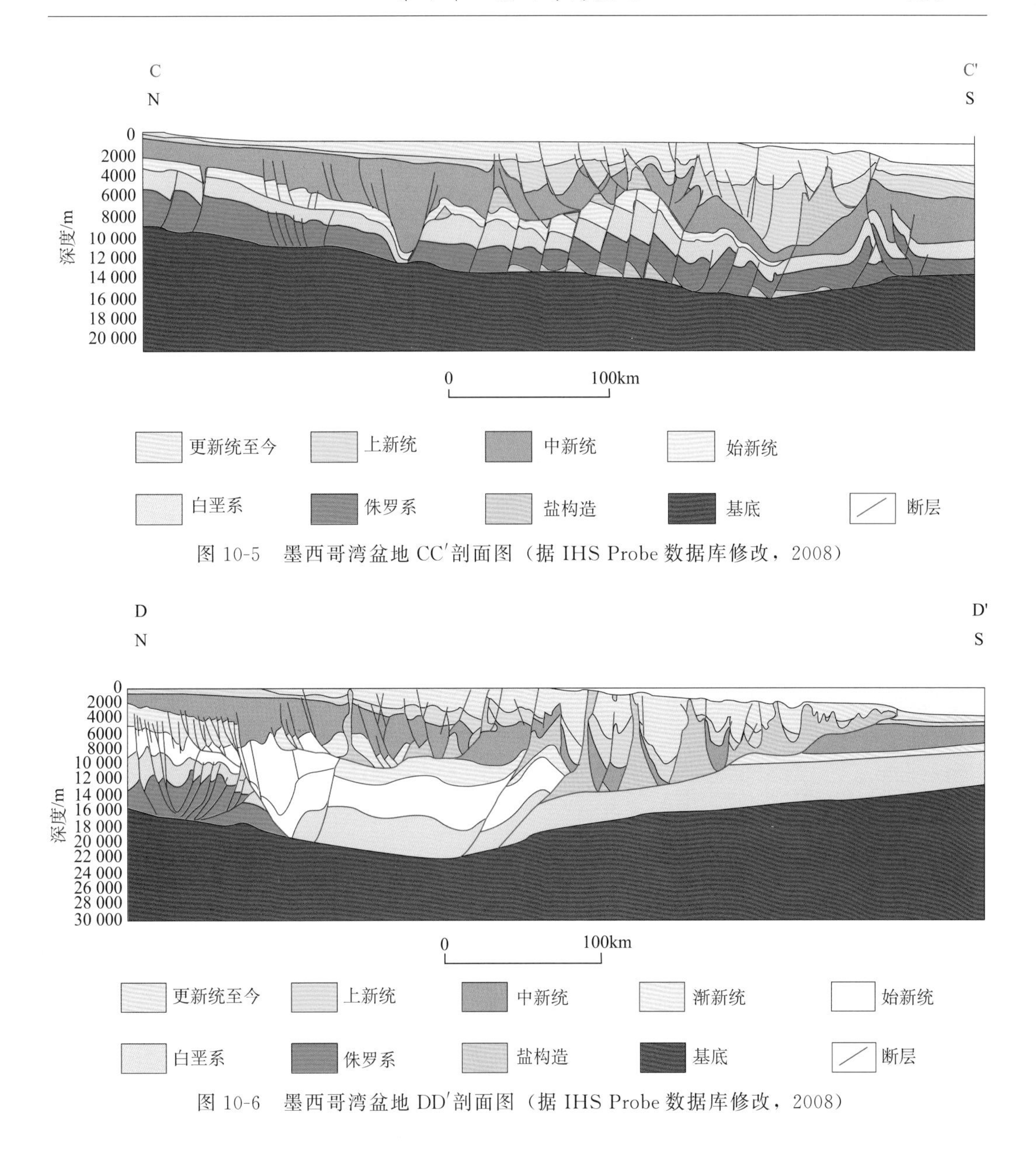

图 10-5　墨西哥湾盆地 CC′剖面图（据 IHS Probe 数据库修改，2008）

图 10-6　墨西哥湾盆地 DD′剖面图（据 IHS Probe 数据库修改，2008）

的地层特别是上新统地层中发育大量正断层。盐构造相对发育，但不如陆坡的中部发育。其主要盐构造样式为盐底辟、盐枕和盐脊。盆地北部的正断层明显比中东部要发育，而陆坡前缘的逆断层和褶皱相对没有中部发育（图 10-7）。

三、地层层序

（一）地层概述

墨西哥湾盆地大部分地区被新生界覆盖，但在盆地的北缘仍可见出露的侏罗系—白

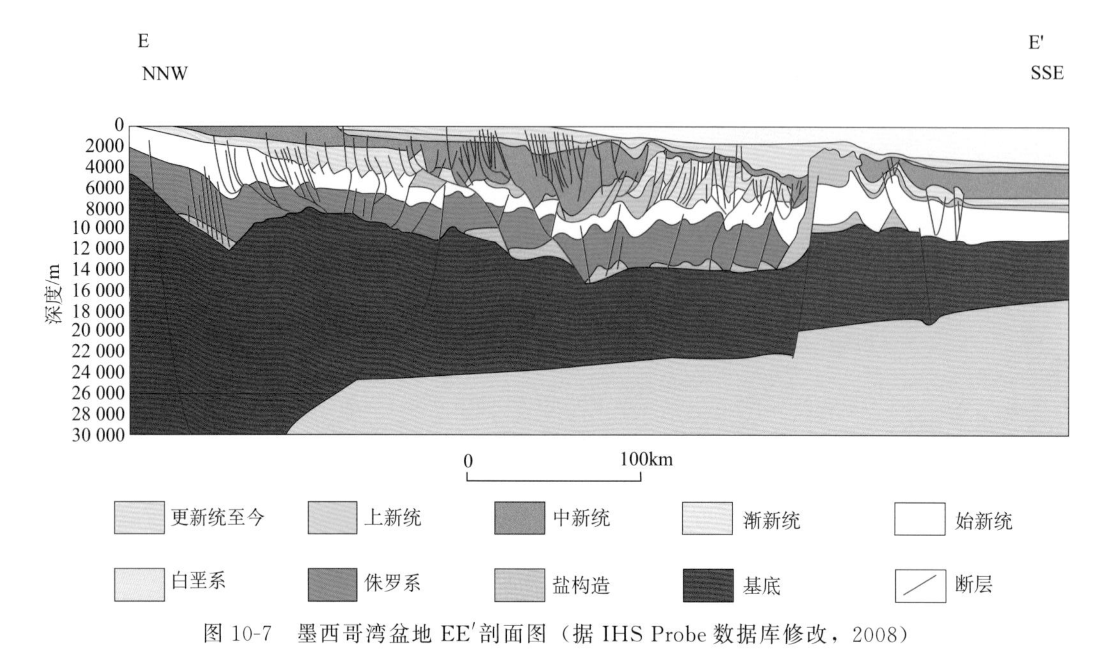

图 10-7　墨西哥湾盆地 EE′剖面图（据 IHS Probe 数据库修改，2008）

垩系地层。该盆地的地层除少量非海相红层外，其余都是海相沉积（图 10-8）。

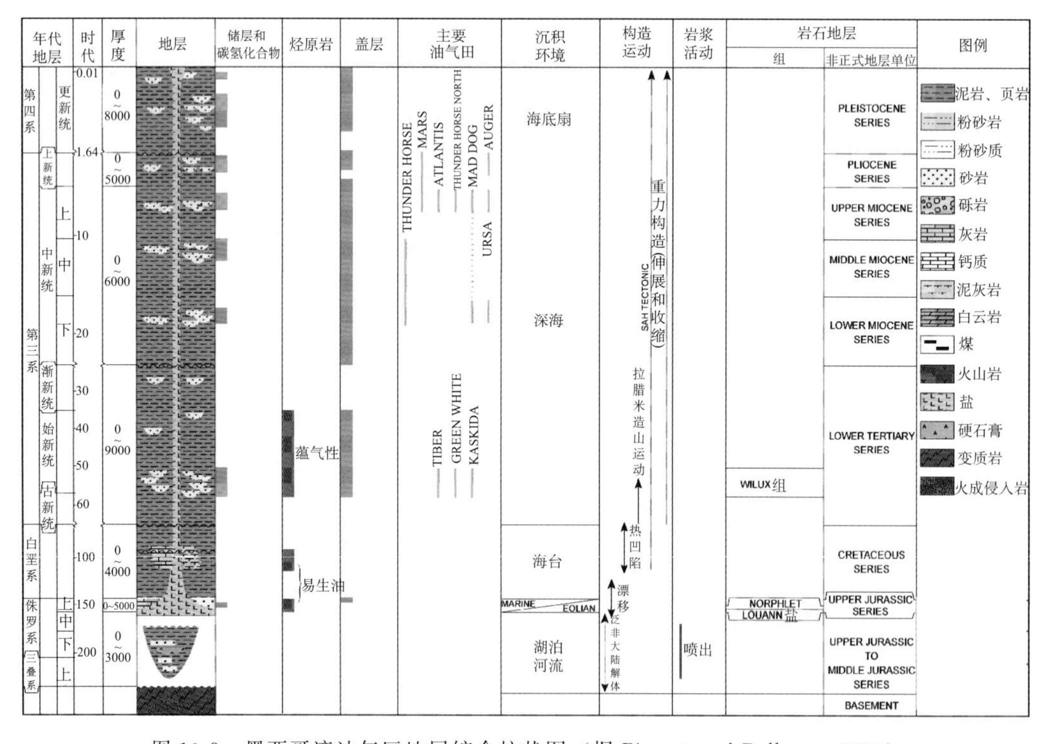

图 10-8　墨西哥湾油气区地层综合柱状图（据 Piggott and Pulham，1993）

墨西哥湾盆地的中侏罗统 Louann 组以粗晶盐岩为主夹少量石膏；上侏罗统底部为碎屑岩，中部主要是碳酸盐岩，上部多为碎屑岩，其中的 Smackover 组发育礁体。

该盆地的白垩系 Comanchean 组下部以碎屑岩为主，上部为碳酸盐岩，发育礁带。

该盆地的中西部得克萨斯州、密西西比州和路易斯安那州及海域的新生界主要为陆源碎屑岩，而佛罗里达地区为碳酸盐岩沉积。

（二）墨西哥湾盆地地层层序

墨西哥湾盆地目前钻遇的地层包括三叠系以上一直到第四系的全部地层(图 10-8)。现将墨西哥湾盆地的各地层特征阐述如下。

1. 三叠系

墨西哥湾盆地的三叠系上部至侏罗系下部地层以厚层陆相碎屑岩为主，同时存在火山岩，为大陆裂解时期的裂谷沉积，发育断陷。该时期发育的海相地层主要分布在墨西哥湾东部到中心区局部地区。

2. 侏罗系

墨西哥湾盆地在侏罗纪裂陷后期在墨西哥湾盆地的坎佩切湾和湾岸两个地区形成了大范围的厚盐层，成为新生代盐构造的“母盐”，为发育新生代盐构造提供了必要的物质基础。

墨西哥湾盆地的上侏罗统地层在盆地北部和西北部边缘地区以海相地层为主，兼有河流相和三角洲粗碎屑沉积。在盆地的其他地方主要是页岩、钙质页岩和碳酸盐岩地层。

在密西西比州、东得克萨斯州、路易斯安那州和佛罗里达州西部浅海的一些小型盆地中，或在内陆盐盆地中均发育较厚的上侏罗统地层。

3. 白垩系

早白垩世时，裂陷后期墨西哥湾盆地沉积的主要特点是接受碳酸盐岩和蒸发岩的沉积，并有礁体、潮间鲕状灰岩、半深海碳酸盐岩和页岩的沉积。墨西哥湾盆地的裂陷期终止于晚白垩世（100Ma）。

晚白垩世至第三纪，由于墨西哥湾盆地西部受拉腊米造山运动和推覆作用的影响，造成了高速率侵蚀作用和大量沉积物质通过密西西比河和密苏里河为墨西哥湾盆地送去了大量的碎屑物质。墨西哥湾盆地的北部形成了一个连续的沉积盖层，海上的其他部分是以碳酸盐岩和碳质页岩为主的地层。

4. 新生界

新生代，墨西哥湾盆地来自北部和西北物源的碎屑物质源源不断地充填盆地，沉积中心由西向东迁移。墨西哥湾盆地主要是以陆相碎屑岩沉积为主，但在尤卡坦和佛罗里达地台是连续的碳酸盐岩和蒸发岩沉积地层。在新生代时期，墨西哥湾盆地的中心深海洋盆区形成了 4km 以上厚度的深海相沉积层。

四、盆地构造沉积演化

1. 构造与沉积演化

经过晚奥陶世和晚泥盆世的构造运动和宾夕法尼亚纪至二叠纪的海西运动，北美板块、南美板块和非洲板块碰撞形成了泛大陆。墨西哥湾盆地就是在这个泛大陆的解体过程中形成的。墨西哥湾盆地的构造演化经历了泛大陆裂解阶段的裂陷期和大陆漂移阶段的后裂谷期及被动陆缘阶段的伸展期（图 10-9、图 10-10）。

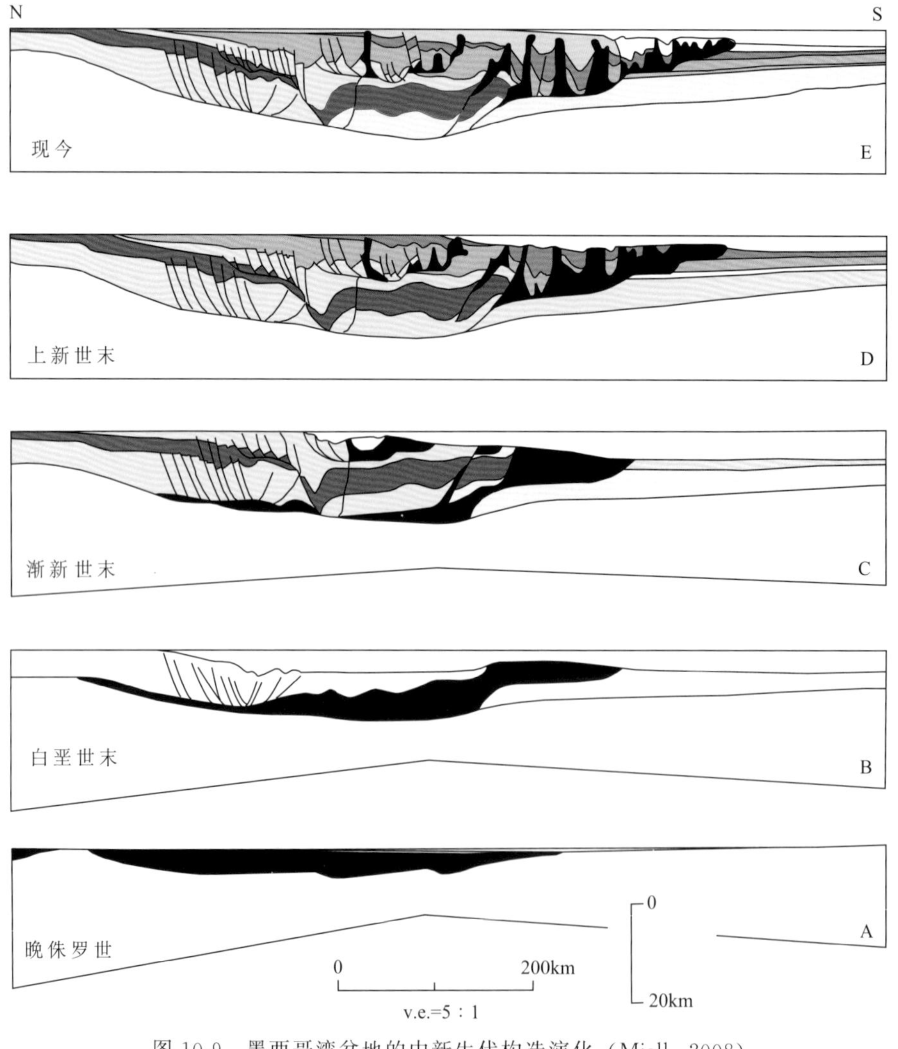

图 10-9　墨西哥湾盆地的中新生代构造演化（Miall，2008）

黑色区为母盐

裂陷期：晚三叠世—早侏罗世，北美板块与南美-非洲板块组成的联合古陆开始解体，地壳的拉张导致在墨西哥湾地区开始形成裂谷，墨西哥湾盆地开始发育；中晚侏罗世，裂谷进一步发展，此时墨西哥湾为浅海环境，沉积了 Louann 母盐层（图 10-9、图 10-10）。

后裂谷期：晚侏罗世墨西哥湾地区开始出现海底扩张，此时墨西哥湾盆地进入后裂谷期。晚侏罗世—白垩纪，膏盐层沉积后，盆地中部的陆壳拉伸减薄加快（图 10-9、图 10-10）。新生代，墨西哥湾盆地发生大规模的沉积作用，白垩纪晚期—古近纪的拉腊米运动使盆地北部的物源区隆起，许多大型河流携带大量的陆缘碎屑物沉积在洋壳上，而在佛罗里达地台受造山运动影响，继续发育碳酸盐沉积（图 10-9～图 10-10）。

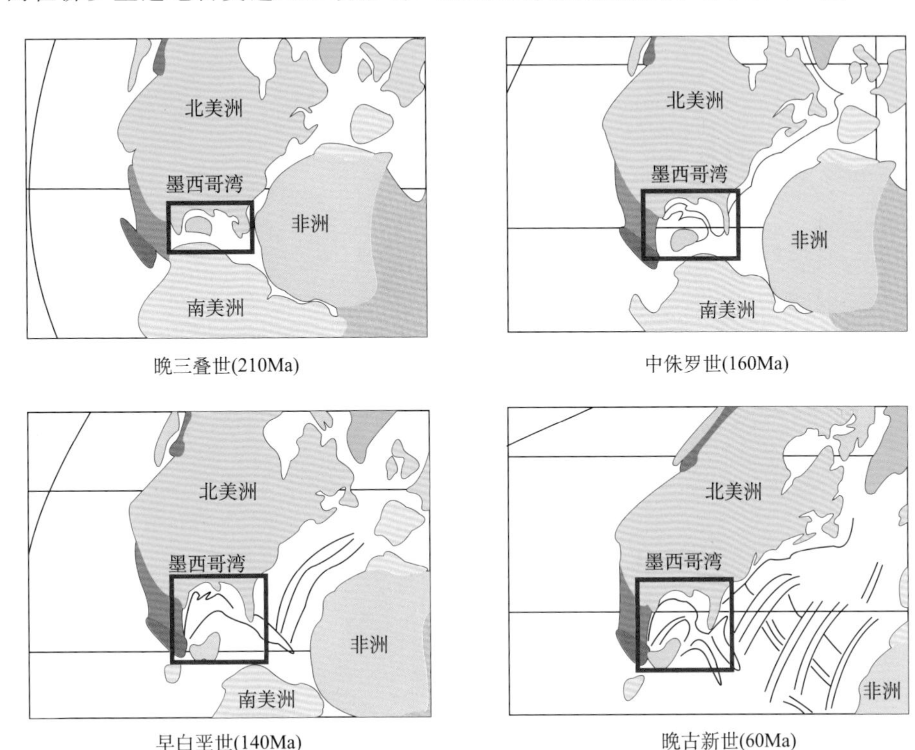

图 10-10　墨西哥湾盆地的演化图（据 Lawver et al.，2002）

盆地的构造演化会控制盆地的古地理演化。从墨西哥湾盆地的古地理演化分析，早白垩世时期，洋中脊扩张，北美板块与非洲板块也完全分离。墨西哥湾盆地中心区出现洋壳，墨西哥湾盆地的雏形开始形成。晚白垩世—新生代，盆内洋中脊继续活动，但明显减弱，盆地进一步扩大，最后，墨西哥湾盆地进入被动陆缘盆地发展阶段（图 10-9、图 10-10）。

新生代墨西哥湾盆地总体为浅海和深海环境，海平面不同时代沉积环境有细微的变化。墨西哥湾盆地的北部主要以陆缘碎屑沉积为主，表现为三角洲相；东南部的佛罗里达地台由于远离物源区且与大西洋连通，主要发育碳酸盐沉积。

在始新世期间墨西哥湾盆地北部主要为河流、三角洲相，南部和东部发育碳酸盐岩台地，为浅海沉积环境。始新世末，墨西哥湾盆地的水域变小，东部的水道关闭，海底扇的分布范围扩大，表现为进积层序。沉积主要集中在盆地的西部，从内陆到海洋可分为三角洲体系、水下峡谷和深水沉积系统。进入渐新世，墨西哥湾盆地北部发育河流相和三角洲相，南部和东部的海底扇面积缩小，而盆地西部发育了大规模进积冲积裙。从渐新世的32Ma开始，墨西哥湾盆地以发育海底扇为主要古地理特征，是该盆地储层主要发育时期。

32.6～28Ma期间，墨西哥湾盆地的沉积主要集中在盆地的西部和西北部，包括：河流相、三角洲相、水下河道和海底扇，东北部的碳酸盐沉积范围继续扩大（图10-11）。

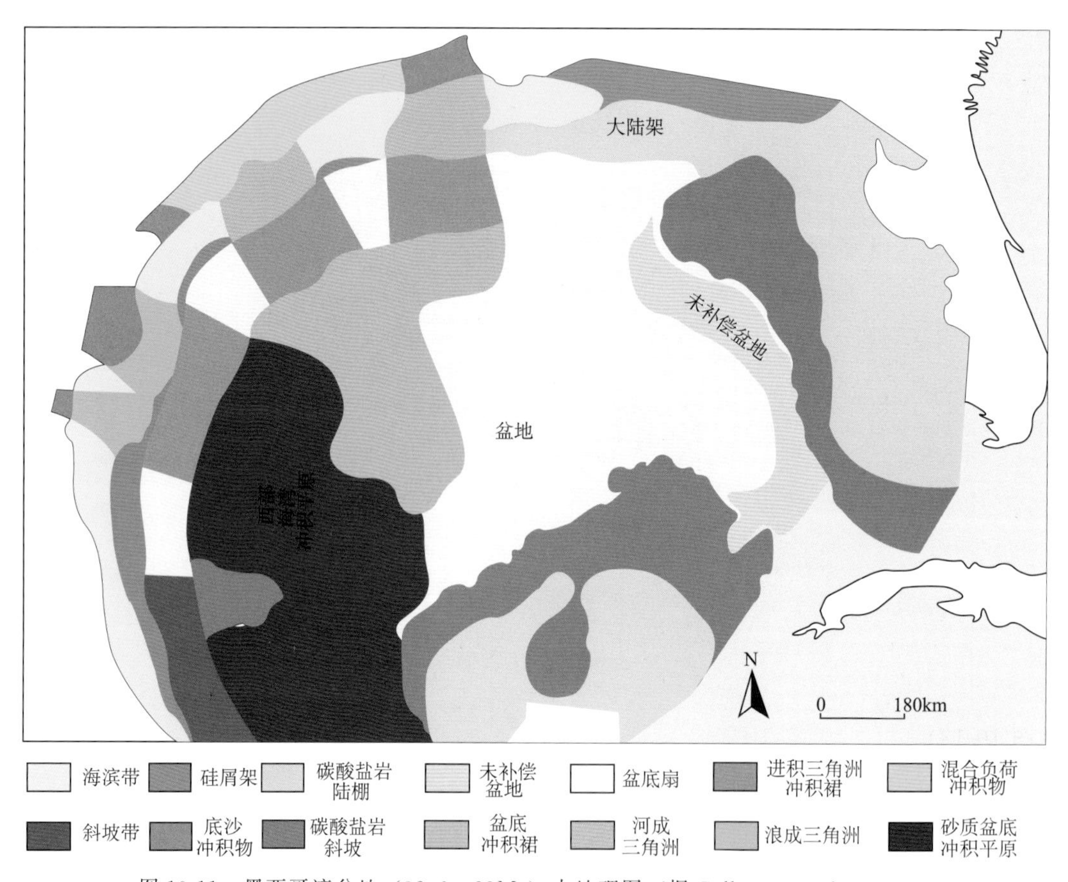

图10-11　墨西哥湾盆地（32.6～28Ma）古地理图（据Galloway et al.，2000）

28～25Ma期间，墨西哥湾盆地的水域进一步扩大，仍为海进阶段。主要沉积作用在墨西哥湾盆地的西部和西北部，包括：河流相、三角洲相、水下河道和海底扇。东部和南部仍以碳酸盐岩台地和陆棚沉积为主。25～18Ma期间，河流向北迁移，同时三角洲和海底扇体也开始向北和向东迁移，为海退阶段。主要沉积作用在盆地的西部和北部，包括：河流相、三角洲相、水下河道和海底扇。东部和南部仍以碳酸盐岩台地和陆棚沉积为主（图10-12）。

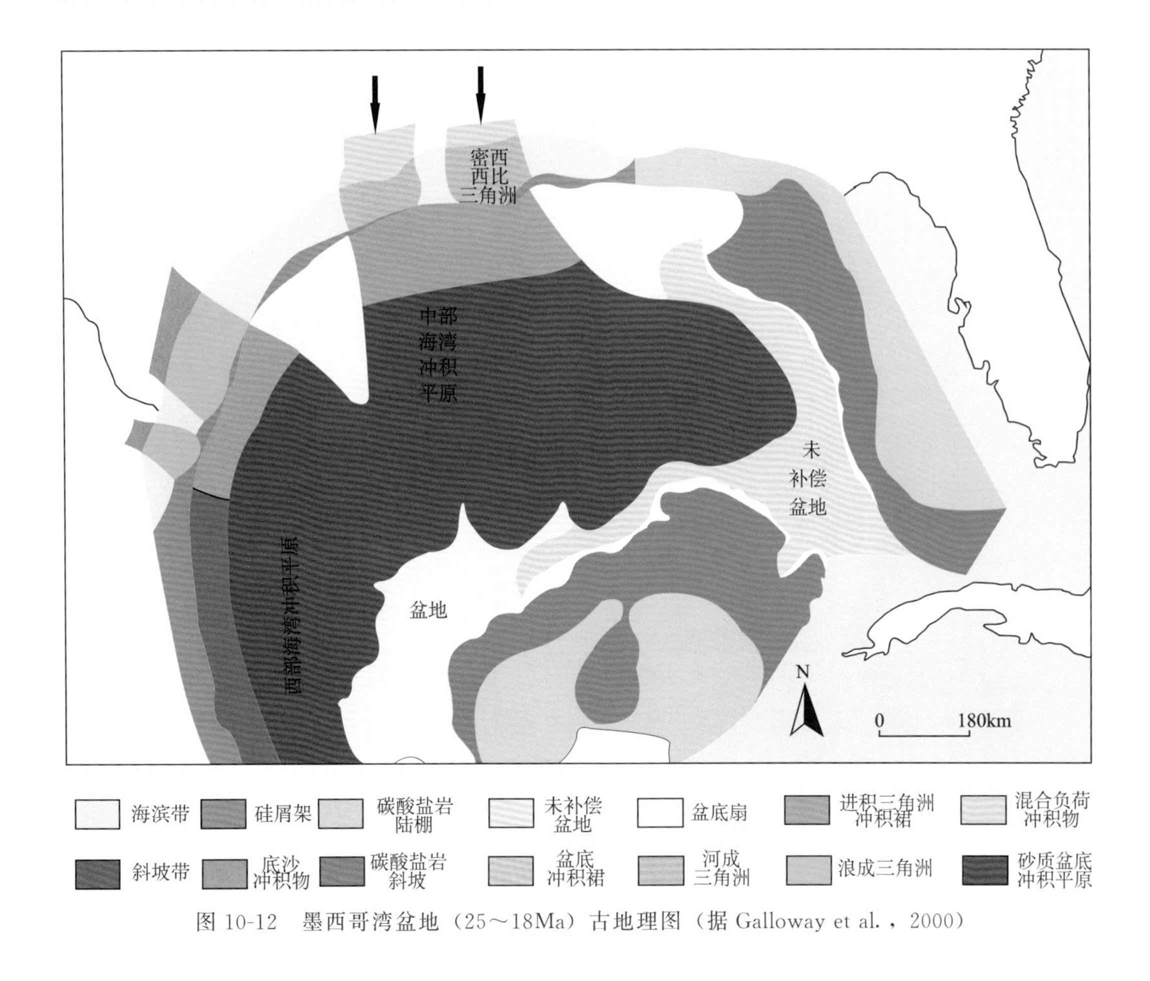

图 10-12　墨西哥湾盆地（25～18Ma）古地理图（据 Galloway et al.，2000）

15.6～12Ma 期间，墨西哥湾盆地南部的碳酸盐岩范围扩大，三角洲和扇体继续向北和向东迁移，水域开始扩大。主要沉积作用在盆地的西部和北部，包括：河流相、三角洲相、水下河道和海底扇。东部和南部仍以碳酸盐岩台地和陆棚沉积为主（图 10-13）。

12～6.4Ma 期间，墨西哥湾盆地的河流从西部迁移至盆地北部，盆地的沉积中心也移至正北，更新世在陆坡发育大量海底扇体。南部的碳酸盐分布继续扩大。主要沉积作用在盆地的北部，包括：河流相、三角洲相、水下河道和海底扇。东部和南部仍以碳酸盐岩台地和陆棚沉积为主（图 10-14）。

2. 盆地沉降史分析

墨西哥湾盆地主要有三个沉降期：白垩纪、古近纪和更新世。

白垩纪沉降期（第一期盐构造发育期）：墨西哥湾盆地的沉降主要发育在内盐盆地，沉降作用缓慢而持久，加上较为稳定的浅海环境，在此沉降期沉积了巨厚的 Louann 盐层（图 10-15）。

始新世—渐新世沉降期（第二期盐构造发育期）：墨西哥湾盆地的沉降主要发育在

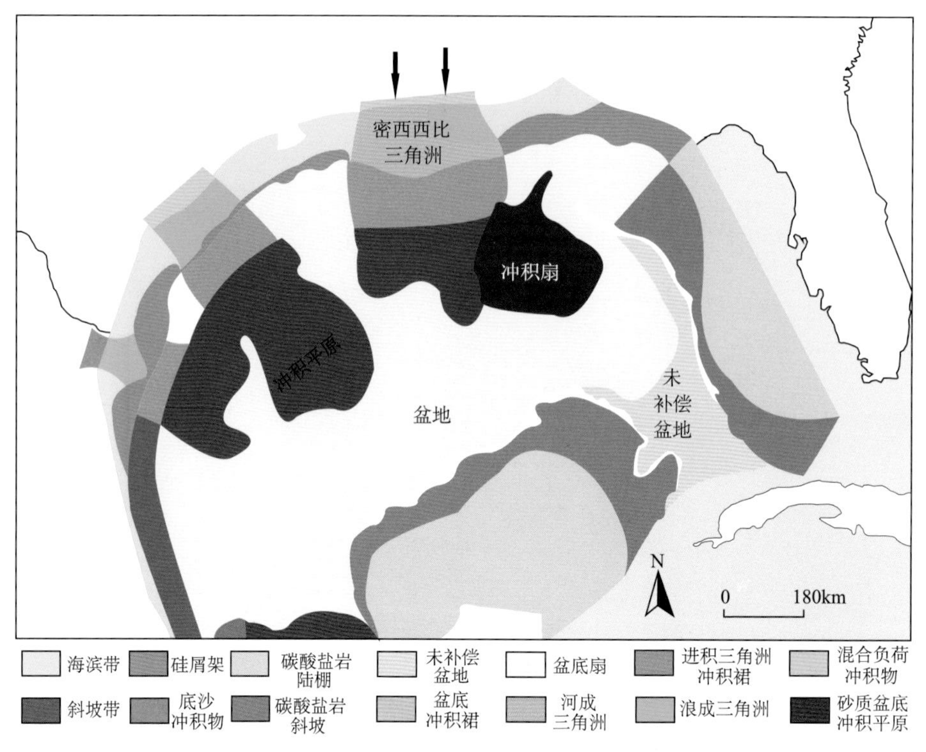

图 10-13　墨西哥湾盆地（15.6～12Ma）古地理图（据 Galloway et al.，2000）

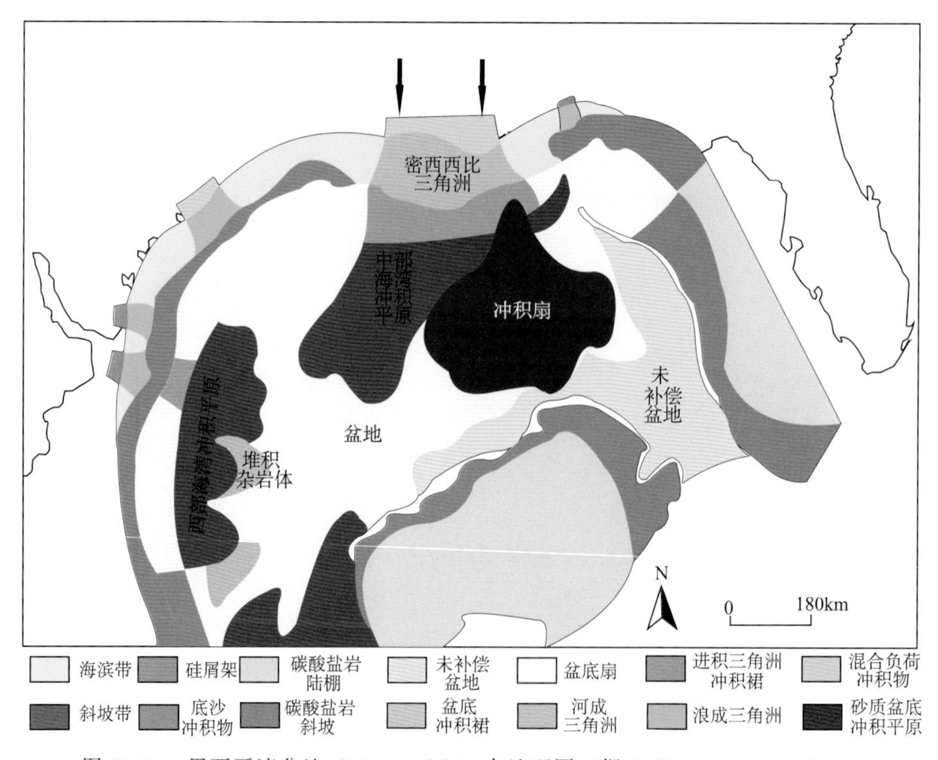

图 10-14　墨西哥湾盆地（12～6.4Ma）古地理图（据 Galloway et al.，2000）

海岸盐盆地，白垩纪晚期到古近纪早期的拉腊米运动，使盆地北部的陆地上升，为墨西哥湾盆地的陆源沉积提供了广阔的物源区，各大型河流为向墨西哥湾盆地搬运大量陆源沉积物提供了通道。由于拉腊米运动，墨西哥湾盆地的沉积速率从古新世末开始上升（图 10-15）。

上新世—更新世沉降期（第三期盐构造发育期）：墨西哥湾盆地的沉降主要发育在陆坡深水区，在科迪勒拉造山运动影响下，强烈的剥蚀和搬运沉积作用，使墨西哥湾盆地在更新世达到很高的沉积速率（图 10-15）。

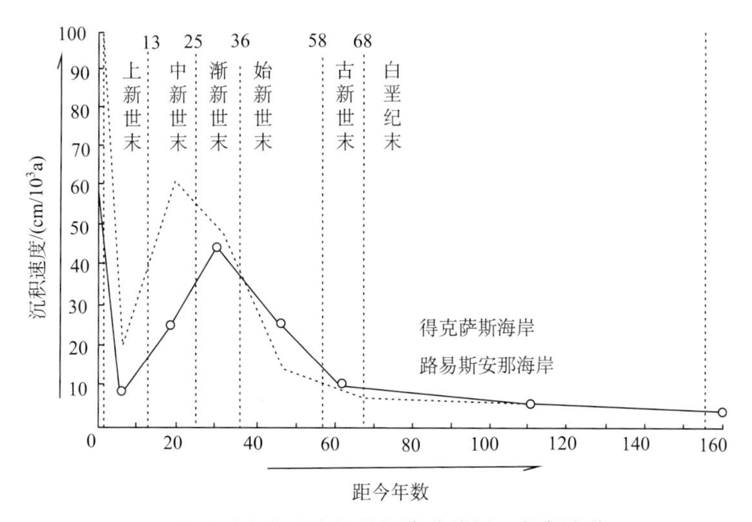

图 10-15　墨西哥湾盆地滨海的沉降曲线图（据胡文海，1995）

第三节　石油地质特征

墨西哥湾盆地是美国重要的含油气盆地，包括陆上和海上两部分，已有近百年的勘探开发历史，其海上油气勘探是近二十年来的勘探热点。墨西哥湾盆地拥有着优越的石油地质条件，从烃源岩、储层、盖层、圈闭到整个含油气系统，都有着较好的配置组合。在深水区，上侏罗系黑色页岩和灰岩是盆地的主要烃源岩，而新生界海底扇是最重要的储层。

一、烃源岩特征

墨西哥湾盆地有四套烃源岩：古近系、上白垩统、下白垩统、上侏罗统。

墨西哥湾盆地的古近系烃源岩分为三个亚类：海相、过渡相和陆相。古近系烃源岩的岩性以页岩为主，TOC 值较高，有机质为Ⅱ型和Ⅲ型干酪根的混合物，因此可以生成石油和天然气。新近系烃源岩的岩性为页岩，TOC 小于 1%，干酪根为Ⅲ型，但其厚度大，仍可作为墨西哥湾盆地的主力烃源岩。

墨西哥湾盆地的上白垩统烃源岩以土仑阶页岩为主，以生成低硫石油的海洋有机质为主。下白垩统烃源岩以阿普特阶海相钙质页岩为主，为高硫石油的烃源岩（表 10-1）。

墨西哥湾盆地的上侏罗统烃源岩为提塘阶黑色页岩和牛津阶灰岩及藻类泥灰岩，厚度可达 150～200m。牛津阶烃源岩的有机质类型是源自藻类的无定形生油型干酪根，TOC 约 5%，氢指数（HI）为 550～700 mgHC/g，干酪根以Ⅰ-Ⅱ型为主。提塘阶烃源岩主要为页岩，TOC 约 5%，氢指数（HI）为 550～700 mgHC/g。

在墨西哥湾东部浅水区域的下白垩统地层中也有油气新发现。其烃源岩为侏罗系烃源岩（主要为 Oxfordian Smackover 源岩）（表 10-2）。

从墨西哥湾盆地北部的大陆架、斜坡至南部的深水区域，上侏罗统—下白垩统烃源岩的成熟度逐渐降低。陆坡西北部的油气为过成熟，成熟度很高，而东南部深水区烃源岩的成熟度比较低（图 10-16）。

表 10-2　墨西哥湾盆地主要烃源岩下白垩统和上侏罗统的烃源岩指标（Montgomery et al.，2002）

层位		平均 TOC/%	干酪根类型	生烃量/亿桶油
下白垩统	Albian 阶	2.0	Ⅱ/Ⅲ	15
	Aptian 阶	1.3	Ⅱ/Ⅲ	10
	Barremian -Hauterivian 阶	2.8	Ⅱ/Ⅲ	5
	Upper Valanginian 阶	4.8	Ⅱ/Ⅲ	
	Lower Valanginian 阶	1.6	Ⅱ/Ⅲ	
	Berriasian 阶	1.2	Ⅱ/Ⅲ	
上侏罗统	Kimmeridgian -Tithonian 阶	2.5	Ⅱ	880
	Oxfordian 阶	2.0	Ⅱ	100

二、储层特征及储层物性

1. 储层特征

墨西哥湾盆地的陆上盐盆地油气区的中生界储层主要为砂岩和碳酸盐岩，而新生界储层以储集性极好的海底扇砂岩为特征。

中生界的主要储层包括：上侏罗统、下白垩统和上白垩统，主要分布在墨西哥湾盆地的陆上盐盆地区。其中，上侏罗统储层层系有 Norphlet 组的风成砂岩、Smackover 组碳酸盐岩和砂岩、Haynesville 组的河流三角洲相砂岩和潮下碳酸盐岩、Cotton Valley 群的鲕状灰岩和块状砂岩。上侏罗统的储层分布在与当时的古海湾大致平行的一个弧形带内，从陆向海依次发育三角洲相、滨海浅滩相、浅海相、斜坡相和陆坡相（图 10-17）。

墨西哥湾盆地下白垩统储层分布较广，同样平行于早白垩世的古墨西哥湾呈带状分

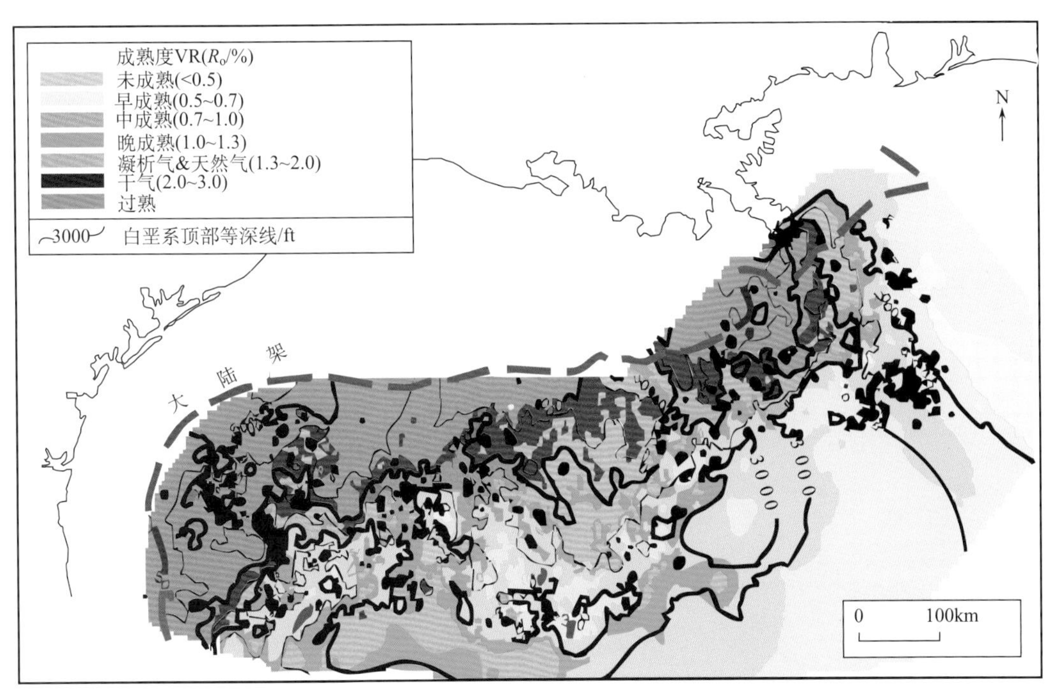

图 10-16　墨西哥湾深水区上侏罗统—下白垩统烃源岩成熟度（据 C&C，2008 修改）

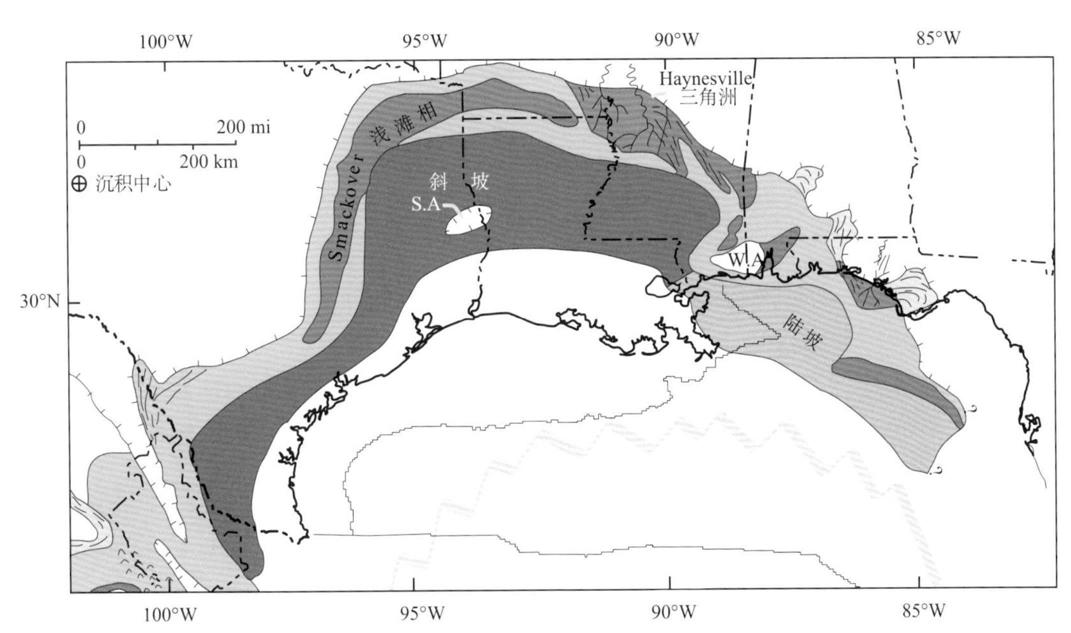

图 10-17　墨西哥湾盆地上侏罗统储层分布图（Miall，2008）

橙色区为河流相；黄色区为滨海浅滩相；绿色区为三角洲相；浅蓝色区为浅海相；
深蓝色区为台缘相或斜坡相；灰色区为陆坡相

布，从陆向海依次发育了河流相、三角洲相、滨海浅滩相、浅海台地相、台缘礁相和陆坡相（图 10-18）。其中下白垩统浅海台地相和台缘礁相是十分重要的中生代储层。

在墨西哥湾东部浅水区域的下白垩统地层新近发现油气田。下白垩统 James 灰岩位于墨西哥湾东部的佛罗里达州和密西西比州浅海区域（图 10-18 中的浅蓝色区）。其岩性主要包括台地相颗粒灰岩和台缘礁相的点礁碎屑岩，水深 30～60m，储层深度为海底 4358～4632m，厚度 3～30m，孔隙度 8%～19%，渗透率为 20～30mD。该区域 James 灰岩共发现 7 个气田，可采储量约 $142\times10^8m^3$，天然气日产量约 $5\times10^8m^3$。

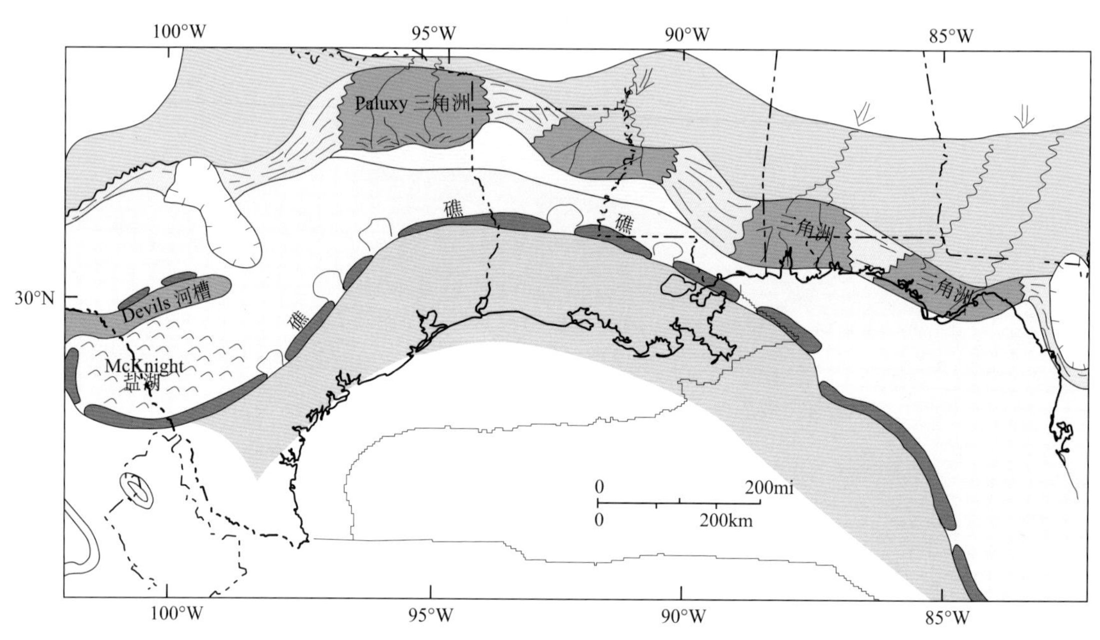

图 10-18 墨西哥湾盆地下白垩统储层分布图（Miall，2008）

橙色区为河流相；黄色区为滨海浅滩相；绿色区为三角洲相；浅蓝色区为浅海相；

深蓝色区为台缘相或斜坡相；灰色区为深海相

上白垩统主要分布在陆上盐盆地，白垩系碳酸盐陆棚范围内几乎都有良好储层。上白垩统储层也呈带状平行于古墨西哥湾分布，从陆向海依次发育了河流相、滨海浅滩相、浅海相和陆坡相（图 10-19、图 10-20）。主要储层为 Austin 阶和 Navarro 阶，主要为浅海相。

墨西哥湾盆地新生界的主要储层包括：始新统、渐新统、中新统、上新统和更新统。

始新统的主要储层系为 Wilcox 阶。Wilcox 阶储层平行于从南得克萨斯州延伸至南路易斯安那州的海岸线，主要位于陆上盐盆地和滨海浅水盐盆地内。Wilcox 阶岩相从陆向海依次为河流相、三角洲相、滨海相、海底扇和陆坡相，仍然以河流相和三角洲相为主（图 10-21）。海底扇从 Wilcox 阶开始在墨西哥湾盆地出现，为重要的有利储层。

在墨西哥湾盆地的深水区，同样分布着古近系始新统 Wilcox 阶油气储层，并且 Wilcox 的新发现油气藏主要分布在墨西哥湾深水区的中西部（图 10-22）。Wilcxo 阶主要岩相为水下扇，分布在墨西哥湾陆坡外缘的深水区，是新生代早期的海底扇（图 10-

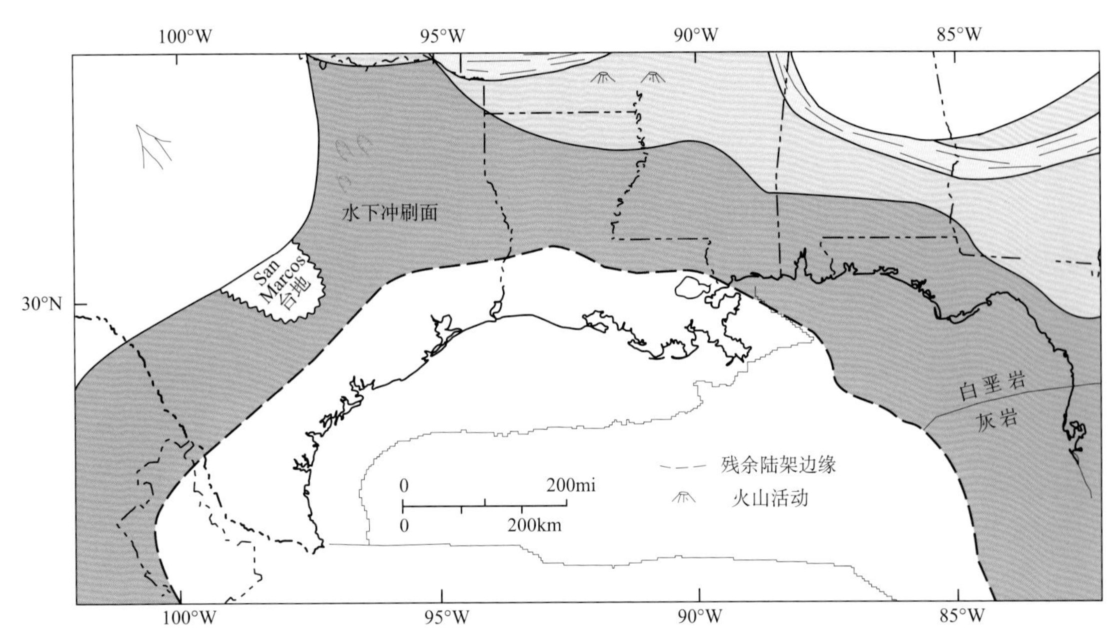

图 10-19 墨西哥湾盆地上白垩统 Austin 阶储层分布图（Miall，2008）

橙色区为河流相；黄色区为滨海浅滩相；绿色区为三角洲相；浅蓝色区为浅海相；深蓝色区为台缘相或斜坡相；灰色区为深海相

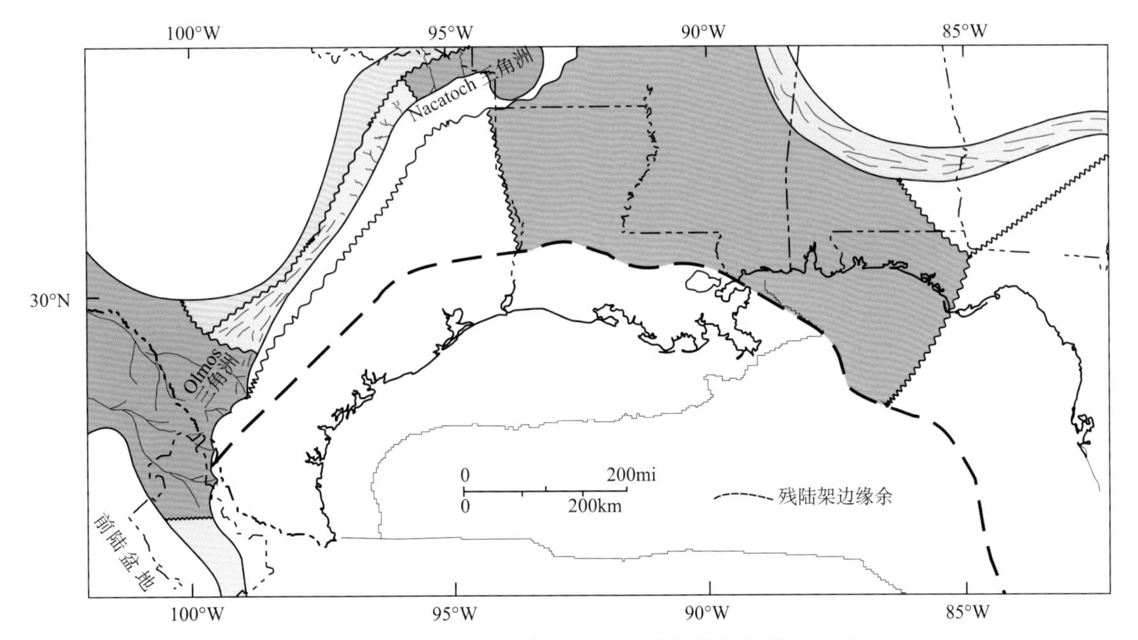

图 10-20 墨西哥湾盆地上白垩统 Navarro 阶储层分布图（Miall，2008）

橙色区为河流相；黄色区为滨海浅滩相；绿色区为三角洲相；浅蓝色区为浅海相；深蓝色区为台缘相或斜坡相；灰色区为深海相

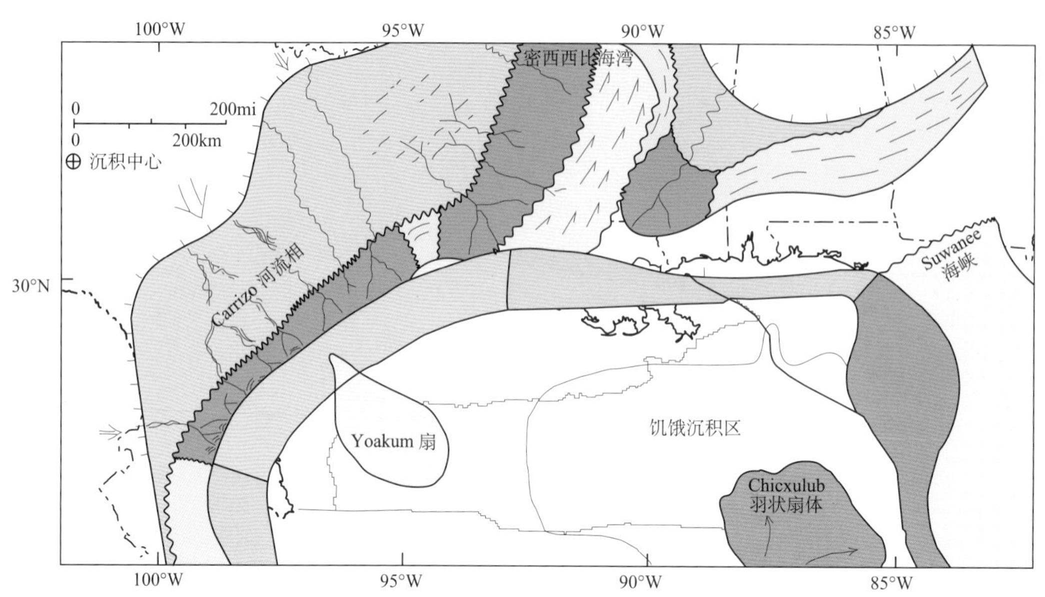

图 10-21　墨西哥湾盆地始新统 Wilcox 阶储层分布图（Miall，2008）

橙色区为河流相；黄色区为滨海浅滩相；绿色区为三角洲相；浅蓝色区为浅海相；深蓝色区为台缘相或斜坡相；棕-橙色相间为陆坡相；粉红色为海底扇相；灰色区为深海相

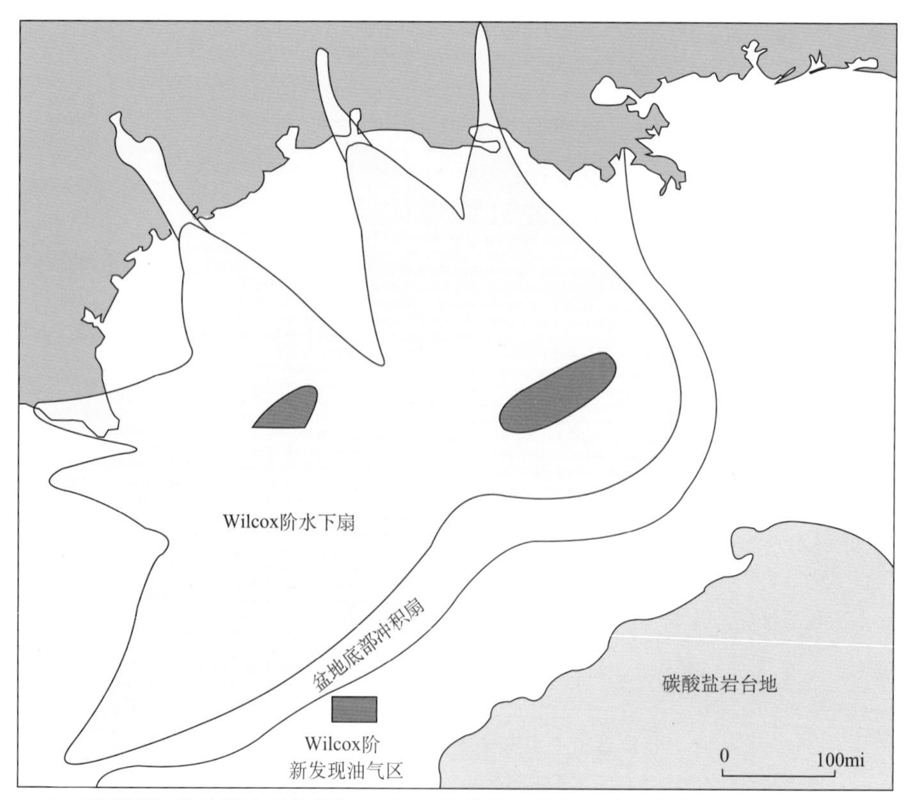

图 10-22　墨西哥湾盆地深水区始新统 Wilcox 阶的海上新发现油气分布图（据 Chevron，2007）

黄色区为 Wilcox 阶水下扇分布范围；深绿色区为 Wilcox 阶新发现油气区

22)。Wilcox 砂岩平均孔隙度为 18%，渗透率为 10～30mD。发现井 Jack 井钻深 8588m，水深 2133m，日产原油 6000 桶。目前，新发现的古近系 Wilcox 阶最终可采储量为 30 亿～150 亿桶。

墨西哥湾盆地渐新统的主要储层为 Frio 阶，该储层呈带状平行于从南得克萨斯州至密西西比河口的海岸线，长 1100km，宽 64km。与始新统相比，渐新统储层的分布范围向东向南移动了一定的距离（图 10-23）。渐新统 Frio 阶储层从陆向海依次发育了河流相、三角洲相、滨海浅滩相、水下河道-陆坡相、浅海相和斜坡相（图 10-23）。

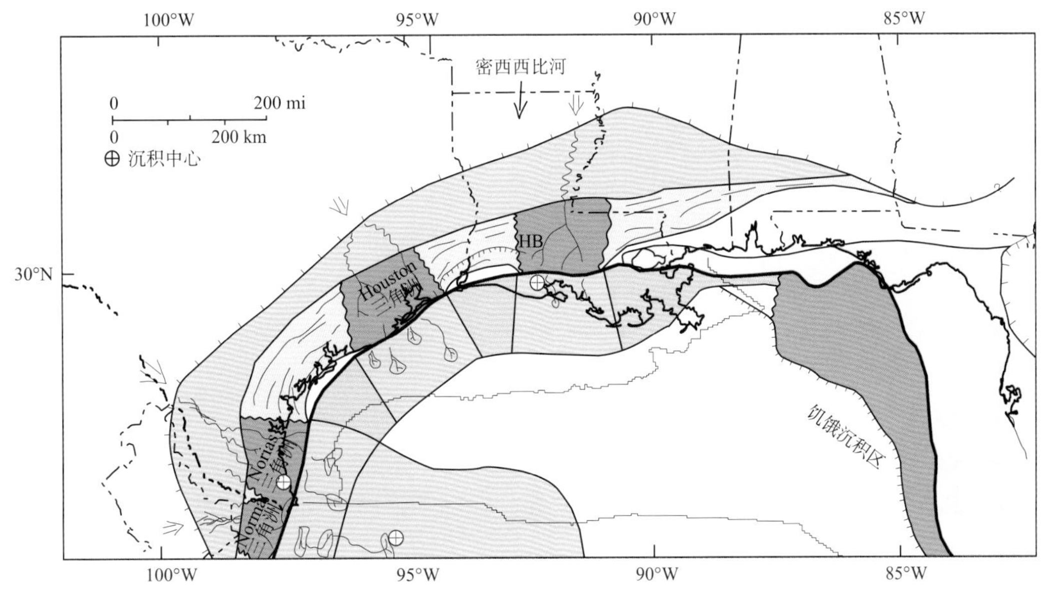

图 10-23 墨西哥湾盆地渐新统 Frio 阶储层分布图（Miall，2008）

橙色区为河流相；黄色区为滨海浅滩相；绿色区为三角洲相；浅蓝色区为浅海相；深蓝色区为台缘相或斜坡相；棕-橙色相间为陆坡相；灰色区为深海相

从下中新统开始，储层分布范围又向东南移动了一段距离。中新统储层主要分布在墨西哥湾盆地的陆上盐盆地与滨海浅水盐盆地过渡带。中新统的储层也同样平行古墨西哥湾呈带状分布在南路易斯安那州及其浅海海域（图 10-24）。中新统储层从陆向海依次发育了河流相、滨海浅滩相、三角洲相、浅海相、斜坡相、陆坡相和海底扇相，其中深水区主要为陆坡的水下河道和海底扇相砂体（图 10-24）。

上新统的储层主要分布在路易斯安那州的陆棚地区。与中新统相比，上新统储层分布范围又向南移动了一定的距离（图 10-25），例如：三角洲相和滨海浅滩相沉积已向南迁移至现代墨西哥湾的滨海一带。在盆地的中部和西部从陆向海依次发育了河流相、三角洲相、滨海浅滩相、陆坡相、海底扇相，另外东部的佛罗里达台地区发育了浅海相和斜坡相（图 10-25）。上新统储层最大特点是在陆坡深水区发育大量的海底扇，上新统储层成为陆坡深水区的主力储层。

墨西哥湾盆地更新统的储层往往与盐构造、泥岩底辟构造和生长断层相伴生。与上新统相比，墨西哥湾盆地更新统的储层范围又向南移动了一定的距离，各河流、三角洲

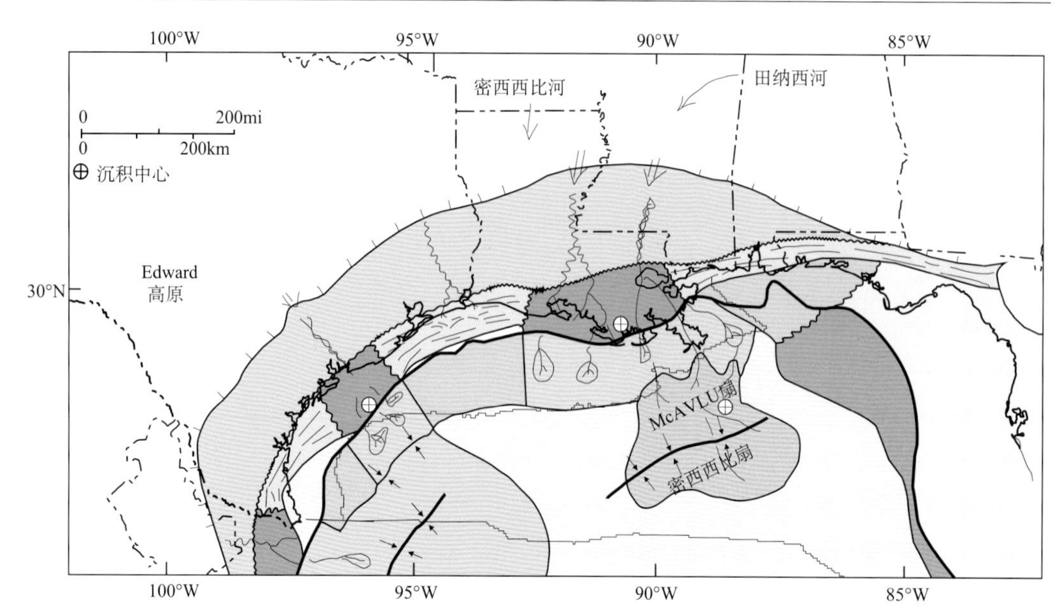

图 10-24　墨西哥湾盆地中新统储层图（Miall，2008）

橙色区为河流相；黄色区为滨海浅滩相；绿色区为三角洲相；浅蓝色区为浅海相；深蓝色区为台缘相或斜坡相；棕-橙色相间为陆坡相；粉红色为海底扇相；灰色区为深海相

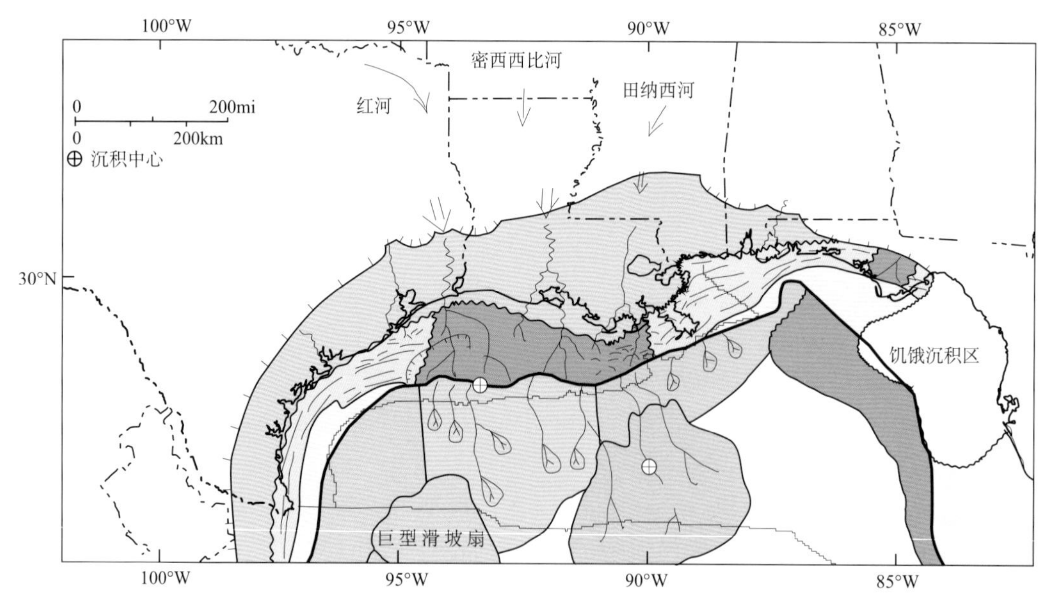

图 10-25　墨西哥湾盆地上新统储层分布图（Miall，2008）

橙色区为河流相；黄色区为滨海浅滩相；绿色区为三角洲相；浅蓝色区为浅海相；深蓝色区为台缘相或斜坡相；棕-橙色相间为陆坡相；粉红色为海底扇相；灰色区为深海相

和海底扇的位置与墨西哥湾盆地现代沉积相的位置基本相同，从陆向海依次发育了河流相、三角洲相、滨海浅滩相、陆坡相和海底扇相（图 10-26）。值得注意的是该时期海底扇十分发育，成为深水区的重要储层。

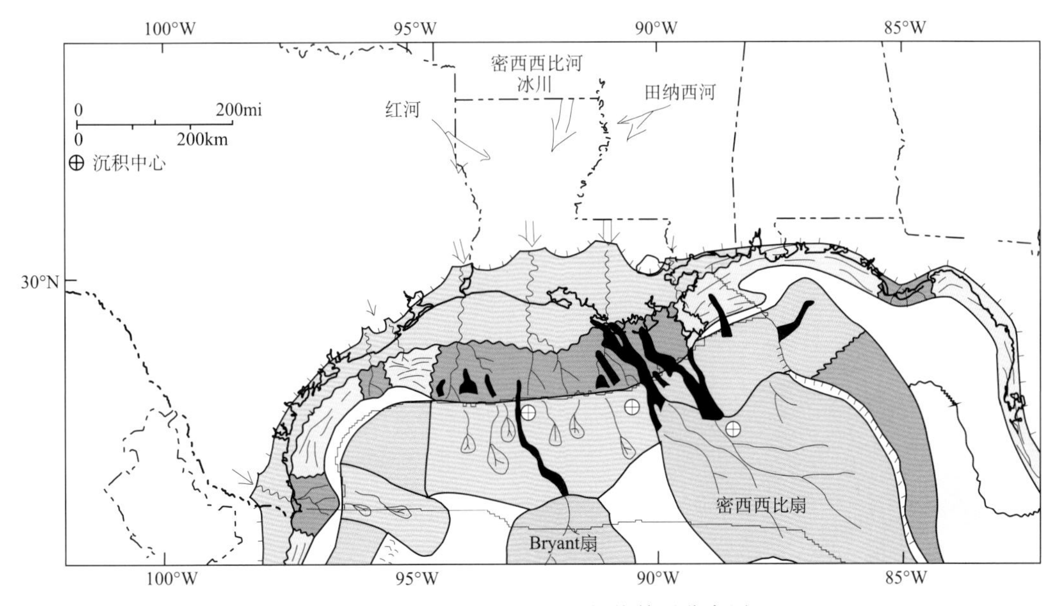

图 10-26　墨西哥湾盆地更新统储层分布图

橙色区为河流相；黄色区为滨海浅滩相；绿色区为三角洲相；浅蓝色区为浅海相；深蓝色区为台缘相或斜坡相；棕-橙色相间为陆坡相；粉红色为海底扇相；灰色区为深海相

墨西哥湾盆地滨海浅水盐盆地和陆坡深水盐盆地的储层主要为中上新统和更新统。其中，深水区的沉积相以中上新统和更新统的海底扇为主，是深水区最重要的主力储层（图 10-27、图 10-28）。

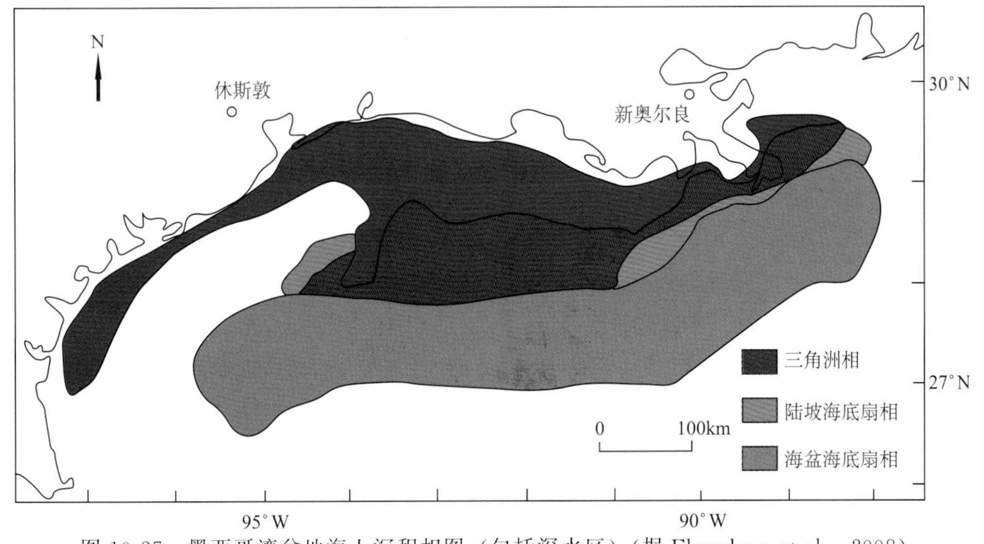

图 10-27　墨西哥湾盆地海上沉积相图（包括深水区）（据 Ehrenberg et al.，2008）

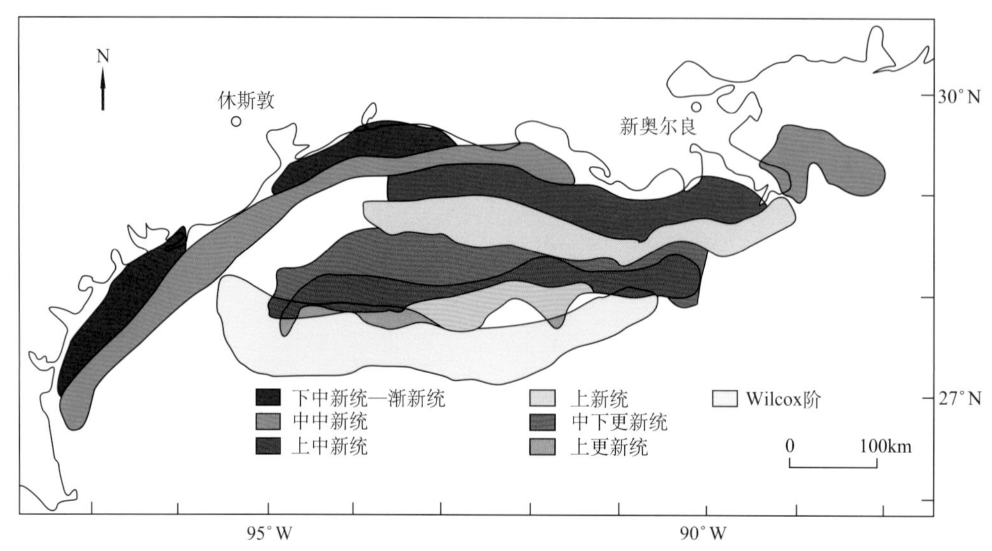

图 10-28　墨西哥湾盆地海上各套储层的分布图（包括深水区）
（据 Ehrenberg et al.，2008 资料整理）

2. 储层物性

根据墨西哥湾盆地 132 个油藏的数据统计，砂岩孔隙度为 6%～38%，平均孔隙度为 28%；渗透率为 3～4500mD，平均渗透率为 879mD。墨西哥湾盆地的储层孔隙度随地层层序向下（时代越老）而减小。更新统孔隙度范围 29%～35%；上新统孔隙度范围 27%～37%；中新统孔隙度范围 18%～34%；渐新统孔隙度范围 20%～30%；侏罗系的孔隙度范围 10%～16%。

墨西哥湾盆地更新统储层厚度范围为 3～430m，上新统储层厚度范围为 2～41m，中新统储层厚度范围为 3～47m，渐新统储层厚度范围为 4～11m，而侏罗系储层厚度范围为4～56m，总之，墨西哥湾盆地的各套储层厚度变化均较大，这与砂体的厚度变化和岩相分布密切相关。

墨西哥湾深水区目前已经证实的储层有古近系和新近系，储集物性均非常好，均为深水油气勘探的主力层位（表 10-3）。

表 10-3　墨西哥湾深水区储层物性参数表（据 IHS Probe 数据库修改，2008）

<table>
<tr><th>地层（系）</th><th>岩性</th><th>沉积环境</th><th>沉积相</th><th>地层（统）</th><th>孔隙度/%</th><th>渗透率/mD</th><th>含水饱和度/%</th></tr>
<tr><td>新近系</td><td rowspan="7">砂岩</td><td rowspan="4">滨海
大陆架
陆坡</td><td rowspan="4">三角洲
海底扇
海底水道</td><td>上新统（上）</td><td>28～36</td><td>70～3200</td><td>20</td></tr>
<tr><td rowspan="6">古近系</td><td>上新统（下）</td><td>27～33</td><td>未知</td><td>26</td></tr>
<tr><td>中新统（上）</td><td>22～37</td><td>150～600</td><td>25</td></tr>
<tr><td>中新统（下）</td><td>24～30</td><td>170～500</td><td>24</td></tr>
<tr><td rowspan="3">深海</td><td rowspan="3">海底扇
和浊流</td><td>古新统（上）</td><td>29～33</td><td>70～80</td><td>28</td></tr>
<tr><td>古新统（中）</td><td>25～33</td><td>80～100</td><td>26</td></tr>
<tr><td>古新统（下）</td><td>28～36</td><td>未知</td><td>20</td></tr>
</table>

三、盖层特征

墨西哥湾盆地的主要盖层包括：上侏罗统泥质砂岩和盐岩、下白垩统灰岩和盐岩、上白垩统页岩和古近系页岩。中上新统的页岩是墨西哥湾盆地的区域性盖层。

墨西哥湾盆地在不同层位的盖层特征包括：岩性、沉积相和厚度（表 10-4）。

表 10-4 墨西哥湾盆地盖层特征表（据 C&C，2008 修改）

地层	岩性	沉积相	厚度/m
中新统	页岩	深海沉积	60～150
渐新统	页岩	深海-半深海沉积	—
始新统	页岩	深海沉积	50～200
上白垩统	页岩	海相	2～100
下白垩统	灰岩	海相	1～70
上侏罗统	泥质砂岩	海相	2～50

四、圈闭类型及油气运移

墨西哥湾盆地的油气藏圈闭类型复杂多样，其中包括生长断层、各种背斜和盐丘成因的构造圈闭以及各种地层圈闭和岩性圈闭。

墨西哥湾盆地的圈闭类型中，94%的圈闭为断层、断背斜、盐丘等形成的构造圈闭，3%的圈闭类型为地层圈闭，其余的 3%圈闭类型为岩性圈闭。

墨西哥湾盆地各个时期的主要圈闭类型也不相同，其中：更新统圈闭类型中的51%是断背斜和盐相关的构造圈闭，而 16%是地层圈闭。上新统圈闭类型中的 59%是断背斜盐相关的构造圈闭，而 17%是地层圈闭。中新统圈闭类型中的 68%是断背斜和断层等构造圈闭，而 16%是地层圈闭。渐新统圈闭类型中的 96%是断背斜等构造圈闭。另外，墨西哥湾盆地的侏罗系圈闭类型是以构造圈闭为主。而白垩系以岩性圈闭为主。

墨西哥湾深水区不同时代的圈闭类型不同：中生界以地层、岩性圈闭为主，新生界以构造圈闭为主（图 10-29）。构造圈闭主要是褶皱和龟背构造圈闭，其中褶皱圈闭主要位于陆坡的前缘逆冲带，龟背构造是盐上拱至近地表时盐溶解作用的结果，主要分布在墨西哥湾深水区的中东部（图 10-29）。

墨西哥湾盆地大多数已知的油气发现都存在垂向运移通道，这样深部烃源岩生成的油气通过垂向油气运移通道运移到浅部的第三系储层中。垂向运移通道的形成机理可能与盐构造形成过程中盐体的差异运动和断层作用有关。这些盐构造形成过程中由于差异运动形成的断层以及其他成因的正断层和逆断层都是良好的油气运移通道。

第三纪时期墨西哥湾盆地从深部储层砂体向浅部发生大规模的垂向二次运移，运移通道主要是上述成因的断层。在垮塌的盐株和断层同时存在的地区，形成更有效的油气

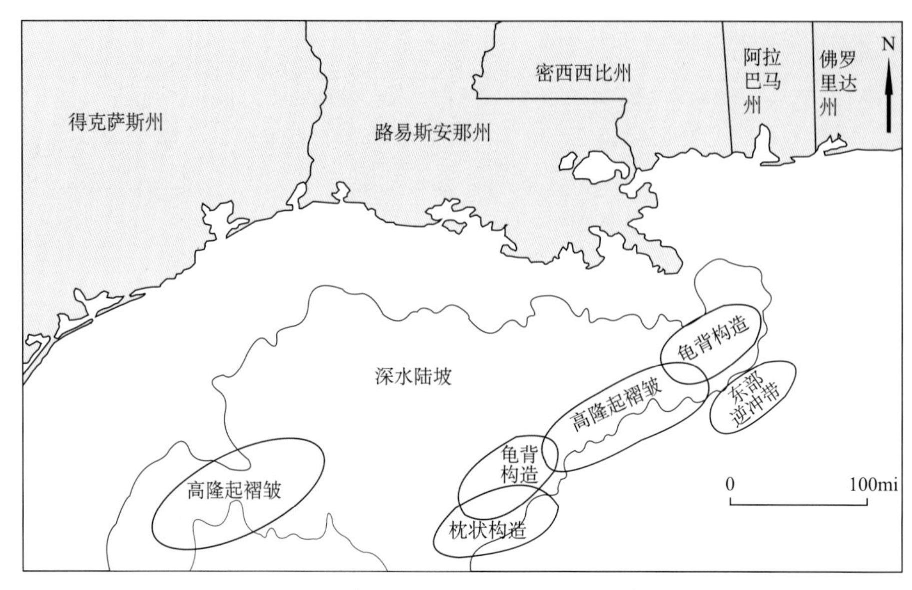

图 10-29　墨西哥湾深水区圈闭构造分布图（据 C&C，2008 修改）

运移通道。

五、含油气系统及勘探潜力

墨西哥湾盆地含油气系统按烃源岩层位主要可分为古近系含油气系统、白垩系含油气系统和上侏罗统含油气系统。我们从生、储、盖的配置关系和油气运移方面具体分析墨西哥湾盆地各个含油气系统的特征。

1. 古近系含油气系统

在古新统、始新统和渐新统地层中墨西哥湾盆地存在一个巨大的异常高压烃源岩，以泥岩为主。主要储层为渐新统、中新统、上新统和更新统，以储集性极好的海底扇砂岩为特征。墨西哥湾盆地的盖层主要集中在始新统、渐新统、中新统、上新统和更新统，以页岩为主。

该时期是盐构造的主要发育时期，伴随盐构造的形成而发育大量的断层，为油气的运移提供了良好的通道。通过垂向运移，油气储集在陆棚三角洲砂岩、水道和海底扇砂岩储层中，伴生的滚动背斜、逆冲断背斜和盐相关构造提供了有利的圈闭条件图 10-30。

2. 白垩系含油气系统

墨西哥湾盆地下白垩统烃源岩以阿普特阶为主，岩性为海相钙质页岩，上白垩统的烃源岩以土仑阶为主，岩性为含黏土的页岩。储层主要为下白垩统 Trinify 阶和上白垩统 Woodbine-Tuscaloosa 阶，岩性为碳酸盐岩。该含油气系统以下白垩统灰岩和上白垩统页岩作为盖层。

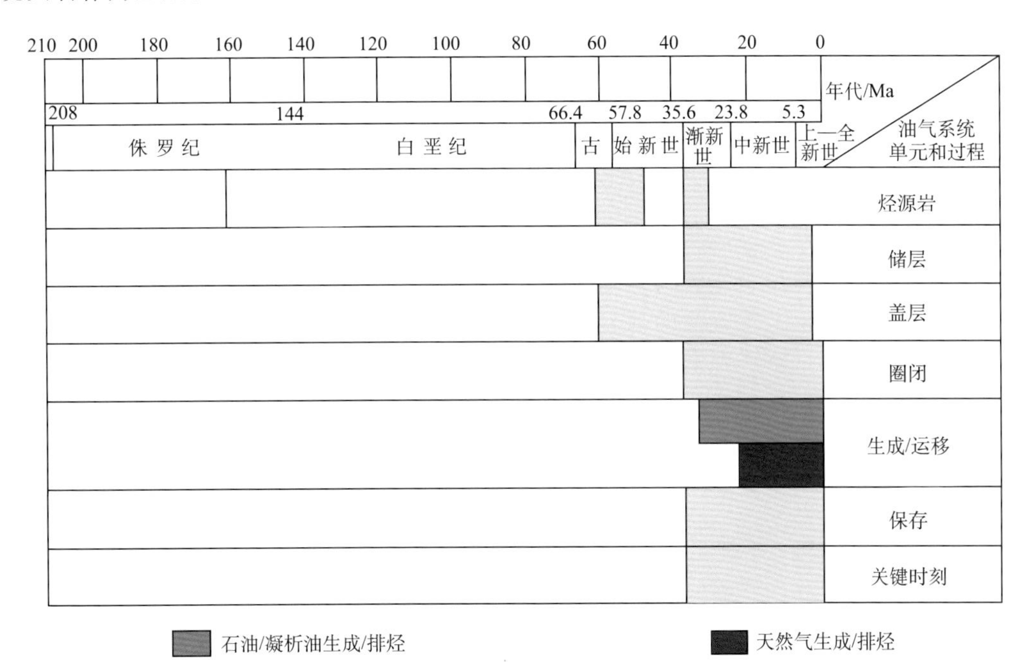

图 10-30　墨西哥湾盆地西部古近系含油气系统事件图（据 Herna-Mendoza，2008）

受到拉腊米运动的影响，墨西哥湾盆地沉积速率在渐新世达到最大。在沉降过程中，由于载荷增加，Louann 盐层发生盐运动，形成盐构造。油气沿盐构造（刺穿盐丘等）或边缘断裂带的断层向上运移，会聚在白垩系碳酸盐岩储层中。墨西哥湾盆地在白垩系沉积过程中存在局部隆起，在隆起顶部形成了巨大的穹隆和背斜构造圈闭，在翼部形成了地层圈闭，有利于油气保存。从上述分析可见渐新世为该油气系统的关键时刻（图 10-31）。

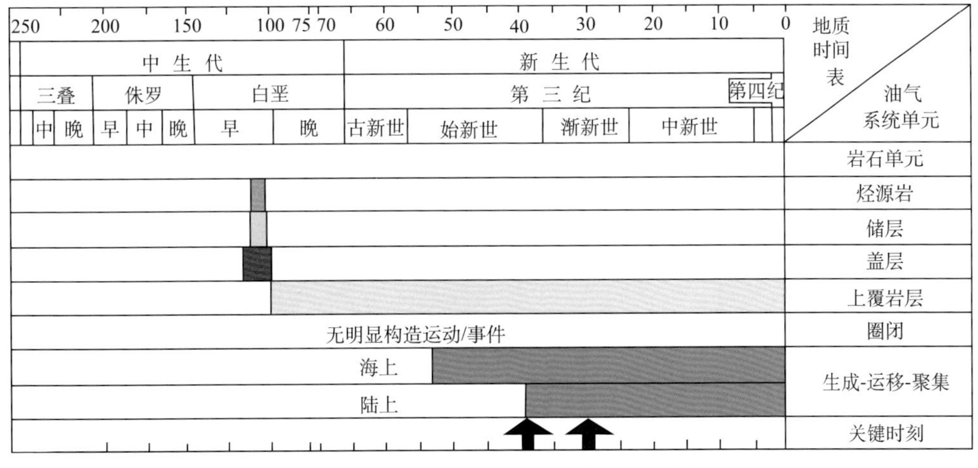

图 10-31　墨西哥湾盆地白垩系含油气系统事件图（据 USGS，2001）

3. 上侏罗统含油气系统

墨西哥湾盆地上侏罗统含油气系统的烃源岩主要分布在上侏罗统的提塘阶和牛津阶，主要为泥岩。储层主要分布在白垩系、渐新统和中上新统。白垩系储层的岩性主要为砂岩和碳酸盐岩，渐新统和中上新统储层的岩性主要为灰岩和砂岩。白垩系页岩及新生界页岩作为该油气系统的盖层。

晚侏罗世，墨西哥湾盆地快速沉降和沉积，到渐新世沉积速率达到最大，快速的沉积产生的差异重力载荷为盐层的差异运动提供动力，导致盐岩运动，从而形成各种盐构造，如盐丘或盐脊。上侏罗统的部分油气通过断层或盐丘垂直向上运移到白垩系储层中，还有一部分通过断层垂直向上运移到古新统—中上新统储层中。墨西哥湾盆地上侏罗统的圈闭主要是盐相关背斜，这些背斜形成时间早，而且形成过程时间长，这对油气向盐构造运移和聚集十分有利。此外，墨西哥湾盆地北部区域性边缘断层带也形成了众多的断层及断背斜构造圈闭。渐新世—中新世为该油气系统的关键时刻（图 10-32）。

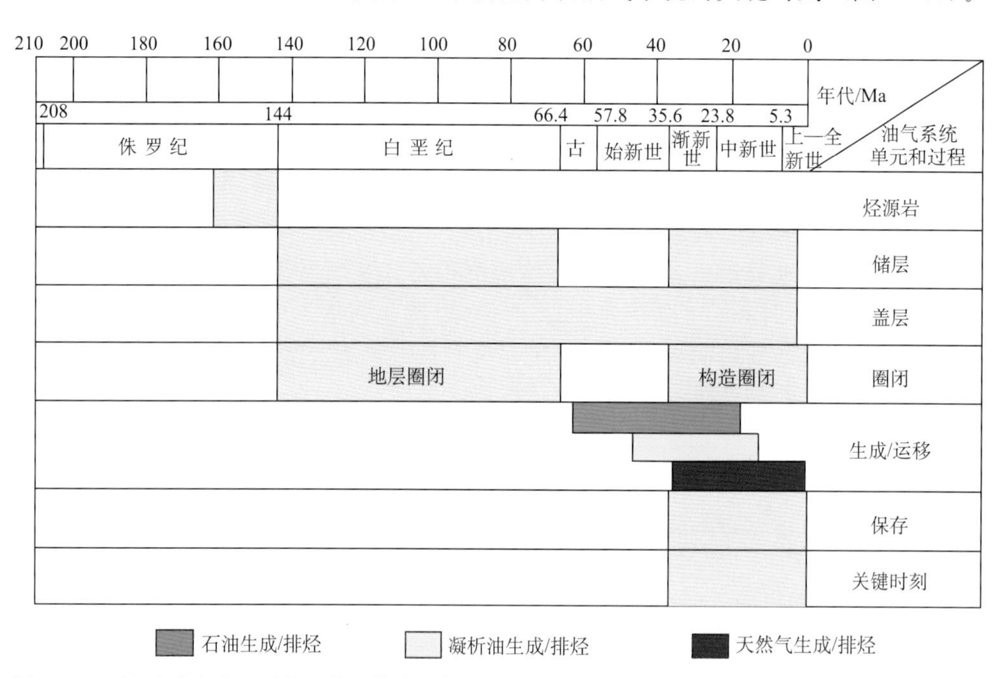

图 10-32　墨西哥湾盆地西部上侏罗统含油气系统事件图（据 Herna'ndez-Mendoza et al.，2008）

墨西哥湾盆地储量主要分布在冲积扇、三角洲和海底扇中，其中，三角洲中分布的储量最多，其次为海底扇。陆上和近海的主要岩相是三角洲相，但陆上和近海区已进入勘探成熟阶段。

墨西哥湾盆地截至 2006 年共发现较大型油田 135 个。107 个较大型油田的主要产油层是新生代地层，占可采储量的 66%；28 个较大型油田的主要产油层是中生代地层，占可采储量的 34%。126 个较大型油田的主要产油层岩性是碎屑岩，占可采储量的 94%；6 个较大型油田的主要产油层岩性是碳酸盐岩，占可采储量的 5%；3 个较大型油田的主要产油层岩性是碎屑岩和碳酸盐岩互层。墨西哥湾盆地近海原油的探明储量和产量在近些年达到了一个高峰，其中，探明储量最大为2003年的45.5亿桶，产量最大为2003年的4.9亿桶（据EIA，2007）。墨西哥湾盆地在近海的干气探明储量在1999～2001年期间保持稳定且探明储量保持较高水平，约$7641\times10^8m^3$，2002年之后，干气的探明储量逐年下降，在2007年达到最低值$3858\times10^8m^3$。干气的产量变化规律与探明储量相似，在2001年之前产量一直稳定且较高，每年产量约$1330\times10^8m^3$。2002年之后，产量逐年下降，2006年产量仅$775\times10^8m^3$，仅为原来的一半（EIA，2007）。

墨西哥湾盆地陆上和近海地区油气的产量正逐渐减小，且该地区的勘探程度比较高，说明陆上和近海地区已成为成熟勘探地区，勘探潜力较小。墨西哥湾盆地的油气勘探现在已经转向深水区。下面对墨西哥湾盆地深水区的油气勘探情况做简明介绍。

六、深水油气勘探潜力

从1996年开始，全球进入深水油气勘探的活跃期。全球超过1500m水深的海域陆续有大的油气发现，主要集中在巴西近海、西非海域、墨西哥湾，这三个地区被称为深水油气勘探开发的“金三角”。

墨西哥湾盆地的深水油气勘探区位于墨西哥湾的陆坡带（图10-33），海底地貌为墨西哥湾浅海至深海的过渡带——大陆坡深水区，水深在300～3000m（图10-34）。从沿海向南，依次是浅海大陆架、陆架边缘、大陆坡、西格斯比陆坡边缘和深海平原。其中，大陆坡又可分为上、中、下三个陆坡带，上陆坡带地形较陡，而下陆坡带由于盐构造的滑塌作用而呈现向南平缓凸起的形态（图10-34），这个下陆坡带是深水油气勘探

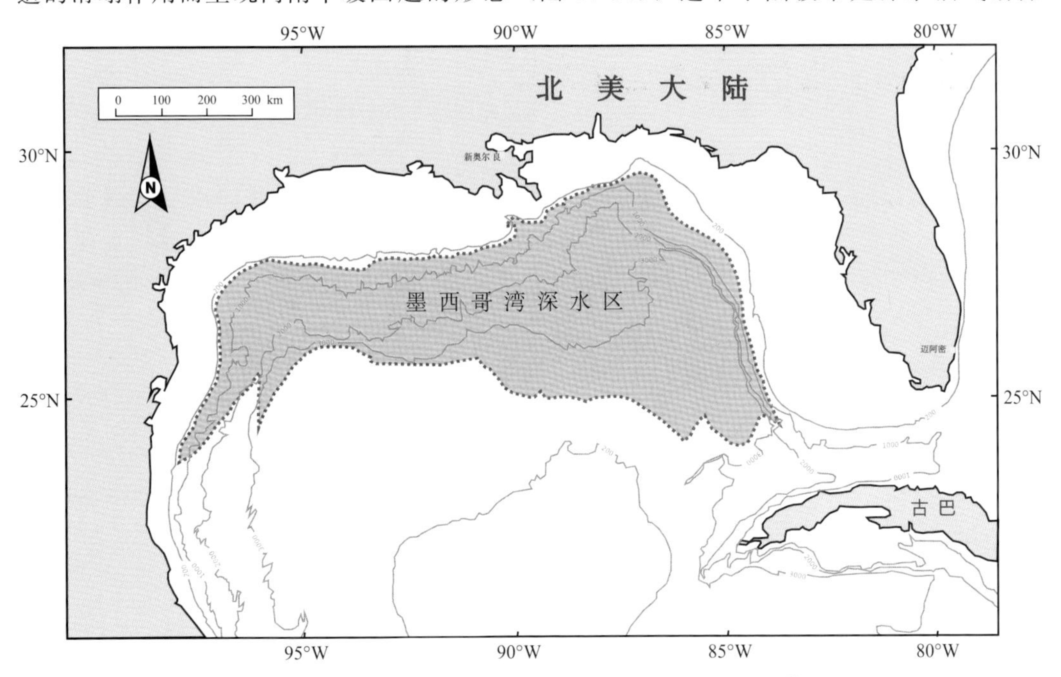

图10-33　墨西哥湾盆地深水区范围图（据IHS，2008修改）

的重要区带。

墨西哥湾深水区每年石油、天然气的累计产量和剩余储量都持续增长，认为墨西哥湾深水区有很大的勘探开发前景。墨西哥湾海上勘探从1976年已经开始，但真正深水勘探直到1996年才开始，随着勘探技术的发展，进尺深度逐年增加（表10-5）。20世纪90年代以来不断有新发现。2000～2007年是勘探的高峰期，在深水区发现很多大型油气田，可见墨西哥湾深水盆地区有巨大的油气资源潜力。

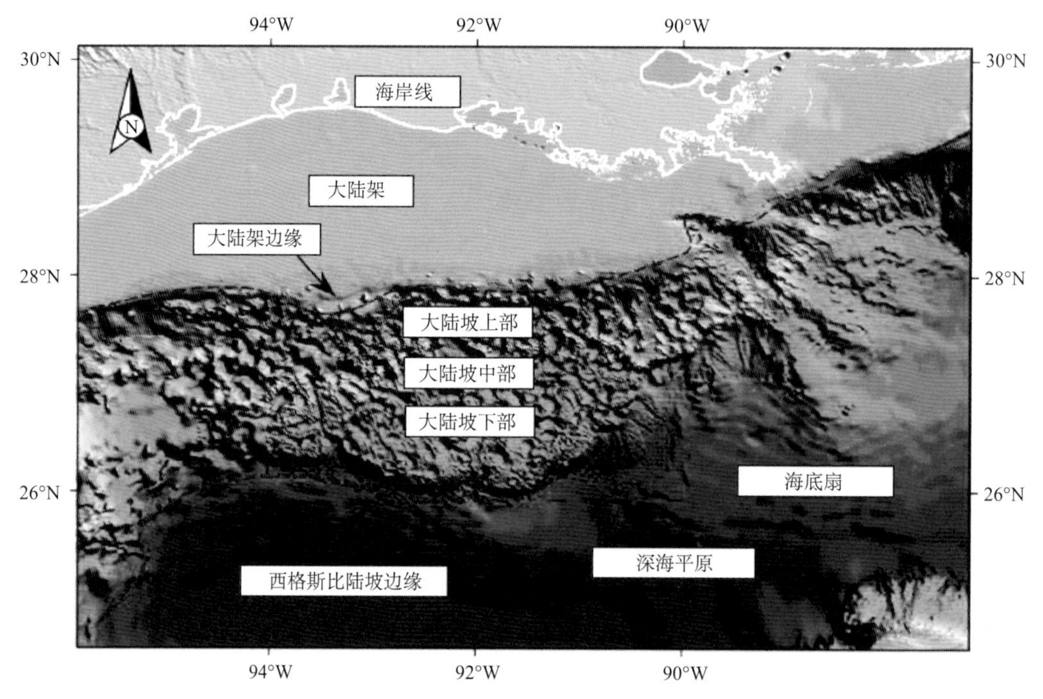

图10-34　墨西哥湾盆地深水区海底地貌图（据IHS，2008修改）

2002年以前，墨西哥湾盆地深水区以二维地震勘探为主，现在已以三维深水地震勘探为主。随着研发出高精度三维海底地震勘探技术和超深水钻井平台技术，加速了超深水区的油气勘探进程（表10-5）。

表10-5　墨西哥湾勘探水深加深历程表（据PennWell，2007）

年份	平均水深/m	最大水深/m
<1951	8	17
1951～1955	11	27
1956～1960	14	47
1961～1965	20	70
1966～1970	32	114

续表

年份	平均水深/m	最大水深/m
1971～1975	38	93
1975～1980	47	213
1981～1985	39	205
1986～1990	46	682
1991～1995	60	872
1996～2000	114	1650
2001～2005	447	2408
2006～2010	1065	2953

1997～2007 年是墨西哥湾盆地近年的一个勘探高峰，年度累计钻井深度普遍超过 6000m。目前墨西哥湾深水区的大多数井钻遇新近系和第四系地层。在墨西哥湾深水钻井勘探中，深井成功率高，约 40%。勘探井的效率在近年来有较好的表现，2002 年以来新发现初探井的成功率逐渐升高，干井率减小。具工业油流或油气显示的钻井比例较高，尤其早期干井数目很少。1997～2003 年干井数目呈增加趋势，2004 年以来干井数目明显减少。

截至 2007 年，墨西哥湾深水区初探井数近 900 口，其他探井数近 700 口。其中最深的野猫井超过 2800m（表 10-6）。

表 10-6　墨西哥湾深水区勘探钻井情况（据 IHS Probe 数据库，2008）

钻井资料	深水区
新钻探的野猫井数/口	856
其他勘探井数/口	694
新野猫井钻井密度/（口/km^2）	1/510
最深野猫井/m	2800

1990～2006 年，墨西哥湾盆地钻井数基本保持增长的趋势，在 2001 年钻井数目达到峰值，之后钻井数目有所下降，但基本保持稳定。

从单口井来看，墨西哥湾盆地每隔几年就会有一次油气储量剧增。勘探井的效率在近年来有较好的表现，但相对于勘探初期有所下降。

在墨西哥湾深水钻井勘探中，深井成功率高，约 40%。勘探井的效率在近年来有较好的表现，2002 年以来新发现初探井的成功率逐渐升高，干井率减小。

1990～2009 年，墨西哥湾盆地天然气的新增储量都比较平稳。1994～2004 年期间，石油新增储量也比较平稳，在 4 亿桶左右，到 2006 年石油新增储量减小，仅有 1 亿桶左右，但从 2007 年开始，墨西哥湾盆地石油的新增储量猛增，达到 10 亿桶左右。

墨西哥湾盆地深水区具工业油流或油气显示的钻井比例较高，尤其早期干井数目很少。1997～2003 年干井数目呈增加趋势，2004 年以来干井数目明显减少。

截至2008年底，墨西哥湾深水区勘探成果显著，已发现油气田271个，油气探明储量189亿桶油当量（表10-7）。271个油气田中，深水区石油探明储量达140亿桶，天然气探明储量$8490\times10^8m^3$（表10-7）。近20年来，野猫井成功率可达30%。

从发现油田数目来看，1989年墨西哥湾盆地发现了第一个深水区油气田，1998～2006年为油气田发现的高峰期。1996年以来累计年气田发现数目呈平稳态势(图10-35)。

1989年以来，墨西哥深水区油气持续发现。油气田规模不定，以中、小油气田为主，偶尔有较大发现。在1989年、1999年和2006年墨西哥湾深水油气有重大突破。其他年份发现的多是中、小型油气田（截至2008年底）。从可采储量来看，深水区石油的可采储量远大于天然气可采储量，且1998～2006年为石油储量增加的高峰期(图10-36)。纵观勘探史，自1980年以来墨西哥湾深水区油气储量持续高增长，2008年以来已经达到一个稳定的高度。

以发现油气田年均规模来统计，也呈现出同样的规律：墨西哥湾盆地深水区主体以中、小型油气田发现为主。

从单个油气田油气储量来看，墨西哥湾深水区储量为1亿～3亿桶的油气田居多，只有个别近10亿桶的超大油气田。油气田规模主要集中在100万～3亿桶，储量规模为1000万～2500万桶的油气田超过了50个，为最大值。大于5亿桶的大型油气田非常少。从储量上看，油气田规模主要集中在5000万～10亿桶，其中1亿～2.50亿桶的可达30%，以大中型油气田为主。

表10-7　墨西哥湾深水区油气田储量和初探井成功率统计表

（据IHS Probe数据库修改，2008）

油气田发现情况	海上
发现油气田个数	271
石油探明储量/亿桶	140
天然气探明储量/10^8m^3	8396
总计/亿桶油当量	189
新野猫井平均石油储量/（百万桶/个）	16.3
新野猫井平均天然气储量/（百万桶油当量/个）	5.8
首次野猫井勘探至2008年/%	31.7
1999～2008年/%	34.9

从勘探井的效率来看，墨西哥湾盆地的勘探一直保持平稳，没有多少起伏，投入与收益比非常稳定（图10-37）。

进一步从钻井深度分析，墨西哥湾盆地深水区的油气田主要集中在水深500～1500m，数量上占油气田总数的71%。1999年以来在水深大于1500m也有较大发现，数量上占油气田总数的26%，表明超深水区的油气勘探潜力很大。1999年以前的石油可采储量增长主要来自浅水勘探，后来增长点来自900m以下的深水和超深水勘探。

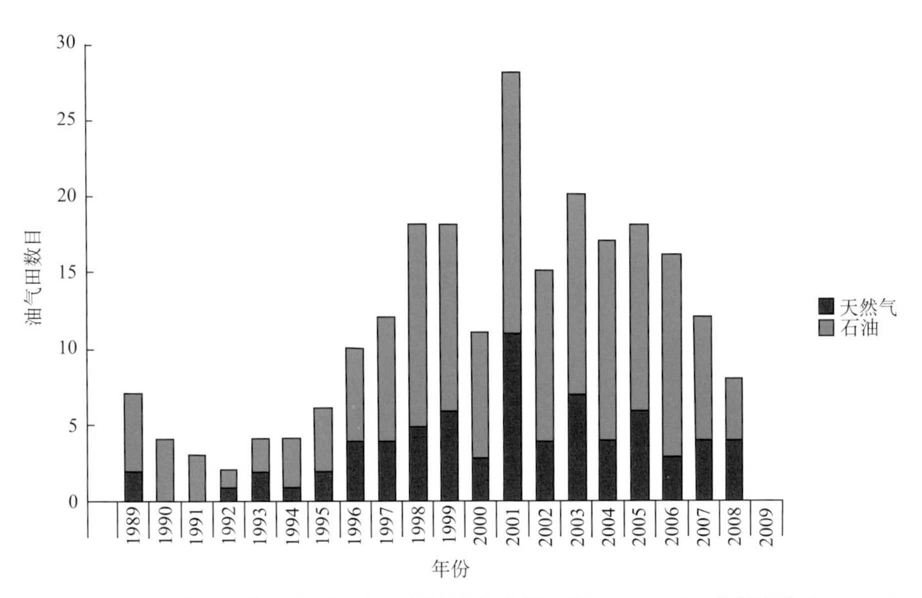

图 10-35　墨西哥湾深水区发现油气田的统计直方图（据 IHS Probe 数据库修改，2008）

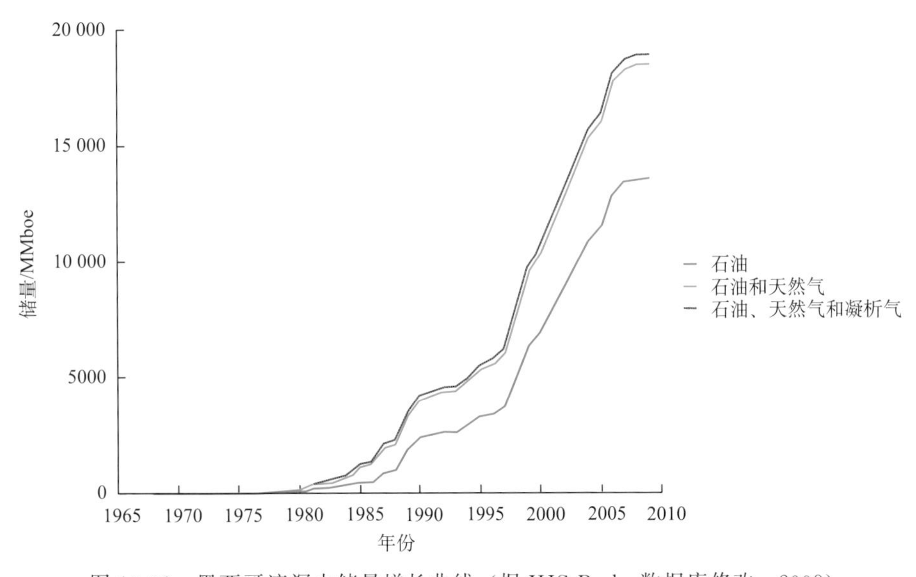

图 10-36　墨西哥湾深水储量增长曲线（据 IHS Probe 数据库修改，2008）

1993 年以来特别是 1999 年、2001 年、2003～2006 年，在水深大于 1500m 均有较大发现。墨西哥湾盆地水深 500～1500m 的勘探获得了占总量 64%的石油储量。天然气可采储量主要集中于 500～1500m，1987 年以来特别是 1999～2007 年，在水深大于 1500m 的深度范围也有一定的天然气可采储量。天然气可采储量也主要集中于 500～1500m，占墨西哥湾盆地深水油气总可采储量的 71%。

对墨西哥湾超深水区 846 个油气藏分析发现，在 5000～7000m 钻井深度范围内分

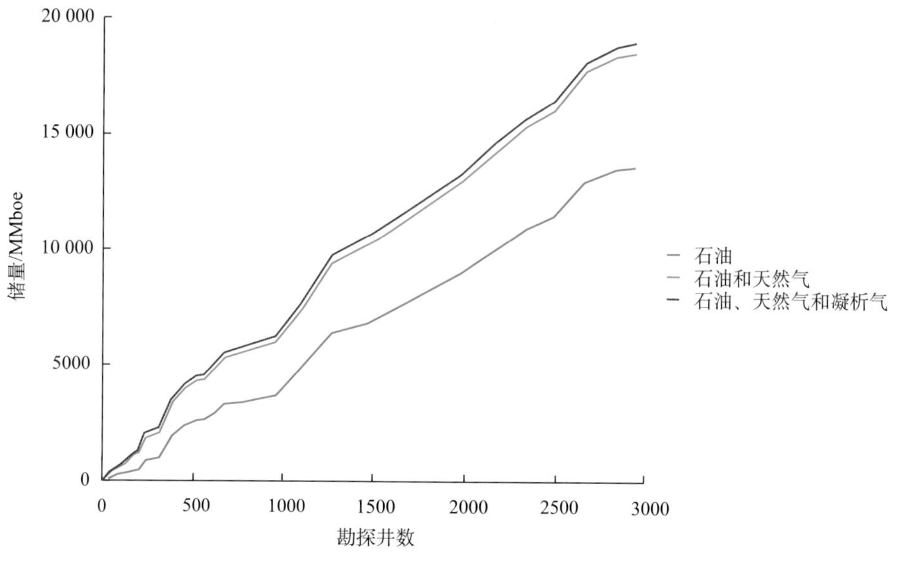

图 10-37　墨西哥湾深水区可采储量与勘探井数目的关系曲线
（据 IHS Probe 数据库修改，2008）

布的油气藏个数最多，约 55%。另外在 7000m 以下钻井深度仍然有部分油气藏，占到总数的 12%。从石油可采储量方面分析，墨西哥湾超深水区深钻发现的油气藏石油可采储量集中于 5000～9000m 深度的产层中。墨西哥湾盆地超深水区油气藏石油可采储量的产层深度集中于 5000～9000m，达到总量的 76%，较浅的 4000～5000m 只占到总量的 16%。因此，超深水的深层油气勘探是墨西哥湾盆地深水区油气勘探的一个大趋势，具有广阔的勘探开发前景。

目前墨西哥湾深水区的大多数井钻遇新近系和第四系地层，随着超深水和深层油气勘探的进展，深部的古近系也成为勘探的主要目的层。

墨西哥湾深水区约 80%～90%油气储量分布在中上新统储层（图 10-38）。墨西哥湾超深水区油气储量主要集中在新近系，另外，古近系也是超深水油气的重要储层；产层深度集中在 2745～6100m。

根据墨西哥湾盆地深水区每年石油累计产量和剩余储量都持续增长，表明石油勘探开发仍有巨大潜力（图 10-39）。每年天然气累计产量和剩余储量都持续增长，表明墨西哥湾盆地深水区天然气的勘探开发也仍有巨大潜力（图 10-40）。

墨西哥湾盆地的陆坡深水区可以划分为三个探区：西部、中部和东部（图 10-41）。目前墨西哥湾盆地的深水油气勘探开发主要集中在深水陆坡的中部，部分在西部，东部很少。2009～2018 年计划的勘探许可证区块仍主要集中在中部和西部，但呈现西部许可区块增加的趋势，说明未来西部的勘探潜力和机会较大。

墨西哥湾深水区烃源岩类型为海相灰岩、泥灰岩和泥岩三种类型。东部仅有少部分泥岩，目前中部的烃源岩比较丰富，包括泥灰岩和泥岩；西部的烃源岩也比较丰富，以灰岩为主，兼有泥灰岩。相对而言，西部的烃源岩灰质成分比中东部要多，而中东部的

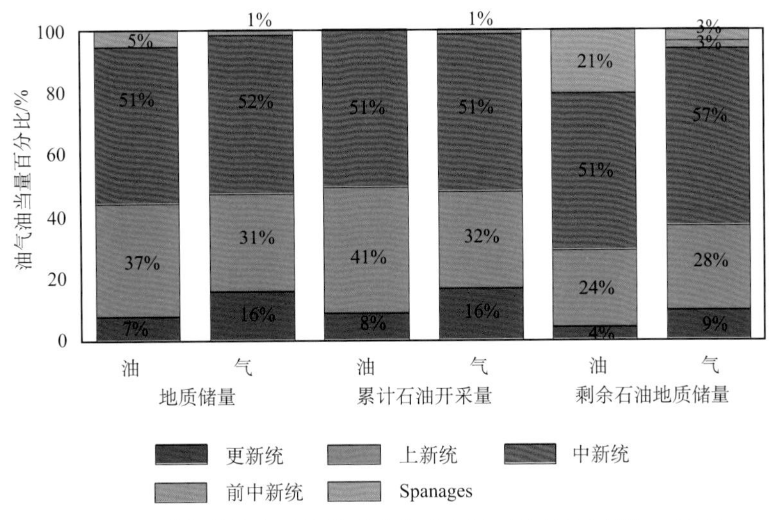

图 10-38 油气储量与时代关系分布直方图（据 MMS 网站，2009）

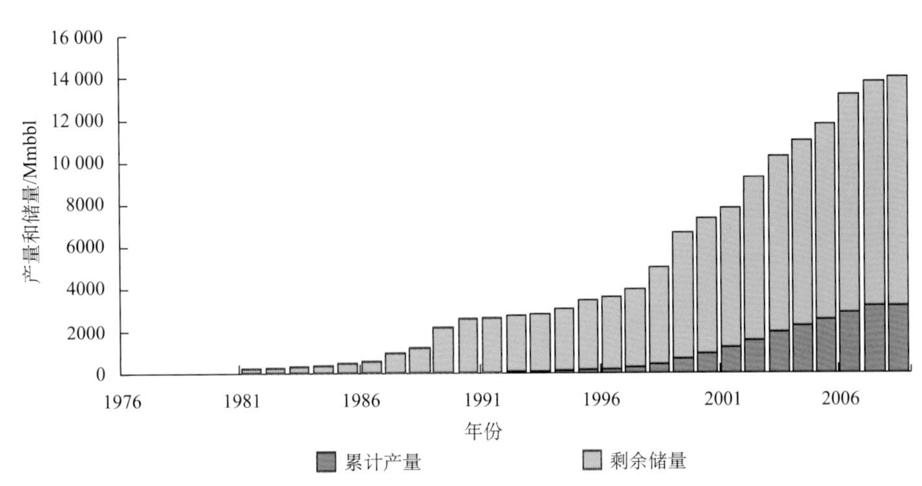

图 10-39 墨西哥湾盆地深水区年累计石油产量和剩余储量增长直方图
（据 IHS Probe 数据库修改，2008）

烃源岩泥质成分比西部多（图 10-42）。西部探区的西北部虽然缺少烃源岩，但不缺优质储层，而西部断裂比中东部要发育，因此西部探区东南部发育的烃源岩生成的油气，尤其天然气可以通过断裂运移到西北部良好的储层内成藏。

墨西哥湾盆地深水区的这些烃源岩的成熟度很高，干酪根以Ⅰ型和Ⅱ型为主。墨西哥湾盆地深水区发育三个油气系统：古近系油气系统、中新统油气系统、上新统油气系统。古近系油气系统（以 Wilcox 阶为主）和中新统油气系统主要集中于西部，部分上新统油气系统也分布在西部，墨西哥湾盆地深水区西部油气系统丰富，具有较好的勘探潜力（图 10-28）。

墨西哥湾深水区的储层有古近系和新近系，储集物性均非常好，均为深水油气勘探

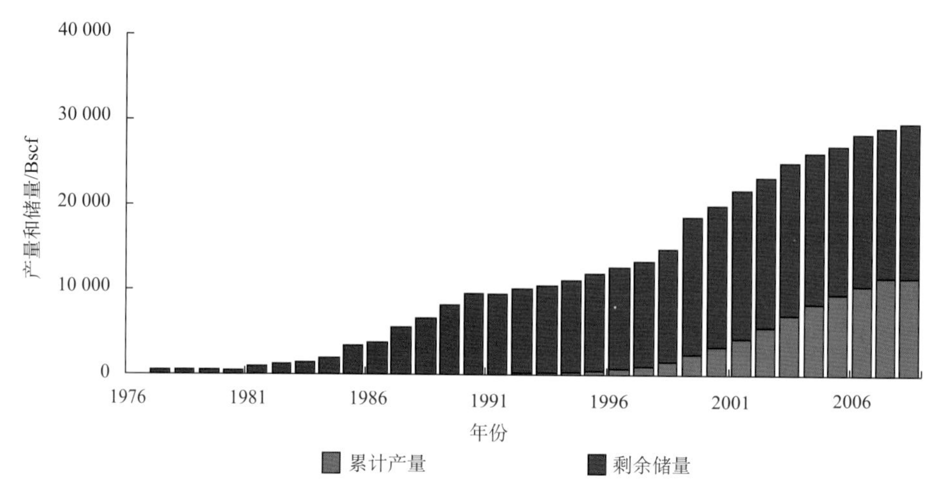

图 10-40　墨西哥湾盆地深水区年累计天然气产量和剩余储量增长直方图
（据 IHS Probe 数据库修改，2008）

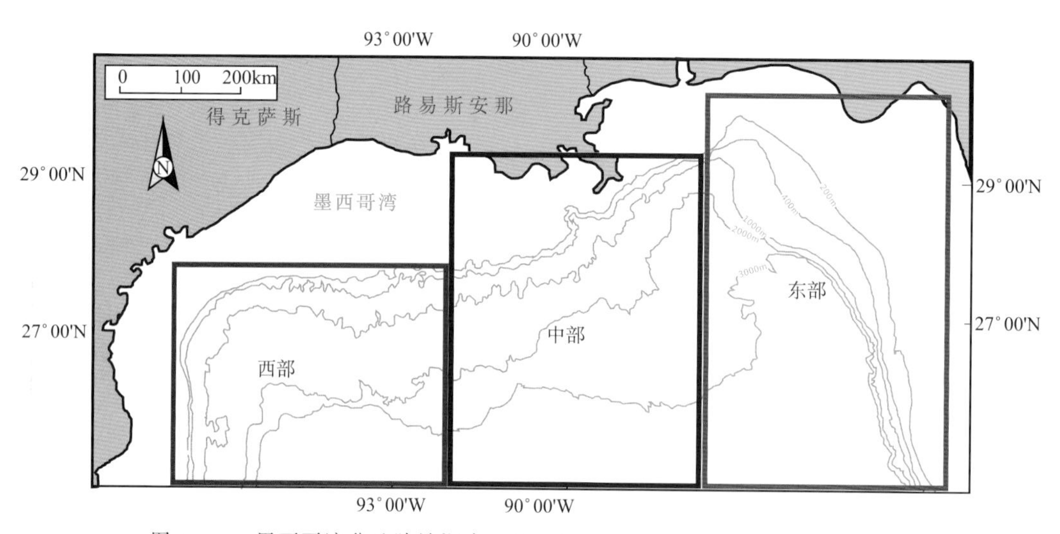

图 10-41　墨西哥湾盆地陆坡深水区的西部、中部、东部三个探区的划分图
（据 MMS 数据库修改，2008）

的主力层位（表 10-3）。其中，更新统孔隙度范围为 29%～35%；上新统孔隙度范围为 27%～37%；中新统孔隙度范围为 18%～34%；渐新统孔隙度范围为 20%～30%；侏罗系的孔隙度范围为 10%～16%，其中，更新统储层厚度范围为 3～430m，其他储层厚度为数米至四五十米。另外，在深水区的西部探区，发育古近系 Wilcox 阶浊流沉积砂体，具有很大的勘探潜力。古近系 Wilcox 阶分布在中部探区的深层，下部侏罗系烃源岩生成的油气在向上运移的过程中，遇到 Wilcox 阶砂体也可以形成油气藏。因此，中西部探区的深层油气勘探值得重视。

墨西哥湾盆地深水区的储层主要是沉积在由盐拱围限的微盆地内的海底扇

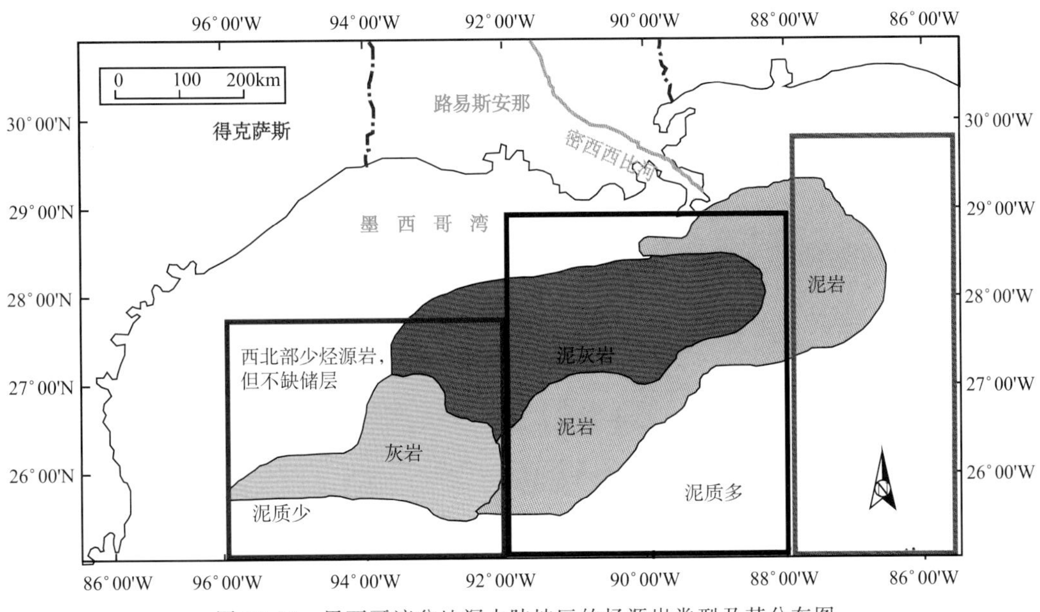

图 10-42　墨西哥湾盆地深水陆坡区的烃源岩类型及其分布图
（据 MMS 数据库修改，2008）

（图 10-43）。这些从古密西西比河长途搬运来的，在三角洲带经过再次搬运淘洗的砂体，经过水下河道再次搬运至大陆坡，由于重力流作用，沉积在先前形成的盐构造之间的微盆地内（Mini Basin）（图 10-44），成为良好的储层，并形成有利的构造-岩性油气藏。

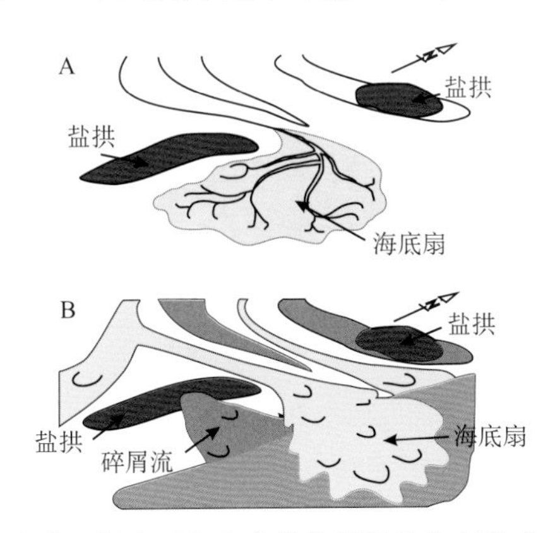

图 10-43　墨西哥湾盆地深水区海底扇砂体储层的分布样式（据 MMS，2008）

墨西哥湾盆地深水区的中部和西部发育大规模的盐构造（图 10-45 中的黑色块区）。这些盐构造围限的微盆地（黑色块之间的空白区）是良好的成储成藏场所。由于盐的滑脱作用，在重力作用下，盐构造从墨西哥湾盆地的北部向南部滑覆，因此在盆地的北部发育生长断层，而在盆地南部的陆坡前缘发育逆冲断裂及相关褶皱，在陆坡发育大量的盐构造和微盆地。这些构造都是墨西哥湾盆地深水油气藏的有利圈闭类型。

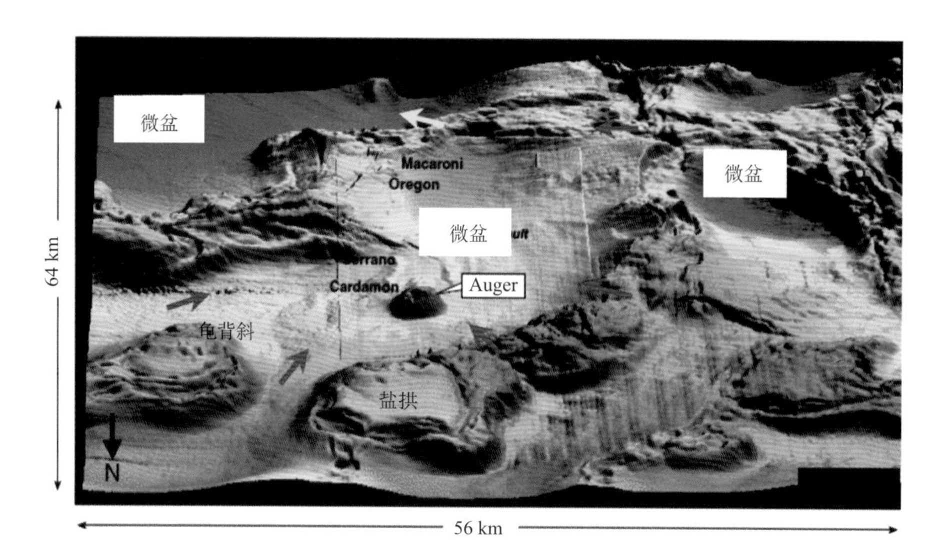

图 10-44　墨西哥湾盆地深水区微盆地和盐构造的空间关系海底地貌图
（据 MMS，2008）

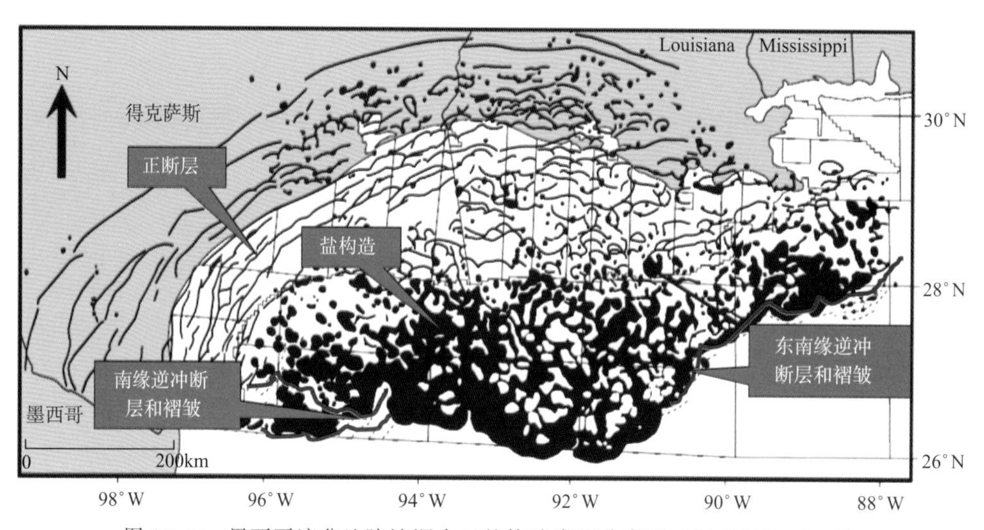

图 10-45　墨西哥湾盆地陆坡深水区的构造类型分布图（据 MMS，2008）

根据上述综合分析，我们认为墨西哥湾深水区有以下三方面的勘探潜力：

（1）墨西哥湾深水区西部为重点勘探潜力区。墨西哥湾深水区东部烃源岩成熟度低，质量差，中部烃源岩分布范围广且成熟度高，西部烃源岩分布范围相对于中部小，但成熟度很高，尤其在陆坡西北部达到过成熟，有些不利，但在陆坡南部还是有利于天然气的生成。从烃源岩来看，中部和西部均具有勘探潜力；深水区东部缺少砂岩储层，但发育碳酸盐岩储层，中部主要为上新统和中新统含油气系统，西部包括了古近系和中新统含油气系统以及部分上新统含油气系统，从含油气系统的分布规律分析，西部含油气系统比中部和东部都要丰富，有较多的有利储层；深水区东部盐少断裂少，中部盐多褶皱多（如盐相关的龟背斜），西部盐多断裂多（如盐相关背斜和断层），西部的圈闭类型比中部和东部都要相对丰富；深水区西部断层十分发育，但褶皱不如中部发育。由于断层的发育，西部的勘探难度加大，但同时断层也可作为油气运移的通道及断层圈闭，有利于油气的运移和储藏，因此在西部应多注意断块油气藏。西部烃源岩以灰岩为主，部分为泥灰岩，分布范围相对于中部较小，但成熟度很高，有利于天然气的生成；西部储层以海底扇为主，砂岩分选好，物性很好，分布有多个含油气系统（古近系、中新统和上新统），尤其古近系的 Wilcox 阶砂岩有新发现，油气资源丰富；西部盐多断裂多，盐相关构造提供了有利的构造圈闭，发育的断层可作为油气运移的通道和圈闭，因此西部具备较好的成藏条件；目前，西部的勘探程度较低，有较高的勘探潜力。

墨西哥湾盆地深水区东部勘探潜力较低，中部具有较高的勘探潜力且勘探程度较高，目前集中在超深水区勘探开发，而西部勘探潜力也很高，但勘探程度相对较低，可见西部可以作为墨西哥湾深水未来重要的勘探潜力区。建议重视断块找油、锁定上新统和古近系砂岩（如 Wilcox 阶砂岩）将有助于在西部快速圈定油气藏。由于西部断裂比中部和东部相对更发育，有利于断块油气藏发育的同时，也增加了西部油气勘探的难度。

（2）中部重视深层油气勘探潜力。墨西哥湾盆地深水区中部的勘探程度比较高，目前勘探的主力储层为上新统和更新统。中部含油气系统的烃源岩为上侏罗统页岩，生成的油气向上运移，经过上部的古近系和中新统等多套储层，遇到适合的圈闭也可以形成油气藏，因此，也要关注中部深层油气藏的勘探开发（如古近系 Wilcox 阶的油气藏）。目前一些新发现井主要位于中部大于 5000m 深的超深水区，其中，古近系是近些年超深水油气勘探的重要储层，因此，墨西哥湾盆地中部未来勘探重点是开展“古近系砂岩（以 Wilcox 阶砂岩为主）”的超深水深层勘探。

（3）东部台地和台缘的碳酸盐岩油气勘探潜力。墨西哥湾盆地深水区的东部勘探程度很低，油气发现很少，但在盆地东部的佛罗里达碳酸盐岩台地浅水区仍有勘探潜力，不容忽视。墨西哥湾盆地东部虽然盐构造圈闭少，但发育台地碳酸盐岩和台缘礁，这都是有利储层，目前也有一些发现，可能是继墨西哥湾中西部勘探之后的远景区。未来十年美国将在墨西哥湾盆地增加东部勘探区块许可证。

七、典型油气藏——Hoover&Diana 油气藏

墨西哥湾盆地深水区的主力烃源岩包括古近系页岩、白垩系页岩和上侏罗统页岩。储层以古近系和新近系地层为主。上白垩统页岩是墨西哥湾盆地的主要盖层之一。墨西哥湾盆地的油气藏圈闭类型以构造圈闭为主。Hoover&Diana 油气藏位于墨西哥湾盆地深水区的 Diana 凹陷内。该油气藏的烃源岩为上侏罗统页岩，储层为上新统和更新统砂岩，盖层为上白垩统页岩，圈闭类型为断背斜和盐相关构造圈闭。Hoover&Diana 油气藏的烃源岩、储层、盖层和圈闭类型等都是墨西哥湾盆地主要的类型，具有一定的代表性，可以作为墨西哥湾盆地深水区的典型油气藏。

1. 油气藏概况

墨西哥湾盆地深水区的Hoover&Diana油气藏位于深水陆坡中部的Diana微盆内(Mini Basin),水深1400～1500m(图10-46、图10-47)。Hoover油气藏发现于1997年,面积约17.4km²,首产在2000年9月;Diana油气藏发现于1990年,面积约38km²,首产在2000年5月。Hoover&Diana油气藏现在处于开发状态。Hoover油气藏主要以轻质油为主,Diana油气藏有轻质油和气顶气。Hoover&Diana油气藏的最终可采储量大于3亿桶,其中仅Diana油气藏的最终可采储量就大于1亿桶。Diana油气藏的初始产率为日产1.8万桶和$40\times10^4m^3$(据2000年5月数据)。Hoover&Diana油气藏的最大产率为日产6.5万桶原油和$75\times10^4m^3$天然气。现今产率日产大于8万桶原油和$57\times10^4m^3$天然气(据2002年3月数据)。

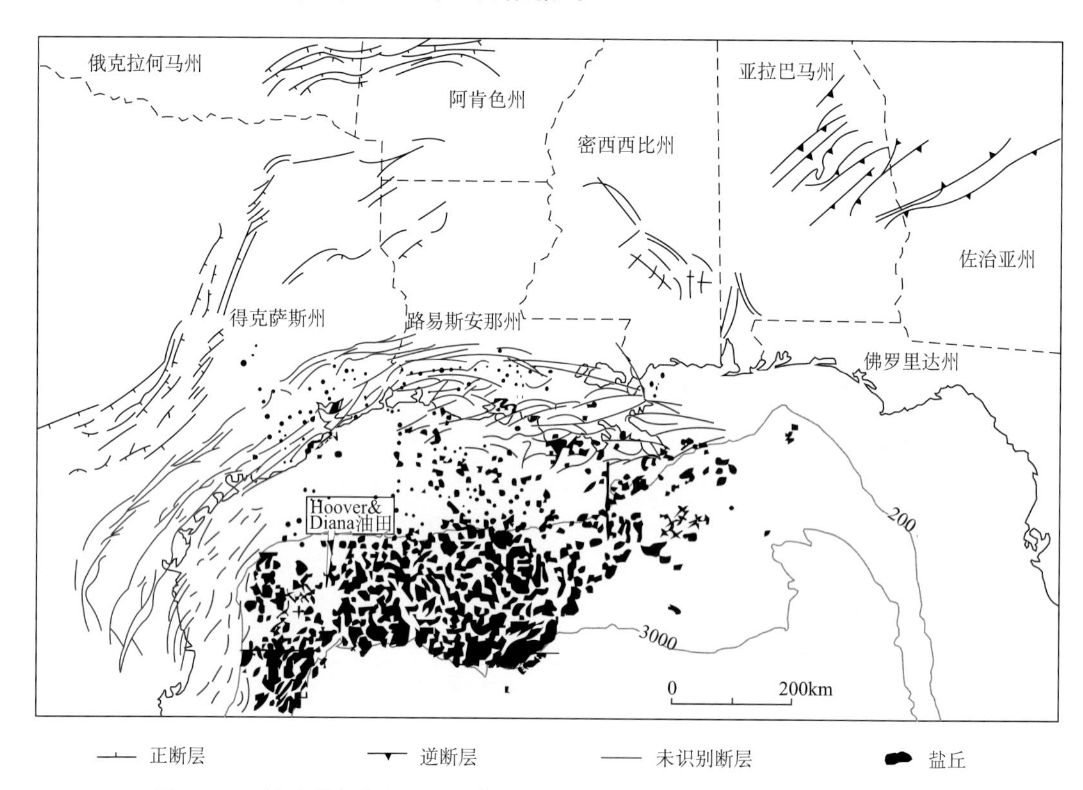

图10-46 墨西哥湾盆地Hoover&Diana油气藏位置图(据C&C,2008修改)

2. 油气藏特征

Hoover&Diana油气藏所处的构造环境是墨西哥湾盆地的被动陆缘内斜坡带。Hoover油气藏的圈闭类型为盐底辟构造之上的背斜圈闭;Diana油气藏的圈闭类型为盐脊的侧向封堵,圈闭机制为上倾砂岩尖灭。圈闭形成时间为晚上新世—更新世。Hoover油气藏的产油层顶深约3850m,储层的地层倾角0°～2°,较缓,初始轻质油柱

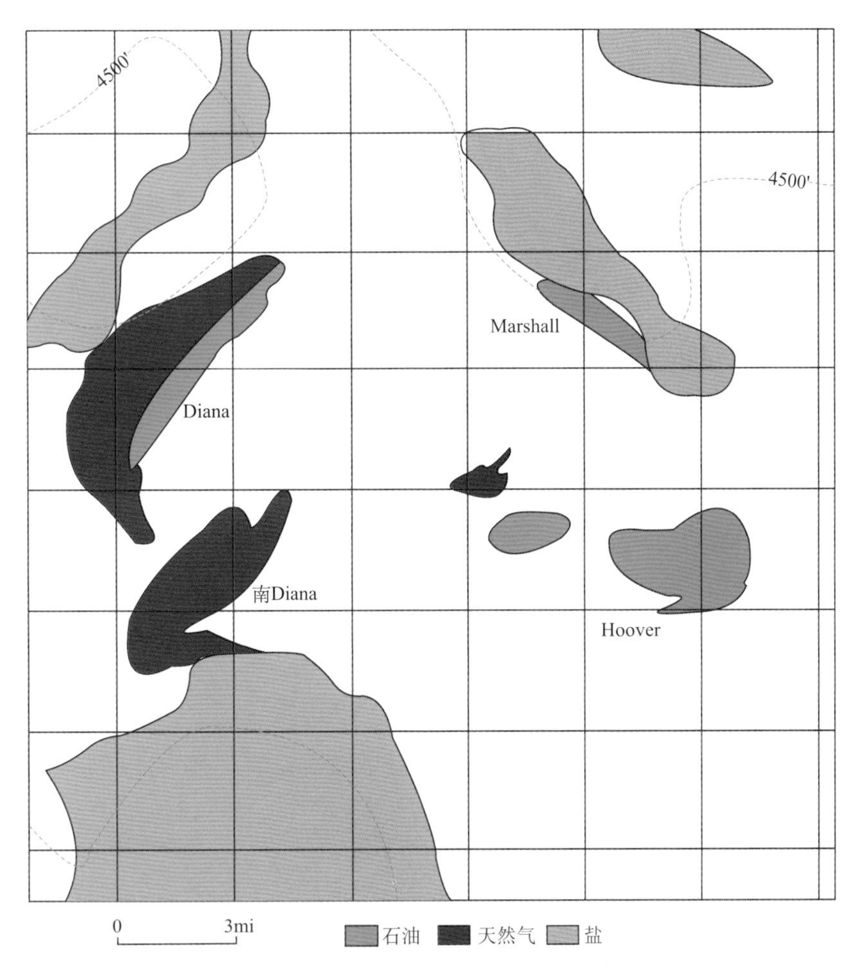

图 10-47 墨西哥湾盆地 Hoover&Diana 油气藏构造平面图（据 C&C，2008 修改）
图中等值线单位：ft

高度约 150m；Diana 油气藏的产油层顶深约 2880m，储层倾角 6°～10°，也较缓，轻质油柱高度约 75m，气顶柱高度约 300m。

Hoover 油气藏的储层为上新统上段的 P1-0 砂岩，Diana 油气藏的储层为上更新统 A-50 砂岩（图 10-48），两个油气藏都为内斜坡浊积岩沉积体。Hoover&Diana 油气藏主要的砂体类型是河床浊积岩，其次是河道边缘浊积岩。Hoover 油气藏被断层封闭；Diana 油气藏被页岩层封闭。Hoover 油气藏的储层总厚度为 10～50m，平均渗透率为 1200mD；Diana 油气藏的储层总厚度为 15～30m，岩心孔隙度为 19%～28%，渗透率 50～2000mD，平均渗透率 500mD，初始水饱和度 12%～25%。Hoover&Diana 油气藏的储层为半固结或未固结的细粒-中粒砂体，孔隙为原始粒间孔隙。

晚侏罗世到古近纪该地区主要发育烃源岩，岩性以页岩为主。烃源岩形成于大陆架和盆地内缺氧的环境中，属于 Ⅱ 型干酪根。排烃期在新近纪—第四纪期间。Hoover&Diana 油气藏的盖层主要为上白垩统层内页岩。

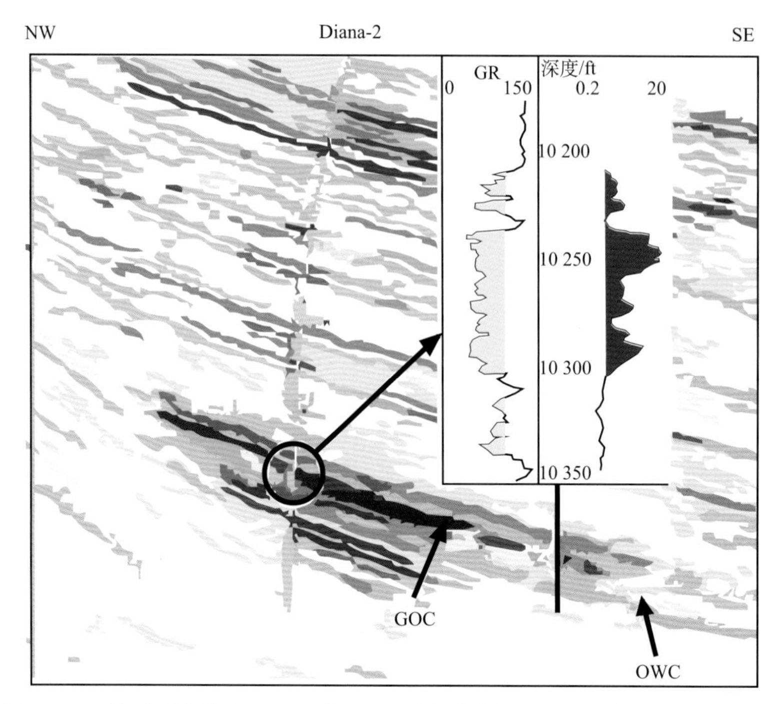

图 10-48 墨西哥湾盆地 Hoover&Diana 油气藏剖面图（据 C&C，2008 修改）

小　结

墨西哥湾盆地是北美大陆南缘一个典型的被动陆缘盆地，包括两个构造层次：下部大陆裂解期的断陷，上部大陆漂移期的拗陷。墨西哥湾盆地可以划分为内盐盆地、滨海浅水盐盆地、陆坡深水盐盆地三个次级盆地，东部为佛罗里达台地。

墨西哥湾盆地为被动大陆边缘伸展盆地。在泛大陆解体开始的中生代晚期，岩石圈受拉伸作用形成裂陷，为大陆间原始大洋裂谷型盆地。后期进入泛大陆漂移阶段，墨西哥湾地区发生热沉降，在裂陷基础上发育拗陷。墨西哥湾盆地实际上是一个裂谷之上叠加被动陆缘的叠合盆地。

初期墨西哥湾盆地是在泛大陆解体过程中形成的。墨西哥湾盆地的演化经历了泛大陆裂解阶段的裂陷期和大陆漂移阶段的后裂谷期及被动陆缘伸展期。晚三叠世—早侏罗世，泛大陆开始解体，北美与南美之间拉张形成裂谷，初始墨西哥湾盆地形成；中侏罗世裂谷进一步发展，晚侏罗世开始海底扩张，进入后裂谷期，并沉积了“母盐”。新生代墨西哥湾盆地为浅海环境，为被动大陆边缘盆地。

墨西哥湾盆地在被动陆缘阶段主要有三个沉降期：白垩纪、古近纪和更新世。墨西哥湾盆地有四套烃源岩：古近系、上白垩统、下白垩统、上侏罗统。从墨西哥湾盆地北部的大陆架、斜坡至南部的深水区域，上侏罗统—下白垩统烃源岩的成熟度逐渐降低。陆坡西北部的油气为过成熟，成熟度很高，而东南部深水区烃源岩的成熟度比较低。

墨西哥湾盆地的陆上盐盆地油气区的中生代储层主要为砂岩和碳酸盐岩，而近海和陆坡深水区的储层主要是新生界砂体，以储集性质极好的砂岩为特征，砂岩孔隙度为6%～38%，平均孔隙度为28%；渗透率为3～4500mD，平均渗透率为879mD。

墨西哥湾盆地的圈闭类型在中生界以地层、岩性圈闭为主，在新生界以构造圈闭为主。构造圈闭主要是褶皱和龟背构造圈闭，其中褶皱圈闭主要是盐和扇的前缘逆冲带，龟背构造主要分布在墨西哥湾深水区中东部。

目前墨西哥湾深水油气勘探开发主要集中在深水陆坡的中部，部分在西部，东部很少，未来有往西部转移的趋势，说明未来西部的勘探潜力较大。墨西哥湾深水陆坡的西部烃源岩以灰岩为主，分布范围相对于中部较小，但成熟度很高；西部储层以海底扇为主，分布有多个含油气系统，其中古新统的潜力很大；西部盐多断裂多，盐相关构造提供了有利的构造圈闭，发育的断层可作为油气运移的通道和圈闭，因此西部具备较好的成藏条件，未来具有广阔的勘探前景。

第十一章 圣安德烈斯走滑盆地群

◇ 美国西部圣安德烈斯断层控制的盆地群是典型的走滑拉分盆地分布区域，控盆断裂在平面上呈雁列构造，在剖面上显示出花状构造。这些走滑拉分盆地发育在走滑断层系的局部伸展地段，随着拉分量的增大，可以由狭长的走滑裂谷发展成菱形拉分盆地。

◇ 该走滑盆地群最引人注目的盆地是洛杉矶盆地。该盆地虽小，却是世界上单位面积产量和储量均最富的含油盆地，即油气丰度最高的盆地，每立方公里沉积岩拥有石油可采储量平均为132万桶。洛杉矶盆地如此富集油气资源的根本原因是一个海相拉分盆地，发育硅藻烃源岩，具有浅海生烃环境和成储成藏条件。发育大量的海底扇砂体，具有优质的储层物性，而新生代晚期的压扭作用使盆地发生构造反转，形成构造圈闭油气藏。

◇ 该盆地群的烃源岩主要为白垩系、中新统和上新统海相页岩。近90%的石油产自中新统和上新统的砂岩层，特别是浊积相砂岩储层。

◇ 在圣安德烈斯走滑盆地群的太平洋海上石油待发现可采储量为105亿桶，天然气待发现可采储量为$5094\times10^8m^3$，因此该盆地群未来的油气远景是海上油气勘探。

第一节 盆地概况

圣安德烈斯走滑盆地群位于美国西海岸，其东界为内华达山脉，该山脉为一巨大花岗岩块状山，西临太平洋，海岸山脉近南北走向，沿海岸分布，南段为横断山脉及半岛山脉。地势上从东西可分为大谷盆地、海岸山脉和海岸盆地三部分。圣安德烈斯走滑盆地群内的盆地主要包括洛杉矶（Los Angeles）盆地、萨克拉门托（Sacramento）盆地、圣华金（San Joaquin）盆地、文图拉（Ventura）盆地、圣玛利亚（Santa Maria）盆地等几个中小型盆地（图11-1）。

圣安德烈斯走滑盆地群除南缘横断山系近东西向外，内华达山系、半岛山系及海岸山系均呈北西—南东向。在海岸山系与内华达山系之间有圣华金盆地和萨克拉门托盆地，半岛山系与横断山系之间有洛杉矶盆地，文图拉盆地穿过了横断山系，海岸山系以西沿太平洋分布有圣玛利亚盆地，多数盆地的走向为北西—南东向。

圣安德烈斯走滑盆地群内油气主要集中在洛杉矶盆地和圣华金盆地（图11-1），而气田相对集中在海岸盆地（萨克拉门托盆地、圣华金盆地和圣玛利亚盆地）内，同时在该走滑盆地群的海上部分也有气田的分布。

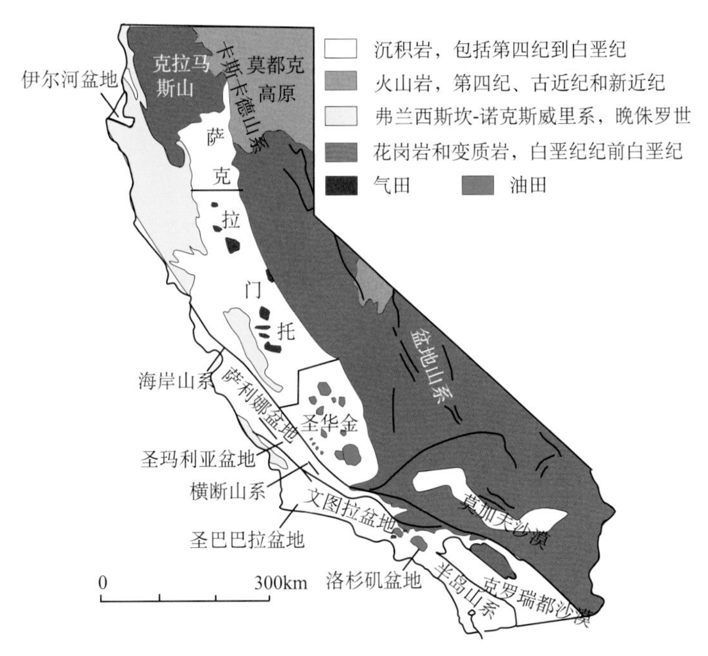

图 11-1　圣安德烈斯走滑盆地群的地理位置及其内部盆地分布

圣安德烈斯走滑盆地群是美国最早开展油气勘探的地区之一。1860 年该盆地群就开始了石油地质调查。19 世纪末期根据背斜找油理论，在圣华金盆地相继发现考阿林加、克恩河等大油田。

从 1903 年起有 12 年全区产油量居美国首位。1910 年产油 7330 万桶，占美国当年产量的 35.4%。

1920 年后，随着地球物理勘探的发展，该区油气勘探的进程得到加速，在洛杉矶盆地沿断裂带发现一串油气田。1916～1925 年是圣安德烈斯走滑盆地群发现大型油气田最多的十年。至 1930 年产量增长为 2 亿桶，占全国产量的 25.7%。从 1926～1935 年，虽仍有大型油气田的发现，但数量及储量均小于前十年。

1936～1945 年，勘探重点逐渐向埋藏更深及更隐蔽的构造转移，开始采用地震及电法测井等方法找油。在圣华金、萨克拉门托发现众多的油气田，是圣安德烈斯走滑盆地群发现油气田最多的十年，但多为中小型油田。

1946 年以后，由于背斜油藏及浅层油藏多已被钻探，因而转向复杂的油气藏及深层油气藏的勘探，加强了深部勘探工作。1950 年产量突破 3.67 亿桶，而在此十年间（1946～1955 年）发现重要油气田数却比前十年下降近 50%。

1956 年以后勘探的重点转移到沿岸各含油气区，并在萨利纳斯盆地和文图拉盆地相继发现了一些重要的油气田，但很多油田已进入开发的后期，故年产量基本稳定在 3 亿～4 亿桶水平。从 1966 年以后，该盆地群内发现的油气田的数量开始减少，1966～1975 年这十年间仅发现 15 个中小型油气田。

以洛杉矶盆地为例，洛杉矶盆地在 1920～1934 年为勘探发现快速增长阶段，而

1934年以后，洛杉矶盆地开始进入了缓慢增长阶段，该时期发现的油气田多为中小型的油气田，1932～1976年该盆地共发现36个油气田，但这些盆地的累计储量增长并不明显。随着对圣安德烈斯走滑盆地群勘探的深入，该盆地群的勘探已进入晚期，20世纪80年代以后对于该盆地的勘探逐渐减少，这段时期的主要勘探方向是一些分散的或者规模较小的区域上，但勘探效果并不明显。

第二节　盆地基础地质特征

一、构造单元划分

圣安德烈斯走滑盆地群内不同盆地的构造-沉积发育情况略有不同，但总体有可对比性。下面以其中的洛杉矶盆地为例，介绍其构造单元划分。

洛杉矶盆地（图11-2）位于两条大型活动断裂系统的交汇处，即北西向右旋走滑的圣安德烈斯断裂和东西向左旋走滑断裂的交汇处（图11-3）。从大地构造位置和变形特征上看，属于典型的走滑拉分盆地。过洛杉矶盆地剖面图（图11-4）展示了洛杉矶盆地中新世（10～20Ma）以来的走滑拉分盆地剖面特征。

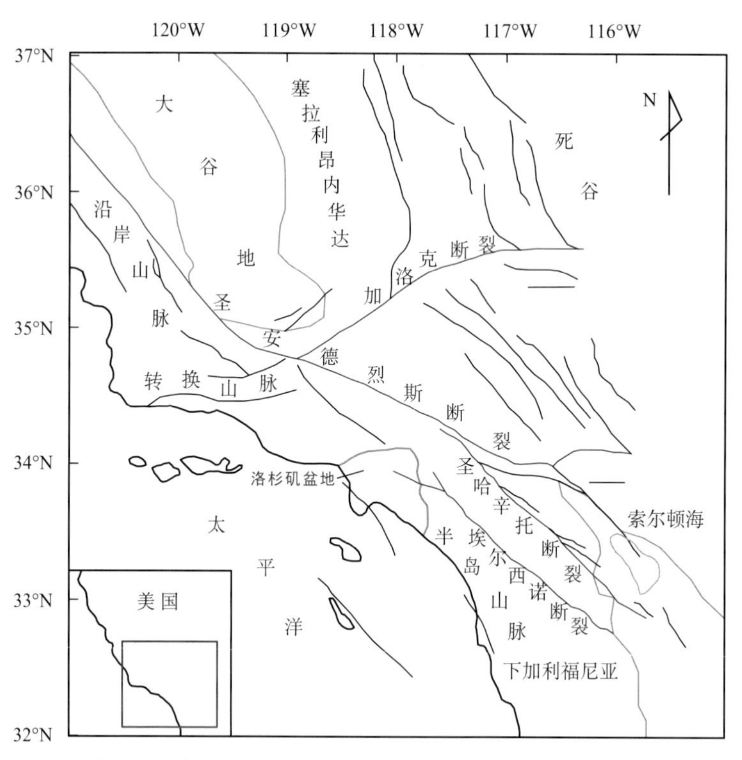

图11-2　洛杉矶盆地地理位置（Komatitsch et al.，2004）

洛杉矶盆地主要受北西向转换断裂体系控制，盆地北界为近东西向断裂带，内部有北西向右旋张扭性断裂，这两组断裂将洛杉矶盆地切割成5个次级构造单元，即北部斜

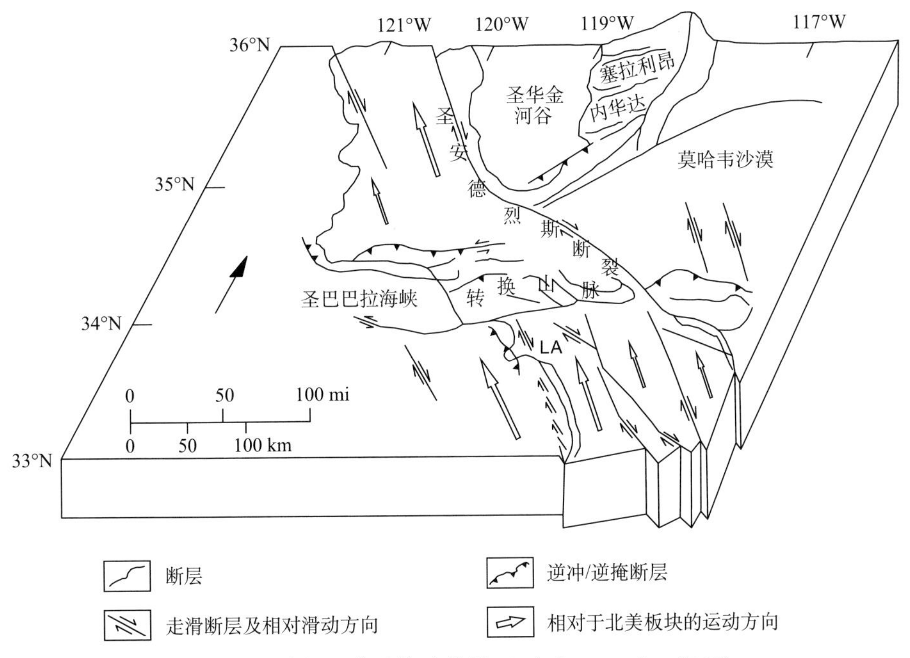

图 11-3　洛杉矶盆地构造背景（Bilodeau et al.，2007）

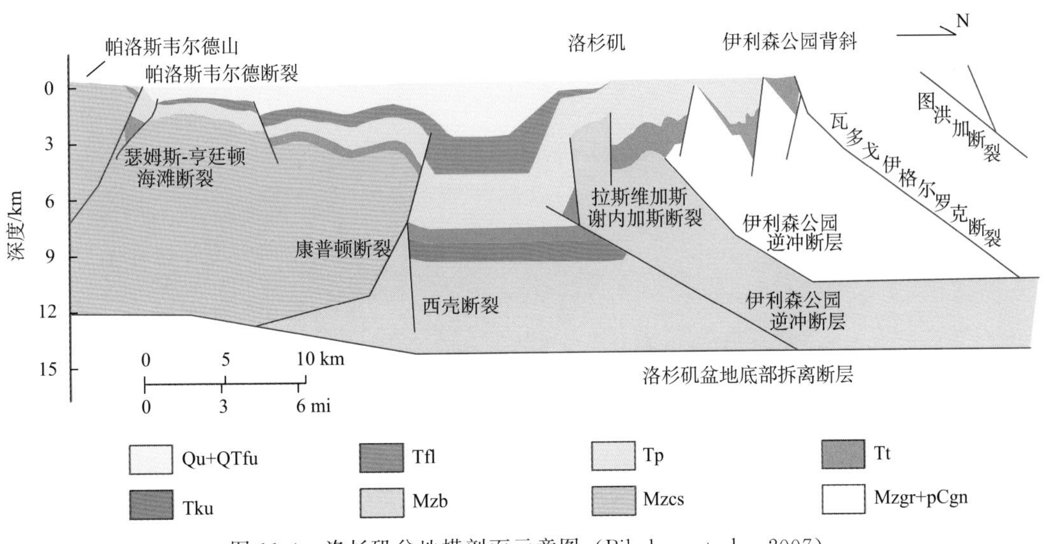

图 11-4　洛杉矶盆地横剖面示意图（Bilodeau et al.，2007）

坡带、东北小洼陷带、中部洼陷带和两个断块带（图 11-5）。

1. 北部斜坡带

北部斜坡位于盆地北部东西断裂带的南侧，呈区域性南倾，是一个东西走向的背斜带。

2. 东北小洼陷带

东北小洼陷位于洛杉矶盆地的惠梯尔（Whittier）断层东北，是重要的生油洼陷。

3. 惠梯尔断块带

惠梯尔断块东北以惠梯尔断层为界，西南以阿纳海姆构造鼻以北的断层为界。沿惠梯尔断层有雁行排列的背斜带，分布着布雷-奥林达-蓬蒂、惠梯尔、蒙脱别罗等构造。此外，断块两侧断层的水平滑移所产生的剪切作用导致在惠梯尔断层和阿纳海姆构造鼻以北的断层之间形成了一些北东东至近东西向的次级断层和雁行排列的褶皱群，如富田、东科牙特、西科牙特、圣飞泉和东洛杉矶等构造。

4. 英哥坞断块带

英哥坞（Inglewood）断块两侧分别为帕洛斯-韦尔迪斯断层和新港-英哥坞断层所限。沿新港-英哥坞断层有一条呈雁行排列，并被断层所切割的背斜构造带，从东南到西北包括新港、亨廷顿滩、海豹滩、长滩等背斜构造。在英哥坞断层西南，靠近帕洛斯-韦尔迪斯断层则为另一排北西—南东向的背斜带，包括威明顿和托兰斯背斜，这个构造带两侧的背斜皆延伸进入太平洋海域。

5. 中部洼陷带

中部洼陷位于两个断块之间，是盆地下陷最深、沉积最厚的地区，是洛杉矶盆地的主要生油洼陷。该构造单元上没有发现背斜构造。

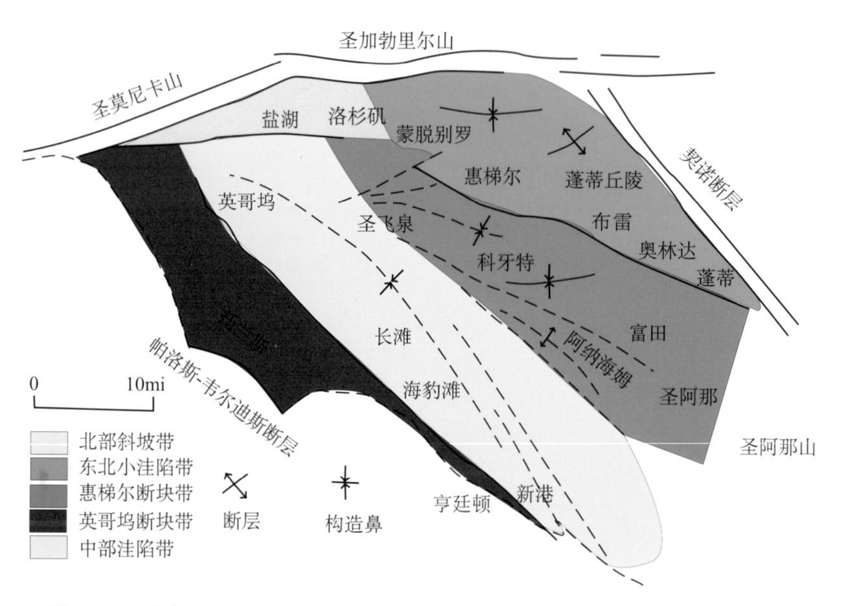

图 11-5　洛杉矶盆地沉积盖层单元划分（Rumelhart and Ingersoll，1997）

二、地层层序

圣安德烈斯走滑盆地群发育的地层以白垩系及其以上的地层为主，而白垩系以下的地层则多作为基底。盆地群内部不同盆地的地层发育情况略有不同，但总体上是可以比较的。下面以洛杉矶盆地为例，介绍地层发育情况。

洛杉矶盆地为新近纪盆地，地层多为中新统及以上地层，而侏罗系—白垩系地层也有一定的发育（表 11-1）。

表 11-1　洛杉矶盆地地层表（据 USGS，2002）

年代	组	地层厚度/m	岩性描述	沉积环境
晚更新世（哈利阶）	La Habra	412	红棕色砂、粉砂质砾和粉砂	陆相
晚更新世（哈利阶）	San Pedro	122	黄棕色粉砂、砂、黏土和砾石	陆相-内浅海
晚—早更新世（哈利—惠勒阶）	Pico	305～915	块状云母质粉砂岩和黏土岩与粉砂质砂互层	浅海-半深海上部
早更新世			页岩、砂质含云母黏土岩、与砂互层的粉砂岩	半深海中部
晚上新世（文图拉阶）			细-粗粒砂和砂质含云母粉砂岩和页岩互层	半深海中部
晚—早上新世（雷佩蒂阶）	Repetto	5490	细-粗粒砂岩、砾质砂岩、砂质含云母页岩、粉砂岩和黏土岩互层	半深海下部
早上新世—晚中新世（德尔蒙特阶）	Puente	762	细-粗粒砂岩和云母质砂质粉砂岩、板状硅质粉砂岩及层中夹中粒砾岩互层	半深海中-上部
晚中新世（莫恩阶）		1160	中-粗粒长石质砂岩和砂质粉砂岩及硅藻土质粉砂岩互层中夹中粒砾岩透镜体	半深海中-上部
晚—中中新世（莫恩阶）		458	含云母粉砂岩、板状薄层钙质粉砂岩；粉砂质中粒长石砂岩；在盆地西部含磷酸盐结合的页岩	半深海中-上部
中—早中新世（雷利阶—卢伊斯阶）	Topanga	640	固结良好的块状粗砂岩和砾质砂岩与砂质页岩和深色粉砂岩互层	内浅海-半深海中部
早中新世—晚始新世	Sespe	365	杂色砂岩和砂砾岩与砂质黏土岩互层	冲积扇-辫状河体系

1. 盆地基底

盆地的基底在圣莫尼卡山区出露，由圣莫尼卡板岩和侵入白垩系的地层组成。在该盆地的中部，基底主要由花岗闪长岩和黑云母-石英闪长岩复合而成。

2. 上白垩统

盆地的西部有800m厚的上白垩统海相层系出露，而在盆地的中部，也有另一个厚层上白垩统地层出露，这个760m厚的地层自下而上由Turonian Trabuco组、Turonian组到Campanian Ladd组和Campanian Williams组构成。

3. 古新统—中始新统

在洛杉矶盆地周围有两个古新统地层出露，Coal Canyon组在盆地西部出露，而Silverado组在盆地的中部出露，中始新统Santiago组覆盖在Silverado组地层之上。

4. 上始新统—下中新统

（1）Sespe组。在盆地的西部，Sespe组广泛发育，1000m厚的非海相地层由砂岩、砾质砂岩和泥岩组成，并和上覆的Vaqueros组呈指状交错。它的上始新统、渐新统和下中新统的年代标志是基于地层沉积位置定的。

（2）Vaqueros组。Vaqueros组主要发育在盆地的西部，其上部为Topanga组，岩性为浅水海相砂岩和泥质粉砂岩。

5. 下—中中新统

（1）Topanga组。在盆地的绝大部分地区Topanga组的粗粒碎屑岩和上覆的下莫恩阶细粒碎屑岩间有一个明显的岩性间断。

（2）San Onofre角砾岩。San Onofre角砾岩为一独特的地层单元，在盆地的部分区域有出露，它不整合于Topanga组之上，不整合地下伏于Monterey组之下。这种外来的San Onofre角砾岩被认为是粗岩屑的混杂堆积沿着斜坡进入到中新世盆地深部，并形成Topanga组和Monterey组间的一个沉积楔状体。

6. 中—上中新统地层组合

中—上中新统有几个地层单元，其名称在整个盆地周围都有所不同。这些地层单元代表自上到下的半深海和近海碎屑沉积。

（1）Modelo组。在盆地西部发育的中—上中新统Modelo组地层厚度为1525m，该组不整合地覆盖在Topanga组或更老的岩石之上。

（2）Monterey组。Monterey组代表了半深海中上部环境中的半远洋沉积。

（3）Puente组。Puente组在年代上相当于Monterey组的上部，但其在岩性和沉积环境上具有独特性。在盆地的西部，下Puente组的半深海含磷酸盐质结核状页岩覆盖在Topanga组上，而在盆地的东部，此层段表现为半深海碎屑岩沉积，并覆盖在Topanga组之上。

7. 上新统—更新统

该地层岩性为上新统粉砂岩、砂岩、含砾砂岩和砾岩。

三、盆地构造沉积演化

圣安德烈斯走滑盆地群内沉积盆地的发育与板块作用有密切的联系（图 11-6）。自晚侏罗世以来，太平洋板块向北美板块俯冲，形成了以晚侏罗统—白垩系花岗岩为主体的内华达岩浆弧，早期在其西侧形成了弧前盆地。在白垩纪末期和古近纪早期，进一步发展成弧前前陆盆地，俯冲由垂向转变为斜向，导致沿中加利福尼亚沿岸产生了右旋走滑的转换平移断层，发育了圣安德烈斯断裂及一系列以中生界变质岩为主的海岸山系。至晚渐新世，东太平洋的海底扩张不断向美国西岸推进，转换断层的构造运动开始控制着沉积过程，形成了一系列雁行排列的隆脊和菱形盆地。

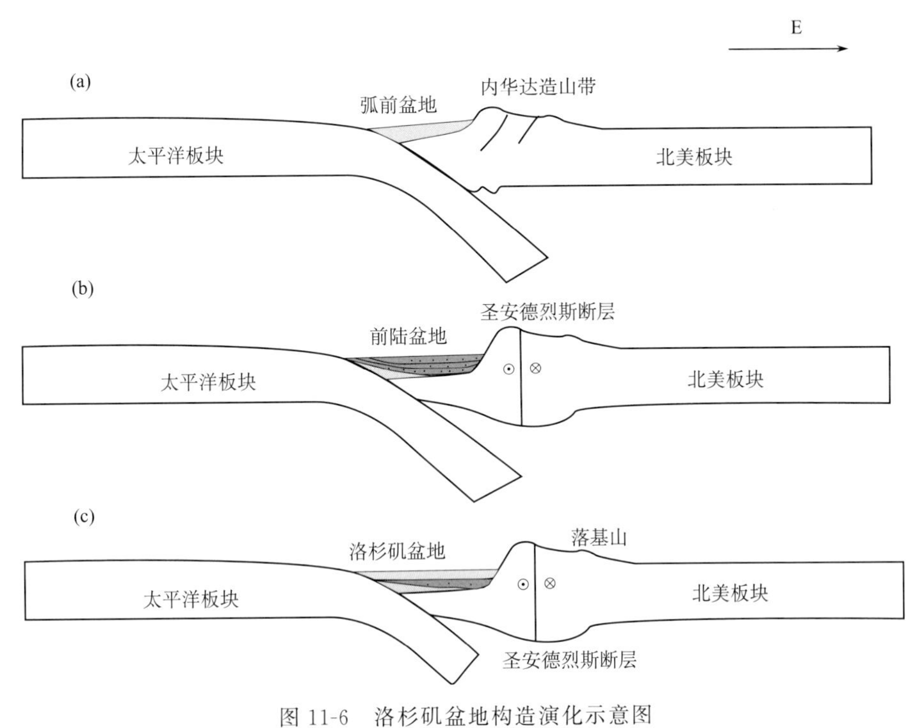

图 11-6　洛杉矶盆地构造演化示意图

（a）晚侏罗世—白垩纪时期；（b）白垩纪末—古近纪早期；（c）晚渐新世至今

圣安德烈斯走滑盆地群内的各盆地沉降历史略有不同，但总体上可以对比。下面以其中的洛杉矶盆地为例，介绍其盆地沉降史。

由于后期构造的分割改造，洛杉矶盆地不同部位的沉降历史有些不同，但总体上是一致的。基于沉降曲线分析，洛杉矶盆地可以识别出三期构造事件（图 11-7）。第一期构造事件起始于 16Ma，以 Simi 地区的快速沉降为标志。第二期构造事件起始于 12Ma，结束于 4Ma，是盆地的稳定持续沉降阶段。这次事件与 12Ma 的火山作用相关，并且 San Gabriel 断裂在该时期也很活跃，因此洛杉矶盆地北部的张扭以及随后的热沉降很可能与该时期 San Gabriel 断裂及其他相关断裂活动有关。第三期构造事件开始于 4Ma，发生构造反转，发育背斜构造圈闭，大致与现代圣安德烈斯断裂活动的起始时间一致。

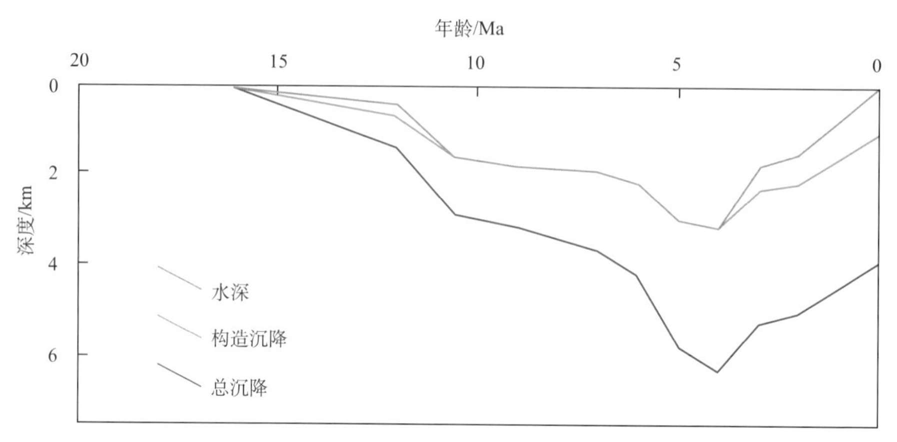

图 11-7　洛杉矶盆地沉降曲线（Rumelhart and Ingersoll，1997）

以上洛杉矶盆地的构造演化控制了洛杉矶盆地的岩相古地理。根据洛杉矶盆地的岩相古地理分析，洛杉矶盆地中新世以来的古地理显示了四个主要的海底扇系统（图 11-8），其中有三个海底扇系统的演化与中新世晚期 San Gabriel 山脉有关，该山脉为当时最主要的高地形地区，另外一个则是与 Simi 隆起相关，该隆起将洛杉矶盆地和文图拉盆地分割开，而 Griffith Park 高地又进一步分割了洛杉矶盆地。

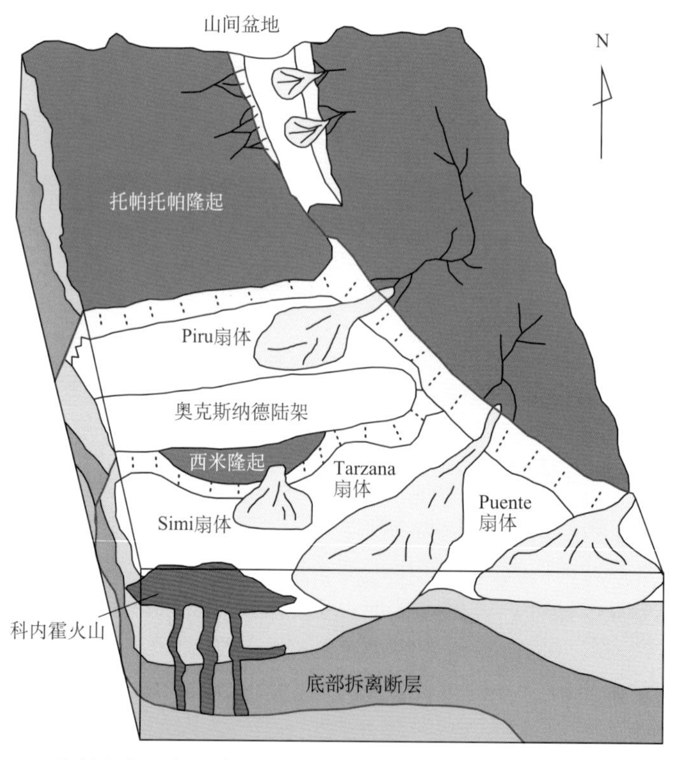

图 11-8　洛杉矶盆地新生代岩相古地理图（Rumelhart and Ingersoll，1997）

中新世晚期，Piru 扇体沉积于文图拉盆地东部，洪积扇接受了大量来自 Gavriel 山脉的粗粒碎屑物质，包括来自于斜长岩杂岩的高百分比的钙斜长石，其形成环境包括水下和扇三角洲环境。Puente 组 Puente 扇体的沉积物来源于北东方向，沉积于洛杉矶盆地中。

中新世晚期，洛杉矶盆地为半深海环境。Tarzana 海底扇从北部进入到洛杉矶盆地中。Tarzana 海底扇以西为 Topanga 组上部和 Modelo 组下部的沉积层序。圣莫尼卡山脉西部的隆起将洛杉矶盆地分割开。圣莫尼卡山脉南部，海底扇体很可能进入到洛杉矶盆地的深海-半深海洋底。

第三节　石油地质特征

圣安德烈斯走滑盆地群虽没有大型盆地，但很有特色，拥有油气丰度最高的盆地，从烃源岩、储层、盖层、圈闭到整个含油气系统，都有着较好的配置组合。有多套烃源岩，其中白垩系和古近系海相页岩是重要烃源岩，并有多套储层，上白垩统、古近系、新近系和第四系都有分布。以碎屑岩储层为主，其中近 90％的石油产自中新统和上新统的砂岩层，特别是浊积相砂岩储层。

一、烃源岩

圣安德烈斯走滑盆地群的海相碎屑岩发育，有机质丰富，有利生油岩厚度大，油源充足。北部（如萨克拉门托盆地）为白垩系海相沉积中心，沉积了厚达 8700m 海相砂页岩层，页岩中富含有机质，埋深较大，是有利于生成天然气的层系。南部（如洛杉矶盆地）在古近系存在一个封闭海沉积中心，有机质以藻类为主，发育硅藻，而且埋深都较大，均已越过生油窗，为有利生油层系，因而油田分布广泛，含油丰度很高。盆地群西部一些拉张转换型盆地主要生油层系为新近系海相页岩，这些由转换机制形成的断陷盆地，虽然面积较小，但下陷深，沉积厚度大，成熟厚度和成熟体积也相应较大，油源富足，目前该区油气田大多呈环状分布在生油深凹陷的周围。

该盆地群的主要烃源岩为始新统、中新统和上新统页岩。下面以其中的洛杉矶盆地和萨克拉门托盆地为例，介绍其烃源岩特征。

在洛杉矶盆地东南部和最东部分布有上白垩统海相碎屑岩、古新统—下始新统海相和非海相层系、上始新统—下中新统的红层以及下中新统海相地层，这些地层是洛杉矶盆地形成前的沉积地层的残余。而盆地内大部分区域分布的主成盆期沉积物是海相富含有机质的中新统页岩、块状砂岩和砾岩，与分布较广的火山岩等混杂在一起。可将洛杉矶盆地内的中新统的沉积地层分为 Puente 组、Modelo 组和 Monterey 组三个组，这三个组的时代相近，但是岩性有差异。

Puente 组厚 4000m，由页岩、粉砂岩和砂岩组成。该组地层的 TOC 含量范围相当宽，最高可达 16％左右，平均约为 4％。干酪根大部分由海相腐泥质（Ⅰ型、Ⅱ型干酪根混合物）组成。

Modelo 组由棕色至棕灰色硅藻页岩和砂岩互层组成。“团块页岩”是 Medelo 组底部显著的富磷酸盐的潜在烃源岩，TOC 值最高可达 10%，平均为 5.6%。有机物由 80%～90%的腐泥质及少量的陆源碎屑组成，在轻微还原条件下，沉积于半深海环境。

Monterey 组页岩，TOC 范围为 2%～18%，平均为 4%，海相腐泥质干酪根含量比较高。该组页岩主要在缺氧条件下，在海相环境中沉积形成。页岩中有相当高的氢指数（多数高于 300mg/g 有机碳），显示出Ⅰ型、Ⅱ型干酪根具有很好的生烃潜力（图 11-9）。

整体而言，洛杉矶盆地含有丰富的富含有机质的烃源岩，其干酪根类型为富含腐泥质干酪根。基于镜质体反射率的烃源岩成熟度估计值低，似乎与富腐泥质的干酪根有关，这些干酪根能在比常规值低的成熟度情况下生油，或引起干酪根镜质组反射率的降低。洛杉矶盆地现时地温热梯度为 3.91℃/100m，沿西南部边缘、北部边缘及 Santa Fe Springs 背斜周围隆起区最大，在中央向斜区最小。

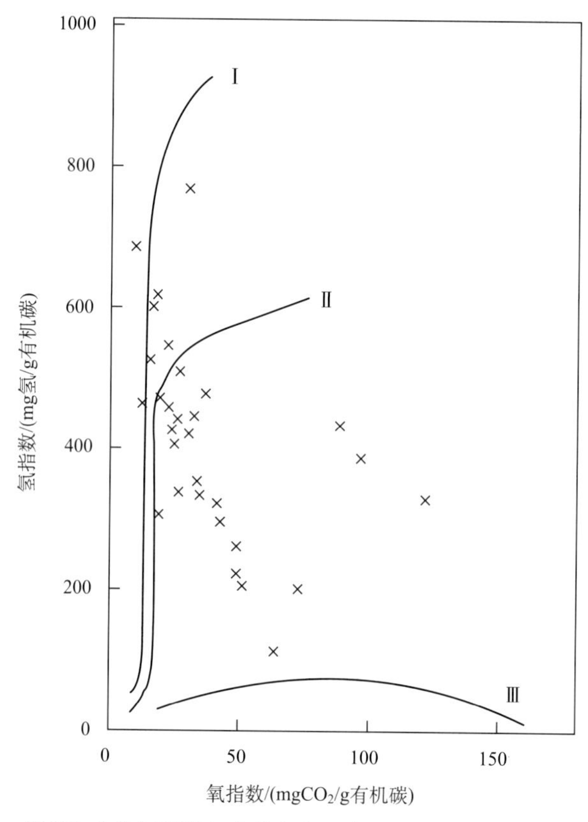

图 11-9 洛杉矶盆地烃源岩氧指数与氢指数分布图（AAPG 合集，2000）

圣华金盆地主要烃源岩为上中新统 Monterey 组页岩、始新统 Tumey 组页岩、始新统 Kreyenhagen 组页岩和白垩系—古新统 Moreno 组页岩（表 11-2）。

始新统、中新统及上新统海相沉积层富含有机质页岩，特别是在两个沉积中心，有机质含量超过 1%，在有机质富集带有机质含量可达 5%，大部分为腐泥型有机质，是良好的生油层。白垩纪海侵时亦沉积了一定厚度的有机质页岩和黏土岩，有机质含量在1%左右，多为腐殖型，Ⅲ型干酪根，易于生气。

表 11-2　三套烃源岩 TOC 值对比

烃源岩	最大沉积区	厚度/m	TOC/%
Anterlope 页岩（>3600m）	Tejon	914～1219	2.0～5.5
	Buttonwillow 南部	152～305	3.5～4.5
	Buttonwillow 北部	152～305	1.0～2.0
Kreyenhagen 段（>4572m）	Tejon	0～122	1.0～2.0
	Buttonwillow 南部	122～244	2.0～3.0
	Buttonwillow 北部	122～244	2.0～3.0
Moreno 段（>4115m）	Jacalitos 油气田区域	152～213	3.5～4.0

萨克拉门托盆地的烃源岩主要为 Dobbins 组、Forbes 组、Winters 组和 Sacramento 组页岩（图 11-10）。

该盆地的有机质是以高等植物碎屑为主，从其有机碳各类所占的比例来看，木质占44%，惰性组占8%，重新改造的木质物质占14%，草木质占16%，无定型碎屑占18%。其干酪根类型为Ⅲ型，易生气而不易生油。

该盆地甲烷的 $\delta^{13}C$ 和 δD 值变化很大。Stockton 穹隆南部的 Tracy 气田的古近系产层测得的甲烷最小 $\delta^{13}C$ 值为－61.3‰。根据其产层浅（1050m）、C_2^+ 烃类的浓度极低（0.2%）和很轻的同位素组分分析，可得出 Tracy 气田的天然气是以微生物成因的甲烷为主。

二、储层特征

圣安德烈斯走滑盆地群油气储层较多，上白垩统、古近系、新近系和第四系都有分布，碎屑岩占最大比例，其中近90%的石油产自中新统和上新统的砂岩层，特别是浊积相砂岩储层。盆地群内各盆地的储层特征略有不同，总体上可以对比，下面以洛杉矶盆地和萨克拉门托盆地为例，分析其储层特征。

洛杉矶盆地是典型的自生自储型盆地，其烃源岩和储层基本一致。上中新统和下上新统为重要的含油层，最大厚度分别为3300m和1500m，为半深海-深海相沉积，由砂岩和页岩组成，含大量硅藻、放射虫、有孔虫等，平均有机碳含量3.12%。晚中新世—早上新世时期，盆地迅速沉降，有机质很快被埋藏并转化为油气，成为良好的生油层和储油层。具体而言，其储层为莫恩阶、德尔蒙特阶和下—中雷佩蒂阶浊积岩，岩相以海底扇为主。

目前洛杉矶盆地已发现50多个油气田，其中十多个主要油气田，多属储层厚、物性好的油田，如威明顿油田下上新统和上中新统总厚1000～1200m，有八个储集层段，

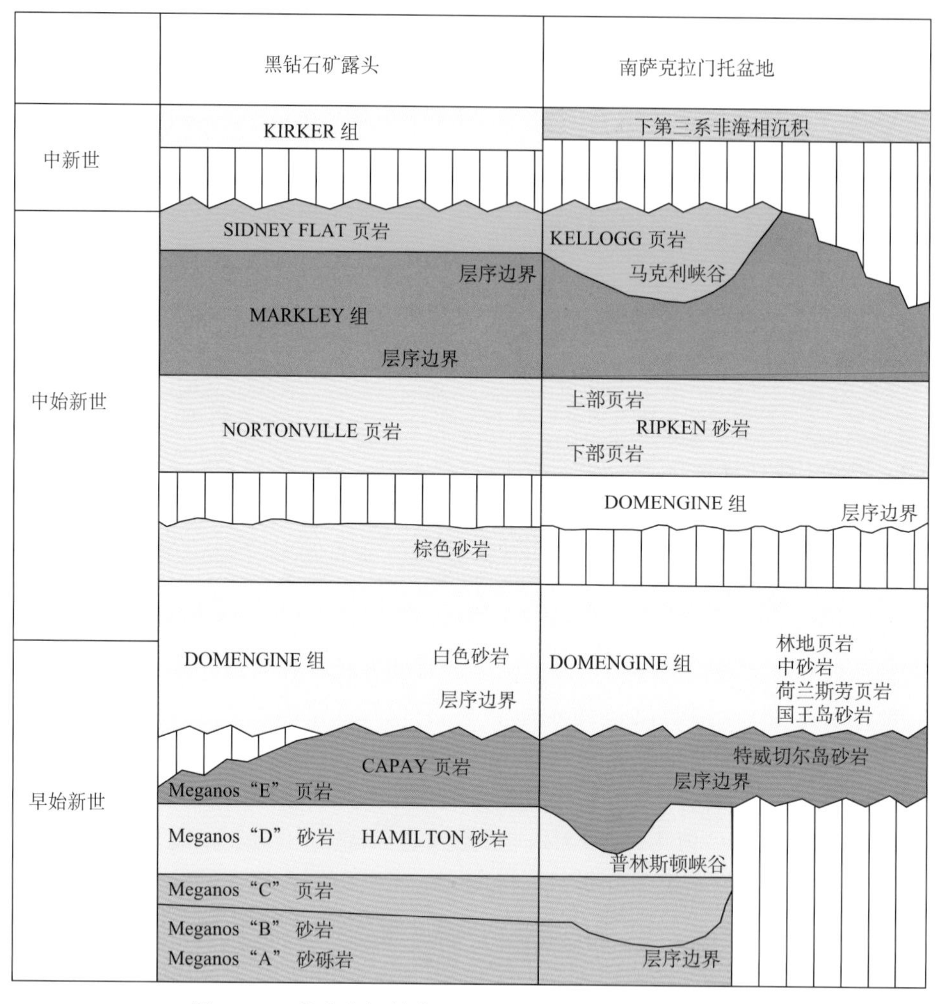

图 11-10 萨克拉门托盆地地层层序（据 USGS，2003）

每段厚度达 60～370m，砂岩占 20%～70%，砂岩单层厚度 1～10m，砂岩总厚度 550m，孔隙度范围为 20%～40%，渗透率范围为 150～1000mD。又如长滩油田，上新统砂岩总厚 770m。另外，裂隙性基岩也产油，如威明顿油田侏罗系—下白垩统卡塔丽娜片岩为裂缝型储层，储层厚度为 25～40m，孔隙度平均为 25%，渗透率平均为 275mD。

萨克拉门托盆地的储层主要为渐新统 Winters 组砂岩、Mokelumne River 组和 Martinez 组以及 Capay 组页岩，其砂岩和页岩大多在海相环境下形成。储层厚度为 1～168m，孔隙度范围为 18%～34%，渗透率范围为 5～2406mD。

三、盖层特征

圣安德烈斯走滑盆地群的盖层一般为孔隙度和渗透率都比较低的页岩和粉砂岩，如萨克拉门托盆地，其盖层为 Sacramento 组粉砂岩和页岩，另外如圣华金盆地，其盖层为上中新统—上更新统渗透率低的黏土岩、泥岩和紧密胶结的粉砂岩。洛杉矶盆地的盖层为上新统和更新统页岩。

四、圈闭特征

圣安德烈斯走滑盆地群的圈闭类型以背斜和断层圈闭为主，具体到盆地群内的各盆地，其圈闭特征有所不同，但总体上有可对比性。下面将以其中的洛杉矶盆地和萨克拉门托盆地为例，分析其圈闭特征。

洛杉矶盆地的圈闭类型主要为构造圈闭和地层圈闭，其中构造圈闭有背斜圈闭和断背斜圈闭。大多数古近纪形成的背斜圈闭均有石油发现。油田多与断块活动的同沉积背斜有关，多被北西向断层所切割，形成断层圈闭。

萨克拉门托盆地内的圈闭类型主要为构造和地层圈闭（图 11-11）。在盆地的一些区域，油气早期聚集在地层圈闭中，后期运移到构造圈闭中。

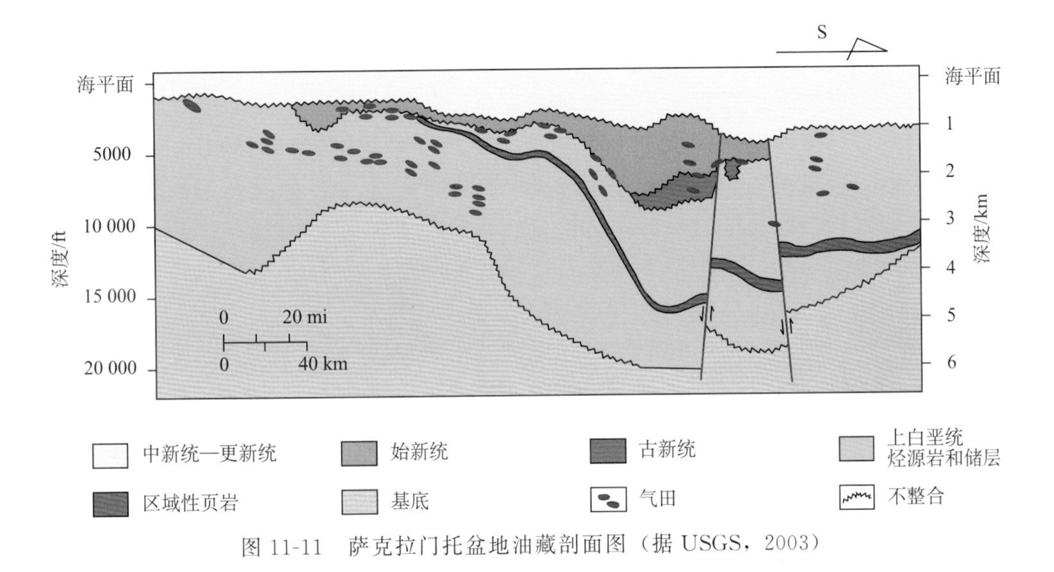

图 11-11　萨克拉门托盆地油藏剖面图（据 USGS，2003）

五、油气的生成和运移

圣安德烈斯盆地群由于其内部发育的构造情况不同，其内的不同盆地的油气生产及其运移存在差异，下面以其中两个重要盆地（洛杉矶盆地和萨克拉门托盆地）为例，分析其油气的生成和运移方式。

洛杉矶盆地的烃源岩成熟和排烃开始于早上新世或者更早，基于沥青成熟度分析，盆地较深部的上中新统砂岩是油气初次聚集区，油气由深部向较浅储集层再次发生垂直运移形成目前发现的油田，特别是巨型的威明顿油田和亨廷顿海滩油田的特征。

萨克拉门托盆地油气从渐新世开始发生运移，其中天然气的运移方向是盆地南部形成的天然气沿着Forbes组页岩向盆地的北部区域运移，运移距离最大可达193km。圈闭类型早期主要为地层圈闭，后期由于构造作用转化为构造圈闭，而石油的运移方向从盆地西部向盆地东部运移，其运移距离最大可达64km。

六、含油气系统及勘探潜力

萨克拉门托盆地是北美西海岸走滑盆地群内面积最大的含油气盆地。我们以该盆地来解剖分析走滑盆地的含油气系统。

萨克拉门托盆地的含油气系统事件表在圣安德烈斯走滑盆地群具有一定的代表性（表11-2）。烃源岩最早形成时间为白垩纪晚期，早期的烃源岩多为白垩纪时期形成的页岩残余部分，缺乏连续的岩层，随后在始新世早期开始出现比较完整的烃源岩地层，但这并不是烃源岩的主要形成时期，其主要的烃源岩为上中新统到下上新统岩石，岩性为Dobbins组、Winters组、Forbes组和Sramento组页岩。储层为Forbes组、Koine组、Domengine组、Winters组、Starkey组和Mokelumne River组砂岩，最早形成时代为早白垩纪，早于烃源岩形成时间，多为剥蚀残余部分，其主力储层为下古新统到上更新统砂岩。盖层为下中新统至上更新统萨克拉门托组页岩。上覆岩石为下中新统及其以后形成的砂岩。该盆地圈闭类型主要为地层圈闭和地层-构造复合圈闭，其形成时间为中新世晚期（表11-2）。该盆地从晚白垩纪晚期开始生油，一直持续到更新世早期，晚白垩纪晚期到始新世晚期这段时间为主要的生油阶段，晚中新世为生油高峰期。生气阶段从始新世晚期开始，一直持续到更新世早期，其中，始新世晚期到更新世早期，为主要的生气阶段。油气运移时间从古新世中期开始，初始阶段为石油的运移，从古新世中期一直持续到更新世晚期，其中，古新世中期到始新世晚期主要为石油的运移时间。天然气的运移时间开始于始新世晚期，一直持续到更新世晚期，中新世早期到更新世晚期为天然气的主要运移时间。油气汇集时间为古新世早期到中新世晚期。中新世是该油气系统形成的关键时刻（图11-12）。

圣安德烈斯断层控制的走滑盆地群内，油气主要分布在圣华金盆地、洛杉矶盆地、文图拉盆地、萨克拉门托盆地、圣玛利亚盆地等几个盆地中，它们占全区已探明油气储量的97%。

洛杉矶盆地的石油可采储量为94.8亿桶，陆上探明储量为1.88亿桶（EIA，2008），天然气可采储量为$269\times10^8m^3$，剩余可采储量为$16\times10^8m^3$，累计产量为$253\times10^8m^3$。圣华金盆地石油可采储量为124亿桶，剩余可采储量为50亿桶，累计产量为74亿桶，天然气可采储量为$5717\times10^8m^3$，剩余可采储量为$2403\times10^8m^3$，累计产量为$3311\times10^8m^3$。此外，该盆地石油待发现可采储量平均为3.93亿桶，天然气待发现可采储量平均为$495\times10^8m^3$，凝析油待发现可采储量平均为8570万桶。萨克拉门托盆地石油可采储量为1500万桶，剩余可采储量为200万桶，累计产量为1300万桶，天然气可采储量为$2547\times10^8m^3$，剩余可采储量为$226\times10^8m^3$，累计产量为$2321\times10^8m^3$。此外，该盆地天然气待发现可采储量为$151\times10^8m^3$，凝析油待发现可采储量为

3.23 亿桶。

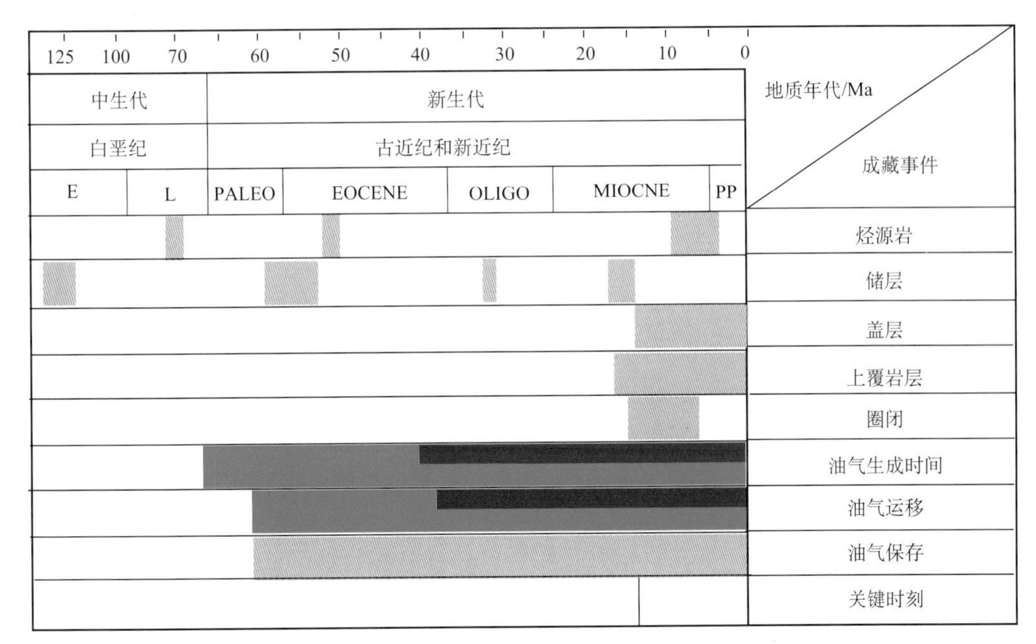

图 11-12　萨克拉门托盆地油气事件图

绿色条带代表石油运移时限；红色条带代表天然气运移时限

此外，该盆地群内的其他盆地特别是文图拉盆地和圣玛利亚盆地，油气可采储量也比较高。其中文图拉盆地石油可采储量为 10.6 亿桶，天然气可采储量为 $538\times10^8\,m^3$，凝析油可采储量为 6000 万桶，而圣玛利亚盆地石油可采储量为 2.1 亿桶，天然气可采储量为 $34\times10^8\,m^3$，凝析油可采储量为 6000 万桶（USGS，2007）。

从目前的勘探程度上来看，圣安德烈斯走滑盆地群整体勘探成熟度高，其陆上主要盆地如洛杉矶盆地、萨克拉门托盆地、圣华金盆地和文图拉盆地等均已有 60 年以上的勘探开发历史，而且部分海上区域如洛杉矶盆地海上区域也已有 40 年以上的勘探历史，该盆地群整体勘探潜力较低，目前较为有勘探潜力的区域主要是盆地群的海上区域（图 11-13）。

圣安德烈斯走滑盆地群的太平洋海上石油待发现可采储量为 105 亿桶，天然气待发现可采储量为 $5094\times10^8\,m^3$。该盆地群海上区域石油可采储量为 100 亿桶（EIA，2009），探明储量为 3.57 亿桶（EIA，2008），天然气可采储量为 $4443\times10^8\,m^3$（EIA，2009），探明储量为 $199\times10^8\,m^3$（EIA，2008），具有很大的勘探潜力。目前，海上的油气田主要集中分布在圣玛利亚盆地和圣巴巴拉盆地的海上区域，此外在文图拉盆地和洛杉矶盆地的海上区域也有一些油气田的分布。

通过对比圣玛利亚盆地和圣巴巴拉盆地的海上区域进一步勘探前后的产量变化，可以预测该区域的勘探潜力（图 11-14、图 11-15）。进一步勘探前，预测在 2015 年，圣巴巴拉盆地（Santa Barbara）海上区域石油日产量为 1.6 万桶，而进一步勘探后该盆地海上区域石油日产量为 10.8 万桶，很好地显示了该盆地海上区域的巨大的勘探潜力。另外，通过对比，也可以看出圣玛利亚盆地的海上区域有很大的勘探潜力，同时文图拉盆地的海上区域也显示了一定的勘探潜力。此外，洛杉矶盆地的海上待发现油气区域主要集中在滨浅海区，其石油待发现可采储量为31.5万桶，天然气待发现可采储量为$91\times10^8m^3$，凝析油为3.72亿桶（USGS，2002），具有一定的勘探潜力。

圣安德烈斯走滑盆地群内勘探成熟度比较高的部分区域，也有一定的勘探潜力，如圣华金盆地石油待发现可采储量为3.93亿桶，天然气待发现可采储量为$497\times10^8m^3$，仍有一定的勘探潜力。

从勘探层位上来看，以圣华金盆地为例，84.6%的石油待发现可采储量的储层为中新统地层，61.5%的天然气待发现可采储量的储层为始新统—中新统地层（USGS，2003），而萨克拉门托盆地80%的天然气待发现可采储量的储层为白垩系地层（USGS，2003），洛杉矶盆地潜力最大的储层为上新统地层，其次为白垩系地层（USGS，2002）。

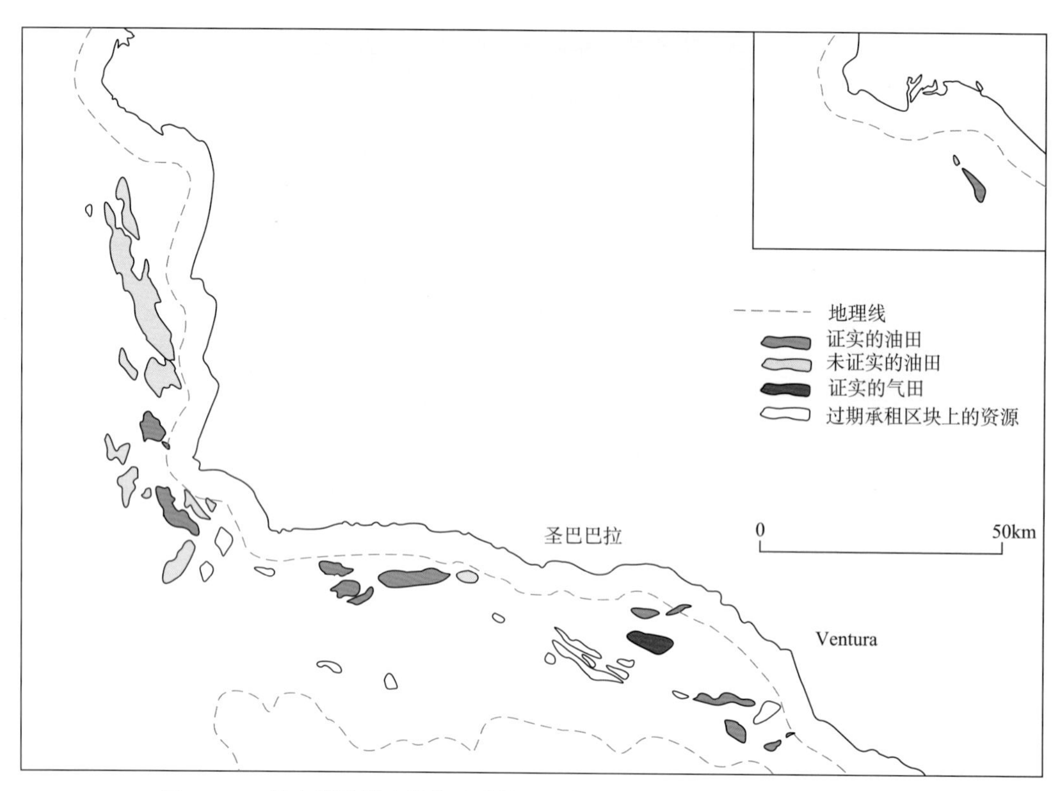

图11-13　圣安德烈斯走滑盆地群海上油气田主要分布区域（EIA，2009）

综上所述，圣安德烈斯走滑盆地群整体勘探潜力较小，但仍有部分区域有一定的勘探潜力，其表现如下：

（1）从区域上看，圣安德烈斯走滑盆地群的海上区域是未来主要的勘探潜力区，特别是圣玛利亚盆地和圣巴巴拉盆地的海上区域，陆上部分，该盆地群内的部分区域，如圣华金盆地，还有一定的勘探潜力。

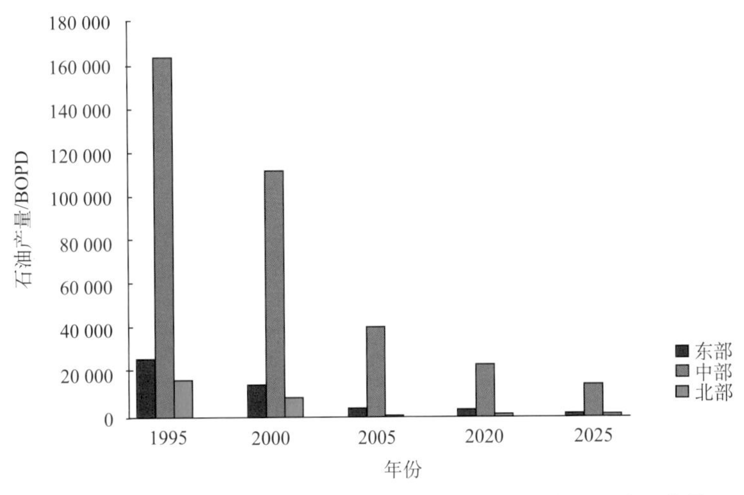

图 11-14　圣安德烈斯走滑盆地群海上进一步勘探前的石油日产量变化分区比较（MMS，2000）

2000 年以后为预测，红色区域为文图拉盆地海上区域，蓝色区域表示圣巴巴拉盆地海上区域，绿色区域表示圣玛利亚盆地海上部分，下同

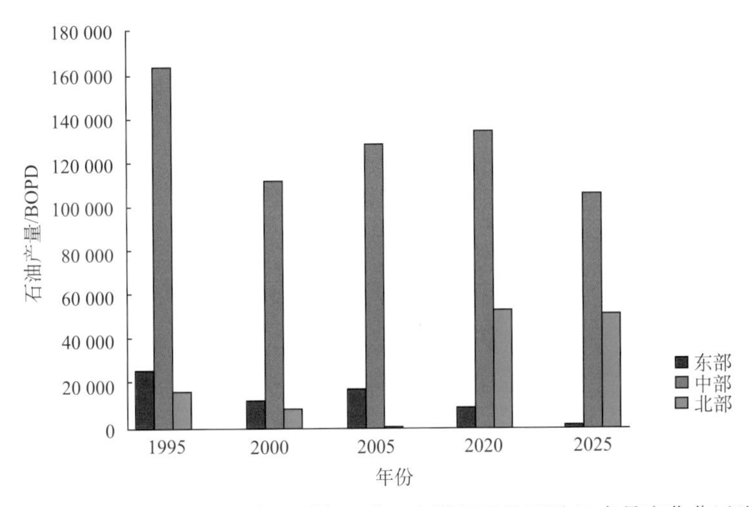

图 11-15　圣安德烈斯走滑盆地群海上进一步勘探后的石油日产量变化分区比较（MMS，2000）

（2）从储层来看，勘探潜力比较大的储层为白垩系和始新统—中新统砂岩。

七、典型油气藏——Arbuckle 油气藏

萨克拉门托盆地的 Arbuckle 油气藏圈闭类型为构造-地层圈闭，与圣安德烈斯走滑盆地群内多数油气藏圈闭类型相同。同时该气藏的烃源岩为上侏罗系或者白垩系页岩，与盆地群内油气藏的主力烃源岩岩性与时代相近，特别是早期的烃源岩。Arbuckle 油

气藏是走滑盆地群内有代表性的典型油气藏。

1. 油气藏概况

Arbuckle油气藏位于加利福尼亚州区域（图11-16），平均海拔为91m，油气田面积为13.3km²。该油气田主要为干气气田。1997年该气田的天然气最终可采储量为79Bcf，累计可采储量为77.7Bcf。Arbuckle油气藏所在的油气田最初由西海湾石油公司（Western Gulf Oil Co.）开发，其第一口工业井为1957年的Arbuckle Unit C-1井。该油气田最早在1958年开始工业生产，最初天然气年产量为$1486\times10^8m^3$（1959年），到1961年达到年产量高峰，最高年产量为$2264\times10^4m^3$，此后产量逐年下降。

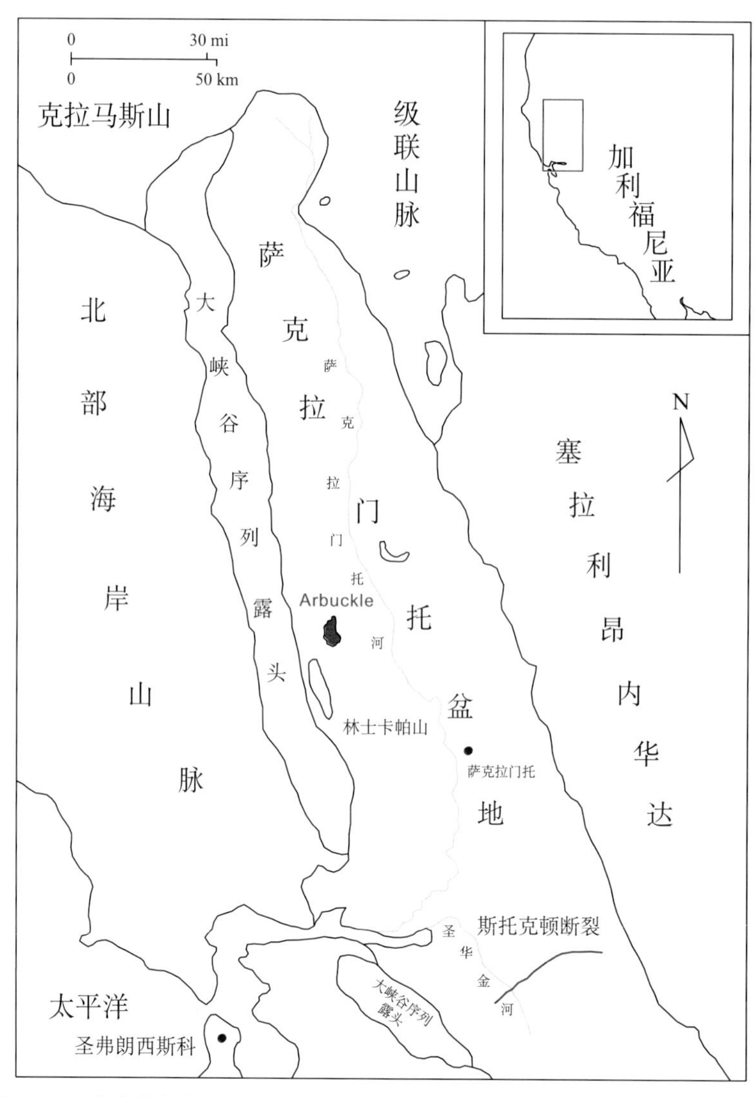

图11-16 萨克拉门托盆地Arbuckle油气藏地理位置图（据C&C，2008修改）

2. 油气藏特征

该油气藏圈闭类型为构造-地层复合型油气藏。其圈闭形成机制为沉积体发育轴向为NNW—SSE方向的背斜圈闭成藏，多位于盆地内的背斜发育区，而沉积砂体主要为盆地深部的深海海底扇，前者为构造圈闭，后者为岩性-地层圈闭，位于盆地深部（图11-17）。

该油气藏的储层为上白垩统坎潘阶中段的Forbes组，其沉积系统为深海海底扇沉积，同时该油气藏为典型的自生自储型油气藏，其盖层也是Forbes组磨圆度较好的长石砂岩。储层砂体主要类型为水道淤积型浊积岩，其次为堤岸型和水道边缘型浊积岩。储层呈带状分布，埋藏不深，一般深度为1524～1981m。储层总厚度为304.8～457.2m，净厚度为3.0～61.0m（图11-18）。储层测井孔隙度范围为20%～50%，平均孔隙度23%，岩心渗透率为15～75mD，平均含水饱和度为55%。

烃源岩为上侏罗系或者白垩系页岩，其沉积体系为深海沉积，排烃时间为晚中新世到早上新世。走滑盆地内的油气藏特点是虽小但油气丰度很大。

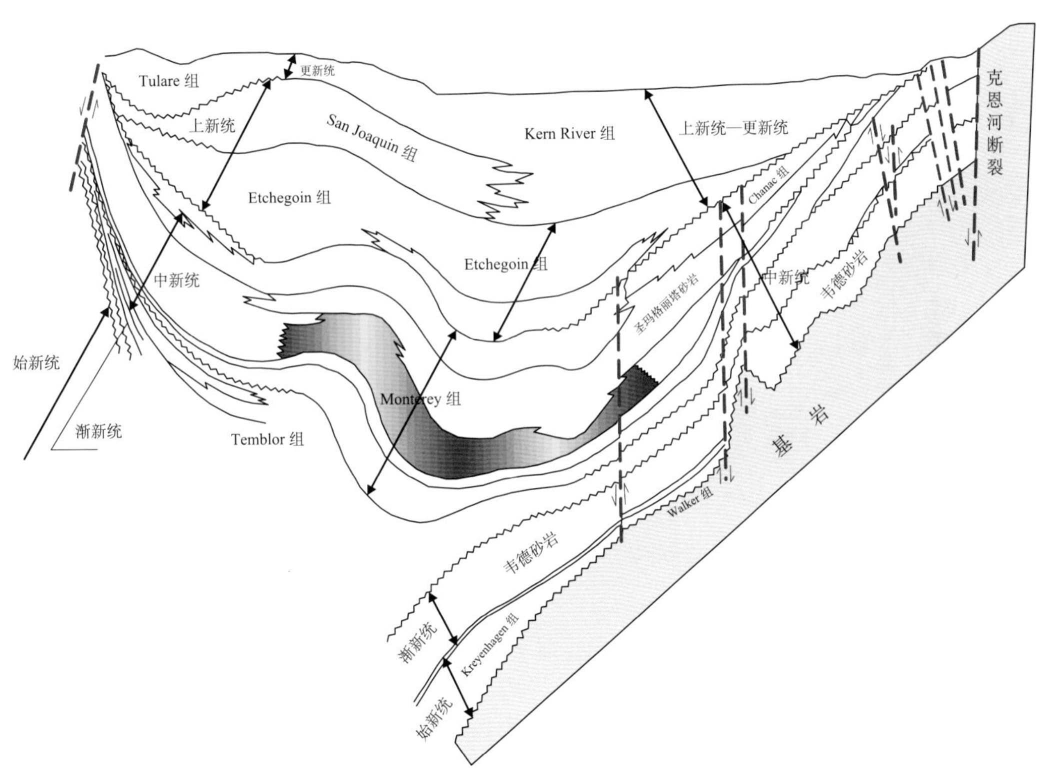

图11-17 萨克拉门托盆地Monterey Formation组油气藏剖面图（Scheirer et al.，2003）

图中黄色区域为油气藏

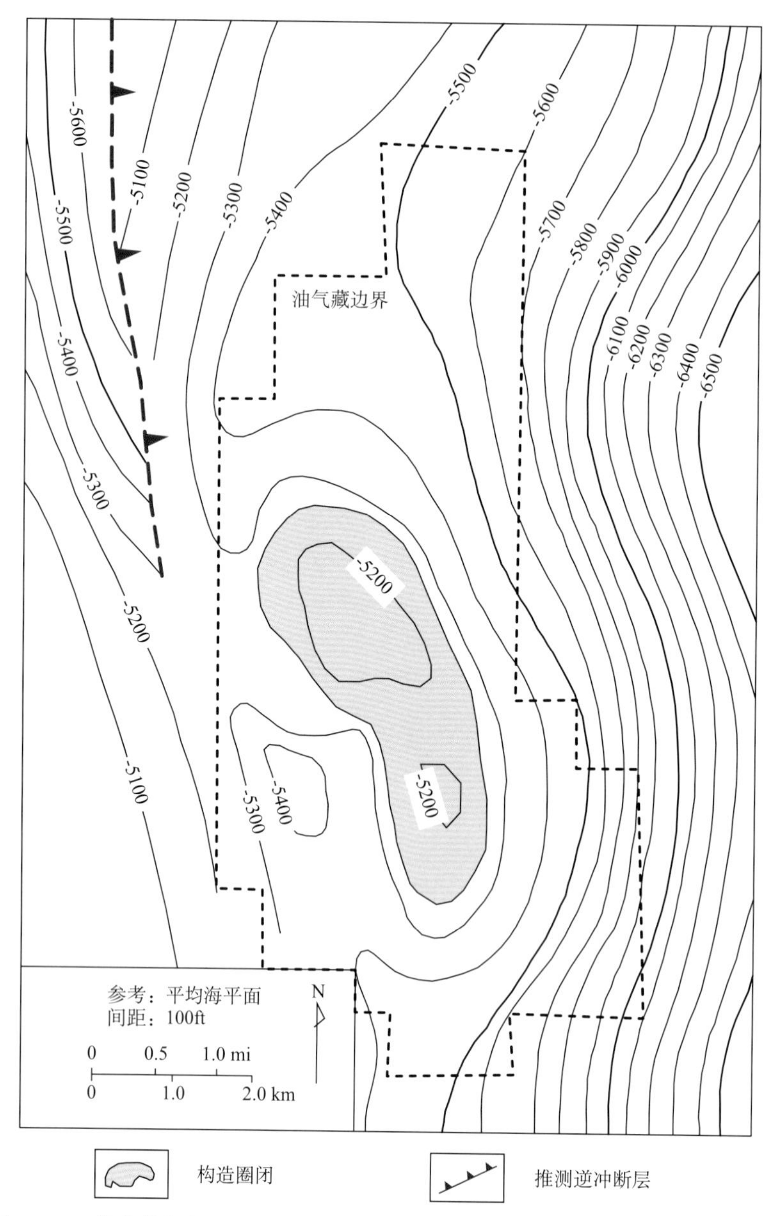

图 11-18　萨克拉门托盆地 Arbuckle 油气藏构造平面图（据 C&C，2008 修改）

小　结

圣安德烈斯走滑盆地群的油气主要集中在洛杉矶盆地和圣华金盆地，而气田相对集中在海岸盆地（萨克拉门托盆地、圣华金盆地和圣玛利亚盆地）。洛杉矶盆地位于两条大型活动断裂系统的交汇处，即北西向右旋走滑的圣安德烈斯断裂和东西向左旋走滑断裂的交汇处，属于典型的走滑拉分盆地。

圣安德烈斯走滑盆地群内沉积盆地的发育与板块作用有密切的联系。自晚侏罗世以来，太平洋板块向北美板块俯冲，形成了以晚侏罗统—白垩系花岗岩为主体的内华达岩浆弧，早期在其西侧形成了弧前盆地。在白垩纪末期和古近纪早期，进一步发展成弧前前陆盆地，俯冲由垂向转变为斜向，导致沿中加利福尼亚沿岸产生了右旋走滑的转换平移断层，发育了圣安德烈斯断裂及一系列以中生界变质岩为主的海岸山系。至晚渐新世，东太平洋的海底扩张不断向美国西岸推进，转换断层的构造运动开始控制着沉积过程，形成了一系列雁行排列的隆脊和菱形盆地。

这些走滑盆地内海相碎屑岩发育，有机质丰富，有利生油岩厚度大，油源充足。北部（如萨克拉门托盆地）为白垩系海相沉积中心，沉积了海相砂页岩层，页岩中富含有机质，埋深较大，是有利于生成天然气的层系。南部（如洛杉矶盆地）在古近系存在一个封闭海沉积中心，有机质以藻类为主，发育硅藻，而且埋深都较大，均已越过生油窗，为有利生油层系，因而油田分布广泛，含油丰度非常高。盆地群西部一些拉张转换型盆地的主要生油层系为新近系海相页岩，这些由转换机制形成的断陷盆地，虽然面积较小，但下陷深，沉积厚度大，成熟厚度和成熟体积也相应较大，油源富足，目前该区油气田大多呈环状分布在生油洼陷的周围。该盆地群的主要烃源岩为始新统、中新统和上新统页岩。

圣安德烈斯走滑盆地群油气储层较多，上白垩统、古近系、新近系和第四系都有分布，其中近 90%的石油产自中新统和上新统的砂岩层，特别是浊积相砂岩储层。

圣安德烈斯走滑盆地群的盖层一般为孔隙度和渗透率都比较低的页岩和粉砂岩。洛杉矶盆地的盖层为上新统和更新统页岩。

圣安德烈斯走滑盆地群的圈闭类型以背斜和断层圈闭为主。洛杉矶盆地的圈闭类型主要为构造圈闭和地层圈闭，其中构造圈闭有背斜圈闭和断背斜圈闭。大多数古近纪形成的背斜圈闭均有石油发现。

圣安德烈斯走滑盆地群整体勘探成熟度高，其中洛杉矶盆地是世界上油气丰度最高的盆地。目前具有较大油气勘探潜力的区域主要是盆地群的海上区域。

结 束 语

北美地区含油气盆地根据盆地的大地构造属性可以分出七种类型的盆地：克拉通盆地、被动大陆边缘盆地、前陆盆地、裂谷盆地、走滑盆地、弧前盆地和弧后盆地。按油气当量可采储量统计，北美各类盆地所占比例依次为克拉通盆地占33%，被动大陆边缘盆地占30%，前陆盆地占22%，裂谷盆地占7%，走滑盆地占5%，弧前盆地占3%，其中，克拉通盆地、被动大陆边缘盆地和前陆盆地三种类型盆地的油气当量可采储量占全北美盆地的85%。

北美含油气盆地的演化规律与盆地所处的大地构造位置和北美大陆的大地构造演化密切相关。本书一大特色是把北美主要盆地的原型盆地放到北美大陆各地质历史时期的构造格局和古地理图上，分析这些主要盆地在某地质历史时期所处的大地构造位置和当时的古地理环境，是否处于克拉通内部或边缘，是否处于古赤道附近，是浅海陆棚环境，还是局限海环境，这对于研究含油气盆地的烃源岩生烃能力至关重要。把盆地放到板块构造演化和古地理演化的背景下来分析盆地的类型、成盆期、生储盖形成的条件等，使我们可以系统地从全球或整个北美大陆尺度全方位地分析影响盆地含油气性的基本因素，可以使我们利用板块构造理论从构造-沉积事件的宏观尺度上认识北美含油气盆地的成盆机制。

北美大陆的地质演化过程规律性很强，以加拿大地盾为中心，从太古宙、元古宙、古生代、中生代至新生代，经过元古宙增生型造山带、格林威尔造山带、阿巴拉契亚造山带和科迪勒拉造山带，多期造山运动，大陆逐渐向外围增生，不断扩大范围。另外一个演化特点是北美大陆从寒武纪至新生代一直在做逆时针旋转，并伴有向北漂移的运动，以逆时针旋转为主。

北美逆时针旋转和北漂的动力源自泛大陆的聚合和裂解。志留纪欧洲波罗的板块与北美板块的碰撞形成加里东期的北阿巴拉契亚造山带，导致北美大陆的第一次逆时针旋转，但幅度不大；古生代的北美大陆以克拉通盆地为主要盆地类型，其次是前陆盆地。二叠纪是重要转折时期，由于二叠纪南美洲和非洲板块完全与北美碰撞完成阿巴拉契亚的海西期造山运动，导致北美大陆大幅度逆时针旋转。二叠纪结束了北美大陆古生代的构造和盆地演化，开启了中新生代构造和盆地发育的纪元。随着中生代泛大陆的裂解，大西洋的打开加剧了北美大陆的逆时针旋转和向北漂移，形成北美北部位于北极圈的格局。这个旋转的中心点就是墨西哥湾盆地，始终位于赤道附近或低纬度。中新生代的北美大陆盆地类型以被动大陆边缘盆地为主，其次是前陆盆地。

从北美大陆的构造演化和沉积演化分析，北美大陆内部在加拿大地盾上发育的盆地很少，仅哈得孙湾盆地等，沉积层薄，油气发现很少，在加拿大地盾周围的北美地台上分布许多克拉通盆地，如伊利诺伊盆地和二叠盆地等，主要为古生代盆地，长期稳定沉积，有利于成烃成储，形成了北美重要的克拉通型含油气盆地。北美西部各主要盆地古生代为被动陆缘沉积环境，处于低纬度或赤道附近，气候湿热，有利于有机物繁殖，长期处于宽阔的大陆架环境，有利于烃源岩发育，而这些盆地在中新生代由于西部地体拼贴作用发育了大型的前陆盆地群，进入陆相储层的主要发育阶段，形成北美西部重要的前陆盆地型含油气盆地群，如艾伯塔盆地和落基山盆地群。北美南部诸盆地从古生代—中新生代从烃源岩发育期至成储成藏期一直处于被动大陆边缘低纬度湿热气候条件，距物源很远，泥质成分含量高，有利于烃源岩的发育和保存，而碎屑物质分选好，也有利于储层的发育，有利于形成大油气田，如墨西哥湾盆地。北美的北部虽然大部分位于寒冷的北极圈，但古生代—中生代早期一直处于中低纬度，加上大洋暖流的影响，有机质丰富，也是有利于烃源岩的发育，长期处于被动陆缘，海相砂岩和碳酸盐岩是良好的储层，也有利于形成大油气田，如北极斜坡盆地。北美东部各盆地中生代主要为裂谷盆地，新生代为被动陆缘盆地，由于距阿巴拉契亚山脉物源很近，碎屑较粗，分选差，不利于烃源岩和储层的发育，勘探潜力不大。

不同类型的沉积盆地具有不同的构造演化和沉积特征，也决定了具有不同的石油地质特征。通过北美重点含油气石油地质特征的东西向剖面的区域对比和南北向剖面的区域对比，可以清楚地看到不同类型含油气盆地的盆地地质和石油地质的差异。从南至北依次为艾伯塔盆地、二叠盆地、墨西哥湾盆地和古巴北部盆地。艾伯塔盆地在古生代为被动陆缘盆地，在中新生代为前陆盆地，其烃源岩主要是泥盆系、密西西比西系、侏罗系的泥岩，储层主要是下白垩统的砂岩，其次是泥盆系碳酸盐岩。二叠盆地为克拉通盆地，其烃源岩主要是二叠纪的页岩，储层主要是二叠纪瓜达卢佩阶、伦纳德阶和狼营阶的碳酸盐岩，盖层以蒸发岩为主。墨西哥湾盆地在中生代为裂谷盆地，在新生代为被动陆缘盆地，其烃源岩为上侏罗统、上白垩统和古新统的页岩，储层主要是白垩系—中上新统砂岩。古巴北部盆地是新生代弧前前陆盆地，其烃源岩以上侏罗统和下白垩统泥岩为主，储层以上侏罗统—下白垩统裂缝型岩石为主，如碎裂蛇纹岩、裂缝凝灰岩和裂缝灰岩。

从西向东依次为落基山盆地群的丹佛盆地、伊利诺伊盆地、阿巴拉契亚盆地和纽芬兰盆地。丹佛盆地是背驮式前陆盆地群中的一个新生代压性山间盆地，烃源岩是白垩系页岩，储层以白垩系分流河道和三角洲前缘沉积的中细砂岩为主。伊利诺伊盆地是典型的古生代克拉通盆地，其烃源岩以奥陶—泥盆系、密西西比—宾夕法尼亚系的页岩为主，储层以密西西比—宾夕法尼亚系的陆相砂岩为主。再往东至古生代前陆盆地阿巴拉契亚盆地，其烃源岩以中下泥盆统页岩为主，储层以上泥盆统和密西西比系陆相砂岩为主。再往东至北美大陆东海岸的被动陆缘盆地，如纽芬兰盆地，其烃源岩以上侏罗统碳酸盐岩和泥岩为主，储层以白垩系砂岩为主。

从储层层位来看，北美油气储层主要分布于上古生界和新生界地层中，上古生界储层主要包括阿巴拉契亚盆地的泥盆系和石炭系储层、艾伯塔盆地的泥盆系储层、伊利诺伊盆地的石炭系储层和二叠盆地的二叠系储层；新生界储层主要包括圣安德烈斯盆地群的中上新统储层和墨西哥湾盆地的新生界储层。上古生界和新生界两套储层贡献了北美油气可采储量的绝大部分，例如：阿巴拉契亚盆地的油气可采储量泥盆系占62%、密西西比系占21%；墨西哥湾深水区新生界储层占油气可采储量的95%以上。

北美的重点含油气盆地在盆地类型、古地理、构造演化和石油地质特征在世界盆地地质和石油地质领域都具有教科书式的典型性，而且北美过去的常规油气勘探开发和现在蒸蒸日上的非常规油气资源开发都为全球油气资源勘探开发提供了宝贵的经验。美国在盆地分析和油气勘探开发技术方面一直引领世界。这些宝贵的经验都值得我们在海外油气勘探开发中借鉴和引进。

北美不同类型的含油气盆地具有鲜明的差异，也决定了各自石油地质特征的差异，决定了不同的勘探开发历程。

二叠盆地、伊利诺伊盆地和中陆盆地群都属于克拉通盆地类型，但彼此也有不同。二叠盆地是年轻克拉通之上发育的二叠纪为主成盆期的克拉通盆地；伊利诺伊盆地是典型的发育在前寒武纪结晶基底之上的古生代内克拉通盆地；中陆盆地群由两个隆起和三个盆地组成，南部的盆地受南缘造山带影响，被改造变形，隆起和盆地并存显示了该盆地群存在明显的构造升降差异，这与二叠盆地和伊利诺伊盆地明显不同。二叠盆地以二叠系碳酸盐岩为重要储层，并发育区域性的膏盐盖层，是美国勘探开发最早的盆地之一，是美国重要的油气区。伊利诺伊盆地的储层包括古生界海相碳酸盐岩和碎屑岩。中陆油气区也是美国重要的油气区，其最重要的储层为宾夕法尼亚系和奥陶系，主要为碳酸盐岩和砂岩。中陆油气区的构造比较简单，但是多次的抬升和沉降形成许多不整合，因此中陆油气区油气圈闭类型以地层圈闭为主，其次为披覆构造圈闭。

阿巴拉契亚盆地、艾伯塔盆地和落基山盆地群属于前陆盆地，但彼此有明显差异。阿巴拉契亚盆地是美国东部的古生代前陆盆地，与阿巴拉契亚造山带密切相关，是世界前陆盆地理论诞生地之一。艾伯塔盆地是加拿大西部典型的中新生代前陆盆地，与北美西部的中新生代地体拼贴密切相关。落基山盆地群虽然在艾伯塔盆地以南，也是中新生代前陆盆地，但由于新生代落基山地区推覆构造的改造，将一个原来完整的前陆盆地分割成若干小型的山间压性盆地，称为背驮式前陆盆地群。这些盆地类型和构造的差异决定了这三个重点前陆盆地在石油地质特征方面也具有明显差异。阿巴拉契亚盆地油气资源非常丰富，以天然气为主，主要分布在盆地的斜坡和前渊褶皱区。阿巴拉契亚盆地油气主要产自志留系、泥盆系和密西西比系储层，也发育页岩气和深盆气。艾伯塔盆地在西部深渊带主要发育侏罗系—白垩系致密砂岩深盆气，中部以泥盆系彩虹礁石油产层为主，而东部斜坡上未受扰动的白垩系单斜层内发育油砂。落基山盆地群储层以白垩系海相砂岩层为主集中分布于新近系湖盆发育区，特别发育煤层气。

墨西哥湾盆地是北美最大也是油气最富集的被动陆缘盆地，尽管勘探开发了80多年，仍处于勘探开发旺盛时期，尤其深水油气勘探如火如荼。墨西哥湾盆地不同于北美东海岸贫油的被动陆缘盆地，主要因素是墨西哥湾盆地的物源是来自北部北美大陆广阔远源的花岗质结晶基底（加拿大地盾），平坦而广阔，碎屑物质搬运距离很远，并在北美南部（墨西哥湾盆地北部）形成三角洲相、大陆架水道相和大陆坡深水海底扇相，并具有从北向南砂体迁移的趋势，反映这些砂体不断地沉积又不断再迁移，被反复淘洗，最后在陆坡深水区沉积了分选好磨圆好的海底扇砂体，成为孔隙度高达30%以上的优质储层。墨西哥湾盆地侏罗纪为局限海时期发育的母盐在新生代又形成盐相关构造，为形成深水区大型油气田提供了构造圈闭和区域盖层。

圣安德烈斯走滑断裂相关盆地群是北美较小的盆地群，但很有特色。在该盆地群最大的亮点是洛杉矶盆地。该盆地虽小，但油气丰度是世界最高的，属于小而肥的含油气盆地。洛杉矶盆地油气富集的根本原因是烃源岩富含硅藻，有机质含量高，是一个海相拉分盆地，发育海底扇砂体，储层物性也很优质。该盆地新生代晚期在压扭作用下发育反转构造，为形成油气田提供了良好的构造圈闭。该盆地群在海上仍有较大的勘探潜力。

自从德雷克在宾夕法尼亚州钻下了世界第一口工业油井，至今北美整整经过了150年的油气勘探开发。作为世界的老成熟探区，是否还有勘探潜力？根据以上的综合分析，北美在加拿大油砂、墨西哥湾深水和页岩气资源具有很大的勘探潜力。

加拿大油砂主要产区是阿萨巴斯卡、皮斯河和冷湖。根据地质条件、油砂丰度、环保、民族、湿地、建设用地、军事区和税法的综合分析，在皮斯河和冷湖油砂区的西部和北部边缘尚有一些区块没有登记，另外，在阿萨巴斯卡油砂产区的东部边缘尚有一窄带，油砂层厚度很大，又无环保和民族问题，尚未登记矿权，值得高度关注。

墨西哥湾的深水油气勘探目前是世界最热的深水油气探区之一。根据储量和钻井深度的统计分析，墨西哥湾深水区具有钻井深度和水深越深油气储量越大的规律。目前的深水勘探绝大多数集中在墨西哥湾盆地得克萨斯-路易斯安那陆坡的东部，主要勘探层位是上新统和更新统。由于烃源岩是上侏罗统和下白垩统，油气向上运移过程中，在上新统以下的储层也可以成藏，因此，在陆坡的中部要特别关注上新统以下的深层层位的勘探，如始新统—渐新统的Wilcox阶。另外，根据渐新世以来，墨西哥湾盆地的沉积体系（河流、三角洲和海底扇）具有从西向北再向东迁移的规律，陆坡深水区的海底扇主要是中新统和上新统，因此未来勘探重点转移到陆坡西部要特别关注中新统和始新统—渐新统储层。

近些年来，美国的页岩气勘探开发发展很快，页岩气已经成为北美最重要的非常规天然气资源。北美页岩气目前主要分布在美国，产气层主要为泥盆系、密西西比系。页岩气成熟探区主要集中在阿巴拉契亚盆地、密歇根盆地、伊利诺伊盆地、圣胡安盆地、福特沃斯盆地五个盆地。以阿巴拉契亚盆地为例，前陆盆地斜坡带的页岩较厚、成熟度适中，并被抬升至浅部，开采成本低，且富硅藻（脆性高便于压裂）便于开采。北美页岩气盆地的类型以前陆盆地和边缘克拉通盆地为主，这些盆地早期是赤道附近长期稳定的克拉通盆地或被动陆缘盆地，以局限海环境为主，发育厚层大范围的页岩，自生自储，目前主要成熟探区在北美东部。

根据以上分布规律，北美西部具有类似特点的前陆盆地，如艾伯塔盆地、落基山盆地群的页岩都是页岩气的远景勘探区。

总之，根据北美大陆含油气盆地区域地质、石油地质特征和勘探潜力综合分析，大型稳定的盆地是形成油气富集区的重要条件。大型、稳定的沉积盆地往往发育在大型稳定的构造单元上，也才能有大型、稳定的沉积条件和圈闭条件。

北美重点含油气盆地地质和勘探经验表明北美大陆三种重要类型的含油气盆地（被动陆缘盆地、克拉通盆地和前陆盆地）都曾经历过一个长期稳定的被动陆缘时期或与其相连的克拉通地台沉积时期，都曾在地质历史时期处于古赤道附近或低纬度带，并且距物源较远的沉积盆地，长期处于稳定成盆环境的含油气盆地具备发育大型油气田的条件，具有较大的勘探潜力。这些盆地不但是常规油气资源的含油气盆地，也是非常规油气资源的重要勘探开发盆地。这些盆地在新世纪非常规油气资源勘探开发热潮中进入第二个春天，使北美老成熟探区迎来了新的勘探开发高潮。

参考文献

曹华龄. 1990. 美国二叠盆地与我国西部含油气区地质类比. 西南石油学院学报，13：121～129

曹华龄. 1993. 二叠含油气盆地. 北京：石油工业出版社

何登发，董大忠，吕修祥，等. 1996. 克拉通盆地分析. 北京：石油工业出版社

胡文海，陈东晴. 1995. 美国油气田分布规律和勘探经验. 北京：石油工业出版社

李国玉，金之钧，等. 2005. 新编世界含油气盆地图集. 北京：石油工业出版社

李玉喜. 2004. 加拿大阿尔伯塔省油气管理. 国土资源情报，11：41～43

李煜. 2007. 加拿大阿尔伯达省石油工业百年回眸（1975～1984 年). 石油知识，4：58～59

王致中，等. 1994. 北美东部含油气区. 北京：石油工业出版社

原青民. 2003. 国外著名天然气研究机构简介（四）——加拿大的天然气研究机构. 石油与天然气化工，32（6)：402～403

张平. 2001. 加拿大的能源政策. 中国能源，9：29～31

周书欣. 1988. 深部地质与油气勘探. 哈尔滨：黑龙江科学技术出版社：10～13

庄建远，王国丽，翁维珑. 2003. 国外油气田地面工艺技术发展动向. 石油规划设计，14（1)：45～53

Dutton S P. 2006. 二叠盆地的远景带分析与前沿油藏开发方法：用先进的技术提高采收率. 国外油气地质信息，1：55～71

Leighton，et al. 2000. 内克拉通盆地. 刘里斌译. 北京：石油工业出版社版：1～835

Tinker S W. 1997. 建立三维拼贴模型：在二叠盆地应用层序地层学描述三维储集层特征. 国外油气地质，1：1～24

Ambrose W A，Ayers W B Jr. 2007. Geologic controls on transgressive-regressive cycles in the upper Pictured Cliffs Sandstone and coal geometry in the lower Fruitland Formation，northern San Juan Basin，New Mexico and Colorado. AAPG Bulletin，91（8)：1099～1122

Andrews R D. 1999a. Cheyenne West Field，in Morrow Gas Play in the Anadarko Basin and Shelf of Oklahoma：Oklahoma Geol Surv. Spec. Publ. No. 99-4：71～93

Andrews R D. 1999b. Morrow gas play in western Oklahoma，in Morrow Gas Play in the Anadarko Basin and Shelf of Oklahoma：Oklahoma Geol Surv. Spec. Publ. No. 99-4，1～20

Aragón-Arreola M，Martín-Barajas A. 2007. Westward migration of extension in the northern Gulf of California，Mexico. The Geological Society of America，35（6)：571～574

Armitage I A，Pemberton S G，Moslow T F. 2004. Facies Succession，Stratigraphic Occurrence，and Paleogeographic Context of Conglomeratic Shorelines within the Falher "C"，Spirit River Formation，Deep Basin，west-central Alberta. Bulletin of Canadian Petroleum Geology，52（1)：39～56

Atchley S C，West L W，Sluggett J R. 2006. Reserves growth in a mature oil field：The Devonian Leduc Formation at Innisfail field，south-central Alberta，Canada. AAPG Bulletin，90（8)：1153～1169

Avary K L. 2004. Coal-bed methane（CBM）wells. http:// www. wvgs. wvnet. Edu/ www /datastat/datastat. htm

Ayers W B Jr. 2002. Coalbed gas systems，resources，and production and a review of contrasting cases from the San Juan and Powder River basins. AAPG Bulletin, 86 (11): 1853～1890

Ball M M. 2008. Permian Basin Province, AAPG Memoir, 044

Ballentinea C J, Schoell M, Coleman D, Cain B A. 2000. Magmatic CO_2 in natural gases in the Permian Basin, West Texas: identifying the regional source and filling IHStory. Journal of Geochemical Exploration, 59～63, 69～70

Ballentinea C J, Schoell M, Coleman D, Cain B A. 2001. 300-Myr-old magmatic CO2 in natural gas reservoirs of the west Texas Permian basin. Nature, 409: 18

Barrows M H, Cluff R M, Harvey R D. 1980. Organie petrography//Bergstorom R E, No F. Shimp, and R. M. Cluff (eds.), Geologic and geochemical studies of the New Albany Shale Group (Devonian-Mississippian) in Illinois. Illinois State Geological Survey Final Reprot to U. S. Department of Energy, Contract DE-AC21-76ET12142, 63～75

Barrows M H, Cluff R M. 1984. New Albany Shale Group, (Devonian - Mississippian) source rocks and hydrocarbon generation in the Illinois basin//Demaison G, Murris R J. Petroleum geochemistry and basin evaluation. Amercian Aassociation of Petroleum Geologists, 111～138

Beard D C, Weyl P K. 1973. Influence of texture on porosity and permeability of unconsolidated sand. AAPG Bulletin , 57: 349～369

Beaumont C. 1988. Orogeny and stratigraphy: Numerical models of the Paleozoic in the eastern interior of North America. Tectonics, 7 (3): 389～416

Bekele E B, Rostron B J, Person M A. 2005. Fault and conduit controlled burial dolomitization of the Devonian west-central Alberta Deep Basin. Bulletin of Canadian Petroleum Geology, 53 (2): 101～129

Bekelea E B, Personb M A, Rostronc B J. 2000. Anomalous pressure generation within the Alberta Basin: implications for oil charge to the Viking Formation. Journal of Geochemical Exploration, 69～70, 601～605

Beyer L A. 2003. San Joaquin basin Province (010). U. S. Geological Survey Open-File Report

Bickford M E, Van Schmus W R, Zieta N I. 1986a. Proterozoic IHStory of the Midcontinent region of North America. Geology, 14 (6): 492～496

Bickford M E, Van Schmus W R, Zietz I. 1986b. Interpretation of recent seismic data from a frontier hydrocarbon province: the western Rough Creek graben, southern Illinois and western Kentucky [abstract]: American Association of Petroleum Geologists Bulletin, 70 (5): 564～565

Bilodeau W. 2007. Geology of Los Angeles, California, United States of America: Environmental & Engineering Geoscience, 8 (2): 99～160

Bjorklund T, Burke K, Zhou H W, Yeats R S. 2002. Miocene rifting in the Los Angeles basin: Evidence from the Puente Hills half-graben, volcanic rocks, and P-wave tomography. Geology, 30 (5): 451～454

Blakey R C. 2008. Gondwana paleogeography from assembly to breakup - a 500 million year odyssey, in Fielding, Christopher R, Frank Tracy D, Isbell John L. Resolving the Late Paleozoic Ice Age in Time and Space: Geological Society of America, Special Paper 441, 1～28

Bowen D W, Weimer P. 2004. AAPG Bulletin, 88 (1): 47～70

BP Oil and Gas. 2008. The Permian Basin Petroleum Association Magazine

Braile L, Hinze W J, Keller G R, et al. 1986. Tectonic development of the New Madrid rift complex, Mississippi Embayment, North America. Tectonophsics, 131 (1～2): 1～21

Bridges R A, Castle J W. 2003. Local and regional tectonic control on sedimentology and stratigraphy in a strike-slip basin: Miocene Temblor Formation of the Coalinga area, California, USA. Sedimentary Geology, 158: 271～297

Broadhead R F, Zhou J H, Raatz W D. 2004. Play Analysis of Major Oil Reservoirs in the New Mexico Part of the Permian Basin: Enhanced Production Through Advanced Technologies. Open File Report 479 New Mexico Bureau of Geology and Mineral Resources, A division of New Mexico Tech

Brown R L. 1993. PN-13. Pennsylvanian alluvial-fan and fan-delta siliclastics - Anadarko Basin, Oklahoma//Bebout D G, White W A, Hentz T F, Grasmick M K. Atlas of Major Midcontinent Gas Reservoirs: Gas Research Institute and Bureau of Economic Geology, Univ. of Texas at Austin, 19～22

Bushbach T C, Kolata D R. 1990. Regional setting of the Illinois Basin//Leighton M W, Kolat D R, Oltz D F, Eidel J J. Interior Cratonic Basins, Memoir 51, American Association of Petroleum Geologists, Tusla, OK, 29～55

C&C. 2008. Reservoirs. U. S. A. http: //www. ccoilco. com/index. html. [2016-04-26]

Carr T R. 2005. Use of relational databases to evaluate regional petroleum Accumulation, groundwater flow, and CO_2 sequestration in kansas

Castle J W, Byrnes A P. 2005. Petrophysics of Lower Silurian sandstones and integration with the tectonic-stratigraphic framework, Appalachian basin, United States. AAPG Bulletin, 89: 41～60

Chen Z, Osadetz K G, Li M W. 2005. Spatial characteristics of Middle Devonian oils and non-associated gases in the Rainbow area, northwest Alberta. Marine and Petroleum Geology, 22: 391～401

Cioppa T, Lonnee J S, Symons D T A, et al. 2001. Facies and lithological controls on paleomagnetism: an example from the Rainbow South field, Alberta, Canada. Bulletin of Canadian Petroleum Geology, 49: 393～407

Cioppaa M T, Al-Aasma I S, Symonsa D T A, et al. 2000. Correlating paleomagnetic, geochemical and petrographic evidence to date diagenetic and fluid flow events in the Mississippian Turner Valley Formation, Moose Field, Alberta, Canada. Sedimentary Geology, 131: 109～129

Cluff R M, Reinbold M L, Lineback J A. 1981. The New Albany Shale Group of Illinois. Illinois State Geological Survey Circular, 518: 1～83

Crouch J K, Suppe J. 1993. Late Cenozoic tectonic evolution of Los Angeles Basin and inner California borderland: a model for core complex-like crust extension. GSA Bulletin, 105: 1415～1434

Curtis J B, Hill D G, Lillis P G. 2008. AV US Shale Gas Resources: Classic and Emerging Plays, the Resource Pyramid and a Perspective on Future E&P

Dalton L. 2005. Los Angeles 3D survey leads to deep drilling: The Leading Edge, 1008～1014

De Witt, Wallace J, Milici R C. 1991. Petroleum geology of the Appalachian basin//Gluskoter H J, Rice D D, Taylor R B. Economic geology: Boulder, Colorado, Geological Society of America, The Geology of North America, 2: 273～286

Delgado-Argote L A, Garcia-Abdeslem J. 1999. Shallow Miocene basaltic magma reservoirs in the Bahia de Los Angeles basin, Baja California, Mexico. Journal of Volcanology and Geothermal Research, 88: 29～46

DeRito R F, Cozzarelli F A, Hodge D S. 1983. Mechanism of subsidence of ancient cratonic rift basins. Tectonophysics, 94 (1): 141～168

Desrocher S, Hutcheon I, Kirste D, Henderson C M. 2004. Constraints on the generation of H2S and CO_2 in the subsurface Triassic, Alberta Basin, Canada. Chemical Geology, 204: 237～254

Dickinson W R, Lawton T F. 2003. Sequential intercontinental suturing as the ultimate control for Pennsylvanian Ancestral Rocky Mountains deformation. Geology, 31 (7): 609～612

Doherty P D, Soreghan G S, Castagna J P. 2002. Outcrop-based reservoir characterization: A composite phylloid-algal mound, western Orogrande basin (New Mexico). AAPG Bulletin, 86 (5): 779～795

Doornenbal H. 2008. Petroleum Geological Atlas of the Southern Permian Basin Area. Museum Geological Survey of Belgium

Droste J B, Shaver R H. 1983. Atlas of early and middle Paleozoic paleogeography of the southern Great Lakes area. Indiana Geological Survey Special Report, 32: 1～32

Dutton S P, Flanders W A, Barton M D. 2003. Reservoir characterization of a Permian deep-water sandstone, East Ford field, Delaware basin, Texas. AAPG Bulletin, 87 (4): 609～627

Dutton S P, Kim E M, Broadhead R F, et al. 2005. Play analysis and leading-edge oil-reservoir development methods in the Permian basin: Increased recovery through advanced technologies. AAPG Bulletin, 89 (5): 553～576

Dutton S P, Kim E M, Broadhead R F. 2000. Play Analysis and Digital Portfolio of Major Oil Reservoirs in the Permian Basin: Application and Transfer of Advanced Geological and Engineering Technologies for Incremental Production Opportunities. Bureau of Economic Geology

Dutton S P. 2008. Calcite cement in Permian deep-water sandstones, Delaware Basin, west Texas: Origin, distribution, and effect on reservoir properties. AAPG Bulletin, 92 (6): 765～787

Dyman T S, Tysdal R G, Perry J W J, et al. 1997. Correlation of Upper Cretaceous strata from Lima Peaks area to Madison Range, southwestern Montana and southeastern Idaho, USA. Cretaceous Research, 18 (6): 751～766

EIA. 2003. Natural Gas Market Centers and Hubs: A 2003 Update. https://www. eia. gov/pub/oil. gas/natural _ gas/feature _ articles/2003/market _ hubs/mkthubsweb. html. [2016-04-26]

EIA. 2005. Appalachian Basin Oil and Gas Fields by 2001 BOE Reserve Class, 1～7

EIA. 2007. US Coalbed Methane—Past, Present and Future, 1. http://www. eia. gov/. [2016-04-26]

England W A. 2002. Empirical correlations to predict gas/gas condensate phase behaviour in sedimentary basins. Organic Geochemistry, 33: 665～673.

Eyles N, Miall A. 2007. Canada Rocks: The Geological Journey. Ontario, Fitzhenry and Whiteside, 512.

Fillon R H. 2007. Mesozoic Gulf of Mexico basin evolution from a planetary perspective and petroleum system implications. Petroleum Gooscience. 13: 105～126

Forster A, Merriam D F, Hoth P. 1998. GeoIHStory and thermal maturation in the Cherokee Basin (Mid- Continent, USA): results from modeling: AAPG Bull. , 82: 1673～1693

Fowler M G, Stasiuk L D, Hearn M. 2001. Devonian hydrocarbon source rocks and their derived oils in the Western Canada Sedimentary Basin. Mark Obermajer. Bulletin OF Canadian Petroleum Geology, 49: 117～148

Fuis G S. 1998. West margin of North America - a synthesis of recent seismic Transects, 288: 265～292

Fuis G S, Ryberg T, Godfrey N J, et al. 2001. Crustal structure and tectonics from the Los Angeles basin to the Mojave Desert, southern California. Geological Society of America, 29 (1): 15～18

Galloway W E, Ganey-Curry P E, Li X, Buffler R T. 2000. Cenozoic Depositional IHStory of the Gulf of Mexico Basin. AAPG Bulletin, 84 (11): 1743～1774

Gao D, Shumaker R C, Wilson T H. 2000. Along-Axis Segmentation and Growth IHStory of the Rome Trough in the Central Appalachian Basin. AAPG Bulletin, 84: 75～99

Gautier D, Klett T, Pierce B. 2000. Global Significance of Reserve Growth. U. S. Geological Survey

Open-File Report

Gay S P. 2001. Basement reactivation in the Alberta Basin：Observational constraints and mechanical rationale. Bulletin of Canadian Petroleum Geology，49：426～428

Graham J P. 2000. Revised Stratigraphy，Depositional Systems，and Hydrocarbon Exploration Potential for the Lower Cretaceous Muddy Sandstone，Northern Denver Basin. AAPG Bulletin，84（2）：183～209

Green D G，Mountjoy E W. 2005. Fault and conduit controlled burial dolomitization of the Devonian west-central Alberta Deep Basin. Bulletin of Canadian Petroleum Geology，53（2）：101～129

Gries R，Dolson J C，Raynolds R G H. 1992. Structural and Stratigraphic Evolution and Hydrocarbon Distribution，Rocky Mountain Foreland. AAPG，395～425

Griffith W A，Cooke M L. 2005. How Sensitive Are Fault-Slip Rates in the Los Angeles Basin to Tectonic Boundary Conditions? Bulletin of the Seismological Society of America，95（4）：1263～1275

Guntert W D，Gentzist T，Rottenfusser B A，Richardson R J H. 1997. Deep Coalbed Methane in Alberta，Canada：A Fuel Resource with the Potential of zero Greenhouse Gas Emissions. Energy Convers，38（Supp）：217～222

Hans B E，Machel G. 2002. Diagenesis and Paleofluid Flow in the Devonian Southesk-cairn Carbonate Complex in Alberta Canada. Marine and Petroleum Geology，19：219～227

Hart B S. 2006. Seismic expression of fracture-swarm sweet spots，Upper Cretaceous tight-gas reservoirs，San JuanBasin. AAPG Bulletin，90（10）：1519～1534

Hart B S，Varban B L，Marfurt K J，Plint A G. 2007. Blind thrusts and fault-related folds in the Upper Cretaceous Alberta Group，deep basin，west-central Alberta：implications for fractured reservoirs，Bulletin OF Canadian Petroleum Geology，55：125～137

Hatch J R，Affolter R H. 2002. Resource Assessment of the Springfield，Herrin，Danville，and Baker Coals in the Illinois Basin. U. S. Geological Survey Professional Paper 1625-D，1～356

Henry M E，Ahlbrandt T S，Charpentier R R，et al. 2000. Assessment of Undiscovered oil and gas resources of the Mackenzie delta provine North America. USGS

Hester T C. 1997. Porosity Trends of Pennsylvanian Sandstones With Respect to Thermal Maturity and Thermal Regimes in the Anadarko Basin，Oklahoma

Higley D，Cox D O，Weimer R J. 2003. Petroleum system and production characteristics of the Muddy（J）Sandstone（Lower Cretaceous）Wattenberg continuous gas field，Denver basin，Colorado. AAPG Bulletin，87（1）：15～37

Hill R J，Jarvie D M，Zumberge J，et al. 2007. Oil and gas geochemistry and petroleum systems of the Fort Worth Basin. Aapg Bulletin，91（4）：445～473

Hitchon B. 1995. Fluorine in Formation Waters，Alberta Basin，Canada. Geochemistry，10：357～367

Huffman A C. San JuanBasinProvince. U. S. Geological Survey Open-File Report

Ingersoll R V，Rumelhart P E. 1999. Three-stage evolution of the Los Angeles basin，southern California. Geology，27（7）：593～596

IOGCC. 2005. Mature Region，Youthful Potential-Oil and Natural Gas Resources in the Appalachian and Illinois Basin，1～32

Jarvie D M，Hill R J，Ruble T E，Pollastro R M. 2007. Unconventional shale-gas systems：The Mississippian Barnett Shale of north-central Texas as one model for thermogenic shale-gas assessment. AAPG Bulletin，91（4）：47

Jeffrey A M, Przywara M. 2007. Amplitude anomalies in a sequence stratigraphic framework: Exploration successes and pitfalls in a subgorge play, Sacramento Basin, California. The leading Edge, 1516～1526

Klemme H D. 1981. Types of petroliferous basins//Petroleum geology in China. Tulsa, Oklahoma: Pennwell Publishing Company, 10

Komatitsch D, Liu Q, Tromp J, et al. 2004. Simulations of Ground Motion in the Los Angeles Basin Based upon the Spectral-Element Method. Bulletin of the Seimological Society of America, 94: 187～206

Kyser K, Hiatt E E. 2003. Fluids in sedimentary basins: an introduction. Journal of Geochemical Exploration, 80: 139～149

Landes K K, et al. 1970. Petroleum geology of the United States, John Wiley and Sons Inc.

Laura R H B. 2008. Areas of Historical Oil and Gas Exploration and Production in the United States

Lewan M D, Henry M E, Higley D K, Pitman J K. 2002. Material-balance assessment of the New Albany-Chesterian petroleum system of the Illinois Basin, 86 (5): 745～777

Li M, Ya H, Stasiuk L D, Fowler M G. 1997. Effect of Maturity and Petroleum Expulsion on Pyrrolic Nitrogen Compound Yields and Distributions in Duvernay Formation Petroleum Source Rocks in Central Alberta, Canada. Org. Geochem, 26: 11～12, 731～744

Lineback J A. 1980. Coordinated study of the Devonian black shale in the Illinois basin: Illinois, Indiana, and western Kentucky: Morgantown Energy Technology Center, U. S. Department of Energy, Contract/Grant Report, (1): 1～36

Lit M, Yao H, Fowler M G, Stasiuk L D. 1998. Geochemical constraints on models for secondary petroleum migration along the Upper Devonian Rimbey-Meadowbrook reef trend in central Alberta, Canada. Secondary petroleum migration in central Alberta. 29 (13): 163～182

Lorenz J C, Sterling J L, Schechter D S, et al. 2002. Natural fractures in the Spraberry Formation, Midland basin, Texas: The effects of mechanical stratigraphy on fracture variability and reservoir behavior. AAPG Bulletin, 86 (3): 505～524

Lyatsky H V. 2000. Cratonic basement structures and their influence on the development of sedimentary basins in western Canada. The Leading Edge, 146～149

Lyatsky H. 2004. Detection of subtle basement faults with gravity and magnetic data in the Alberta Basin, Canada: A data-use tutorial. The Leading Edge, 1282～1288

Lyday J R. 1990. Berlin Field -USA, Anadarko Basin, Oklahoma, in Beaumont, E. A., and Foster, N. H., eds., Stratigraphic Traps I: AAPG Treatise of Petroleum Geology, Atlas of Oil and Gas Fields, 39～68

Macke D L. 1995. Illinois Basin Province (064). Gantier, DL, Dolton, GL, Takahashi, KL, and Varnes, KL, 1～35

Magoon L B, Valin Z C. 2006. Sacramento Basin Province (009). U. S. Geological Survey Open-File Report.

Markowski A K. 2000. Pennsylvania coalbed methane wells spreadsheet: Pennsylvania Geological Survey, 4th ser. , Open-File Report 00-01, 1 disk, 1～580 (legal size)

Mast R F. 1970. Size, development, and properties of Illinois oil fields: Illinois State Geological Survey. Illinois Petroleum, 93: 1～42

McCulloh T H, Beyer L A, Enrico R J. 2008. Paleogene strata of the eastern Los Angeles basin, California. Paleogeography and constraints on Neogene structural evolution. GSA Bulletin, 112 (8): 1155～1178

McDonnell, et al. 2008. Paleocene to Eocene deep-water slope canyons, western Gulf of Mexico, Further insights for the provenance of deep-water offshore Wilcox Group plays. AAPG Bulletin, 92 (9): 1169～1189

Mcmechan M E. 2001. Large-scale duplex structures in the Mcconnell thrust sheet, Rocky Mountains, Southwest Alberta. Bulletin of Canadian Petroleum Geology, 49: 408～416

McMillan M E, Angevin C L, Heller P L. 2002. Postdepositional tilt of the Miocene-Pliocene Ogallala Group on the wester Great Plains. Evidence of late Cenozoic uplift of the Rocky Mountains. Geology, 30 (1): 63～66

McMillan M E, Heller P L, Wing S L. 2006. IHStory and causes of post-Laramide relief in the Rocky Mountain orogenic plateau. GSA Bulletin, 118 (3): 393～405

Mederos S, Tikoff B, Bankey V. 1986. Geometry, timing, and continuity of the Rock Springs uplift, Wyoming, and DouglasCreek arch, Colorado: Implications for uplift mechanisms in the Rocky-Mountain foreland, U. S. A. Rocky Mountain Geology, 40 (2): 167～191

Miall A D. 2008, Sedimentary Basins of United States and Canada, Amsterdam: Elsevier, 610

Milici R C, Swezey C S. 2006. Assessment of Appalachian Basin Oil and Gas Resources: Devonian Shale-Middle and Upper Paleozoic Total Petroleum System. U. S. Department of the Interior. USGS Open-File Report, 1237: 1～70

Milici R C. 2004. Assessment of Appalachian Basin Oil and Gas Resources: Carboniferous Coal-bed Gas Total Petroleum System. USGS Open-File Report, 1272: 1～98

Milici R C. 2005. Assessment of Undiscovered Natural Gas Resources in Devonian Black Shales, Appalachian Basin, Eastern U. S. A. USGS Open-File Report

Miller D N, Preston A F, Podolsky B. 1968. Geology and petroleum production of the Illinois basin: a symposium, V. 1: Joint Publication of the Illinois and Indiand-Kentucky Geological Societies, 1～301

Montgomery S L, Barrett F, Vickery K, et al. 2001. Cave Gulch field, Natrona County, Wyoming: Large gas discovery in the RockyMountain foreland, WindRiver basin. AAPG Bulletin, 85 (9): 1543～1564

Montgomery S L, Jarvie D M, Bowker K A, Pollastro R M. 2005. Mississippian Barnett Shale, Fort Worth basin, north-central Texas: Gas-shale play with multi-trillion cubic foot potential. AAPG Bulletin, 89 (2): 155～175

Montgomery S L, Petty A J, Post P J. 2002. James Limestone, northeastern Gulf of Mexico: Refound opportunity in a Lower Cretaceous trend. AAPG Bulletin, 86 (3): 381～397

Morrow D W. 2001. Distribution of porosity and permeability in platform dolomites: Insight from the Permian of west Texas: Discussion. AAPG Bulletin, 85 (3): 525～529

Nenwson A C. 2001. The future of natural gas exploration in the Foothills of the Western Canadian Rocky Mountains. The Leading Edge, 74～79

Newell K D. 1987. Hydrocarbon Potential in Forest city basin: OGJ.

Nodwell B J, Hart B S. 2006. Deeply-rooted Paleobathymetric Control on the Deposition of the Falher F Conglomerate Trend, Wapiti Field, Deep Basin, Alberta. Bulletin of Canadian Petroleum Geology, 54 (1): 1～21

North F K, North F K. 1972. Future petroleum provinces of the United States - their geology and potential. Earth-Science Reviews, 8 (3): 336～337

Olson R A. 2006. Summary of Mineral Exploration and Coal Activity in Alberta during 2006. Exploration Final, 1～31

Osborn, Gerald Stockmal G, Haspel R. 2006. Emergence of the Canadian Rockies and adjacent plains: a comparison of physiography between end-of-Laramide time and the present day. Geomorphology, 75: 450～477

Oskin M, Stock J, Martin-Barajas A. 2001. Rapid localization of Pacific-North America plate motion in the Gulf of California: Geological Society of America, 29 (5): 459～462

Patchen D G, Bruner K R, Heald M T. 1992. Elk-Poca Field//Foster N H, Beaumont E A. Stratigraphic Traps III, Atlas of Oil and Gas Fields. AAPG , Tulsa, 207～230

Pawlewicz M, Barker C E, McDonald S. 2005. Vitrinite reflectance data for the Permian Basin, west Texas and southeast New Mexico. Center for Integrated Data Analytics Wisconsin Science Center.

Pearcy J R, et al. 1986. The production trend of the Gulf of Mexico: Exploration and development: Transactions-GCAGS, 36: 74～78

Piggott N, Pulham A. 1993. Sedimentation rate as the control on hydrocarbon sourcing, generation, and migration in the deepwater Gulf of Mexico//Armentrout J M, Bloch R, Olson H C, et al. Rates of geological processes. Gulf Coast Section SEPM Foundation 14th Annual Research Conference, 179～191

Pollastro R M, Jarvie D M, Hill R J, Adams C W. 2007. Geologic framework of the Mississippian Barnett Shale, Barnett-Paleozoic total petroleum system, Bend arch- FortWorth Basin, Texas. AAPG Bulletin, 91 (4): 405～436

Potma K, Weissenberger J A W, Wong P K, Gilhooly M G. 2001. Toward a sequence stratigraphic framework for the Frasnian of the Western Canada Basin. Bulletin of Canadian Petroleum Geology, 49: 37～85

Reimer J. 2006. Canadian Society of Petroleum Geologists 2005-2006 Report of Activities, 1～42

Robert L H. 1979, Kansas: it's geology ecorromics, and current drilling activity: OGJ

Rodger T F. 1997. A geologic IHStory of the North-Central Appalachians, Part 2: the Appalachian Basin from the Silurian through the Carboniferous. American Journal of Science, 297: 729～761

Roen J B, Walker B J. 1996. The atlas of major Appalachian gas plyas. West Virginia Geological and Economic Survey Publication, 25: 1～201

Rogers M, Malkiel A. 1979. A Study OF Earthquakes in the Permian Basin of Texas-New Mexico. Bulletin of the Seismological Society of America, 69 (3): 843～865

Ross G M, Patchett P J, Hamilton M, et al. 2005. Evolution of the Cordilleran orogen (southwestern Alberta, Canada) inferred from detrital mineral geochronology, geochemistry, and Nd isotopes in the foreland basin. GSA Bulletin, 117 (5/6): 747～763

Ruf J C, Erslev E A. 2005. Origin of Cretaceous to Holocene fractures in the northern San Juan Basin, Colorado and New Mexico. Rocky Mountain Geology, 40 (1): 91～114

Rumelhart P E, Ingersoll R V. 1997. Provenance of the upper Miocene Modelo Formation and subsidence analysis of the Los Angeles basin, southern California: Implications for paleotectonic and paleogeographic reconstructions. GSA Bulletin, 109 (7): 885～899

Ruppel S G. 2006. Integrated Synthesis of the Permian Basin: Data and Models for Recovering Existing and Undiscovered Oil Resources from the Largest Oil-Bearing Basin in the U. S. USGS

Ryder R T, Burruss R C, Hatch J R. 1998. Black shale source rocks in the Cambrian and Ordovician of the central Appalachian basin, USA. American Association of Petroleum Geologists Bulletin, 82 (3): 412～441

Ryder R T, Michael H T. 2007. In search of a Silurian Total Petroleum System in the Appalachian basin of New York, Ohio, Pennsylvania, and West Virginia. U. S. Geological Survey Open-File Report

Ryder R T, Zagorski W A. 2003. Nature, origin, and production characteristics of the Lower Silurian regional oil and gas accumulation, central Appalachian basin, United States. AAPG Bulletin, 87: 847～872

Ryder R T. 1995. Appalachian Basin Province (067). USGS

Ryder R T. 2008. Assessment of Appalachian Basin Oil and Gas Resources: Utica-Lower Paleozoic Total Petroleum System. USGS Open-File Report, 1～52

Schenk C J, Pollastro R M, Cook T A, et al. 2007. Assessment of Undiscovered oil and gas resources of the Permian Basin Province of West Texas and Southest New Mexico, USGS

Scholle P A, Ulmerscholle D S. 2003. A color guide to the petrography carbonate rocks : grains, textures, porosity, diagenesis. American Association of Petroleum Geologists

Schro der-Adams C J, Leckie D A, Bloch J J, et al. 1996. Adams. Paleoenvironmental changes in the Cretaceous (Albian to Turonian) Colorado Group of western Canada: microfossil , sedimentological and geochemical evidence. Cretaceous Research, 17: 311～365

Scott D D. 2006. Los Angeles Basin Province. The leading edge, Petroleum Geology and Resource Estimates, 116～124

Shirley L J, Battaglia L L. 2015. Projecting fine resolution land-cover dynamics for a rapidly changing terrestrial-aquatic transition in Terrebonne Basin, Louisiana, USA. Journal of Coastal Researchs, 24 (6): 1545～1554

Shumaker R C. 1996. Structural IHStory of the Appalachian Basin//Roen J B, Walker B J. The Atlas of Major Appalachian Gas Plays: The Appalachian Oil and Natural Gas Research Consortium, 8～21

Siegele P. 2007. Deep water Gulf of Mexico. Merrill Lynch Global Energy Conference Report

Sloss L L. 1963. Sequences in the cratonic interior of North America. Geological Society of America Bulletin, 74 (2): 93～114

Sloss L L. 1988. Tectonic evolution of the craton in Phanerozoic time//Sloss L L. Sedimentary cover: North American craton, D-2 of The geology of North America: Boulder, Colo., Geological Society of America, 25～51

Sommerfielda C K, Lee H J. 2003. Magnitude and variability of Holocene sediment accumulation in Santa Monica Bay, California. Marine Environmental Research, 56: 151～176

Sorenson R P. 2005. A dynamic model for the Permian Panhandle and Hugoton fields, western Anadarko basin.

Stasiuk L D. 1997. The origin of pyrobitumens in Upper Devonian Leduc Formation gas reservoirs, Alberta, Canada: an optical and EDS study of oil to gas transformation. hlmirw mrl Pcrolrum Groloyy, 14: 915～929

Stemmerik J R, Mitchell J G. 2000. Stratigraphy of the Rotliegend Group in the Danish part of the Northern Permian Basin, North Sea. Journal of the Geological Society, London, 157: 1127～1136

Stevenson D L. 1969. Oil production from the Ste. Genevieve Limestone in the exchange area, Marion

County, Illinois. Illinois State Geological Survey

Stockmal G S. 2004. A pop-up structure exposed in the outer foothills, Crowsnest Pass area, Alberta. Bulletin of Canadian Petroleum Geology, 52: 139～155

Susanne U J, Colby J V, James J B. 1998. Geometry, mechanisms and significance of extensional folds from examples in the Rocky Mountain Basin and Range province, U. S. A. Journal of Structural Geology, 20 (7): 841～856

Swann D H. 1963. Classification of Genevievian and Chesterian (Late Mississippian) rocks of Illinois. Illinois State Geological Survey Report of Investigation, 216: 1～91

Swezey C S, Hatch J R, Brennan S T, et al. 2007a. The USGS 2007 oil and gas assessment of the Illinois basin, in Winning the energy trifecta; Explore, develop, sustain-Program with abstracts, Eastern Section, American Association of Petroleum Geologists, 36th annual meeting, September 16-18, Lexington, Kentucky: Lexington, Kentucky Geological Survey, 1～56. (Also available online at http:// karl. nrcce. wvu. edu/ esaapg/ ESabstracts. Html.)

Swezey C S, Hatch J R, Brennan S T, et al. 2007b. Assessment of undiscovered oil and gas resources of the Illinois basin, USGS Fact Sheet 2007-3058, 1～2. (Also available online at http:// pubs. usgs. gov/fs/2007/3058/.)

Swezey C S. 2002. Regional stratigraphy and petroleum systems of the Appalachian basin, North America. USGS.

Treworgy J D. 1981. Structural features in Illinois—a compendium. Illinois State Geological Survey Circular, 519: 1～2

USGS. 2000. Continuous-Type (Basin-Centered) Gas Assessment Unit, 31150301

USGS. 2000. Southern Permian Basin-Europe Onshore Assessment Unit, 40360102

USGS. 2000. Southern Permian Basin-Offshore Assessment Unit, 40360103

USGS. 2000. Southern Permian Basin-Offshore Assessment Unit, 40360103

USGS. 2002. Assessment of Oil and Gas Resource Potential of the Denver Basin Province of Colorado, Kansas, Nebraska, South Dakota, and Wyoming. USGS Open-File Report

USGS. 2002. Assessment of Undiscovered Oil and Gas Resources of the San Juan Basin Province of New Mexico and Colorado. USGS Open-File Report

USGS. 2002. Assessment of Undiscovered Oil and Gas Resources of the Appalachian Basin Province, 2002. National Assessment of Oil and Gas Fact Sheet, 1～2

USGS. 2003. Assessment of Undiscovered Oil and Gas Resources of the San Joaquin Basin Province of California. USGS Open-File Report

USGS. 2003. Executive Summary—Assessment of Undiscovered Oil and Gas Resources of the San Joaquin Basin Province of California: charpter 1-21: USGS Open-File Report

USGS. 2006. Assessment of Undiscovered Natural Gas Resources of the Sacramento Basin Province of California. USGS Open-File Report

USGS. 2007. Assessment of Undiscovered Oil and Gas Resources of the Illinois Basin. National Assessment of Oil and Gas Fact Sheet, 1～2

Vail P R, Mitchum R M, Thompson S. 1977. Seismic stratigraphy and global changes of sealevel, Part IV: global cycles of relative changes of sea level//Payton C E. Seismic stratigraphy-applications to hydrocarbon exploration. American Association of Petroleum Geologists Memoir, 26: 83～98

Varban B L, Plint A G. 2005. Allostratigraphy of the Kaskapau Formation (Cenomanian-Turonian) in the subsurface and outcrop: NE British Columbia and NW Alberta, Western Canada Foreland Basin. Bulletin of Canadian Petroleum Geology, 53 (4): 357～389

Varga R J. 1983. RockyMountain foreland uplifts: Products of a rotating stress field or strain partitioning. Geology, 21: 1115～1118

Verma M K. 2005. Assessing the Potential for Future Reserve Growth in the Western Canadian Sedimentary Basin. USGS. Open-File Report, 1179

Wald D J, Graves R W. 1998. The Seismic Response of the Los Angeles Basin, California. The Leading Edge, 88, 2, 337～356

Ward R F, Kendall C G S C, Harris P M. 1986. Upper Permian (Guadalupian) facies and their association with hydrocarbons-Permian basin, west Texas and New Mexico. AAPG Bulletin, 70 (3): 239～262

Welford J K, Clowes R M. 2004. Deep 3-D seismic reflection imaging of Precambrian sills in southwestern Alberta, Canada. Tectonophysics, 388: 161～172

Wheeler E A, Michalski T C. 2003. Paleocene and early Eocene woods of the Denver Bash, Colorado. Rocky Mountain Geology, 38 (1): 29～43

Wheeler H E. 1963. Post-Sauk and pre-Absaroka Paleozoic stratigraphic patterns in North America: American Association of Petroleum Geologists Bulletin, 47 (8): 1497～1526

William L B, Sally W B, Eldon M G, et al. 2007. Geology of Los Angeles, California, United States of America. Environmental and Engineering Geoscience, 13 (2): 99～160

Wolfe P E. 1964. Late Cenozoic Uplift and Exhumed Rocky Mountains of Central Western Montana. GSA Bulletin, 75 (6): 493～502

Wood M L, Walper J L. 1972. The evolution of the interior Mesozoic Basin and the Gulf of Mexico: Gulf Coast Assoc. Geol. Socs. Trans. , 24: 31～41

Xiao W, Unsworth M. 2006. Structural imaging in the Rocky Mountain Foothills (Alberta) using magnetotelluric exploration. AAPG Bulletin, 90: 321～333

Yeats R S. 2004. Tectonics of the San Gabriel Basin and surroundings, southern California. GSA Bulletin, 116 (9/10): 1158～1182

Ziff Energy. 2010. Shale gas outlook to 2020. https: //www. solomononline. com/. [2016-04-26]

Zuppan C W, Keith B D, Keller S J. 1988. Geology and petroleum production of the Illinois basin, V. 2: Joint Publication of the Illinois and Indiana-Kentucky Geological Societies, 1～272